HISTOIRE NATURELLE

DES

ANIMAUX SANS VERTÈBRES.

TOME HUITIÈME.

OUVRAGES DE LAMARCK

QUI SE TROUVENT CHEZ J.-B. BAILLIÈRE.

PHILOSOPHIE ZOOLOGIQUE, ou Exposition des considérations relatives à l'histoire naturelle des animaux, à la diversité de leur organisation et des facultés qu'ils en obtiennent, aux causes physiques qui maintiennent en eux la vie et donnent lieu aux mouvemens qu'ils exécutent; enfin à celles qui produisent, les unes le sentiment, et les autres l'intelligence de ceux qui en sont doués; *deuxième édition*. Paris, 1830, 2 vol. in-8.   12 f.

SYSTÈME ANALYTIQUE DES CONNAISSANCES POSITIVES DE L'HOMME restreintes à celles qui proviennent directement ou indirectement de l'observation Paris, 1830, in-8.   6 f.

MÉMOIRE SUR LES FOSSILES DES ENVIRONS DE PARIS, comprenant la détermination des espèces qui appartiennent aux animaux marins sans vertèbres, et dont la plupart sont figurés dans la collection du Muséum. Paris, in-4. 10 f.

EXTRAIT DU COURS DE ZOOLOGIE du Muséum d'Histoire Naturelle, sur les animaux sans vertèbres. Paris, 1812, in-8.   2 f. 50 c

IMPRIMÉ CHEZ PAUL RENOUARD, RUE GARANCIÈRE, 5.

HISTOIRE NATURELLE

DES

ANIMAUX SANS VERTÈBRES,

PRÉSENTANT

LES CARACTÈRES GÉNÉRAUX ET PARTICULIERS DE CES ANIMAUX,
LEUR DISTRIBUTION, LEURS CLASSES, LEURS FAMILLES, LEURS
GENRES, ET LA CITATION DES PRINCIPALES ESPÈCES QUI S'Y
RAPPORTENT ;

PRÉCÉDÉE

D'UNE INTRODUCTION

Offrant la Détermination des caractères essentiels de l'Animal, sa Distinction du végétal et des
autres corps naturels; enfin, l'Exposition des principes fondamentaux de la Zoologie.

PAR J. B. P. A. DE LAMARCK,

MEMBRE DE L'INSTITUT DE FRANCE, PROFESSEUR AU MUSÉUM D'HISTOIRE NATURELLE.

Nihil extrà naturam observatione notam.

DEUXIÈME ÉDITION.

REVUE ET AUGMENTÉE DE NOTES PRÉSENTANT LES FAITS NOUVEAUX
DONT LA SCIENCE S'EST ENRICHIE JUSQU'A CE JOUR ;

Par MM.

G. P. DESHAYES ET H. MILNE EDWARDS.

TOME HUITIÈME.

MOLLUSQUES.

PARIS.

J. B. BAILLIÈRE, LIBRAIRE,

RUE DE L'ÉCOLE DE MÉDECINE, N° 17.

A LONDRES, MÊME MAISON, 219, REGENT STREET.

1838.

HISTOIRE NATURELLE

DES

ANIMAUX SANS VERTÈBRES.

LES TRACHÉLIPODES.

Le corps contourné en spirale dans sa partie postérieure, cette partie étant séparée du pied, et toujours enveloppée dans une coquille. Le pied libre, aplati, attaché à la base inférieure du cou, ou à la partie antérieure du corps, et servant à ramper. Coquille spirivalve engaînante.

Les Mollusques de cet ordre tiennent sans doute aux Gastéropodes par de grands rapports ; néanmoins ils en sont éminemment distingués, en ce qu'au lieu d'avoir le corps droit, ils l'ont, au contraire, contourné en spirale dans une grande portion de son étendue, portion qui est toujours la postérieure ; et en ce que leur pied, au lieu de s'y réunir dans toute sa longueur, est libre en très grande partie, et n'est attaché qu'à la base inférieure du cou, ou au moins qu'à la partie antérieure du corps. La portion de ce corps qui est contournée en spirale ne sort jamais de la coquille ; elle ne le pourrait sans se rompre en certaines de ses parties, sa conformation naturelle ne lui permettant pas de s'étendre ou s'allonger en ligne droite. Si le pied de l'animal étendait son adhérence le long de cette portion du corps, il serait alors sans usage.

Tous les *Trachélipodes* sont conchylifères, et leur coquille, ordinairement extérieure ou à découvert, est toujours plus ou moins fortement contournée en spirale, s'étant moulée sur le corps ou la portion du corps qu'elle enveloppe.

Il serait très inconsidéré de dire que c'est à la forme spirale de la coquille que l'animal doit sa conformation ; car cet animal, dans tous les temps, fut toujours antérieur à sa coquille en existence, et c'est à lui seul que cette dernière doit sa forme.

On a donné le nom de *tortillon* à la partie du corps des *Trachélipodes* qui ne sort jamais de la coquille. Quant à la partie antérieure de ces animaux et à leur pied, ils peuvent sortir de la coquille et y rentrer facilement.

Comme le *tortillon*, ou la partie du corps de ces Mollusques qui est séparée du pied, est naturellement et constamment en spirale, et que néanmoins cette partie est très diversifiée dans sa courbure et même dans sa forme, selon les races, elle a donné à la coquille qui la contient une forme tout-à-fait semblable à la sienne. Or, cette forme participe de toutes les modifications qu'offre la spirale du Mollusque, ou de son tortillon dans sa manière de tourner. On sent que l'échelle de ces modifications est renfermée entre ces deux limites, savoir, depuis la forme discoïde, où la spirale tourne sur le même plan, comme dans les *Planorbes*, jusqu'à la forme turriculée la plus allongée, comme dans les *Vis* et les *Turitelles*.

Ce n'est pas tout : non-seulement le *tortillon* fait participer la coquille spirale à sa manière de tourner, mais il la fait aussi participer aux modifications de sa propre forme. En effet, depuis le *tortillon* qui est cylindrique, quelle que soit sa manière de tourner, comme celui des

Scalaires, des *Dauphinules*, des *Turbos*, etc., jusqu'à celui, très aplati, des *Cônes*, des *Olives*, etc., il y a une suite de modifications intermédiaires qu'il est utile de considérer dans l'étude des rapports, et dans la détermination des caractères à employer. Il en résulte que la cavité spirale de la coquille exprime parfaitement, pour chaque espèce, la forme particulière du corps de l'animal, c'est-à-dire sa forme propre, et à-la-fois sa manière de tourner.

Comme c'est uniquement le collier du Mollusque qui forme la surface extérieure de la coquille, ce que j'ai déjà démontré dans mes leçons, lorsque ce collier est simple et uni, il rend la coquille lisse en dehors; tandis que, lorsqu'il est lui-même ridé, tuberculeux, lamelleux ou frangé, la surface extérieure de la coquille présente alors des rides, des tubercules, des lames, des franges, etc. Ainsi la seule considération de la coquille fait connaître suffisamment les vrais caractères extérieurs de l'animal.

Quant aux caractères d'organisation intérieure qui assurent la classe à laquelle l'animal appartient, il suffit d'observer l'organisation de plusieurs. Dès-lors, la coquille indique encore pour les autres, par sa propre nature, la classe où l'on doit les rapporter.

Les *Trachélipodes* connus sont beaucoup plus diversifiés et plus nombreux en genres et en espèces que ceux des Gastéropodes jusqu'à présent observés. Il y en a, et c'est le plus grand nombre, qui vivent habituellement dans les eaux marines : je les considère comme habitant encore le milieu liquide dans lequel la nature les a originairement placés. Il y en a d'autres qui vivent dans les eaux douces, où, des mers, ils ont su s'introduire. Enfin, d'autres encore sont passés des eaux douces et peut-être aussi des mers sur des sols à découvert, et vivent habituellement à l'air libre qu'ils se sont habitués à respirer. La coquille de ces derniers n'est point ou presque point nacrée; et, en général, elle n'offre à l'extérieur aucune autre partie saillante que des stries d'accroissement.

D'après ce que l'on sait déjà sur les habitudes de ceux de ces animaux qui ont été observés, et ensuite d'après les analogies des coquilles dont les animaux ne sont pas encore connus, il paraît qu'on peut déjà partager les *Trachélipodes* en deux grandes divisions, fondées sur la considération de la coquille, et dénommées d'après les habitudes connues de beaucoup des animaux qui appartiennent à ces divisions. En conséquence, je partage les Mollusques dont il s'agit en deux grandes coupes, savoir :

1° En Trachélipodes sans siphon [les *Phytiphages*];

2° En Trachélipodes à siphon [les *Zoophages*].

DIVISION DES TRACHÉLIPODES.

Ire Section. — Trachélipodes sans siphon saillant, et respirant en général par un trou. La plupart *Phytiphages* et munis de mâchoires. Coquille à ouverture entière, n'ayant à sa base ni échancrure dorsale subascendante ni canal.

* Trachélipodes ne respirant que l'air. Coquille spirivalve, mutique, non distinctement nacrée.

[a] Ceux qui habitent hors des eaux.

Les Colimacés.

à quatre }
à deux } tentacules.

[b] Ceux qui vivent dans les eaux, mais qui viennent respirer l'air à leur surface. Coquille à bords de l'ouverture jamais réfléchis.

Les Lymnéens.

** Trachélipodes ne respirant que l'eau. Branchies saillantes en forme de filets, de lames ou de houppes, dans la cavité branchiale. Coquille souvent nacrée et souvent aussi ayant des parties protubérantes à sa surface.

[a] Coquille fluviatile, operculée, dont le bord gauche n'imite pas une demi-cloison.

[†] Coquille à bords désunis.

Les Mélaniens.

[††] Coquille à bords réunis.

Les Péristomiens.

[b] Coquille fluviatile ou marine, dont le bord gauche imite une demi-cloison.

Les Néritacées.

[c] Coquille marine, dont le bord gauche n'imite pas une demi-cloison.

[†] Coquille flottante à la surface des eaux.

Les Janthines.

[††] Coquille non flottante, ayant l'ouverture très évasée; point de columelle.

Les Macrostomes.

[†††] Ouverture sans évasement particulier; des plis à la columelle.

Les Plicacés.

[††††] Point de plis à la columelle.

[a] Les bords de l'ouverture réunis circulairement.

Les Scalariens.

[b] Les bords de l'ouverture désunis.

Les Turbinacés.

II⁰ SECTION. — Trachélipodes à siphon saillant, et ne respirant que l'eau qui parvient aux branchies par ce siphon. Tous sont marins, *Zoophages*, dépourvus de mâchoires, et munis d'une trompe rétractile. Coquille spirivalve, engaînante, à ouverture, soit canaliculée, soit échancrée ou versante à sa base.

[a] Coquille ayant un canal plus ou moins long à la base de son ouverture, et dont le bord droit ne change point de forme avec l'âge.

Les Canalifères.

[b] Coquille ayant un canal plus ou moins long à la base de son

ouverture, et dont le bord droit change de forme avec l'âge, et a un sinus inférieurement.

Les Ailées.

[c] Coquille ayant un canal court, ascendant postérieurement, ou une échancrure oblique en demi-canal à la base de son ouverture, ce demi-canal se dirigeant vers le dos.

Les Purpurifères.

[d] Point de canal à la base de l'ouverture, mais une échancrure subdorsale, et des plis sur la columelle.

Les Columellaires.

[e] Coquille sans canal, mais ayant la base de son ouverture échancrée ou versante, et ses tours de spire étant larges, comprimés enroulés de manière que le dernier recouvre presque entièrement les autres.

Les Enroulées.

[La séparation proposée par Lamarck de ses Trachélipodes n'est point naturelle et a été rejetée par la plupart des naturalistes. Dans plusieurs occasions, nous avons fait remarquer les inconvéniens de cette division sans qu'elle ait aucun avantage pour la méthode, quand même la méthode serait envisagée comme un moyen tout-à-fait artificiel pour établir l'ordre dans les choses soumises à l'observation. L'ordre des Trachélipodes est en effet une division inutile dans une méthode naturelle aussi bien que dans une méthode artificielle. Si l'on prend l'ensemble des Mollusques et si l'on examine comment se montre la coquille, on voit d'abord cette partie à l'état rudimentaire cachée dans l'épaisseur du manteau; bientôt elle se montre au-dehors : trop petite d'abord pour couvrir l'animal, elle protège seulement l'organe de la respiration et de la circulation. A mesure que la coquille s'agrandit, la partie des viscères qu'elle doit contenir se détache de plus en plus du plan locomoteur, et c'est de cette manière que, par une série de modifications, s'établit le passage insensible entre les Gastéropodes proprement dits de Lamarck et ses Trachélipodes ; ce passage est si bien gradué qu'il est impossible de dire, si ce n'est arbitrairement, là finissent les Gastéropodes et commencent les Trachélipodes. Cette division des Trachélipodes est d'autant moins heureuse qu'elle est placée précisément au milieu de genres qui peuvent démontrer son inutilité. Ils la prouvent non-seulement par les modifications successives dans les formes extérieures, dans le développement insensible de la coquille, mais encore par l'analogie incontestable de toutes les parties de l'organisation.

Les Trachélipodes comprenant presque tous les Mollusques à coquille extérieure, auraient besoin actuellement d'un autre arrangement plus conforme à ce qui est connu de leur organisation : nous n'essaierons pas ici de substituer une autre classification à celle de Lamarck ; mais à mesure que nous examinerons les familles et les genres, nous indiquerons les changemens qu'il est nécessaire aujourd'hui d'y apporter.]

Première Section.

[Trach. Phytiphages.]

Trachélipodes sans siphon saillant, et respirant en général par un trou. La plupart se nourrissent de végétaux, et sont munis de mâchoires.
Coquille à ouverture entière, n'ayant à sa base ni échancrure dorsale subascendante ni canal.

Ce n'est sans doute que par généralité que nous donnons à ces Trachélipodes le nom de *Phytiphages* ; néanmoins tous ceux de ces animaux que l'on a connus, et dont les habitudes ont été observées, sont véritablement herbivores. La bouche de ces Mollusques offre rarement une trompe rétractile, et peut-être que les *Janthines* sont les seules qui soient dans ce cas; mais on leur connaît un museau très court, muni de deux mâchoires.

Beaucoup de ces Trachélipodes vivent sur la terre, et conséquemment ne respirent que l'air libre. D'autres vivent dans les eaux douces, soit stagnantes, soit fluviatiles; et, parmi ces derniers, les uns ne respirent que l'air et sont obligés de venir de temps en temps à la surface de l'eau, tandis que les autres ne peuvent respirer que l'eau même. Enfin, il y en a un grand nombre qui habitent dans les eaux marines: or, aucun de ceux-ci ne peut respirer l'air.

Il paraît que tous ceux de ces Trachélipodes qui peuvent respirer ce dernier fluide ont leurs branchies non ou très peu saillantes, mais rampantes, soit en cordonnets, soit en réseau, à la surface des parois de leur cavité branchiale. La supériorité de l'influence respiratoire de l'air sur celle de l'eau en est apparemment la cause.

Ceux, au contraire, qui ne peuvent respirer que l'eau, étant obligés de présenter à ce fluide une plus grande surface de leurs vaisseaux sanguins, ont leurs branchies saillantes dans la cavité branchiale, où elles offrent des filets, des lames, des peignes, ou des houppes vasculifères. Quelquefois même ces houppes, sortant par le trou de la cavité, font un panache saillant au dehors. La *Valvée à plumets* et la *Valvée piscinale* sont dans ce cas.

Selon les familles, les uns ont un opercule attaché au pied de l'animal, et les autres en sont dépourvus.

Les *Trachélipodes phytiphages* se divisent en plusieurs familles; savoir:

Les Colimacés. Les Lymnéens.	Ils ne respirent que l'air.
Les Mélaniens. Les Péristomiens. Les Néritacés. Les Janthines.	Ils ne respirent que l'eau.

Les Macrostomes.
Les Plicacés.
Les Scalariens.
Les Turbinacés. } Ils ne respirent que l'eau.

[Dans la section des Trachélipodes phytiphages, Lamarck admet des animaux fort différens dans leur organisation ; aussi la plupart des zoologistes en ont fait une toute autre distribution. Ceux qui respirent l'air ont reçu la dénomination assez impropre de Pulmonés, et déjà nous avons vu que ce caractère d'une branchie aérienne se retrouve aussi bien dans les Gastéropodes que dans les Trachélipodes. Si, comme semble l'indiquer Lamarck, il faut donner, pour la classification, une grande valeur aux modifications de l'organe de la respiration; il y aurait manifestement un grand vice dans sa propre classification, puisqu'une notable partie des Mollusques respirant l'air, se voit parmi les Gastéropodes et l'autre dans les Trachélipodes. Si le principe de classification est bon comme nous le croyons, il faut en faire l'application complète, rassembler dans un même ordre tous les Mollusques pulmobranches, et réunir aussi tous les Pectinibranches, pour diviser ensuite chacun de ces grands groupes en autant de familles et de genres qu'il est nécessaire à une méthode naturelle. Cette marche plus simple a été suivie par Cuvier et les autres zoologistes, et c'est une amélioration qu'il sera nécessaire d'introduire dans toutes les méthodes. Un autre moyen doit aussi diriger dans la distinction des divisions principales à établir dans les Mollusques céphalés en général et dans les Trachélipodes phytiphages en particulier : c'est celui indiqué par M. de Blainville, et qui consiste à tenir compte de la composition des organes de la génération.]

LES COLIMACÉS.

Trachélipodes aéricoles, munis ou dépourvus d'opercule ; et ayant les tentacules cylindracés.

Coquille spirivalve, n'ayant d'autres parties saillantes à l'extérieur que des stries ou des costules d'accroissement, et dont le bord droit de l'ouverture est souvent recourbé ou réfléchi en dehors.

Tous les *Colimacés* sont terrestres, c'est-à-dire vivent sur la terre, quoique beaucoup d'entre eux recherchent l'ombre et les lieux frais ; tous conséquemment respirent l'air libre, y sont habitués depuis long-temps, et, par suite de cette habitude, ne sauraient respirer l'eau. Leurs branchies s'étant accommodées à l'air, il n'a plus été nécessaire qu'elles présentassent autant de surface au fluide respiré, et elles ont cessé de former des parties saillantes sur les parois de leur cavité branchiale.

Les tentacules des *Colimacés* sont cylindracés, au nombre de quatre dans la plupart, et de deux seulement dans les autres. Enfin, dans le plus grand nombre de ces Trachélipodes, il n'y a point d'opercule ; mais certains d'entre eux s'enferment pendant la mauvaise saison dans leur coquille, en formant une cloison qui en bouche l'ouverture, et qui n'adhère point à l'animal. Voici les genres que nous rapportons à cette famille :

[a] Quatre tentacules.

> Hélice.
> Carocolle.
> Anostome.
> Hélicine.
> Maillot.
> Clausilie.
> Bulime.

Agathine.
Ambrette.

[b] **Deux tentacules.**

Auricule.
Cyclostome.

[La famille des Colimacés de Lamarck contient plusieurs sortes de Mollusques qui, quoique respirant l'air libre ont cependant des caractères propres à les différencier : c'est ainsi que les Hélicines ayant un opercule et deux tentacules seulement, se rapprochent des Cyclostomes et doivent former une petite famille, tandis que les Auricules ayant deux tentacules et point d'opercule, pourront également constituer une autre famille naturelle. Quant aux autres genres, ils appartiennent au grand type des Hélices de Linné, et peuvent constituer une troisième famille, dont les rapports s'établissent bien plus intimement avec la famille des Limaces par l'intermédiaire des genres, Vitrine, Parmacelle, Testacelle, etc., qu'avec toute autre.

Après avoir distribué en trois groupes les genres de la famille des Colimacés, nous la croyons susceptible d'autres changemens ; c'est ainsi que les Carocolles se liant d'une manière insensible aux Hélices proprement dits, et les animaux ne différant en rien de ceux des Hélices, ce genre Carocolle devra disparaître de toute bonne méthode. Il en est de même par rapport aux Maillots et aux Clausilies : ils n'offrent point de différences suffisantes pour le conservation de deux genres : celui des Clausilies viendra se fondre dans celui des Maillots ; il en est de même encore du genre Agathine par rapport aux Bulimes ; la troncature de la columelle si profonde et si constante dans un grand nombre d'espèces d'Agathines disparaît peu-à-peu, et il y a plusieurs espèces que l'on pourrait aussi bien placer dans les Bulimes à péristome tranchant que dans les Agathines. Quant au genre Ambrette, il doit rester tel que Draparnaud et Lamarck l'ont fait; seulement, il serait convenable de l'avancer dans l'ordre linéaire vers les Vitrines et les autres Mollusques intermédiaires entre les Limaces et les Hélices. Ce n'est pas seulement en nous appuyant de l'analogie des Coquilles que nous proposons les changemens dont nous venons de parler, mais encore sur l'organisation des animaux et surtout sur les différences notables que présentent les organes de la génération.

Pour nous, il suffit des genres naturels Hélices comprenant les Carocolles; Anostome; Maillot, contenant les Clausilies; et Bulime renfermant les Agathines pour classer facilement tout ce qui est connu aujourd'hui dans le grand type des Mollusques terrestres conchylifères et à quatre tentacules.

Puisque nous trouvons suffisans les trois ou quatre genres que nous venons de mentionner, par une conséquence naturelle, nous devons rejeter comme inutiles tous ceux qui ont été proposés par divers auteurs, car ils sont pour nous des doubles emplois.

Depuis bientôt douze années, nous avons combattu pour la première fois, dans l'article HÉLICE du *Dictionnaire classique d'histoire naturelle*, l'arrangement méthodique de M. de Férussac pour le grand genre Hélice. Rien n'est venu ébranler notre conviction sur l'inutilité et l'inopportunité de ce système : une connaissance plus approfondie de la matière, des dissections nombreuses des divers types confondus en un seul genre, un examen attentif des Coquilles d'un grand nombre d'espèces en confirmant nos objections, leur ont donné beaucoup plus de force.

M. de Férussac, dans le prodrome de son grand ouvrage sur les Mollusques terrestres et fluviatiles, ainsi que dans son ouvrage général a ramené le genre Hélice, si ce n'est à ce que Linné l'avait fait, du moins à une bien plus grande étendue que les auteurs de ce siècle. La famille des Limaçons de M. de Férussac correspondant en partie à celle des Colimacés de Lamarck, est composée de cinq genres : 1° *Helixarion* pour les Vitrines dont le pied est terminé postérieurement par un pore muqueux. Nous avons déjà parlé de ce genre qui, fondé sur le même caractère que celui des Arions aux dépens des Limaces, n'est pas plus utile que lui ; 2° Hélicolimace, ce genre représente exactement celui nommé Vitrine par Draparnaud, et il eût été convenable de lui laisser un nom sous lequel il était depuis long-temps connu ; 3° Dans le genre Hélice, M. de Férussac rassemble les genres Carocolle, Anastome, Maillot, Clausilie, Bulime et Agathine de Lamark, ainsi que plusieurs autres genres proposés par d'autres auteurs. Nous nous occuperons tout-à-l'heure spécialement de ce genre Helix ; 4° Vertigo, ce petit genre vient se fondre avec celui des Maillots d'une manière insensible, il est formé d'espèces petites dans lesquelles les tentacules inférieurs déjà très réduits dans les Maillots et les Clausilies ont entièrement disparu ; ce genre peut donc être réuni aux Maillots sans inconvénient ; 5° Le genre Partule n'est guère plus admissible que le précédent, il contient quelques Bulimes qui, au lieu de pondre des œufs, produisent des petits vivans, cela a lieu de la même manière dans certaines Paludines, et l'on n'a pas songé cependant à faire un genre particulier pour ces Paludines ; nous pensons donc que le genre Partule peut être réuni sans inconvénient aux Bulimes. En résumant les observations précédentes, voici ce qui reste de la famille des Limaçons de M. de Férussac. En réunissant les deux genres Hélicarion et Hélicolimace, restituer au genre le nom de Vitrines ; en joignant les vertigots aux Maillots, les Partules aux Bulimes, il ne reste plus que deux genres dans cette famille les Vitrines et les Hélices. M. de Férussac ayant rapporté à ce genre la plupart de ceux compris par Lamarck dans sa famille des Colimacés, c'est ici que nous en devons faire l'examen.

Pour donner à nos remarques, sur le système de M. de Férussac, toute leur valeur, nous croyons nécessaire de rappeler brièvement les observations relatives aux Hélices, et pour ne rien laisser d'important et bien nous identifier avec le sujet en discussion, nous admettons pour un moment, avec M. de Férussac dans le genre Hélice, tout ce qu'il y a introduit, et nous verrons si cet auteur a fait une juste application des faits connus.

Lorsque l'on a rassemblé le plus grand nombre de coquilles terrestres et que l'on a pu étudier leurs modifications principales, on partage bientôt l'opinion de M. de Férussac qu'il est difficile de faire de bonnes coupes génériques dans cet ensemble: aussi il ne faut pas seulement dans la question des Hélices s'attacher aux caractères des Coquilles, il faut aussi rechercher si certaines formes extérieures ne coïncident pas avec quelques différences dans l'organisation.

En faisant des recherches anatomiques sur divers types d'Hélices, nous avons reconnu la grande différence qui existe entre eux sous le rapport des organes de la génération; à cet égard la forme de ces organes est d'accord avec l'analogie des Coquilles, pour former parmi les Mollusques terrestres, les trois ou quatre bons genres dont nous avons parlé. Ainsi les Hélices, proprement dites, ont de chaque côté du canal commun de la génération ces organes singuliers, nommés vésicules multifides par Cuvier; ces organes manquent toujours dans les Bulimes et les Agathines. Dans les autres genres, les organes de la génération ont une disposition qui leur est propre. Il y a donc dans des animaux, en apparence très semblables, des moyens de les distinguer en bons genres.

On attribue en général de la valeur aux divers accidens que présentent la Columelle; c'est ainsi que parmi les Coquilles marines un grand nombre de bons genres ont, pour caractères extérieurs, les modifications de cette partie:

ses proportions de longueur, d'épaisseur, sa courbure, ses plis, sa direction, etc., sont tellement variables dans le type des Hélices, qu'il est impossible de s'en servir pour former des genres ou d'autres groupes. Très courte dans certaines espèces, on la voit s'allonger, dans d'autres ; très oblique dans les coquilles globuleuses, elle se redresse dans les trochiformes; quelquefois très mince et semblable à un petit filet solide, elle s'épaissit graduellement et devient calleuse ; on peut dire enfin que ces caractères importans, dans d'autres familles et dans d'autres genres, sont ici sans valeur à cause de leur trop grande variabilité. Outres ces divers accidens, il y en a encore quelques autres auxquels on a attribué plus d'importance. Ainsi la Columelle est ombiliquée, souvent elle est fermée, et comme cela coïncide plus régulièrement avec des formes extérieures, on a cherché à généraliser davantage ces caractères ; mais malheureusement leur variabilité dans des espèces voisines, et quelquefois dans les âges différens d'une même espèce, les réduisent à une valeur non moindre que les précédentes. La Columelle présente encore des parties saillantes, des plis ou des dentelures auxquels on a donné plus d'importance, et les Conchyliologues pour la plupart, et M. de Férussac surtout, ont employé ces caractères, les uns comme Montfort pour l'établissement de plusieurs genres, les autres comme M. de Férussac pour la distinction de nombreux sous-genres, et le plus grand nombre, à l'exemple de Lamarck, pour former des groupes d'espèces dans le genre. A voir ces caractères dans l'ensemble des espèces, ils ne sont pas moins variables que les autres, les dents columellaires apparaissent d'abord si petits et si vagues, qu'il est bien difficile de dire si les espèces qui les ont ainsi rudimentaires appartiennent plutôt à la section des Edentées qu'à celle des Dentées.

Pris un à un nous voyons que tous les caractères dont nous venons de parler, sont de leur nature extrêmement variables ; aussi les Conchyliologues eurent bientôt senti qu'une classification des Hélices, fondée sur un seul de ces caractères, serait artificielle. Ils ont cherché en conséquence à combiner deux ou trois caractères pour former, avec les espèces qui les offrent, des genres ou des sous-genres ; mais cette combinaison ne pouvait se faire, lorsque l'on voulait tenir compte d'autres caractères, tirés de la forme générale de l'ouverture de l'épaisseur du bord droit de sa direction, ou de son incidence sur l'axe perpendiculaire de la Coquille ; aussi, dans l'impossibilité d'accorder tant de choses variables, on a arbitrairement accordé tantôt une valeur, tantôt une autre à chacun des caractères.

Un exemple ne sera pas inutile pour nous faire bien comprendre : si, adoptant le sous-genre Hélicigone de M. de Férussac, caractérisé par l'angle qui règne au pourtour de la Coquille, nous voulons y faire entrer toutes les espèces anguleuses, nous en trouverons qui, ayant le bord tranchant à tous les âges, devraient, à cause de cela, faire partie du sous-genre Hélicelle. Nous trouvons aussi des espèces anguleuses, ayant des dents à l'ouverture : la présence de ces dents devraient les entraîner dans les Hélicodontes ; nous en observerons même qui sont trochiformes ou turbiniformes, et qui, à cause de ce caractère, devraient faire partie de Hélicostyles.

Maintenant si nous prenons à la rigueur le caractère essentiel des Hélicigones, et si nous l'appliquons, nous détruisons nécessairement la valeur des caractères des Hélicodontes, des Hélicogènes, et des Hélicostyles, puisque nous avons des Hélices anguleuses à bord tranchant, ou épaissi, à ouverture simple, ou dentée à forme subdiscoïdale, passant insensiblement à la trochiforme et la turbiniforme. Ce qui paraîtra assez singulier, c'est que si nous faisons subir la même épreuve aux autres sous-genres, l'application rigoureuse de leurs caractères entraîne, de toute nécessité, la destruction aussi bien des Hélicigones, que des autres sous-genres que nous venons de mentionner. Rien ne prouve mieux, ce nous semble, l'arbitraire et la confusion d'une méthode, dont une partie ne peut être employée sans entraîner nécessairement la ruine des autres.

Ce défaut très grave que nous venons de signaler dans la méthode de M. de Férussac, n'est malheureusement pas le seul; mais s'il eût été plus tôt aperçu peut-être aurait-on mis plus de réserve à adopter ou à chercher à perfectionner une méthode artificielle que son auteur a cru la plus naturelle. Ce que nous venons de dire prouve assez le contraire; mais en entrant dans cette discussion nous avions encore un autre but, celui de prouver l'impossibilité d'établir dans le genre Hélice d'autres groupes que ceux artificiellement faits, d'après un caractère opposé à un autre, jusqu'à l'épuisement de tous ceux que l'on remarque dans le genre; et ce procédé de la méthode dichotomique, habilement employé dans un grand genre comme celui-ci, naturel par son ensemble, est préférable à une méthode naturelle dont l'application présente tant d'inconvéniens dans les détails. On comprendra sans doute qu'un grand genre peut rester naturel, quoique les divisions secondaires, faites pour donner plus facilement la connaissance de l'espèce, soient artificielles, pourvu qu'elles soient simples et de l'usage le plus facile.

Nous devons encore prémunir les naturalistes contre un des défauts principaux de la méthode de M. de Férussac; nous ferons remarquer, en passant, tout ce qu'il y a d'inusité, au milieu de la nomenclature ancienne, dans ces dénominations créés uniquement pour le grand genre Hélice et ses sous-divisions. Ces mots Cochlodonte, Hélicostyle, Cochlicope, etc., auraient été bien placés dans une nomenclature entièrement refaite d'après les mêmes idées; mais ils choquent singulièrement dans une nomenclature irrégulière; cette innovation nous semble d'autant plus malheureuse, que tous les naturalistes, dignes de ce nom, n'ignorent pas qu'il est impossible de créer et d'appliquer à aucune branche de la zoologie une nomenclature régulière comme celle qui s'adapte si bien, si convenablement à la chimie. Dans cette science où l'on détermine des combinaisons finies, invariables, les noms peuvent représenter ces combinaisons; mais dans les êtres vivants où tout est variable, un nom ne peut rien représenter. Si bien fait qu'il soit, il pourra s'appliquer à plusieurs choses, cela est impossible pour la chimie. Mais autre chose nuit encore au système de nomenclature de M. de Férussac, c'est que, comme nous l'avons déjà fait remarquer, ses sous-genres représentent pour la plupart des genres déjà antérieurement établis; si M. de Férussac s'était soumis à l'usage adopté depuis long-temps de conserver les premiers noms donnés, il se serait contenté de ces noms anciens qu'il aurait adaptés à sa méthode s'il n'avait eu l'ambition, bien pardonnable sans doute, d'attacher son nom à une nomenclature nouvelle.

Il n'est point difficile en général de former des noms, un bon dictionnaire facilite singulièrement ce genre de création; mais il n'est pas aussi facile qu'on le pense de caractériser d'une manière claire et précise les genres ou les sous-genres pour lesquels on a enfanté des noms pompeux ou bizarres; c'est l'absence de cette clarté qui, d'après nous, est le plus grand défaut de la méthode de M. de Férussac, et c'est sur cela que nous croyons nécessaire d'insister, pour prémunir contre de vaines tentatives les personnes qui croiraient pouvoir utilement employer la méthode dont nous parlons. A prendre les caractères des sous-genres établis par M. de Férussac, on en trouve bien peu que l'on puisse conserver, et à notre article Hélice de l'Encyclopédie méthodique nous en avons donné les preuves.

Traitant le genre Hélice d'une manière aussi générale que

M. de Férussac, et ce genre ainsi considéré, correspondant
à la famille des Colimacés de Lamarck , nous croyons que
c'est ici plutôt qu'ailleurs, qu'il convient de présenter les
observations suivantes. Le sous-genre Hélicophante, appartient à la première section des *redundantes volutatæ
Helicoïdes*, il est en partie caractérisé par la grosseur de
l'animal qui ne peut rentrer en entier dans la coquille ,
et par l'ampleur du dernier tour; ce sous-genre contenant
à-la-fois l'Hélice *brevipes* de Draparnaud , et plusieurs
autres espèces qui ont avec elle beaucoup moins d'analogie , ne pourrait être conservé sans être démembré ,
partie pouvant rentrer dans le type commun des Hélices,
partie dans le voisinage des Vitrines.

Le sous-genre suivant, nommé Cochlohydre par M. de Férussac, correspond exactement au genre Ambrette de Draparnaud et des auteurs. Tel qu'il est conçu par M. de Férussac, ce sous-genre doit être blâmé pour deux raisons :
la première, c'est que les Ambrettes, par l'organisation
de l'animal, comme nous le verrons bientôt, constituent
un bon genre toujours distinct de tous ceux de la même
famille ; la seconde, c'est qu'il avait reçu un autre nom
depuis plus de vingt ans, lorsque M. de Férussac lui en
imposa un autre, et si ce malheureux exemple était suivi,
que deviendrait l'Histoire naturelle, noyée bientôt sous
une nomenclature livrée au caprice de chacun? Le quatrième sous-genre, nommé Hélicodonte et dont nous
avons déjà parlé, est caractérisé par des dents à l'ouverture, et par l'ombilic couvert ou visible. Toutes les Hélices sans exception ne peuvent être que dans l'un au
l'autre cas d'avoir l'ombilic ouvert ou fermé ; s'appliquant
d'une manière aussi générale, ce caractère perd toute valeur pour ce sous-genre comme pour tous les autres. Quant
au caractère des dents à l'ouverture , nous avons vu précédemment que l'on ne pouvait l'employer exclusivement
sans détruire les autres sous-genres. D'ailleurs Montfort,

2.

d'après ce caractère, avait fondé trois genres, parmi lesquels il eût été plus convenable de choisir un nom plutôt que d'en créer un nouveau.

Les observations précédentes peuvent s'appliquer presque en tous points au sous-genre Hélicigone, sous-genre distingué déjà depuis long-temps sous le nom de Carocolle.

Nous transcrivons littéralement les caractères du sixième sous-genre, celui nommé Hélicelle par M. de Férussac. *Ombilic découvert ; coquille surbaissée ou aplatie ; péristome réfléchi, simple ou bordé ; ombilic rarement masqué ou couvert, mais alors le péristome étant simple ou bordé.* Il est évident que cette phrase n'est pas dans la forme simple et précise exigée des naturalistes, pour être d'une facile application. Si dans ce sous-genre il est essentiel que des coquilles aient l'ombilic découvert, il l'est aussi que d'autres aient cette partie masquée ou couverte; ces caractères se contredisent exprimés comme ils le sont, cela vient à dire ombilic découvert ou rarement couvert ; mais comme l'auteur a déjà employé ce caractère d'une manière aussi vague dans plusieurs des sous-genres précédens, il a cru par là déguiser son inutilité. Relativement aux caractères du péristome, ils sont reproduits deux fois; nous ne pensons pas que cela ajoute rien à la clarté et à la simplicité de la phrase.

Nous pourrions continuer ces observations sur les autres sous-genres proposés et caractérisés par M. de Férussac; comme ils sont nombreux, la tâche ne serait pas plus agréable pour nous que pour le lecteur, et nous nous bornerons à un dernier exemple. Voici littéralement la phrase caractéristique du sous-genre Cochlitome, et nous reproduisons en même temps nos remarques à son sujet dans l'Encyclopédie.

« Coquille conique ou très ventrue, solide, peu transparente ; volute croissant *plus ou moins* fortement, spire

« *plus ou moins* élevée; bord intérieur du cône spiral for-
« mant une columelle plate, forte, solide, repliée en dedans
« et *plus ou moins* tronquée à sa base; ouverture *plus ou*
« *moins* courte ou longue, et droite, c'est-à-dire dans la
« direction de l'axe, mais élargie; bord extérieur *plus ou*
« *moins* dans la verticale; péristome simple. »

« Quand une personne, étudiant la Conchyliologie, viendra, une coquille à la main, chercher à la rapprocher du
sous-genre de M. de Férussac, quel embarras n'éprou-
vera-t-elle pas en voyant des caractères comme ceux-là :
*Volute croissant plus ou moins rapidement; spire plus ou
moins élevée; columelle plus ou moins tronquée à sa base;
ouverture plus ou moins courte ou longue, et droite;* avec
un , c'est-à-dire pour expliquer la pensée de l'auteur;
enfin, *bord extérieur plus ou moins simple?* »

« Nous regardons cette phrase caractéristique comme
un type dans son genre; car il serait difficile, quand on
devrait y mettre toute son attention, d'en faire une autre
qui laissât plus de doute et d'inexactitude. La meilleure
critique que nous pourrions en faire serait de rappeler la
belle simplicité des phrases caractéristiques de Linné, que
tous les naturalistes devraient chercher à imiter, et nous
pourrions aussi mettre en regard de cette phrase de M. de
Férussac celle qui caractérise le genre Agathine de Lamarck, genre qui correspond assez exactement au sous-
genre Cochlitome de M. de Férussac. Elle est conçue de
cette manière : *Coquille ovale ou oblongue; ouverture entière, plus longue que large, à bord droit tranchant, jamais
réfléchi; columelle lisse tronquée à sa base.* »

« On ne peut critiquer sérieusement de pareilles choses,
il faudrait pouvoir les passer sous silence: il eût été à dé-
sirer pour cela qu'elles restassent plus ignorées; mais
l'ouvrage de M. de Férussac étant dans les mains des
personnes qui s'occupent le plus des Coquilles terrestres et fluviatiles, nous avons pensé qu'il était utile

de les prémunir contre des tentatives en pure perte. »

Tout ce que nous avons dit précédemment prouve que si la famille des Colimacés de Lamarck doit subir des changemens notables, la méthode de M. de Férussac n'est pas destinée à remplir les lacunes qui s'y voient, ou à la remplacer entièrement. Cependant des efforts tels que ceux de M. de Férussac ne resteront pas absolument stériles pour la science : on trouvera des détails précieux, de bonnes observations dans son ouvrage, très utile d'ailleurs par les excellentes figures qui l'accompagnent. On doit regretter dans l'intérêt bien entendu de la science, qu'une mort trop prompte soit venue frapper M. de Férussac avant qu'il ait achevé son grand travail : il avait rassemblé depuis long-temps des matériaux immenses ; il était seul en état de le continuer d'après le plan qu'il avait suivi, et l'on doit déplorer que des travaux d'une moindre valeur l'aient détourné de ceux qui étaient les plus dignes d'assurer sa réputation dans l'avenir.

HELICE. (Helix.)

Coquille orbiculaire, convexe ou conoïde, quelquefois globuleuse, à spire peu élevée. Ouverture entière, plus, large que longue, fort oblique, contiguë à l'axe de la coquille, ayant ses bords désunis par la saillie de l'avant-dernier tour.

Testa orbicularis, supernè convexa vel conoidea, interdum globosa ; spirâ parum exsertâ. Apertura integra, transversa, perobliqua, axi contigua ; penultimo anfractu prominente, marginibus disjunctis.

Observations. —Les *Hélices* sont des coquillages terrestres qui, ainsi que les Carocolles, ont beaucoup de rapports avec les Maillots et les Bulimes, et néanmoins qui en sont généralement distingués par les caractères assignés à leur genre. Si, sous le prétexte que c'est l'animal seul qui doit intéresser le naturaliste, on le considérait uniquement et l'on n'avait égard qu'à ses organes extérieurs, ainsi qu'à leur nombre et leurs proportions, pour classer méthodiquement les coquilles, sans doute les *Hélices*, les Carocolles, les Bulimes, les Maillots, etc., ne formeraient qu'un seul et même genre. Mais on aurait tort de suivre cette marche, car elle serait très fautive; et en voici la raison : certes, ce n'est point la coquille qui par sa forme a donné lieu à celle de l'animal ; c'est au contraire la conformation de l'animal qui a amené celle de la coquille, celle-ci s'étant moulée sur son propre corps; ce que j'ai démontré dans mes leçons. S'il en est ainsi, l'étude des coquilles en obtiendra une véritable importance ; car ces enveloppes solides des animaux qui les produisent sont des indices certains de la forme particulière de ces derniers. En effet, si l'on considère les coquilles spirales et leur manière de diriger leurs tours : comme depuis la spirale discoïde des Planorbes qui s'exécute sur un seul plan, sans élévation, jusqu'à celle des vis qui tourne en formant une spire très allongée et fort étroite, on trouvera dans les coquilles des exemples de toutes les manières intermédiaires de tourner; et puisque ce n'est point la coquille qui a donné lieu à la forme de l'animal, il est donc évident que, parmi les Trachélipodes, la conformation particulière de chacun d'eux nous offre tous les exemples pareillement particuliers dans leur manière de tourner qu'indiquent les coquilles qu'ils ont produites. La certitude de cette considération nous autorise à nous reposer sur elle pour juger, sans craindre de nous tromper, de la forme particulière des animaux dont il est question. Ainsi les différentes coupes que nous sommes parvenus à former parmi les coquilles spirales, embrassent à-la-fois celles que nous aurions établies si nous eussions vu à nu les animaux dont elles proviennent. (1)

---

(1) Sans doute, Lamarck a raison de dire qu'il y a un rapport constant entre la forme d'un animal mollusque et celle de la coquille; mais peut-être serait-il prudent de ne pas tirer de ce fait une conclusion aussi absolue que la sienne; car des animaux bien semblables peuvent habiter des coquilles dont les carac-

On distingue les *Hélices* des Maillots, non-seulement par leur forme générale, mais en outre parce que leur coquille n'est jamais cylindracée, et que les bords de leur ouverture sont désunis; et on ne saurait les confondre avec les Bulimes, cette ouverture étant plus transverse que longitudinale, et son plan étant très oblique et presque perpendiculaire à l'axe de la spire. Or, ces caractères, qui tiennent nécessairement à la forme particulière de ces Trachélipodes, font sentir qu'on a eu tort de réunir dans le même genre les *Hélices*, les Bulimes et les Maillots, etc.

Les *Hélices* sont distinguées des Planorbes avec lesquels Linné les confondait, parce que, dans ces derniers, l'axe de la coquille est fort écarté du bord gauche de l'ouverture, tandis qu'il y est contigu dans les premières. D'ailleurs les Planorbes sont des coquilles discoïdes dont tous les tours de spire s'enroulent sur un même plan et s'aperçoivent très bien, soit en dessus, soit en dessous. (1)

Enfin, dans les Hélices adultes, le bord droit de l'ouverture est en général courbé ou réfléchi en dehors, ce qui n'a jamais lieu dans les coquillages aquatiques, soit marins, soit fluviatiles.

On reconnaît facilement les Hélices, en ce que leur ouverture est échancrée par la saillie que fait en elle l'avant-dernier

---

tères ne soat pas identiques; c'est ce que l'on voit dans les genres Pourpre, Ricinule, Concholépas; c'est aussi ce que l'on remarque dans les genres Bulime et Agathine; les animaux sont semblables, et les coquilles diffèrent sur quelques parties; il faut donc chercher plus avant que dans les formes extérieures, les caractères zoologiques des genres.

(1) On connaît des Hélices qui ont la même forme que les Planorbes et dont les tours de spire sont aussi découverts d'un côté que de l'autre; et si ces espèces ne se rencontraient qu'à l'état fossile, il serait quelquefois assez difficile, à moins d'une très grande habitude, de les distinguer des Planorbes; mais vivantes et fraîches, on les reconnaît à leurs stries, à leur épiderme, à un *facies* général qu'il n'est pas toujours facile d'exprimer par la parole, mais que les yeux font connaître à la longue.

tour; ce qui a fait dire à Linné, en exprimant leur caractère générique: *apertura intùs lunatâ ; segmento circuli demto.*

L'animal de ces coquilles ressemble beaucoup à la Limace, et porte comme elle quatre tentacules, dont deux antérieurs fort courts, et deux postérieurs plus grands, oculifères au sommet; mais son dos n'est point muni d'une cuirasse, et son corps, en grande partie séparé du pied, est contourné en spirale. Comme la Limace, il respire par une ouverture qui est située au côté droit du cou, à l'endroit qui touche à la coquille lorsqu'il rampe. Cette ouverture est contiguë à deux autres, dont l'une sert d'anus, et l'autre donne issue aux organes de la génération. On sait que ces coquillages terrestres ne rampent pour chercher leur nourriture que dans les temps pluvieux ou dans les lieux ombragés et un peu humides. Dans les temps de sécheresse, ils se tiennent cachés sous des pierres, des feuilles, ou dans les cavités des troncs d'arbres. Il y a néanmoins des espèces qui sont parvenues à supporter l'ardeur du soleil. Ces animaux se retirent pendant l'hiver dans les fentes et les trous qui sont au bas des murs, des vieux arbres, etc. Ils ferment alors l'ouverture de leur coquille par un *faux opercule* qui les met à l'abri de ce qui peut leur nuire, et subsistent dans une espèce d'engourdissement. (1)

Les Hélices sont innombrables en espèces diverses; car on a lieu de penser que toutes les parties de la surface du globe qui sont hors des eaux, en nourrissent des quantités de races différentes. L'on conçoit d'après cela l'extrême étendue de ce genre, que l'on ne saurait comparer à aucun autre sous ce rapport, si ce n'est peut-être à celui des papillons, parmi les insectes. Les espèces qu'il comprend sont en général très agréablement variées dans les couleurs qui les ornent. La plupart sont minces, pres-

---

(1) Les détails que donne Lamarck sur l'organisation des Hélices sont incomplets, et nous ajouterions les choses principales, si Cuvier n'avait donné depuis long-temps un excellent mémoire sur ce sujet dans les Annales du Museum. Nous y renvoyons le lecteur, ainsi qu'aux articles Hélice par M. de Blainville dans le Dictionnaire des Sciences Naturelles, et au nôtre dans Encyclopédie.

que diaphanes, non nacrées, quoique luisantes dans leur intérieur, et quelquefois même au dehors. Nous nous bornerons à
la citation des espèces de notre collection, en conservant à la
plupart d'entre elles les noms que nous leur avions donnés.

Il est fâcheux que Lamarck n'ait pas cherché à donner aux
nombreuses espèces du genre Hélice un arrangement méthodique
qui en facilitât la recherche; mais il est bien plus fâcheux que
ce savant naturaliste, négligeant la nomenclature établie avant
lui par des auteurs justement estimés, ait donné des noms nouveaux à plusieurs des espèces de Muller, de Chemnitz, et même
de Linné. A mesure que l'occasion s'en présentera, nous indiquerons les rectifications qu'il est nécessaire de faire.

Quant à l'arrangement des Hélices, en les restreignant de la
même manière que Lamarck, nous avons exposé, dans les additions à la famille des Colimacés, pour quelles raisons on ne
pouvait former parmi elles que des divisions artificielles.
Dès-lors il faut rechercher parmi les méthodes artificielles
celle qui pour ceci offre le plus d'avantages, et nous avons pensé
qu'une dichotomie bien faite donnerait de grandes facilités pour
la recherche des espèces; aussi après avoir arrangé les Hélices
en une seule série, depuis les plus planorbiques jusqu'aux trochiformes, et après avoir vu toutes les formes se nuancer les
unes dans les autres d'une manière insensible par un grand nombre de modifications, nous avons cependant formé quatre sections dans cet ensemble: 1° Pour les espèces planorbiques;
2° Pour les espèces globuleuses; 3° Pour les espèces carinées
(cette section représente le genre Carocolle de Lamarck); 4° enfin pour les espèces trochiformes ou turbiniformes. Dans chacun de ces groupes d'espèces, nous avons cherché des caractères
opposables pour les diviser en groupes plus petits, et nous y
sommes parvenus. Nous avons remarqué que des espèces avaient
un ombilic et d'autres n'en avaient pas; dans l'une et l'autre de
ces sections, les espèces ont l'ouverture simple ou bordée, caractères sur lesquels sont fondées des sections plus petites, dans
chacune desquelles on peut encore établir une dernière division
d'après l'absence ou la présence des dents. On comprend combien il est facile, une coquille à la main, d'arriver au groupe
auquel elle appartient et d'en trouver le nom: car il est bien

aisé de voir si une coquille a ou non un ombilic, si sa lèvre droite est bordée ou simple, enfin si l'ouverture est dentée ou si elle ne l'est pas.

La méthode que nous indiquons est artificielle; mais nous la donnons comme telle; nous la préférons cependant à toute autre dans un genre comme celui-ci, où il est impossible de former des groupes naturels.]

ESPÈCES.

1. Hélice vésicale. *Helix vesicalis.* Lamk. (1)

H. testá suborbiculari, depresso-convexá, perforatá, tenuiusculá, luteo-rufescente, obscurè zonatá; anfractibus transversè striatis; labro intùs albo, margine reflexo.

Helix cornu giganteum. Chemn. Conch. 11. tab. 208. f. 2051, 2052.

Daudeb. Hist. des Moll. pl. 10. f. 3. a. b. c.

* *Helix cornu.* Diliw. Cat. t. 2. p. 888. n° 6.

* Deth. Encycl. méth. vers. t. 2. p. 228. n° 54.

* Fav. Cat. rais. pl. 1. n° 8.

* *Helix cornu giganteum.* Bowd. Elem. of Conch. pl. 7. f. 3. 4.

Habite à Madagascar. Mon cabinet. C'est une des plus grandes Hélices connues. Comme elle est assez mince, on l'a comparée à une Vessie. Dans sa jeunesse, elle est renfermée dans un œuf d'un gris rosé, un peu rembruni, de la grosseur de celui d'un pigeon, ayant un pouce de long sur trois quarts de largeur. Cette coquille, dans son développement complet, a au moins 3 pouces de diam. Vulg. la *Vessie.*

2. Hélice géante. *Helix gigantea.* Lamk. (2)

H. testá orbiculato-convexá, imperforatá, solidá, albá; epidermide

---

(1) Quoique pour la simplicité de la nomenclature les **noms** spécifiques composés de plusieurs mots soient mauvais, cependant il faut les conserver; le premier besoin de la science est la fixité de la nomenclature, ce que l'on ne pourrait jamais obtenir si elle était livrée au caprice de chacun; il sera donc nécessaire de rendre à cette espèce le nom que Chemnitz, le premier, lui imposa.

(2) Nous ferons sur le nom de cette espèce la même observation que pour celui de la précédente; elle devra reprendre

*rufo-fuscá ; anfractibus transversè striatis ; aperturá patulá ; labro
intùs albo, margine reflexo.*

Helix cornu militare. Lin. Syst. nat. p. 1243. Gmel. p. 3620. n° 29.

Helix cornu militare. Schrot. Einl. t. 2. p. 133.

  * Lin. Mus. Ulric. p. 365. n° 665. *excluso syn.*

  * Born. Mus. p. 371.

Knorr. Vergn. 6. t. 32. f. 2.

Fav. Conch. pl. 64. fig. G 2.

  ⌐ *Helix malum terræ.* Chemn. Conch. 9. t. 129. f. 1142. 1143.

Helix gigantea. Scopoli. Delic. Insub. t. 25. fig. A.

Gmel. p. 3646. n° 104.

  * Dillw. Cat. t. 2. p. 902. n° 36.

Helix cornu militare. Daudeb. Hist des Moll. pl. 15. fig. 5. 7 ; et
    pl. 32. f. 1.

  * Desh. Encycl. méth. vers. t. 2. p. 259. n° 106.

Habite... Mon cabinet. Après la précédente, celle-ci est la plus
grande de notre collection. Son test est blanc, sous un épiderme
fort rembruni ; sa spire est courte et obtuse. Diam., 2 pouces et
demi.

3. Hélice polyzonale. *Helix polyzonalis.* Lamk. (1)

*H. testá orbiculato-ventricosá, obliquè conoideá, imperforatá, fulco-
rufescente, albo-zonatá ; ultimo anfractu maximo, zonis tribus
inæqualibus cincto ; aperturá amplá ; labro margine interiore fusco,
subreflexo.*

Helix magnifica. Daudeb. Hist. des Moll. pl. 10. f. 4. a. b.

  * Fav. Cat. rais. pl. 1. n° 10.

  * Desh. Encycl. méth. vers. t. 2. p. 234. n° 71.

---

son nom linnéen d'*Helix cornu militare.* A l'égard de cette espèce de Linné, nous ferons remarquer que c'est bien à celle-
ci qu'on doit la rapporter, quoique pour sa synonymie Linné
ait cité une figure de Gualtieri qui représente une véritable Carocolle de Lamarck ; mais cette erreur de Linné ne peut em-
barrasser, car elle est rectifiée par la description qu'il donne
de l'espèce dans le Muséum de la princesse Ulrique.

(1) Avant qu'elle reçût ce nom, M. de Férussac lui avait
donné celui d'*Helix magnifica* ; il sera convenable de le lui restituer. Cette coquille terrestre, très belle et encore rare dans les
collections, ne vient pas des Grandes-Indes, mais bien de Madagascar, d'où l'a rapportée M. Goudot.

Habite dans les Grandes-Indes. Mon cabinet. Elle est encore d'une assez grande taille, et cependant elle est mince par rapport à son volume. Son dernier tour est fort grand. Diam., 2 pouces 4 lignes.

4. Hélice monozonale. *Helix monozonalis*. Lamk. (1)

H. testá orbiculato-convexá, ventricosá, umbilicatá, pallidè fulva; ultimo anfractu zoná albá angustiusculá cincto; spirá breviusculá; labro acuto.

Helix unizonalis. Encycl. p. 462. f. 6. a. b.

* *Id.* Fer. prod. p. 42. n° 241.

Daudeb. Hist. des Moll. pl. 91. f. 4.

* *Helix rapa.* Mull. Verm. t. 2. p. 67.

* *Id.* Gmel. p. 3629. n° 50 *exclus. Chemnit. synom.*

* *Id.* Dillw. Cat. t. 2. p. 923. n° 82.

* Desh. Encycl. méth. vers. t. 2. p. 256. n° 126.

Habite... Mon cabinet. Cette belle Hélice a deux pouces de diam.

5. Hélice rousse. *Helix pulla*. Gmel.

H. testá, subglobosá, ventricosá, imperforatá, lœvi, rufo-castaneá, albo-zonatá; labro margine interiore albo, reflexo.

Lister. Conch. t. 42. f. 43.

Knorr. Vergn. 1. t. 21. f. 3.

Fav. Conch. pl. 63. fig. M.

Helix jamaicensis. Chemn. Conch. 9. t. 129. f. 1140. 1141.

Gmel. p. 3644. n°. 234.

Ejusd. Helix pulla. p. 3650. n° 113.

* Schrot. Einl. t. 2. p. 133. n° 16.

Helix jamaicensis. Daudeb. Hist. des Moll. pl. 14. f. 6 à 8.

---

(1) M. Beck, savant naturaliste danois, conservateur de la collection royale, a pu examiner toutes les coquilles de Muller appartenant actuellement à cette collection; il nous a appris que l'espèce à laquelle Muller a donné le nom d'*Helix rapa*, est la même que celle-ci; ce qui a empêché que l'on reconnût l'*Helix rapa* et que l'on y rapportât une exacte synonymie, c'est que Muller n'avait eu à sa disposition qu'un individu mort et altéré dans sa coloration. Chemnitz prend une variété de l'*Helix citrina* pour l'espèce de Muller, et Gmelin réunit en une seule les deux espèces. Dillw. et M. de Férussac sont tombés dans la même erreur; mais il était impossible de l'éviter.

    * Dillw. Cat. t. 2. p. 938. n₀ 118.

    * Desh. Encycl. méth. vers. t. 2. p. 235. n° 74.

Habite à la Jamaïque. Mon cabinet. Elle est tellement lisse que ses stries d'accroissement sont difficiles à distinguer. Ses zones varient d'une à trois. Diam., 23 lignes.

6. Hélice linéolée. *Helix lineolata.* Lamk. (1)

H. testá globosa, imperforcta, luteo rufescente, lineis fimbriatis confertis inæqualibus fuscis cinctá; spirá apice albá; labro margine reflexo, intùs albo.

Fav. Conch. pl. 64. fig. C 1.

Helix undulata. Daudeb. Hist. des Moll. pl. 16. f. 3 à 6.

    * Desh. Encycl. méth. vers. t. 2. p. 247. n° 97.

Habite en Amérique. Mon cabinet. Elle a une ou deux lignes de plus large que les autres sur le milieu de son dernier tour. Diam., environ 21 lignes.

7. Hélice changée. *Helix mutata.* Lamk. (2)

H. testá globosá, perforatá aut imperforatá, zonis duabus rufis latis fusco-maculatis cinctá, albo-fasciatá; spirá exsertiusculá, pallidè rufá, lineatá; labro margine reflexo.

    * *Helix lucorum.* Lin. Syst. nat. p. 1247.

    * Mull. Hist. Verm. t. 2. p. 46. n° 245.

    * Schrot. Einl. t. 2. p. 159. n° 38.

    * Dillw. Cat. t. 2. p. 923. nᵒ 126.

    * Gmel. p 3649. n° 110.

    * Gualt. Ind. pl. 1. fig. O.

Helix castanea. Oliv. Voy. pl. 17. fig. a. b.

Helix lucorum. Daudeb. Hist. des Moll. pl. 21. a.

    * Olivi. Adriat. p. 175.

---

(1) Avant que Lamarck donnât ce nom à cette espèce, M. de Férussac l'avait inscrite dans son Prodrome et figurée dans son grand ouvrage sous le nom d'*Helix undulata* que l'on devrait conserver à l'espèce; dès-lors il faudra changer le nom d'*undulata* donné par M. Quoy à une espèce bien différente de celle-ci.

(2) Le nom d'*Helix lucorum* depuis long-temps donné à cette espèce par Linné, devra lui être rendu dans les catalogues; cela est d'autant plus nécessaire, qu'à l'exception de Lamarck, tous les auteurs ont conservé à cette coquille son nom linnéen.

* Desh. Encycl. méth. vers. t. 2. p. 243. n° 87.

* Desh. Expéd. de Morée. Moll. p. 160. n° 232. *Helix lucorum*.

Habite en Italie et dans le Levant. Mon cabinet. Espèce bien distincte, qui paraît être le produit d'une variation de l'*H. pomatia* dans les lieux que l'on vient de citer. M. Daudebard pense que cette espèce est l'*H. lucorum* de Muller. Diam., 19 à 20 lignes.

8. Hélice vigneronne. *Helix pomatia.* Linn.

H. testá globosá, imperforata, albidá vel pallidè fulvá, zonis tribus luteo rufescentibus cinctá; anfractibus transversè striatis; labro margine subreflexo.

Helix pomatia. Linn. Syst. nat. p. 1244. Gmel. p. 3627. n° 17.

Mull. Verm. p. 43. n° 243.

List. Conch. t. 48. f. 46. a.

* List. Anim. angl. p. 111.   l. 2. fig. 1.

* Bonan. Recr. p. 221. *cum figuris.*

Gualt. Test. t. 1. fig. A. B. C. E. t. 2. fig. B.

D'Argenv. Conch. pl. 28. f. 1. et Zoomorph. pl. 9. f. 4.

* Penn. Zool. Brit. 1812. t. 4. pl. 87. f. 1.

* Dacost. Conch. Brit. p. 67. pl. 4. fig. 11. 14.

* Born. Mus. cæsar. hist. p. 375.

* Gronov. Zooph. fas. 3. p. 333. n° 1552.

Le Vign. Geoff. Coq. p. 24. n° 1.

Chemn. Conch. 9. t. 128. f. 1138. a. b. c.

* Swamm. Bibl. nat. pl. 4. f. 2.

* Schrot. Einl. t. 2. p. 143. n° 23.

* Gèves. Conch. pl. 9. f. 30, 35. 39, 40, 41, 42.

* Brook. Introd. 130. pl. 8. f. 110.

* Dorset. cat. p. 54. pl. 20. f. 14.

* D llw. Cat. t. 2. p. 920. n° 76.

* Sturm. Faun. Coq. 6. pl. 1. fig. 13. 14.

* Poiret. Coq. prod. p. 63. n° 1.

* Millet. Moll. de Maine-et-Loire. p. 43. n° 3.

* Brard. Hist. des Coq. p. 19. n° 3. pl. 1. f. 5.

* Nilss. Hist. Moll. suec. p. 17. n° 4.

* Pfeif. Syst. anord. p. 25. pl. 2. f. 9.

* Turton. Man. p. 34. n° 34. pl. 4. f. 34.

* Kickx. Syn. Moll. brab. p. 28. n° 31.

* Hécart. Cat. des Coq. terr. de Valenc. p. 12. n 20.

* Goup. Hist. des Moll. de la Sarthe. p. 13. n° 1.

* Ross. Icon. t. 1. p. 54. pl. 1. f. 1. 2.

* Roissy. Buf. Moll. t. 5. p. 389. n° 5.

* Ferus. Hist. des Moll. pl. 20. f. 7. 8.

* Kleeb. Syn. Moll. boru. pl. 14. n° 1.
Drap. Moll. pl. 5. f. 20.
Dandeb. Hist. des Moll. pl. 21. et pl. 24. f. 2.
* Poli. Test. t. 3. pl. 54. f. 1. 2.
* Desh. Encycl. méth. vers. t. 2. p. 243. n° 86.
* Desh. Expéd. de Morée. Moll. p. 160. n° 228.
* Bouil. Cat. des Coq. de l'Auv. p. 28. n° 5.
* var. sinistrorsa. *Helix pomaria*. Mull. Verm. t. 2. p. 45. n₀ 244.
* *Sinistrorsa*. Born. Mus. p. 376. pl. 14. f. 21. 22.
* Chemn. Conch. t. 9. p. 77. pl. 108. f. 908. 912.
* Fav. Cat. pl. 1. n° 1.
* Pfeif. Syst. anord. part. 3. pl. 2. f. 2. 3.
* Var. scalaris. *Helix scalaris*. Mull. Verm. t. 2. p. 113.
* Chemn. Conch. t. 9. p. 114. f. 1139. n° 1.
* Gmel. p. 3652. n° 116.
* D'Argenv. Zoomorph. pl. 9. f. 8.
* Fav. Conch. p. 76. f. I.
* Drap. Moll. pl. 5. f. 21. 22.
* *Helix scalaris*. Dillw. Cat. t. 2. p. 921. n° 77.
* Olivi. adriat. p. 175.
* Fer. Hist. des Moll. pl. 21. f. 9.
* Pfeif. Syst. anord. part. 3. pl. 2. f. 1, 8, 9.

Habite en France, etc., dans les vignes, les grandes allées des bois. Mon cabinet. Ses stries d'accroissement sont assez apparentes et ses zones sont souvent obscures. Quelquefois, par suite d'un état maladif de l'animal, la coquille est fortement allongée en spirale plus ou moins lâche. Cette espèce se sert sur nos tables. Vulg. le *Grand-Escargot*. Diam. de la précédente ou à-peu-près.

9. Hélice chagrinée. *Helix aspersa*. Mull.

H. testâ globosâ, imperforatâ, rugosiusculâ, griseo lutescente ; flammulis fuscis in zonas dispositis ; labro margine interiore albo, reflexo.

Helix aspersa. Mull. Verm. p. 49. n° 253.
List. Conch. t. 49. f. 47.
* List. Anim. angl. pl. 2. f. 2.
* Petiv. Zooph. pl. 65. f. 4.
Gualt. Test. t. 1. f. E.
D'Argenv. Conch. pl. 28. f. 3.
Fav. Conch. pl. 63. fig. D 3.
Knorr. Vergn. 4. t. 27. f. 3.
Le Jardinier. Geoff. Coq. p. 27. n° 2.

* Penn. Brit. Zool. 1812. t. 4. pl. 87. f. 3.

* Dacost. Brit. Conch. pl. 4. fig. 1.

* Gèv. Conch. pl. 30. f. 343. 344.

Schrot. Einl. in Conch. 2. t. 4. f. 7.

Chemn. Conch. 9. t. 130. f. 1156. 1158,

Gmel. p. 3631. no 58.

* Born. Mus. pl. 13. f. 10. 11.

Drap. Moll. pl. 5. f. 23.

* Poiret. Coq. prod. p. 65. no 2.

* Brard. Hist. des Coq. p. 7. no 1. pl. 1. f. 1.

* Mill. Moll. de Maine-et-Loire. p. 44. no 4.

* De Rois. Buf. Moll. t. 5. pl. 56. f. 10.

Daudeb. Hist. des Moll. pl. 18. 19. pl. 21 B. fig. 6. 7. et pl. 24. f. 3
pl. 24 A.

* Bowd. Elem. of. Conch. pl. 7. f. 11 à 14.

* Coll. des Cher. Cat des Test p. 63. no 1.

* Payr. Cat. p. 97. no 193.

* Poli. Test. t. 3. pl. 54. f. 17. 18.

* Hécart. Cat. des Coq. de Valenc. p. 10. n° 4.

* Mich. Cat. des Test. d'Alger. p. 2. no 1.

* Turt. Man. p. 52. no 35. pl. 4. f. 35.

* Kickx. Syn. Moll. brab. p. 29. n° 32.

* Des Moul. Cat. des Coq. p. 8. no 3.

* Desh. Encycl. méth. vers. t. 2. p. 236. n° 77.

* Rosm. Icon. t. 1. p. 55. pl. 1. f. 3.

* Bouil. Cat. des Coq. de l'Auver. p. 30. no 7.

* Goup. Hist. des Moll. de la Sarthe. p. 14. no 2.

* *Helix grisea.* Dillw. Cat. t. 2. p. 943. n° 127 (1).

* *Helix variegata.* Gmel. p. 3650. n° 190.

* *Var. scalaris.* Chemn. t. 11. pl. 211. f. 2092. 2093.

* Desh. Expéd. de Morée. Moll. p. 159. n° 226.

Habite en France, etc., dans les haies et les jardins. Mon cabinet
Espèce très commune. Diam. près de 16 lignes.

---

(1) Dillwyn a cru reconnaître dans l'*Helix grisea* de Linné
l'*Helix aspersa* de Muller, mais rien ne prouve qu'il ait raison.
La phrase caratéristique de Linné est insuffisante, et peut se
rapporter à d'autres espèces. La synonymie linnéenne est moins
concluante encore, puisque l'on y trouve la seule citation de
Guatierri, pl. 1. f.   . et cette figure représente une variété de
l'*Helix pomatia.*

10. Hélice vermiculée. *Helix vermiculata.* Muller. (1)

> *H. testá, subglobosá, depressiusculá, imperforatá, albido griseá, vel pallidè fulvá, subfasciatá, punctis lineolisque albis minimis adspersá; spirá brevi; labro margine interiore albo.*
>
> *Helix vermiculata.* Mull. Verm. p. 20. n° 219.
> * *Helix punctata.* Mull. Verm. t. 2, p. 21. n° 220.
> Petiv. Gaz. t. 52. f. 11.
> Gualt. Test. t. 1. fig. G. H.
> Fav. Conch. pl. 64. fig. K 2. K 3.
> Chemn. Conch. 9. t. 129. f. 1148. a. b. c.
> Gmel. p. 3616. n° 253.
> Drap. Moll. pl. 6. f. 7. 8.
> * Fer. Prod. p. 31. n° 59.
> Daudeb. Hist. des Moll. p. 37. et pl. 39. a. f. 5. 6.
> * Dillw. Cat. t. 2. p. 894. n° 17.
> * Mich. Cat. des Test. d'Alger. p. 6. n° 13.
> * Payr. Cat. p. 97. n° 194.
> * Desh. Encycl. méth. vers. t. 2. p. 242. n° 85.
> * Desh. Expéd. de Morée. Moll. p. 160. n° 227.
> Habite la France méridionale, l'Espagne, l'Italie, etc, dans les vignes et les jardins. Mon cabinet. Diam., 13 lignes.

11. Hélice d'Alicante. *Helix alonensis.* Féruss.

> *H. testá subglobosá, depressiusculá, imperforata, albidá, rufo et fusco fasciatá; spirá brevi; aperturá lunari; labro subacuto.*
>
> *Helix alonensis.* Daudeb. Hist. des Moll. pl. 36A. f. 8. et pl. 39.
> * Bowd. Elem. of Conch. pl. 7. f. 16.
> * Fer. Prod. p. 31. n° 62.
> * Desh. Encycl. méth. vers. t. 2. p. 245. n° 91.
> Habite en Espagne, aux environs d'Alicante. M. *Daudebard.* Mon cabinet. Elle est très voisine de celle qui précède, et n'en diffère presque que par la rondeur de son bord droit. Diam., 13 lignes et demie.

12. Hélice versicolore. *Helix versicolor.* Born.

> *H. testá, subglobosá, imperforatá, glabriusculá, albá, lineis fuscis*

---

(1) L'*Helix punctata* de Muller est très probablement une variété de cette espèce et pourrait être aussi la variété à bouche blanche de l'*Helix lactea.*

*roseisque distinctis cinctâ ; spirâ prominente ; columellâ roseâ ; la-
bro, simplici acuto.*

Helix versicolor. Born. Mus. t. 16. f. 9. 10.

* Schrot. Einl. t. 2. p. 235. n° 207.

Gmel. p. 3651. n° 193.

* Dillw. Cat. t. 2. p. 946. n° 131.

* Fer. Prod. p. 28. n° 18.

Daudeb. Hist. des Moll. pl. 17. f. 1. 3.

Habite... Mon cabinet. Ses lignes roses sont principalement situées
près des sutures. Diam., 11 lignes.

13. Hélice natice. *Helix naticoides.* Drap. (1)

*H. testâ subglobosâ, ventricosâ, imperforatâ, tenuissimâ, fuscovi-
rente ; anfractibus transversè striatis ; aperturâ amplâ ; labro simplici, acuto.*

Helix aperta. Born. Mus. t. 15. f. 19. 20.

Gualt. Test. t. 1. f. 7.

Helix aperta. Gmel. p: 3651. n° 192.

Helix neritoides. Chem. Conch. 9. t. 133. f. 1204. 1205.

* Schrot. Einl. t. 2. p. 234. n° 205.

Helix naticoides. Drap. Moll. pl. 5. f. 26. 27.

* *Helix aperta.* Dillw. Cat. t. 2. p. 946. n° 132.

* Fer. Prod. p. 27. n° 15.

Daudeb. Hist. des Moll. pl. 11. f. 17 à 20.

* Poli. Test. t. 3. pl. 54. f. 24, 25.

* Bowd. Elem. of Conch. pl. 7. fig. 7.

* Blainv. Malac. pl. 40. fig. 6.

* Payr. Cat. p. 97. n° 195.

* Desh. Encycl. méth. vers. t. 2. p. 235. n$_0$ 73.

* Mich. Cat. des Test. d'Alger. p. 2. n° 3.

* Desh. Expéd. de Morée. Moll. p. 162. n° 237.

Habite le midi de la France, etc. Mon cabinet. Diam., 1 pouce.

14. Hélice peinte. *Helix picta.* Born.

H. testâ subglobosâ, imperforatâ, tenui, læviusculâ, citrinâ vel ca-

---

(1) Draparnaud a eu tort de changer le nom de cette espèce,
il aurait dû adopter celui de Born, *Helix aperta,* puisqu'il est
le premier. Quoique la dénomination de Draparnaud soit aujour-
d'hui généralement adoptée, nous proposons néanmoins de
rendre à cette espèce le premier nom qui lui fut imposé.

3.

*ruleá vel rufá, fasciis variis longitudinalibus et transversis crucia-
tim distinctá; spirá brevi, obtusá; labro simplici, acuto.*

Helix picta. Born. Mus. t. 15. f. 17. 18.

* Rumph. Mus. pl. 22. n° 1.

Knorr. Vergn. 1. t. 10. f. 2.

Chem. Conch. 9. t. 130. f. 1162 à 1165.

* Kamm. Cab. rudols. pl. 11. fig. 45.

* Seba. Mus. pl. 40. f. 46.

* *Helix venusta.* Gmel. p. 3650. n° 114.

Gmel. p. 3650. n° 189.

* Dillw. Cat. t. 2. p. 945. n° 130.

* Fer. Prod. p. 27. n° 16.

Daudeb. Hist. des Moll. pl. 11. a. f. 14. pl. 12 et 13. pl. 14. f. 1 à 5.
et pl. 25. f. 9. 10.

* Desh. Encycl. méth. vers. t. 2. p. 235. n₀ 72.

Habite... Mon cabinet. Très jolie espèce, offrant une infinité de variétés dans sa coloration. Diam., 1 pouce ou un peu plus.

15. Hélice galactite. *Helix galactites.* Lamk.

*H. testá subglobosá, imperforatá, lævissimá, nitidá, candidá, fasciis
rubro-fuscis cinctá; ultimo anfractu trifasciato; spirá obtusá;
columellá luteá; labro margine reflexo.*

Helix mirabilis. Daudeb. Hist. des Moll. pl. 51. f. 4. 6.

[b] *Var. testá supernè in conum elongata.*

Habite... Mon cabinet. Belle coquille, très lisse, d'un blanc de lait
éclatant, et fasciée de larges bandelettes d'un rouge-brun, dont
trois sur son dernier tour. Elle paraît imperforée, le bord gauche
recouvrant et cachant l'ombilic. Diam., 16 lignes. La Var. [b] n'en
diffère que par une forme bien plus allongée.

16. Hélice hémastome. *Helix hæmastoma.* Linn.

*H. testá globoso-conoideá, ventricosá, imperforatá, rufo-castaneá,
infernè albo-zonatá; apice roseo; aperturá latere dilatata : fundo
albo; columellá labroque purpureis.*

Helix hæmastoma. Lin. Syst. nat. p. 1247. Gmel. p. 3649. n° 112.

Mull. Verm. p. 78. n° 274.

Seba. Mus. 3. t. 40. f. 6. 7.

Fav. Conch. pl. 64. f. A 4.

Chem. Conch. 9. t. 130. f. 1150. 1151.

Schrot. Einl. in Conch. 2. t. 4. f. 5. 6.

Daudeb. Hist. des Moll. pl. 32. b. f. 1. 2. 5.

* List. Conch. pl. 1055. f. 2.

* Gève. Conch. pl. 28. f. 328. 29.

* De Rois. Buf. Moll. t. 5. p. 389. n° 4.
* Dillw. Cat. t. 2. p. 944. n° 128.
* Fer. Prod. p. 31. n° 52.
* Desh. Encycl. méth. vers. t. 2. p. 236. n° 76.

Habite dans les Grandes–Indes. Mon cabinet. Très belle espèce, remarquable par la forme et la coloration de son ouverture. Son bord droit est très réfléchi. Diam. 21 lignes.

17. Hélice bouc-noir. *Helix melanotragus*. Born.

H. testâ globoso-conoideâ, ventricosâ, imperforatâ, castaneo-fuscâ, infernè albo-zonatâ; apice luteo; aperturâ transversâ : fundo albo; columellâ labroque nigris.

Helix melanotragus. Born. Mus. p. 388.

Helix hœmastoma. Chem. Conch. 9. t. 130. f. 1152. 1153.

Helix senegalensis. Encycl. p. 462. f. 4. a. b.

Helix melanotragus. Daudeb. Hist. des Moll. pl. 32. B. f. 3. 4. 6.

* *Helix hœmastoma.* var. Dillw. 4. t. 2. p. 944. n° 128.

* Fer. Prod. p. 31. n° 53.

* Desh. Encycl. méth. vers. t. 2. p. 236. n° 75.

Habite dans les Grandes-Indes. Mon cabinet. Coquille sans doute très voisine de la précédente; mais, outre qu'elle est en dehors d'un marron plus rembruni, et que son ouverture est bordée de noir, le cône obtus que forme sa spire est réellement plus allongé, et son dernier tour est plus bombé. De part et d'autre, l'ouverture est transverse et le bord droit réfléchi en dehors. Diam., 20 lignes.

18. Hélice étalée. *Helix extensa*. Muller.

H. testâ subglobosâ, imperforatâ, albâ; spira brevi, obtusâ; aperturâ patulâ; labro repando, margine reflexo.

* *Helix extensa.* Mull. Verm. p. 60. n° 254.

Gmel. p. 3631. n° 59.

* Fav. Conch. pl. 64. f. C 5.

* Dillw. Cat. t. 2. p. 922. n₀ 80.

* Fer. Prod. p. 28. n° 24.

Daudeb. Hist. des Moll. pl. 16. f. 1. 2.

Habite l'Amérique, selon M. *Daudebard.* Mon cabinet. Notre coquille est immaculée, ainsi que le dit *Muller.* Diam., 19 lignes.

19. Hélice lucane. *Helix lucana*. Muller.

H. testâ globosâ, umbilicatâ, crassiusculâ, glabrâ, infernè albâ, supernè rubente, spirâ breviusculâ, conoideâ; aperturâ rufo-violascente; labro margine reflexo.

Helix lucana. Mull. Verm. p. 75. n° 270.
Chem. Conch. 9. t. 130. f. 1155.
Gmel. p. 3636. n° 78.
Daudeb. Hist. des Moll. pl. 28. f. 11. 12.
* Desh. Encycl. méth. vers. t. 2. p. 247. n° 92.
Habite au cap de Bonne-Espérance, selon M. *Daudebard.* Mon cabinet. Le bord columellaire s'avance un peu sur l'ombilic. Diam.. environ 15 lignes.

20. Hélice petit-globe. *Helix globulus.* Mull. (1)

H. testá subglobosá, perforatá, pallidè fulva, infernè albá; anfractibus transversè striatis; spirá brevi, obtusá; labro subreflexo.
Helix globulus. Mull. Verm. p. 68. n° 264.
List. Conch. t. 45. f. 41.
Chem. Conch. 9. t. 130. f. 1159. 1160.
Gmel. p. 3629. n° 52.
Daudeb. Hist. des Moll. pl. 26. f. 10 à 12.
Habite aux environs de Pondichéri. M. *Daudebard.* Mon cabinet. Elle est moins globuleuse que celle qui précède. Diam. 13 lignes.

21. Hélice mélanostome. *Helix melanostoma.* Drap.

H. testá globosá, imperforatá, crassiusculá, longitudinaliter striatá, cinereá, subfasciatá; aperturá rufo-fuscá; labro simplici, acuto.
Gualt. Test. t. 2. f. C.
Helix melanostoma. Drap. Moll. pl. 5. f. 24.
* Payr. Cat p. 98. n° 196.
* Fer. Prod. p. 29. n° 27.
Daudeb. Hist. des Moll. pl. 20. f. 5. 6. 9.
* Desh. Encycl. méth. vers. t. 2. p. 244. n° 88.
Habite dans le midi de la France et en Egypte, d'où *Bruguières* m'en a envoyé plusieurs individus. Diam., 13 lignes et demie.

22. Hélice ciselée. *Helix cœlatura.* Féruss.

---

(1) Cette espèce n'est pas la même que le *Globulus* de Muller, M. Beck, savant naturaliste danois, conservateur de la précieuse collection du prince de Danemark, ayant pu étudier avec le plus grand soin la collection de Muller, nous a signalé l'erreur de Lamarck et de M. de Férussac au sujet de cette espèce et de l'*Helix lucana.* L'Hélice qui, dans nos collections, est désignée sous le nom d'*Helix lucana,* est l'*Helix rosacea* de Muller.

H. testá subglobosá, imperforatá, longitudinaliter transversim striatá, intensè rufa; spirá exertiusculá.

Helix cælatura. Daudeb. Hist. des Moll. pl. 23. f. 3. 4.

* Fer. Prod. p. 30. n° 48.

* Desh. Encycl. méth. vers. t. 2. p. 246. n° 94.

Habite dans l'île Bourbon. Mon cabinet. Dans la coquille adult. le bord droit est réfléchi, et a son limbe interne d'un beau bl... Il est simple dans la mienne, qui est imparfaite. Diam., 13 lig. et demie.

23. Hélice microstome. *Helix microstoma.* Lamk. (1).

H. testá, subglobosá, imperforatá, solidá, albá; striis creberrimis dulatis elegantissimis; spirá brevi, obtusá, fauce parva; column... luteá; labro margine reflexo.

* Fer. Prod. p. 22. n° 80.

Helix auricoma. Daudeb. Hist. des Moll. pl. 46. f. 7 à 9.

Habite dans l'île de Cuba. Mon cabinet. Jolie coquille, agréablem... striée, et dont le test est assez épais. Diam., 1. lignes.

24. Hélice maculeuse. *Helix maculosa.* Born. (2)

H. testá globoso-depressá, ventricosá, subtùs convexa, perfora... albá, fulvo-maculosá; anfractibus transversè striatis; labro r... gine subacuto.

Helix maculosa. Born. Mus. t. 14. f. 15. 16.

Gmel. p. 3622. p. 164.

* *Helix maculosa.* Fer. Prod. p. 30. n° 45.

* *Helix irregularis.* Fer. Prod. p. 30. n° 44.

Daudeb. Hist. des Moll. pl. 28. f. 9. 10.

Ejusd. Helix irregularis. Hist. des Moll. pl. 28. f. 5. 6.

* Dillw. Cat. t. 2. p. 902. n° 37.

* Schrot. Einl. t. 2. p. 232. no 201.

* *Helix irregularis.* Caill. voy. à Méroë. t. 2. pl. 60. f. 1. 2. 3.

* Desh. Encycl. méth. vers. t. 2. p. 233. n° 79.

---

(1) Déjà M. de Férussac avait donné un nom à cette espè..., avant que Lamarck lui imposât celui-ci; il faudra donc lui re... dre celui d'*Helix auricoma.*

(2) Lamarck réunit ici deux des espèces de M. de Ferussac, nous croyons qu'il a raison, car ces espèces vivant dans les mêm... lieux, se confondent, dans un grand nombre de variétés, de telle sorte qu'il devient impossible de les séparer.

Habite dans les îles de l'Archipel et en Égypte. *Bruguières.* Mon
cabinet. Intérieur du bord droit d'un fauve roussâtre. Diam.,
11 lignes.

25. Hélice de Richard. *Helix Richardi.* Féruss.

H. testá orbiculato-convexá, latè umbilicatá, squalidè albá ; anfrac-
tibus transversè striatis : striis confertis, undulatis ; labro margine
albo, valdè reflexo, ad basim subunidentato.

Helix Richardi. Daudeb. Hist. des Moll. n° 174. pl. 70. f. 4.

* Desh. Encycl. méth. vers. t. 2. p. 212. n° 14.

* *Helix profunda.* Say. Amer. Conch. n° 4. pl. 36. f. 3.

Habite l'Amérique septentrionale, dans l'état de Ténessee, aux environs de Knoxville. *Michaux.* Mon cabinet. Diam., 14 lignes.

26. Hélice de Bonpland. *Helix Bonplandii.* Lamk.

H. testá orbiculato-convexá, subperforatá, squalidè albá ; anfractibus
transversè striatis : striis tenuissimis, obliquis ; ultimo anfractu
obtusè angulato ; labro expanso, margine reflexo.

Helix albolabris. Var ? Daudeb. Hist. des Moll. n° 75.

* *Helix Bonplandii.* Fer. pl. 46. A. f. 2.

Habite dans l'île de Cuba, aux environs de la Havanne. M. *Bonpland.*
Mon cabinet. Diam., 15 lignes et demie.

27. Hélice planulée. *Helix planulata.* Lamk.

H. testá, orbiculato-depressá, umbilicatá, lævi, albo et luteo-rubente
marmoratá ; spirá retusá ; aperturá subrotundá, compressá : mar-
ginibus connexis, reflexis albis.

* Fer. Prod. p. 69. n° 187 *bis.* id. Hist. des Moll. pl. 73. A. f. 3.

* Swain. Zool. Illust. f. 2. pl. 9.

Habite... Mon cabinet. Belle coquille, très remarquable par les caractères de son ouverture. Elle est blanche en dessous, et a une
petite dent à la base de son bord droit. Son dernier tour est légèrement anguleux. Diam., 17 lignes.

28. Hélice labrelle. *Helix labrella* Lamk.

H. testá orbiculato-convexá, subdepressá, latè umbilicatá, glabrá,
castaneá, subtùs albo-zonatá; apice albá; labro valdè expanso,
intùs albo, margine reflexo.

* Fer. Prod. p. 39. n° 103.

Helix sepulchralis. Daudeb. Hist. des Moll. pl. 75. f. 1.

* *Helix sepulchralis.* Bowd. Elem. of Conch. pl. 8. f. 8.

* Desh. Encycl. méth. vers. t. 2. p. 212. n° 11.

Habite à Madagascar. Mon cabinet. Belle espèce, remarquable par
l'ampleur de son bord droit. Diam., 18 lignes et demie.

29. Hélice onguline. *Helix ungulina.* Lin.

*H. testá orbiculatá, ventricosá, suprà depresso excavatá, infrá con-
cavá, latè umbilicatá, glabrá, intensè rufá; labro intùs albo, margine reflexo.*

Helix ungulina. Lin. Syst. nat. p. 1245. Gmel. p. 3635. n° 75.

Petiv. Amb. t. 12. f. 13.

Rumph. Mus. t. 27. f. R.

Born. Mus. t. 15. f. 11. 12.

* Mull. Verm. p. 69. n° 266.

* Gève. Conch. pl. 3. f. 15.

* Schrot. Einl. t. 2. p. 149. n° 28.

Seba. Mus. 3. t. 40. f. 11.

Helix badia. Gmel. p. 3639. n° 171.

* Dillw. Cat. t. 2. p. 928. n° 96.

Helix ungulina. Daudeb. Hist. des Moll. n$_0$ 192. pl. 77. f. 23.

* Desh. Encycl. méth. vers. t. 2. p. 209. n° 4.

Habite dans l'île de Java. Mon cabinet. Espèce presque discoïde; la
spire, au lieu d'être en saillie, est déprimée et même enfoncée de
manière que la coquille est concave en dessus, comme elle l'est
encore en dessous, indépendamment de l'ombilic. Diam., environ
18 lignes.

30. Hélice peau de serpent. *Helix pellis serpentis.* Chemn.

*H. testá orbiculato convexá, umbilicatá, griseo-flavicante, fasciis
flammeis rubris albisque pictá, subtùs seriebus pluribus punctorum
rufescentium ornatá; spirá obtusissimá; ultimo anfractu subangulato; labro margine albo, reflexo.*

List. Conch. t. 66. f. 64. et pl. 76. f. 76.

Petiv. Gaz. t. 156. f. 1.

Fav. Conch. pl. 63. f. G 3.

Helix pellis serpentis. Chem. Conch. 9. t. 125. f. 1095. 1096.

Ejusd. Conch. 11. t. 208. f. 2046. 2047.

Gmel. p. 3620. n° 254.

Daudeb. Hist. des Moll. n$_0$ 185. pl. 74. f. 2. pl. 75. A. f. 2. 3
pl. 75. B. f. 6. a. 9.

* Desh. Encycl. méth. vers. t. 2. p. 228. n° 56.

* Rang. desc. des Coq. terr. p. 7. n$_0$ 4.

* *Solarium serpens.* Spix. Voy. au Brésil. p. 17. f. 1.

* Moric. Mém. de Genève. t. 7. p. 422. n° 12.

Habite en Amérique, dans les forêts de la Guyane, etc. Mon cabinet.
Très belle espèce, agréablement variée dans sa coloration. Diam.
2 pouces.

31. Hélice sinistrale. *Helix senegalensis.* Chemn.

H. testâ sinistrorsâ, orbiculato-convexâ, umbilicatâ, albido-fulvâ, lineis rufis confertis cinctâ ; ultimo anfractu zonâ albâ distinctâ ; labro intùs albo, margine reflexo.

Helix senegalensis. Chem. Conch. 9. t. 109. f. 917. 918.

* *Helix cicatricosa.* Kamm. Rudols. Mus. p. 173. n° 49. pl. 11. f. 6.

Daudeb. Hist. des Moll. n° 189. pl. 78. f. 1.

* Desh. Encycl. méth. vers. t. 2. p. 229, n° 57.

Habite... Mon cabinet. Coquille rare, singulière par sa manière de tourner. Diam., près de 20 lignes.

32. Hélice microdonte. *Helix unidentata.* Chemn. (1)

H. testâ orbiculato-conoideâ, subtùs convexâ, imperforatâ, rufâ ; ultimo anfractu obtusè angulato, zonâ albidâ cinctô ; labro intùs albo, margine reflexo, basi unidentato.

Helix unidentata. Chem. Conch. 11. t. 208. f. 2049. 2050.

Daudeb. Hist. des Moll. p. 315. pl. 104. f. 8. 9.

* Dillw. Cat. t. 2. p. 902. n° 35.

* Desh. Encycl. méth. vers. t. 2. p. 266. n° 152.

Habite dans la Guyane. Mon cabinet. Diam., 18 lignes.

33. Hélice enfoncée. *Helix cepa.* Muller.

H. testâ orbiculato-subconoideâ, imperforatâ, rufâ, albo-fasciatâ ; ultimo anfractu prope labrum profundè excavato et infrà in dentem producto ; labro margine reflexo, basi unidentato.

Helix cepa. Mull. Verm. p. 74. n° 269.

List. Conch. t. 88. f. 89.

Nicols. Saint-Domingue. pl. 5. f. 9.

Gmel. p. 3619. n° 28.

---

(1) Il ne faut pas confondre cette espèce avec l'*Helix unidentata* de Draparnaud ; celle-ci a plus d'un pouce de diamètre, celle de Draparnaud est plus petite. Quoique tous les auteurs qui, depuis Draparnaud, ont écrit sur les coquilles d'Europe, aient consacré le nom d'*Helix unidentata* à l'espèce européenne, nous pensons cependant qu'il doit être conservé à l'espèce de Chemnitz, la première décrite sous ce nom. En conséquence il faudra donner à la coquille de Draparnaud le nom d'*Helix monodon,* proposé par M. de Férussac dans son tableau des Moll. terr. fluv. p. 35. n° 122.

Daudeb. Hist. des Moll. n° 115. pl. 53 A. f. 1. 2. 3.

* Dillv. Cat. t. 2. p. 901. n° 32.

* Desh. Encycl. méth. vers. t. 2. p. 254. n° 122.

Habite à Saint-Domingue. Mon cabinet. Coquille remarquable par l'excavation de son dernier tour. Diam., 20 lignes.

34. Hélice hétéroclite. *Helix heteroclites.* Lamk.

H. testá orbiculato-convexá, imperforatá, minutissimè et obliquè striatá, pallidè fulvá; anfractu tertio ad periphœriam acutangulo, spirá planulatá, retusá; labro margine reflexo, basi bidentato.

Helix Lamarkii. Var. B. Daudeb. Hist. des Moll. pl. 57. f. 2.

Habite à la Jamaïque, selon M. *Daudebard.* Mon cabinet. Coquille singulière en ce que, outre son dernier tour qui est subanguleux, le troisième est comme soulevé et a son pourtour aussi tranchant que celui d'une Carocolle. Diam. 21 lignes.

35. Hélice discolore. *Helix discolor.* Féruss.

H. testá orbiculato-convexá; imperforatá, glabrá, pallidè rufá; ultimo anfractu zoná castaneá albo-marginatá cincto; spirá obtusá, labro margine valdè reflexo, basi dente obsoleto.

Helix discolor. Richard.

* Fer. Prod. p. 32. n° 79.

Daudeb. Hist. des Moll. pl. 46. f. 3 à 6.

* Desh. Encycl. méth. vers. t. 2. p. 244. n° 90.

Habite à Cayenne. *Richard.* Mon cabinet. Limbe du bord droit rougeâtre. Diam, 15 lignes.

36. Hélice lactée. *Helix lactea.* Muller.

H. testá orbiculato-convexá; imperforatá, griseá, rufo vel fusco fasciatá, punctis lacteis minimis notatá; spirá retusá; fauce nigrá; labro expanso, margine reflexo.

Helix lactea. Mull. Verm. p. 19. n° 218.

List. Conch. t. 51. f. 49. et t. 95. f. 96.

Petiv. Gaz. t. 153. f. 8.

Chem. Conch. 9. t. 130. f. 1161.

Gmel. p. 3629. n° 237.

Daudeb. Hist. des Moll. pl. 45. et pl. 39 A. f. 6. 7.

* Desh. Encycl. méth. vers. t. 2. p. 247. n° 99.

* Mich. Compl. Drap. p. 19. n° 28. pl. 14. f. 5. 6.

* Mich. Cat. des Test. d'Alger. p. 2. n° 2.

* *An eadem.* Poli. Test. t. 3. pl. 54. f. 19, 20, 21.

* Fer. Prod. p. 32. no 78.

* Webb. et Berth. Syn. Moll. prod. p. 9. n° 5.

Habite en Espagne, en Barbarie et dans l'île de Ténériffe. *Mauger.*
Mon cabinet. Espèce fort remarquable par ses caractères. Diam..
environ 19 lignes.

37. Hélice zonaire. *Helix zonaria.* Lin.

*H. testá orbiculato-depressá, umbilicatá, glabrá, albidá, fusco-zonatá,
maculis rufis adspersá; spirá planulatá; labro expanso, margine
reflexo, albo.*

Helix zonaria. Lin. Syst. nat. p. 1245. Gmel. p. 3632. n° 63.
* Schrot. Einl. t. 2. p. 148. n° 27.
* Born. Mus. p. 378.
* Dillw. Cat. t. 1. p. 927. n° 94.
Mull. Verm. p. 35. n° 237.
List. Conch. t. 73. f. 72.
Seba. Mus. 3. pl. 38. f. 67. t. 40. f. 29, 49, 51, 58.
Chem. Conch. 9. t. 132. f. 1188. 1789.
Daudeb. Hist. des Moll. p. 72 et 73.
[*B*] *Var. testá albá, nitidá, fusco-bizonatá.*
Seba. Mus. 3. t. 40. f. 55.
Knorr. Vergn. 5. t. 21. f. 4.
Daudeb. Hist. des Moll. pl. 72. 71. f. 6 a 10. 73. f. 6.
* Quoy et Gaym. Voy. de l'Ur. pl. 67. f. 14. 15.
* *Id.* Voy. de l'Astrol. t. 2. p. 104. pl. 8. f. 14.
* Desh. Encycl. méth. vers. t. 2. p. 228. n° 55.
Habite les Grandes-Indes. Mon cabinet. Diam., 14 lignes. La variété
citée a été recueillie dans l'Ile-de-France, par M. *de Labillardière.*
Celle-ci est plus petite, très blanche, et marquée de deux fascies
brunes sur le dernier tour.

38. Hélice tachetée. *Helix guttata.* Oliv.

*H. testá orbiculato-convexa, depressiusculá, imperforatá, tenui, gri-
seá; maculis fulvis confertis fasciatim dispositis; labro margine
albo, reflexo.*

Helix guttata. Oliv. Voy. pl. 31. f. 8. a. b.
Daudeb. Hist. des Moll. pl. 38. f. 2.
* Fer. Prod. p. 31. n° 60.
Habite dans le Levant, aux environs d'Orfa. Mon cabinet. Diam. de
la précédente.

39. Hélice de Madagascar. *Helix Madagascariensis.* Lamk.

*H. testá orbiculato-convexa, umbilicatá, tenuiter striatá. corneá,
fusco-bifasciatá; spirá brevi, obtusá; labro intùs albo, margine
reflexo.*

Helix madecassina. Daudeb. Hist. des Moll. Prod. p. 68. n° 180 bis.
pl. 73. A.f. 2.

* Bowd. Elem. of Conch. pl. 8. f. 3.

Habite à Madagascar, près du Fort-Dauphin, dans les bois. *Bruguières.*
Mon cabinet. Diam., 13 lignes.

40. Hélice de Java. *Helix Javanica.* Féruss.

*H. testá orbiculato-convexá, depressiusculá, imperforatá, tenuiter
striatá, corneá; ultimo anfractu fasciis duabus fuscis cincto; spirá
brevissimá; aperturá concolore; labro acuto.*

* Fer. Prod. p. 42. n° 234.

Helix Javacensis. Daudeb. Hist. des Moll. pl. 92. f. 2.

Habite dans l'île de Java. M. *Leschenault.* Mon cabinet. Diam. de la
précédente.

41. Hélice du Pérou. *Helix Peruviana.* Lamk.

*H. testá orbiculato-depressá, latè umbilicatá, tenui, rugulosá, fulvo-
rufescente, subtùs albido-griseá; spirá obtusá; labro acuto.*

Helix laxata. Daudeb. Hist. des Moll. n° 181. pl. 74. f. 3.

* Desh. Encycl. méth. vers. t. 2. p. 218. n° 28.

Habite dans le Pérou. *Dombey.* Mon cabinet. Tous les tours de spire
s'aperçoivent dans l'ombilic. Diam., 11 lignes.

42. Hélice simple. *Helix simplex.* Lamk.

*H. testá orbiculato-convexá; imperforatá, obliquè striatá, pallidè
rufescente; spirá subconoideá, apice rubente; labro simplici,
acutiusculo.*

* Fer. Prod. addit. n° 48 bis. pl. 25 B. f. 6.

Habite..... Mon cabinet. Coquille assez mince, offrant un léger
enfoncement au bas de son axe, sans être perforée. Diam., 16 lig.

43. Hélice turban. *Helix cidaris.* Lamk.

*H. testa orbiculato-conoideá, subumbilicatá, obliquè striatá, albá;
ultimo anfractu lineá obscurè rubrá cincto; spirá turgidá, apice
obtusá; labro simplici, acuto.*

Helix citrina. Var. A. Daudeb. Hist. des Moll. n° 240.

Habite dans l'île de Timor. Mon cabinet. Diam., 15 lignes.

44. Hélice citrine. *Helix citrina.* Linn. (1)

H. testá orbiculato-convexá, subumbilicatá, lævi, diaphaná, nitidá,

___

(1) Nous avons examiné un grand nombre de variétés de cette
espèce et cet examen nous porte à croire qu'il est nécessaire de

*pallidè luteâ, ætcte castanea ; ultimo anfractu fasciâ albâ aut ni-
grâ cincto ; spirâ obtusâ ; labro acuto.*

Helix citrina. Lin. Syst. nat. p. 1245. Gmel. p. 3628. n° 49.

Mull. Verm. p. 63. n° 260.

List. Conch. t. 54. f. 50. et t. 60. f. 57.

Gualt. Test. t. 3. f. D. E.

D'Argenv. Conch. pl. 28. f. 10.

Fav. Conch. pl. 63. f. 1. 1.

Seba. Mus. 3. t. 39. f. 1 à 10. et pl. 40. f. 60.

Knorr. Vergn. 5. t. 22. f. 7.

Born. Mus. t. 13. f. 14. 15. et t. 15. f. 1 à 10.

* Gève. Conch. pl. 26. f. 277 à 285.

* Schrot. Einl. t. 2. p. 146. n° 25.

Chem. Conch. 9. t. 131. f. 1167. 1175.

* De Roissy. Buf. Moll. t. 5. p. 389. n° 3.

* Dillw. Cat. t. 2. p. 922. n° 81.

Daudeb. Hist. des Moll. n° 240.

* *An eadem spec? Helix castanea.* Mull. Verm. p. 67. n° 262.

* Id. Lin. Gmel. p. 3629. n° 51.

* Id. Chem. t. 9. p. 131. f. 1177. 1178.

* Id. Dillw. Cat. t. 2. p. 923. n° 83.

* Gève. Conch. pl. 26. f. 286.

Habite dans les Grandes-Indes, selon M. *Daudebard*. Mon cabinet.
Belle coquille, très lisse, transparente, à bord droit toujours tranchant. Diam., 16 lignes.

45. **Hélice peson.** *Helix algira.* Lin.

*H. testâ orbiculato-convexâ, depressiusculâ, latè umbilicatâ, rugulosâ,
griseo-flavescente, immaculatâ ; labro simplici, acuto.*

Helix algira. Lin. Syst. nat. p. 1242. Gmel. p. 3615. n° 11.

---

supprimer l'*Helix cidaris* de Lamarck pour la réunir à celle-ci à
titre de variété; nous pensons aussi que la même réunion doit se
faire pour l'*Helix castanea* de Muller, et en cela nous sommes de
la même opinion que M. de Férussac. Jusque dans ces derniers
temps, tous les auteurs ont rapporté cette espèce au genre Hélice. Cependant les observations de M. Quoy, dont nous avons
pu, grâce au savant voyageur, vérifier toute l'exactitude, prouvent d'une manière incontestable que l'animal de l'*Helix citrina*
a la même organisation que les *Vitrines*, et devra à l'avenir faire
partie de ce genre.

Helix oculus capri. Mull. Verm. p. 39. n° 239.

List. Conch. t. 79. f. 80.

Gualt. Test. t. 3. f. G.

D'Argenv. Conch. pl. 6. f. E.

Fav. Conch. pl. 63. f. L 1.

Born. Mus. t. 14. f. 3. 4.

Chem. Conch. 9. t. 125. f. 1093. 1094.

Helix ægophthalmos. Gmel. p. 3614. n° 5.

Helix Algira Drap. Moll. pl. 7. f. 38. 39.

Daudeb. Hist. des Moll. pl. 81. f. 1.

* Olivi. Adriat. p. 174.

* Dillw. Cat. t. 2. p. 892. n° 13.

* Schrot. Einl. t. 2. p. 127. n° 6.

* Blainv. Malac. pl. 40. f. 8.

* Payr. Cat. p. 98. n° 197.

* Desh. Encycl. méth. vers. t. 2. p. 214. n₀ 18.

* Desh. Expéd. de Morée. Moll. p. 159. n₀ 225.

Habite dans le midi de la France, la Barbarie, etc. Mon cabinet. Dans l'état frais, elle a un épiderme verdâtre. Diam., 19 lignes.

46. Hélice verticille. *Helix verticillus*. Féruss. (1)

H. *testá, orbiculato-convexá, latè umbilicatá, tenuiusculá; subpellucidá, luteo et griseo virente, variegatá; enfractibus transversè, striatis; apice obtuso; labro simplici, acuto.*

Helix verticillus. Daudeb. Hist. des Moll. n° 202. pl. 80. f. 8. 9.

Habite dans les provinces méridionales de l'Autriche. Mon cabinet. Elle a beaucoup de rapports avec la précédente. Diam., 11 lignes trois quarts.

47. Hélice semi-rousse. *Helix olivetorum*. Gmel.

H. *testá orbiculato-convexá, umbilicata, tenui, pellucidá, suprà corneo-rufá, subùs albidá; spirá obtusá; labro simplici, acuto.*

Gualt. Test. t. 3. f. G.

Helix olivetorum. Gmel. p. 3639. n° 170.

Helix incerta. Drap. Moll. pl. 13. f. 8. 9.

Helix olivetorum. Daudeb. Hist. des Moll. n° 205. pl. 82. f. 7. 8. 9.

---

(1) Cette espèce, établie par M. de Férussac et adoptée par Lamarck, n'est en réalité qu'une variété un peu plus conoïde de l'*Helix algira*; il sera nécessaire en conséquence de réunir ces deux espèces.

* *Helix algira.* Var. Dillw. Cat. t. 2. p. 892. n₀ 13.

* Desh. Encycl. méth. vers. t. 2. p. 215. n° 21.

* Desh. Expéd. de Morée. Moll. p. 160. n° 230.

Habite dans le midi de la France, l'Italie. M. *Daudebard.* Mon cabinet. L'ombilic laisse voir plusieurs des tours de la spire. Diam.,
9 lignes.

48. Hélice planospire. *Helix planospira.* Lamk.

*H. testá orbiculato-depressá; subtùs convexá, umbilicatá, glabrá, cor-
neo-lutescente; spirá planá; ultimo anfractu fasciá albidá rufo-
marginatá cincto; labro margine reflexo, albo:*

* *An eadem species? Helix ericetorum.* Chem. Conch. t. 9. p. 143.
pl. 132. f. 1193 à 1195.

Gualt. Test. t. 3. f. O.

Helix zonata. Daudeb. Hist. des Moll. n° 165. pl. 68. f. 7 à 10:
pl. 69 A. f. 3 à 6. 75. B. f. 4.

* Ross. Icon. t. 2. p. 3. pl. 6. f. 90.

* Poli. Test. t. 3. pl. 53. f. 35. 36.

* Mich. Compl. Drap. p. 36. n° 60 pl. 14. f. 3. 4.

* Payr. Cat. p. 98. n° 198.

* Desh. Encycl. méth. vers. t. 2. p. 212. n° 13.

* Desh. Expéd. de Morée. Moll. p. 161. n° 236.

Habite en Italie. M. *Ménard.* Mon cabinet. Diam., environ 10 lig.

49. Hélice de la Barbade. *Helix Barbadensis.*

*H. testá orbiculato-convexá, depressiusculá, imperforatá, glabrá,
pallidè rufá; spirá obtusá; aperturá angustatá : marginibus con.
nexis, rufis; labro extùs marginato.*

* Fer. Prod. p. 32. n° 87.

Helix isabella. Daudeb. Hist. des Moll. pl. 47. f. 2.

An List. Conch. t. 74. f. 73?

Habite dans la Barbade. M. *Macley.* Mon cabinet. Elle a quelquefois une fascie blanchâtre sur le milieu du dernier tour. Diam.,
9 lignes et demie.

50. Hélice sinuée. *Helix sinuata.* Mull. (1)

H. testá orbiculato-globulosá, utrinquè convexá, imperforatá, glabrá,

______

(1) A l'exemple de Schroter et de Gmelin, M. de Férussac
conserve comme une espèce à part la coquille figurée par Born
(pl. 14. f. 13, 14), et il adopte le nom d'*Helix sinuosa.* Ayant eu
occasion d'observer cette coquille, nous lui avons trouvé tous
les caractères de l'*Helix sinuata,* seulement elle est plus élargie

pallidè rufá; aperturá elongato-angustatá : marginibus connexis ; labro infernè quadridentato, extùs plicis tribus impressis notato.

Helix sinuata. Mull. Verm. p. 18. n° 217.

List. Conch. t. 97. f. 98.

Born. Mus. t. 14. f. 13. 14.

Fav. Conch. pl. 63. f. F 8.

Chem. Conch. 9. t. 126. f. 1110. 1112.

Gmel. p. 3618. n° 23.

* Dillw. Cat. t. 2. p. 899. n° 29.

* Schrot. Einl. t. 2. p. 195. n° 66. et p. 232. n° 200.

* Fer. Prod. p. 35. n° 116.

* *Helix sinuosa.* Id. n° 117.

* Id. Hist. des Moll. pl. 54. f. 3.

* Id. Gmel. p. 3622.

* Brock. Introd. pl. 8. f. 113.

Daudeb. Hist. des Moll. pl. 54. f. 1. 2.

Habite dans les Antilles. Mon cabinet. Espèce singulière et fort remarquable par ses caractères. Diam., environ 10 lignes.

5 Hélice marron. *Helix hippocastanum.* Lamk. (1)

---

et sa spire est moins saillante, mais on sait combien ces proportions sont variables dans certaines espèces ; celles-ci se trouvent ensemble, ont sur le bord droit le même nombre de dents ; elles ont, étant fraîches, la même coloration, et leur surface extérieure est chagrinée de même. Gmelin a fait une très grande confusion dans la synonymie de l'*Helix sinuata*, il confond quatre espèces sous cette dénomination : pour sa variété, par exemple, il cite deux figures de Lister et une de Klein ; ces figures représentent deux espèces qui n'ont aucune ressemblance avec l'*Helix sinuata* et par un double emploi qui montre le peu de soin que Gmelin mettait dans sa compilation, il fait, avec les trois mêmes figures, son *Helix isognomostomos*, p. 3621. n° 158.

(1) Cette espèce est le véritable *Helix punctata* de Born auquel Lamarck a eu tort de donner un nom nouveau, il faudra donc lui restituer son premier nom. M. de Férussac et nousmême dans l'Encyclopédie avons rapporté l'*Helix punctata* de Born à une espèce voisine mais bien distincte, nous avons eu soin de rectifier cette erreur dans la synonymie.

*H. testá subglobosá, imperforatá, tenuissimè striatá, castaneá; ultimo
anfractu fasciá albá cincto; aperturá ringente; columellá dente
incrassato magno: labro margine interiore multidentato.*

Helix hippocastanum. Lam. Journ. d'Hist. Nat. pl. 42. f. 3. a. b.
Fav. Conch. pl. 63. f. F 6.
Helix nux denticulata. Chem. Conch. 11. t. 209. f. 2055. 2056.
Daudeb. Hist. des Moll. no 93. pl. 39. f. 3. 4.
* *Helix punctata.* Born. Mus. p. 372. pl. 14. f. 17. 18.
* Id. Gmel. p. 3622. n° 165.
* Fav. Cat. rais. pl. 1. f. 43.
* Desh. Encycl. méth. vers. t. 2. p. 253. n° 120.
Habite à la Martinique, sur les montagnes. Mon cabinet. Coquille
très singulière, distinguée éminemment par son ouverture grima-
çante. Diam., près de 9 lignes.

52. Hélice bidentale. *Helix bidentalis.* Lamk.

*H. testá subglobosá, subtùs convexá, imperforatá, striis exilissimis
subdecussatá, lutescente; zonis fasciisque virentibus; spirá brevi,
conoideá; labro albo, reflexo, supernè bidentato, extùs costá carinatá instructo.*

* *Helix malleata.* Daudeb. Hist. des Moll. n° 91. pl. 48. f. 4.
* Webb et Berth. Syn. Moll. prod. p. 8. n° 2.
* Desh. Encycl. méth. vers. t. 2. p. 254. n° 121.
Habite dans l'île de Ténériffe. *Maugé.* Mon cabinet. Espèce bien
distincte, mais compliquée dans ses caractères. Diam., 6 lignes et
demie.

53. Hélice argile. *Helix argilacea.* Féruss.

*H. testá subglobosá, perforatá, diaphaná, corneo-rufescente; spirá
brevi, obtusá; labro margine albo, reflexo.* ····

Helix argilacea. Daudeb. Hist. des Moll. pl. 26. f. 1. 3.
* Fer. Prod. p. 30. n° 38.
* Desh. Encycl. méth. vers. t. 2. p. 229. n° 59.
Habite dans l'île de Timor. Mon cabinet. Son ombilic est plus ou
moins recouvert par le bord gauche. Diam., 10 lignes et demie.

54. Hélice macrostome. *Helix vittata.* Mull. (1)

H. testá subglobosá, perforatá, tenuiter striatá, albá; spirá brevi,

---

(1) Il est bien à présumer que l'*Helix vittata* de Muller est
une espèce bien distincte de celle de M. de Ferussac. Dans sa
description, Muller dit que l'*Helix vittata* est orné sur un fond

*conoideá, apice cærulco-nigrá, aperturá fusco-nigricante; labro
expanso, margine albo, reflexo.*

Helix vittata. Mull. Verm. p. 76. n° 271.

Chem. Couch. 9. t. 132. f. 1190 à 1192.

Gmel. p. 3636. n° 79.

Daudeb. Hist. des Moll. pl. 26. f. 4 à 6.

* Fer. Prod. p. 29. n° 35.

* Desh. Encycl. méth. vers. t. 2. p. 230. no 60.

Habite dans l'île de Ceylan et sur la côte de Coromandel. Mon cabinet. Son dernier tour a une fascie bleue qui se continue jusqu'au sommet de la spire, lequel est d'un bleu noirâtre. Diam.
9 lignes.

55. Hélice rayée. *Helix alauda.* Féruss.

*H. testá globoso-conoidea, imperforatá, glabrá, albá, fulvo-cæru-
lescente zonatá ; anfractibus transversìm rufo-lineatis, margine
superiore lineá fuscá interruptá cinctis ; apice obtuso.*

Helix alauda. Daudeb. Hist. des Moll. pl. 103. f. 2. 3. pl. 104.
f. 4. 5.

* Fer. Prod. p. 47. n° 319.

Habite...... Mon cabinet. Les lignes colorées qui traversent ses
tours sont nombreuses, serrées, et s'étendent depuis le sommet
de la spire jusque sous la coquille, près de l'ouverture. Diam.
10 lignes.

56. Hélice porphyre. *Helix arbustorum.* Linn.

*H. testá subglobosá, perforatá, solidá, tenuiter striatá, luteo-virente,
maculis rufis minimis creberrimis adspersá ; ultimo anfractu fasciá
fuscá cincto ; spirá brevi, conoideá ; labro margine albo, reflexo.*

---

blanc de dix à douze linéoles brunes inégales, comparables à
celle de l'*Helix nemoralis*, mais plus inégales et plus nombreuses. La coquille figurée par Chemnitz offre bien tous les caractères assignés par Muller. Il n'en est pas de même de celle représentée par M. de Férussac, elle est blanche et les individus les
plus frais ont une ou deux zones étroites d'un jaune pâle. Dans
la coquille de Muller et celle de M. de Férussac, l'ouverture est
brune en dedans, et ce caractère a pu en imposer quand on a
cherché à reconnaître l'espèce de Muller. Ce que nous venons
de dire indique assez les changemens qu'il faut faire pour rétablir l'espèce de Muller avec la synonymie qui lui convient.

4.

Helix arbustorum. Lin. Syst. nat. p. 1245. Gmel. p. 3630. n° 53.
Mull. Verm. p. 55. n° 248.
List. Conch. t. 56. f. 53.
* List. Anim. Angl. pl. 2. f. 4.
Gualt. Test. t. 2. f. AA. BB.
Seba. Mus. 3. f. 38. f. 68.
* Penn. Zool. Brit. 1812. t. 3. p. 350. pl. 88. f. 4.
* Dacost. Conch. Brit. pl. 17. f. 6.
Chem. Conch. 9. t. 133. f. 1202.
* Schrot. Einl. t. 2. p. 147. n° 26.
* Gève. Conch. pl. 30. f. 45 à 56.
Drap. Moll. pl. 5. f. 18.
* Poir. Coq. Prod. p. 63. n° 3.
* Brard. Hist. des Coq. p. 65. n° 16. pl. 2. f. 12.
* Dorset. Cat. p. 54. pl. 2. f. 6.
* Dillw. Cat. t. 2. p. 924. n° 87.
* Alten. Syst. p. 51.
* Nilss. Hist. Moll. suec. p. 18. n° 5.
* Fer. tab. des Moll. Prod. p. 80. n° 40.
Daudeb. Hist. des Moll. pl. 27. f. 5 à 8. et pl. 29. f. 1 à 3.
* Pfeif. Syst. anord. p. 24. pl. 2. f. 7. 8.
* Kickx. Syn. Moll. brab. p. 30. n° 33.
* Turt. Man. p. 35. n° 25. pl. 3. f. 25.
* Héc. Cat. des Coq. terr. de Valenc. p. 12. n° 15.
* Bouil. Cat. des Coq. de l'Auv. p. 29. n° 20.
* Kleeb. Moll. Borus. Syn. p. 14. n° 2.
* Ross. Icon. t. 1. p. 56. pl. 1. f. 4.
* Desh. Encycl. méth. vers. t. 2. p. 241. n° 84.

Habite la France septentrionale, dans les jardins, les haies, etc. Mon cabinet. M. *Poiret* m'en a communiqué plusieurs individus des environs de Soissons. On la trouve aussi en Alsace. Diam., près de 10 lignes.

57. Hélice porcelaine. *Helix candidissima.* Drap.

H. testá subglobosá, perforatá, striatá, subtùs planiusculá et lœviore, albá; spirá turgidulá; obtusá; labro simplici.
Helix candidissima. Drap. Moll. pl. 5. f. 19.
* Mich. Cat. des Test. d'Alger. p. 3. n° 6.
* Payr. Cat. p. 100. n° 208.
* Desh. Encycl. méth. vers. t. 2. p. 244. n° 89.
* Fér. Prod. p. 30. n° 50.
* Id. Hist. des Moll. pl. 27. f. 9 à 13. pl. 27A. f. 7. pl. 39A f. 2.

Habite la France méridionale, etc., sur les tiges sèches des plantes des champs. Mon cabinet. Diam., 9 lignes.

58. Hélice némorale. *Helix nemoralis.* Linn. (1)

H. testá subglobosá, imperforatá, tenuiter striatá, colore varié nunc unicolore, nunc diversissimè fasciatá ; labro margine interiore nigro.

Helix nemoralis. Lin. Syst. nat. p. 1247. Gmel. p. 3647. n° 108.

Mull. Verm. p. 46. n° 246.

List. Conch. t. 57. f. 54.

* List. Anim. Angl. pl. 2. f. 3.

* Petiv. Gaz. pl. 91. f. 9. à 12. et pl. 92. f. 9. 10.

* Gualt. Ind. Test. pl. 1. f. P.

La Livrée. Geoff. Coq. p. 29. n° 3.

D'Argenv. Conch. pl. 58. f. 8. et Zoomorph. pl. 9. f. 5.

Fav. Conch. pl. 63. f. H.

Born. Mus. t. 16. f. 3 à 8.

* Gève. Conch. pl. 32 et 33.

* Seba. Mus. t. 3. pl. 39. f. 12, 15, 18, 19.

* Dacost. Conch. Brit. p. 76. pl. 5. f. 1, 2, 3, 8, 19.

* Penn. Zool. Brit. 1812. pl. 333. n° 41.

* Schrot. Einl. t. 2. p. 158. n° 38.

* Gronov. Zooph. part. 3. n 1555.

Chem. Conch. 9. t. 133. f. 1196 à 1198.

* Fav. Cat. rais. pl. 1. n° 2.

* De Rois. Buf. Moll. t. 5. p. 390. n° 6.

* Poiret. Coq. prod. p. 69. n° 5.

* Alten. Syst. p. 89.

Drap. Moll. pl. 6. f. 3. 4. 5.

* Brard. Hist. des Coq. p. 11. n° 2. pl. 1. f. 2. 3. 4.

* Donov. Brit. Sch. t. 1. pl. 13.

* Dors. Cat. p. 54. pl. 21. f. 1, 6, 14, 19.

* Olivi. Adriat. p. 175.

---

(1) M. Brard propose de réunir en une seule espèce les *Helix nemoralis* et *hortensis* ; nous pensons qu'il a raison, car nous avons des Hybrides à péristome rosé, et nous avons vu plusieurs fois l'accouplement d'individus des deux espèces, et cet accouplement n'est point stérile, puisque c'est dans les lieux où nous l'avons observé que nous avons trouvé les Hybrides dont nous venons de parler.

* Dillw. Cat. t. 2. p. 941. no 124.
* Burr. Elem. of Conch. p. 158. pl. 20. f. 3.
* Nilss. Hist. Moll. suec. p. 19. n° 6.
* Mill. Moll. de Maine-et-Loire. p. 45. n° 5.
* Poli. Test. t. 3. pl. 54. f. 28, 29.
* Kleeb. Moll. bor. Syn. p. 15. n° 5.
* Goup. Hist. des Moll. de la Sarthe. p. 15. n° 3.
* Pfeif. Syst. anord. p. 27. no 6. pl. 2. f. 10. 11.
* Payr. Cat. p. 98. n° 199.
* Des Moul. Cat. des Coq. p. 8. no 4.
* Turt. Man. p. 33. no 23. pl. 3. f. 23.
* Kickx. Syn. Moll. brab. p. 27. no 3o. pl. 1. f. 6 à 9.
* Coll. des Cher. Test. p. 63. n° 2.
* Héc. Cat. des Coq. terr. de Valenc. p. 11. n° 12.
* Bouil. Cat. des Coq. de l'Auv. p. 30. n° 8.
* Ross. Icon. t. 1. p. 57. pl. 1. f. 5.
* Fer. Hist. des Moll. pl. 34. f. 8. 9.
Daudeb. Hist. des Moll. pl. 32. a. fig. 2. pl. 33. 34. et pl. 39. a.
f. 3. 4.
* Desh. Encycl. méth. vers. t. 2. p. 239. n° 80.
* *Var. sinistra.* Chem. Conch. t. 9. p. 92. pl. 109. f. 924.
* *Var. scalaris.* Fer. Hist. des Moll. pl. 28. B. f. 10.
Habite en France, etc., dans les jardins, les allées des bois. **Mon ca-**
binet. Cette espèce ne diffère de la suivante qu'en ce que le limbe
interne de son bord droit est très brun ou même noirâtre, tandis
que ce limbe est blanc dans l'autre. Elle est très commune et fort
remarquable par les nombreuses variétés qu'elle offre, étant tantôt unicolore, soit blanche, jaune, rose ou brune, et tantôt fasciée
d'une ou de plusieurs bandes noires de diverses largeurs. Diam.,
9 à 10 lignes.

59. Hélice des jardins. *Helix hortensis.* Mull.

H. testá subglobosá, imperforatá, glabrá, subdiaphaná, colore va-
riá, nunc unicolore, nunc diversissimè fasciatá ; labro margine in-
teriore albo.

Helix hortensis. Mull. Verm. p. 52. no 247.
* Gualt. Ind. Test. pl. 1. grande fig. Q.
Born. Mus. t. 16. f. 18. 19.
Chem. Conch. 9. t. 133. f. 1199 à 1201.
* Dacost. Brit. Conch. pl. 5. f. 4. 5. 14.
* Gève. Conch. pl. 30. f. 357 à 367. et pl. 31.
Gmel. p. 3649. n° 109.

Drap. Moll. pl. 6. f. 6.

* Poir. Prod. Coq. p. 67. n° 4.

* Alten. Syst. p. 91.

* *Helix nemoralis.* var. petite livrée. Brard. Hist. des Coq. p. 15.

* *Helix fusca.* Poir. Coq. Prod. p. 71. n° 7.

* Mill. Moll. de Maine-et-Loire. p. 47. n° 6.

* Nilss. Hist. Moll. suec. p. 21. n° 7.

Daudeb. Hist. des Moll. pl. 35 et 36.

* Pfeif. Syst. anord. p. 29. n° 7. pl. 2. f. 12. 13.

* *Helix nemoralis.* var. B. Dillw. Cat. t. 2. p. 942.

* Fer. Prod. p. 31. n° 57.

* Kleeb. Moll. bor. syn. p. 16. n° 5.

* Héc. Cat. des Coq. terr. de Valenc. p. 10. n° 7.

* Des Moul. Cat. des Coq. p. 9. n° 5.

* Coll. des Cher. Cat. des Test. p. 64. n° 3.

* Kickx. Syn. Moll. brab. p. 26. n° 29.

* Turt. Man. p. 34. n° 24. pl. 3. fig. 24.

* Bouill. Cat. des Coq. de l'Auver. p. 32. n° 9.

* Goup. Hist. des Moll. de la Sarthe. p. 16. n° 4.

* Ross. Icon. p. 59. pl. 1. f. 6.

* Desh. Encycl. méth. vers. t. 2. p. 240. n° 81.

* *Var. sinistrorsa.* Fer. Hist. des Moll. pl. 35. f. 10.

* *Var. scalaris.* Fer. Hist. des Moll. pl. 36. f. 11. 12.

Habite en France, etc., dans les jardins et sur les arbres, où elle est
très commune. Mon cabinet. Elle offre, pour sa coloration et le
nombre de ses fascies, presque autant de variétés que la précédente. C'est encore une livrée pour *Geoffroy.* Diam., 7 à 8 lignes.

60. Hélice sylvatique. *Helix sylvatica.* Drap. (1)

H. testá subglobosá, imperforatá, minutissimè striatá, subtùs lutes-

---

(1) **Un** examen attentif de l'*Helix sylvatica* et sa comparaison avec le *Nemoralis*, nous donne la conviction que ce n'est
qu'une variété de cette dernière; dans quelques individus du Sylvatica, nous apercevons bien quelques légères différences dans
la forme de la columelle et les proportions générales de l'ouverture; mais comme ces parties sont variables, nous ne pouvons
y attacher qu'une très faible valeur; quant à la coloration, elle
est bien plus variable encore, et celle du *Sylvatica* se lie par
nuances insensibles à celle du *Nemoralis*. Nous avons rassemblé
une grande série de variétés des trois espèc es *nemoralis, horten-*

cente, supernè albidá, fusco-fasciatá, lineis luteis interruptis cinctá; spirâ obtusá; labro tenui, margine exteriore pallidè rubro.

Helix sylvatica. Drap. Moll. pl. 6. f. 1. 2.

* *Helix austriaca.* V. Muhlf. Mus. cæs. Vind.

* *Helix vindobonensis.* Pfeif. Syst. anord. part. 3. p. 15. pl. 4. fig. 6. 7.

* *Helix mutabilis. Var. montana.* Sturm. Faun. all. t. 6. pl. 6.

---

sis et *sylvatica* et nous y voyons des passages assez nombreux, les unes avec les autres pour avoir l'opinion que ces trois espèces n'en doivent former qu'une seule; nous ferons observer que l'on trouve avec d'autant plus d'abondance l'*Helix sylvatica*, que l'on s'avance plus dans le nord, ou que l'on s'élève sur les montagnes : aussi pour nous l'*Helix sylvatica* est produite par cette circonstance particulière, d'une plus basse température que subissent des individus de l'*Helix nemoralis*. Si nous rejetons du catalogue l'espèce dont nous venons de parler par les mêmes raisons, il convient d'en retrancher aussi l'*Helix austriaca* des auteurs allemands. Cette coquille se trouve aux environs de Vienne, elle est remarquable par des stries d'accroissement plus saillantes et plus régulières que dans les trois précédentes; mais à cet égard il y a aussi des passages entre elle et les espèces ci-dessus mentionnées.

M. de Férussac, dans son prodrome, rapporte à l'*Helix sylvatica* de Draparnaud, l'*Helix lucorum* de Linné, Gmelin et Dillwyn. Nous ne pouvons deviner ce qui a conduit M. de Férussac à cette opinion : nous avons recherché dans les trois auteurs cités, ce qu'ils entendent par l'*Helix lucorum*, la phrase linnéenne est insuffisante; mais il donne pour seule synonymie la fig. C. de la planche première de Gualtierri; cette figure réprésente exactement l'*Helix lucorum* de Muller et non la *sylvatica* de Draparnaud; à la synonymie de Linné, Gmelin, ajoute celle de Muller et la citation de la fig. 1058 de Lister; tout cela ne se rapporte pas davantage à l'*Helix sylvatica*; à tout cela Dilwyn ajoute la fig. K 3, de la pl. 54 de Favanne, laquelle ne réprésente pas davantage l'*Helix sylvatica*; il n'est donc pas juste de rapporter à l'*Helix sylvatica* l'espèce des trois auteurs mentionnés.

* *Helix austriaca.* Ross. Icon. t. 1. p. 60. pl. 1. f. 7.

Daudeb. Hist. des Moll. pl. 30. fig. 4 à 9. pl. 32. f. 7. et pl. 32. a.
f. 3 à 8.

* Desh. Encycl. méth. vers. t. 2. p. 240. n° 82.

Habite en France, près de Lyon ; on la trouve aussi en Suisse, selon
M. *Ménard.* Mon cab. Diam., 9 lignes.

61. Hélice rhodostome. *Helix pisana.* Muller.

*H. testá globoso-depressá, perforatá, tenui, albidá, lineis variis
luteisfuscisque interruptis cinctá; labro simplici, margine interiore
roseo.*

Helix pisana. Mull. Verm. p. 60. n° 255.

Petiv. Gaz. t. 52. f. 12.

Gualt. Test. t. 2. f. E.

Chem. Conch. 9. t. 132. f. 1186. 1187.

Gmel. p. 3631. n° 60.

* *Helix petholata.* Oliv. Adriat. p. 178.

Helix rhodostoma. Drap. Moll. pl. 5. f. 14. 15.

* *Helix strigata.* Dillw. Cat. t. 2. p. 911. n° 57. *syn. plur. exclus.*

* *Helix pisana.* Dillw. Cat. t. 2. p. 911. no 58. *syn. plur. exclus.*

Helix pisana. Daudeb. Hist. des Moll. n° 290.

* Payr. Cat. p. 98. n° 200.

* Poli. Test. t. 3. p. 54. f. 26. 27?

* Mich. Compl. à Drap. p. 16. n_0 16.

* Turt. Man. p. 39. n° 30. *H. cingenda.*

* Coll. des Cher. Cat. des Test. p. 64. no 4.

* Des Moul. Cat. des Moll. p. 7. n° 2.

* Mich. Cat. des Test. d'Alger. p. 4. n_0 9.

* Webb et Berth. Syn. Moll. prod. p. 9. n_0 6.

* Desh. Encycl. méth. vers. t. 2. p. 232. n° 66.

* Desh. Expéd. de Morée. Moll. p. 163. n° 243.

Habite le midi de la France, l'Italie, etc. Mon cabinet. Outre que le
limbe interne de son bord droit est plus ou moins complètement
teint de rose, la columelle ou la saillie de l'avant-dernier tour dans
l'ouverture l'est aussi quelquefois. Diam., 9 à 10 lignes.

62. Hélice splendide. *Helix splendida.* Drap.

*H. testá, orbiculato-depressá, imperforatá, lævi, nitidá, albá, fusco-
lineatá; spirá brevissimá; labro margine interiore albo, semireflexo.*

Helix splendida. Drap. Moll. pl. 6. fig. 9 à 11.

Daudeb. Hist. des Moll. pl. 40. fig. 1 à 6.

* Payr. Cat. p. 99. n° 201.

* Desh. Encycl. méth. vers. t. 2. p. 241. n° 83.

Habite la France méridionale, sur les collines. Mon cabinet. Diam., près de 9 lignes.

63. Hélice serpentine. *Helix serpentina.* Féruss.

H. testá, orbiculato-depressá, subperforatá, tenui, glabriusculá, albidá, maculis minimis rufo-fuscis inæqualibus creberrimis seriatim cinctá ; spirá retusá ; columellá rufá ; labro margine subreflexo.

* Gualt. Test. pl. 3. fig. C.

* Fér. Prod. p. 31. n° 64.

* Mich. Compl. à Drap. p. 21. n₀ 30. pl. 14. f. 12 à 15.

Helix serpentina. Daudeb. Hist. des Moll. pl. 40. f. 7.

* Payr. Cat. p. 99. n° 203.

* Desh. Encycl. méth. vers. t. 2. p. 248. n₀ 102.

* Desh. Expéd. de Morée. Moll. p. 162. no 239.

Habite en Italie, sur les murs de la ville de Pise. M. *Ménard.* Mon cabinet. Cette jolie coquille est très distincte par la multitude de petites taches qui la recouvrent entièrement. Diamètre, 6 à 7 lignes.

64. Hélice bouche pourprée. *Helix niciensis.* Féruss.

H. testá orbiculato-convexá, imperforatá, nitidulá, albá, lineolis luteis interruptis seriatim cinctá : serie mediana majoribus fuscis ; spirá breviusculá ; fauce purpureo-violaceá ; labro simplici.

Helix niciensis. Daudeb. Hist. des Moll. pl. 39. a. fig. 1. et pl. 40. fig. 9.

* Fér. Prod. p. 32. n₀ 66.

* Mich. Compl. à Drap. p. 20. n₀ 29. pl. 14. f. 7. 8.

* Desh. Encycl. méth. vers. t. 2. p. 248. n° 103.

Habite aux environs de Nice. M. *Risso.* Mon cabinet. Jolie espèce, bien distincte. Diam., près de 9 lignes.

65. Hélice variable. *Helix variabilis.* Drap.

H. testá orbiculato-conoideá, umbilicatá, tenui, albidá, subfasciatá : fasciis rufo-fuscis, spirá subconicá, apice fuscá ; labro simplici, margine interiore rubro.

Helix variabilis. Drap. Moll. pl. 5. fig. 11. 12.

Helix subalbida. Poir. Prod. p. 83. n° 18.

Gualt. Test. t. 2. fig. H. L.

Daudeb. Hist. des Moll. n° 284.

* Payr. Cat. p. 99. n° 202.

* Des Moul. Cat. des Moll. terr. et fluv. p. 7. n° 1.
* Coll. des Cher. Cat. des Test. p. 64. n° 5.
* *Helix virgata*. Turt. Man. p. 40. n° 31. pl. 4. fig. 31.
* Héc. Cat. des Coq. terr. de Valenc. p. 12. n° 19.
* Mich. Compl. à Drap. p. 16. n° 14.
* Mich. Cat. des Test. d'Alger. p. 5. n° 10.
* Desh. Encycl. méth. vers. t. 2. p. 234. n° 70.
* Desh. Expéd. de Morée. Moll. p. 162. n° 240.

Habite la France méridionale, etc., dans les champs et au bord des chemins. Mon cabinet. Tantôt fasciée et tantôt sans fascies, cette espèce est subanguleuse dans sa jeunesse. Diam., 7 à 8 lignes.

66. Hélice des arbustes. *Helix fruticum.* Muller.

H. testá orbiculato-convexá, umbilicatá, tenui, pellucidá, obsolete striatá, albidá, luteo-fasciatá ; spirá subprominulá ; labro margine reflexo.

Helix fruticum. Mull. Verm. p. 71. n° 267.

Chem. Conch. 9. t. 133. fig. 1203.

Gmel. p. 3635. n° 77.

Helix cinerea. Poir. Prod. p. 73. n° 8.

Helix fruticum. Drap. Moll. pl. 5. f. 16. 17.

* Dillw. Cat. t. 2. p. 925. n° 88.
* Brard. Hist. des Moll. p. 58. n° 14. pl. 2. f. 13.

Daudeb. Hist. des Moll. n° 259.

* Nilss. Moll. succ. p. 22. n° 8.
* Alten. Syst. p. 67.
* Pfeif. Syst. anord. p. 23. n° 3. pl. 2. f. 3, 4. 5.
* Héc. Cat. des Coq. de Valenc. p. 10. n° 5.
* Kleeb. Moll. boruss. syn. p. 15. n° 3.
* Kickx. Syn. Moll. brab. p. 30. n° 34.
* Ross. Icon. p. 61. pl. 1. f. 8.
* Desh. Encycl. méth. vers. t. 2. p. 229. n° 58.

Habite en France, dans la Bresse, etc. Mon cabinet. Elle varie dans sa coloration et le degré de sa transparence. Diam., 6 lignes.

67. Hélice négligée. *Helix neglecta.* Drap.

H. testá orbiculato-convexá, latè umbilicatá, tenui, striatá, albidá, rufo aut fusco fasciatá ; spirá prominulá ; labro acuto.

Helix neglecta. Drap. Moll. pl. 6. f. 12. 13.

Daudeb. Hist. des Moll. n° 282.

* Coll. des Cher. Cat. des Test. p. 64. n° 6.
* Desh. Encycl. méth. vers. t. 2. p. 219. n° 32.

Habite dans le midi de la France. Mon cabinet. Diam., près de 6 lignes.

68. Hélice des gazons. *Helix cespitum*. Drap.

H. testá orbiculato-convexá, subdepressá, latè umbilicatá, tenuiter striatá, albá aut lutescente, fusco-fasciatá ; spirá subprominulá ; labro simplici.

Helix cespitum. Drap. Moll. pl. 6. f. 14. 15.

* Héc. Cat. des Coq. terr. de Valenc. p. 2. nº 6.

● Bouill. Cat. des Coq. de l'Auv. p. 37. nº 16.

* Desh. Expéd. de Morée. Moll. p. 163. nº 246.

● Poli. Test. t. 3. p. 53. fig. 37. 38.

Daudeb. Hist. des Moll. no 283.

* Mich. Cat. des Test. d'Alger. p. 3. no 4.

* Ross. Icon. t. 1. p. 66. pl. 1. fig. 16.

* Mill. Moll. de Maine-et-Loire. p. 55. no 14.

* *Helix fasciolata.* Poir. Coq. Prod. p. 79. no 15.

* Desh. Encycl. méth. vers. t. 2. p. 216. nº 24.

* Pfeif. Syst. anord. p. 39. nº 18. pl. 2. fig. 24. 25.

* Payr. Cat. p. 99. nº 204.

* Des Moul. Cat. des Coq. p. 10. no 15.

Habite dans le midi de la France, aux bords des chemins, sur les gazons. Mon cab. Voisine de la suivante, elle en diffère en ce qu'elle est moins aplatie en dessous, et que sa spire est légèrement saillante. Diam. 7 à 8 lignes.

69. Hélice ruban. *Helix ericetorum*. Muller.

H. testá orbiculato-depressá, latè umbilicatá, striatá, albidá, rufo aut fusco fasciatá ; labro simplici.

Helix ericetorum. Mull. Verm. p. 33. nº 236.

● List. Anim. Angl. pl. 2. f. 13.

List. Conch. pl. 78. fig. 78.

* Gualt. Test. pl. 3. f. P.

Le Grand-Ruban. Geoff. Coq. p. 47. no 13.

Chem. Conch. 9. t. 132. fig. 1193. 1195.

* Penn. Brit. Zool. 1812. p. 323. pl. 88. fig. 5.

* Dacost. Conch. Brit. pl. 4. fig. 8.

Gmel. p. 3632. no 65.

Drap. Moll. pl. 6. f. 16. 17.

* Poir. Prod. p. 79. no 14.

* Dillw. Cat. t. 2. p. 910. nº 56.

* Alten. Syst. p. 54.

● Brard. Hist. des Moll. p. 45. nº 10. pl. 2. fig. 8.

Daudeb. Hist. des Moll. n₀ 281.

* Mill. Moll. de Maine-et-Loire. p. 54. n° 13.
* Pfeif. Syst. auord. p. 38. no 17. pl. 2. fig. 23.
* Payr. Cat. p. 100. n° 205.
* Héc. Cat. des Coq. terr. de Valenc. p. 12. n. 16.
* Des Moul. Cat. des Coq. p. 10. n° 14.
* Coll. des Cher. Cat. des Test. p. 64. n° 7.
* Turt. Man. p. 54. n° 37. pl. 4. fig. 37.
* Kickx. Syn. Moll. brab. p. 18. n° 20.
* Goup. Hist. des Moll. de la Sarthe. p. 23. n₀ 14.
* Ross. Icon. t. 1. p. 67. pl. 1. f. 17.
* Desh. Encycl. méth. vers. t. 2. p. 215. n₀ 23.
* Desh. Expéd. de Morée. Moll. p. 163. no 241.
* Bouil. Cat. des Coq. de l'Auv. p. 36. no 15.

Habite en France, sur les pelouses sèches des coteaux arides, où elle adhère aux herbes en saillie. Mon cabinet. Diamètre, 8 à 9 lignes.

70. **Hélice interrompue.** *Helix intersecta.* **Poiret.** (1)

> *H. testâ orbiculato-convexâ, umbilicatâ, tenui, striatâ, albido-griseâ, lineolis fuscis interruptis cinctâ; spirâ subprominulâ, apice fuscâ; labro simplici.*

Helix intersecta. Poir. Prod. p. 81. no 16.

Helix striata. Daudeb. n° 278.

Habite en France, sur les pelouses sèches des coteaux arides, etc. Mon cabinet. Diam., à-peu-près de 5 lignes.

71. **Hélice bimarginée.** *Helix carthusianella.* **Drap.**

> *H. testâ orbiculato-convexâ, depressiusculâ, perforatâ, lævi, pellucidâ, albo-corneâ, obscurè fasciatâ; labro margine intùs fusco, extùs albo, subreflexo.*

Helix carthusiana. Mull. Verm. p. 15. n° 214.

La Chartreuse. Geoff. Coq. p. 32. n° 4.

Chem. Conch. 9. t. 127. f. 1130. 1131.

Gmel. p. 3664. n° 154.

Helix carthusianella. Drap. Moll. pl. 6. f. 31. 32.

* Mill. Moll. de Maine-et-Loire. p. 49. n₀ 8.

---

(1) C'est en vain que nous avons cherché à reconnaître les caractères spécifiques de l'*Helix intersecta*; nous les voyons se confondre avec ceux de l'*Helix striata*, aussi nous pensons que ces deux espèces devront être réunies.

Daudeb. Hist. des Moll. n° 257.
* Des Moul. Cat. des Coq. p. 9. n° 9.
* Héc. Cat. des Coq. terr. de Valenc. p. 10. n° 3.
* Turt. Man. p. 37. n° 27. pl. 3. f. 27.
* Kickx. Syn. Moll. brab. p. 25. n° 28.
* Goup. Hist. des Moll. de la Sarthe. p. 19. n° 8.
* Desh. Encycl. méth. vers. t. 2. p. 225. n° 52.
* Desh. Expéd. de Morée. Moll. p. 161. n° 233.
Habite en France, dans les champs et les jardins. Mon cabinet. Diam.,
5 à 6 lignes.

72. Hélice chartreuse. *Helix carthusiana*. Drap. (1)

*H. testá orbiculato-convexá, depressiusculá, perforatá, glabrá, pel-
lucidá, albá aut griseá; spirá brevi; labro margine subreflexo.*
Helix carthusiana. Drap. Moll. pl. 6. f. 33.
* La Chartreuse. Geoff. Coq. p. 32. n° 40. pl. 2.
* Poir. Coq. Prod. p. 73. n° 9.
* Brard. Hist. des Coq. p. 24. n° 4. pl. 1. fig. 6. 7.
* Payr. Cat. p. 100. n° 206.
Daudeb. Hist. des Moll. n° 258.
* Mich. Cat. des Test. d'Alger. p. 6. n° 14.
* Turt. Man. p. 36. n° 26. pl. 3. f. 26.
* Desh. Encycl. méth. vers. t. 2. p. 226. n° 53.
* *Helix cantiana*. Mont. Test. Brit. p. 422. pl. 23. f. 2.
* Id. Maton et Racket. Trans. Lin. t. 8. p. 197.
* Id. Dors. Cat. p. 53. pl. 19. f. 21.
* Id. Dillw. Cat. t. 2. p. 894. n° 19.
* Id. Fer. Prod. p. 43. n° 264. et p. 69. a. l'art. de l'*Helix cartha-
siana.*
Habite la France méridionale, etc. Mon cabinet. Taille de celle qui
précède.

73. Hélice diaphane. *Helix diaphana*. Lamk.

*H. testá subglobosá, depressiusculá, imperforatá, tenui, pellucidá,
corneo-lutescente; spirá prominulá, obtusá; labro simplici.*

____

(1) Dans une note de la page 69 de son prodrome, M. de Férussac, dit, qu'après avoir reçu l'*Helix cantiana* de Montagu, il
y a reconnu de beaux individus de l'*Helix carthusiana* de Draparnaud; par les mêmes raisons nous partageons l'opinion de
M. de Férussac et nous réunissons la synonymie des deux
espèces.

* Webb et Berth. Syn. Moll. Prod. p. 10. n₀ 9.

* Fér. Prod. add. n° 319 bis. pl. 104. f. 1.

Habite dans l'île de Ténériffe. *Maugé.* Mon cabinet. Diam., 6 lignes et demie.

74. Hélice concolore. *Helix concolor.* Féruss.

H. testá orbiculatá, plano-convexá, subtùs profundè umbilicatá et fusco-castaneá, supernè cinereá; ultimo anfractu subangulato ; labro simplici.

Helix concolor. Daudeb. Hist. des Moll. n₀ 208. pl. 82. f. 2.

* Desh. Encycl. méth. vers. t. 2. p. 218. n° 30.

Habite dans l'île de Porto-Ricco. *Maugé.* Mon cabinet. Elle a un peu l'aspect d'un Planorbe. Diam., près de 8 lignes.

75. Hélice veloutée. *Helix velutina.* Lamk.

H. testá orbiculato-convexá, subperforatá, minutissimè striatá, dia-phaná, corneo-lutescente; spirá brevissimá, obtusá; labro tenui, acuto.

Helix tortula. Daudeb. Hist. des Moll. n₀ 227.

Habite dans l'île de Porto-Ricco. *Maugé.* Mon cabinet. Elle est comme veloutée. Diam., environ 6 lignes.

76. Hélice trigonophore. *Helix obvoluta.* Muller.

H. testá, orbiculato-planá, umbilicatá, glabrá, corneo-rufescente; spirá subconcavá; aperturá triangulari; labro margine albo, re-flexo, extùs sinu distincto.

Helix obvoluta. Mull. Verm. p. 27. n° 229.

Gualt. Test. t. 2. fig. S. et t. 3. fig. R.

La Veloutée à bouche triangulaire. Geoff. Coq. p. 46. n° 12.

* *Helix bilabiata.* Oliv. Adriat. p. 177.

Helix obvoluta. Chem. Conch. 9. t. 127. f. 1128. a. b. c.

Helix trigonophora. Lam. Journ. d'Hist. nat. pl. 42. f. 2.

* *Helix holosericea.* Gmel. p. 3641. n° 186.

Gmel. p. 3634. n° 71.

Drap. Moll. pl. 7. f. 27 à 29.

* Dillw. Cat. t. 2. p. 914. no 62.

* Brard. Hist. des Moll. p. 62. n° 15. pl. 2. f. 16. 17.

Daudeb. Hist. des Moll. n° 107. pl. 51. f. 4.

* Alten. Syst. p. 64.

* Blainv. Malac. pl. 40. f. 7.

* Des Moul. Cat. des Coq. p. 11. n° 17.

* Mill. Moll. de Maine-et-Loire. p. 58. n° 17.

* Pfeif. Syst. anord. p. 41. pl. 2. fig. 28.

* Héc. Cat. des Coq. terr. de Valenc. p. 11. no 13.
* Kickx. Syn. Moll. brab. p. 14. n° 15.
* Bouil. Cat. des Coq. de l'Auv. p. 3g. n° 19.
* Goup. Hist. des Moll. de la Sarthe. p. 28. n° 21.
* Ross. Icon. p. 69. pl. 1. fig. 21.
*Desh. Encycl. méth. vers. t. 2. p. 211. n° 9.

Habite en France, dans les lieux ombragés. Mon cabinet. Son ombilic est large et profond. Diam., 5 lignes.

77. Hélice trochiforme. *Helix Cookiana*. Gmel. (1)

H. testâ orbiculato-conoideâ, trochiformi, imperforatâ, minutissimè striatâ, albâ; anfractibus octonis, convexis; spirâ obtusâ; labro acuto.

Helix epistylium. Mull. Verm. p. 57. n° 250.
List. Conch. t. 62. fig. 60.
* Fav. Conch. p. 64. fig. 4 ?
Trochus australis. Chem. Conch. 9. t. 122. f. 1049. 1050.
Helix cookiana. Gmel. p. 3642. n° 230.
Ejusd. Helix epistylium. p. 3630. n° 55.
* Dillw. Cat. t. 2. p. 926. n° 90. *Helix epistylium.*
Daudeb. Hist. des Moll. pl. 51 B. f. 4.
* Bowd. Elem. of Conch. pl. 8. f. 10.

Habite la Jamaïque, se trouve aussi dans les îles de la mer du Sud. Mon cabinet. Diam., 8 lignes.

78. Hélice bonnet. *Helix pileus*. Muller.

H. testâ conicâ, subtùs planulatâ, perforatâ, glabrâ, albâ, rufo et fusco fasciatâ, infernâ facie castaneâ; spirâ apice subacutâ, rubellâ; labro tenui, margine reflexo.

Helix pileus. Mull. Verm. p. 80. n° 277.
* List. Conch. pl. 16. fig. 11.
* Schrot. Einl. t. 2. p. 235. n° 208.
* *Bulla bifasciata*. Gmel. p. 3431. n° 29.
* *Bulla*. Schrot. Einl. t. 1. p. 190. n° 10.
* *Bulla ambigua*. Gmel. p. 3431. n° 30.
* Knorr. Vergn. t. 6. pl. 28. f. 4.
* Dillw. Cat. t. 2. p. 933. n° 106.

---

(1) Muller avait déjà donné le nom d'*Helix epistylium* à cette espèce, lorsque Gmelin par un double emploi, la reproduisit sous deux noms dans son catalogue. Le nom de Muller doit être préféré : il faudra donc le restituer à l'espèce.

Born. Mus. t. 16. fig. 11. 12.

Trochus pileus. Chem. Conch. 9. t. 122. f. 1046 à 1048.

Helix pileus. Gmel. p. 3637. n° 89.

Ejusd. Helix pileata. p. 3639. n° 173.

Helix pileus. Daudeb. Hist. des Moll. pl. 63. a. f. 3 à 8.

* Fér. Prod. p. 37. n° 141.

* Desh. Encycl. méth. vers. t. 2. p. 264. n° 148.

Habite... Mon cabinet. Espèce remarquable par sa forme conique
Diam., 11 lignes et demie.

79. Hélice mammelon. *Helix papilla.* Muller.

*H. testá conoideá, perforatá, longitudinaliter et obliquè sulcato-ru-
gosá : sulcis albis ; interstitiis spadiceis ; apice obtuso, albido-
flavescente ; aperturá longitudinali ; labro intùs albo, margine
reflexo.*

Helix papilla. Mull. Verm. p. 100. n° 298.

Trochus papilla. Chem. Conch. 9. t. 122. f. 1053. 1054.

Helix papilla. Gmel. p. 3660. n° 137.

* Dillw. Cat. t. 2. p. 926. no 91.

* Fér. Hist. des Moll. pi. 25 B. f. 5.

Habite..... Mon cabinet. Coquille très rare, ayant la forme d'un
mammelon conoïde, à sommet obtus, et aplatie en dessous. Diam.,
environ 15 lignes.

80. Hélice ponctifère. *Helix punctifera.* Lamk.

*H. testá, orbiculato-conoideá, imperforatá, griseá ; striis obliquis
multipunctatis : punctis prominulis, granuliformibus ; labro intùs
albo, margine reflexo.*

Helix lima. Daudeb. Hist. des Moll. pl. 46. f. 1. 2. pl. 46. A. f. 4. 5.

Fér. Prod. p. 32. n° 81.

* Desh. Encycl. méth. vers. t. 2. p. 249. no 104.

Habite à Porto-Ricco. *Maugé.* Mon cabinet. Ses points graniformes
ne sont bien apparens que sur son dernier tour. Celui-ci est anguleux. Diam., 1 pouce.

81. Hélice plicatule. *Helix plicatula.* Lamk.

*H. testá orbiculato-depressá, imperforatá, creberrimè plicatá, griseo-
violacescente ; plicis longitudinalibus obliquis acutissimis labro
expanso, margine albo, reflexo.*

Helix plicaria. Encycl. p. 462. f. 3. a. b.

* Fér. Prod. p. 32. n° 74.

Daudeb. Hist. des Moll. pl. 42. f. 4.

TOME VIII. 5

* *An eadem species?* *Helix plicata.* Bowd. Elem. of Conch. pl. 7. fig. 17.

* Hélice plissée. Blainv. Malac. pl. 39. fig. 1.

* Desh. Encycl. méth. vers. t. 2. p. 245. n° 93.

* Webb et Berth. Syn. Moll. Prod. p. 19. n° 8.

Habite dans l'île de Ténériffe. *Maugé.* Mon cabinet. Jolie coquille très distincte. Diam., 11 lignes.

2. Hélice planorbelle. *Helix planorbella.* **Lamk.**

H. testá, orbiculato-depressá, umbilicatá, minutissimè plicatá, luteo-virente, fusco-subfasciatá ; plicis longitudinalibus obliquis acutis ; labro margine albo, reflexo.

Encycl. p. 462. fig. 5 a. b.

Helix strigata. Var. B. Daudeb. Hist. des Moll. n° 162. pl. 67. fig. 8.

Habite à Porto-Ricco. *Maugé.* Mon cabinet. Elle avoisine la précédente par ses rapports. Diam., 8 lignes.

3. Hélice scabre. *Helix scabra.* **Lamk.** (1)

H. testá orbiculato-depressá, latè umbilicatá, striis elevatis, crebris undatis scabrá, albo et rufo alternè coloratá, obscurè fasciatá ; aperturá rufá ; labro tenui, acuto.

An Helix radiata? Mull. Verm. p. 23. n° 224.

List. Conch. t. 70. f. 69.

Petiv. Gaz. t. 104. fig. 1.

Helix radiata. Gmel. p. 3634. n° 73.

Helix alternata. Daudeb. Hist. des Moll. n° 199. pl. 79. f. 8. 9. 10.

* Say. Encycl amér. de Nich. Art. Conch. pl. 1. f. 2.

* Desh. Encycl. méth. vers. t. 2. p. 219. n° 33.

Habite l'Amérique septentrionale. *Beauvois.* Mon cabinet. Ses deux

---

(1) Quand on lit avec attention la description que donne Muller de son *Helix radiata*, on reconnaît bientôt qu'elle ne s'accorde pas entièrement avec les figures citées dans la synonymie ; Muller en effet décrit une coquille de la France méridionale, les figures représentent une espèce des États-Unis d'Amérique. Say, dans l'Encyclopédie de Nicholson, a donné à l'espèce d'Amérique le nom d'*Helix alternata* : Lamarck aurait dû l'adopter plutôt que d'en proposer un autre, ainsi cette espèce devra reprendre le nom que le naturaliste américain lui imposa le premier.

fascies sont composées de taches brunes interrompues. Diam..
6 lignes et demie.

84. Hélice raboteuse. *Helix cariosa*. Olivier. (1)

*H. testá orbiculato-convexá, latè umbilicatá, rudi, albá ; spirá ob-
tusá ; umbilico margine spirali acutangulo ; labro subreflexo.*

Helix cariosa. Oliv. Voy. pl. 31. f. 4. a. b.

Daudeb. Hist. des Moll. n° 149. pl. 64. fig. 3.

* *An eadem? Helix cariosula.* Mich. Cat. des Test. d'Alger. p. 5.
n° 12. pl. 1. f. 11. 12.

* Desh. Encycl. méth. vers. t. 2. p. 249. n° 105.

Habite dans le Levant , aux environs de Barut. Mon cabinet. Elle
est remarquable par son large ombilic, et par l'angle de son pourtour qui est un peu cariné, ce qui lui donne l'aspect d'une Carocolle. Diam., 8 lignes.

85. Hélice crénulée. *Helix crenulata*. Olivier.

*H. testá orbiculato-conoideá, subperforatá, obliquè rugoso-striatá ,
albido-cinereá ; suturis crenulatis ; labro tenui, acuto.*

Helix crenulata. Oliv. Voy. pl. 31. f. 5. a. b.

Daudeb. Hist. des Moll. n° 300.

* Desh. Encycl. méth. vers. t. 2. p. 264. n° 146.

Habite en Egypte, près d'Alexandrie. Mon cabinet. Elle est rugueuse
au toucher. Pourtour un peu anguleux. Diam., 5 lignes.

86. Hélice planorbule. *Helix planorbula*. Lamk.

*H. testá orbiculari, plano-convexá, umbilicatá, albá; anfractibus
octonis, transversim et acutè striatis ; aperturá ab axe remotá ,*

---

(1) Malgré les différences en apparence fort considérables
que l'on remarque entre cette coquille et l'*Helix candidissima* ,
on est forcé de reconnaître entre elles une analogie qui se ma-
nifeste d'autant mieux que l'on examine un plus grand nombre
d'individus, provenant de localités diverses ; c'est alors que, par
une série bien remarquable de modifications peu sensibles, on
voit s'établir un passage entre des coquilles dont les caractères
sont faciles à saisir, lorsque l'on examine seulement les deux extrémités de la série. Ce fait et plusieurs autres semblables, montrent combien il est difficile de bien limiter les espèces dans le
genre Hélice et combien on doit mettre de circonspection à en
établir de nouvelles avant d'en avoir vu les variétés principales.

*lunari; columellá unilamellatá; labro margine reflexo, extùs
sinuoso.*

Helix septemvolva. Daudeb. Hist. des Moll. n° 108. pl. 51. f. 6
* Desh. Encycl. méth. vers. t. 2. p. 208. n° 3.

Habite dans les Etats-Unis. Mon cabinet. Coquille très singulière,
ayant l'aspect d'un Planorbe. Diam., 5 lignes et demie.

87. Hélice maculaire. *Helix macularia.* Lamk.

*H. testá orbiculato-convexá, depressiusculá, subperforatá, tenuiter
striatá, luteo-corneá; maculis spadiceis sparsis; labro margine
subreflexo.*

Helix squamosa. Daudeb. Hist. des Moll. pl. 41. f. 3.
* Fér. Prod. p. 32. n° 69.

Habite à Porto-Ricco. *Maugé.* Mon cabinet. Coquille mince, finement striée. Pourtour un peu cariné. Diam., 7 lignes.

88. Hélice maritime. *Helix maritima.* Drap. (1)

*H. testá orbiculato-conoideá, subperforatá, albidá, fasciis articulatis
fusco aut nigro maculatis cinctá; labro tenui, acuto.*

Helix maritima. Drap. Moll. pl. 5. fig. 9. 10.

Daudeb. Hist. des Moll. n° 299.
* Webb et Berth. Syn. Moll. Prod. p. 12. n° 16.
* Payr. Cat. p. 100. n° 207.
* Mich. Compl. à Drap. p. 16. n° 15.

Habite en France, sur les plages de la Méditerranée, et dans l'île de
Ténériffe. *Maugé.* Mon cabinet. L'angle de son pourtour est encore un peu cariné. Diam., 4 lignes et demie.

89. Hélice orbelle. *Helix strigata.* Mull. (2)

*H. testá orbiculato-depressá, umbilicatá, eleganter striatá, albidá,
lineolis pallidè rufis pictá; spirá planulatá; labro tenui, subreflexo.*

Helix strigata. Mull. Verm. p. 61. n° 256.

Gmel. p. 3632. n° 61.

Daudeb. Hist. des Moll. n° 162. pl. 67. f. 6. 7. pl. 75. B. f. 5.

Habite dans l'État-Romain, près de Terni, sur les rochers calcaires,

---

(1) Cette espèce se distingue bien peu de l'*Helix variabilis* et
n'en est très probablement qu'une variété.

(2) Nous ne citons pas ici l'*Helix strigata* de Dillwyn parce-
que cet auteur n'a pas bien reconnu l'espèce de Muller et lui a
donné une synonymie défectueuse qui ne s'y rapporte pas.

et aux environs de Naples. M. *Ménard*. Mon cabinet. Diam., 8 à
9 lignes.

90. Hélice des murailles. *Helix muralis.* Mull. (1)

> *H. testá orbiculato-convexá, depressiusculá, subperforatá, striatá,*
> *griseá, maculis sparsis rufis aut fuscis insignitá; spirá prominulá;*
> *labro margine reflexo, albo.*

Helix muralis. Mull. Verm. p. 14. no 213.

* *Helix undata.* Mich. Compl. à Drap. p. 22. n°. 31. pl. 14. f. 9. 10.

List. Conch. t. 74. fig. 74.

Gualt. Test. t. 3. fig. F.

Gmel. p. 3664. n° 153.

Daudeb. Hist. des Moll. pl. 41. fig. 4.

* Poli. Test. t. 3. pl. 54. fig. 12. 13.

* Desh. Encycl. méth. vers. t. 2. p. 223. n° 46.

Habite en Italie, sur les murs de Rome. M. *Ménard*. Mon cabinet.
L'animal renfermé dans sa coquille supporte l'ardeur du soleil le
plus vif, ce qui est fort rare dans ce genre. Diam., 7 à 8 lignes.

91. Hélice ridée. *Helix rugosa.* Lamk.

> *H. testá, orbiculato-depressá; subtùs convexá, umbilicatá, argutè*
> *striato-rugosá, scabriusculá, cinereo-rufescente; spirá subplanu-*
> *latá, labro simplici, margine interiore rufo.*

Helix groyana. Daudeb. Hist. des Moll. n° 276.

* Desh. Encycl. méth. vers. t. 2. p. 220. n° 35.

Habite en Italie, sur la route d'Ancône à Sinigaglia. M. *Ménard*.
Mon cabinet. L'angle de son dernier tour est un peu prononcé.
Diam., 5 lignes.

92. Hélice cornée. *Helix cornea.* Drap.

> *H. testá orbiculato-convexá, depressiusculá, umbilicatá, glabrá, cor-*

---

(1) Muller confond avec cette espèce le Pouchet d'Adanson
qui en est bien distinct, il nous semble que la figure citée de
Lister, représente bien mieux le Pouchet que l'*Helix muralis.*
Gmelin fait la même faute et laisse subsister la même confusion dans sa synonymie. Dillwyn n'a pas reconnu l'*Helix muralis*
et l'a mentionné parmi ses espèces incertaines. Nous rapportons
à cette espèce l'*Helix undata* de M. Michaud; la description et
la figure données par M. Michaud de son espèce, se rapporte tellement à une variété de l'*Helix muralis* de notre collection, que
l'on croirait que c'est elle qui a été à la disposition de ce savant.

neá, rufo-subfasciatá; spirá brevissimá, obtusá; labro margine albo, subreflexo.

Helix cornea. Drap. Moll. pl. 8. f. 1. 2. 3.

Daudeb. Hist. des Moll. n° 161. pl. 67. fig. 4. 5.

* Payr. Cat. p. 101. n° 212.

* Mill. Moll. de Maine-et-Loire. p. 56. n° 15.

* Desh. Encycl. méth. vers. t. 2. p. 213. n° 15.

* Des Moul. Cat. des Coq. p. 11. n° 16.

* Coll. des Chcr. Cat. des Test. p. 64. n° 8.

* Bouil. Cat. des Coq. de l'Auv. p. 37. n° 17.

Habite dans la France méridionale, l'Italie, etc., sur les rochers ombragés, sous les arbustes, les mousses. Mon cabinet. Il ne faut pas confondre cette espèce avec l'*H. cornea* de Linné, qui est pour nous un Planorbe, et conséquemment une coquille fluviatile. Diam., 6 lignes et demie.

93. Hélice linguifère. *Helix linguifera.* Féruss.

H. testá orbiculato-depressá, imperforatá, pellucidá, tenuiter striatá, corneo-lutescente; spirá planulatá; appendiculo tenui, linguiformi, albo, obliquo columellæ adnato; labro margine albo, reflexo.

* *Helix apressa.* Say. Encycl. amér. art. Conch.

Daudeb. Hist. des Moll. n° 95. pl. 49 A. fig. 3.

* Desh. Encycl. méth. vers. t. 2. p. 224. n° 49.

Habite dans l'Amérique septentrionale, aux environs de Nogeville, état de Ténessé. *Michaux.* Mon cabinet. Petite coquille blonde, constituant une espèce singulière. Diam., 7 lignes.

94. Hélice bord roux. *Helix incarnata.* Muller.

H. testá subglobosá, depressiusculá, perforatá, pellucidá, corneá; spirá prominulá; labro margine rufescente; subreflexo.

Helix incarnata. Mull. Verm. pl. 63. n° 259.

Chem. Conch. 9. t. 135. f. 1206.

Gmel. p. 3617. n° 17.

Drap. Moll. pl. 6. f. 30.

* Dilw. Cat. t. 2. p. 894. n° 18.

* Alten. Syst. p. 27.

Daudeb. Hist. des Moll. n° 254.

* Nilss. Hist. Moll. succ. p. 24. n° 10.

* Pfeif. Syst. anord. p. 33. pl. 2. fig. 15.

* Des Moul. Cat. des Coq. p. 9. n° 8.

* Héc. Cat. des Coq. terr. de Valenc. p. 10. n° 2.

* Mich. Compl. à Drap. p. 24. n° 37.

* Kickx. Syn. Moll. brab. p. 24. n° 29.
* Ross. Icon. t. 1. p. 62. pl. 1. fig. 10.
* Desh. Encycl. méth. vers. t. 2. p. 246. n° 9°.
* Desh. Expéd. de Morée. Moll. p. 160. n° 231.
Habite en France, etc.; dans les bois. Mon cabinet. Diam., 5 lign.
et demie.

95. Hélice cinctelle. *Helix cinctella.* Drap.

*H. testá orbiculatá, subdepressá, imperforatá, glabrá, corneá; ulti-
mo anfractu cariná albá cincto; spirá prominulá; labro tenui subreflexo.*

Helix cinctella. Drap. Moll. pl. 6. fig. 28.
Daudeb. Hist. des Moll. n° 248.
* Des Moul. Cat. des Coq. p. 9. n° 6.
* Payr. Cat. p. 100. n₀ 200.
* Desh. Encycl. méth. vers. t. 2. p. 248. n° 100.
Habite dans le midi de la France, etc. Mon cabinet. Diam. de la pré-
cédente.

96. Hélice luisante. *Helix cellaria.* Muller.

*H. testá orbiculato-convexiusculá, subplanulatá, umbilicatá, tenui
pellucidá, tenuiter striatá, suprá pallidè corneá, subtùs lacteá; labro simplici, acuto.*

Helix cellaria. Mull. Verm. p. 28. n° 230.
D'Argenv. Conch. pl. 28. f. 4.
La Luisante. Geoff. Coq. p. 36. n° 7.
Chem. Conch. 9. t. 127. f. 1129. 1. 2.
Gmel. p. 3634. n° 70.
Helix nitida. Drap. Moll. pl. 8. f. 23 à 25.
* Dillw. Cat. t. 2. p. 913. n° 61.
* *Helix nitens.* Alten. Syst. p. 58. pl. 5. f. 10.
* *Helix lucida.* Des Moul. Cat. des Coq. p. 11. n° 20.
* *Helix nitida.* Mill. Moll. de Maine-et-Loire. p. 60. n° 20.
* Kleeb. Moll. Boruss. syn. p. 17. n° 8.
Helix cellaria. Daudeb. Hist. des Moll. n° 212.
* Nilss. Hist. des Moll. succ. p. 32. n 18.
* Pfeif. Syst. anord. p. 42. pl. 2. fig. 29. 30.
* Coll. des Cher. Cat. des Test. p. 65. n° 16.
* *Helix lucida.* Brard. Hist. des Moll. p. 34. n₀ 7. pl. 2. f. 3. 4.
* Payr. Cat. p. 100. n° 210.
* Héc. Cat. des Coq. terr. de Valenc. p. 11. n° 10.
* *Helix lucida.* Turt. Man. p. 56. n° 39. pl. 4. f. 39.
* *An eadem? Helix pura.* Turt. Man. p. 59. n° 43. pl. 4. n° 43.

* Kickx. Syn. Moll. brab. p. 15. n° 16.
* Goup. Hist. des Moll. de la Sarthe. p. 25. n₀ 16.
* Webb et Berth. Syn. Moll. Prodr. p. 10. n° 10.
* Ross. Icon. t. 1. p. 70. pl. 1. fig. 22.
* Desh. Encycl. méth. vers. t. 2. p. 214. n₀ 20.

Habite en France, dans les jardins, sous les haies. Mon cabinet. Diam., 5 lignes.

97. Hélice lucide. *Helix nitida*. Muller.

H. testâ orbiculato-depressâ, umbilicatâ, tenui, pellucidâ, minutissimâ striatâ, corneo-fuscâ; labro simplici, acuto.

Helix nitida. Mull. Verm. p. 32. no 234.

Helix nitens. Gmel. p. 3633. n₀ 66.

Helix lucida. Drap. Moll. pl. 8. fig. 11. 12.

Helix nitida. Daudeb. Hist. des Moll. no 218.

* Bowd. Elem. of Conch. pl. 8. fig. 12.
* *Helix lucida.* Mill. Moll. de Maine-et-Loire. p. 51. n° 10.
* Nilss. Hist. Moll. succ. p. 34. n° 19.
* Pfeif. Syst. anord. p. 35. no 14. pl. 2. f. 19.
* Payr. Cat. p. 101. n° 211.
* Coll. des Cher. Cat. des Test. p. 64. no 9.
* Kleeb. Moll. Boruss. syn. p. 18. n° 11.
* *Helix lucida.* Héc. Cat. des Coq. terr. de Valenc. p. 11. n° 9.
* Des Moul. Cat. des Coq. p. 10. no 10.
* Turt. Man. p. 55. n° 38. pl. 4. f. 38.
* Kickx. Syn. Moll. brab. p. 22. n° 14.
* Bouil. Cat. des Coq. de l'Auv. p. 41. no 23.
* Goup. Hist. des Moll. de la Sarthe. p. 21. n₀ 10.
* Ross. Icon. t. 1. p. 70. pl. 1. fig. 25.
* Desh. Encycl. méth. vers. t. 2. p. 221. n° 39.

Habite en France, dans les lieux humides et marécageux. Mon cabinet. Elle est plus petite que la précédente, qu'elle avoisine par ses rapports.

98. Hélice plébéienne. *Helix plebeium*. Drap.

H. testâ orbiculato-convexâ, umbilicatâ, tenui, pellucidâ, corneâ, hispidâ; spirâ obtusâ; labro margine albo, subreflexo.

Helix plebeium. Drap. Moll. pl. 7. f. 5.

Daudeb. Hist. des Moll. n° 269.

Héc. Cat. des Coq. terr. de Valenc. p. 11. no 14.

* Desh. Encycl. méth. vers. t. 2. p. 217. n° 25.

Habite sur le Mont-Jura. Mon cabinet. L'angle de son dernier tour est marqué d'une ligne blanchâtre. Diam., 4 lignes et demie.

99. Hélice grimace. *Helix personata.* Lamk. (1)

> *H. testâ orbiculato-convexâ, subdepressâ, perforatâ, minutissimè*
> *striatâ, corneo-fuscescente; aperturâ subtriangulari, tridentatâ,*
> *ringente; labro margine albo, reflexo, sinuoso.*

* Schrot. Einl. t. 2. p. 194. n. 62.

Helix isognomostomos. Gmel. p. 3621. n° 158. *syn. plur.* **exclus.**

Helix personata. Lamk. Journ. d'Hist. nat. pl. 42. f. 1.

Helix personata. Drap. Moll. pl. 7. f. 25.

* Id. Alten Syst. p. 38. pl. 3. f. 5. *synon. exclus.*

Daudeb. Hist. des Moll. n° 103. pl. 51. f. 1.

* Pfeif. Syst. anord. p. 31. n° 8. pl. 2. fig. 14.

* Ross. Icon. t. 1. p. 69. pl. 1. f. 18.

* Desh. Encycl. méth. vers. t. 2. p. 252. n° 115.

Habite en Alsace et en Franche-Comté. Mon cabinet. Diam., près de
4 lignes.

100. Hélice hispide. *Helix hispida.* Lin.

> *H. testâ orbiculato-convexâ, subdepressâ, umbilicatâ, pellucidâ, cor-*
> *neo-fuscescente, hispidâ; aperturâ semilunari; labro tenui, sub-*
> *reflexo.*

Helix hispida. Lin. Syst. nat. p. 1244. Gmel. p. 3625. n° 42.

* Bouil. Cat. des Coq. de l'Auv. p. 34. n° 11.

Mull. Verm. p. 73. n° 268.

Petiv. Gaz. t. 93. fig. 13.

La Veloutée. Geoff. Coq. p. 44. n° 11.

Chem. Conch. 9. t. 122. fig. 1057. 1058.

* Schrot. Einl. t. 2. p. 141. n° 12.

Drap. Moll. pl. 7. fig. 20 à 22.

* Poiret. Coq. Prod. p. 75. n 11.

* Alten. Syst. p. 44. pl. 3. fig. 6.

* Dillw. Cat. t. 2. p. 915. n° 64.

* Brard. Hist. des Moll. p. 27. n° 5. pl. 2. f. 1. *exclus. syn.*

Daudeb. Hist. des Moll. n° 271.

* Mill. Moll. de Maine-et-Loire. p. 52. n° 11.

* Nilss. Hist. Moll. suec. p. 26. n° 12.

* Kleeb. Moll. Born. syn. p. 17. n° 7.

* Pfeif. Syst. anord. p. 36. n° 15. pl. 2. fig. 20.

---

(1) Dillwyn confond cette espèce avec l'*Helix punctata* de
Born. Cette erreur nous paraît d'autant plus surprenante que le
seul examen des figures qu'il cite aurait pu la lui faire éviter.

* Des Moul. Cat. des Coq. p. 10. n° 12.
* Coll. des Cher. Cat. des Test. p. 65. n° 10.
* Turt. Man. p. 57. n° 41. pl. 4. f. 41.
* Héc. Cat. des Coq. terr. de Valence. p. 11. n° 8.
* Goup. Hist. des Moll de la Sarthe. p. 21. n° 11.
* Kickx. Syn. Moll. brab. p. 22. n° 25.
* Desh. Encycl. meth. vers. t. 2. p. 221. n° 38.

Habite en France, dans les bois, les prairies, etc. Mon cabinet. Diam., 4 lignes.

101. Hélice bouton. *Helix rotundata*. Muller.

H. testá orbiculato-depressá, conveviusculá, laté umbilicatá, striatá, griseá aut rufescente ; spirá obtusissimá ; labro simplici.

Helix rotundata. Mull. Verm. p. 29. n° 231.
D'Argenv. Zoom. pl. 9. fig. 10.
Le Bouton. Geoff. Coq. p. 39. n° 9.
* Dacost. Brit. Conch. pl. 4. fig. 15.
* Schrot. Einl. t. 2. p. 256. n° 275.
Gmel. p. 3633. n° 69.
Drap. Moll. pl. 8. fig. 4 à 7.
* Poiret. Coq. Prod. p. 77. n° 13.
* Alten. Syst. p. 62.
* Brard. Hist. des Moll. p. 51. n° 11. pl. 2. f. 10. 11.
* Dillw. Cat. t. 2. p. 891. n° 11.
* Mill. Moll. de Maine-et-Loire. p. 59. n° 19.
Daudeb. Hist. des Moll. n° 196. pl. 79. f. 2. à 5.
* Pfeiff. Syst. anord. p. 44. pl. 2. fig. 33. 34.
* Nilss. Hist. Moll. succ. p. 30. n° 16.
* Des Moul. Cat. des Coq. p. 11. n° 19.
* Coll. des Cher. Cat. des Test. p. 65. n° 11.
* Héc. Cat. des Coq. terr. de Valenc. p. 10. n° 1.
* Turt. Man. p. 59. n° 44. pl. 5. f. 44. *H. radiata.*
* Kickx. Syn. Moll. brab. p. 16. n° 18.
* Goup. Hist. des Moll. de la Sarthe. p. 26. n° 17.
* Bouill. Cat. des Coq. de l'Auv. p. 41. n° 22.
* Desh. Encycl. méth. vers. t. 2. p. 223. n° 48.

Habite en France, sous les pierres et parmi les mousses. Mon cabinet. Elle est marquée de petites taches rougeâtres. Diamètre, 2 à 3 lignes.

102. Hélice apicine. *Helix apicina*. Lamk.

H. testá semiglobosá, subtùs valdé convexá, umbilicatá, minutiss.mè striatá, albá ; spirá apice fuscá ; labro tenui, acuto.

* Desh. Encycl. méth. vers. t. 2. p. 221. no 40.
* Mich. Compl. à Drap. p. 33. nᵒ 53. pl. 15. fig. 9. 10.
Habite en France, dans les environs de Brives. M. *Latreille*. Mon
cabinet. Elle est distincte de la suivante par son ouverture grande
et évasée, par l'angle de son pourtour, qui est plus prononcé, et
par la forte convexité de sa face inférieure. Diamètre, 3 lignes et
demie.

103. Hélice striée. *Helix striata*. Drap.

*H. testá globoso-depressá, concideá vel planulatá, subtùs convexá,
umbilicatá, argutè striatá, albidá, ad periphaeriam subangulatan.
rufo-fasciatá; labro simplici.*

D'Argenv. Zoom. pl. 9. fig. 6.
La Grande-Striée. Geoff. Coq. p. 34. nᵒ 5.
Ejusd. Le Petit-Ruban. p. 49. nᵒ 14.
Helix striata. Drap. Moll. pl. 6. fig. 18 à 21.
* Poir. Prod. p. 73. no 8.
* Brard. Hist. des Moll. p. 36. pl. 2. fig. 5. 6.
* Mill. Moll. de Maine-et-Loire. p. 53. nᵒ 12.
Helix striata. Daudeb. Hist. des Moll. nᵒ 278.
Ejusd. Helix candidula. Hist. des Moll. nᵒ 279.
* Payr. Cat. p. 101. nᵒ 213.
Bouill. Cat. des Coq. de l'Auv. p. 34. nᵒ 12.
* Des Moul. Cat. des Coq. p. 10. no 13.
* Coll. des Cher. Cat. des Test. p. 65. nᵒ 12.
* *Helix caperata*. Turt. Man. p. 42. nᵒ 32. pl. 4. f. 32.
* Kickx. Syn. Moll. brab. p. 21. nᵒ 23.
* Desh. Encycl. méth. t. 2. p. 222. nᵒ 41.
* Desh. Expéd. de Morée. Moll. p. 161. no 235.
* *Helix intersecta*. Poir. Prod. p. 81. nᵒ 16.
* Id. Brard. Hist. des Coq. p. 39. nᵒ 9. pl. 2. f. 7.
* *Helix intersecta*. Mich. Compl. à Drap. p. 30. pl. 14. fig. 33. 34.
* Coup. Hist. des Moll. de la Sarthe. p. 22. nᵒ 12.
* *Helix intersecta*. Bouill. Cat. des Coq. de l'Auv. p. 35. nᵒ 13.
Habite en France, dans les champs, les fossés. Mon cabinet. Petite
coquille très commune, et offrant beaucoup de variétés. Diamètre,
environ 3 lignes.

104. Hélice sale. *Helix conspurcata*. Drap.

*H testá orbiculato-convexá, subdepressá, umbilicatá, striatá, squa-
lidè albá, hispidulá; labro simplici.*

Helix conspurcata. Drap. Moll. pl. 7. f. 23 à 25.
Daudeb. Hist. des Moll. nᵒ 277.

* Payr. Cat. p. 101. n. 215.
* Nilss. Hist. Moll. suec. p. 25. n° 11.
* Desh. Encycl. méth. vers. t. 2. p. 217. n. 26.

Habite dans le midi de France, sous les haies, dans les fentes des murs. Mon cabinet. Diamètre, 2 lignes.

105. Hélice conique. *Helix conica*. Drap.

H. testá parvá, conicá, trochiformi; subtùs planulatá, perforatá, striatá, albá, lineis fuscis cinctá; anfractibus convexis; labro simplici.

Helix trochoides. Poir. It. Barb. 2. p. 29.

Helix conica. Drap. Moll. pl. 5. f. 3 à 5.

Daudeb. Hist. des Moll. n° 305.

* Payr. Cat. p. 102. n° 216.

* Desh. Encycl. méth. vers. t. 2. p. 262. n° 141.

Habite la France méridionale, sur les bords de la Méditerranée, où on la trouve communément sur l'*Eryngium maritimum*. Mon cabinet. Hauteur, un peu plus de 2 lignes.

106. Hélice conoïde. *Helix conoidea*. Drap.

H. testá parvá, conoideá, trochiformi, subtùs convexá, umbilicatá, albá, fusco-fasciatá; anfractibus convexis; suturis impressis; labro simplici.

Helix solitaria. Poir. Prod. p. 85. n° 21.

Helix conoidea. Drap. Moll. pl. 5. fig. 7. 8

Daudeb. Hist. des Moll. n° 375.

* Blainv. Malac. p. 40. fig. 5.

* Payr. Cat. p. 102. n° 217.

* Desh. Encycl. méth. vers. t. 2. p. 263. n° 145.

Habite en France; se trouve particulièrement sur les côtes de la Méditerranée. Mon cabinet. Taille de celle qui précède.

107. Hélice mignonne. *Helix pulchella*. Muller.

H. testá minutissimá, orbiculato-depressá, umbilicatá, albá aut cinereá; labro margine crasso, albo, reflexo.

Helix pulchella. Mull. Verm. p. 30. n° 232.

Ejusd. Helix costata. Verm. p. 31. n° 233.

D'Argenv. Zoom. pl. 9. fig. 7.

La Petite-Striée. Geoff. Coq. p. 35. n° 6.

Helix pulchella. Gmel. p. 3633. n° 67.

Ejusd. Helix costata. p. 3633. n° 68.

Helix pulchella. Drap. Moll. pl. 7. fig. 30 à 32.

* Poir. Coq. Prod. p. 83. n° 19.

* Brard. Moll. p. 56. n₀ 13. pl. 2. f. 9.

* Mill. Moll. de Maine-et-Loire. p. 58. n° 18.

* Alten. Syst. p. 60. pl. 6. n° 11.

Daudeb. Hist. des Moll. n° 173.

* Nilss. Hist. Moll. p. 29. n° 15.

* Kleeb. Moll. Beruss. Syn. p. 18. n° 9.

* *Helix pulchella.* Pfeif. Syst. anord. p. 43. pl. 2. fig. 32.

* *Helix costata.* Id. pl. 2. fig. 31.

* Coll. des Cher. Cat. des Test. p. 65. n° 14.

* Des Moul. Cat. des Coq. p. 11. n° 18.

* Héc. Cat. des Coq. de Valenc. p. 11. n° 11.

* Turt. Man. p. 63. n° 49. pl. 5. fig. 49.

* Kickx. Syn. Moll. brab. p. 13. n° 13.

* *Helix costata.* Id. p. 14. n° 14.

* Payr. Cat. p. 102. n° 218.

* Goup. Hist. des Moll. de la Sarthe. p. 27. n° 19.

* Desh. Encycl. méth. vers. t. 2. p. 213. n° 16.

* Bonill. Cat. des Coq. de l'Auv. p. 39. n° 20.

Habite en France; commune dans les bois, sous les pierres et parmi les mousses. Mon cabinet. Elle n'a pas une ligne de diamètre.

† 108. **Hélice pyramidée.** *Helix pyramidata.* **Drap.**

H. testá trochiformi basi latá, rotundatá, irregulariter striatá, albá basi perforatá; aperturá subdepressá; vertice fusco, obtuso.

Drap. Moll. p. 80. pl. 5. f. 6.

Mich. Compl. à Drap. p. 12. n° 4.

Payr. Cat. p. 10 . n° 214.

Mich. Cat. des Test. d'Alger. p. 6. n° 15.

Desh. Expéd. de Morée. Moll. p. 163. n° 244.

Fér. Prod. p. 45. n° 298.

Habite en France, en Italie, en Morée, etc. Coquille fort commune sur le pourtour de la Méditerranée. Elle est conique, trochiforme, assez large à sa base; son sommet est obtus et presque toujours d'un brun noirâtre. Le dernier tour n'est pas anguleux, il est légèrement convexe en dessous et percé d'un ombilic très étroit; l'ouverture est subsemi-lunaire, peu oblique; le bord droit est simple et tranchant, légèrement épaissi en dedans par un petit bourrelet jaunâtre ou rougeâtre, souvent dans le fond l'ouverture est jaune. La surface extérieure est striée mais irrégulièrement.

109. **Hélice rugosiuscule.** *Helix rugosiuscula.* **Mich.**

H. testá trochiformi, subtùs convexá, perforatá, longitudinaliter et regulariter valdè striatá, sæpissimè griseá, interdum nigricante; an-

fractibus quinis, ultimo subcarinato; aperturâ rotundatâ, labro subreflexo, intus marginato; apice fulvo, minutissimè striato.

Mich. Compl. à Drap. p. 14. n₀ 8.

Habite les environs d'Aix, dans les lieux arides et secs. Paraît assez abondante. Cette petite espèce a de l'analogie avec l'*Helix pyramidata*, dont elle diffère par ses stries plus profondes, par sa taille moins grande et par la forme de son ouverture un peu plus arrondie. Elle est de couleur grisâtre.

110. Hélice fauve. *Helix fulva.* Mull.

H. testâ conico-globosâ, fulvâ, imperforatâ, nitidâ; aperturâ depressâ, peristomate simplici.

Mull. Verm. t. 2. p. 56. n₀ 249.

Gmel. p. 3630. n₀ 54.

Drap. Moll. p. 81. pl. 7. fig. 12. 13.

Pfeif. Syst. anord. p. 23. pl. 2. fig. 2.

Nilss. Hist. Moll. suec. p. 15. n₀ 2.

Mill. Moll. de Maine-et-Loire. p. 42. n₀ 1.

Coll. des Cher. Cat. des Test. p. 66. n₀ 22.

Kickx. Syn. Moll. brab. p. 31. n₀ 36.

Turt. Man. p. 61. n° 47. pl. 5. fig. 47.

Bouil. Cat. des Coq. de l'Auv. p. 25. n₀ 1.

Kleeb. Moll. borus. syn. p. 17. n₀ 6.

Goup. Hist. des Moll. de la Sarthe. p. 16. n° 5.

Mich. Compl. à Drap. p. 15. n₀ 9.

Helix trochiformis. Mont. Test. Brit. pl. 11. f. 9.

Trochus terrestris. Var. A. Dacost. Brit. Conch p. 35.

Helix trochulus. Dillw. Cat. t. 2. p. 916. n₀ 68. *exclus. Mulleri syn.*

Helix fulva. Dillw. Cat. t. 2. p. 925. n₀ 89.

Habite presque toute l'Europe, dans les forêts humides, sous les feuilles pourries.

Nous avons pu comparer l'*Helix trochiformis* de Montagu avec celle-ci et reconnaître l'identité des deux espèces; nous avons dû en conséquence les réunir. Dillwyn a cru reconnaître dans l'espèce de Montagu l'*Helix trochulus* de Muller; mais d'après la description de Muller sa coquille paraît différer spécifiquement de l'*Helix fulva.*

L'*Helix fulva* est fort petite, ayant un peu plus d'une ligne de diamètre; elle est mince, cornée, transparente, subconique, composée de six à sept tours très étroits, très convexes, lisses; le dernier subanguleux à sa circonférence, est convexe en dessous, au centre on y remarque une dépression ombilicale; l'ouverture est déprimée, arquée, fort étroite, la lèvre est simple, mince et tranchante, jamais garnie d'un bourrelet intérieur.

† 111. Hélice des rochers. *Helix rupestris*. Drap.

H. testá tenui, subconicá, umbilicatá, fulvo-corneá, pellucidá, semi-striatá, aperturá rotundá, labro simplici.

Drap. Moll. p. 82. n° 8. pl. 7. fig. 7. 8. 9.

Mich. Compl. à Drap. p. 15. n° 10.

Fér. Prod. p. 40. n° 201.

Id. Hist. nat. des Moll. pl. 80. f. 2. 3.

Desh. Encycl. méth. vers. t. 2. p. 233. n° 68.

Kickx. Syn. Moll. brab. p. 31. n° 35.

Turt. Man. p. 60. n° 45.

Bouil. Cat. des Coq. de l'Auv. p. 26. n° 2.

Goup. Hist. des Moll. de la Sarthe. p. 17. n° 6.

Helix umbilicata. Mont. Test. Brit. p. 434. pl. 13. f. 2.

Id. Mat. et Rack. Trans. lin. t. 8. p. 200.

Id. Dors. Cat. p. 54. pl. 19. f. 24.

Id. Dillw. Cat. t. 2. p. 915. n° 65.

Habite les forêts humides, sous les feuilles pourries, en France, en Allemagne, en Suisse, en Angleterre, etc.

Nous avons reconnu l'identité de l'*Helix rupestris* et de l'*Helix umbilicata* de Montagu et des auteurs anglais, il nous a été possible par ce moyen de compléter la synonymie de l'espèce.

C'est une très petite coquille subconoïde, d'un brun foncé, cornée, composée de cinq à six tours étroits, convexes, finement striés, le dernier n'est point anguleux à la circonférence, la base est percée d'un ombilic assez large et profond, l'ouverture est petite, arrondie, les deux extrémités du bord laissant entre elles un petit intervalle, le péristome est simple, mince et tranchant.

† 112. Hélice hérissée. *Helix aculeata*. Mull.

H. testá conico-globosá, umbilicatá, fuscá, lamellis transversis spiniferis aculeatá; aperturá rotundá; labro patulo subreflexo.

Chem. Conch. t. 9. p. 153. pl. 133. fig. 1209.

Gmel. p. 3638. n° 90.

Mull. Verm. t. 2. p. 81. n° 279.

Nilss. Hist. Moll. suec. p. 16. n° 3.

Drap. Moll. p. 82. pl. 7. fig. 10. 11.

Mill. Moll. de Maine-et-Loire. p. 43. n° 2.

Helix spinulosa. Turt. Man. p. 43. n° 33. pl. 4. fig. 33.

Bouill. Cat. des Coq. de l'Auv. p. 26. n° 3.

Goup. Hist. des Moll. de la Sarthe. p. 13. n° 7.

Fér. Moll. Prod. p. 42. n° 250.

Dillw. Cat. t. 2. p. 916. n° 69.

Helix spinulosa. Lightfoot. in phil. trans. t. 76. p. 166. pl. 2. f. 1. 5. (ex fide Dillw.)

Id. Mont. Test. p. 429. pl. 11. fig. 10.

Mat. et Rack. Lin. trans. t. 8. p. 201.

Dors. Cat. p. 54. pl. 19. fig. 23.

Habite les lieux élevés, en France, en Allemagne, et l'Europe septentrionale, elle se plaît dans les endroits frais et humides, sous les feuilles pourries, dans la mousse, etc. Elle est très facile à reconnaître, elle est subtrochiforme, globuleuse, composée de cinq à six tours étroits et convexes, sur lesquels s'élèvent à des distances régulières une strie membraneuse assez saillante, terminée vers les deux tiers supérieurs des tours par une pointe courte, mais assez aiguë; à sa base, la coquille est percée d'un ombilic assez large et profond, l'ouverture est arrondie, le bord est évasé, mais mince et tranchant.

† 113. Hélice strigelle. *Helix strigella.* Drap.

H. testá globosá, subdepressá, umbilicatá, tenui, striatá; aperturá lunato-rotundá; labro patulo, marginato; umbilico aperto.

Drap. Moll. p. 84. pl. 7. f. 42.

Nilss. Hist. Moll. suec. p. 23. n° 9.

Helix sylvestris. Alten. Syst. p. 69. pl. 7. f. 13.

Helix altenana. Gart. p. 27.

Héc. Cat. des Coq. terr. de Valenc. p. 12. n° 18.

Bouill. Cat. des Coq. de l'Auv. p. 24. n° 7.

Ross. Icon. p. 61. pl. 1. fig. 9.

Mich. Compl. à Drap. p. 15. n° 13.

Fér. Moll. Prod. p. 43. n° 265.

Desh. Encycl. méth. vers. t. 2. p. 231. n° 55.

Habite en France, en Suisse, en Allemagne, en Espagne et l'Europe australe et méridionale, dans les haies, les buissons. Elle est mince, d'un blanc-jaunâtre, cornée, sa forme est subglobuleuse, déprimée, sa spire peu saillante est formée de six tours chargés de stries nombreuses, fines, mais irrégulières. Le dernier tour est convexe au-dessous et percé d'un ombilic large et profond, dans lequel on voit facilement les autres tours de la spire, l'ouverture est arrondie, le bord, mince et tranchant, est évasé en dehors, et dans les vieux individus épaissi en dedans. Il y a une variété d'une couleur un peu plus foncée dans laquelle se montre une zone blanchâtre à la circonférence du dernier tour.

† 114. **Hélice ceinte.** *Helix cincta.* Mull.

> *H. testá globulosá, ventricosá, subtùs convexá, imperforatá, fuces-*
> *cente, zonis duobus tribusve fusco nigricantibus cinctá ; spirá co-*
> *noideá, longitudinaliter transversimque striatá, aperturá margi-*
> *nibus fuscá.*

Mull. Verm. p. 58. n° 251.

Gualt. Ind. Test. pl. 2. fig. B.

Gmel. p. 3630. n° 56.

Fér. Hist. des Moll. Prod. p. 29. n₀ 28.

Id. Hist. des Moll. pl. 20. f. 7. 8. pl. 24. f. 1.

Desh. Encycl. méth. vers. t. 2. p. 238. n₀ 78.

Id. Expéd. de Mor. Moll. p. 160. n° 229.

Mich. Compl. à Drap. p. 17. n° 22. pl. 14. fig. 2.

Poli. Test. t. 3. pl. 54. fig. 3. 4.

Habite en France, aux environs de Tonnerre, département de
l'Yonne, dans les vignes, les champs. Elle est fort commune en
Italie, en Sicile, en Morée, en Turquie, en Syrie. M. Michaud
a fait connaître pour la première fois cette espèce, recueillie en
France, avant lui, on la croyait propre à l'Italie et autres parties
méridionales de l'Europe et de l'Asie. Elle a beaucoup de ressemblance, quant au volume et à la forme, avec l'*Helix pomatia* dont
elle se distingue cependant par des caractères constans.

† 115. **Hélice ciliée.** *Helix ciliata.* Fér.

> *H. testá orbiculatá, utrinquè convexá, perforatá pallidè corneá, pel-*
> *lucidá; lamellis per series longitudinaliter dispositis asperá; an-*
> *fractibus, subplanis, ultimo carinato ciliato ; aperturá sub-*
> *depressá; peristomate simplici, semi-reflexo ; apice glabro, pa-*
> *pillato.*

Stud. Syst. Verz. p. 13.

Helicella ciliata. Fér. Prod. p. 43. n° 251.

Mich. Compl. à Drap. p. 23. n₀ 35. pl. 14. f. 27.

Habite en France, la montagne Sainte-Baume, département du Var.
Espèce parfaitement distincte, elle a quatre à cinq lignes de diamètre, elle est déprimée, sa spire est peu saillante, composée de
cinq tours peu convexes, couverts de stries fines et serrées, le dernier est subanguleux à sa circonférence. il est convexe en dessous
et percé au centre d'un ombilic étroit et profond. L'ouverture est
subsemilunaire, plus large que haute, le bord droit est mince,
tranchant, quelquefois épaissi à l'intérieur par un petit bourrelet
blanchâtre ou rosé; sans épiderme, la coquille est d'un brun peu
foncé, cornée. L'épiderme est assez épais : en dessus de la spire,

TOME VIII.   6

il est velu ou chargé de petites écailles longitudinales peu saillantes, suivant la direction des stries; à la circonférence, du dernier tour, l'épiderme s'élève en une rangée d'écailles ou de cils assez longs subimbriqués, et en dessous il est écailleux et les écailles sont disposées sur des lignes rayonnantes.

† 116. Hélice glabelle. *Helix glabella.* Drap.

H. testâ subdepressâ, perforatâ, lævi, corneâ, albâ, aperturâ semi-lunari, rotundatâ ; labro subemarginato.

Drap. Moll. p. 102. pl. 7. fig. 6.

Pfeif. Syst. anord. p. 34. n° 11. pl. 2. fig. 16.

Helix rufescens. Turt. Man. p. 37. n° 28. pl. 3. fig. 28.

Desh. Encycl. méth. vers. t. 2. p. 225. n° 50.

Mich. Compl. à Drap. p. 27. n° 42.

Fér. Hist. des Moll. Prod. p. 43. n° 267.

Helix rufescens. Dillw. Cat. t. 2. p. 895. n° 20 ?

Habite en France, en Allemagne, en Angleterre. Nous ne citons qu'avec doute l'*Helix rufescens* de Dillwyn dans la synonymie, parce que cet auteur a mis sous ce nom plusieurs espèces dont quelques-unes sont fort incertaines, parmi lesquelles une se rapporterait mieux à l'*Helix strigella* de Draparnaud qu'à toute autre.

L'Hélice glabelle est subglobuleuse, aplatie, mince, transparente, d'un jaune brunâtre, les tours de spire au nombre de cinq sont étroits, le dernier est subcaréné et pourvu d'une zone blanchâtre peu marquée sur la carène, le dernier tour est convexe en dessous, perforé au centre. Cette espèce a beaucoup d'analogie avec l'*Helix carthusianella.*

† 117. Hélice pubescente. *Helix sericea.* Mull.

H. testâ subdepressâ, corneâ, fuscatâ, tenui fragili, pellucidâ, basi perforatâ, hirsutâ; aperturâ minimâ, semi-lunari, simplici.

Mull. Verm. t. 2. p. 62. n° 258.

Drap. Moll. p. 103. pl. 7. f. 16. 17.

Mill. Moll. de Maine-et-Loire. p. 50. n° 9.

Des Moul. Cat. des Coq. p. 10. n° 11.

Coll. des Cher. Cat. des Test. p. 65. n° 14.

Turt. Man. p. 38. n° 29. pl. 3. fig. 29.

Fér. Hist. des Moll. Prod. p. 44. n° 272.

La Veloutée. Geoff. Coq. p. 44. pl. 2.

Habite en France, en Angleterre, en Suisse, etc., dans les prairies, les jardins, les lieux humides. Coquille de trois ou quatre lignes de diamètre, mince, transparente, de couleur cornée, légèrement striée, la spire, subconoïde et obtuse au sommet, est composée de quatre à cinq tours, le dernier, sensiblement caréné, est perforé au centre, l'épiderme est chargé de longs poils assez serrés et recourbés en arrière.

† 118. Hélice révélée. *Helix revelata*. Fér.

H. testá orbiculato-subglobosá, subtilissimè striatá, perforatá tenui, diaphaná, nitidá pallide virente, hispidá, pilis raris, minimis irregulariter dispositis ; anfractibus quinis convexis, ultimo majore ; aperturá rotundá ; peristomate simplici, acuto ; apice papillato.

Helicella revelata. Fér. Prod. p. 44. n° 273.

Mich. Compl. à Drap. p. 27. n° 44. pl. 15. f. 6. 7. 8.

Habite les environs de Paris et d'Angers, les vallons des Alpes. Elle est rare. Petite coquille bien distincte de ses congénères, mince, transparente, verdâtre, ayant l'ouverture grande en proportion de la grandeur totale. Quoique assez grand, l'ombilic ne laisse apercevoir que l'avant-dernier tour ; l'ouverture est très oblique, son bord est mince, tranchant et un peu renversé en dehors.

† 119. Hélice velue. *Helix villosa*. Drap.

H. testá subdepressá pallide fuscá, pellucidá, tenui, fragili, longitudinaliter transversimque striatá hispidá ; umbilico magno ; aperturá subrotundá, labro simplici, intus margine minimo, depresso, circumdato.

Drap. Hist. des Moll. p. 104. n° 36. pl. 7. f. 18. 19.

Helix pilosa. Alten. Syst. p. 46. pl. 4. fig. 7.

Fér. Hist. des Moll. Prod. p. 43. n° 66.

Desh. Encycl. méth. vers. t. 2. p. 214, n° 19.

Mich. Compl. à Drap. p. 29. n° 46.

Habite en France, en Suisse, en Allemagne. Elle est peu bombée, obtuse au sommet, elle est de couleur fauve ou brune, son épiderme est couvert de longs poils flexueux de la même couleur, les tours de spire au nombre de cinq ou six sont convexes, finement striés et séparés par une suture simple et profonde, le dernier tour offre à la base un grand ombilic, l'ouverture est presque ronde, les deux extrémités du bord se rapprochent, ce bord est simple, mince et quelquefois garni à l'intérieur d'un petit bourrelet peu épais et blanc.

120. Hélice de Carascale. *Helix Carascalensis*. Fér.

H. testá semi-globosá, depressá, utrinque convexá, interdùm pellucidá, irregulariter striatá griseá, luteo-virente diversè maculatá; umbilico angusto ; anfractibus senis convexis, ultimo ad periphæ-

6.

riam subangulatam subfasciatá ; aperturá subdepressá ; labro mar-
ginato, albo semi-reflexo.

Helicella carascalensis. Fér. Prod. p. 38. n⁰ 158.

Mich. Compl. à Drap. p. 29. n₀ 49. pl. 14. fig. 24.

Fér. Hist. des Moll. pl. 67. f. 1.

Habite Gavarnie (Hautes-Pyrénées), près Luz, au pied de la cas-
cade, sous les pierres humides. Carascal en Arragon. Elle est assez
abondante. C'est particulièrement à l'*Helix alpina* que cette espèce
ressemble le plus, elle a la même forme générale, elle est plus
petite, son ombilic est toujours plus étroit, les stries sont les
mêmes, mais les taches dans la *carascalensis* sont verdâtres, jaunâtres au contraire dans l'*alpina*.

† 121. Hélice alpine. *Helix alpina.* Fér.

H. testá utrinquè orbiculato-convexá, subpellucidá, umbilicatá, lon-
gitudinaliter striatá, albidá, vel griseá, corneo maculatá, maculis
irregulariter dispositis ; anfractibus senis convexis, ultimo subca-
rinato; aperturá subrotundá; labro marginato, albo, reflexo.

Helicogena alpina. Fér. Prod. p. 38. n⁰ 160.

Mich. Compl. à Drap. p. 34. n₀ 58. pl. 14. fig. 16. 17.

Var. Helix Fontenellii. Mich. Bul. de la Soc. lin. de Bord. t. 3.
p. 267. f. 13. 14.

Id. Mich. Compl. à Drap. p. 38. n₀ 63. pl. 14. f. 18. 19.

Fér. Hist. des Moll. pl. 67. f. 3.

Habite les Hautes-Alpes, sur les rochers calcaires des montagnes les
plus élevées, des environs de la Grande-Chartreuse. On la trouve
aux environs de Die (Drôme). Il n'existe pas, selon nous de différences suffisantes entre l'*Helix alpina* et la *Fontenellii* de M. Michaud pour adopter ces deux espèces ; aussi nous joignons la dernière à l'*Helix alpina* à titre de variété : plus en effet on voit
d'individus et plus on a de preuves de l'identité des deux espèces.

122. Hélice bandelette. *Helix fasciola.* Drap.

H. testá subdepressá, unifasciatá ; peristomate albo, marginato, in-
crassato, subangulato.

Drap. Moll. p. 110. n⁰ 44. pl. 6. f. 22. 23. 24.

Mich. Compl. à Drap. p. 36. n⁰ 59.

Fér. Prod. p. 43. n⁰ 252.

Id. Hist. des Moll. pl. 69 A. f. 1.

Habite en France, aux environs de La Rochelle, d'après Draparnaud.
A l'époque où M. de Férussac publia son Prodrome, il n'avait ja-
mais vu cette espèce, il était fort incertain sur sa patrie ; depuis
M. de Férussac en a donné une bonne figure que nous citons, mais

nous ne savons pas si M. de Férussac a eu de nouveaux renseignemens sur l'espèce; quant à nous, nous la possédons aussi, mais
nous ne savons d'où elle vient. Draparnaud a donné comme synonyme de son espèce : l'*Helix striatula* de Muller, mais qu'est-ce
que l'*Helix striatula* de Muller ou de Linnée? Nous le saurons
sans doute plus tard lorsque M. Beck, qui a la collection de Muller
à sa disposition, publiera le beau et grand travail qu'il prépare sur
la conchyliologie.

L'*Helix fasciola* et non *faciola* comme l'ont écrit Draparnaud et
M. Michaud, est une coquille de la taille de l'*Helix limbata*; elle est
globuleuse, mince, transparente, d'un brun très clair ou jaunâtre;
les tours de spire, au nombre de six, sont finement striés, le dernier est orné à la circonférence d'une zone étroite de rouge-brun
le centre est percé d'un ombilic étroit, l'ouverture est obronde
semi-lunaire, peu oblique, le bord est mince et légèrement renversé en dehors.

† 123. Hélice de Quimper. *Helix corisopitensis.* Desh.

H. testá discoideá, planorbulari, depressá ; spirá tantisper excavatá,
corneo fuscá, zonis longitudinalibus irregulariter sparsis interruptá;
umbilico mediocri profundo ; aperturá semi-lunari, labro albo re-
flexo.

Helix quimperiana. Fér. Prod. p. 39. n° 172.
Helix corisopitensis. Desh. Encycl. méth. vers. t. 2. p. 210. n° 7
Helix kermovani. Coll. des Cher. Cat. des Test. p. 66. n° 18.
Helix kermorvani. Mich. Compl. à Drap. p. 37. n° 61. pl. 14.
fig. 11. 12. 13.
Fér. Hist. des Moll. pl. 76. f. 2. pl. 75 B. f. 1 à 3.

Habite en Bretagne, les lieux humides. Coquille curieuse, déprimée, discoïde comme un Planorbe, ayant la spire un peu concave,
formée de cinq tours striés, le dernier est convexe en dessous et
percé au centre d'un ombilic étroit, dans lequel on peut apercevoir
les tours de spire ; le test est très mince, fragile, d'une couleur
brune, cornée, interrompue sur le dernier tour par deux ou
trois zones jaunâtres longitudinales, qui indiquent la position d'anciens péristomes. L'ouverture est assez grande, plus large que
haute, subsemilunaire, le bord droit est bordé d'un bourrelet
blanc étroit et régulier.

† 124. Hélice des Pyrénées. *Helix Pyrenaica.* Drap.

H. testá orbiculate depressá, tenui, pellucidá, substriatá, corneo-vi-
ridulá ; apertura semi-lunari, obliquá reflexá, labro albo, umbilico
mediocri, profundo.

Drap. Moll. p. 111. n° 46. pl. 13. f. 7.

Mich. Compl. à Drap. p. 40. n° 64.

Fér. Prod. p. 38. n° 170.

Id. Hist. des Moll. pl. 69. fig. 5.

Desh. Encycl. méth. vers. t. 2. p. 212. n° 12.

Habite en France, les Basses et les Hautes-Pyrénées. Coquille discoïde, aplatie, à spire à peine saillante, composée de cinq à six tours à peine convexes, chargés de stries fines et peu apparentes qui n'empêchent pas la coquille d'être brillante. Le dernier tour est convexe en dessous, non caréné à la circonférence, il est percé au centre d'un ombilic étroit. L'ouverture est semi-lunaire, plus large que haute, son bord est renversé en dehors et garni d'un bourrelet blanc, toute la coquille est d'un jaune verdâtre, les grands individus ont neuf à dix lignes de diamètre.

125. **Hélice soyeuse.** *Helix holosericea.* Stur.

H. testá latè umbilicatá, orbiculatá, depressá, subtus convexá, corneá tenui, holosericá; aperturá trisinuatá; peristomate reflexo acuto, labiato, bidentato, extus scrobiculato.

H. holosericea. Stud. p. 16. 1810. n° 11. p. 87.

Hart. p. 238. n° 71. pl. 2. f. 15.

Fér. Prod. n° 106. p. 38.

Id. Hist. des Moll. pl. 51. fig. 5.

Sturm. Faun. Moll. t. 6. pl. 6. f. 10.

Pfeif. Moll. p. 16. pl. 4. fig. 10 à 12.

Mich. Compl. p. 41. pl. 14. f. 30 à 32.

Trigonostoma. Hol. fitz. p. 97.

Ross. Icon. Moll. p. 69. pl. 1. f. 20.

An eadem? Helix holocericea. Gmel. p. 3641. n° 186.

Habite en France, en Allemagne, en Suisse. Elle a beaucoup de ressemblance avec l'*Helix obvoluta.* Elle est plus aplatie, l'ombilic est plus grand et l'ouverture, arrondie en dehors, est garnie en dedans de deux dents fort saillantes, ce qui lui donne la figure d'un trèfle de carte à jouer.

† 126. **Hélice pygmée.** *Helix pygmæa.* Drap.

H. testá depressá, umbilicatá, subtilissime striatá, supra convexiusculá, immaculatá, corneo-fuscá; anfractibus quatuor teretibus; umbilico patentissimo; labro simplici.

Drap. Moll. p. 114. pl. 8. fig. 8. 9. 10.

Nilss. Hist. Moll. suec. p. 32. n° 17.

Kickx. Syn. Moll. brab. p. 13. n° 12.

Turt. Man. p. 61. n° 46. pl. 5. fig. 46.

Héc. Cat. des Coq. terr. de Valenc. p. 12. n₀ 17.

Bouill. Cat. des Coq. de l'Auv. p. 40. n₀ 21.

Goup. Hist. des Moll. de la Sarthe. p. 26. n₀ 18.

Fér. Prod. p. 40. n° 200.

Id. Hist. des Moll. pl. 80. fig. 1.

Habite la France, la Suisse, la Belgique, l'Angleterre, la Suède, l'Allemagne, c'est l'une des plus petites espèces connues ; elle est aplatie, à spire peu saillante, composée de quatre tours convexes, finement striés, le dernier tour n'est pas anguleux ou caréné, il est convexe en dessous et percé au centre d'un ombilic fort grand, qui permet de voir de ce côté tous les tours de la spire; l'ouverture est presque ronde, son bord droit est mince et tranchant. Cette coquille n'a pas une ligne de diamètre.

† **127. Hélice nitidule.** *Helix nitidula.* **Drap.**

H. testá depressá, pellucidá, nitidá, corneá, supra lutescente subtùs albidá ; anfractibus quatuor.

Drap. Moll. p. 117. no 55. pl. 8. f. 21. 22.

Mill. Moll. de Maine-et-Loire. p. 61. n° 21.

Des Moul. Cat. des Coq. p. 12. n° 21.

Kickx. Syn. Moll. brab. p. 16. n° 17.

Bouil. Cat. des Coq. de l'Auv. p. 43. n₀ 26.

Fér. Prod. p. 41. no 213.

Habite en France, en Suisse, en Belgique, etc. Espèce petite, discoïde, aplatie, mince, cornée, ombiliquée, peu différente de l'*Helix nitida*, moins blanche en dessous, l'ouverture un peu plus étroite, les extrémités du bord plus rapprochées, quatre tours substriés à la spire, l'ombilic est un peu plus évasé.

† **128. Hélice cristalline.** *Helix cristallina.* **Mul.**

H. testá minimá, perforatá, depressá, candidá, nitidá, diaphaná.

Mull. Verm. t. 2. p. 23. n° 223.

Gmel. p. 3635. no 74.

Drap. Moll. p. 118. no 56. pl. 8. f. 13 à 20.

Alten. Syst. p. 66. pl. 6. f. 12.

Dillw. Cat. t. 2. p. 209. no 53. *syno. plur. exclus.*

Fér. Prod. p. 41. n° 223.

Pfeif. Syst. anord. p. 46. pl. 2. f. 36.

Kleeb. Moll. Borus. Syn. p. 18. no 12.

Nilss. Hist. Moll. suec. p. 35. n₀ 20.

Mill. Moll. de Maine-et-Loire. p. 61. n₀ 22.

Coll. des Cher. Cat. des Test. p. 66. no 17.

Des Moul Cat. des Coq. p. 12. n° 22.

Turt. Man. p. 258. n° 4. pl. 4. fig. 42.

Kickx. Syn. Moll. brab. p. 12. n° 11.

Mich. Compl. à Drap. p. 46. n° 79.

Bouil. Cat. des Coq. de l'Auv. p. 43. n° 27.

Goup. Hist. des Moll. de la Sarthe. p. 24. no 15.

Habite en France, en Suisse, en Allemagne, etc, etc. Petite espèce, aplatie, discoïde, très mince, fragile, transparente comme du verre; la spire à peine convexe, est formée de six tours étroits convexes, le dernier n'est point anguleux, l'ombilic est déprimé et non perforé.

† 129. **Hélice marginée.** *Helix limbata.* **Drap.**

H. testâ orbiculato-globosâ, subcarinatâ, tenuissimè striatâ, subtùs perforatâ, albâ vel fucescente ; carinâ albâ, aperturâ, subsemi-lunari ; labro reflexo, marginato.

Drap. Moll. p. 100. pl. 6. fig. 29.

Mill. Moll. de Maine-et-Loire. p. 48. n° 7.

Des Moul. Cat. des Coq. p. 9. n° 7.

Bouil. Cat. des Coq. de l'Auv. p. 33. n° 10.

Goup. Hist. des Moll. de la Sarthe. p. 20. n° 9.

Desh. Encycl. méth. vers. t. 2. p. 246. n° 95.

Fér. Prod. p. 43. n° 253.

Habite en France, en Suisse, en Allemagne, dans les forêts. C'est une jolie espèce, subglobuleuse, un peu déprimée, subcarinée à la circonférence et la carène est blanche, quelle que soit d'ailleurs la couleur de la coquille, variable du blanc au brun : lorsque la coquille est blanche elle est d'un blanc transparent et la ceinture est d'un blanc opaque; le test est mince, transparent, couvert de stries fines qui ne l'empêchent pas d'être luisant; le dernier tour est perforé à la base et la perforation est cachée en partie par une petite languette du bord droit, l'ouverture est très oblique, un peu rétrécie, semi-lunaire, le bord droit est évasé et garni d'un bourrelet intérieur assez épais.

† 130. **Hélice à tours étroits.** *Helix angigyra.* **Ziegl.**

H. testâ latè umbilicatâ, orbiculatâ, suprâ concavâ, subtus plana, pallidè corneâ, nudâ, supra minutissimè punctulatâ et striolatâ; aperturâ subtriangulari lunatâ; peristomate reflexo; albido-labiato.

Ross. Icon. Sunw. Moll. p. 70. pl. 1. fig. 21.

Habite en Allemagne. Coquille curieuse que l'on prendrait pour une variété de l'*Helix obvoluta*, tant elle a de ressemblance avec elle; il serait utile d'en examiner un grand nombre d'individus pour

s'assurer si les caractères sont constans. Elle est plus aplatie que
l'*obvoluta*, son ombilic est plus grand, ses tours plus étroits et
l'ouverture est plutôt triangulaire que trigone ; le bord est épaissi
à sa partie supérieure, ce qui n'a pas lieu dans l'autre espèce.

† 131. Hélice à ceintures. *Helix cingulata*. Stud.

*H. testá umbilicatá, orbiculato-depressá, griseo-corneá, fusco uni-
fasciatá ; aperturá subrotundá perobliquá ; marginibus approxi-
matis.*

H. cingulata. Stnd. p. 14.

Fér. Prod. n° 164. pl. 68. f. 3. (4. 5 ?) 6 et 7. *Helicella cingulata.*

Pfeif. Syst. anord. III. p. 19. pl. 5. f. 6 à 9.

Martin. p. 228. *H. zonaria.*

Ross. Diagn. n° 23.

Ross. Icon. Sunw. Moll. p. 1. pl. 6. f. 83.

Habite le Tyrol , l'Italie, la Morée, etc. Espèce voisine de l'*Helix
zonata*, mais bien distincte ; elle est aplatie, d'un fauve clair et
ornée d'une zone brune étroite, placée au tiers supérieur de la
circonférence du dernier tour ; la coquille est irrégulièrement
striée, percée à la base d'un ombilic étroit, l'ouverture est ovale-
oblongue, les deux extrémités se rapprochent beaucoup et dans
quelques individus elles sont réunies par un bord gauche saillant,
cette ouverture alors ressemble assez à celle d'un Cyclostome.

† 132. Hélice à cicatrices. *Helix cicatrosa*. Mul.

*H. testá umbilicatá, subdepressá ; carinatá, rugulosá, flavicante, li-
neis concentricis rufis ; anfractibus sinistrorsis.*

Mull. Verm. t. 2. p. 42. n° 243.

Argenv. Conch. Append. pl. 1. fig. C.

Lin. Gmel. p. 3614. n° 4.

Chem. t. 9. p. 4. Vig. f. A. p. 90. pl. 109. f. 923.

Fér. Prod. p. 42. n° 241.

Chem. Conch. t. 11. p. 305. pl. 213. f. 3012. 3013.

Fav. Conch. pl. 63. fig. K.

Dillw. Cat. t. 2. pl. 888. n° 5.

Habite... Plusieurs auteurs rapportent à cette espèce la coquille
figurée par Kœmmerer dans le cabinet Rudolstadt (pl. 11. fig. 6),
mais cette figure nous parait représenter bien mieux l'*Helix senegalensis* que celle-ci avec laquelle elle a d'ailleurs beaucoup de
ressemblance. En effet, l'*Helix cicatricosa* est sénestre , sa coloration ressemble à celle de l'*Helix senegalensis* dont elle se distingue
surtout par la grande largeur de l'ombilic.

† 133. Hélice sénestre. *Helix lævipes*. Mull.

    H. testá suborbiculatá, depressiusculá, sinistrorsá, subcarinatá, lævigata basi perforatá, albá, fusco fasciatá ; aperturá semi-lunari ; labro simplici acuto.

Mull. Verm. t. 2. p. 22. n$_0$ 222.

Chem. Conch. t. 9. p. 84. pl. 108. f. 915. 916.

Gmel. p. 3616. n° 13.

Helix bolteniana. Chem. Conch. t. 9. p. 89. pl. 109. f. 921. 922.

Kamm. Cab. Rud. p. 172. pl. 11. fig. 2,

Helix hyalina. Gmel. p. 3640. n° 181.

Dillw. Cat. t. 2. p. 893. n° 15.

Fér. Prod. p. 41. n° 229.

Id. Hist. des Moll. pl. 92. fig. 3 à 5.

Bowd. Elem. of Conch. pl. 8. fig. 4.

Helix spadicea. Gmel. p. 3616. n$_0$ 16.

Des Moul. Act. de la Soc. lin. de Bordeaux. t. 1. fig. 1 à 5. avec l'animal.

Habite le Malabar, les Grandes-Indes. Espèce restée rare dans les collections jusque dans ces derniers temps. M. Desmoulins eut occasion de voir l'animal, il a la plus grande ressemblance avec celui de l'*Helix citrina* figuré et décrit par M. Quoy : le manteau est garni de deux petits lobes qui se renversent sur la coquille et le pied est terminé à son extrémité postérieure par un pore muqueux. Cette espèce appartient donc au genre Vitrine ainsi que celle que nous venons de mentionner.

† 134. Hélice cerclée. *Helix ligata*. Mull.

    H. testa imperforata, subglobosá, albá, fasciis rufis quinque, striatá ; labro albo.

Gualt. Ind. Test. pl. 1. fig. E.

Mull. Verm. t. 2. p. 58. n° 252.

Gmel. p. 3631. n° 57. *exclus. chemn. syno.*

Helix pomatia junior. Dillw. Cat. t. 2. p. 920. n° 76.

Fér. Prod. p. 29. n° 29.

Id. Hist. des Moll. pl. 23. fig. 1 à 4. pl. 21 B. fig. 2. 4. 5. pl. 24. fig. 4. avec l'animal.

Habite en Italie, en Morée, le Levant, le midi de l'Espagne, les environs de Genève. Elle a beaucoup de rapports avec l'*Helix cincta* et quelque ressemblance avec les jeunes individus de l'*Helix pomatia* ; elle se distingue facilement de ces derniers, mais pas aussi aisément de certaines variétés du *cincta* ; cependant le *cincta* a l'ouverture brune ; celle-ci l'a blanche ou blanchâtre ; le *cincta* a les zones plus larges et moins nombreuses, celle-ci en a cinq et elles sont étroites. Si ces différences étaient absolument constantes, il serait toujours facile de distinguer les deux espèces, mais on connaît déjà quelques variétés intermédiaires, et il est à présumer que d'autres s'ajoutant, on pourra par la suite réunir les deux espèces qu'il est convenable de séparer aujourd'hui.

† **135. Hélice nitidiuscule.** *Helix nitidiuscula.* Sow.

H. testá subdiscoideá, exilissimè longitudinaliter striatá; spirá prominulá; anfractibus senis ventricosis, nitidiusculis; suturis distinctis; aperturá suborbiculari, peristomate continuo, simplici umbilico mediocri.

Sow. Zool. Journ. t. 1. p. 57. no 4. pl. 3. f. 4.

Low. Primit. Faun. p. 52. nº 40. pl. 6. fig. 6.

Habite Madère, Porto-Sancto, où, au rapport de M. Lowe elle est très commune; elle est subdiscoïde, non carénée, la spire, courte, est composée de cinq tours peu convexes dont le dernier est fort grand en proportion, il est convexe en-dessous et percé au centre d'un petit ombilic; l'ouverture est presque ronde, les deux extrémités du bord étant peu séparées; le bord est peu épaissi si ce n'est vers son insertion columellaire. La surface extérieure est brillante, striée par des accroissemens, elle est d'un blanc-jaunâtre et ornée à la circonférence du dernier tour de deux zones étroites, d'un brun plus ou moins foncé, quelquefois interrompues, la zone supérieure reste apparente sur les tours précédens.

† **136. Hélice vêtue.** *Helix pellita.* Fér.

H. testá orbiculato-convexá, subdepressá, albá rufo bizonata, striato granulosá; epidermide fusco piloso, pilis erectis, rigidis, raris; anfractibus convexiusculis ultimo basi perforato; aperturá rotundatá; labro reflexo, albo, continuo.

Fér. Hist. des Moll. pl. 69. fig. 3.

Desh. Expéd. de Mor. Moll. p. 161. nº 234.

Var. A. nob. testá rufescente, zoná albá fasciis rufis interjectá.

Var. B. nob. testá minore convexiore, rufá; umbilico minore, zoná fuscá unicá.

Habite la Morée. Petite coquille, suborbiculaire, subdéprimée; quelquefois subglobuleuse, ayant beaucoup de rapports avec les *Helix zonatá, planospira,* etc., la spire est peu saillante, formée de six tours peu convexes, le dernier est arrondi et il est percé au centre d'un ombilic étroit, arrondi, en partie caché par le renversement du bord droit; l'ouverture est arrondie, très oblique, le bord droit est réfléchi et garni à l'intérieur d'un petit bourrelet blanc. Dans les vieux individus, le péristome est complété par le bord gauche qui se relève, l'ouverture alors ressemble à celle d'un Cyclostome. La coquille est d'un blanc jaunâtre et elle est ornée à la circonférence du dernier tour de deux zones d'un brun rougeâtre, la surface extérieure est couverte de stries, sur lesquelles on voit des ponctuations d'où partent les poils longs et raides de l'épiderme; la première variété est brunâtre et les deux bandes sont séparées par une zone blanche; la seconde variété est plus petite, plus globuleuse, et a l'ombilic plus étroit, souvent il n'y a qu'une zone brune, au-dessous de laquelle est la fascie blanche. Cette espèce a six ou sept lignes de diamètre.

† 137. Hélice de Porto-Sancto. *Helix Porto-Sanctanœ.* Sow.

H. testâ ferè discoïdeâ, umbilicatâ, longitudinalit:r striatâ; spirâ subprominulâ; anfractibus quinis, ventricosis; suturis distinctis; aperturâ suborbiculari, peristomate continuo, reflexo prominente.

Sow. Zool. Journ. t. 1. p. 57. n⁰ 5. pl. 3. f. 5.

Low. Primit. Zool. p. 46. n⁰ 22. pl. 5. fig. 15.

An eadem? var. majore. Low. loc. cit. f. 16.

Fér. Hist. des Moll. pl. 67. fig. 9. 10.

Habite Porto-Sancto, où elle est très commune. Coquille subdiscoïde, à spire courte et conique, composée de cinq à six tours convexes, striés avec assez de régularité, le dernier tour n'est pas anguleux ou caréné, il est convexe en dessous et percé d'un ombilic médiocre, quelquefois caché par l'élargissement du bord droit, l'ouverture est ovale-oblongue, le bord droit est tantôt blanc, tantôt rougeâtre, il est épais, renversé en dehors et souvent il est complété par la saillie du bord gauche, la coquille est d'un brun plus ou moins foncé, quelquefois jaunâtre, et elle est ornée en dessus de plusieurs linéoles d'un brun plus foncé, quelquefois rougeâtre. La variété figurée par M. Lowe est beaucoup plus grande, elle est très rare, subfossile et décolorée; la figure 9 de M. de Férussac, représentant une variété plus grande, peut servir d'intermédiaire entre le type le plus commun et la grande variété de M. Lowe.

† 138. Hélice Pouchet. *Helix Pouchet.* Adans.

H. testâ orbiculato-globosâ, subdepressâ imperforatâ, longitudinaliter striato granulosâ, fuscâ, aliquando subviridi zonatâ; anfractibus convexiusculis; ultimo subtus convexo; aperturâ minimâ; labro albo, incrassato.

Le Pouchet. Adans. Voy. au Sénég. p. 18. n⁰ 2. pl. 1. f. 2.

Helix muralis pars. Mull. Verm. t. 2. p. 14. n₀ 213.

List. Conch. pl. 74. f. 74.

Klein. Ostrac. pl. 1. f. 18. Copiée de Lister.

Helix Pouchet. Fér. Prod. p. 32. n° 73.

Id. Hist. des Moll. pl. 42. fig. 3.

Bowd. Elem. of Conch. pl. 7. f. 15.

Desh. Encycl. méth. vers. t. 2. p. 245. n₀ 92.

Var. A. nob. testâ depressiore zonis pluribus albo subarticulatis ornata.

Helix consobrina. Fér. Prod. p. 32. n 72.

Id. Hist. des Moll. pl. 42. fig. 2.

Webb et Berth. Syn. Moll. mader. Prod. p. 7. n₀ 1.

Habite les îles · du cap Vert. Espèce bien connue depuis long-temps et à laquelle nous réunissons, à titre de variété, l'*Helix consobrina* de M. de Férussac; nous serions également porté à y joindre l'*Helix modesta* du même auteur, ainsi que l'*Helix plicatula* de Lamarck. Il existe en effet de très grands rapports entre ces coquilles, mais nous n'avons pas vu pour les deux dernières espèces citées, assez de variétés intermédiaires pour les réunir définitivement au Pouchet d'Adanson. En examinant la synonymie de l'*Helix muralis* de Muller, nous avons vu qu'il confondait sous ce nom deux espèces, dont l'une est le Pouchet et l'autre est le *muralis* conservé par les auteurs.

† 139. Hélice pointillée. *Helix punctulata.* Sow.

H. testâ subglobosâ; spirâ breviusculâ, anfractibus primis, sub ventricosis; suturis distinctis, depressiusculis; aperturâ mediocri, peristomate non continuo, basi reflexo, umbilicum minimum fere tegente; superficie punctulis minutissimis confertis aspersâ.

Sow. Zool. Journ. t. 1. p. 56. pl. 3. fig. 2.

Low. Prim. Faun. mader. p. 52. n° 41. pl. 6. fig. 7. 8.

Fér. Hist. des Moll. pl. 28 B. f. 3. 4.

Habite Porto-Sancto. Espèce subglobuleuse, à spire courte, formée de cinq tours convexes, séparés par une suture profonde, la surface extérieure est couverte de stries d'accroissemens et de fines granulations, elle est d'un jaune brunâtre et ornée sur le dernier tour de deux fascies d'un brun très foncé, quelquefois noirâtre; lorsque la coquille est dépouillée de son épiderme elle est blanchâtre et les zones sont d'un brun rougeâtre, l'ouverture est semi-lunaire, le bord droit est blanc, mince, si ce n'est à sa portion columellaire où il est épais et cache l'ombilic.

† 140. Hélice de Raspail. *Helix Raspailii.* Payr.

*A. testâ orbiculato-depressâ, imperforatâ, albido-olivaceâ, lineis
fusco-rufescentibus zonatâ; striis longitudinalibus tenuibus, spira
planulatâ; apertura lunari, margine reflexo.*

Payr. Cat. p. 102. n° 219. pl. 5. fig. 7. 8.

Desh. Encycl. méth. vers. t. 2. p. 224. n° 47.

Habite la Corse. Belle espèce, subdiscoïde, aplatie, d'un brun verdâtre, peu foncé, le dernier tour n'est pas anguleux, il est convexe en dessous, non ombiliqué, il est orné de trois zones d'un
brun rougeâtre foncé, l'une de ces zones est à la circonférence,
les deux autres sont en dessus, la plus voisine de la suture se com-
bine sur les tours précédens. L'ouverture est oblongue, semi-lunaire, plus large que haute, le bord droit est d'un blanc roussâtre,
ils'insère sur les autres par une callosité assez large, divisée par
une légère dépression.

† 141. Hélice de Rozet. *Helix roseti.* Mich.

*H. testâ subtrochiformi, subtùs convexa, umbilicatâ, oblique rugoso
striatâ, albidâ, diverse rufo crenulatâ aut fasciatâ; anfractibus
subplanis, ultimo carinato; apertura depressâ, labro simplici,
acuto.*

Mich. Cat. des Coq. viv. d'Alg. p. 6. n°. 16. pl. 1. fig. 17. 18.

Desh. Expéd. de Morée. Moll. p. 163. n° 242.

Habite en Morée, et dans les environs d'Alger. Espèce voisine de certaines variétés de l'*Helix striatâ* et du *variabilis*, pour sa coloration, mais distincte par son ombilic plus étroit, ses tours plus
aplatis, son sommet plus pointu et la carène de son dernier tour.

† 142. Hélice rosâtre. *Helix rosacea.* Mull.

*H. testâ globosâ, subumbilicatâ, incarnatâ, subtùs albidescente; aper-
turâ lunari, intùs fusco-rubrâ, aliquantisper roseâ; labro incrassato, reflexo, fusco, vel purpurascente.*

Mull. Verm. t. 2. p. 76. n° 272.

Gmel. p. 3636. n° 80.

Dillw. Cat. t. 2. p. 921. n° 79.

Habite le cap de Bonne-Espérance, sur les dunes. M. Beck nous a
fait observer que cette espèce de Muller était la même que celle
nommée *H. lucana* par M. de Férussac, cette indication d'un savant aussi recommandable que M. Beck est importante en ce
qu'elle met à même de rectifier la synonymie des deux espèces.
Ce qui est cause de l'erreur, c'est que l'on n'a ordinairement dans
les collections que des individus décolorés de l'*H. rosacea*, et comme

la forme est à-peu-près semblable à celle du *lucana* on a pris une
espèce pour l'autre.

† 143. Hélice spiriplane. *Helix spiriplana.* Oliv.

H. testá orbiculato-discoideá, depressá, aliquantisper subglobosá, irre-
gulariter striatá, imperforatá albo-griseá fusco fasciatá, aliquando
fusco pallida, lineis tenuibus albis longitudinalibus strigatá, aper-
turá ovato-semi-lunari, labro basi plano, dilatato, albo.

Oliv. Voy. au Levant. pl. 31. fig. 8 a. b.

Fér. Hist. des Moll. pl. 38. f. 3. 4. 5. 6.

Desh. Expéd. de Mor. Moll. p. 163. n° 247.

Helix Rhodia. Chem. Conch. t. 9. p. 136. pl. 132. f. 1179. 1180.

Id. Gmel. p. 3645. n° 239.

Id. Dillw. Cat. t. 2. p. 939. n° 119.

Habite la Morée. Coquille assez variable dans sa forme et ses
couleurs. Elle est le plus ordinairement discoïde, aplatie, on
compte cinq tours à la spire, ils sont peu convexes, irrégulièrement striés par des accroissemens, le dernier tour est arrondi à
la circonférence, convexe en dessous et non ombiliqué. L'ouverture est très oblique, oblongue, subsemi-lunaire, le bord droit est
évasé, blanc, épais, dilaté et aplati dans sa portion columellaire,
l'ombilic qui existe dans le jeune âge est caché dans l'état adulte
par une callosité assez large et épaisse, blanche comme le bord ;
la coloration est variable, quelquefois d'un blanc grisâtre ou jaunâtre, la coquille est ornée de trois ou quatre fascies transverses,
d'un brun fauve, formées de taches irrégulières, quelquefois elle
est d'un brun foncé avec une zone blanchâtre sur la circonférence
du dernier tour ; quelquefois enfin elle est d'un brun roussâtre,
et un grand nombre de stries d'accroissemens se relèvent en blanc.
Les grands individus ont 21 lignes de diamètre.

† 144. Hélice subplissée. *Helix subplicata.* Sow.

H. testá longitudinaliter subplicatá, subglobosá anfractibus tribus.
ventricosis, superioribus minimis suturis distinctis; aperturá am-
plá, orbiculari, peristomate continuo, paululum reflexo.

Sow. Zool. Journ. t. 1. p. 56. n° 1. pl. 3. f. 1.

Fér. Hist. des Moll. pl. 9 B. fig. 8. 9.

Low. Primit. Faun. p. 41. n° 10. pl. 5. f. 4.

Habite la petite île de Baxo, près Porto-Sancto. Cette espèce a
beaucoup de rapports par sa forme générale avec l'*H. aspersa*, et
quand on pense aux étonnantes variations dont cette dernière espèce est susceptible, on conçoit bien comment celle-ci peut s'y
rattacher. Elle est globuleuse, assez mince et plissée longitudi-

nalement ; les plis ne sont pas très réguliers : variables dans un même individu, ils le sont plus dans une série de variétés. L'ouverture est semblable à celle de l'*H. aspersa*, quelquefois elle est un peu plus arrondie, c'est particulièrement par la coloration que cette espèce diffère de l'*aspersa*, car elle est partout d'un beau brun-marron, le sommet des plis est moins foncé, mais il paraît que cette couleur elle-même est variable, car M. de Férussac a fait représenter un individu jaunâtre de la même nuance que quelques variétés communes de l'*H. aspersa*.

L'*H. subplicata* se trouve fossile dans les terrains récens de l'île de Madère.

† 145. Hélice obscure. *Helix furva*. Low.

H. testâ subglobosâ, tenui fusco unifasciatâ, epidermide umbrino indutâ; anfractibus obsolete rugulosis planulatis ultimo basi convexo imperforato; aperturâ subrotundatâ; labro acuto, simplici.

Low. Primit. Faun. Mader. p. 40. n° 8. pl. 5. fi. 2.

Habite l'île de Madère, dans les forêts. Coquille globuleuse, mince, à spire courte et obtuse qui, par sa forme rappelle celle de l'*Helix arbustorum*. Elle est d'un brun obscur et ornée sur la circonférence du dernier tour d'une zone étroite, fauve, quelquefois interrompue ; la surface extérieure est subplissée ou irrégulièrement rugueuse ; le dernier tour est très convexe en dessous, il n'est point perforé, l'ouverture est presque ronde, le péristome est mince, simple, blanchâtre, ainsi qu'une petite callosité cachant l'ombilic et sur laquelle aboutit son extrémité columellaire.

† 146. Hélice ondée. *Helix undata*. Low.

H. testâ suborbiculatâ, depressiore, imperforatâ, fusco nigrescente; anfractibus convexis, corrugatis vel undato-rugosis ultimo planiusculo aperturâ subrotundâ, labro pallido basi depresso incrassato.

Low. Primit. Faun. Mader. p. 41. n° 11. pl. 5. fig. 5.

Helix scabra. Wood. Conch. Suppl. pl. 8. f. 62.

Habite l'île de Madère, dans les forêts, sur les gazons des montagnes. Elle a les plus grands rapports avec l'*H. subplicata*, il semble que ce soit une de ces dernières qui est comprimée de haut en bas, de manière à raccourcir son axe et à la rendre subdiscoïde. Toute la coquille est d'un beau brun foncé, elle est toute ridée ; son test est mince ; son ouverture est arrondie, oblique, et le bord droit est épaissi et aplati ; au point de son insertion au centre du dernier tour, il est d'un blanc fauve.

† 147. Hélice saignante. *Helix phlebophora*. Low.

*H. testá globosá, tenui, luteo-fucescente, fusco zonatá, longitudina-
liter tenue striatá; striis undulatis, albidis, aliquando subarticulatis;
anfractibus convexis ultimo basi imperforato, aperturá subrotundá
labro tenui basi lato, depresso, sanguineo.*

Helix nivosa. Sow. Zool. Jour. t. 1. p. 56. n° 3. pl. 3. f. 3.

Helix exalbida. Wood. Conch. supp. pl. 8. f. 81.

Helix phlebophora. Low. Prim. Faun. Madèr. p. 41. n° 12. pl. 5.
fig. 6.

Habite Porto-Sancto où elle est commune. C'est avec raison que
M. Lowe a changé les noms donnés à cette espèce par MM. Wood
et Sowerby. Ces noms *exalbida* et *nivosa* donnés à des individus
morts et décolorés conviennent si peu à l'espèce qu'ils pourraient
induire en erreur les personnes les plus habituées à l'étude des coquilles; il faut certainement éviter avec le plus grand soin les
changemens dans les dénominations des espèces : il est de ces cas
rares où ce changement a moins d'inconvénient qu'un nom capable de causer des erreurs, et alors il ne faut pas hésiter.

L'*A. phlebophora* est une coquille globuleuse, à spire subconique,
formée de cinq tours convexes, chargés de fines stries, rapprochées, obtuses, blanches ou jaunâtres, onduleuses, quelquefois subarticulées ; la coquille est d'un fauve brunâtre et le dernier tour
est orné de plusieurs zones brunes quelquefois composées de taches
subarticulées; l'ouverture est arrondie, fort oblique, le bord est
mince, épaissi seulement dans sa portion columellaire, il est d'un
rouge sanguinolent, quelquefois rosé. Il y a des individus bruns
avec une zone blanchâtre sur le milieu du dernier tour, ils constituent une variété assez constante.

† 148. Hélice blanche. *Helix dealbata.* Low.

*H. testá subdiscoideá utroque latere convexiusculá, basi umbilico an-
gusto profundoque perforatá, eleganter tenuissime granulatá,
albá, luteolave; aperturá obliquá rotundatá; labro simplici, croceo,
incrassato, continuo subreflexo.*

Low. Prim. Faun. Mader. p. 48. n° 29. pl. 5. f. 21.

Habite Porto-Sancto, dans les montagnes. Petite coquille blanchâtre
ou jaunâtre, déprimée, subdiscoïde, à spire courte, composée de
cinq à six tours peu convexes, irrégulièrement striés en dessus et
partout couverts de fines granulations disposées avec assez de régularité ; le dernier tour est convexe en dessous et percé d'un ombilic étroit et profond ; l'ouverture est arrondie, d'un jaune
orangé ou safrané à l'intérieur ; le péristome est entier, continu,

simple et un peu épaissi à l'intérieur. Cette coquille a 4 ou 5 lignes
de diamètre.

149. Hélice de Michaud. *Helix Michaudi.* Desh.

*H. testá orbiculato-conoideá, apice obtusá, turbiniformi, longitudi-
naliter striatá ; striis confertis, tenuibus, regularibus; anfractibus
subplanulatis, albidis, lineis nigricantibus ornatis ; aperturá semi-
lunari, roseo cinctá.*

Helix Michaudi. Desh. Encycl. méth. vers. t. 2. p. 263. n° 144.
1830.

Helix bicolor. Lew. Primit. Faun. Madèr. p. 58. n° 52. pl. 6. f. 22.
1831.

Habite Porto-Sancto, Ténériffe. Nous devons conserver à cette espèce
le nom que le premier nous lui donnâmes en la décrivant dans
l'Encyclopédie; nous le devons non-seulement à cause de la priorité, mais encore parce que nous lui avons consacré le nom d'un
savant distingué auquel on doit le complément si utile à l'ouvrage
de Draparnaud. Cette espèce est subconoïde, blanche et ornée
sur le dernier tour de trois zones étroites d'un beau brun noirâtre,
une seule de ces zones reste apparente sur les tours précédens.
L'ouverture est semi-lunaire, fort oblique, simple et teinte de
rosé à l'intérieur. Les grands individus ont 5 à 6 lignes de diamètre.

† 150. Hélice polygyre. *Helix polygyrata.* Born.

*H. testá orbiculatá, discoideá, supra planá, subtus late concavá,
albo luteolatá, late fusco nigrescente zonatá, tenue striatá; anfractibus numerosis, angustis convexiusculis ; aperturá marginatá,
obliqua, semi-lunari.*

Born. Mus. p. 373. pl. 14. f. 19. 20.

Chem. Conch. t. 9. p. 98. pl. 127. f. 1124. 1125.

Gmel. p. 3624. n° 233.

Schrot. Einl. t. 3. p. 266. n° 308.

Dillw. Cat. t. 2. p. 908. n° 50.

Fér. Prod. p. 40. n° 194.

Id. Hist. des Moll. pl. 69 A. f. 7.

Desh. Encycl. méth. vers. t. 2. p. 208. n° 1.

Morik. Mém. de Genève. t. 7. 2e part. p. 422. n° 13.

Habite au Brésil. Grande et belle coquille ressemblant à un Planorbe et ayant les tours de la spire également découverts de chaque côté. Lorsque la coquille est fraîche elle est revêtue d'un épiderme brun âtre au-dessous duquel elle est d'un blanc jaunâtre, et
ornée sur le dos du dernier tour d'une large zone d'un brun foncé,

dont le bord apparaît sur les tours précédens. L'ouverture est semi-lunaire, son bord est épaissi et renversé en dehors.

† 151. Hélice onguicule. *Helix unguicula.* Fér.

*H. testâ orbiculato-discoideâ, subdepressâ, leviter striatâ, aurantiâ
albo aliquando fasciatâ, utroque latere concavâ; anfractibus angustis, ultimo majore; aperturâ obliquâ semi-lunari; labro albo,
reflexo.*

Fér. Prod. p. 39. n$_0$ 191.
Id. Hist. des Moll. pl. 76. f. 3. 4.
Helix ungulina. Chem. Conch. t. 9. p. 81. pl. 125. f. 1698. 1699.
exclus. plur. syn.
An Rumph. Mus. pl. 27. f. O ?
An Klein. Ostrac. pl. 1. f. 10 ?
Desh. Encycl. méth. vers. t. 2. p. 209. n° 5.

Habite les Grandes-Indes, d'après M. de Férussac. Sous le nom
d'*H. ungulina*, Chemnitz a confondu deux espèces; celle-ci est
bien distincte, comme l'a reconnu M. de Férussac : elle est orbiculaire, aplatie, discoïde, l'ombilic est assez grand et permet de
voir les tours de spire, ceux-ci sont étroits, convexes, enveloppés
les uns dans les autres et striés avec assez de régularité; l'ouverture est semi-lunaire, son bord est blanc, épais et renversé en dehors. Toute la coquille est d'un brun-fauve, ornée en dessus et
en dessous d'une zone blanche ou d'un beau fauve-clair. Cette coquille fort rare a 15 lignes de diamètre.

† 152. Hélice enveloppée. *Helix circumdata.* Fér.

*H. testâ planorbulari, depressâ, utroque latere concavâ, lævigatâ;
albo rufescente, lineis rufis, numerosis, angustis, regularibus ornatâ; spirâ concavâ, tenuè et regulariter granulatâ, aperturâ, arcuatâ, angustâ, semi-lunari.*

Fér. Prod. p. 40. n° 193.
Id. Hist. des Moll. pl. 76. f. 1. pl. 77. f. 1.
Quoy et Gaim. Voy. de l'Ur. pl. 67. f. 12. 13.
Desh. Encycl. méth. vers. t. 2. p. 209. n° 6.

Habite les Iles des Papous. Belle et rare espèce, à spire concave,
formée de six tours étroits, dont les quatre premiers sont finement
et régulièrement granuleux, le dernier tour est lisse et percé d'un
ombilic étroit, mais dont l'entrée est large; le dernier tour, plus
grand en proportion, enveloppe les autres, il est terminé par une
ouverture arquée, semi-lunaire, dans laquelle l'avant-dernier tour
fait une saillie considérable; le bord droit est peu épaissi, renversé

en dehors, il s'insère dans l'ombilic et présente une petite sinuosité au dessus de son insertion ; la coquille varie pour sa couleur :
tantôt elle est blanchâtre et ornée d'un grand nombre de linéoles
d'un brun-rougeâtre, tantôt elle est brune et ornée de fines linéoles blanches en nombre variable selon les individus.

Cette espèce rare a 1 pouce de diamètre.

† 153. Hélice de Gaimard. *Helix Gaimardi*. Desh.

H. testá subglobosá superne planá, subtus convexá umbilico perfo-
ratá, luteo fuscá ; anfractibus angustis involutis regulariter et
tenuissime granulosis ; apertura rotundato-semi-lunari subtrigoná ;
labro reflexo, albescente.

Desh. Encycl. méth. vers. t. 2. p. 210. n° 8.

Id. Magas. de Conch. pl. 29. f. 1 à 4.

Habite la Nouvelle-Zélande? Espèce analogue à l'*H. ungulina*, mais
beaucoup plus petite; elle est orbiculaire, subglobuleuse, à spire
aplatie et un peu concave, formée de cinq tours étroits dont le dernier en proportion plus grand enveloppe presque entièrement les
autres ; il est percé à la base d'un ombilic étroit et infundibuliforme, l'ouverture est arrondie , subtrigone, son bord épaissi est
d'un brun roussâtre, et il est renversé en dehors; toute cette coquille est fauve et toute sa surface est chargée de granulations très
fines et régulières.

† 154. Hélice nubéculée. *Helix nubeculata*. Desh.

H. testá orbiculatá, discoideá, lœvigatá, suprà convexiusculá, albidá
griseá, maculis longitudinalibus nubeculatá, inferne albidulá,
umbilicatá ; aperturá basi sinuatá.

Desh. Encycl. méth. vers. t. 2. p. 220. n° 36.

Id. Magas. de Conch. pl. 28.

Habite.... Coquille discoïde, un peu convexe en dessus, ayant les
plus grands rapports avec les *Helix unguicula* et *circumdata* dont
elle se distingue cependant avec facilité. La spire est plus convexe, les tours au nombre de cinq sont lisses et convexes, le dernier est percé au centre d'un ombilic petit et profond non évasé à
son entrée; l'ouverture est arquée, semi-lunaire, l'avant-dernier
tour faisant à l'intérieur une saillie assez considérable; le bord
droit est mince, blanc et légèrement renversé en dehors, il présente à-peu-près la même sinuosité que dans le *circumdata*; la couleur est d'un blanc grisâtre ou jaunâtre, interrompue par des
fascies longitudinales d'un brun-roux, nuageuses et formant sur
le dernier tour une série qui cesse subitement à la base; la coquille est mince, transparente et fragile. Nous n'en connaissons

que deux individus, celui de notre collection a 8 lignes de diamètre.

† 155. Hélice glaciale. *Helix glacialis*. Fér.

H. testá orbiculatá, convexo-planá, subtus profunde umbilicatá,
longitudinaliter striatá, lineá fuscá circumdatá, virente; aper-
turá rotundato-semi lunari, simplici.

Fér. Prod. p. 3o. n° 159.

Id. Hist. des Moll. pl. 67. f. 2.

Desh. Encycl. méth. vers. t. 2. p. 218. n° 31.

Habite la vallée de Lauzo en Piémont, dans le voisinage des gla-
ciers. Coquille ayant 5 à 6 lignes de diamètre, discoïde, aplatie,
à peine convexe en dessus, la spire est formée de cinq tours et
demi légèrement convexes et couverts de stries assez grosses et
assez régulières; en dessous le dernier tour a des stries transverses
très fines, peu apparentes, et comme effacées; la base est percée
d'un grand ombilic évasé; l'ouverture est obronde, semi-lunaire,
son bord droit est blanc, médiocrement épaissi et à peine renversé
en dehors. La coquille est verdâtre et elle est ornée à la circonférence d'une zone étroite et régulière d'un brun-foncé.

† 156. Hélice contuse. *Helix contusa*. Fér.

H. testá globulosá, pellucidá, corneá, multispiratá, subtus umbili-
catá, oblique depressá, tenue decussatá; aperturá mediocri, labro
incrassato, reflexo.

Fér. Prod. p. 3o. n° 41.

Id. Hist. des Moll. pl. 31. f. 1. pl. 39 B. f. 2. 3.

Desh. Encycl. méth. vers. t. 2. p. 23o. n° 61.

Rang. Desc. des Coq. terr. recueillies pendant un voyage. p. 3.
n° 1.

Habite le Brésil. Espèce singulière dont les premiers tours enroulés
régulièrement ressemblent à ceux des autres Hélices, tandis que
les derniers sont déprimés obliquement et paraissent dans un autre
plan d'enroulement. Les tours de spire sont au nombre de huit,
ils sont peu convexes et ornés de stries nombreuses très fines et
longitudinales, coupées par d'autres stries transverses plus déliées,
mais ces dernières ne se montrent pas dans tous les individus; le
dernier tour est percé à sa base d'un ombilic médiocre, l'ouverture est semi-lunaire, son bord est épaissi et renversé en dehors.
Toute la coquille est mince, transparente et d'un jaune-succiné
très pâle, les grands individus ont 13 lignes de diam.

† 157. Hélice de Bélanger. *Helix de Belangeri*. Desh.

H. testâ orbiculato-globosâ, subdepressâ, translucidâ, roseâ, subtus albicante, umbilicatâ, insuper striis tenuibus decussatâ; apertura magnâ, obliquâ; labro simplici.

Desh. Voy. aux Indes, par Bélanger. Zool. p. 43. n° 3. Moll. pl. 1. f. 1. 2. 3.

Id. Encycl. méth. vers. t. 2. p. 233. n° 69.

Habite dans l'Inde, aux environs de Pondichéri, rapportée par M. Bélanger. Nous avons consacré à cette espèce le nom du savant voyageur. Cette coquille a quelque analogie par sa forme avec les variétés les plus coniques de l'*H. citrina*; sa spire est courte et obtuse; le dernier tour est grand et percé d'un ombilic étroit et profond; toute la coquille est mince, blanche ou rosée, l'ouverture est grande, semi-lunaire, à bord un peu épais et blanc, la surface extérieure est striée longitudinalement et quelquefois en travers. Cette coquille a 21 ou 22 lignes de diam.

† 158. Hélice multistriée. *Helix multistriata.* Desh.

H. testâ globulosâ, tenui, fragili, translucidâ, multistriatâ, corneâ, in medio zonâ angustâ, rubrâ cinctâ; striis regularibus transversis; aperturâ semi-lunari, labro albo, reflexo.

Helix multistriata. Desh. Encycl. méth. vers. t. 2. p. 248. n° 101.

Helix circumtexta. Fer. Hist. des Moll. pl. 27 A. f. 4. 5. 6.

Habite l'île de Cuba. Nous avions déjà nommé et décrit cette espèce depuis plusieurs années, lorsque M. de Férussac lui donna un autre nom en en publiant la figure dans les dernières livraisons de son grand ouvrage. L'antériorité de notre nom doit nous le faire conserver. Cette jolie espèce est globuleuse, cornée, d'un brun-fauve, avec une zone étroite rougeâtre sur le milieu du dernier tour. Cette coquille est du petit nombre de celles qui ont des stries transverses régulières sans stries longitudinales. Il y a à la base une petite fente ombilicale cachée par une petite partie du bord droit; l'ouverture est semi-lunaire, simple, à péristome peu épais, blanc et renversé en dehors. Les grands individus ont 6 à 7 lignes de diamètre.

† 159. Hélice verte. *Helix viridis.* Desh.

H. testâ turbinato-conoideâ, apice obtusâ, lævigatâ, sub epidermide viridi, albâ, transversim fusco nigrescente fasciatâ; fasciis in plurimis tribus; anfractibus convexis, ultimo basi convexo, imperforato; aperturâ oblique ovatâ; labro basi calloso, nigrescente, obtuso, reflexo.

Var. A. nob. testâ absque fasciis, aperturâ griseo-fuscâ.

Var. B. nob. testá basi unifasciatá.

Var. C. nob. testá basi bifasciatá.

Var. D. nob. testá fasciis angustis quinque ornatá.

Var. E. nob. testá fasciá unicá latissimá in medic enfractuum ornatá.

An Helix trochus. Mull. Verm. t. 2. p. 79. n° 2752?

Trochus hortensis. Chem. Conch. t. 9. p. 52. pl. 122. fig. 1055.
1056.

Id. Gmel. p. 3587. n° 124.

Id. Dillw. Cat. t. 2. p. 810. n° 117.

Helix trochus Ferus. Prod. add. p. 69. n° 293 bis?

Habite Madagascar. Goudot. Ce n'est qu'avec doute que nous rapportons l'*H. trochus* de Muller à notre *H. viridis.* D'après la figure
qu'en donne Chemnitz, il nous semble que c'est une variété de le
nôtre, dont le seul individu connu de Muller était mort dépouillé
de son épiderme et ayant sur le milieu du dernier tour une plus
large fascie qu'on ne le voit habituellement. Si cette opinion que
nous avons aujourd'hui était vérifiée et que notre présomption se
changeât en certitude, dès-lors l'espèce devra prendre définitivement le nom de Muller. L'*H. viridis* est une coquille turbiniforme
à spire saillante et obtuse au sommet; on y compte six tours convexes, lisses ou striés irrégulièrement par les accroissemens, le
dernier tour est un peu aplati en dessous et le centre, couvert par
une callosité lorsque la coquille est adulte, présente une fente ombilicale jusqu'au moment du dernier accroissement; la coquille
est blanche sous un épiderme d'un brun-vert foncé; on trouve
des individus sans fascies et d'autres qui en ont une jusqu'à quatre
ou cinq; ces fascies sont d'un beau brun-rouge, lorsque l'épiderme
est enlevé; d'un brun-noir, lorsqu'il existe le péristome est brun,
grisâtre ou noirâtre.

† 160. Hélice coniforme. *Helix coniformis.* Férus.

H. testá conicá, basi patula, lævigatá, albido-fuscescente, fasciis tribus fuscis ornatá; primá ad suturam articulatá. anfractibus convexis ultimo basi imperforato; aperturá magná ovatá; labro tenui, albo, lato, reflexo.

Helix coniformis. Fér. Prod. p. 47. n° 321.

Id. Hist. des Moll. p. 108. f. 1.

Helix turbinata. Desh. Encycl. méth. vers. t. 2. p. 265. n° 150.

Helix tuffetii. Less. Voy. de la Coq. zool. p. 313. n° 56. pl. 10. f. 3.

Habite la Nouvelle-Irlande, elle est commune sur les arbres qui
avoisinent le port Pralin. Lesson. Belle espèce conique, à spire
haute et pointue, formée de six tours très convexes, lisses, dont le

dernier plus grand et dilaté semble disproportionné avec les précédens ; la coquille est d'un blanc fauve ou grisâtre, le dernier
tour est orné de trois zones étroites d'un brun cannelle assez foncé,
l'une de ces zones est contre la suture, elle est formée de taches
obliques et courtes, la seconde est un peu en dessus de la circonférence, elle est quelquefois frangée en son bord supérieur ; la
troisième est en dessous à peu de distance, elle est étroite et
simple. L'ouverture est ovale, dilatée, les deux extrémités du bord
se rapprochent sans se toucher, le bord est blanc, élargi, aplati et
renversé comme un pavillon de trompette.

MM. Quoy et Gaimard ont donné le nom de *coniformis* à une autre
espèce d'Hélice qui, quoique voisine de celle-ci, s'en distingue
cependant avec facilité. Il sera nécessaire de changer ce nom pour
éviter toute confusion.

† 161. Hélice cor-de-chasse. *Helix lituus.* Less.

H. testá orbiculato-conoideá, luteo-fuscá, zoná nigricante ad peri-
phæriam cincta, basi patulá, perforatá ; aperturá ovato-transversá,
intùs albá ; labro tenui basi super umbilicum reflexo, lato, nigri-
cante valde reflexo.

Less. Voy. de la Coq. zool. p. 309. n° 49.
Helix Ardouini. Desh. Encycl. méth. vers. t. 2. p. 266. n° 151.
Helix papuensis. Quoy et Gaim. Voy. de l'Astr. t. 2. p. 96. pl. 7.
    f. 10 à 13.
Var. A. nob. testá albo grisea.
Var. B. nob. testá albicante ultimo anfractu lineá rufá circumdato.
Var. C. nob. testá rufo-castaneá, zoná latá, fusco-nigrescente
    ornatá.

Habite la Nouvelle-Guinée, au port de Dorey. Belle espèce, subtrochiforme, ayant la base aplatie et la circonférence du dernier
tour arrondie ; la surface est lisse et brillante, la base est percée
d'une fente ombilicale étroite, presque entièrement cachée par
l'extrémité du bord droit, élargi et renversé en cet endroit ; l'ouverture est ovale-oblongue, transverse ; le bord droit est d'un
brun-noirâtre, il est épais, large et fortement renversé en dehors ;
la couleur de cette coquille est assez variable, nous avons un individu blanc-jaunâtre ayant le péristome blanc. M. Quoy en
figure un de la même couleur, orné d'une zone étroite d'un roux
peu foncé ; les individus que l'on rencontre le plus ordinairement
ont d'un blanc-fauve ou brunâtre, ils ont le péristome d'un brun-
noir et le dernier tour orné d'une zone de même couleur, enfin
nous avons une variété d'un beau brun-marron dont le dernier

tour a sur le milieu une large zone d'un brun plus foncé. Les grands individus ont 1 pouce et demi de diamètre.

† 162. Hélice de Quoy. *Helix Quoyi*. Desh.

H. testá subdiscoideá, supra paululum convexá, subtùs latè umbilicatá, anfractibus convexiusculis, superne undulato-costatis longitudinaliter striatis, fusco-castaneis, ultimo ad periphæriam zoná luteolo circumdato ; apertura semi-lunari, labro cæruleo, reflexo.

Helix undulata. Quoy et Gaim. Voy. de l'Astr. zool. t. 2. p. 91. pl. 7. f. 1. 2.

Habite l'île Célèbes, sur le contour du lac Tondano. Elle paraît très rare. Nous nous trouvons dans l'obligation de changer le nom donné à cette espèce par M. Quoy, parce que depuis long-temps M. de Férussac avait employé le même nom pour une espèce entièrement différente de celle-ci. ¡Ce changement nécessaire nous offre l'occasion de rappeler combien la science est redevable aux travaux consciencieux de l'homme aussi savant que modeste, dont le nom n'a pas besoin d'être consacré à une espèce ou à un genre pour être conservé dans la mémoire des amis de la science.

L'Hélice de Quoy est une belle et grande espèce subdiscoïde, à spire déprimée, peu convexe ; les tours, au nombre de cinq, sont rendus onduleux par des côtes ou des tubercules aplatis peu réguliers qui s'élèvent à la partie supérieure ; toute la surface extérieure est finement striée ; le dernier tour n'est point anguleux à la circonférence, il est percé au dessous d'un large ombilic ; l'ouverture est d'un blanc-bleuâtre ; elle est semi-lunaire et son bord simple et épaissi est renversé en dehors ; toute la coquille est d'un beau brun-marron ; la circonférence du dernier tour est ornée d'une zone d'un jaune assez vif qui, divisée par la suture apparait à la base des autres tours de la spire. Cette belle coquille a plus de 2 pouces de diamètre.

† 163. Hélice mamillaire. *Helix mamilla*. Fér.

H. testá subglobosá, rugosá aut sulcatá, subflavá; fasciis fuscis duabus; aperturá ovali, tantisper contortá et angustá; peristomate reflexo, albido; umbilico columellá semi-obtecto; anfractibus sex.

Fér. Prod. add. p. 67. n° 43 bis.

Quoy et Gaim. Voy. de l'Ast. t. 2. p. 93. pl. 7. f. 3 à 5.

Fér. Hist. des Moll. pl. 25. f. 1. 2.

Habite l'île Célèbes, sur le pourtour du lac Tondano. *Quoy*. Belle espèce que M. de Férussac avait prise pour l'*H. papilla* de Muller, mais il rectifia bientôt son erreur lorsqu'il eut vu dans la collection de Lamarck le véritable *papilla.* Cette espèce est globuleuse, à spire obtuse dont les tours sont étroits; les premiers sont costulés, tous sont obliquement striés ou irrégulièrement sillonnés; le dernier est très convexe, percé au centre d'un petit ombilic en partie recouvert par l'interstice du bord droit et son élargissement en cet endroit; l'ouverture est ovale, subtransverse, oblique, blanche; son bord droit est épais, simple et fortement renversé en dehors; la couleur de cette coquille est d'un brun-fauve avec quelques fascies transverses plus foncées. M. Quoy a fait figurer une variété d'un beau brun. Elle est presque de la grosseur de l'*H. pomatia.*

† 164. **Hélice granulée.** *Helix granulata.* Quoy.

H. testá globosá, tenuiter granulatá, subaurea, fasciá fuscá cinctá; aperturá semi-lunatá; peristomate albo et subrubro, ad lævam emarginato; anfractibus sex; umbilico non distincto.

Quoy et Gaim. Voy. de l'Astr. t. 2. p. 95. pl. 7. f. 6 à 9.

Habite la Nouvelle-Guinée, au port de Dorey. Belle et grande espèce globuleuse, ayant le dernier tour très grand, très convexe; la spire est courte et obtuse, formée de six tours étroits et peu convexes; toute la surface extérieure est chargée de très fines granulations très serrées, disposées sur des lignes obliques et onduleuses; le dernier tour est très convexe en-dessous, il n'est point ombiliqué; l'ouverture est grande, semi-lunaire et placée dans un plan peu oblique à l'axe de la coquille; le bord droit s'appuie sur le centre et s'y fixe par une callosité; il est épaissi, simple, renversé en dehors, blanc ou roussâtre; toute la coquille est d'un brun-roux, uniforme, avec une zone étroite, plus foncée à la partie supérieure du dernier tour; cette zone est plus étroite à la base des tours précédens, parce que la suture la divise.

† 165. **Hélice multizones.** *Helix multizonata.* **Less.**

H. testa orbiculatá, subconicá, lævigatá, basi perforatá, albá, lineis rufis plus minusve latis, numerosis, transversis cinctá; aperturá ovato transversá, patulá, obliquá; labro candido tenui, reflexo.

Var. A. nob. testa minore, flavicante lineis fusco-rubris circumdatá.

Helix tenui radiata. Quoy et Gaim. Voy. de l'Astr. t. 2. p. 101. pl. 8. f. 8. 9. 10.

Habite la Nouvelle-Guinée, au port de Dorey. *Lesson, Quoy* et *Gaimard.* Nous possédons un individu de l'espèce tel qu'elle a été décrite par M. Lesson, et nous avons vu celui qui a été figuré par MM. Quoy et Gaimard, tous deux appartiennent à une même espèce, variable de la même manière que les autres Hélices.

L'*H. multizonata* a beaucoup de rapports par sa forme générale
avec l'*H. lituus*, sa spire est plus aplatie; l'ouverture est en proportion plus grande et plus dilatée; la coloration est fort différente, elle consiste en un grand nombre de linéoles inégales d'un
brun-roux, diversement distribuées sur un fond blanc-grisâtre.
Dans la variété dont M. Quoy a fait l'*Helix semi-radiata*, le fond
est d'un fauve-clair et les linéoles plus fines et plus égales sont d'un
brun-rouge assez foncé; cette espèce, très rare dans les collections,
a 17 lignes de diamètre.

† 166. Hélice géorgienne. *Helix georgiana*. Quoy.

H. testâ orbiculari, translucidâ et fragili, desuper valdè striatâ,
flavâ; anfractibus quaternis, ultimo cylindraceo; aperturâ amplâ,
subcircinatâ; labro tenui.

Quoy et Gaim. Voy. de l'Astr. t. 2. p. 129. pl. 10. f. 26 à 30.

Habite le port du Roi-Georges à la Nouvelle-Hollande. *Quoy.* Petite
espèce ayant 4 ou 5 lignes de diamètre, elle est discoïde, aplatie,
largement ombiliquée; subanguleuse au pourtour; finement striée,
mince, transparente et d'un brun–fauve-clair, uniforme; l'ouverture est semi-lunaire, peu oblique, son bord est mince et tranchant.

† 167. Hélice aveline. *Helix avellana*. Férus.

H. testâ globosâ, conoideâ, apice obtusâ, lavigatâ, fuscâ; anfrac-
tibus convexis, apertura semi-lunari, labro albo intus incrassato,
extus reflexo.

Fér. Prod. p. 47. n° 318.

Id. Hist. des Moll. pl. 103. f. 4. 5.

Habite..... Espèce voisine de l'*A. alauda* dont elle n'est peut-être
qu'une simple variété; elle est plus globuleuse et sa spire est proportionnellement plus allongée; elle est composée de cinq tours
arrondis, striés obscurément par les accroissemens; le dernier
tour est convexe en dessous, sans ombilic; l'ouverture est obronde,
semi-lunaire; le bord est réfléchi d'un beau blanc, épaissi en dedans surtout dans la partie columellaire où il est large et plat;
toute la coquille est partout d'un beau brun-marron; l'insertion
du bord droit à la base est entourée d'une petite zone jaunâtre.
Cette espèce a 7 à 8 lignes de diamètre.

† 168. Hélice cafre. *Helix cafra*. Férus.

H. testâ globosâ, inflatâ, subdepressâ, tenui, fragili striatâ, fasciis
longitudinalibus irregularibus fusco-viridis notatâ, viridulâ; spirâ

brevi obtusâ; anfractibus convexis ultimo basi perforato; aper-
turâ magnâ ovato semi-lunari; labro tenui, acuto, simplici.

Fér. Prod, p. 1. n° 3.

Id. Hist. des Moll. pl. 9A. f. 8.

Habite la Cafrerie. *Lalande.* Grande et belle espèce, ayant par sa
forme des rapports avec l'*Helix vesicalis*, elle est cependant
plus globuleuse; le test est mince, fragile, transparent, d'un vert-
jaunâtre, interrompu irrégulièrement par des fascies longitudinales, inégales et irrégulièrement éparses, d'un vert foncé brunâtre
quelquefois noirâtre; le dernier tour est très grand, vésiculaire,
percé au centre; l'ouverture est très grande, oblique, ovale, semi-
lunaire; le bord droit est mince, simple, tranchant, un peu renversé à la base au-dessus de l'ombilic. Cette belle coquille, fort
rare dans les collections, a plus de 2 pouces de diamètre.

† 129. Hélice bipartite. *Helix bipartita.* Férus.

H. testâ globosâ, inflatâ, perforatâ inæqualiter striatâ; spirâ exer-
tiusculâ obtusâ; anfractibus convexis ultimo ad periphæriam colo-
ribus bipartito; spirâ flavicante, basi fuscâ; aperturâ semi-lu-
nari, labro incrassato, albo, reflexo.

Fér. Hist. des Moll. pl. 75A. f. 1.

Habite... Grande et belle espèce, ayant assez bien la forme et la
grandeur de l'*H. pomatia;* elle est globuleuse, à spire obtuse au
sommet et assez saillante; les tours sont convexes, le dernier est
grand, très convexe en dessous et percé d'un ombilic médiocre;
l'ouverture est semi-lunaire, petite en proportion de la coquille;
son bord est blanc, simple, épaissi en dedans, réfléchi en dehors;
la coloration est singulière; toute la spire et la moitié du dernier
tour sont d'un jaune-fauve uniforme, tout le reste du dernier tour
est d'un beau brun; le point de jonction des deux couleurs est
net. Cette coquille a près de 2 pouces de diamètre

† 170. Hélice bigone. *Helix bigonia.* Férus.

H. testâ orbiculato-globulosâ, supra convexâ subtus umbilicatâ, pla-
niusculâ, striatâ irregulariter, alba zonis 2-4 rufis ornatâ;
aperturâ ovato transversâ, angustatâ; labro albo incrassato, re-
flexo, continuo.

Fér. Hist. des Moll. pl. 70. f. 2.

Habite..... Belle espèce qui parait fort rare, nous n'en avons vu
que quelques individus; c'est une coquille subglobuleuse, à spire
convexe et obtuse, composée de cinq tours à peine convexes, irrégulièrement striés par les accroissemens; en dessous la coquille

est sensiblement aplatie et perforée au centre d'un ombilic d'un
petit diamètre; l'ouverture est très oblique, ovale, transverse ;
le bord est blanc, réfléchi et se continue avec un bord gauche court
et saillant; toute la coquille est blanche et elle est ornée de deux
a quatre zones d'un beau brun; l'individu figuré par M. de Férussac a deux zones, l'une en dessus, l'autre en dessous; celui que
nous possédons en a quatre, nous en avons vu un autre qui en a
trois. Cette coquille a 10 à 11 lignes de diam.

† 171. Hélice brune. *Helix badia.* Férus.

H. testá globoso-depressá; fusco-nigrescenti, tenuissime punctatá, im-
perforatá; anfractibus convexis ultimo subtus turgido; aperturá
coarctatá, transversá, depressá; labro fusco, aliquando albo bi-
dentato, ætate continuo.

Helix badia. Fér. Prod. p. 35. n° 124.
Id. Fér. Hist. des Moll. pl. 56. f. 1 à 4.
Var. A. testá juniore viridulá albo ad periphœriam unizonatá.
Var. B. testá majore flavá, aperturá albá.

Habite la Martinique, Cayenne, la Guadeloupe. Espèce fort commune, globuleuse, un peu déprimée, à spire obtuse dont les tours
au nombre de cinq sont convexes et couverts de très fines granulations que l'on ne voit bien qu'à l'aide d'une loupe; le dernier
tour est convexe en dessous, non perforé; l'ouverture est tantôt
brune comme le reste de la coquille, tantôt blanche; elle est rétrécie, ovale, transverse, à bords continus dans les vieux individus; une callosité couvre le centre; le bord droit est réfléchi en
dehors, épaissi en dedans et porte à sa partie inférieure deux
dents dont la première est quelquefois obsolète. Lorsque les individus sont jeunes ils sont d'un vert-brunâtre avec une zone blanchâtre sur le dernier tour; une variété assez constante est fauve,
avec l'ouverture blanche. Cette coquille a 7 ou 8 lignes de diamètre.

† 172. Hélice dorée. *Helix aureola.* Férus.

H. testá minimá, globulosá, luteá, transversim tenue striatá ; anfrac-
tibus convexiusculis ultimo inflato ad suturam linea rubra notato ;
spira acutá ; aperturá minimá ; labro reflexo, albo, intus biden-
tato.

Var. A. Férus. testá rubescente anfractibus superne longitudinaliter
plicatis.

Fér. Prod. p. 33. n 90.
Id. Hist. des Moll. pl. 48. f. 1. pl. 49 A. f. 1.

Habite la Martinique. Petite coquille globuleuse, à spire pointue, formée de cinq à six tours convexes, régulièrement et finement striés en travers; le dernier tour est très convexe, déprimé au centre, mais non ombiliqué; l'ouverture est petite, déprimée, grimaçante; son bord droit est blanc, réfléchi en dehors, épaissi en dedans et présente deux saillies, l'une à la base de la columelle, l'autre sur la partie du bord droit opposée à la première; toute la coquille est d'un beau jaune doré; le péristome est bordé en dehors d'une ligne rouge que l'on voit gagner la suture du dernier tour, la suivre nettement et disparaître vers le milieu de son développement; la variété est fort remarquable, elle est rouge et le milieu des tours est garni de plis longitudinaux petits et nombreux, que l'on voit s'arrêter brusquement un peu au dessous de la circonférence du dernier tour. Cette coquille a 3 lignes de diamètre.

† 173. Hélice raboteuse. *Helix aspera*. Férus.

H. testá globosá, inflato-turgidá, albo violacescente, striatá; striis granulis asperatis; spirá brevi, obtusá; anfractibus convexis, ultimo maximo, imperforato, obscure subangulato; aperturá ovatá; transversá; labro incrassato, albo, reflexo ad basin bidentato, ætate calloso bisinuoso; columellá rufo tinctá.

List. Conch. pl. 94. f. 95.

Schrot. Einl. t. 2. p. 194. n° 63.

Fér. Prod. p. 32. n° 77.

Id. Hist. des Moll. pl. 44. f. 1. 2. 3.

Habite... la Jamaïque, d'après Lister; l'Amérique? Férussac. Belle et grande espèce du volume de l'*H. pomatia*, mais ayant l'axe plus court; la spire est courte et obtuse, formée de cinq tours convexes; le dernier est grand, enflé, très convexe en dessous, subanguleux à son tiers supérieur; l'ouverture est ovale, semi-lunaire, subtransverse; elle est rétrécie par l'épaississement du bord qui a lieu autant en dedans qu'en dehors; le bord droit est très épais, calleux à sa base, bisinueux dans sa partie inférieure, simple et fortement renversé en dehors dans le reste de son étendue; le bord gauche est épais dans les vieux individus et il porte une tache d'un beau roux-brun; lorsque la coquille est jeune, la partie inférieure du bord est moins épaisse et pourvue de deux ou trois dents et quelquefois davantage, aussi nous pensons que la figure 10 de la planche 46 A, non mentionnée par M. de Férussac dans ses explications, pourrait bien être une variété de l'*H. aspera*. La coquille est d'un blanc violacé avec des glaçures de jaune, ses stries assez nombreuses sont tuberculeuses.

† 174. Hélice polydonte. *Helix dentiens.* **Férus.**

> *H. testá globulosá, fuscá, lævigatá, subtus convexá; aperturá semi-
> lunari, minimá, intùs denticulatá, fusco-nigricante; labro reflexo,
> incrassato.*

Fér. Prod. p. 33. n° 88.

Id. Hist. des Moll. pl. 48. f. 2. pl. 49 A. f. 2.

Desh. Encycl. méth. vers. t. 2. p. 255. n° 124.

Habite la Martinique, la Guadeloupe, la Guyane, Cayenne, Saint-
Domingue dans les forêts. Coquille globuleuse, épaisse, solide,
d'un brun-fauve ou d'un brun-marron; elle est lisse; l'ouverture
est de la même couleur que le reste, seulement d'une nuance plus
foncée; elle est très oblique; une callosité assez large cache le
centre du dernier tour; elle se continue d'un côté avec le bord
gauche médiocrement saillant, et de l'autre avec le bord droit fort
élargi vers la base; ce bord droit fort épaissi et calleux est renversé en dehors; l'ouverture est petite en proportion de la coquille; elle est ovale, transverse, un peu subtriangulaire. Elle
est très oblique et déprimée. Cette espèce a 25 millimètres de diamètre.

† 175. Hélice Joséphine. *Helix Josephina.* **Fér.**

> *H. testá orbiculato-convexá, subdepressá, subcarinatá, eleganter
> striato-granulosá, virescente, maculis luteolis fuscisque alternatá;
> aperturá obliquissimá, ovatá, bidentatá; labro incrassato, depresso,
> continuo, basi calloso, lineá fuscá circumdato.*

Fér. Prod. p. 35. n° 125.

Id. Hist. des Moll. pl. 56. fig. 5 à 10.

Desh. Encycl. méth. vers. t. 2. p. 255. no 123.

Habite la Guadeloupe. Très belle et très élégante espèce subdiscoïde,
un peu déprimée, subanguleuse à la circonférence du dernier
tour; la surface extérieure est comme guillochée par un grand
nombre de fines stries onduleuses et granuleuses coupant obliquement celles d'accroissement; le dernier tour est convexe en dessous; l'ouverture est très oblique, presque horizontale, déprimée,
transverse; le bord droit est très épais, fortement renversé en
dehors; ses deux extrémités se rapprochent et forment un péristome continu au moyen du bord gauche lui-même épaissi et saillant; ce péristome est quelquefois tout blanc, assez souvent il est
bordé en dehors d'une ligne d'un brun-roussâtre; à l'intérieur de
la partie columellaire du bord droit s'élèvent deux dents inégales
pointues dont l'externe est la plus grande; la coloration est assez

variable; les individus que l'on voit le plus communément dans les collections sont d'un beau vert, et ils sont ornés sur chaque tour de deux zones brunes régulièrement interrompues à de petites distances par des petites taches formées de fines linéoles d'un beau jaune doré. Les grands individus ont 8 à 9 lignes de diamètre.

† 176. Hélice convexe. *Helix convexa.* Raf.

H. testâ convexo-depressâ, subglobulosâ, diaphanâ, rufescente, tenuissimè et regulariter punctatâ; anfractibus convexis, ultimo basi depresso subaperto; aperturâ obliquissimâ, angustâ, dente columellari obliquo instructâ; labro albo basi sinuato.

Helix hirsuta. Var. Fér. Hist. des Moll. pl. 50 A. f. 2.

Desh. Encycl. méth. vers. t. 2. p. 253. nº 118.

Habite l'Amérique septentrionale. Espèce que M. de Férussac confond avec l'*H. hirsuta*, mais qui en est bien distincte; elle est aplatie, subglobuleuse; sa spire est formée de six tours à peine convexes dont le dernier est subanguleux à la circonférence; l'axe est percé d'une petite fente ombilicale; l'ouverture est contractée et elle a une moindre étendue que la partie du dernier tour qui la précède; elle est garnie sur la columelle d'une petite dent oblique peu saillante et en proportion beaucoup plus petite que celle de l'*H. hirsuta*; l'ouverture est transverse, arquée, semi-lunaire; le bord droit est épaissi en dedans, à peine renversé en dehors, il reste simple, une légère dépression le divise en deux petites lèvres; il s'insère dans la dépression ombilicale; cette espèce est blanchâtre ou d'un jaune de corne; elle est striée obscurément et quelquefois pointillée. Elle a 4 à 5 lignes de diamètre. M. de Férussac a donné le nom d'*H. convexa* à une autre espèce, mais nous pensons que par son antériorité le nom doit rester à celle-ci.

† 177. Hélice auriculée. *Helix auriculata.* Say.

H. testâ discoideâ, striatâ, lutescente vel fuscâ, umbilicatâ, spirâ brevi anfractibus angustis, convexiusculis; aperturâ ringente, contorto-plicatâ angustissimâ.

Polygyra auriculata. Say. Journ. Acad. nat. Sc. t. 1. p. 277.

Fér. Prod. p. 33. nº 98.

Id. Hist. des Moll. pl. 50. fig. 3. 4.

Habite la Floride. M. de Férussac, dans son Prodrome, ajoute plusieurs synonymies, se fondant sur cette opinion que l'*H. isognomostomos* de Gmelin est la même que celle-ci, mais la phrase caractéristique fait bien voir que Gmelin l'a faite d'après des figures de Lister qu'il cite dans sa synonymie. En examinant ces figures de

Lister on y reconnaît facilement deux espèces : l'une, fig. 93, nous paraît indéterminable , c'est celle-là que M. de Férussac rapporte à l'espèce actuelle ; l'autre, plus exacte, représente l'*H. hirsuta* ; il paraît que c'est celle-là que Gmelin a eu plutôt en vue. Si l'on veut avoir une synonymie vraiment utile, il ne faut pas y introduire des citations qui peuvent entraîner à l'erreur. L'*H. isognomostomos* de Dillwyn, que cite aussi M. de Férussac, offre bien plus de confusion puisqu'il y rapporte trois espèces.

L'*H. auriculata* est une des espèces les plus curieuses : elle se rapproche un peu de l'*H. labyrinthus*, mais son ouverture plus courte est plus compliquée ; la coquille est d'un blanc jaunâtre ou brune ; ses tours sont nombreux et serrés ; l'ombilic est large, mais par une déviation dans la direction du dernier tour puisqu'il ne laisse apercevoir que l'avant-dernier tour ; la surface extérieure est régulièrement striée. Cette coquille a 6 ou 7 lignes de diam.

✝ 178. Hélice poilue. *Helix hirsuta.* Say.

H. testâ minimâ, globulosâ, pisiformi, rufâ, diaphanâ, undique hirsutâ, subtus convexâ ; aperturâ obliquissimâ, angustissimâ, rimuliformi, dente columellari prælongâ clausâ ; labro albo , trisinuato.

Say. Journ. Acad. nat. of Sc. t. 1. p. 17.

Petiv. Gaz. pl. 105. fig. 6.

List. Conch. pl. 63. f. 94.

Fav. Conch. pl. 93. fig. 3.

Helix isognomostomos. Gmel. p. 3621. n° 158.

Helix sinuata. Id. p. 3618. n° 23.

Fér. Prod. p. 34. n° 101.

Id. Hist. des Moll. pl. 50 A. f. 1 à 3.

Desh. Encycl. méth. vers. t. 2. p. 253. n° 117.

Habite l'Amérique septentrionale. Probablement trompé par les fig., Dillwyn a confondu cette espèce avec l'*H. punctata* de Born (*H. hippocastanum.* Lam.). Ces espèces sont aujourd'hui trop bien connues pour qu'il soit nécessaire d'insister sur une erreur de ce genre, il suffit de la signaler. L'*H. hirsuta* est certainement une espèce des plus singulières ; elle est globuleuse, d'un brun-fauve, couverte d'un épiderme velu à poils courts et serrés ; l'ouverture est tellement étroite que l'on a peine à se persuader qu'un animal puisse y passer ; cette ouverture est transverse, le bord droit dans sa partie columellaire est élargi, réfléchi en dedans, remontant de bas en haut dans la position normale de la coquille ; ce bord ainsi élargi est creusé de deux petites échancrures peu écartées ; ce redressement du bord rétrécit déjà beaucoup l'ouverture et en fait

une fente étroite devant laquelle, et à une très petite distance, s'é-
lève une grande dent columellaire dont l'extrémité droite s'inflé-
chit en dedans de l'ouverture. Cette curieuse espèce a 4 lignes de
diamètre.

† 179. Hélice fermée. *Helix clausa*. Rafin.

H. testá orbiculatá, globulosá, depressiusculá, tenuissime granulosá;
griseo-fuscá; ultimo anfractu basi depresso, calloso; aperturá
angustissimá, dente columellari elato, clausá; labro incrassato,
albo, bidentato.

Helix inflata. Say. Jour. of Sc. t. 2. p. 153. n° 4.
Fér. Prod. p. 34. n° 104.
Id. Hist. des Moll. pl. 51. f. 2.
Desh. Encycl. méth. vers. t. 2. p. 252. n° 116.

Habite l'Amérique septentrionale. M. Say dans le tome 2 du Journal des Sciences de Philadelphie a donné le nom d'*H. clausa* à
une autre espèce qui nous est entièrement inconnue. Cette coquille
a beaucoup d'analogie avec l'*H. personata;* elle est plus aplatie,
de couleur plus blanchâtre, elle est déprimée au centre et son
ouverture est plus étroite; la proportion des dents et leur position sont différentes.

† 180. Hélice thyroïdienne. *Helix thyroidus*. Say.

H. testá orbiculato-globosá, corneo-luteá, regulariter tenue striatá;
anfractibus convexiusculis, ultimo basi perforato; apertura semi-
lunari unidentatá; dente columellari; labro, albo, lato, depresso,
reflexo.

List. Conch. pl. 91. fig. 91.
Schrot. Einl. t. 2. p. 193. n° 60.
Say. Jour. Ac. Sc. nat. de Phil. t. 1. p. 123. pl. 1.
Fér. Prod. p. 33. n° 96.
Id. Hist. des Moll. pl. 49 A. f. 4. pl. 50 A. f. 6.
Desh. Encycl. méth. vers. t. 2. p. 230. n° 62.
Say. Amér. Conch. n° 2. pl. 13. fig. 2.

Habite les États-Unis d'Amérique. Coquille globuleuse, d'un brun-
fauve ou jaunâtre, finement et régulièrement striée; le dernier
tour est convexe, percé à la base d'une fente ombilicale en partie
cachée par la saillie du bord droit; l'ouverture est semi-lunaire;
on trouve à l'intérieur sur la saillie de l'avant-dernier tour un petit tubercule blanc, oblique et obtus; le bord droit est épaissi,
blanc et subitement renversé en dehors; lorsque la coquille est
jeune la dent manque et dans une variété elle reste rudimentaire.

† 181. Hélice notable. *Helix denotata*. Fér.

> *H. testá orbiculato-depressá, imperforatá, translucidá, corneo lutes-*
> *cente ; longitudinaliter et transversim striatá ; striis transversis*
> *minoribus ; spira planulatá ; appendiculo sublinguiformi albo ,*
> *obliquo , columellæ adnato ; labro margine albo , lato, depresse ,*
> *reflexo, bidentato.*

Fér. Prod. p. 34. n° 102.

Id. Hist. des Moll. pl. 49 A. f. 5. et pl. 50 A. f. 7.

Helix palliata. Say. Jour. of the Acad. Phil. t. 2. p. 152. n° 3.

Habite l'Illinois, l'Ohio, le Kentucky, dans l'Amérique septentrionale. Coquille subdiscoïde, aplatie, d'un brun-jaunâtre, quelquefois de couleur succinée; les tours de spire sont peu convexes;
ils sont ornés d'un grand nombre de stries longitudinales régulières, traversées par des stries transverses beaucoup plus fines ;
nous avons vu des individus chez lesquels ces dernières stries étaient
à peine apparentes ; dans la plupart le dernier tour est arrondi ; il
y a une variété constante dans laquelle ce dernier tour est caréné
et la carène est crénelée par les stries qui la franchissent; l'ouverture est transverse, blanche , rétrécie par une grande dent oblique
s'étendant d'une extrémité à l'autre du bord droit, fixée sur la convexité de l'avant-dernier tour; le bord droit est très épaissi ,
aplati et divisé par deux dents saillantes. Cette espèce sa rapproche
bien de l'*Helix tridentata*, mais elle est plus grande et n'a pas l'ombilic ouvert.

† 182. Hélice tridentée. *Helix tridentata*. Say.

> *H. testá orbiculato-depressá, planulatá, corneo-luteá, regulariter*
> *tenue striatá , umbilicatá ; striis confertis, longitudinalibus ,*
> *obliquis ; aperturá albá , tridentatá ; labro planulato, reflexo.*

Helix tridentata. Say. Encycl. de Nich. art. Conch.

List. Conch. pl. 92. f. 92.

Fér. Prod. p. 34. n° 105.

Id. Hist. des Moll. pl. 51. f. 3.

Desh. Encycl. méth. vers. t. 2. p. 213. n° 17.

Habite l'Amérique septentrionale. Coquille ayant 6 à 7 lignes de
diamètre ; elle est aplatie, ombiliquée , d'un jaune corné et couverte de stries régulières rapprochées; l'ouverture a beaucoup de
ressemblance avec celle de l'*H. personata*, elle est oblique ; une
dent lamelliforme triangulaire s'appuie sur le milieu de l'avant-
dernier tour; le bord droit est blanc, épaissi, aplati et divisé en
trois arcs de cercle inégaux dont les points de jonction sont occupés par de petites dents aiguës.

8.

† 183. Hélice lamellée. *Helix carabinata.* Fer.

H. testá vitreá albá, utroque latere concavo-planulatá, ellipsoideá; anfractibus gyratis, ultimo majore ad aperturam depresso; aperturá dilatatá, tubæformi obliquá, rotundato-semilunari, intus quinque lamellatá : lamellá columellari alteris longiore.

Fér. Prod. p. 34. n° 109.

Id. Hist. des Moll. pl. 51 B. f. 3.

Bow. Elem. of Conch. pl. 7. f. 19.

Helix Rivolii. Desh. Encycl. méth. vers. t. 2. p. 208. n° 2.

Habite... le cabinet de M. de Rivoli. Coquille des plus singulières, discoïde, aplatie, concave des deux côtés, toute blanche, mince, transparente, striée en dessus, lisse en dessous; les tours de spire sont étroits; mais le dernier est irrégulier, étant plus élargi vers le milieu de son développement à l'endroit opposé à l'ouverture; l'ouverture est ovale, semi-lunaire, dilatée en pavillon de trompette; à l'intérieur et dans le fond de l'ouverture on remarque cinq lames parallèles saillantes qui se prolongent dans toute la longueur de la moitié antérieure du dernier tour; une de ces lames plus prolongée que les autres s'avance sur l'avant-dernier tour jusqu'au niveau de l'ouverture. Nous n'avons jamais vu qu'un seul individu de cette espèce, l'une des plus rares du genre Hélice, nous pensons que c'est lui qui a été figuré par M. de Férussac; il appartenait à la collection de M. de La Touche, il est actuellement dans celle de M. de Rivoli.

† 184. Hélice diodonte. *Helix diodonta.* Mühlf.

H. testá aperte umbilicatá, depressá, planá, corneo-fuscá; aperturá perobliquá, panduræformi; peristomate reflexo, rubicundo, bidentato.

H. diodonta. V. Muhlf. Mus. Cæs. vindob.

Fér. pl. 51 A. f. 1. *Helicodonta diodonta.*

Rossm. Icon. Sussw. Moll. p. 69. pl. 1. f. 19.

Habite l'Allemagne, dans les Alpes du Banat. Cette coquille, pour sa forme extérieure, pour sa couleur, a les plus grands rapports avec l'*H. holocericea*; elle a un caractère constant qui la distingue nettement; l'ouverture, plus large que haute, a deux dents opposées, ce qui donne à son contour intérieur la forme d'un huit de chiffre.

† 185. Hélice unidentée. *Helix monodon.* Fér.

H. testá conoideá-globulosá, perforatá, corneá multispiratá, pu-

*bescente ; aperturá depressá, labro intùs albo marginato, incras-
sato in margine inferiore uni dentato.*

Helix unidentata. Drap. Moll. de Franc. p. 81. pl. 7. f. 15.

Id. Mich. Compl. à Drap. p. 14. n° 7.

Id. Ross. Icon. t. 1. p. 66. pl. 1. f. 15.

Helix cobresiana. Alten. Syst. p. 79. pl. 9. f. 18.

Helix pyramidea. B Hartm. Syst. p. 239. n° 34.

Helix monodon. Fér. Hist. des Moll. Prod. p. 35. n° 122.

Pfeif. Syst. anord. p. 22. pl. 2. f. 1.

Habite en France, en Allemagne, en Suisse, etc., dans les bois, sous les
feuilles mortes. Plus nous comparons cette espèce avec l'*H. edentula*
et plus nous nous persuadons de l'identité de leurs caractères,
aussi nous pensons qu'il est nécessaire de les réunir : toutes deux
ont une forme subconique; les tours de spire sont nombreux, légèrement convexes, finement striés, mais les stries ne sont pas égales à
la circonférence; le dernier tour est subanguleux, et cet angle est
blanchâtre, tandis que tout le reste est d'un brun-corné transparent; le dernier tour est convexe en dessous et percé au centre
d'un ombilic très étroit; l'ouverture est déprimée; le bord droit
est blanc et épaissi en dedans. Dans l'*H. edentula* la partie inférieure du bord est simple, dans l'*H. monodon*, sur cette partie un
peu plus épaisse s'élève une petite dent. Cette différence peut être
le résultat de l'âge, et n'est pas suffisante, selon nous, pour établir
des espèces.

† 186. Hélice bidentée. *Helix bidentata.* Chem.

*H. testá conico-globosá, fuscá, perforatá, nitidá, anfractibus octonis;
aperturá depressá, in margine inferiorè intus bidentatá ; margine, reflexo, albo.*

Chem. Conch. t. 9. p. 50. pl. 122. f. 1052 ?

Lin. Gmel. p. 3642. n° 231.

Alten. Syst. p. 77. pl. 9. f. 17.

Trochus bidens. Dillw. Cat. t. 2. p. 790. n° 74.

Helix bidentata. Fér. Prod. p. 35. n° 121.

Nilss, Hist. Moll. suec. p. 14. no 1.

Mich. Compl. à Drap. p. 12. n° 5. pl. 14. f. 26.

Pfeif. Syst. anord. part. 3. p. 17. pl. 4. f. 13. 14.

Ross. Icon. t. 1. p. 65. pl. 1. f. 14.

Habite en France, en Allemagne, en Suède, en Angleterre. Elle est
assez rare. Coquille fauve ou brune, subcornée, transparente,
quelquefois pointillée de noir; elle est conoïde, obtuse au sommet,
ses tours sont nombreux et étroits, à peine striés; le dernier tour

est subanguleux à la circonférence, convexe en dessous, non ombiliqué ou perforé, l'angle est blanchâtre ; l'ouverture est comprimée de haut en bas ; le péristome est épaissi en dedans : il est blanc et garni de deux dents sur la partie inférieure.

Cette coquille a beaucoup d'analogie avec les *Helix edentula* et *unidentata* ; il semble que la première soit le jeune âge ; la seconde un état plus avancé de celle-ci à l'état adulte. Elle a environ 3 lignes de diamètre.

† 187. Hélice de Bosc. *Helix Bosciana.* Fér.

H. testâ conicâ, trochiformi, apice acutâ, subtus planâ, candidâ zonis angustis rufo nigris circumdatâ ; anfractibus planis lævigatis, ultimo ad periphæriam angulato : angulo acuto ; aperturâ trigonâ, labro albo reflexo.

Fér. Prod. p. 37. n° 144.

Id. Hist. des Moll. pl. 64. f. 1.

Habite le Brésil. Très jolie espèce trochiforme, à spire pointue, composée de cinq à six tours aplatis dont le dernier est anguleux à la circonférence ; l'angle est aigu en dessous ; ce dernier tour est à peine convexe, il n'est pas ombiliqué ; l'ouverture est triangulaire, transverse ; son bord est assez épais et renversé en dehors ; il est blanc ; toute la coquille est d'un beau blanc laiteux ; les tours sont ornés de deux lignes brunes ; le dernier en a une troisième en dessous.

† 188. Hélice de Turquie. *Helix Turcica.* Dillw.

H. testâ albidâ, depressâ, umbilicatâ carinatâ, punctis muricatis ; eminentibus scabrâ ; margine anfractuum acuto, umbilico pervio, amplo, marginato ; aperturâ subtetragonâ. Chem.

Trochus turcicus. Chem. Conch. t. 11. p. 280. pl. 209. fig. 2065. 2066.

Helix turcica. Dillw. Cat. t. 2. p. 905. n° 44.

Fér. Prod. p. 37. n° 148.

Id. Hist. des Moll. pl. 65. f. 2.

Habite Mogador et Maroc, Chemnitz. Espèce fort singulière ayant plus d'analogie avec l'*H. albella* qu'avec toute autre ; elle est discoïde ; la spire est tout-à-fait plane ; on y compte cinq tours rendus rugueux par des stries et des ponctuations saillantes ; les tours sont limités par un angle crénelé qui s'avance un peu au dessus de la suture ; sur le dernier tour, cet angle est très aigu et irrégulièrement crénelé ; l'ombilic est fort grand, on peut y voir tous les tours de spire, et il est circonscrit à l'extérieur par un angle saillant ; la surface, placée entre cet angle et la carène extérieure, est aplatie, non convexe et forme un plan oblique ; l'ouverture est quadrangulaire, à bord mince et tranchant. L'individu figuré par Chemnitz est d'un blanc-roussâtre ; celui représenté par M. de Férussac est d'un brun peu intense, couleur que l'on voit quelquefois aussi sur certaines variétés de l'*H. albella.* Cette coquille a 11 lignes de diamètre.

† 189. Hélice cadran. *Helix solarium.* Quoy.

H. testá discoideá, fragili, carinatá, striatá, fulvá ; spirá conicá, obtusá ; aperturá triangulari ; rimá umbilicali dilatatá, altá ; anfractibus septenis, valde distinctis.

Quoy et Gaim. Voy. de l'Ast. t. 2. p. 131. pl. 11. f. 24 à 29.

Habite à la Nouvelle-Irlande, sur les arbres du havre Carteret. Petite espèce qui, par sa forme générale, se rapproche de *l'Helix elegans ;* elle est discoïde, aplatie en dessous, conoïde en dessus ; la spire, assez pointue, est formée de sept tours étroits et aplatis ; le dernier tour est caréné à la circonférence, il est peu convexe en dessous et il est rendu concave par une grande dépression qui sert d'entrée à un petit ombilic ; l'ouverture est subquadrangulaire, déprimée, transverse ; le bord est mince et tranchant, et il forme un angle profond dans l'endroit où se termine la carène extérieure ; toute la surface inférieure est finement striée, la couleur est d'un blanc-jaunâtre corné. Cette espèce a 4 lignes de diamètre.

† 190. Hélice de Tonga. *Helix Tongana.* Quoy.

H. testá discoideá, conicá ; imperforatá, fragili, pellucidá, bicarinatá, albicanti ; aperturá subtriangulari ; labro simplici, acuto ; columellá contortá ; anfractibus sex.

Quoy et Gaim. Voy. de l'Ast. t. 2. p. 130. pl. 11. f. 19 à 23.

Habite l'île Tongatabou. Petite coquille globuleuse, à spire assez saillante et conique ; on y compte cinq tours étroits peu convexes dont le dernier est sub-bianguleux à la circonférence ; ce dernier tour est convexe en dessous, non ombiliqué ; l'ouverture est assez grande, semi-lunaire, subtransverse, à peine anguleuse extérieurement ; son bord est mince, simple et tranchant ; toute la coquille est blanchâtre sous un épiderme jaunâtre ; elle est mince, transparente et fragile ; quelques individus portent sur l'angle une ligne droite d'un rouge-brun.

† 191. Hélice excluse. *Helix exclusa.* Fér.

H. testá discoideá, depressá, striatá, perforatá ; carinatá, marmo-

*ratá, fasciá rubrá cinctá; aperturá triangulari; peristomate sim-
plici; anfractibus dimidio quinis.*

Fér. Prod. p. 49. n° 297.

Voy. de l'Ur. Zool. p. 472.

Quoy et Gaim. Voy. de l'Astr. t. 2. p. 127. pl. 10. f. 22 à 25.

Habite la Nouvelle-Guinée, l'île de Vanikoro. *Quoy.* Coquille discoïde, aplatie, à spire peu saillante, conoïde, à laquelle on
compte cinq tours aplatis, séparés par une suture bordée en dessus; le dernier tour est fortement caréné à la circonférence, il
est convexe en dessous et percé au centre d'un grand ombilic infundibuliforme; toute la surface extérieure est striée par des accroissemens; l'ouverture est transverse, triangulaire, à bord simple,
mince et tranchant; toute la coquille est marbrée de brun et de
verdâtre; en dessus, le milieu des tours présente une petite ligne
d'un rouge vif, une autre semblable se voit en dessous du dernier
tour. Cette espèce a 8 lignes de diamètre.

† 192. Hélice de Jervis. *Helix Jervisensis.* Quoy.

*H. testá globosá, subfragili, perforatá, valde et oblique striatá, cari-
natá, fulvá; suturis rimá umbilicali rubentibus anfractibus quinis,
ultimo ventricoso; aperturá latá, semi-lunatá; peristomate simplici.*

Quoy et Gaim. Voy. de l'Astr. t. 2. p. 126. pl. 10. f. 18 à 21.

Habite la baie de Jervis à la Nouvelle-Hollande. *Quoy.* Coquille globuleuse dont la spire est assez saillante et formée de six tours convexes et étroits; le dernier est en proportion plus grand que les
autres, il est subanguleux à la circonférence, très convexe en dessous et percé d'un ombilic médiocre; l'ouverture est grande, semi-
lunaire; le bord droit est peu épais, blanc et renversé seulement
au dessus de l'ombilic qu'il cache en petite partie par son élargissement; toute la surface extérieure est striée; les stries sont peu
profondes et espacées; toute la coquille est jaunâtre; les sutures
sont marquées par une petite ligne rougeâtre et une tache de même
couleur entoure l'ombilic.

† 193. Hélice de la Nouvelle-Irlande. *Helix Novæ-Hi-berniæ.* Quoy.

*H. testá discoideá, subglobosá, carinatá, tenuiter striatá, luteá; lineá
rubente cinctá; epidermide fulvo, fugaci; anfractibus senis æqualiter decurrentibus; aperturá latá, subtriangulari; labro tantisper
reflexo; umbilico exiguo.*

Quoy et Gaim. Voy. de l'Astr. t. 2. p. 124. pl. 10. f. 14 à 17.

Habite à la Nouvelle-Irlande, au havre Carteret. *Quoy.* Coquille orbiculaire, subglobuleuse; les tours de spire sont bien réguliers, peu convexes, finement striés; le dernier est anguleux à la cir-conférence; il est convexe en dessous, percé au centre d'un trou ombilical très petit; l'ouverture est transverse, subtrigone; le bord est simple, mince, obtus et blanchâtre; la couleur de cette coquille est d'un jaunâtre sale et la carène est teinte de rougeâtre. Cette espèce a 9 à 10 lignes de diamètre.

† 194. Hélice aplatie. *Helix explanata*. Quoy.

H. testâ discoideâ, perforatâ, carinatâ, desuper planâ, subtus con-vexâ, pallide fulvâ, transversim striatâ, vittâ castaneâ infra ca-rinam ; labro, triangulari, simplici, intùs albo ; anfractibus senis.

Quoy et Gaim. Voy. de l'Ast. t. 2. p. 123. pl. 10. f. 10 à 13.

Habite la Nouvelle-Guinée, au port de Dorey. Espèce discoïde, aplatie, carénée et tranchante dans le milieu du dernier tour ; les tours de spire sont bien réguliers, à peine convexes, séparés par une suture linéaire profonde ; le dernier tour est convexe en dessous, déprimé au centre et percé d'un ombilic étroit; toute la surface extérieure est finement striée par des accroissemens; l'ou-verture est transverse, déprimée ; le bord est simple, tranchant et forme un angle correspondant à la terminaison de la carène; la couleur est d'un jaune-rougeâtre, très pâle et l'on voit au dessus de la carène une zone étroite d'un brun-marron; l'intérieur de l'ouverture est blanchâtre. Les grands individus ont 13 lignes de diamètre.

† 195. Hélice pauvre. *Helix misella*. Fér.

H. testâ minimâ, orbiculari, subglobosâ, fragili, imperforatâ, subti-lissimè striatâ, carinatâ, corneâ pellucidâ ; aperturâ ovato-lunari.

Fér. Prod. p. 50. n° 306.

Quoy et Gaim. Voy. de l'Astr. t. 2. p. 122. pl. 10. f. 5 à 9.

Habite l'île de Guam, sous les feuilles mortes des palmiers. *Quoy.* Petite coquille ayant trois lignes de diamètre ou un peu plus, et offrant beaucoup de ressemblance avec l'*H. sericea*, que l'on trouve avec abondance en Europe. Celle-ci est cornée, brune, mince, transparente, luisante, quoique finement striée; le dernier tour est subanguleux à la circonférence, déprimé au centre, mais non ombiliqué; l'ouverture est semi-lunaire, transverse, oblique, à bord mince, mais obtus et solide, surtout vers son insertion colu-mellaire.

† 196. Hélice transparente. *Helix translucida*.

H. testâ fragili, imperforata, ovato-conicâ, valdè ventricosâ, totâ albá, diaphaneá, transversim striatá ; aperturá magná, amplá, subrotundá; peristomate acuto, denticulato, interrupto.

Quoy et Gaim. Voy. de l'Ast. t. 2. p. 103. pl. 8. f. 11 à 13.

Habite la Nouvelle-Guinée, au port de Dorey. *Quoy* et *Gaimard*. Espèce fort remarquable et très rare, un seul individu a été trouvé; elle est conique, trochiforme, à tours peu convexes dont le dernier est fort grand en proportion; il présente à sa circonférence un petit aplatissement limité de chaque côté par un angle peu apparent; en dessous, ce tour est convexe et non perforé, toute la surface extérieure est couverte de fines stries onduleuses assez profondes et régulières; l'ouverture est ovale-obronde, subtransverse; l'extrémité columellaire du bord droit est aplatie et s'insère sur l'axe; elle présente une petite duplicature; le bord droit est épaissi, renversé en dehors, élégamment plissé et dentelé; il est d'un beau blanc-opaque, tandis que toute la coquille, mince, transparente, très fragile, est partout d'un beau blanc-laiteux. Cette coquille a 18 lignes de hauteur et 14 de diam.

† 197. Hélice trochoïde. *Helix trochoides.* Quoy.

H. testá conoideá, levi, apice acutá, flammis fuscis pictá ; aperturá amplá, triangulari ; peristomate amplo, acuto, tantisper recurvato ; umbilico non distincto; anfractibus senis latis.

Helix trochus. Quoy et Gaim. Voy. de l'Astr. t. 2. p. 100. pl. 8. fig. 5 à 7.

Helix goberti. Less. Voy de la Coq. Zool. p. 314. n° 57?

Habite la Nouvelle-Guinée, au port de Dorey. Il est à présumer que cette espèce est la même que celle nommée *Helix goberti* par M. Lesson, mais comme cet auteur ne l'a pas fait figurer et comme sa description est incomplète, nous avons dû dans notre incertitude accepter le nom donné par M. Quoy. Quant à celui-ci, il est à présumer que M. Quoy aura voulu mettre *Helix trochoides*, n'ignorant pas que Muller avait déjà donné à une autre espèce le nom d'*Helix trochus*.

Comme l'indique son nom, cette coquille est trochiforme, elle se rapproche de l'*Helix pileus*; sa spire est élancée, pointue, formée de six tours à peine convexes, lisses ou striés par les accroissemens; le dernier tour est subanguleux à la circonférence, il est aplati en dessous, sans ombilic; l'ouverture est ovale, transverse, très oblique; la columelle est oblique, arrondie; elle prend naissance comme dans certains *trochus* d'une dépression médiane; le bord droit est d'un blanc-roux assez épais et fortement renversé en dehors; la couleur est partout d'un brun-rougeâtre plus ou

moins foncé selon les individus et chiné ou vergeté de blanc-
fauve; une zone blanchâtre subarticulée de taches rousses se voit
ordinairement à la circonférence du dernier tour, elle n'existe pas
dans tous les individus. Cette coquille est fort rare.

† 198. Hélice pointue. *Helix acuta.* Quoy.

*H. testá fragili, conicá, tantisper trochiformi, carinatá, luteá, vittá
castaneá cinctá; aperturá triangulari; peristomate lato, reflexo,
antice acuto; columellá arcuatá; umbilico distincto; anfractibus
quinis.*

Quoy et Gaim. Voy. de l'Ast. t. 2. p. 93. pl. 8. f. 1 à 4.
Carocolla grata. Michelin. Bull. de Conch. t. 1. pl. 9.

Habite la Nouvelle-Guinée, au port de Dorey. Coquille élégante,
trochiforme, d'un beau jaune-citron, mince, transparente, finement
striée par des accroissemens; les tours sont aplatis, à peine convexes; le dernier porte à la circonférence une carène mince et tranchante, au-dessus de laquelle se montre une zone d'un brun peu foncé;
en dessous, le dernier tour est convexe, il est percé au centre
d'un petit ombilic que recouvre en grande partie la base du bord
droit, à mesure qu'il se développe; au dessous de la carène on
trouve souvent une seconde zone brune : elle est formée d'un grand
nombre de linéoles extrêmement fines et très rapprochées; l'ouverture est transverse, triangulaire, à bord blanc et fortement
évasé.

† 199. Hélice oblitérée. *Helix obliterata.* Fér.

*H. testá orbiculatá, ad periphæriam angulato-carinatá, supra sub-
conicá, subtùs valde turgidá, imperforatá, granulosá, subepidermide rufo albicante; aperturá albá, triangulari, basi late
callosá; labro reflexo.*

Fér. Hist. des Moll. pl. 61. f. 3. 4.
Id. Prod. p. 36. n° 136.

Desh. Encycl. méth. vers. t. 2. p. 258. n₀ 132.

Habite Porto-Ricco. *Maugé.* Espèce très voisine de l'*H. inflata (Carocolla inflata.* Lamk.) et qui peut-être n'en est qu'une variété;
la spire est plus saillante, plus conique; la surface extérieure est
chargée d'un grand nombre de granulations; l'épiderme est d'un
brun-verdâtre et la coquille est blanche lorsqu'elle en est dépouillée; l'ouverture est grande, subtriangulaire, à peine anguleuse latéralement; le bord droit part du centre ou sa base s'étale en une
large callosité; ce bord est large en cet endroit, il rentre en dedans
de l'ouverture pour s'élargir bientôt après; il se rétrécit et se ren-

verse en dehors dans le reste de son étendue. Cette coquille a quelquefois près de 2 pouces de diamètre.

† 200. Hélice polymorphe. *Helix polymorpha.* Lowe.

H. testá discoideo-conicá, griseá, fusco zonatá, granulosá; anfractibus planulatis; ultimo ad periphœriam carinato, subtus convexo umbilico plus minusve aperto, perforato; aperturá obliquá, subsemi-lunari; labro albo, incrassato, subreflexo.

Low. Prim. Faun. Mad. p. 54. n° 46. pl. 6. f. 11 à 16.

Habite Madère, Porto-Sancto, Ténériffe. Espèce essentiellement variable dans sa forme; passant de la trochiforme à la discoïde par degrés presque insensibles, mais toujours reconnaissable à son ombilic, à sa coloration, mais surtout aux grosses granulations, quelquefois oblongues, dont elle est partout recouverte; son test est épais et solide; l'ouverture est très oblique, subsemi-lunaire, à péristome interrompu; le bord est blanc, assez épais et un peu évasé; cette coquille est très commune. Les grands individus ont 5 à 6 lignes de diamètre.

† 201. Hélice de Madère. *Helix Maderensis.* Wood.

H. testá rotundato-depressá, solidiusculá, umbilicatá, carinatá, subtus convexiore, striatá, griseá, fusco unifasciatá, supra brevi, conicá, fucescente; anfractibus planulatis, ultimo ad aperturam granuloso; aperturá subrotundá obliquá; labro albo, simplici, subcontinuo.

Low. Primit. Faun. Madèr. p. 48. n° 30. pl. 5. f. 22.

Wood. Conch. sup. pl. 8. f. 84.

Habite Madère, où elle est très commune. Espèce discoïde, aplatie, à spire courte et conique, composée de six à sept tours aplatis, striés, subgranuleux, surtout vers l'ouverture; le dernier tour est caréné à sa partie supérieure; il est convexe en dessous, largement ombiliqué; l'ouverture est arrondie, très oblique; son bord est blanc, épaissi à l'intérieur et disjoint dans un petit espace; la couleur de cette coquille est grisâtre en dessous et ornée de ce côté d'une zone brune étroite; en dessus elle est brunâtre. Les plus grands individus ont 4 lignes de diamètre.

† 202. Hélice pauvrette. *Helix paupercula.* Lowe.

H. testá minimá, discoideá, depressá, superne angulatá, basi late umbilicatá, striato-rugosá, spirá planá; ultimo anfractu subtus convexiusculo; aperturá rotundatá, coarctatá, lateraliter unidentatá; labro continuo, albo, incrassato.

Low. Prim. Faun. Madèr. p. 47. n° 27. pl. 5. f. 19.

Habite Madère et Porto-Sancto, non loin de la mer. Petite coquille fort singulière, discoïde, aplatie en dessus, un peu plus convexe en dessous, où elle est percée d'un large ombilic dans lequel les tours de la spire se voient très bien ; toute la coquille est brune et comme cariée ; un angle est placé à la partie supérieure du dernier tour ; l'ouverture est singulière, il semble que l'animal, parvenu au terme de son accroissement, a voulu fermer l'ouverture de sa coquille par un diaphragme au milieu duquel il s'est ménagé une issue beaucoup plus petite qu'elle n'était d'abord ; cette ouverture est arrondie, détachée de l'avant-dernier tour ; son bord est plane, épaissi, continu, renversé en dehors et garni sur le côté d'une petite dent conique. Cette coquille a 2 lignes de diamètre.

† 203. Hélice actinophore. *Helix actinophora.* Lowe.

H. testá orbiculato-depressá, fusco-rufescente, acute carinatá, spirá planulatá ; anfractibus striatis ; striis creberrimis, tenuissimis undulatis, lamellosis quibusdam ad carinam in lamellas breves acutas, radiantes, productis ; apertura subovatá, transversá ; labro reflexo, acuto, patulo.

Low. Prim. Faun. Madèr. p. 45. n₀ 20. pl. 5. f. 14.

Habite Madère, dans les forêts. Petite coquille aplatie, discoïde, toute brune, chargée de stries lamelleuses dont un grand nombre se relève en forme d'écailles membraneuses au-dessous de la carène du dernier tour ; l'ouverture est ovale, transverse ; le bord est assez épais ; renversé en dehors et simple dans toute son étendue.

† 204. Hélice de Webb. *Helix Webbiana.* Lowe.

H. testá subdiscoideá, fusco-corneá, subtus convexá, virescente, insuper conicá, ad periphœriam valde carinatá, minutissime granulatá ; aperturá subovali, magná, extus angulatá ; labro simplici angusto, reflexo.

Low. Prim. Faun. Madèr. p. 44. n° 16. pl. 5. f. 10.

Habite à Porto-Sancto, sur les montagnes. Très belle et très rare espèce, appartenant aux Carocolles de Lamarck ; elle est subdiscoïde : sa spire est en cône très court et obtus ; le dernier tour est très grand, convexe en dessous, sans ombilic et fortement caréné à sa circonférence ; la surface extérieure est luisante et finement granuleuse vers la carène ; l'ouverture est grande, transverse, ovale ; le bord est peu épais, renversé en dehors et il présente un angle correspondant à l'extrémité de la carène ; toute cette coquille est mince et transparente ; d'un beau brun-corné foncé, passant au verdâtre vers le centre du dernier tour. Le diamètre de cette espèce est de 8 à 9 lignes.

† 205. Hélice agréable. *Helix fausta.* Lowe.

H. testá orbiculato-subglobosá, carinatá, pilis brevissimis hirsutá, tenue striatá, spirá conoideá depressá; anfractibus planulatis, ultimo subtus convexo, perforato; aperturá dente superiori elongatá, angustata; labro reflexo, intus subbidentato.

Low. Prim. Faun. Madèr. p. 43. n° 14. pl. 5. f. 8.

Habite la partie septentrionale de Madère, dans les forêts. Espèce qui a beaucoup d'analogie avec l'*H. personata;* elle s'en distingue cependant avec facilité; elle est convexe en dessous; percée d'un ombilic très étroit; sa spire, subconique et déprimée, est obtuse au sommet; toute la coquille est brunâtre, finement striée et parsemée partout de poils courts et fins; l'ouverture est très oblique, rétrécie en dedans par une dent allongée, placée sur l'avant-dernier tour; le bord est assez épais, renversé en dehors et divisé en deux petites dents situées dans sa partie columellaire. Cette coquille a 6 ou 7 lignes de diamètre.

† 206. Hélice rétrécie. *Helix arcta.* Lowe.

H. testá orbiculato–depressá, utrinque planiusculá, in medio carinatá, umbilico minimo perforatá striatá; striis numerosis, æqualibus, crassiusculis; suturá subimpressá; apertura transversá, superne dente lamellosá coarctatá; labro albo, continuo, reflexo.

Low. Prim. Faun. Madèr. p. 42. n° 13. pl. 5. f. 9.

Habite Madère, sur les coteaux arides des bords de la mer. Petite coquille qui a de l'analogie avec l'*H. convexa* de Rafinesque; elle est subdiscoïde, déprimée, carénée, ornée de stries très obliques, obtuses, fort nombreuses, rugueuses; l'ouverture est transverse, rétrécie par une dent oblique, lamelliforme, placée à l'entrée sur la convexité de l'avant-dernier tour; le bord est blanc, renversé en dehors et également épaissi dans toute son étendue. Cette coquille a 4 ou 5 lignes de diamètre.

† 207. Hélice tectiforme. *Helix tectiformis.* Sow.

H. testá spirá brevi, rotundatá; anfractibus subseptenis, suprà leviter striatis, medio carinatis, cariná deflexá; subtùs umbilicatá, subdepressá; anfractu ultimo rotundato, granulato; aperturá elongatá, subquadratá; labro subtùs expanso, reflexo.

Sow. Zool. Journ. t. 1. p. 57. n° 6. pl. 3. f. 6.

Low. Primit. Faun. Madèr. p. 45. n° 18. pl. 5. f. 18.

Habite la petite île de Baxo, près Porto-Sancto. L'*H. bulveriana*
de M. Lowe a la plus grande analogie avec celle-ci, et se rapproche
plus par sa forme de l'*A. tectiformis* de M. Sowerby que celle à laquelle M. Lowe donne ce nom ; il nous semble que la coquille à laquelle M. Sowerby donne le nom de *tectiformis* n'est autre chose
qu'une *bulveriana* décolorée de M. Lowe.

Cette coquille est subdiscoïde, trochiforme, assez épaisse, presque
plate en dessous, et le dernier tour est muni d'une carène saillante
et quelquefois assez large ; l'ouverture est déprimée, anguleuse latéralement ; son bord est blanc et épais.

† 208. Hélice lampe-antique. *Helix lampas.* Muller.

H. testá imperforatá, carinatá, supra planiusculá subtus gibbá ; an-
fractibus cicatricosis, extimo divaricato.

Mull. Verm. t. 2. p. 12. n° 211.

Gmel. p. 3619. n° 25.

Helix carocolla. Chem. Conch. t. 9. p. 267. pl. 208. fig. 2044.
2045.

Dillw. Cat. t. 2. p. 901. n° 33.

Fér. Prod. p. 36. n° 138.

Id. Hist. des Moll. pl. 60. f. 2.

Habite les Grandes-Indes ? C'est l'une des plus grandes espèces du
genre *Carocolla* de Lamarck ; elle est discoïde, déprimée ; le dessous de la coquille est presque aussi convexe que la spire, aussi
l'angle très aigu et saillant de la circonférence la partage en deux
parties presque égales ; les tours de la spire sont au nombre de six,
ils sont aplatis, striés par des accroissemens ; l'ouverture est triangulaire, plus large que haute ; son bord droit est très épais, renversé en dehors ; il s'insère au centre sur une callosité qui couvre
l'ombilic ; toute la coquille est d'un jaune safrané et ornée de petites taches brunâtres ; une zone brune de deux lignes de largeur
occupe la circonférence en dessous ; l'ouverture est d'une belle
couleur orangée, rougeâtre. Cette coquille fort rare a jusqu'à 2
pouces et demi de diamètre.

† 209. Hélice bicarinée. *Helix bicarinata.* Sow.

H. testá subglobosá ; spirá breviusculá, subconicá ; anfractibus quin-
que quadratis, mediam carinis duabus, superiore obtusiusculá ;
aperturá integrá, rotundatá, peristomate distincto ; umbilico
parvo.

Sow. Zool. Journ. t. 1. p. 58. n° 7. pl. 3. f. 7.

An Helix duplicata ? Low. Prim. Zool. p. 58. pl. 6. f. 20.

Habite l'île de Porto-Sancto. M. Lowe, dans son estimable ouvrage
intitulé *Primitiœ faunœ et florœ Maderœ et Porto-Sancti,* change,
dit-il avec regret, le nom de *bicarinata* donné à cette espèce par
M. Sowerby, parce qu'il y a déjà dans le Prodrome de M. de Férussac une *Helix bicarinata ;* mais cette espèce appartient au genre
Agathine qui, s'il n'est pas conservé, sera confondu avec les Bulimes et non avec les Hélices proprement dites : ainsi le nom imposé
à l'espèce qui nous occupe par M. Sowerby, peut lui être conservé
sans inconvénient. L'Hélice bicarinée est une petite coquille subglobuleuse, à spire conique, formée de cinq tours, sur le milieu
desquels s'élèvent deux carènes rapprochées dont la supérieure est
plus obtuse; en dessous, la coquille est convexe et percée au centre
d'un très petit ombilic; l'ouverture est arrondie, très oblique,
et à péristome continu; elle est d'un brun-grisâtre. Sa surface est
chagrinée.

† 210. Hélice barbue. *Helix barbata.* Fér.

*H. testá orbiculato-discoideá, depressá, corneo-fuscá, superne vel in
medio angulatá; subtùs convexiusculá, umbilicata, angulo acuto,
tenue crenato, piloso ; aperturá obliquá, depressa, semi-lunari;
labro albo, reflexo.*

Fér. Prod. p. 37. n° 152.

Fér. Hist. des Moll. pl. 66. (*) f. 4.

Desh. Expéd. de Morée. Moll. p. 162. n° 238.

Habite en Sicile, en Morée. Espèce facile à distinguer, elle ressemble
beaucoup à l'*Helix* de Rang ; elle est moins aplatie, mais elle est de
même couleur; la spire est tantôt très aplatie, et alors l'angle de
la circonférence est à la partie supérieure du dernier tour, tantôt
plus saillante, et alors l'angle est à la partie moyenne; le plus
ou le moins de convexité de la surface inférieure de la coquille dé-
pend de la position de l'angle; lorsque la coquille est fraîche, elle
est velue, mais les poils sont plus grands vers la carène; l'ouverture est plus large que haute; elle est fort oblique, semi-lunaire;
son bord droit est renversé en dehors et garni d'un bourrelet blanc.

† 211. Hélice lenticule. *Helix lenticula.* Fér.

*H. testá orbiculato-depressá, utrinquè convexiusculá, umbilicatá,
pellucidá, longitudinaliter irregulariterquè striatá, corneá; anfractibus septenis, subplanis, ultimo carinato; aperturá depressá;
labro simplici, semireflexo.*

An eadem ? Helix striatula. Lin. Syst. nat. p. 1242.

Helicigona lenticula. Fér. Prod. p. 37. n° 154.

Helix striatula. Colard. Bull. de la Soc. lin. de Bordeaux. t. 4. p. 98.
 n° 21.

Mich. Compl. à Drap. p. 43. n° 72. pl. 15. f. 15. 16. 17.

Mich. Cat. des Test. d'Alger. p. 7. n° 18.

Fér. Hist. des Moll. pl. 66. * f. 1.

Habite Collioure, sous les pierres et les vieux bois, dans les endroits
 humides; elle vit en Espagne, en Egypte, en Italie, en Sicile, etc.
 La plupart des auteurs ont rapporté à différentes espèces *l'Helix
 striatula* de Linné. M. Colard Deschères dans son catalogue la rapporte à celle-ci, et c'est à elle en effet que convient le mieux la
 trop courte description de Linné. L'Hélice lenticule est une petite
 coquille qui a 4 ou 5 lignes de diamètre; elle est très aplatie, à
 peine convexe en dessus; la spire est formée de cinq à six tours
 étroits dont le dernier est anguleux à sa partie supérieure, ce qui
 est cause que la coquille est plus convexe en dessous qu'en dessus;
 toute la coquille est striée, mais les stries sont plus fortes en dessus;
 au centre du dernier tour se trouve un très grand ombilic; l'ouverture est petite, très oblique, plus large que haute, anguleuse
 latéralement; son bord est mince et tranchant.

† **212. Hélice de Rang.** *Helix Rangiana.* **Fér.**

*H. testâ orbiculato-compressâ, umbilicatâ, umbilico obovato, corneâ.
 nitidâ, pellucidâ, supernè subplanâ, subtùs convexâ, eleganter
 striatâ; striis æqualibus et æquidistantibus infernè minoribus; anfractibus septenis, ultimo carinato, marginato; aperturâ depressâ;
 peristomate reflexo, ringente, rostrato.*

Mich. Compl. à Drap. p. 40. n° 66. pl. 14. f. 24. 25.

Fér. Hist. des Moll. pl. 65. f. 1.

Desh. Encycl. méth. vers. t. 2. p. 259. n° 132.

Habite Collioure (Pyrénées orientales), sur une haute montagne
 aride. Coquille fort remarquable et très intéressante, elle est très
 aplatie, discoïde, elle a 6 à 7 lignes de diamètre; plate en dessus,
 peu convexe en dessous; les tours de spire sont nombreux, étroits,
 carénés à leur partie supérieure; cette carène sur le dernier tour
 se partage en deux parties inégales, l'une supérieure étroite, l'autre
 inférieure plus large et percée en outre d'un ombilic étroit, mais
 dans lequel on peut apercevoir presque tous les tours de spire; les
 stries de la face supérieure sont plus profondes que celles de l'inférieure; l'ouverture est vraiment singulière, elle est déprimée,
 étroite; le bord droit est bordé; on remarque en dedans depuis
 l'extrémité columellaire, presque vers le milieu de sa longueur,

TOME VIII. 9

deux petites dents écartées et inégales ; après la seconde se relève
une petite languette qui se recourbe du côté de la face supérieure
et contribue à former, avec la partie du bord placé au-dessus de la
carène, une petite échancrure arrondie. Toute la coquille est d'un
brun sale foncé.

† 213. Hélice perspective. *Helix perspectiva*. Say.

*H. testá minimá, orbiculari, depressá, subdiscoideá, rufa tenue et
regulariter striatá, subtus late umbilicatá ; anfractibus angustis
convexiusculis, apertura lunari, minima simplici labro tenui.*

Say. Journ. Acad. sc. t. 1. p. 18.
Fér. Prod. p. 40. n° 198.
Id. Hist. des Moll. pl. 79. f. 7.

Habite l'Amérique septentrionale. Petite coquille aplatie, ayant
beaucoup de ressemblance avec l'*H. rotundata*, quant à la forme
générale ; elle est plus grande, orbiculaire, aplatie, régulièrement
striée, son ombilic est très largement ouvert ; l'ouverture est semi-
lunaire, très oblique, à bord mince et tranchant ; toute la coquille
est d'un brun-roux uniforme. Le diamètre des grands individus est
de 4 lignes et demie.

† 214. Hélice écailleuse. *Helix squamosa*. Fér.

*H. testá globoso-depressá, ad periphæriam carinatá ; transversim
longitudinaliterque striatá, luteo fulvá, fusco irregulariter maculatá ; carina squamosá ; apertura semi-lunari, minimá ; labro reflexo rubescente.*

Fér. Prod. p. 32. n° 69.
Id. Hist. des Moll. pl. 43. f. 3.

Habite Porto-Ricco. *Maugé.* Belle espèce subglobuleuse, déprimée,
carénée à la circonférence du dernier tour et ayant cette carène
écailleuse ; les écailles sont régulières et obliques ; la surface extérieure est striée transversalement et ces stries sont découpées par
d'autres plus fines et longitudinales ; l'ouverture est petite, contractée quelquefois, un peu sinueuse ; le bord est épaissi, rougeâtre et renversé en dehors ; la coquille est d'un fauve-jaunâtre
et irrégulièrement parsemée de petites taches brunes, formant quelquefois des zones en zigzac.

† 215. Hélice de Sicile. *Helix Sicana*. Fér.

*H. testá globosá, candidá, lævigatá ; spirá exertiusculá, anfractibus
convexis ultimo basi convexo ; aperturá coarctatá, intus luteolá,
labro albo reflexo ad basim latiore, plano, acuto.*

Fér. Hist. des Moll. pl. 8. B. f. 7.

Habite la Sicile où elle est commune. Elle a beaucoup d'analogie avec
l'*H. candidissima*, mais sa couleur blanche est très légèrement
jaunâtre au fond; l'ouverture est d'un jaune-paille peu foncé; elle
est rétrécie et son bord droit, épais, est fortement évasé en dehors;
vers la base il est aplati, relevé en dedans, un peu tranchant;
cette partie aplatie est terminée par une faible troncature, quelquefois par une petite dent saillante. Cette espèce est de la grandeur
de l'*H. candidissima*.

† 216. Hélice orbiculaire. *Helix orbiculata*. Fér.

*H. testá subdiscoidea utroque latere convexiusculá, nitidá, tenue
striatá fusco virente lineis binis rufis circumdatá; anfractibus convexis, ultimo imperforato; aperturá semi-lunari, transversá rubro
violascente cinctá; labro incrassato, reflexo ad basim aliquando
ruguso.*

Fér. Prod. p. 32. n° 86.

Id. Hist. des Moll. pl. 47. f. 3. 4.

Habite les forêts de Cayenne et de la Guyane. *Férussac.* Coquille qui
a l'aspect de l'*H. Raspailii;* elle est subdiscoïde, à spire aplatie,
composée de six tours convexes, luisans et cependant finement striés;
le dernier tour est convexe en dessous, non ombiliqué; l'ouverture est très oblique, semi-lunaire, plus large que haute; elle est
d'un rouge vineux ou violacé; une callosité épaisse cache le centre;
le bord droit en part presque horizontalement : dans cette partie horizontale, il est épaissi en dedans et calleux; dans le reste de son
étendue, il est simple et renversé en dehors; le bord gauche devient saillant avec l'âge; toute la coquille est d'un brun-verdâtre.
uniforme; le dernier tour porte à la circonférence deux raies rougeâtres séparées par une zone blanche. Les grands individus ont
16 à 17 lignes de diamètre.

† 217. Hélice à dent dorée. *Helix auridens*. Rang.

*H. testá suborbiculato-globosá, supra convexiusculá, subtus convexá
umbilico angusto perforatá, nigro-fuscá, tenuissime striatá, pilis
rigidis, erectis, distantibus, asperatá, aperturá semi-lunari, transversá fuscá; labro incrassato, reflexo, dentibus duobus inæqualibus tripartito, dente majore aureo.*

Rang. Mag. de Conch. pl. 49.

Habite à la Martinique, dans les bois, sous les troncs renversés,
sur la montagne pelée. *Rang.* Espèce orbiculaire, subglobuleuse,
à spire à peine saillante, aplatie vers le centre et composée de
cinq tours convexes finement striés; le dernier est cylindracé et
percé au centre d'un ombilic en partie recouvert par l'élargissement

du bord droit; l'ouverture est assez grande, semi-lunaire, elle est
brune ; le bord droit est de la même couleur, il s'appuie dans l'ombilic même dont il cache une partie ; deux dents inégales le par-
tagent en trois lobes inégaux ; le plus petit est du côté de l'ombilic,
le plus grand lui est opposé, la dent médiane est la plus grande ;
elle est d'un brun-rouge ou jaunâtre ; toute la coquille est d'un
beau brun foncé, noirâtre et sa surface est hérissée de poils courts
et raides, disposées assez régulièrement en quinconces. Cette coquille a 6 ou 7 lignes de diamètre.

218. Hélice déprimée. *Helix desidens.* Rang.

H. testá discoideá, depressá, tenue striatá, fuscá, pellucidá, umbi-
licatá superne planiusculá ad periphæriam obtuse angulatá ;
aperturá semi-lunari rotundatá albá ; labro tenui reflexo, albo.
Rang. Mag. de Conch. pl. 48.
Habite sous les feuilles mortes, dans le bois de la montagne Pelée
à la Martinique. *Rang.* Espèce discoïde, aplatie en dessus, plus
convexe en dessous, formée de cinq tours peu convexes, finement
et irrégulièrement striés ; le côté de la spire est presque plat et il
est circonscrit à la partie supérieure du dernier tour par un angle
obtus ; en dessous ce dernier tour est convexe et percé au centre
d'un petit ombilic dont l'entrée est infundibuliforme ; l'ouverture
est arrondie, semi-lunaire, blanchâtre en dedans ; le bord droit
est mince, blanc, un peu épaissi ou bordé à l'intérieur et faiblement réfléchi en dehors ; toute la coquille est mince, fragile et
d'une couleur brune-roussâtre. Elle a 6 lignes de diamètre,

† 219. Hélice petit-noyau. *Helix nucleola.* Rang.

H. testá globosá, fusco-nigrescente, tenue striatá ad suturas tenuis-
sime plicatá ; spirá obtusá, anfractibus convexiusculis ultimo subtus
convexo ; aperturá ringente, transversá, fusco-violascente, triden-
tatá ; dente majore columellæ adnato.
Helix nux denticulata. Var. B. Fér. Prod. p. 33. n° 93.
Rang. Ma. de Conch. pl. 57.
Habite les bois de la montagne Pélée à la Martinique. *Rang.* Espèce
bien distincte de l'*Helix nux denticulata.* Férus. (*H. hippocasta-*
num. Lamk.), avec laquelle M. de Férussac l'a confondu à titre de
variété ; cette coquille est globuleuse, un peu déprimée, d'un brun
noirâtre uniforme la spire est obtuse ; les tours sont à peine convexes et finement striés ; le dernier est convexe en dessous, non
ombiliqué ; l'ouverture est d'un brun-violacé ; elle est étroite,
transverse, déprimée, à bords continus ; sur le gauche s'élève de-

vant l'ouverture une dent linguiforme triangulaire, sur l'extrémité extrême de laquelle vient se terminer le bord droit en formant une sinuosité assez profonde ; le bord droit est épais , renversé en dehors , et il porte en dedans deux petites dents. Cette coquille a 6 ou 7 lignes de diamètre.

† **220. Hélice resserrée.** *Helix torulus.* Fér.

> *H. testá globulosá , albá , lœvigatá, zonulá transversá fusca circumdatá , basi convexa; anfractibus sex convexis angustis ; aperturá semi lunari, minimá ; labro simplici, albo, subreflexo, basi patulo.*

Fér. Prod. p. 30. n° 39.

Id. Hist. des Moll. pl. 27. f. 3. 4.

Habite la Nouvelle-Hollande (Péron). Cette coquille, qui a 5 à 6 lignes de diamètre, est globuleuse, lisse ou à peine striée par ses accroissemens ; elle est blanche et ornée d'une zone transverse d'un brunfauve ; elle est étroite ; les tours de spire sont étroits, convexes et comme pressés les uns sur les autres ; le dernier est très convexe en dessous et l'ombilic est indiqué par un point enfoncé ; l'ouverture est petite, semi-lunaire, son bord est assez épais, mais à peine renversé en dehors : il forme à la base une callosité qui semble écrasée sur l'ombilic.

† **221. Hélice du Texas.** *Helix Texasiana.* Moric.

> *H. testá orbiculato-depressá, umbilicatá, tenue striatá, subepidermide albá vel roseá ; aperturá ringente , coarctatá, tridentatá; labro reflexo.*

Mor. Mém. de Gen. t. 6. 2ᵉ part. p. 538. n₀ 2. pl. 1. f. 2.

Habite le Mexique, dans la province du Texas. Petite coquille aplatie, planorbulaire, ayant beaucoup de rapports avec les *Helix diodonta* et *holosericea;* elle en diffère par la forme de l'ouverture dans laquelle les trois dents ont une disposition particulière ; une dent columellaire oblongue est opposée à deux dents fort saillantes du bord droit, séparées entre elles par trois sinuosités étroites et profondes. Cette coquille a 6 millimètres de diamètre, elle est finement et régulièrement striée.

† **222. Hélice de Berlandier.** *Helix Berlanderiana.* Mor.

> *H. testá globosá, perforatá, lucidá, albá vel cinereá, fascia unicá , angustá cinctá ; labro crassiusculo, patulo.*

Mor. Mém. de la Soc. de phys. et d'hist. nat. de Gen. t. 6. 2ᵉ part. p. 537. n° 1. pl. 1. f. 1.

Habite le Mexique, dans la province du Texas. Petite espèce globuleuse, substriée, d'un blanc sale, grisâtre et présentant sur la circonférence du dernier tour une fascie étroite d'un gris peu foncé ; le dernier tour est convexe en dessous, percé d'un ombilic étroit à moitié caché par l'interstice du bord droit; l'ouverture est étroite, plus large que haute, son bord est épaissi en dedans et renversé en dehors. Cette coquille a 6 ou 7 millimètres de diamètre.

† 223. **Hélice pyramidelle.** *Helix pyramidella.* Wagn.

H. testá conicá, trochiformi, tenuissimá, fragili, diaphaná, albá, roseá, vel fuscá , vel zonatá, anfractibus subplanis ultimo basi plano ad periphæriam carinato; aperturá trigoná ; labro reflexo.
Helicina pyramidella. Spix. Voy. Moll. pl. 16. f. 1. 2.
Helix blanchetiana. Mor. Mém. de Gen. t. 6. 2e part. pl. 1. f. 3.
Helix pyramidella. Id. t. 7. 2e part. p. 418. n° 6.
Habite le Brésil, aux environs de Bahia, dans les grands bois, sur les fougères grimpantes. Espèce très élégante, conique, trochiforme, et bien voisine, si ce n'est tout-à-fait identique de l'*Helix Bosciana* de M. de Férussac ; elle est mince, transparente, plate en dessous, sans ombilic et fortement carénée à la circonférence du dernier tour ; l'ouverture est triangulaire, plus large que haute ; son bord droit est renversé en dehors et peu épais ; cette coquille est très variable pour la couleur, passant du blanc au jaune, au rose et au brun ; ces couleurs restent pures dans certaines variétés, dans d'autres on y voit une, deux, trois fascies transverses, variant aussi pour la nuance selon le fond de la couleur ; la coloration varie à-peu-près de la même manière que dans l'*H. nemoralis.*

† 224. **Hélice piléiforme.** *Helix pileiformis.* Mor.

H. testá trochiformi, conicá, elatá, apice acutá, tenui, fragili, fusco-olivaceá ; anfractibus planis ultimo ad periphæriam subangulato, basi perforato ; aperturá subquadrangulari ; labro tenui, reflexo.
Mor. Mém. de Gen. t. 7. 2e part. p. 420. n° 8. pl. 2. f. 2.
Habite aux Illheos, au Brésil. Coquille trochiforme, à spire allongée et pointue, à base étroite et peu aplatie; les tours sont aplatis; le dernier est anguleux à la circonférence et percé au centre d'un petit ombilic; l'ouverture est subquadrangulaire; la columelle cache une partie de l'ombilic par son élargissement; le bord est mince et un peu réfléchi en dehors ; toute la coquille est mince transparente, lisse et d'un brun verdâtre uniforme. Elle a prè d'un pouce de hauteur.

† 225. Hélice scabriuscule. *Helix scabriuscula.* Desh.

> *H. testá orbiculatá, carinatá, cinereá, fusco maculatá, superne plano-convexá, inferne convexo-turgidá, imperforatá, striato-la-mellosá, tenuissime granulosá; suturis marginatis; aperturá ovato-trigoná; labro albo, reflexo, basi intus incrassato, sub-uniden-tato.*

Desh. Encycl. méth. vers. t. 2. p. 258. n° 130.

Carocalla erycina. Jan et Crist. Cat. p. 2. n° 62.

Id. Phil. Enum. Moll. Sicil. p. 135. n$_0$ 1. pl. 8. f. 4.

Vvr. A. nob. testá minore, tenue striatá, cariná breviore, maculis rufis confluentibus.

Carocolla salinuntina. Phil. Enum. Moll. Sicil. p. 136. n° 2. pl. 8. fig. 11.

Habite la Sicile. Nous avons décrit cette espèce dans l'Encyclopédie plus de deux ans avant que M. Jan l'inscrivit dans son catalogue, et plus de .quatre ans avant que M. Philippi la figurât dans son ouvrage sur les Mollusques de la Sicile. Ayant examiné un grand nombre d'individus et de variétés de cette espèce, nous avons faci-lement reconnu dans le *Carocolla salinuntina* une variété à stries plus fines de notre espèce. Cette coquille est discoïde, à spire quel-quefois plane, quelquefois en cône surbaissé; la carène du dernier tour est saillante dans les grands individus, elle est plus courte dans les jeunes. Non-seulement toute la surface est striée longitu-dinalement, mais examiné à un grossissement suffisant, on la trouve couverte de très fines granulations très serrées; le dernier tour est convexe en dessous, non ombiliqué; l'ouverture est ovale–trian-gulaire, à bords blancs, épaissis, renversés en dehors; les vieux individus offrent à la base du bord droit une callosité assez épaisse en forme de dent obtuse. Les grands individus ont 27 millimètres de diamètre.

Espèces fossiles.

† 1. Hélice de Ramond. *Helix Ramondi.* Brong.

> *H. testá globulosá, regulariter striatá, imperforatá; spira obtusá, prominulá; anfractibus convexis, ultimo majore basi convexo, ad aperturam inflato; aperturá semi-lunari, labro incrassato, re-flexo.*

Brong. Ann. du Mus. t. 15. pl. 23. f. 5.

Bouil. Cat. des Coq. foss. de l'Auv. p. 92. n° 1.

Bowd. Elem. of Conch. pl. 4. f. 18.

Habite.... fossile dans les calcaires lacustres de l'Auvergne où elle paraît fort commune. C'est aux généreuses communications de M. Bouillet que nous devons la connaissance de la plupart des fossiles curieux de l'Auvergne, et ce savant, plein de zèle pour les recherches géologiques, a consigné le fruit de ses nombreuses observations dans le catalogue des coquilles terrestres et fluviatiles, vivantes et fossiles de l'Auvergne, ouvrage utile que nous avons déjà cité et que nous mentionnons encore ici.

L'Hélice de Ramond est une belle espèce globuleuse, à spire assez saillante, mais ayant le dernier tour développé et convexe en dessous; les tours, au nombre de cinq ou six, sont convexes et ornées de stries obliques régulières, plus ou moins nombreuses selon les individus; elles sont flexueuses et elles ont de la ressemblance avec celles de l'*H. auricoma*. Fér.; l'espèce fossile a aussi par sa forme générale des rapports avec la vivante que nous venons de mentionner; l'ouverture n'était pas aussi dilatée que l'a supposé M. Brongniart; elle est semi-lunaire; le bord est très épais et à la base il est fort saillant à l'intérieur. Cette espèce a quelquefois plus d'un pouce de diamètre.

† 2. Hélice de Léman. *Helix Lemani.* Brong.

H. testá discoideo-conicá, subdepressá, lævigatá, umbilicatá; spirá prominulá apice acutá, anfractibus quinque convexis.

Brong. Ann. du Mus. t. 15. pl. 23. f. 9.

Desh. Descr. des Coq. foss. t. 2. pl. 6. f. 5.

Id. Encycl. méth. vers. t. 2. p. 250. n° 109.

Habite... fossile dans le terrain siliceux de Palaiseau. (*Brong.*) Avant d'avoir reçu de l'Auvergne, grâce à la complaisance de M. Bouillet de beaux exemplaires de l'*H. cocquii*, nous pensions qu'il fallait la réunir à l'*Helix Lemani*, nous changeons d'opinion à cet égard et pour nous ces deux espèces sont distinctes. L'Hélice de Léman est d'un médiocre volume, elle est subglobuleuse, déprimée, à spire courte et conique, dont les cinq tours sont convexes, lisses et le dernier percé au centre d'un ombilic petit. Le diamètre est de 10 à 11 millimètres.

† 3. Hélice damné. *Helix damnata.* Brong.

H. testa globoso-conoideá, asperatá, imperforatá; anfractibus convexis, supremis marginatis, ultimo subtus convexo; aperturá minimá ovatá, obliquissimá; labro incrassato, continuo reflexo.

Brong. Vicent. p. 52. pl. 2. f. 2. a. b.

Desh. Encycl. méth. vers. t. 2. p. 250. n° 110.

Habite.... fossile au val de Ronca, près de Vérone. Espèce singulière dont la forme rappelle assez bien celle des grands individus de l'*H. candidissima*. La coquille est globuleuse, à spire saillante et conique, composée de six tours convexes dont les premiers ont la suture bordée; le dernier n'est pas très grand, il est convexe en dessous sans trace d'ombilic; toute la surface extérieure est irrégulièrement chagrinée; l'ouverture est très oblique, presque horizontale; elle est ovale-obronde; les bords sont épaissis et un peu renversés en dehors; un bord gauche épais et saillant joint les deux extrémités du bord droit et l'ouverture, ainsi complétée, a de l'analogie avec celle de quelques Cyclostomes. Comme toutes les autres coquilles provenant de la même localité, celle-ci est noire, elle a 20 millimètres de diamètre.

† 4. Hélice aspérule. *Helix asperula*. Desh.

H. testá globulosá crassá, solidá, apice obtusá, rugis irregularibus asperatá, spirá brevi, anfractibus convexiusculis ultimo obscure subangulato; aperturá angustatá, subsemi-lunari; labro incrassato ad basim subcontorto.

Desh. Encycl. méth. vers. t. 2. p. 251. n° 111.

Habite.... fossile dans les falluns de la Tourraine. Celle-ci est plus grande que la plupart des autres espèces des mêmes lieux; elle a des rapports avec l'*H. punctifera* de Lamarck. Elle est globuleuse quelquefois un peu déprimée; le dernier tour est subanguleux à la circonférence; toute la surface est chagrinée comme dans l'*H. aspersa*; l'ouverture est petite en proportion de la coquille; elle est subsemilunaire, très oblique, presque horizontale; les bords sont très épais, renversés en dehors; à la base le bord est arrondi et légèrement tordu. Cette coquille a plus d'un pouce de diamètre.

† 5. Hélice de Tours. *Helix Turonensis*. Desh.

H. testá subglobulosá, lævigatá, vel tenue striato rugosá, anfractibus convexis zonulis rufescentibus ornatis; aperturá semi-lunari obliquissimá; labro reflexo incrassato, basi obtuso.

Desh. Encycl. méth. vers. t. 2. p. 252. n° 112.

Helix dispersa. Fér. Hist. des Moll. planche d'Hélices fossiles. fig. 2. et 4.

Habite... fossile dans les falluns de la Touraine. Nous conservons à cette espèce le nom que nous lui avons donné dans l'Encyclopédie, parce qu'il est antérieur à celui proposé par M. de Férussac. Espèce bien voisine de l'*H. nemoralis* et cependant bien distincte par sa forme un peu moins globuleuse; son ouverture plus oblique; ayant le bord assez épais; elle est semi-lunaire, mais plus modifiée par l'avant-dernier tour; la coloration devait être semblable à celle de l'*H. nemoralis* autant qu'il est permis d'en juger par les zones pâles et roussâtres que l'on voit dans quelques individus.

† 6. Hélice de Duvau. *Helix Duvauxii.* Desh.

H. testá globulosá, subdepressá, asperulá ; anfractibus convexiusculis, ultimo basi convexo, ad aperturam turgidiori, imperforato ; aperturá semi-lunari; labro reflexo, marginato.

Desh. Encycl. méth. vers. t. 2. p. 251. n° 118.

Habite... fossile dans les falluns de la Touraine. Pour la forme générale il y a de la ressemblance entre cette espèce et l'*H. nemoralis*; elle en est constamment distincte; elle est un peu plus déprimée; le test, quoique plus mince que dans d'autres espèces de la même localité, est cependant plus épais que dans les espèces vivantes; il n'est pas lisse au dehors; il est finement chagriné un peu comme dans l'*H. lactea;* on trouve des traces de coloration dans la plupart des individus; tantôt ce sont des zones transverses jaunâtres sur un fond blanc; tantôt des zones étroites blanches sur un fond rougeâtre; l'ouverture est semi-lunaire, à bord réfléchi, épaissi à l'intérieur, surtout vers la base où il est droit et souvent tranchant; cette coquille est de la grosseur de l'*H. nemoralis*.

† 7. Hélice de Mayence. *Helix Maguntina.* Desh.

H. testá globulosá, lævigatá; zonis duobus tribusve transversis ornatá; anfractibus convexiusculis, ultimo basi convexo, imperforoto; aperturá semi-lunari, labro reflexo, basi latiore, calloso, acuto.

Habite... fossile dans le terrain lacustre des environs de Mayence. Espèce de la grandeur et à-peu-près de la forme de l'*H. hortensis*; elle est un peu moins globuleuse; sa spire est plus conoïde et le dernier tour est plus aplati en dessous; l'ouverture présente des différences plus essentielles; elle est plus oblique et le bord s'élargit vers la base, devient plat et forme un plan oblique dont le bord interne est tranchant; la base du bord s'appuie au centre sur une callosité assez large que n'ont jamais les *Helix hortensis* ou *nemoralis*; la surface est striée par les accroissemens, il est à présumer que sur un fond de couleur pâle la coquille avait deux ou trois zones brunes dont on voit les traces.

⊥ 8. Hélice de Ferrant. *Helix Ferranti.* Desh.

H. testá discoideá, depressá, planorbulari striatá, umbilicatá, an-

fractibus convexiusculis, striatis, non angulatis ; aperturá rotun-
dato-semi-lunari labro obliquo, simplici.

Desh. Descr. des Coq. foss. t. 2. p. 56. pl. 7. f. 10.

Habite... fossile dans la formation lacustre supérieure du Soissonnais. Petite et intéressante espèce, découverte par M. Héricart
Ferrant; elle a de l'analogie avec l'*H. perspectiva. Say ;* elle est
aplatie comme elle, mais ses stries ne sont ni si nombreuses ni si
régulières; son ombilic est moins grand ; sa spire est aplatie composée de cinq tours arrondis; l'ouverture est semi-lunaire . oblique, à bords simples et tranchans. Cette coquille a 8 millimètres
de diamètre.

† 9. Hélice de Morogues. *Helix Moroguesi.* Broug.

H. testá subglobulosá, lævigatá, imperforatá; anfractibus convexius-
culis, ultimo non angulato; apertura simplici? semi-lunari.

Brong. Ann. du Mus. t. 15. pl. 23. f. 7.
Bowd. Elem. of Conch. pl. 4. f. 21.
Desh. Descr. des Coq. foss. t. 2. p. 54. pl. 6. f. 1. 2. 4.
Id. Encycl. méth. vers. t. 2. p. 250. n° 107.

Habite... fossiles dans les calcaires lacustres des environs d'Orléans
(*Brong.*) et dans ceux des environs de Reims (*Arnoud*). Elle a de
l'analogie avec les variétés les plus globuleuses de l'*H. splendida;*
striée seulement par des accroissemens , sa spire est peu saillante;
on y compte cinq tours à peine convexes dont le dernier est arrondi à la circonférence, mais il est anguleux dans le jeune âge,
ce qui nous a fait supposer que l'*H. lemani* était le jeune âge de
celle-ci; il n'y a point d'ombilic; l'ouverture est semi-lunaire;
elle est simple dans les individus que nous avons vus, il est probable cependant que dans les vieux individus le péristome est
épaissi et renversé en dehors. Cette espèce a 20 millimètres de
diamètre.

† 10. Hélice de Voltz. *Helix Voltzii.* Desh.

H. testá orbiculato-depressá , utroque latere convexiusculá; tenuis-
sime striatá, umbilico patulo ; aperturá rotundato-semi lunari,
obliquá, simplici.

Desh. Encycl. méth. vers. t. 2. p. 222. n° 42.

Habite... fossile dans les terrains lacustres de Bouxveiller en Alsace.
Petite espèce bien distincte à laquelle nous avons donné depuis
long-temps le nom d'un savant bien connu par ses travaux géologiques; pour sa forme générale elle ressemble à l'*H. nitida ;* son
test est très mince, jaunâtre, finement strié, mais les stries semblent effacées; la spire est peu saillante, obtuse, formée de cinq

tours; l'ombilic, assez grand, remonte jusqu'au sommet de la spire et permet de voir presque tous les tours. Cette coquille a 10 millimètres de diamètre.

† 11. Hélice de Desmarest. *Helix Desmarestina*. Brong.

H. testá minima discoideá, depressá, lævigatá; spira brevi conicá, anfractibus convexiusculis, ultimo non carinato, subtùs late umbilicato; aperturá depressá, obliquá; labro simplici intus incrassato.

Brong. Ann. du Mus. t. 15. p. 378. pl. 23. fig. 10.
Desh. Descr. des Coq. foss. t. 2. p. 57. pl. 6. f. 7. 8.
Id. Encycl. méth. vers. t. 2. p. 223. n° 44.
Bowd. Elem. of Conch. pl. 4. f. 19.

Habite..... fossile dans la formation siliceuse à Palaiseau. Elle a beaucoup d'analogie avec l'*H. rotundata*; elle est aplatie, discoïde, non anguleuse à la circonférence; les tours sont au nombre de six et leur diamètre s'accroît très lentement; la base est percée d'un grand ombilic; l'ouverture est petite, déprimée, plus large que haute, à bords obliques, simples et garnis d'un petit bourrelet intérieur. Cette coquille, toute lisse, a 4 ou 5 millimètres de diamètre.

† 12. Hélice umbilicale. *Helix umbilicalis*. Desh.

H. testá orbiculato-depressá, subdiscoideá, lævigatá, inferne convexá, umbilico magno perforatá; anfractibus convexiusculis ultimo ad periphæriam subangulato, aperturá rotundato semi-lunari, margine tenui simplici.

Desh. Encycl. méth. vers. t. 2. p. 219. n° 29.

Habite... fossile dans les falluns de la Touraine. Espèce très rare ayant 16 à 18 lignes de diamètre et ressemblant beaucoup, pour l'aspect général, à l'*H. algira*; elle en est cependant bien distincte par son ombilic plus grand en proportion; par l'angle obtus du dernier tour et surtout par la forme et les proportions de l'ouverture.

† 13. Hélice de Tristan. *Helix Tristani*. Brong.

H. testá subdiscoideá, conico-convexá, ad periphæriam angulatá, lævigatá, subtùs subperforatá; aperturá subtrigoná, semi-lunari, simplici.

Brong. Ann. du Mus. t. 15. p. 378. pl. 23. f. 8.
Desh. Descr. des Coq. foss. t. 2. p. 35. pl. 7. f. 5. 6.
Id. Encycl. méth. vers. t. 2. p. 215. n° 22.
Bowd. Elem. of Conch. pl. 4. f. 22.

Habite.... fossile dans les calcaires d'eau douce des environs de Pe-
tivier et d'Orléans. Cette espèce ne restera peut-être pas dans les
catalogues, car il se pourrait bien qu'elle ait été faite avec de
jeunes individus de l'*H. moroguesi*, ce qu'il faudrait vérifier en
comparant un grand nombre d'individus des deux espèces; celle-ci
a 5 ou 6 lignes de diamètre; elle est déprimée, lisse, à spire conique et légèrement convexe; le dernier tour est à peine convexe
en dessous; l'angle de la circonférence est obtus; l'ouverture est
simple, subtriangulaire.

† 14. Hélice de Reboul. *Helix Reboulii*. Leufr.

*H. testá subdepressá, utrinque convexá, longitudinaliter striatá; an-
fractibus convexiusculis, ultimo basi imperforato; apertura ovali,
coarctatá; labro incrassato, reflexo.*

Leuf. Ann. des Sc. nat. t. 15. p. 406. pl. 11. f. 4. 5. 6.

Habite... fossile dans les calcaires lacustres des environs de Pézénas;
elle se trouve aussi dans les sables marins de Dax. Elle est plus petite que l'*H. splendida* à laquelle elle ressemble beaucoup par sa
forme générale; son test est plus épais; la surface extérieure est
striée avec assez de régularité; en dessous le dernier tour est enflé
vers l'ouverture; celle-ci est semi-lunaire, subovale; le bord est
épaissi, réfléchi en dehors et saillant en dedans vers la base; nous
avons des individus sur lesquels ont persisté des traces de coloration; elles consistent en quatre ou cinq fascies étroites, jaunes sur
le fond blanc. Les grands individus ont 16 millimètres de diamètre.

† 15. Hélice rotulaire. *Helix rotellaris*. Math.

*H. testá orbiculato-subdepressá, utrinque æqualiter convexá, ad
periphæriam obtuse carinatá, lævi; umbilico coarctato; anfractibus numerosis, convexiusculis; aperturá angustá.*

Carocolla. Lamk.

Math. Observ. sur les terr. tert. pl. 1. f. 1. 2. 3., dans les Ann. des
Sc. et de l'Ind. du midi de la France. t. 3. p. 39.

Habite... fossile des environs de Simiane, dans les couches moyennes
des environs de Lignitz. Espèce fort singulière; la coquille semble
formée de deux cônes très surbaissés, réunis base à base, l'un de
ces cônes est pour la spire à laquelle on compte six à sept tours
presque égaux, aplatis, lisses; le dernier tour forme en dessous
un cône au sommet duquel se voit un ombilic étroit et profond;
la réunion des deux cônes se fait à la circonférence du dernier
tour, ce qui produit sur ce point un angle aigu; l'ouverture est fort

singulière, elle est en fente étroite et subquadrilatère dont deux côtés très courts, ce sont le supérieur et l'inférieur; les bords sont simples, minces et tranchans. Nous ne connaissons aucune espèce vivante qui par ses caractères pût se rapprocher de celle-ci.

† 16. Hélice sphéroïde. *Helix sphæroidea*. Phil.

> *H. testâ globoso-conicâ, imperforatâ; anfractibus conveziusculis lævigatis; apertura suborbiculari, labro reflexo.*
>
> Phil. Enum. Moll. Sicil. p. 135. n° 3. pl. 8. f. 19.
>
> Habite... fossile en Sicile, aux environs de Palerme. Espèce globuleuse, à spire courte et conique, ayant la forme et la taille d'une variété de l'*Helix vermiculata*; elle a aussi des rapports avec l'*H. sicula* de Férussac; sa spire est obtuse; les tours sont convexes, lisses, s'élargissent lentement; le dernier tour est très convexe en dessous, sans ombilic; l'ouverture est arrondie, aussi haute que large, son bord est épais et renversé en dehors. Cette espèce a 25 à 28 millimètres de diamètre.

CAROCOLLE. (Carocolla.)

Coquille orbiculaire, plus ou moins convexe ou conoïde en dessus, et à pourtour anguleux et tranchant. Ouverture plus large que longue, contiguë à l'axe de la coquille; à bord droit subanguleux, souvent denté en dessous.

Testa orbicularis, supernè plus minusve convexa vel conoidea, ad periphæriam angulato-acuta. Apertura transversa, axi contigua : labro subangulato, plicis infra limbum sæpè dentato.

OBSERVATIONS. — Ce n'est que pour diminuer la très grande étendue du genre des Hélices, que je propose la coupe des *Carocolles*, ces différens coquillages se liant les uns aux autres par les plus grands rapports. Néanmoins, sauf quelques espèces un peu ambiguës à l'égard des deux genres, cette coupe est en général bien tranchée et par conséquent distincte, offrant des coquilles toujours orbiculaires, quelquefois très déprimées, et plus ou moins carénées ou aiguës à leur dernier tour. Or, si, d'une part, comme nous l'avons établi, la forme de la coquille résulte constamment de celle de l'animal, et que, de l'autre part, les *Carocolles* soient distinguées des Hélices par le pourtour aigu de leur coquille, il doit être évident que l'animal des premières est différent de celui des secondes par une particularité quelconque dans sa forme. Voici les espèces. (1)

ESPÈCES.

1. Carocolle disque. *Carocolla acutissima.*

> *C. testá discoideá, utrinquè convexá, imperforatá, ad periphœriam compressá et acutissimè carinatá, fulvá; striis exiguis, obliquis, minutissimè granosis; labro margine reflexo, infernè bidentato.*

Knorr. Vergn. 4. t. 5. f. 2. 3.

Helix acuta. Encycl. p. 462. f. 1. a. b.

Helix Lamarckii. Daudeb. Hist. des Moll. pl. 57. f. 3.

* *Helix acutissima.* Desh. Encycl. méth. vers t. 2. p. 261. n° 140.

Habite à la Jamaïque, selon M. *Daudebard.* Mon cabinet. Coquille très rare, qui fut acquise pour mon compte en Angleterre, et me parvint sans aucune désignation de lieu natal. Diam., 2 pouces une ligne.

2. Carocolle lèvre blanche. *Carocolla albilabris* (2). Lamk.

> *C. testá orbiculato-conoideá, subtus convexá, imperforatá, rufo-fus-*

---

(1) Ce que dit ici Lamarck prouve bien qu'en proposant le genre Carocolle, il ne voulait faire qu'une coupe artificielle, destinée à réduire le nombre des Hélices. Dans une méthode naturelle, ces genres ne sont pas admissibles, et l'on comprendra facilement qu'il importe peu dans un genre comme celui des Hélices, contenant plus de 300 espèces, qu'il y en ait quelques-unes de plus. L'adjonction des Carocolles aux Hélices est d'autant plus nécessaire, qu'il sera toujours facile dans un arrangement, même artificiel, d'en faire un groupe ou une section dans le grand genre Hélice.

(2) En supprimant le genre Carocolle, cette espèce devra reprendre son nom linnéen.

cescente ; striis exiguis et obliquis; anfractibus sex ; fauce albá
labro margine reflexo.

Helix carocolla. Lin. Syst. nat. p. 1243. Gmel. p. 3619. n° 26.

Mull. Verm. p. 77. n° 273.

List. Conch. t. 63. f. 61.

Seba. Mus. 3. t. 40. f. 9.

Helix tornata. Born. Mus. t. 14. f. 9. 10.

* Born. Mus. p. 370.

* D'Argenv. Conch. pl. 8. f. D.

* Fav. Conch. pl. 63. fig. F 12 ?

Chemn. Conch. 9. t. 125. f. 1090. 1091.

* Schrot. Einl. t. 2. p. 132. n° 11.

Helix carocolla. Roissy. Buf. de Sonn. Mol. t. 5. p. 388. n₀ 1.

* Dillw. Cat. t. 2. p. 901. n° 34.

* Bowd. Elem. of Conch. pl. 7. f. 22.

Helix carocolla. Daudeb. Hist. des Moll. n° 131. pl. 59.

* *Id.* Desh. Encycl. méth. vers. t. 2. p. 261. n° 139.

Habite dans les Antilles, selon M. *Daudebard.* Mon cabinet. Elle est
du nombre de celles qu'on nomme vulgairement *Lampes antiques.*
Diam., 22 lignes.

3. Carocolle angistome. *Carocolla angistoma.* Fér.

C. testá orbiculatá, utrinquè convexá, subdepressá, imperforatá, sub-
tilissimè striatá, fulvo-rufescente ; anfractibus septem angustis;
aperturá angustá : marginibus connexis; labro margine reflexo,
rufo.

Gualt. Test. t. 3. f. I.

Chemn. Conch. 9. t. 125. f. 1092.

Helix angistoma. Daudeb. Hist. des Moll. n° 130. pl. 60. f. 1.

Habite dans les Antilles. *Maugé.* Mon cabinet. Espèce bien distincte parmi ses congénères. Son pourtour est déprimé et bien
tranchant; sa spire fort courte, obtuse, légèrement conoïde.
Diam., 19 lignes.

4. Carocolle labyrinthe. *Carocolla labyrinthus* (1). Chemn.

---

(1) Il est encore difficile d'établir la synonymie de cette espèce
singulière ; il semble qu'il y ait autant d'espèces que d'individus
connus. Comme cette coquille est très rare et fort chère, une
seule collection n'en possède pas un nombre suffisant pour dé-

*C. testá orbiculatá, utrinquè convexá, latè umbilicatá, glabrá, rufá;
aperturá subquadratá; plicis tribus inæqualibus coarctatá; marginibus connexis, reflexis, albis.*

Seba. Mus. 3. t. 40. f. 24. 25.

Knorr. Vergn. 5. t. 26. f. 5.

Fav. Conch. pl. 63. fig. F. 11.

Helix labyrinthus. Chemn. Conch. 11. t. 208. f. 2048.

Helix labyrinthus. Lam. Journ. d'Hist. nat. pl. 42. f. 4.

Daudeb. Hist. des Moll. n° 99. pl. 54 B. f. 2 à 5.

Ejusd. Helix plicata. Hist. des Moll. n° 100. pl. 54 B. f. 1.

* *Helix plicata.* Desh. Encycl. méth. vers. t. 2. p. 231. n° 63.

Habite dans les Grandes-Indes. Mon cabinet. Coquille rare, très singulière, et dont l'ouverture sinueuse, et en quelque sorte labyrinthiforme, est embarrassée par trois grands plis qui l'obstruent; de ces trois plis, un est situé sur la columelle et les deux autres sous le bord droit. Diam., un pouce et demi. Vulg. le *Labyrinthe.*

5. Carocolle albine. *Carocolla lucerna.* Mul.

*C. testá orbiculari, suprà convexo-pland, subtùs inflatá, umbilicatá,
glabriusculá, utrinquè albá; spirá obtusissimá; aperturá effusá;
labro margine reflexo, infernè bidentato.*

Helix lucerna. Mull. Verm. p. 13. n° 212.

* Chem. Conch. t. 9. pl. 126. f. 1108. 1109.

Gmel. p. 3619. no 24.

* Dillw. Cat. t. 2. p. 900. n° 30.

Daudeb. Hist. des Moll. no 128. pl. 56 B.

Habite dans les Antilles. Mon cabinet. Diam., environ 17 lignes.

6. Carocolle enflée. *Carocolla inflata.* Lamk.

*Ç. testá orbiculatá, suprà convexá, subtùs valdè turgidá, imperforatá,
obliquè striatá, utrinquè albidá; anfractibus quaternis; duobus
ultimis latis; fauce trigoná; labro margine reflexo.*

Helix gualteriana. Chem. Conch. 9. t. 126. f. 1100. 1101.

Helix angulata. Daudeb. Hist. des Moll. n° 134. pl. 61. f. 2.

Ejusd. Helix obliterata. Hist. des Moll. n° 136. pl. 61. f. 3. 4.

* Desh. Encycl. méth. vers. t. 2. p. 258. n° 131.

Habite à Porto-Ricco. *Maugé.* Mon cabinet. Espèce remarquable par

---

cider si l'*Helix plicata* de Born et l'*Helix labyrinthica* de M. de Férussac, sont des individus non encore adulte de l'*Helix labyrinthus.*

le grand renflement de sa face inférieure. Spire obtuse. Diam., 20
lignes.

7. Carocolle scabre. *Carocolla gualteriana.* Linn.

*C. testá orbiculatá, suprà planá, subtùs convexo-turgidá, imperforatá,
scabrá, decussatim striatá, sordidè cinereá; spirá planissimá; labro tenui, margine reflexo.*

Helix gualteriana. 1 in. Syst. nat. p. 1243. Gmel. p. 3621. n$_0$ 33.
Gualt. Test. t. 68. fig. E.
Helix obversa. Born. Mus. t. 13. f. 12. 13.
Chemn. Conch. 5. p. 237. vign. 44. fig. A. B. C.
Schrot. Einl. in Conch. t. 2. p. 138, n° 16, pl. 4. f. 2. 3.
Helix gualteriana. Daudeb. Hist. des Moll. pl. 62. f. 1.
* Brock. Introd. pl. 8. f. 116.
* Dillw. Cat. t. 2. p. 905. n° 43.
* *Iberus Gualterianus.* Mont. Conch. syst. t. 2. p. 146.
* Roiss. Buf. Moll. t. 5. p. 388. n° 2.
* Desh. Encycl. méth. vers. t. 2. p. 257. n° 129.

Habite en Espagne. Mon cabinet. Elle est très scabre, surtout en dessous. Diam., 20 lignes.

8. Carocolle bicolore. *Carocolla bicolor.*

*C. testá orbiculato-conoideá, subtùs convexá, imperforatá, suprà
albá, infrà rufo-fuscá, ad suturas fusco-fasciatá; labro tenui,
acuto.*

Helix inversicolor. Daudeb. Hist. des Moll. n° 132. pl. 58 A. f. 7
à 12.
* Desh. Encycl. méth. vers. t. 2. p. 259. n° 134.

Habite dans l'Ile-de-France. Mon cabinet. Diam., un pouce et demi.

9. Carocolle guillochée. *Carocolla mauritiana.* Lamk.

*C. testá orbiculari, utrinquè convexá, imperforatá, subtùs rufo-fuscá,
suprà griseá, maculis angularibus rufis pictá; labro simplici,
acuto.*

Helix inversicolor. Var. A. Daudeb. Hist. des Moll. n° 132. pl. 58 A.
fig. 1 à 6.

Habite à l'Ile-de-France. Mon cabinet. Elle a de grands rapports avec
celle qui précède. Diam., 16 lignes.

10. Carocolle de Madagascar. *Carocolla Madagascariensis.*
Lamk.

C. testá orbiculari, utrinque convexá, latè umbilicatá, obliquè striatá, castaneâ: anfractibus quinque ; aperturâ effusâ ; labro intùs albo-cœrulescente, margine reflexo, fusco.

Helix Madagascariensis. Encycl. p. 462. f. 2. a. b.

Daudeb. Hist. des Moll. pl. 25. f. 5. 6.

* *Helix lanx.* Desh. Encycl. méth. vers. t. 2. p. 261. n° 138.

Habite à Madagascar. Mon cabinet. Diam., 17 lignes.

11. Carocolle marginée. *Carocolla marginata.* **Lamk.** (1)

C. testâ orbiculari, suprà convexâ, infrà convexo planulatâ, umbili-catâ, albâ, fasciis fuscis cinctâ; labro margine reflexo, albo.

Helix marginata. Mull. Verm. p. 41. n° 241 ?

* Bona. Recr. part. 3. f. 333 ?

* Schrot. Einl. t. 1. p. 232. n° 199.

Born. Mus. t. 14. f. 7. 8.

Chemn. Conch. 9. t. 125. f. 1097.

Gmel. p. 3614. n° 3 ?

Ejusd. Helix marginella. p. 3622. n° 162.

Helix marginata. Daudeb. Hist. des Moll. n° 140. pl. 63. fig. 3. 4. 5. 6. 9. 10.

* Dillw. Cat. t. 2. p. 887. n° 4.

* Rang, Mag. de Conch. pl. 56.

* Caracolle à bandes. Blainv. Malac. pl. 39. f. 3.

* Desh. Encycl. méth. vers. t. 2. p. 259. n° 135.

Habite à Porto-Ricco. *Maugé.* Mon cabinet. Diam., 16 lignes.

12. Carocolle conoïde. *Carocolla lychnuchus.* **Lamk.**

C. testâ orbiculato-conoideâ, subtùs convexo-planulatâ , imperforatâ rufâ, obscurè fasciatâ; spirâ apice obtusâ; labro bidentato, mar-gine albo, reflexo.

Helix lychnuchus. Mull. Verm. p. 81. n° 278.

List. Conch. t. 90. f. 90.

---

(1) Nous ne savons si l'*Helix marginata* de Born est la même que celle de Müller ; il nous paraît qu'elles doivent constituer deux espèces, et en cela notre opinion est conforme à celle de Chemnitz. Dillwyn a conçu quelques doutes, et dans sa synony-mie de l'*Helix marginata* il a cité l'espèce de Müller comme une va-riété douteuse. M. de Férussac a apporté moins de circonspec-tion dans son opinion, et sous le nom d'*Helix marginata* il a con-fondu plusieurs espèces. Dans l'incertitude où l'on est sur l'iden-tité de l'espèce de Müller et de celle de Born, on peut sans incon-vénient conserver cette dernière et en rectifier la synonymie.

10.

Helix lucerna. Chem. Conch. 9. t. 126. f. 1108. 1109.
Helix lychnuchus. Gmel. p. 3619. n° 27.
* Dillw. Cat. t. 2. p. 900. n° 31.
Daudeb. Hist. des Moll. n° 126. pl. 56 A. f. 2 à 8.
* Desh. Encycl. méth. vers. t. 2. p. 162. n° 143.
Habite dans les Antilles. Mon cabinet. Diam., 12 à 13 lignes.

13. Carocolle semi-rayée. *Carocolla planata.* Lamk.

C. testá orbiculatá, suprà plano-convexiusculá, pallidè fulvá, subtùs turgidá, perforatá, eleganter lineatá : lineis alternè fuscis et roseis; labro simplici.

Helix planata. Chem. Conch. 11. t. 209. f. 2067 à 2069.
Daudeb. Hist. des Moll. pl. 30. f. 2.
* Webb. et Berth. syn. Moll. prodr. p. 8. n° 3.
Habite dans le royaume de Maroc. Mon cabinet. Jolie coquille, remarquable par sa forme, et par les lignes brunes et roses qui la colorent en dessous. Diam., 9 lignes et demie.

14. Carocolle planaire. *Carocolla planaria.* Lamk.

C. testá orbiculari, utrinquè depresso-planulatá, ad periphæriam acutissimá, umbilicatá, pellucidá, minutissimè striatá, corneo-lutescente; labro tenui, subreflexo.

Helix afficta. Daudeb. Hist. des Moll. n° 151. pl. 66. * f. 5.
* *Helix lens.* Webb et Berth. syn. Moll. prod. p. 11. n° 12.
Habite dans l'île de Ténériffe. *Maugé.* Mon cabinet. Diam., 6 lignes et demie.

15. Carocolle hispidule. *Carocolla hispidula.* Lamk.

C. testá orbiculato-depressá, subtùs convexiore, umbilicatá, tenuiter striatá, rufo-fucescente, subhispidá; labro margine albo, reflexo.

* Webb et Berth. Syn. Moll. p. 10. n° 11.
Helix lens. Daudeb. Hist. des Moll. n° 153. pl. 66. * f. 2.
Habite dans l'île de Ténériffe. *Maugé.* Mon cabinet. Elle n'est point diaphane et n'a point sa carène comprimée comme la précédente. Taille à-peu-près la même.

16. Carocolle lampe. *Carocolla lapicida.* Lamk.

C. testá orbiculari, supernè depressá, subtùs convexiore, latè umbilicatá, transversè striatá, griseo-corneá, maculis rubentibus pictá; labiis margine continuis, reflexis, albis.

Helix lapicida. Lin. Syst. nat. p. 1244. Gmel. p. 3613. n° 2.

Mull. Verm. p. 40. n° 240.

List. Conch. t. 69. fig. 68.

* *id.* Hist. Anim. angl. p. 126. pl. 2. fig. 14.

Petiv. Gaz. t. 92. f. 11.

* Born. Mus. p. 366.

* Dacos. Conch. Brit. p. 55. pl. 4. f. 9.

* Penn. Brit. Zool. 1852. t. 4. pl. 86. f. 1.

* Schrot. Einl. t. 2. p. 124. n° 2.

La Lampe. Geoff. Coq. p. 41. n₀ 10.

Chem. Conch. 9. t. 126. f. 1107.

Drap. Moll. pl. 7. f. 35 à 37.

* Poir. Coq. prod. p. 85. n° 20.

* Roiss. Buf. Moll. t. 5. p. 390. n° 7.

* Brard. Hist. des Moll. p. 52. n° 12. pl. 2. fig. 14. 15.

Daudeb. Hist. des Moll. n° 150. pl. 66. * f. 6.

* Mill. Moll. de Maine-et-Loire. p. 57. n° 16.

* Nilss. Hist. Moll. succ. p. 28. n° 13.

* Des Moul. Cat. des Coq. p. 12. n° 1.

* Coll. des Cher. Cat. des Test. p. 67. n₀ 20.

* Pfeif. Syst. anord. p. 40. pl. 2. f. 26. 27.

* Turt. Man. p. 66. n° 51. pl. 5. f. 51.

* Bouill. Cat. des Coq. de l'Auv. p. 38. n° 18.

* Kickx. Syn. Moll. brab. p. 17. n° 19.

* Goup. Hist. des Moll. de la Sarthe. p. 28. n° 1.

* Desh. Encycl. méth. vers. t. 2. p. 260. n° 136.

Habite en France, dans les bois, sur les pierres, etc. Mon cabinet.

Jolie coquille, ayant environ 7 lignes de diamètre.

17. Carocolle albelle. *Carocolla albella.*

C. testá orbiculari, suprà planá, subtùs convexá, latè umbilicatá, transversè striatá, albá aut lutescente ; centro nigricante ; labro simplici, acuto.

Helix albella. Lin. Gmel. p. 3615. n° 7.

Helix explanata. Mull. Verm. p. 26. n° 228.

List. Conch. t. 64. f. 62. et t. 72. f. 70.

Helix planorbis marginatus. Chemn. Conch. 9. t. 126. fig. 1102. a. b.

* Oliv. Adriat. p. 174.

* Schrot. Einl. t. 2. p. 126. n° 4.

Drap. Moll. pl. 6. f. 25 à 27.

* Nilss. Hist. Moll. succ. p. 29. n° 14.

Daudeb. Hist. des Moll. n° 296.

* Mich. Cat. des Test. d'Alg. p. 6. n⁰ 17.

* Desh. Encycl. méth. vers. t. 2. p. 257. n⁰ 128.

Habite sur les plages maritimes de la France méridionale, de l'Italie, etc., sur les joncs. Mon cabinet. Diam. de la précédente.

18. Carocolle élégante. *Carocolla elegans.*

*C. testá conicá, trochiformi, perforatá, albá, rufo-subfasciatá,
striis minutissimis confertis; anfractibus planis; labro simplici;
acuto.*

* *An eadem? Helix crenulata.* Mull. Verm. t. 2. p. 68. n⁰ 263??

List. Conch. t. 61. f. 58.

Petiv. Gaz. t. 22. f. 10.

Fav. Conch. pl. 64. fig. O.

Chemn. Conch. 9. t. 122. f. 1045. a. b. c.

Helix elegans. Gmel. p. 3642. n⁰ 229.

Drap. Moll. pl. 5. fig. 1. 2.

Daudeb. Hist. des Moll. n⁰ 303.

* Coll. des Cher. Cat. des Test. p. 67. n⁰ 2.

* Des Moul. Cat. p. 12. n₀ 2.

* Payr. Cat. p. 103. n⁰ 221.

* Desh. Encycl. méth. vers. t. 2. p. 260. n₀ 137.

* Desh. Exp. de Morée. Moll. p. 163. n⁰ 245.

Habite dans le midi de la France, sur les plantes sèches, dans les
champs. Mon cabinet. Diam., 5 lignes un quart.

ANOSTOME. (Anostoma.)

Coquille orbiculaire, à spire convexe et obtuse. Ouverture arrondie, dentée en dedans, grimaçante, retournée
en haut ou du côté de la spire : bord droit ayant son limbe
réfléchi.

*Testa orbicularis; spirá convexá, obtusá. Apertura ro-
tundata, utrinquè dentata, ringens, sursùm reversa : labro
margine reflexo.*

Observations. — L'*Anostome* est une coquille terrestre qui est
tellement en rapport avec les Hélices, que *Linné* ne l'en a pas séparé. Néanmoins la position de son ouverture est si extraordinaire

qu'on a jugé depuis qu'il était convenable d'en former un genre particulier. C'est ce qu'a fait M. *Fischer*, dans ses *Tabulæ zoognosiæ*; et il faut avouer que ce genre est bien tranché dans son caractère. En effet, le dernier tour de la coquille se relevant à son extrémité, et offrant l'ouverture dirigée en dessus vers la spire, est un exemple unique parmi les univalves. On en connaît déjà deux espèces que nous allons citer.

[La forme des coquilles comprises dans le genre Anostome est si singulière et si insolite que l'on ne doit pas s'étonner si l'on a créé pour elles un genre particulier, et si ce genre a été adopté par la plupart des conchyliologues. La manière dont se dirige le dernier tour pour porter l'ouverture de la coquille du côté supérieur de la spire, est pour le plus grand nombre des naturalistes le caractère essentiel du genre Anostome; cependant, si ce genre est conservé, il sera bon de préciser davantage ses caractères, car d'autres coquilles, appartenant à la famille des Cyclostomes, ont aussi le dernier tour transverse et l'ouverture tournée du côté de la spire. Ce qui distingue essentiellement ces coquilles des Anostomes, c'est que dans celles-ci l'ouverture n'est pas ronde mais semi-lunaire; elle n'est pas simple mais garnie de dents à l'intérieur : ainsi pour ne pas confondre les Anostomes il faut se souvenir qu'elles ont l'ouverture semi-lunaire et dentée.

Quelques conchyliologues, et parmi eux M. de Férussac, ont rejeté de la méthode le genre Anostome, et, à l'exemple de Linné, ils ont placé ces coquilles parmi les Hélices. M. de Férussac en fait une petite section de son sous-genre Hélicodonte, et aujourd'hui on peut adjoindre les Anostomes aux Hélices d'une manière plus rationnelle, en s'appuyant sur quelques faits nouveaux; c'est ainsi que quelques espèces de l'Amérique septentrionale et du Brésil et quelques autres fossiles découvertes dans les terrains d'eau douce du midi de la France, par M. Matheron, établissent une liaison entre les Hélices proprement

dites et les Anostomes; en supprimant ce genre il sera
facile de former pour lui une petite section parmi les
Hélices.]

ESPECES.

1. **Anostome déprimé.** *Anostoma depressa.* (1)

> *A. testâ suborbiculari, utrinquè convexâ, depressiusculâ, obtusè ca-
> rinatâ, imperforatâ glabrâ, albidâ ; supernè lineâ rubente circu-
> lari ; aperturâ quinquedentatâ ; labro valdè reflexo.*
>
> *Helix ringens.* Lin. Syst. nat. p. 1243. Gmel. p. 3618. n° 22.
> * Bonan. Recr. part. 3. f. 33o. 33r.
> * Grew. Mus. Soc. pl. 11. f. 8. fore Whirle.
> * Schrot. Einl. t. 2. p. 13o. n° 10.
> * Bowd. Elem. of Conch. pl. 7. fig. 20.
> * Less. Test. p. 118. n° 10. § 42 X.
> Mull. Verm. p. 17. n° 216.
> List. Conch. t. 99. f. 100.
> Petiv. Gaz. t. 20. f. 9.
> D'Arg. Conch. pl. 28. f. 13. 14.
> Fav. Conch. pl. 63. fig. F 10.
> Born. Mus. t. 14. fig. 11. 12.
> Leach. Miscell. pl. 107.
> Tomogère. Montf. Coq. vol. 2. p. 35g.
> * Tomogère déprimée. Blainv. Malac. pl. 39. f. 4.

---

(1) Quand même on conserverait le genre Anostome, le nom
de cette première espèce devrait être changé, Linné lui ayant
donné le nom d'*Helix ringens* ; pour se conformer à l'usage, il
aurait fallu que Lamarck lui imposât celui d'*Anostoma ringens*.
On trouve dans la planche citée de Lister, au bas, une troisième
figure qui semble représenter une espèce ou une très forte variété dont on n'a pas eu occasion depuis de revoir un seul individu. A titre de variété, Gmelin admet dans sa synonymie des
espèces qui n'ont aucune analogie avec celle-ci. Nous avons
peine à comprendre des erreurs de ce genre pour une espèce si
facile à reconnaître, même avec de médiocres figures.

Chemn. Conch. 9. t. 109. f. 919. 920.

Daudeb. Hist. des Moll. n° 113. pl. 53. f. 3. 4. 5.

* Shaw. nat. misc. t. 10. p. 374.

* Dillw. Cat. t. 2. p. 898. n₀ 26.

* Desh. Encycl. méth. vers. t. 2. p. 51. n₀ 1.

Habite dans les Grandes-Indes. Mon cabinet. Coquille rare, recherchée et très curieuse par sa conformation extraordinaire. Elle est quelquefois tachetée de fauve en dessous. Je ne lui ai vu que cinq dents, deux sur la columelle et trois sur le bord droit. Il paraît néanmoins que le nombre des dents de ce dernier varie, selon ce que les auteurs en disent. Grand diamètre, 16 à 17 lignes. Vulg. la *Lampe antique.*

2. Anostome globuleux. *Anostoma globulosa.* Lamk.

A. testâ subglobosâ, obsoletè carinatâ, imperforatâ, glabrâ, albidâ, anfractibus omnibus lineâ rubrâ distinctis; aperturâ sexdentatâ; labro margine reflexo, sinu instructo.

* *Helix ringicula.* Fér. Prod. p. 35. n° 114

* Id. Hist. des Moll. pl. 53. f. 1. 2.

* Desh. Encycl. méth. vers. t. 2. p. 52. n° 2.

Habite .... Cabinet de feu M. *Valenciennes*, et celui de M. *Salés* Quelque variable que soit le nombre des dents du bord droit, je suis assuré que l'espèce que je cite diffère de la précédente, non-seulement par son volume et la quantité de ses dents, mais surtout par sa forme particulière. Les individus des deux cabinets cités m'ont offert une coquille réellement globuleuse, quoique légèrement déprimée, et d'une taille inférieure à celle de la précédente.

HÉLICINE. (Helicina.)

Coquille subglobuleuse, non ombiliquée. Ouverture entière, demi-ovale. Columelle calleuse, transverse, planulée, à bord tranchant, formant un angle à la base inférieure du bord droit. Un opercule corné.

Testa subglobosa, imperforata. Apertura integra, semiovalis. Columella callosa, transversa, planulata, margine acuta, ad basim infimam labri subangulata. Operculum corneum.

[L'animal, a, par sa forme, beaucoup d'analogie avec celui des Hélices, mais il n'a que deux tentacules sur la tête comme les Auricules et les Cyclostomes ; tentacules filiformes ; pointues au sommet ; les yeux placés à la partie externe de leur base.

OBSERVATIONS. — Par leur forme particulière, les *Hélicines* ont l'aspect de petites Nérites. Ce sont néanmoins des coquillages terrestres ou qui habitent hors des eaux, les uns vivant sur les arbres, les autres à la surface du sol. Elles se distinguent des Hélices par leur columelle transverse, calleuse, déprimée et amincie inférieurement. Ces coquilles sont exotiques et se trouvent dans les climats chauds. On ne doit point confondre avec elles le *Trochus vestiarius* de Linné: d'abord parce qu'il est marin, ensuite parce que sa callosité occupe toute la face inférieure de la coquille et la rend convexe, tandis que celle des *Hélicines* ne se trouve que sur le bord columellaire. L'animal de ces coquilles n'est pas encore connu.

[Lamarck ne connaissait pas l'animal des Hélicines, mais il n'ignorait pas qu'elles sont operculées, et il aurait pu, par un emploi convenable de ce caractère, placer ce genre dans des rapports plus naturels. Il était difficile, en effet, de croire qu'une coquille operculée fût construite par un animal semblable à celui des Hélices, qui n'a jamais d'opercule. En cherchant, parmi les animaux mollusques terrestres ceux qui sont operculés, on rencontre le genre Cyclostome, avec lequel les Hélicines ont de l'analogie ; ce n'est pas seulement à cause de la présence de l'opercule dans les deux genres, mais encore par des caractères communs dans les animaux. Ainsi l'animal des Hélicines n'a que deux tentacules comme celui des Cyclostomes ; les yeux sont placés de la même manière ; la tête se prolonge, dans les deux genres, en une sorte de mufle, à l'extrémité duquel est la bouche. M. de Férussac pensait que, dans les Hélicines, le manteau était fermé de la même manière que dans les Hélices, et percé d'un trou latéral pour le passage de l'air ; mais M. de Férussac était dans l'erreur ; car les Hélicines, comme les Cyclostomes, ont une large fente

cervicale comme dans les Mollusques aquatiques à branchies
pectinées : ainsi les deux genres dont nous parlons doivent être
rapprochés dans une méthode naturelle, et il restera à décider
s'ils doivent venir prendre place à la suite de la famille des
Hélices, parce qu'ils respirent l'air, ou dans celle des Turbos,
selon l'opinion de Cuvier, parce qu'ils ont deux tentacules seulement, qu'ils sont operculés et qu'ils ont le sac cervical ouvert.
Nous reviendrons sur cette question intéressante en traitant des
Cyclostomes et des Turbos. Pour décider la place que doivent
occuper les Hélicines et les Cyclostomes, il y a encore à examiner les organes de la génération : sont-ils disposés comme dans
les Hélices et les autres genres de la même famille, ou bien res-
semblent-ils à ceux des Turbos?

Dans ses tableaux systématiques, M. de Férussac a fait, avec les
Hélicines, une petite famille qu'il met à côté d'une autre petite
famille établie pour les Cyclostomes; ces deux familles constituent, dans la méthode de cet auteur l'ordre des Pulmonés operculés, et il termine tout le grand embranchement des Mollusques
qui respirent l'air en nature.

M. de Blainville, dans ses articles du *Dictionnaire des Sciences
naturelles*, conclut, comme M. de Férussac, au rapprochement
des deux genres Hélicine et Cyclostome; cependant un peu plus
tard, pour des motifs que nous ne pouvons déduire des faits
connus, le même auteur change d'opinion dans son traité de
Malacologie, car il met les Cyclostomes entre les Valvées et les
Paludines, non loin des Magiles et des Vermets, dans sa famille des Turbos, tandis que les Hélicines sont dans la famille
suivante, les Éllipsostomes, à la suite des Mélanies et des Ampullaires.

Dans la seconde édition du règne animal, Cuvier partage
l'opinion de M. de Blainville sur ces genres; les Cyclostomes
sont à la suite des Turbos, les Hélicines forment un sous-genre
des Ampullaires. D'après une observation de Cuvier, il semblerait
qu'il a été conduit à ce rapprochement parce qu'il suppose les
Hélicines des Mollusques aquatiques et non terrestres, quoique
cela soit constaté depuis bien long-temps; car il dit, (tom. 3,
pag. 82) : « Il paraît que, dans ces animaux, les organes de la

respiration sont disposés comme dans les Cyclostomes, et qu'ils peuvent vivre de même à l'air. »

Malgré l'autorité de deux zoologistes aussi distingués, nous n'acceptons pas leur opinion, et nous persistons à penser que l'analogie des deux genres Hélicine et Cyclostome est telle que l'un entraîne nécessairement l'autre à sa suite, quelle que soit d'ailleurs la place qu'on lui donne dans la méthode.

L'animal des Hélicines est allongé, étroit, et son corps paraît trop grand pour la coquille; il porte sur la tête deux tentacules contractiles, mais non entièrement rétractiles comme ceux des Hélices; les yeux sont à la partie externe de la base sur des tubercules peu saillans; la tête est proboscidiforme comme celle des Cyclostomes, la cavité cervicale est ouverte antérieurement, et sa paroi supérieure est tapissée d'un réseau vasculaire destiné à remplacer la branchie.

Les coquilles de ce genre sont, en général, d'un fort petit volume ; elles ont assez l'apparence de petites Hélices; cependant on les distingue à leur ouverture semi-lunaire, à leur columelle droite et calleuse à la base, présentant quelquefois une fente ou une échancrure à la jonction du bord droit. Celui-ci est simple, souvent épaissi et réfléchi en dehors; le plan de l'ouverture est fort oblique à l'axe. Quand l'animal rentre dans sa coquille, il en ferme l'entrée avec un opercule semi-lunaire qu'il porte sur le dos du pied. Cet opercule n'est point un spi-rale comme celui des Cyclostomes, il est formé d'élémens concentriques, et ressemble en cela à celui des Ampullaires. Dans une espèce, la plus grande du genre, l'opercule est soutenu à l'intérieur par une côte calcaire transverse assez épaisse; c'est sans doute à cause de ce caractère que M. de Blainville proposa pour cette coquille un genre Ampulline, qu'il supprima en le réunissant au genre Hélicine.

Lamarck ne connut et ne mentionna qu'un très petit nombre d'espèces. Dans une monographie très bien faite, M. Gray, savant zoologiste anglais, porta à seize le nombre des espèces; depuis plusieurs ont été découvertes, et en les rassemblant, on comp-terait plus de vingt espèces, dans un genre où Lamarck n'en mentionnait que quatre.

Dans son Mineral Conchology, M. Sowerby a décrit, sous le

nom d'Hélicines , deux coquilles fossiles provenant des terrains
secondaires, et qui ont bien plutôt la forme des Turbos que
des Hélicines : aussi nous ne les admettons pas dans le genre
où les place l'auteur anglais ; il faudra peut-être rejeter aussi du
genre, l'Hélicine douteuse de Lamarck, que l'on trouve dans les
calcaires grossiers du bassin de Paris. Cette espèce a plus l'apparence d'une Hélicine que celle de M. Sowerby, cependant
elle a l'ouverture trop arrondie et le test trop épais et trop solide pour une Hélicine d'une aussi petite taille.]

ESPÈCES.

1. Hélicine néritelle. *Hélicina neritella.* Lamk. (1)

> *H. testá ventricosá , globoso-conoideá, glabrá, albá ; labro margine*
> *reflexo.*
> Lister . Conch. t. 61. f. 59.
> * *Hélix.* Schrot. Einl. t. 2. p. 185. n° 29.
> * Gray. Monogr. Zool. Journ. t. 1. p. 65. n° 2. pl. 6. f. 2° ??
> * Desh. Encycl. méth. vers. t. 2. p. 268. n.2.
> (*b*) *Var testá roseá ; columellá lutescente ; labro margine crassiore,*
> *reflexo.*
> Habite dans les Antilles. Mon cabinet. Son bord réfléchi prouve
> qu'elle est terrestre. Diam., environ 7 lignes. La variété est un
> peu plus petite.

---

(1) Lamarck donne, comme type de son Hélicine néritelle ,
une coquille blanche et lisse, et, à titre de variété, une coquille
rosée à columelle jaunâtre. Il serait possible que cette variété ,
examinée de nouveau, constituât une espèce distincte ; cela nous
semble plus probable encore pour la coquille décrite et figurée
par M. Gray sous le même nom. Elle a des zones transverses
d'un rouge brunâtre subarticulées sur un fond blanc ; la forme
extérieure seule se rapproche de celle de la coquille de Lamarck.
Pour savoir s'il y a confusion dans la synonymie, il faudrait
comparer la coquille de la collection de Lamarck et la figure de
M. Gray, ce que nous ne pouvons faire, comme on sait.

2. Hélicine striée. *Helicina striata*. Lamk.

> *H. testá semiglobosá , tenui , subpellucidá , obliquè striatá , albidá ; columellá lutescente ; labro margine subreflexo.*

Habite dans l'île de Porto-Ricco. *Maugé.* Mon cabinet. Diamètre, 5 lignes.

3. Hélicine fasciée. *Helicina fasciata*. Lamk.

> *H. testá orbiculato convexá; depressá, tenui, pellucidá, albido corneá, rufo fasciatá, labro margine interiore albo, subreflexo.*

* Gray. Monog. Zool. Journ. t. 1. p. 65. n° 3. pl. 6. f. 3.
* Desh. Encycl. méth. vers. t. 2. p. 268. n° 3.

Habite dans l'île de Porto-Ricco. *Maugé.* Mon cabinet. Son pourtour est subanguleux. Diam., 3 lignes.

4. Hélicine verte. *Helicina viridis*. Lamk.

> *H. testá minimá, orbiculato convexá, depressá, ad periphœriam angulato-carinatá, lævi, nitidá, viridi ; labro simplici, acuto.*

* Gray. Monog. Zool. Journ. t. 1. p. 67. n° 7. pl. 6. f. 7.
* Desh. Encycl. méth. vers. t. 2. p. 268. n. 4.

Habite à Saint-Domingue, sur les feuilles d'un *melastoma*. Mon cabinet. Elle a une fascie blanche sur sa carène. Diamètre, près de 2 lignes.

5. Hélicine douteuse. *Helicina dubia*.

> *H. testá semiglobosá, lævi, nitidulá ; aperturá rotundatá.*

Helicina dubia. Annales. vol. 5, p. 91. n° 1.

Def. Dic. des Sciences nat. t. 20. art. Hélicines.

Desh. Desc. des Coq. foss. des environs de Paris. t. 2. p. 58. pl. f. 14. 15.

Id. Encycl. méth. vers. t. 2. p. 267. n° 1.

Habite.... Fossile de Grignon. Cabinet de M. *Defrance.* Petite coquille semi-globuleuse, lisse, un peu luisante, légèrement déprimée, et qui n'excède pas 4 millimètres dans sa largeur. Sa columelle est calleuse et aplatie inférieurement, comme dans les véritables hélicines ; mais son ouverture est arrondie ovale, et ne diffère guère de celle des turbos.

† 5. Hélicine carocolle. *Helicina carocolla*. Moric.

> *H. testá orbiculato-depressá, striatá, citrriná, ad peripheriam acuto carinatá ; spirá conicá, lævi ; ultimo anfractu basi convexo ; aperturá triangulari ; labro albo, incrassato, reflexo.*

Mor. Mém. de Gen. t. 7. p. 444. n° 49. pl. 2. f. 24. 25.

Habite le Brésil, à Almada, sur les troncs d'arbres couverts de
mousse. Belle espèce plus grande que la plupart de ses congénères, elle ressemble à une Carocolle par sa forme ; sa spire est
courte et le dernier tour porte une carène aiguë à sa circonférence;
une petite callosité blanche occupe le centre de la base; toute la
surface est finement treillissée par des stries; elle est d'un jaune
citron uniforme; l'ouverture est triangulaire, son bord est blanc,
épais et renversé en dehors; l'opercule est rouge. Elle a 20 millimètres de diamètre.

† 6. Hélicine flammée. *Helicina flammea*. Quoy.

*H. testá globoso-conoideá, minimá, transverse striatá, subalbidá,
flammis rubris, confertis, ornatá; ultimo anfractu basi subplano,
calloso aperturá semi lunari; labro albo tantisper reflexo.*
Quoy et Gaim. Voy. de l'Ast. t. 2. p. 193. pl. 12. f. 1 à 5.
Habite l'île Tonga, sur les arbres. Petite espèce globuleuse, à spire
conique et pointue, dont les tours sont à peine convexes; leur surface est régulièrement et finement striée en travers et ornée d'un
très grand nombre de flammules rousses sur un fond blanchâtre;
ces flammules sont onduleuses, quelquefois en zigzag; l'ouverture
est semi-lunaire; son bord est blanc, épaissi et peu renversé en
dehors. Cette coquille a 5 à 6 millimètres de diamètre.

† 7. Hélicine rubanée. *Helicina tœniata*. Quoy.

*H. testá depressá, discoideá, tenuiter striatá, ad periphœriam cari-
natá, albá, rubro cinctá, spirá paululum conoideá, ultimo anfractu
subtus turgido; aperturá semi-lunari, labro subreflexo; columella unidentatá.*
Quoy et Gaim. Voy. de l'Ast. t. 2. p. 194. pl. 11. fig. 34 à 38.
pl. 12. f. 6 à 10.
Habite l'île Vanikoro. Petite espèce déprimée, discoïde, à spire courte,
conoïde, composée de cinq tours peu convexes dont le dernier est
anguleux à la circonférence, enflé en dessous et calleux au centre;
l'ouverture est subtriangulaire, à bord droit, épaissi, mais peu réfléchi vers le point de jonction de ce bord avec la columelle; on y
voit une petite dent peu saillante; toute la surface extérieure est
finement striée longitudinalement par des accroissemens assez réguliers; la couleur est variable, elle est souvent jaune avec une ou
deux fascies rougeâtres, tantôt rouge avec une ceinture jaune sur
le dernier tour. Les plus grands individus ont 5 à 6 millimètres
de diamètre.

† 8. Hélicine élégante. *Helicina pulchella*. Gray.

H. testá subglobosá conoideá, luteá, interrupte rufo trifasciatá, supra conicá, spiraliter albido-rugosá, infra convexá, spiraliter striatá, albidá bifasciatá, peristomate tenui, reflexo, albo, rufo trimaculato, labio subincrassato, operculo testaceo.

Gray. Zool. Journ. t. 1. p. 64. nᵒ 1. pl. 6. f. 1.

Habite les Indes Occidentales (*Gray*). Elle est sans contredit l'une des plus élégantes espèces du genre; elle est subglobuleuse, à spire conique et pointue; sa surface est ornée de stries transverses granuleuses assez grosses, dont l'une, celle qui occupe la circonférence du dernier tour, est plus grosse et subdentée par des tubercules oblongs et assez gros; l'ouverture est semi-lunaire; son bord est jaune, orné de trois taches rougeâtres ou fauves; il est évasé, mince et renversé en dehors; la coquille est jaune, ornée de trois zones rousses ou rougeâtres et parsemée de points blancs opaques; l'ouverture est très oblique et la callosité columellaire est peu épaisse et étroite.

† 9. Hélicine substriée. *Helicina substriata*. Gray.

H. testá depresso-ovatá, lutescente albidá, subcarinatá, supra convexá, distanter spiraliter substriatá, subtus subconvexá, lævi; peristomate incrassato, reflexo (albido?) columellá labiisque incrassatis, callosis (albidis?).

Cochlea. nᵒ 14. Brown. Jam. t. 42. f. 4?

Gray. Zool. Journ. t. 1. p. 66. nᵒ 4. pl. 6. f. 4.

Habite l'Inde. Coquille subglobuleuse, d'un blanc-jaunâtre, subcarénée à la circonférence; à spire courte, convexe, dont les tours sont continus, le dernier un peu aplati en dessous; le dessus de la coquille offre quelques stries transverses distantes; le dessous est lisse et caché par une callosité large et épaisse; l'ouverture est fort oblique; le bord est épais, renversé en dehors et la callosité de la base s'étend un peu sur sa partie columellaire. Cette coquille a 10 millimètres de diamètre.

† 10. Hélicine du Brésil. *Helicina Brasiliensis*. Gray.

H. testá depresso-ovatá (albidá?) spiraliter striatá, et minutè concentricè cancellatá, suprà et subtus convexá; peristomate subincrassato; labiis subincrassatis, columellá basi excavatá, carinatá.

Gray. Zool. Journ. t. 1. p. 66. nᵒ 5. pl. 6. f. 5.

Habite le Brésil. Petite coquille subglobuleuse, un peu déprimée, à spire convexe, conique et ayant le dernier tour très bombé en dessous, subanguleux à la circonférence; toute la coquille est striée transversalement et ces stries forment avec de beaucoup plus fines et longitudinales un réseau à mailles allongées; l'ouverture est semi-lunaire; le bord droit est épais, renversé en dehors; la base de la colamelle forme avec lui une petite échancrure.

† 11. Hélicine à côtes. *Helicina costata*. Gray.

> *H. testá depresso-ovatá, luteá, spiraliter striato-costatá; spirá co-nicá, subtus subconvexá; peristomate incrassato, subreflexo, luteo, labiis subincrassatis.*

Gray. Zool. Journ. t. 1. p. 67. no 6. pl. 6. f. 6.

Habite... Petite espèce globuleuse, à spire conique et convexe, le dernier tour est sensiblement déprimé en dessous; toute la coquille est jaune et elle est couverte de stries transverses, profondes, rapprochées, régulières; l'ouverture est semi-lunaire, un peu plus large que haute; son bord est épaissi et renversé en dehors. Cette petite espèce a 5 millimètres de diamètre.

† 12. Hélicine orangée. *Helicina aurantia*. Gray.

> *H. testá subdepresso ovatá, subglobosá, lævi, albido-rufescente, unifasciatá; peristomate incrassato, reflexo, aurantio; columellá callosá; aperturæ angulo columellari subtuberculato.*

Gray. Zool. Journ. t. 1. p. 67. n° 8. pl. 6 f. 8.

Habite les Indes Occidentales. Coquille subglobuleuse un peu déprimée; la spire courte et conoïde est formée de six tours à peine convexes; ils paraissent lisses, mais examinés à la loupe, la coquille est très finement striée par les accroissemens; le dernier tour est convexe en dessous, et il est garni à la base d'une large callosité presque circulaire et assez épaisse. L'ouverture est semi-lunaire, son bord droit est épais et renversé en dehors, il présente à la base un petit tubercule dentiforme. La couleur de cette espèce est variable, elle est rougeâtre, quelquefois ornée d'une zone blanche ou brune. Le bord de l'ouverture est d'une belle couleur orangée, l'opercule est subcalcaire et de couleur orangée en sa face interne. Cette coquille a 13 millim. de diamètre.

† 13. Hélicine rhodostome. *Helicina rhodostoma*. Gray.

> *H. testá subdepresso-carinatá, punctulatá, albidá, rufescente mar-moratá; cariná albidá; peristomate incrassato, reflexo, rufo au-rantio; angulo columellari producto, spinoso; collumellá cal-losá.*

Gray. Zool. Journ. t. 1, p. 68, n° 9. pl. 6. f. 9.

TOME VIII. 11

Habite la Guadeloupe. Très belle espèce fort remarquable par sa
dent columellaire spiniforme, la coquille est subglobuleuse, un peu
déprimée, à spire conoïde. Le dernier tour est très convexe en-
dessous, et il est anguleux à la circonférence; l'angle est blanc, le
dessus de la spire est poncticulé de blanc, et marbré de roussâtre.
Le dessous du dernier tour est plus brun, et il est en partie caché
par une large callosité d'un beau rouge; le bord droit de l'ouverture
est de la même couleur; il est épais, renversé en dehors, et séparé
de la base de la columelle par une petite échancrure dont l'angle
se prolonge en une dent spiniforme. Cette coquille a 12 ou 13
millim. de diamètre.

† 14. Hélicine géante. *Helicina major*. Gray.

*H. testâ depresso-ovatâ, subglobosâ, fuscescente, lævi; spirâ convexâ,
subtus convexiusculâ, pallidâ ; peristomate incrassato, albo , reflexo; angulo columellari obtusè emarginato ; labiis incrassatis,
pallidis.*

Gray. Zool. Journ. t. 1. p. 68. no 10. pl. 6. f. 10.

Habite...... Elle est l'une des plus grandes espèces du genre, car
elle a près d'un pouce de diamètre; elle est globuleuse, un peu
déprimée, à spire convexe, formée de six tours dont le dernier
non caréné est très convexe à la base. L'ouverture est blanche,
semi-lunaire; la columelle porte une large callosité semi-circulaire;
le bord droit est épaissi, renversé en dehors, et il porte à la base,
à sa jonction avec la columelle, un petit tubercule oblong; toute
la coquille est lisse en-dessus, elle est d'un brun rougeâtre ; elle
est plus pâle en dessous.

† 15. Hélicine submarginée. *Helicina submarginata*. Gray.

*H. testâ depresso-ovatâ, obscurissimè carinatâ , albidofulvâ, con-
centricè substriatâ, spirâ convexâ, distanter spiraliter substriatâ,
subtus convexiusculâ, lævigatâ ; peristomate subincrassato, parum
reflexo ; labiis subincrassatis; aperturæ angulo columellari subemarginato.*

Gray. Zool. Journ. t. 1. p. 68. n. 11. pl. 6. f. 11.

Habite..... Coquille globuleuse, très obscurément anguleuse à la
circonférence du dernier tour; la spire est convexe, conoïde, composée de cinq tours étroits peu convexes sur lesquels on voit
quelques stries transverses; ces stries ne se montrent pas dans
tous les individus; le dernier tour est très convexe en dessous;
l'ouverture est semi-lunaire, d'un beau jaune orangé à l'intérieur;
une large callosité blanche cache la base; le bord droit est blanc,

épaissi, renversé en dehors ; à sa jonction avec la columelle, il forme une dépression plutôt qu'une échancrure surmontée d'une petite dent ; toute la coquille est lisse et d'un blanc fauve ou rougeâtre. Elle a 18 millim. de diamètre.

† 16. Hélicine unifasciale. *Helicina unifasciata*. Gray.

H. testá subdepresso-ovatá obscurè, acutè carinatá, albidá, fusco unifasciatá, spiraliter subcostatá, striatá; spirá convexá, conicá, subtus convexá; peristomate incrassato, reflexo; aperturæ angulo columellari obtusè emarginato.

Gray. Zool. Journ. t. 1. p. 69. n° 12. pl. 6. f. 12.

Habite.... Nous possédons une espèce du Brésil dont une des variétés offre exactement tous les caractères donnés par M. Gray à cette espèce ; mais si notre coquille est la même, il y aurait des changemens assez considérables à faire subir à la description du savant anglais. Il serait possible que les différences spécifiques que nous ne pouvons saisir dans la description et la figure existassent cependant, car dans l'espèce de M. Gray, la dent columellaire paraît différente, et les stries paraissent plus nombreuses et plus serrées. L'Hélicine unifasciale est subglobuleuse, déprimée, à spire convexe, formée de cinq à six tours peu bombés ; le dernier est subanguleux à la circonférence ; dans la plupart de nos individus un second angle plus obtus, s'élevant au-dessous du premier, ne se montre que vers l'ouverture. Nous possédons des individus entièrement blancs, d'autres avec une fascie rougeâtre en dessus ou en dessous de la carène ; d'autres enfin, qui sont d'un rouge—brun assez vif avec une zone blanche ou jaunâtre à la suture et au milieu du dernier tour. Nos plus grands individus ont 14 millim. de diamètre.

† 17. Hélicine de Brown. *Helicina Brownii*. Gray.

H. testá depresso ovatá, pallidè fuscá, lævi, pellucidá, suprá convexá subtus convexiusculá, peristomate incrassato, reflexo, albo; columellá labiisque subincrassatis, albidis, aperturæ angulo columellari fisso; operculo anticè appendiculato, corneo.

Cochlea. n° 11. Brown. Jam. t. 40. f. 1.

Gray. Zool. Journ. t. 1, p. 69. n° 13. pl. 6. f. 13.

Habite la Jamaïque. Coquille subglobuleuse, un peu déprimée, lisse, d'un rouge brun-obscur, très convexe en dessous, plus pâle de ce côté. L'ouverture est semi-lunaire, la callosité columellaire est fort large, semi-circulaire ; le bord droit est épais, blanc, à peine renversé en dehors, il est séparé de la columelle par une petite échancrure étroite. L'opercule est corné, rougeâtre, et son extrémité antérieure porte un petit appendice court et un peu recourbé en crochet. Cette coquille a 15 millim. de diamètre.

18. Hélicine déprimée. *Helicina depressa*. Gray.

H. testá depresso-ovatá, pellucidá, fuscá, tenuissimá, spiraliter et concentricè striatá, supra subtusque convexiusculá; peristomate reflexo, incrassato, albo; columellá partim callosá; labiis tenuibus, posticè subunidentatis.

Gray. Zool. Journ. t. 1. p. 69. n° 14. pl. 6. f. 14.

Habite les Indes Occidentales. Petite coquille suborbiculaire, déprimée, à spire courbe et convexe; le dernier tour n'est point anguleux, il est convexe en dessous. Toute la coquille est mince, transparente, finement et régulièrement striée; les stries sont transverses; l'ouverture est semi-lunaire, un peu plus large que haute, son bord droit est blanc, épais, réfléchi en dehors, il porte un petit tubercule dentiforme à sa partie postérieure. La columelle est calleuse à la base et non dans toute sa longueur. Cette petite coquille de 8 à 10 millim. de diamètre est toute d'un brun fauve.

19. Hélicine occidentale. *Helicina occidentalis*. Guil.

H. Corpore, nunc pallidè livido nunc fuscescente; dorso pedis, cervicis lateribus, tentaculisque atris; capite cerviceque fuscis pede subtus flavescente.

Testá flavidá; supernè rufo nebulosá, subtus unifasciatá; columellá lacteá, labro candido; anfractibus sex; operculo brunneo, margine pallido.

Guilding. Zool. Journ. t. 3. p. 529, n° 1. pl. 15. f. 6 à 10.

Habite sur les montagnes boisées de Saint-Vincent, rampant sur les feuilles. C'est une espèce très grande, subglobuleuse, un peu déprimée, à spire conoïde formée de six tours convexes, striés par des accroissemens; le dernier est obscurément anguleux à la circonférence, il est très convexe en dessous. L'ouverture est semilunaire, subtriangulaire; sa callosité columellaire est blanche, épaisse, et non demi circulaire, mais presque également large du sommet à la base; le bord droit est blanc, fort épais, et renversé en dehors. La coloration de cette coquille est variable, elle a de une à trois fascies transverses, d'un rouge brun assez éclatant sur un fond blanc jaunâtre; ces fascies sont diversement disposées selon les individus, et leur largeur est variable: dans quelques-uns, on trouve une large zone plus pâle, piquetée de brun rougeâtre. Cette belle espèce a 25 à 30 millim. de diamètre.

† 20. Hélicine variable. *Helicina variabilis. Wagn.*

> *H. testá orbiculato-conoideá, subtus convexá, colore variá, nunc*
> *unicolore, nunc transversim fasciatá; anfractu ultimo obtuse bica-*
> *rinato; spirá transversim striatá, peristomate albo reflexo.*

H. zonata et H. unicolor. spix. Moll. du Brésil. p. 25. pl. 16. f. 3.
4. 5.

Moric. Mém. de Genève. t. 7. p. 448. n° 48.

Habite le Brésil dans les bois. Dans le Zoological journal n° 12,
p. 529. M. Guilding a donné le même nom à une autre espèce; il
est donc nécessaire de changer le nom de l'espèce de l'auteur anglais, parce que sa publication est postérieure à celle de l'auteur
allemand.

Cette espèce est orbiculaire, à spire courte et conoïde, dont les
tours sont à peine convexes, le dernier est convexe en dessous, et
l'on voit à la circonférence, et un peu au-dessous, deux carènes
obtuses, toute la surface est striée transversalement, l'ouverture est
semi-lunaire, le bord droit est blanc, renversé en dehors, son
extrémité postérieure est séparée de la columelle par une petite
échancrure. La couleur est variable, tantôt blanche ou jaunâtre,
uniforme, tantôt interrompue par des zones transverses rougeâtres,
étroites, quelquefois plus larges et d'un beau rouge.

MAILLOT. (Pupa.)

Coquille cylindracée, en général épaisse. Ouverture
irrégulière, demi ovale, arrondie et subanguleuse inférieurement, à bords presque égaux, réfléchis en dehors,
disjoints dans leur partie supérieure, une lame columellaire, tout-à-fait appliquée, s'interposant entre eux.

Testa cylindracea, sœpissimè crassa. Apertura irregula-
ris, semi-ovata, infernè rotundata, subangulata; margi-
nibus subœqualibus, extùs reflexis, supernè disjunctis: la-
miná columellari, penitùs affixá, intrà eos interpositá,

OBSERVATIONS. — Les *Maillots* sont des coquillages généralement terrestres, vivant toujours à l'air libre, et qu'on ne doit
néanmoins nullement confondre avec les Hélices, parce que

leur forme est très différente, et qu'elle indique que celle de l'animal l'est pareillement. Ce serait avec les Clausilies que l'on pourrait être tenté de les réunir, si les caractères de l'ouverture, dans ces deux genres, ne les distinguaient éminemment.

Rien de plus opposé à la forme naturelle de toute Hélice, que celle qui est propre aux *Maillots*. En effet, ceux-ci sont des coquilles allongées, cylindracées, et dont le dernier tour n'est pas plus grand ou plus large que le pénultième, ce qui est fort différent de ce qu'on observe dans les Hélices, en qui le dernier tour est beaucoup plus grand que celui qui le précède. En outre, le plan de l'ouverture des *Maillots* étant droit et parallèle à l'axe de la coquille, présente une situation qui n'a aucun rapport avec celle du plan de l'ouverture des Hélices, l'axe de ce dernier divergeant considérablement avec celui de la coquille même.

Au reste, le genre dont il est maintenant question, quoique fort naturel, a jusqu'à présent embarrassé la plupart des naturalistes qui ont classé les coquilles, car ils le dilacérèrent en disséminant ses espèces, les unes parmi les Hélices, les autres parmi les Turbos, et les autres encore parmi les Bulimes. *Draparnaud* nous paraît être le seul qui l'ait justement saisi et en ait bien déterminé les caractères.

L'animal des Maillots est un trachélipode à collier, mais sans cuirasse, comme celui des hélices. Sa tête est munie de quatre tentacules, dont deux postérieurs, plus grands et plus écartés, sont oculés à leur sommet, et deux antérieurs, plus petits, qui sont quelquefois très peu apparens, de manière que dans les plus petites espèces, on ne les aperçoit plus. Tel est le cas du genre *Vertigo* de Muller, admis par M. *Daudebard de Férussac*.

[Nous avons vu, en parlant des Hélices, que des changemens notables dans la forme des coquilles étaient traduits dans l'organisation profonde des animaux; nous avons constaté pour un certain nombre de genres que c'était particulièrement dans les organes de la génération que l'on trouvait les différences entre les types d'animaux que M. de Férussac a réunis dans son grand genre Hélice.

Quoique nous n'ayons pas eu à notre disposition les animaux de grandes espèces de Maillots et de Clausilies pour
en faire la dissection, nous pensons néanmoins qu'il existe
entre eux et les Bulimes des différences analogues et de même valeur que celles qui se montrent entre les Bulimes et les
Hélices. Nous pensons aussi en considérant les nombreuses
ressemblances qui existent entre les Maillots et les Clausilies, que les animaux des deux genres sont semblables, et
pour nous cette conviction est si grande que nous n'hési-
terions pas à réunir en un seul les deux genres dont il est
question. Nous appuyons cette opinion non seulement sur
les ressemblances dans les caractères extérieurs des animaux,
sur la similitude de leurs mœurs, mais encore sur l'impossibilité de séparer les Maillots et les Clausilies d'après des
caractères naturels et constans. Si l'on a sous les yeux des
séries d'espèces un peu nombreuses appartenant à ces genres, on voit les caractères, si nets dans un petit nombre
d'espèces, se nuancer, se perdre les uns dans les autres de
telle sorte qu'il devient de plus en plus difficile, à mesure
que le nombre des espèces s'accroît, de déterminer la limite
naturelle des deux genres. Si, au contraire, vous rassemblez
toutes les espèces, bientôt elles forment un groupe naturel comparable, pour l'importance des caractères, à celui
des Hélices telles que nous les avons restreintes.

On ne connaissait autrefois qu'un très petit nombre
d'espèces appartenant aux genres Maillot et Clausilie; leur
nombre s'est considérablement accru depuis que les recherches des naturalistes se font plus minutieusement et
se sont particulièrement étendues sur le midi de l'Europe
et en Asie.

Dans son traité de Malacologie, M. de Blainville n'a
point réuni les deux genres Clausilie et Maillot quoique, dans sa méthode, il ait eu une tendance générale à
réunir plusieurs genres analogues à un seul; mais M. de
Blainville joint cependant aux Maillots à titre de sous-divi-

sion les Grenailles de Cuvier dans lesquelles sont compris une partie des Clausilies de Draparnaud. Il y ajoute les Vertigos de Muller, espèce très petite à deux tentacules et enfin les Partules de M. de Férussac, lesquelles ont bien plus de rapport avec les Bulimes qu'avec les Maillots. Il est à présumer que le genre Vertigo de Muller ne restera pas dans la méthode; d'après les caractères donnés par Muller lui-même à ce genre, il rassemblerait celles des espèces de Maillots et de Clausilies très petites et dont les animaux n'ont plus que les deux grands tentacules des autres espèces, les deux plus petits ayant disparu. Si la disparition des petits tentacules avait lieu dans de grandes espèces; si elle se manifestait d'une manière brusque et tranchée, nous lui attribuerions une grande valeur; mais il n'en est pas ainsi: à mesure que les espèces deviennent plus petites, les tentacules antérieurs s'amoindrissent, se réduisent à de petits tubercules et enfin disparaissent complètement. Quoique réduits à deux tentacules comme dans les Auricules et les Cyclostomes, les animaux des Vertigos s'en distinguent éminemment : les tentacules qui restent sont oculés au sommet comme dans le grand type des Hélices et non à la base, comme dans les Auricules ou les Cyclostomes. Ainsi d'après ce que nous venons de dire, les caractères du genre Vertigo n'ont en réalité qu'une faible valeur zoologique insuffisante pour l'établissement d'un bon genre.]

ESPÈCES.

1. **Maillot momie.** *Pupa mumia.* Lamk. (1)

    P. testâ cylindraceâ, attenuatâ, obtusâ, crassâ, albâ; sulcis anfractuum longitudinalibus obliquis; aperturâ rufo-fuscâ, biplicatâ; labro margine reflexo.

---

(1) Il existe une grande confusion parmi les grandes espèces

Lister. Conch. t. 588. f. 48.

Martini. Conch, 4. t. 153. f. 1439. a. b.

Bulimus mumia. Brug. Dict. no 87.

* De Roissy. Buff. Moll. t. 5. p. 360. no 2.

* *Turbo mumia.* Dillw. Cat. t. 2. p. 861. n⁰ 109.

* Bouwd. Elem. of Conch. pl. 6. f. 37.

Hélix mumia. Daudeb. Hist. des Moll. no 459.

* Blainv. Malac. pl. 38. f. 5.

Habite dans les Antilles. Mon cabinet. On l'a confondu avec le suivant, dont il est distinct. Longueur, 16 à 17 lignes.

2. Maillot grisâtre. *Pupa uva.* Lamk. (1)

> **P.** *testâ cylindraceâ, obtusâ, cinereâ; sulcis anfractuum longitudinalibus rectis creberrimis; labro margine reflexo, basi uniplicato.*

---

de Maillots; la plupart sont confondues sous deux ou trois dénominations spécifiques. Martini avait d'abord rapporté au *Turbo uva* de Linné cette espèce que Bruguière distingua bien. Dans son introduction à l'étude des coquilles, Brookes donna sous le nom linnéen une autre espèce que celle de Linné, de Martini et de Bruguière. Dillwyn ne reconnut pas cette erreur, et il introduisit le *Turbo uva* de Brookes dans sa synonymie du *Turbo mumia.* Il est à présumer qu'en donnant le nom de *Pupa mumia* à la coquille qu'il fit représenter dans son Genera of shells, M. Sowerby ne s'est pas souvenu de la description de Bruguière et de la synonymie adoptée par les meilleurs auteurs; car la coquille à laquelle il donna ce nom est celle connue depuis longtemps sous celui de *Pupa decumanus,* que lui imposa M. de Férussac dans son prodrome.

(1) Les observations que nous venons de faire sur le *pupa mumia* peuvent se répéter pour le *Pupa uva* de Linné. La synonymie de Linné nous paraît exacte, autant du moins qu'il est permis d'en juger d'après les figures qu'il cite. Martini, moins heureux, a confondu, comme nous l'avons dit, le *Pupa uva* avec le précédent; et sa synonymie, ordinairement correcte, offre d'autres erreurs. La synonymie de Born est plus parfaite; il y cite cependant la figure de Martini représentant l'espèce précédente. Quant à Schroter, sa synonymie est aussi défectueuse

Turbo uva. Lin. Syst. nat. p. 1238. Gmel. p. 3604. n° 68.

Hélix fusus. Muller. Verm. p. 108. n° 308.

Turbo fusus. Gmel. p. 3610. no 90.

Petiv. Gaz. t. 27. f. 2.

Gualt. Test. t. 58. fig. D.

Seba, Mus. 3. t. 55. f. 21. *Supernè in angulo dextro, figuræ septem.*

Knorr. Vergn. 6. t. 25. f. 4.

Born. Mus. p. 340. vign. fig. E.

Favanne, Conch. pl. 65. fig. P. 11.

Bulimus uva. Brug. Dict. n° 88.

Hélix uva. Daudeb. Hist. des Moll. no 458. pl. 153. f. 11 à 14.

* Schrot. Einl t. 2. p. 41. *Turbo uva.*

* Wagn. supp. à Chemn. p. 173. pl. 235. f. 4122, 4123.

* Dillw. cat. t. 2. p. 861. n. 108. *Turbo uva.*

* De Roissy, buf. Moll. t. 5. p. 360. n. 1.

Habite dans les Antilles. Mon cabinet. Longueur, 11 à 12 lignes.

3. Maillot bombé. *Pupa sulcata*. Lamk.

P. testá turgidá, ovali, obtusá, albá; sulcis tenuibus longitudinalibus obliquis confertis; aperturá edentula; labro margine dilatato, reflexo.

* *Junior.* Sow. Genera of shells. *Pupa.* f 3.

* Dillw. Cat. t. 2. p. 863. n° 113. *Turbo sulcatus.* (1)

---

que celle de Martini, et confond plusieurs espèces avec celle de Linné. En copiant Schroter, Gmelin a ajouté à la confusion, car il donne comme variété du *Pupa uva* de Linné, une petite espèce de Cérite, longue de deux lignes, et un Maillot voisin du *Tridens* de Draparnaud. Ce qui fait voir le peu de soins qu'apportait Gmelin à la confection de son travail, c'est qu'après avoir cité une figure de Bonani dans la synonymie du *Pupa uva*, il reproduit plus loin, sous le nom de *Turbo fusus*, la même espèce avec la même indication synonymique. Depuis les rectifications synonymiques de Bruguière, l'espèce est mieux connue et peut être facilement déterminée; cependant **M. de Férussac**, dans son grand ouvrage, a fait représenter, sous le titre de variété (pl. 153, fig. 8, 9, 10) une coquille qui, par les plis de l'ouverture, semble constituer une espèce distincte.

(1) Dillwin rapporte dans sa synonymie la figure 47 de la pl.

* Lesson. Voy. zool. t. 2. p. 327. pl. 8. f. 7.
* Fav. cat. pl. 1. f. 103.
Hélix sulcata. Muller. Verm. p. 108. n. 387.
Chemn. Conch. 9. t. 135. f. 1231. 1232.
Bulimus sulcatus. Brug. Dict. nº 7.
Turbo sulcatus. Gmel. p. 3610. nº 91.
Hélix sulcata. Daudeb. Hist. des Moll. n₀ 471.
Habite dans les grandes Indes, l'île de Ceylan. Mon cabinet. Coquille
enflée, ovalaire, ayant un pouce de longueur.

4. Maillot candide. *Pupa candida.* Lamk.

> **P.** *testâ ovali, subturgidâ, attenuato-acutâ, pellucidâ, candidâ;
> striis tenuissimis longitudinalibus obliquis; labro tenui, basi uni-
> plicato, margine reflexo.*
>
> *Hélix fragosa.* Daudeb. Hist. des Moll. nº 421.

Habite.... Mon cabinet. Coquille très blanche et bien transparente,
et dont le limbe interne du bord droit offre une ligne orangée.
Elle est probablement exotique. Longueur, 11 lignes.

5. Maillot oriental. *Pupa labrosa.* Lamk. (1)

> **P.** *testâ ovato-cylindraceâ, obtusâ, glabrâ, subpellucidâ, obsoletè
> striatâ, albido-corneâ, aperturâ edentulâ; labro margine reflexo,
> dilatato.*
>
> * *Bulimus labrosus.* Oliv. pl. 31. f. 10. a. b.
> *Hélix labrosa.* Daudeb. Hist. des Moll. nº 419.
> * *Bulimus labrosus.* Bowd. Elem. of Conch. pl. 8. f. 16.
> * Desh. Encycl. méth. vers. t. 2. p. 404. n. 8.
> * *An Hélix labiosa?* Mull. verm. p. 96. n₀ 294.

Habite dans le Levant, aux environs de Barut. Mon cabinet. Longueur
13 lignes.

6. Maillot fuseau. *Pupa fusus.* Lamk. (2)

> **P.** *testâ cylindricâ, obtusâ, albâ; striis tenuibus, longitudinalibus
> obliquis confertis, aperturâ unidentatâ: dente columellari; labro
> margine subreflexo.*

---

588 de Lister ; mais il a tort : cette figure ne représente pas le
Pupa sulcata, mais bien l'espèce à laquelle M. de Férussac a
donné le nom de *Pupa decumanus.*

(1) Par sa forme et ses caractères cette espèce appartiendrait
plutôt au genre Bulime qu'à celui-ci.

(2) La description que donne Bruguière de son *Bulimus fusus*

Lister. Conch. t. 588. f. 49.

Seba. Mus. 3. t. 55. f. 21. *Figura ultima ad dexteram.*

Bulimus fusus. Brug. Dict. n° 86.

* *Turbo alvearia.* Dillw. cat. t. 2. p. 862. no 110.

* *Helix alvearia.* Férus. Prod. p. 58. n° 460.

Habite dans les Antilles. Mon cabinet. Coquille blanche et cylindrique, obtuse au sommet ; elle n'est guère épaisse. Longueur, 13 lignes.

7. **Maillot tridenté.** *Pupa tridentata.* **Lamk.** (1)

P. *testá sinistrorsá , cylindraceá ; attenuato-acutá , sublævigatá , albá ; striis longitudinalibus obsoletis ; aperturá rufuscente , tridentatá : dente columellari unico ; labro margine albo , reflexo.*

* *Clausilie lisse.* Blainv. Malac. pl. 38. f. 6.

* Bowd. Elem. of Conch. pl. 6. f. 36.

* Desh. Encycl. méth. vers. t. 2. p. 403. n° 7.

Gualt. Test. t. 4. fig. C.

Helix Tournefortiana. Daudeb. Hist. des Moll. n° 457.

Habite dans le Levant. Mon cabinet. Coquille rare, remarquable par son ouverture. Longueur, 11 lignes.

---

s'applique exactement au *Pupa palanga* de M. de Férussac. Un seul caractère important établit la différence entre ces deux espèces. Dans le *Pupa fusus* (*bulimus fusus*, Brug.) d'après Bruguière, l'ouverture est d'un tiers plus large que haute, et la figure de Lister confirme la description, tandis que dans le *Pupa palanga*, c'est justement le contraire qui a lieu : l'ouverture est d'un tiers plus haute que large. Si, comme cela est bien croyable, Bruguière ne s'est pas trompé sur un caractère aussi important, dès-lors M. Sowerby, dans son *genera* , aurait donné le *Pupa palanga* sous le nom de *Pupa fusus*. Le *Pupa fusus* de Lamarck est-il le même que l'*Helix fusus* de Muller ?

(1) Nous pensons qu'il eût été convenable de laisser à cette espèce le nom que M. de Férussac lui donna, et nous proposons de le rétablir dans le catalogue sous le nom de *Pupa Tournefortiana*. Nous ferons remarquer que la figure de Gualtieri, citée ici, est fort douteuse ; elle ne présente pas, à beaucoup près , les caractères du Maillot tridenté. Linné, et les auteurs qui l'ont suivi , rapportent cette figure au *Turbo bidens* (clau-

8. Maillot fasciolé. *Pupa fasciolata.* Lamk. (1)

> P. *testâ tereti-conicâ, subperforatâ, glabrâ , albâ; fasciis fuscis longitudinalibus crebris, ad suturas interruptis, apice confertis; aperturâ fuscâ , edentulâ; labro margine reflexo, albo.*
>
> *Bulimus fasciolatus.* Oliv. Voy. pl. 17. f. 5.
>
> *Helix fasciolata.* Daudeb. Histoire des Moll. no 391 pl. 142.f.1.2.3.
>
> Habite dans l'île de Candie. Mon cabinet. Longueur, à-peu-près 8 lignes.

9. Maillot zèbre. *Pupa zebra.* Lamk.

> P. *testâ cylindraceâ, attenuato-obtusâ, albâ, lineis luteo-rufis longitudinalibus interruptis ornatâ ; aperturâ tridentatâ ; labro margine subreflexo.*
>
> *Bulimus zebra.* Oliv. Voy. pl. 17. f. 10. a. b.
>
> *Helix zebriola.* Daudeb. Hist. des Moll. n° 455.
>
> * Bowd. Elem. of Conch. pl. 12. f. 8.
>
> * Desh. Encycl. méth. vers. t. 2. p. 403. n₀ 6.
>
> Habite dans le Levant. Mon cabinet. Longueur, 7 lignes et demie.

10. Maillot unicariné. *Pupa unicarinata.* Lamk.

> P. *testâ cylindraceo-attenuatâ , supernè conico-acutâ , albido-griseâ; striis longitudinalibus obsoletis; ultimo anfractu carinâ parvulâ cincto; aperturâ edentulâ ; labro tenui, margine reflexo.*
>
> Habite à la Guadeloupe. Mon cabinet. Longueur, près de 7 lignes.

11. Maillot tacheté. *Pupa maculosa.* Lamk.

> P. *testâ cylindraceâ , attenuato-acutâ, pallidè corneâ , apice rufâ, maculis fulvis longitudinalibus sparsis pictâ, aperturâ quadridentatâ; labro tenui, margine reflexo.*
>
> * Webb et Berth. Syn. moll. p. 171. n° 2.
>
> Habite dans l'île de Ténériffe. *Maugé.* Mon cabinet. Les dents sont dans le fond de l'ouverture. Longueur, 5 lignes un quart.

---

silia papillaris), et Dillwyn à son *Turbo laminatus.* Nous pensons que cette citation de Lamarck doit disparaître de la synonymie.

(1) Pour nous, comme pour M. de Férussac, cette coquille doit aller dans le genre Bulime , dont elle a tous les caractères; nous ne devinons pas pour quelle raison Lamarck l'a placée parmi les Maillots.

12. Maillot clavulé. *Pupa clavulata.* Lamk.

P. testâ brevi, supernè turgidâ, obtusâ, obliquè striatâ, rufâ; aperturâ angustâ, plicâ columellari unidentatâ; labro margine reflexo.

Habite à l'Ile-de-France. Mon cabinet. Ouverture blanche. Longueur, 3 lignes un quart.

13. Maillot ovulaire. *Pupa ovularis.*

P. testâ ovato-turgidâ, apice obtusâ, glabrâ, albâ; aperturâ sexdentatâ; labro margine reflexo.
Bulimus ovularis. Oliv. Voy. pl. 17. f. 12. a. b.
Vertigo ovularis. Daudeb. Hist. des Moll. n° 9.
* Bow. Elem. of Conch. pl. 6. f. 33.
* Desh. Encycl. méth. vers. t. 1. p. 403. n° 5.
Habite dans le Levant. Mon cabinet. Longueur, environ 3 lignes.

14. Maillot germanique. *Pupa germanica.* Lamk. (1)

P. testâ brevi, turgidulâ, cylindricâ, obtusâ, obliquè striatâ, albâ; aperturâ edentulâ; labro margine subreflexo.
An pupa obtusa? Drap. Moll. pl. 3. f. 44.
* *Pupa obtusa.* Desh. Encycl. méth. vers. t. 2. p. 402. n° 4.
* Id. Wagn. Supp. à Chemn. p. 169. pl. 235. f. 4 115.
Habite en Allemagne, sur les montagnes. Mon cabinet. Il a une petite fente ombilicale bien prononcée. Longueur, 7 lignes.

15. Maillot cendré. *Pupa cinerea.* Drap. (2)

P. testâ cylindraceâ, attenuato-acuta, striatâ, cinereâ; aperturâ quinquedentatâ; labro margine reflexo.
Gualt. Test. t. 4. fig. G.
L'anti-nompareille. Geoff. Coq. p. 54 n° 18.
Bulimus similis. Brug. Dict. n° 96.
Pupa cinerea. Drap. Moll. pl. 3. f. 53. 54.
Helix cinerea. Daudeb. Hist. des Moll. n° 484.

---

(1) C'est bien le *Pupa obtusa* auquel Lamarck a donné ce nom; l'espèce devra reprendre son premier nom de *Pupa obtusa.*

(2) Nous pensons, avec Dillwyn, que cette espèce est la même que le *Turbo quinquedentatus* de Born; en conséquence, cette espèce devra reprendre le nom de *Pupa quinquedentata.*

* Wagn. Supp. à Chemn. p. 170. pl. 235. f. 4116.
* *Bulimus similis.* Poiret prodr. p. 59. n° 28.
* *Turbo quinquedentatus.* Born. Mus. p. 378. pl. 13. f. 9.
Id. Gmel. p. 3612. n° 100.
Id. Olivi. adriat. p. 171.
* Schrot. Einl. t. 2. p. 119.
* *Turbo quinquedentatus.* Dillv. Cat. t. 2. p. 876. n° 48.
* Brard. Hist. des coq. p. 89. pl. 3. f. 12.

Habite en France, sur les rochers, les pierres, etc. Mon cabinet
   Longueur, 5 lignes.

16. Maillot trois-dents. *Pupa tridens.* Drap.

   P. testá oblongo-conicá, turgidula, attenuato-subacutá, albá
   aperturá tridentatá; labro margine reflexo.

Helix tridens. Muller. Verm. p. 106. n° 305.
Gualt. Test. t. 4. fig. F.
Bulimus tridens. Brug. Dict. n° 90.
Turbo tridens. Gmel. p. 3611. n° 93.
Pupa tridens. Drap. Moll. pl. 3. f. 57.
Helix tridens. Daudeb. Hist. des Moll. n° 453.
* *Bulimus tridens.* Poiret. Prod. p. 55. n° 23.
* *Turbo tridens.* Dillw. Cat. t. 2. p. 877. n° 149.
* Brard. Hist. des coq. p. 88. pl. 3. f. 11.
* Pfeif. Syst. anord. p. 53. pl. 3. f. 12.
* Desmoul. Cat. des Moll. de la Gironde. p. 13. n° 6.
* Wagn. Supp. à Chemn. p. 168. pl. 235. f. 4113.
* Desh. Expéd. de Morée. Zool. p. 169. n° 262.
* Bouillet. Cat. des moll. d'Auvergne. p. 55. n. 4.
* *Fossilis.* Id. Cat. des Coq. foss. d'Auv. p. 111. n° 2.
* Rosmals. Iconog. t. 1. p. 80. pl. 2. f. 33.

Habite dans la France méridionale, sous les mousses. Mon cabinet
   Long., 4 lignes et demie.

17. Maillot quatre-dents. *Pupa quadridens.* Drap.

   P. testá sinistrorsá, cylindraceá, attenuato-obtusá, lævi, pellucidá
   corneo-flavicante; aperturá quadridentatá; labro margine albo
   reflexo.

Helix quadridens. Muller, Verm. p. 107. n° 306.
Lister. Conch. t. 40. f. 38.
L'anti-barillet. Geoff. Coq. p. 65. n° 24.
Chem. Conch. 9. t. 112. f. 965.
Bulimus quadridens. Brug. Dict. n° 91.
Turbo quadridens. Gmel. p. 3610. n° 92.

Pupa quadridens. Drap. Moll. p. 4. f. 3.
Daudeb. Hist. des Moll. no 454.
* De Roissy, Buff. Moll. t. 5. p. 361. n° 4.
* Alten. Syst. Abhand. p. 19. *Turbo quadridens.*
* *Bulimus quadridens.* Poiret. Prodr. p. 53. n° 22.
* Férus. Syst. conch. p. 50. n. 1.
* Dillw. Cat. t. 2. p. 879. n° 152.
* Bowd. Elem. of Conch. pl. 8 f. 24.
* Payr. Cat. des Moll. de Corse, p. 103.
* Desmoul. Cat. des Moll. de la Gironde. p. 13. n. 5.
* Desh. Expéd. de Morée, Zool. p. 168. n. 261.
* Bouillet. Cat. des Moll. d'Auver. p. 54. no 3.
Habite en France, sous les mousses. Mon cabinet. Longueur, 5 lignes
un quart.

18. Maillot Polyodonte. *Pupa polyodon.* Drap.

P. testá cylindraceo-turgidulá, subacutá, striatá, corneo-fus-
cescente; aperturá, angustatá, multidentatá; labro margine re-
flexo.
Pupa Polyodon. Drap. Moll. pl. 4. f. 1. 2.
Helix Polyodon. Daudeb. Hist. des Moll. n° 490.
* Wagn. Supp. à Chemn. p. 170. pl. 235. f. 4117.
* Férus. Syst. Conch. p. 50. no 2.
* Desh. Encycl. méth. vers. t. 2. p. 402. n° 3.
Habite aux environs de Montpellier, sur les rochers, parmi les mous-
ses. Mon cabinet. Il a quinze à dix-huit dents, selon *Draparnaud.*
Longueur, 4 lignes et plus.

19. Maillot variable. *Pupa variabilis.* Drap.

P. testá cylindraceá; attenuato-subacutá, colore variá; aperturá
quinque vel sexdentatá; labro margine albo, reflexo.
Pupa variabilis. Drap. Moll. pl. 3. f. 55. 56.
Helix mutabilis. Daudeb. Hist. des Moll. no 489.
* Guer. Icon. du Rég. anim. Moll. pl. 6. f. 10.
* Kickx. syn. moll. brab. p. 44. n° 51.
* Wagn. Supp. à Chemn. p. 172. pl. 235. f. 4120.
* Pfeiff. Syst. anord. p. 56. pl. 3. f. 15.
* Coll. des Ch. Cat. des Coq. du Finis. p. 67. n. 1.
* Desmoul. Cat. des Moll. de la Gironde, p. 14. n° 7.
Habite le midi de la France, sous les mousses, les feuilles mortes.
Mon cabinet. Il est un peu transparent. Longueur, 4 lignes et
demie.

20. Maillot froment. *Pupa frumentum.* Drap.

> P. *testá cylindraceá, attenuato-subacutá, tenuissimè striatá, cine-*
> *reo-rufescente; aperturá octodentatá; labro margine albo re-*
> *flexo.*

Pupa frumentum. Drap. Moll. pl. 3. f. 51. 52.

Helix frumentum. Daudeb. Hist. des Moll. n°. 487.

* Wagn. Supp. à Chemn. p. 173. pl. 235. f. 4121.

* Pfeiff. Syst. anord. p. 54. n° 2. pl. 3. f. 13.

* Kleeb. syn. Moll. Borus. p. 20. n° 3.

* *Fossilis.* Bouillet. Cat. des Moll. d'Auver. p. 111. n. 3.

* Desh. Encycl. méth. vers. t. 2. p. 402. n° 2.

* Rossm. iconog. t. 1. p. 81. pl. 2. f. 34.

Habite le midi de la France, sur les rochers, parmi les mousses. Mon cabinet. Longueur, près de 3 lignes.

21. Maillot seigle. *Pupa secale.* Drap.

> P. *testá cylindraceá, attenuato-obtusiusculá, striatá, pallidè fuscá;*
> *aperturá septem vel octodentatá; labro margine reflexo.*

Pupa secale. Drap. Moll. pl. 3. f. 49. 50.

Helix secale. Daudeb. Hist. des Moll. n° 488.

* *P. secale? Philippi,* enum. Moll. p. 138.

* Desh. Encycl. méth. vers. t. 2. p. 401. n° 1.

* Wagn. Supp. à Chemn. p. 171. pl. 255. f. 4119.

* *An eadem? Turbo tridens.* Alten. Syst. abh. p. 21.

* Pfeiff. Syst. anord. p. 55. n. 3. pl. 3. f. 12.

* Kickx. Syn. Moll. Brab. p. 46. n° 53.

* *Vertigo secale.* Turton. man. p. 101. n° 81. f. 81.

* Desmoul. Cat. des Moll. de la Gironde. p. 14. n° 8.

* Rosm. Icon. t. 1. p. 82. pl. 2. f. 35.

Habite le midi de la France, parmi les mousses. Mon cabinet. Longueur, 4 lignes.

22. Maillot avoine. *Pupa avena.* Drap.

> P. *testá cylindraceo-conicá, striatá, fuscá; aperturá septemdentatá;*
> *labro margine reflexo.*

Le grain-d'avoine. Geoff. Coq. p. 52. n° 16.

Bulimus avenaceus. Brug. Dict. n° 97

Pupa avena. Drap. Moll. pl. 3. f. 47. 48.

Helix avena. Daudeb. Hist. des Moll. n° 48.

Chondrus avenaceus. Guer. Icon. du Règ. Anim. Mol. pl. 6. f. 9.

* Wagn. Supp. à Chem. p. 171. pl. 235. f. 4118.

* *Bulimus avenaceus.* Poiret, Prod. p. 55. n° 24.

* *Turbo juniperi*. Montagu. Test. p. 34o. pl. 12. f. 12.
* Id. Dillw. Cat. t. 2. p. 877. n° 15o.
* *Turbo multidentatus*. Olivi. Adri. p. 171. pl. 5. f. 2.
* Chemn. Conch. t. 9. p. 167. pl. 135. f. 1236?
* Brard. Hist. des Coq. p. 91. pl. 3. f. 13. 14.
* Bowd. Elem. of Conch. pl. 13. f. 12.
* Kickx. Syn. Moll. Brab. p. 45. no 52.
* Rosm. Icon. t. 1. p. 82. pl. 2. f. 36.

Habite en France, parmi les mousses, sous les pierres. Mon cabinet. Longueur, près de 3 lignes.

23. Maillot grain. *Pupa granum*. Drap.

> P. *testá cylindraceá, attenuato-acutá, griseá, aut fuscescente; striis longitudinalibus minutissimis; aperturá quadridentatá; labro margine albo, reflexo.*

Pupa granum. Drap. Moll. pl. 3. f. 45. 46.
Helix granum. Daudeb. Hist. des Moll. n° 483.
* Bowd. Elem. of. Conch. pl. 8. f. 25.
* Desh. Encycl. méth. vers. t. 2. p. 405. n° 13.
* Bouillet. Cat. des Moll. d'Auv. p. 58. n° 2.

Habite le midi de la France, sous les haies. Mon cabinet. Longue ur une ligne et demie ou environ.

24. Maillot fragile. *Pupa fragilis*. Drap. (1)

> F. *testá sinistrorsá, elongatá, attenuato-conicá, pellucidá, luteo-fuscescente; columellá subunidentatá.*

Turbo perversus. Lin. Syst. nat. p. 1240. Gmel. p. 3609. n° 88.
Chemn. Conch. 9. t. 112. f. 959. a. b.
Pupa fragilis. Drap. Moll. pl. 4. f. 4.
Helix perversa. Daudeb. Hist. des Moll. n° 511.

---

(1) Cette espèce est l'une de celles dont le nom linnéen a été changé à tort; et quoique ce nom de *Pupa fragilis* soit consacré depuis long-temps, il sera convenable cependant, dans un catalogue bien fait, de le changer pour celui de *Pupa perversa*, qui devra rester à l'espèce. Sur un caractère qui nous paraît manquer d'importance, aujourd'hui surtout qu'il se reproduit sur un assez grand nombre d'espèces, M. Leach a cru nécessaire d'établir aux dépens des Maillots un genre *Balea*. Le *pupa perversa* est le type du nouveau genre. Ce genre est pour nous inadmissible.

* *Bulimus perversus.* Poiret. Prodr. p. 57. no 25.

* *La non pareille.* Geoffr. Coq. p. 63. no 23. pl. 2.

* Schrot. Einl. t. 2. p. 56.

* Bowd. Elem. of Conch. pl. 8. f. 29.

* Desh. Encycl. méth. vers. t. 2. p. 406. n° 14.

* Pfeiffer. Syst. anord. p. 56. no 5. pl. 3. f. 16.

* Nilss. Hist. Moll. suec. p. 48. n° 1.

* *Balea fragilis.* Gray. Zool. Journ. t. 1. p. 61. no 1.

* Id. Alder Cat. Test. Moll. tr. soc. Newc. p. 33. n° 27.

* Kickx. Syn. Moll. Brab. p. 44. n° 50. pl. 1. f. 10.

* Col. des Ch. Cat. des coq. du Finis. p. 67. no 2.

* *Balea fragilis.* Turton. man. p. 87. no 70. f. 70.

* Hécart. Cat. des Coq. de Valenci. p. 16. no 3.

* Goupil. Hist. des Moll. de la Sarthe. p. 38. n° 3.

* Bouillet. Cat. des Moll. d'Auvergn. p. 55. n° 5.

* Férus. Syst. conch. p. 51, n° 4.

* Millet. Moll. de Maine-et-Loire, p. 35. n° 4.

* *Turbo nigricans.* Dillw. Cat. t. 2. p. 875. no 145, syno. Plur. exclus.

Habite en France, sur le Mont-Jura, etc. Mon cabinet. Longueur, 4 lignes.

25. Maillot baril. *Pupa dolium.* Drap.

P. testá brevi, cylindricá, inflatá. obtusá, striatá, corneo-fuscescente; aperturá unidentatá; labro margine albo, reflexo.

Pupa dolium. Drap. Moll. pl. 3. f. 43.

Helix dolium. Daudeb. Hist. des Moll. n° 477.

* Desh. Encycl. méth. vers. t. 2. p. 405. no 12.

* Wagn. Suppl. à Chemn. p. 169. pl. 235. f. 4114.

Habite dans le midi de la France. Mon cabinet. Longueur, 2 lignes et demie.

26. Maillot ombiliqué. *Pupa umbilicata.* Drap.

P. testá minimá, cylindricá, obtusá, subpellucidá, corneo-flavescente; aperturá unidentatá; labro margine albo, reflexo; umbilico patulo.

Bulimus muscorum. Brug. Dict. n° 63.

Pupa umbilicata. Drap. Moll. pl. 3. f. 39. 40.

Helix umbilicata. Daudeb. Hist. des Moll. n° 474.

* Millet. Moll. de Maine-et-Loire. p. 54. no 3.

* *Turbo muscorum.* Dillw. Cat. t. 2. p. 878. no 151.

* Alder. Cat. Test. moll. Tr. soc. Newc. p. 33. n° 30.

* Kickx. Syn. moll. Brab. p. 46. n° 54.

* Coll. des Ch. Cat. des Coq. du Finist. p. 67. n° 3.

* Turton. man. p. 97. n° 78. f. 78.

* Desmoul. Cat. des Moll. de la Gir. p. 13. n° 4.

* Goupil. Hist. des Moll. de la Sarthe. p. 37. n° 1.

Habite en France, sous les haies, parmi les feuilles mortes. Mon cabinet. Longueur, une ligne à-peu-près.

27. Maillot mousseron. *Pupa muscorum.* Lamk.

P. testâ minimâ, cylindraceâ, obtusâ, lævi, corneo-fuscescente; anfractibus convexis; suturis excavatis; aperturâ unidentatâ; labro margine reflexo.

Turbo muscorum. Lin. Syst. nat. p. 1240. Gmel. p. 3611. n° 94.

Helix muscorum. Muller, Verm. p. 105. n° 304.

D'Argenv. Zoomorph. pl. 9. f. 11.

Le petit-barillet. Geoff. Coq. p. 58. n° 20.

Chemn. Conch. 9. pl. 123. f. 1076. a. b.

Pupa marginata. Drap. Moll. pl. 3. f. 36-38.

Helix muscorum. Daudeb. Hist. des Moll. n° 475.

* *Pupa marginata.* Brard. Hist. des Coq. p. 93. pl. 3. f. 15. 16.

* Wagn. Suppl. à Chemn. p. 165 pl. 235. f. 4109.

* *Turbo muscorum.* Alten. Syst. obs. p. 23.

* *Bulimus muscorum.* Poiret. prodr. p. 51. n° 20.

* Du Costa. Conch. brit. p. 89. pl. 5. f. 16.

* Schrot. Einl. t. 2. p. 58.

* Lister. Anim. angl. pl. 2. f. 6.

* Férus. Syst. conch. p. 50. n° 1.

* *Pupa marginata.* Millet. Moll. de Maine-et-Loire. p. 34. n° 2.

* Pfeiff. Syst. anord. p. 57. n° 6. pl. 3. f. 17-18.

* Nils. Hist. moll. suec. p. 49. n° 2.

* Kleeb. Syn. Moll. borus. p. 20. n. 1.

* *Pupa marginata.* Alder. Cat. Test. moll. Tr. soc. Newc. p. 33. n° 29.

* Desh. Encycl. méth. vers. t. 2. p. 405. n° 11.

* Kickx. Syn. Moll. brab. p. 47. n° 55.

* Col. des Ch. Cat. des Coq. du Finist. p. 68. n° 4.

* *Pupa marginata.* Turton. man. p. 98. n° 79. f. 79.

* Hécart. Cat. des Coq. de Valenci. p. 16. n° 2.

* *Pupa marginata.* Desmoul. Cat. des Moll. de la Gironde. p. 13. n° 3.

* Goupil. Hist. des Moll. de la Sarthe. p. 37. n° 2.

* *Pupa marginata.* Bouillet. Cat. des Moll. d'Auv. p. 53. n. 1.

* Rosm. Icon. t. 1. p. 83. pl. 2. f. 37.

* *Fossilis.* Bouillet. Cat. des coq. foss. d'Auv. p. 110. n. 1.

Habite en France, dans les lieux humides et ombragés, etc. Mon cabinet. Longueur du précédent.

† **28. Maillot épais.** *Pupa decumanus.* Fér.

P. *testá elongato-cylindraceá, apicè obtusá basi umbilicatá ; tenuiter
irregulariterque plicatá, griseá; anfractibus planis, conjunctis, angustis ; aperturá circulari pallide rubrá, margine incrassato circumdatá, subunidentatá.*

Lister. Conch. pl. 588. f. 47.

Férus. Prod. p. 59. n° 462.

Pupa mumia. Sow. gener. of shells. Pupa. f. 2.

Habite..... Il est certain que cette espèce, figurée par Lister, est la
même que celle nommée à tort *Pupa Mumia*, par Sowerby. Le *Pupa
Decumanus* est jusqu'à présent l'une des plus grandes des espèces du
genre. Elle est cylindracée, subconique, percée à la base d'un ombilic assez grand, les tours sont nombreux et étroits, aplatis ; les
premiers sont finement striés, les derniers sont irrégulièrement
plissés; l'ouverture est presque circulaire; son bord devient quelquefois très épais, et dans ce cas, il ressemble assez à celui d'un
Cyclostome, il est d'une couleur vineuse livide, très pâle. On voit
à l'intérieur, et assez profondément placée, une petite dent appuyée sur l'avant-dernier tour. Toute cette coquille est d'un gris
cendré, uniforme. Les grands individus ont 46 millim. de long
et 25 de large.

† **29. Maillot chrysalide.** *Pupa chrysalis.* Fér.

P. *testá elongato-turritá, cylindricá, apice obtusá, longitudinaliter plicatá, griseá, lineis fuscis angulatis ornatá; aperturá ovato-rotundá, intus fulvá, marginatá, unidentatá.*

Var. A. Nob. testa tenuiore, plicis longitudinalibus destitutá.

Fér. Hist. des Moll. pl. 153. f. 1. 2. 3. 4.

Habite la Guadeloupe et la Martinique. Belle espèce connue depuis
long-temps dans les collections où elle était confondue parmi les
variétés des *Pupa mumia* et *uva*, mais comme l'a fort bien reconnu M. de Férussac, elle se distingue de l'une et de l'autre.
Elle est allongée, turriculée; les premiers tours forment un sommet
conique est obtus, mais les derniers s'élargissent lentement et rendent le reste de la coquille cylindrique. Sur les tours peu convexes, on voit de gros plis longitudinaux. L'ouverture est obronde,
d'un fauve intense au fond, les bords sont épais, et renversés en
dehors, le bord droit et la columelle sont sans dents. La seule

proéminence que l'on observe dans l'ouverture est appuyée sur
l'avant-dernier tour , à intervalle égal de la base de la columelle et
de l'insertion du bord droit. La variété qui nous a été communiquée
par M. Cristofori, est fort remarquable , elle n'a point de côtes
longitudinales, mais l'ouverture et la coloration sont les mêmes que
dans le type. Sur un fond gris cendré, cette coquille est ornée de
linéoles brunes en zig zag ; elles sont quelquefois confondues , et
forment des marbrures dentelées sur les côtés. Cette espèce est
longue de 32 millim. et large de 12.

† 3o. Maillot striatelle. *Pupa striatella*. Fér.

P. *testá ovatá , albá , fusco-variegatá , apice obtusá ; anfractibus
planulatis, longitudinaliter striatis ; striis regularibus ; suturis undulatis ; aperturá sub-circulari, fuscá, marginatá ; columella dente
minimo instructá.*

Fér. Guérin. Iconog. du Règn. Animal. Moll. pl. 6. f. 12.
Desh. Encycl. méth. vers. t. 2. p. 404, n° 9.

Habite les Antilles. Dans son iconographie du Règne animal, M. Guérin a figuré cette espèce sous ce nom, emprunté à la collection
de M. de Férussac. Cette coquille est allongée , à sommet plus
conique que dans le *Pupa mumia*. Il est cependant obtus, on
compte onze tours à la spire, ils sont étroits, à peine convexes,
et chargés d'un très grand nombre de stries fines, régulières,
un peu obliques. Le dernier tour est percé d'une petite fente
ombilicale, assez profonde et oblique, l'ouverture est presque circulaire, garnie d'un bord simple, épais, rosâtre et renversé
en dehors. Un petit pli remonte de l'intérieur de la coquille jusque
vers le bord , s'appuyant sur l'avant-dernier tour, tantôt simple,
tantôt sub-bifide. Cette coquille est souvent d'un gris rosé uniforme,
et quelquefois elle est semée de taches rousses dentelées ou onduleuses, obliques, en sens inverse des stries. Cette coquille a 23
millim. de long, et 10 de large.

† 31. Maillot barillet. *Pupa doliolum*. Drap.

P. *Testá cylindricá , obtusissimá, tenue plicato-striatá, pallide corneá ; aperturá, ovatá , basi unidentatá ; labro albo, reflexo , columellá interius bidentatá.*

Bulimus doliolum. Brug. Encycl. méth. vers. t. 1. p. 351.
Drap. Moll. p. 62. n° 8. pl. 3. f. 41. 42.
Le grand-barillet. Geoffroy. p. 58. pl. 2.
Turbo muscorum. Var. Dilw. Cat. t. 2. p. 878. n° 151.
Bulimus doliolum. Brug. Encycl. méth. vers. t. 1. p. 351.

De Roissy. Buf. Moll. t. 5. p. 361. n₀ 3.

Helix dolioium. Férus. Prod. p. 59. n° 473.

Kickx. Syn. Moll. Brab. p. 49. n° 58.

Hécart. Cat. des Coq. de Valenci. p. 15 n° 1.

Desh. Expédition de Morée. Zool. p. 169. n° 263.

Habite en France, en Allemagne, en Angleterre, en Italie et en Morée. Jolie petite espèce, qui, en petit, représente le *Pupa uva*. Elle est cylindrique, à tours nombreux et étroits, obliquement striés; l'ouverture a le péristome blanc, évasé en dehors. Elle est munie d'une dent un peu plus rapprochée de l'insertion du bord droit que de la columelle; celle-ci porte constamment deux petites dents réunies par la base. Cette petite coquille est d'un brun corné clair. Elle a 8 à 9 millim. de long, et 2 à 3 de large.

† 32. Maillot pagodule. *Pupa pagodula.* Desmoul.

P. testá parvá, dextrá, cylindrico-obovatá, ven ricosá ; pallide cor-neá ; costulis longitudinalibus, obliquis incrementalibus octoni-acutis minutissimis, elegantissime instructá; anfractibus octoni-, rotundatis, ultimo gibbo, transversè unisulcato ; aperturá subqua-dratá, obliquá, edentulá ; peristomate continuo, subreflexo ne-marginato, albo ; umbilicali spirali, profundá.

Desmoul. Act. soc. Linn. de Bord. t. 4, p. 158. f. 12.

Mich. Complem. à Drap. p. 59. n° 1. pl. 15. f. 26. 27.

Habite près Bergerac (Dordogne), parmi les mousses, au pied des arbres. Petite espèce bien distincte, ovale, globuleuse, formée de huit tours convexes élégamment striée en long, le dernier tour est bossu, il est pourvu à la base d'une fente ombilicale, l'ouverture est semi-lunaire, oblique à l'axe; le péristome est simple, sans dents, et épaissi. La couleur est d'un brun corné, pâle, le péristome est blanchâtre; cette petite coquille a deux millim. et demi de longueur.

† 33. Maillot allongé. *Pupa elatior.* Spix.

P. testá cylindraceá, elongatá, longitudinaliter profunde striatá, albidá ; aperturá ampliata biplicatá, labro reflexo.

Spix. Test. Bras. p. 20. n₀ 5. pl. 15. f. 1.

Habite le Brésil, dans les provinces orientales. Espèce fort singulière et qui, par ses caractères, devra constituer un groupe particulier parmi les Maillots. C'est la plus allongée des espèces connues, elle est allongée, cylindracée, très obtuse au sommet, formée d'un très grand nombre de tours étroits, peu convexes, et chargés d'un grand nombre de stries profondes et un peu obliques. Le dernier tour est court, convexe à la base, et percé d'une fente ombilicale, en partie cachée par le bord gauche. L'ouverture est semi-ovalaire, assez grande, son bord droit est peu épais, simple, et à peine renversé en dehors; le bord gauche est plus élargi et plus renversé à son insertion columellaire; il porte deux petites dents blanches inégales, séparées entre elles par un sillon. Cette coquille, rare dans les collections, est d'un blanc jaunâtre, cornée, lorsqu'elle a son épiderme, lorsqu'elle en est dépourvue, elle est blanche. Les grands individus ont 60 à 65 mill. de longueur, et 14 à 15 millimètres de large.

† 34. Maillot palanga. *Pupa palanga.* Férus.

P. testá elongato-cylindraceá, tenue et regulariter striatá, fulvo-rubescente, apice obtusissimá, anfractibus convexiusculis ; aperturá ovato-oblongá subquadrangulari, intus, marginatá, unidentatá.

Férus. Prodr. p. 59. n° 464.

Less. Voy. de la Coq. zool. t. 2. p. 328. pl. 8. f. 8.

Pupa fusus. Sow. gener. of shells. Pupa. f. 5.

Habite l'Ile de France. Le *Pupa fusus*, au sujet duquel nous avons fait une note paraît être l'espèce la plus voisine de celle-ci. Elles sont différentes cependant, et doivent être maintenues dans les catalogues. Le *Pupa palanga* est une coquille allongée, cylindracée, très obtuse au sommet. Elle est formée de huit à neuf tours, peu convexes, ornés de stries fines et régulières, descendant obliquement d'une suture à l'autre ; le dernier tour offre à la base une petite fente ombilicale, en partie cachée par le bord gauche. L'ouverture est blanche, ovale, oblongue, plus évasée antérieurement, d'un tiers plus longue que large. Les deux bords se rapprochent notablement avant de s'insérer sur l'avant-dernier tour. Dans les jeunes individus, l'ouverture est sans dents; dans les vieux, on en trouve une conique entre l'insertion des deux bords. Sous un épiderme jaunâtre, cette coquille est toute blanche. Les grands individus ont 35 millim. de long, et 10 de large.

† 35. Maillot fusiforme. *Pupa fusiformis.* Desh.

P. testá elongato-angustá, fusiformi, apice acuminatá, albo-griseá, substriatá; aperturá elongato-acuminatá, obliquá; labro reflexo, intùs unidentato; columella uniplicatá, contorta.

Desh. Expéd. de Morée. Zool. p. 169. n° 264. pl. 19. f. 55, 56, 57.

Habite la Morée. Espèce singulière dont nous n'avons vu qu'un fort petit nombre d'individus. Elle est allongée, fusiforme, toute lisse, d'un blanc grisâtre uniforme. L'ouverture est oblique à l'axe, ovale, oblongue, beaucoup plus haute que large, et terminée postérieurement en un angle aigu ; le bord droit est épaissi en dedans, évasé, et il porte une seule dent peu proéminente vers sa partie moyenne. La columelle présente sur le milieu un gros pli presque transverse, tordu à la manière de ceux des Auricules. Cette espèce est longue de 19 millim. et large de quatre et demi.

† 36. Maillot enflé. *Pupa inflata.* Wagn.

> P. *Testá cylindraceo-fusiformi, superne attenuato-acutá, inferne inflatá, tenuissime striatá, corneá ; aperturá amplá, sexplicatá ; labro reflexo, intùs, lineá fuscá limbato.*

Wagn. dans Spix. Test. bras. p. 20. n° 4. pl. 14. f. 4.

Eadem Junior. *Bulimus vitreus.* Spix. Test. bras. pl. 8. f. 2.

Habite le Brésil dans les provinces orientales. Coquille subfusiforme, un peu cylindracée, renflée en avant ; la spire est conique, obtuse, composée de dix à onze tours étroits, peu convexes, dont le dernier attenué à son extrémité antérieure, est comme pincé derrière le péristome. Ce dernier tour est percé à la base d'une fente ombilicale, et il a, le long du bord droit et en dehors trois impressions qui correspondent aux dents de l'intérieur. La surface est lisse, si ce n'est sur les sutures où l'on voit de petites stries longitudinales. L'ouverture est ovalaire, à péristome blanc, renversé, et bordé de brun ; en dedans, elle est garnie de six dents, une grosse columellaire lamelliforme infléchie en avant, deux très petites, presque égales, deux autres, dont la postérieure est la plus grosse, sont à distance, sur le bord droit, la sixième est à-peu-près à distance égale des deux insertions du bord sur l'avant–dernier tour. Cette coquille est d'un blanc cendré, et ornée de fascies brunes, longitudinales écartées, et irrégulièrement éparses. La longueur est de 24 millim., et sa largeur de 9.

† 37. Maillot pagode. *Pupa pagodus.* Fér.

> P. *testá globoso-turgidá, basi umbilicatá, sub epidermide lutescente candidá, apice obtusissimá; anfractibus convexis, sulcatis, ultimo lævigato ; aperturá albá, ovato- quadrangulari, unidentatá ; peristomate incrassato, subreflexo.*

Férus. Prod. p. 59. n° 470.

Les. Voy. de la coq. zool. t. 2. p. 326, pl. 8. f. 6.

Sow. Genera of shells. Pupa. f. 1.

Habite l'Ile de France. Très belle espèce, la plus courte et la plus enflée en proportion; elle est globuleuse, très obtuse au sommet, percé à la base d'un ombilic assez large, mais non pénétrant; la spire se compose de six à sept tours, ils sont convexes et obliquement sillonnés, si ce n'est le dernier qui reste lisse; l'ouverture est blanche, ovale, subquadrangulaire, les bords sont épaissis et renversés en dehors, ils sont parallèles et se réunissent en avant par une courbure régulière; entre l'insertion du bord droit et de la columelle, sur l'avant-dernier tour, se trouve en dedans de l'ouverture, une dent peu saillante, plus rapprochée du bord droit. Sous un épiderme d'un brun jaunâtre, interrompu de fascies obliques étroites et noires cette coquille est très blanche ; son épiderme est caduc, et ne se voit que rarement entier. Cette coquille a 32 millimètres de long et 25 de large.

† 38. Maillot à six dents. *Pupa sexdentata*. Wagn.

> *P. testá cylindraceo-fusiformi, attenuato-acutá, crassá , longitudinaliter tenuissime striatá, albidá ; aperturá sexplicatá, labro reflexo.*

Wagn. dans Spix. Test. bras. p. 19. n° 3. pl. 14 f. 3.

Habite le Brésil, dans les provinces de Saint-Paul et Saint-Sébastien. Nous ne connaissons cette espèce que par la figure de Spix et la description de M. Wagner. Nous avions pensé d'abord que cette espèce de Spix était faite avec un jeune individu de la coquille nommée *Clausilia exesa*, par M. de Férussac, mais un nouvel examen nous a convaincu, que toutes deux avaient des caractères propres à être distingués. le *Pupa sexdentata* est allongé, subcylindracé, atténué et pointu à son sommet. On compte dix tours peu convexes à la spire : ils sont très finement striés dans leur longueur, le dernier tour présente derrière le bord droit trois sillons profonds, et une ligne enfoncée près de la suture. L'ouverture est courte, ovalaire, et garnie de six dents, les deux plus grandes sont sur la columelle; la plus petite est à la base de l'ouverture, et des trois autres placées sur le bord droit, celle placée vers l'angle postérieur, est la plus petite; cet angle postérieur forme une petite gouttière très étroite ; le bord de l'ouverture est blanc, suivi en dedans d'un bord brun, il est évasé, et derrière le gauche est cachée une petite fente ombilicale. Toute la coquille est d'un blanc grisâtre, et ornée de quelques flammules brunes. Elle est longue de 28 millim. et large de 8.

† 39. Maillot strié. *Pupa striata*. Wagn.

> *P. testá cylindraceo-fusiformi, crassá, longitudinaliter striatá, pallidè brunneá, flammellis castaneo-rubris ornatá ; aperturá quadriplicatá; labro reflexo, albido.*

Wagn. dans Spix. Test. bras. p. 19. n° 2. pl. 14. f. 2.

Habite le Brésil, dans les provinces de Saint-Paul et de Saint-Sébastien. Coquille allongée, étroite, cylindracée, subconique. La spire est pointue au sommet. Elle est composée de onze tours, étroits,

peu convexes et striés assez profondément dans leur longueur. A la
base, et vers l'ouverture, le dernier tour est comme pincé et chargé
de rides assez grosses et irrégulières; l'ouverture est courte, ovalaire. Au point de sa jonction, avec l'avant-dernier tour, la columelle offre un gros pli transverse, un autre est situé au sommet
de la columelle, près du point où commence le bord droit. Enfin,
le bord droit porte lui-même deux dents, l'une en face du gros
pli columellaire, l'autre à l'extrémité antérieure de l'ouverture.
Le bord droit est épais et renversé en dehors. Toute la coquille est
d'un blanc grisâtre ou brunâtre, et elle est ornée de flammules
brunes, écartées, et plus ou moins nombreuses, selon les individus. La longueur est de 32 millim., et la largeur de 10.

'† 40. Maillot anconostome. *Pupa anconostoma.* Lowe.

P. *testâ ovato-cylindricâ, læviusculâ; corneo-rufuscente; spirâ obtusâ; anfractibus convexis, aperturâ, ovato subtrigonâ unidentatâ;
labro albo reflexo, antice subangulato.*

Helix anconostoma. Low. Moll. de Madère, p. 62. n° 62. pl. 6. f. 30.

Habite Madère. Petite espèce, ovale, subcylindracée, mince, transparente, d'un brun roux. Elle a des stries obliques, mais obsolètes
et peu apparentes. L'ouverture est subtrigone, une dent est placée
près du bord droit, ce bord est épaissi, blanc, et forme un angle
à l'extrémité antérieure de l'ouverture, la columelle est simple, arrondie et droite; elle se joint au bord droit, à l'angle dont nous
avons parlé. Cette coquille a 3 à 4 millim. de longueur.

† 41. Maillot casside. *Pupa cassida.* Lowe.

P. *testâ ovato-ventricosâ, tenuissime et regulariter striatâ, fusco-cas-
taneâ, brunneo-unizonatâ; anfractibus planis, ultimo basi subperforato; aperturâ angustâ, obliquâ, bis-plicatâ plicis inæqualibus.*

Helix cassida. Low. Moll. de Madère. p. 64. n° 67 pl. 6. f. 35.

Habite Madère, dans les vallées, sur les rochers. Petite coquille, curieuse, dont l'ouverture rappelle celle du *Pupa goodali.* Elle est
ovale, ventrue, à spire pointue, formée de sept à huit tours aplatis,
mais très finement et très régulièrement striés; le dernier tour est
circonscrit par une petite zone brune qui ressort assez bien sur le
fond fauve du reste. L'ouverture est ovale, oblongue, rétrécie
postérieurement; elle est armée sur le pourtour de sept ou huit
dents inégales, le bord droit en porte cinq. Ce bord est rosé et assez épais. La longueur de cette espèce est de 4 millim., sa largeur
de 3.

† 42. Maillot biplissé. *Pupa biplicata.* Mich.

P. *testâ elongatâ, cylindricâ, pellucidâ, nitidâ, glabrâ, umbilicatâ;*

albidá; anfractibus novenis subplanis, superioribus minimis, aliis æqualibus; aperturá triangulari; columellá uniplicatá; labio uniplicato; labro tumido; peristomate reflexo, albo, apice obtusissimo.

Mich. complément à Drap. p. 68. n° 7. pl. 15. f. 33 , 34.

Habite Lyon, dans les alluvions du Rhône. Petite espèce, bien distincte, d'un blanc grisâtre, toute cylindrique, à spire obtuse. L'ouverture est ovale, subtriangulaire, plus haute que large; son bord est épais, renversé en dehors, et un peu flexueux sur le côté droit. A l'intérieur de l'ouverture, il y a deux dents, l'une sur le plancher formé par l'avant-dernier tour, l'autre au-dessus, sur la columelle. Cette coquille a quatre à cinq mill. de long, et 2 de large.

† 43. Maillot des Pyrénées. *Pupa pyrenæaria.* Mich.

P. testá oblongá, subcylindricá, umbilicatá, fulvá, nitidá, subpellucidá, obliquè striatá, striis regularibus; anfractibus novenis convexiusculis; aperturá 5 vel. 6. plicatá, rotundatá, coarctatá; peristomate, reflexo, albo, submarginato, continuo; labro sinuato, columellá callosá, uniplicatá; apice obstuso.

Mich. Complem. à Drap. p. 66. n° 15. pl. 15. f. 37. 38.

Habite les Pyrénées. Coquille allongée, cylindracée, obtuse au sommet, à laquelle on compte neuf tours peu convexes, presque égaux, obliquement et très régulièrement striés, toute la coquille est d'un brun corné, elle est diaphane. L'ouverture est ovale, obronde; elle porte à l'intérieur six grands plis presque égaux, trois sur le bord droit , deux sur la columelle , un sur l'avant dernier tour. Le péristome est blanc, épais, et continu dans les vieux individus. Cette espèce a 7 à 8 millim. de long et 2 de large.

† 44. Maillot grimace. *Pupa ringens.* Mich.

P. testá cylindricá, ventricosá, obliquè striatá, umbilicatá, cinereocorneá; anfractibus octo vel novenis convexis; aperturá semi-lunari, coarctatá; peristomate reflexo, albo, triplicato; labro angulato, labio bi-plicato; columellá callosá, triplicatá, plicá, mediante interiore; plicis omnibus albis; apice obtuso.

Mich. Compl. à Drap. p. 64. no 12. pl, 15. f. 35. 36.

Habite Bagnères de Bigorre (Hautes-Pyrénées). Espèce cylindracée, un peu ventrue , de couleur de corne cendrée, la spire est de huit tours convexes , obliquement striés, le sommet est obtus. L'ouverture est subquadrangulaire, le péristome est épais et renversé en dehors, il est garni dans tout son pourtour de huit dents inégales : trois sur le bord droit; elles sont petites et presque égales ; trois sur la columelle, celle du milieu est la plus grande, mais elle est plus enfoncée que les autres ; enfin, deux sur l'avant-dernier tour, dont la plus voisine de la columelle est grande et pointue. Cette coquille assez rare a 7 à 8 millim. de longueur.

† 45. Maillot des montagnes. *Pupa monticola.* Lowe.

P. testá cylindraceá, castaneá, pallido fasciatá, spirá obtusá ; anfractibus convexis, regulariter striatis, striis elevatis ; aperturá, sub-sexdentatá; columellá biplicatá, labio bidentato ; labro incrassato, albo, tridentato.

Helix monticola. Low. Moll. de Madère, p. 63. n° 65. pl. 6. f. 32.

Habite au sommet des montagnes dans l'île de Porto-Santo. Jolie petite espèce formée de six tours très convexes, d'un brun marron fasciés, de la même couleur, plus pâle; son sommet est obtus, et elle est couverte de stries très régulières et saillantes. L'ouverture est ovale et présente six dents, deux sur la columelle, dont la postérieure est très effacée ; deux très rapprochées et parallèles sur l'avant-dernier tour ; la postérieure est la plus grande et se continue avec le bord droit. Ce bord est épaissi, blanchâtre, et il porte trois dents, dont la médiane est la plus grande. Cette espèce a 3 millim. de longueur.

† 46. Maillot très-petit. *Pupa minutissima.* Hartm.

P. testá pygmœá, cylíndricá, obtusá, subtillissimè striatulá; aperturá subrotundá ; peristomate reflexiusculo, edentulo.

P. minutissima. Hartm. p. 220. n° 28. pl. 2. f. 5.

Pfeiff. III. p. 38. pl. 70. f. 12, 13.

Charp. in exempl. *P. minuta.*

Drap. p. 59. pl. 3. fig. 36, 37. *pupa muscorum.*

Rossm. Icon. Sumvass. moll. p. 84. pl. 2. f. 38.

Habite en France, en Allemagne, etc. Bruguière avait donné le nom de *Bulimus muscorum* à une coquille qui n'est pas celle que Linné a nommée *Turbo muscorum*. Draparnaud, dans l'intention sans doute de remédier à l'erreur de Bruguière, fait lui-même une double erreur ; il attribue le nom de muscorum à une espèce que Linné ne connut pas, et donna le nom de *Pupa marginata* au véritable *Turbo muscorum* de Linné. Lamarck rectifia une partie de la synonymie, mais il restait le *Pupa muscorum* de Draparnaud auquel il était nécessaire de donner un autre nom. M. Hartman, le premier, lui ayant donné celui de *Pupa minutissima*, il devra désormais rester à l'espèce.

Cette espèce est certainement l'une des plus petites du genre; elle est

allongée, cylindracée, obtuse au sommet ; ses tours sont convexes
et striés ; l'ouverture est semi-lunaire et un peu moins haute que
large et sans dents. Cette petite coquille a à peine 2 millim. de long
et 1 de large.

47. Maillot sans plis. *Pupa inornata.* Mich.

P. testá elongatá, cylindricá, subtilissimè striatá, pellucidá, umbi-
licatá, fulvá; anfractibus octonis, convexis; suturá subprofundá;
aperturá semilunari, edentulá; peristomate subreflexo; apice obtuso.
Mich. Compl. à Drap. p. 63. n° 8. pl. 15. f. 31. 32.

Habite Lyon, dans les alluvions du Rhône. Il serait facile de la confondre avec le *Pupa edentula* de Drap. Ce qui la distingue essentiellement, c'est qu'elle est plus allongée et plus cylindrique. Elle
nous paraît avoir beaucoup plus de ressemblance avec le *Pupa*
marginata, dont elle semble une variété édentule.

48. Maillot nain. *Pupa nana.* Mich.

P. testá minimá, sinistrorsá, cylindrico-acuminatá, ventricosá, sub-
perforatá, nitidá, pellucidá, corneá; anfractibus primis obtusis
duobus superioribus minimis; aperturá semilunari, peristomate
albo reflexo; labro angulato, columellá subcallosá, biplicatá,
plicá alterá interiore; apice obtuso.
Mich. Compl. à Drap. p. 71. n° 3. pl. 15. f. 24, 25.

Habite Lyon, sous les pierres. Petite coquille subglobuleuse, ventrue,
mince, diaphane, d'un brun corné, atténuée à ses extrémités. Ses
tours sont convexes et régulièrement striés. L'ouverture est semi-
lunaire, à péristome blanc et réfléchi ; le bord droit est un peu
rentrant vers le milieu. On ne voit que deux plis dans l'ouverture
et tous deux sont sur la columelle, mais l'un d'eux est plus enfoncé.
Outre ces caractères, cette espèce se distingue encore de ses congénères en ce qu'elle est sénestre. Elle a deux millim. de longueur
et un de large.

49. Maillot pygmé. *Pupa pygmœa.* Drap.

P. testá fulvo-corneá, cylindraceá, obtusá; anfractibus quinque;
aperturá quadridentatá; peristomate reflexo.
Drap. Hist. des moll. p. 60. n° 3. pl. 3. f. 30, 31.
Millet. Moll. de Maine-et-Loire. p. 33. n° 1.
Vertigo pygmœa. Férus. Prod. p. 64. n° 5.
Id. Pfeiff. Syst. anord. p. 72. n° 3. pl. 3. f. 47, 48.
Nilss. Hist. moll. suec. p. 53. n° 5.
Kleb. Syn. moll. boruss. p. 21. n° 4.
Alder. Cat. test. moll. Tr. soc. newc. p. 34. n° 33.

Kickx. Syn. moll. brab. p. 48. n° 56.

Col. des ch. cat. des coq. du Finist. p. 68. n₀ 2.

Vertigo pygmœa. Mich. compl. à Drap. p. 71. n₀ 6.

Id. Turton. man. p. 103. n° 83. f. 83.

Vertigo pygmœa. Wagn. Supp. à Chemn. p. 176. pl. 235. f. 4125.

Hécart. Cat. des coq. de Valenci. p. 16. n° 4.

Desmoul. Cat. des moll. de la Gironde. p. 13. n° 2.

Vertigo pygmœa. Goupil. Hist. des moll. de la Sarthe. p. 39.

Id. Bouillet. Cat. des moll. d'Auverg. p. 56. n° 2.

Habite en France, en Allemagne, en Angleterre, en Russie, en Suède. Elle se tient dans les prés humides, dans les lieux ombragés, sous les pierres. Elle est ovale, cylindrique, obtuse au sommet, lisse, luisante, d'un brun châtain : la spire a quatre ou cinq tours convexes; l'ouverture est arrondie, garnie de quatre dents dont une seule columellaire : péristome sinueux, réfléchi; fente ombilicale très ouverte. Cette petite espèce a deux millim. de longueur et un de large.

† 50. Maillot vertigo. *Pupa vertigo.* Drap.

P. testá minimá, sinistrorsá, corneá ; anfractibus quinque; aperturá sexplicatá ; peristomate subreflexo sinuato.

Vertigo pusilla. Mull. verm. p. 124. n° 320.

Drap. Moll. p. 61. n° 5. pl. 33. f. 34, 35.

Bowd. Elem. of Conch. pl. 8. f. 35.

Vertigo pusilla. Wagn. Suppl. à Chemn. p. 177. pl. 235. f. 4126.

Schrot. Flussconch. p. 349.

Férus. Syst. Conch. p. 52. n° 2.

Helix vertigo. Gmel. p. 3664. n° 155.

Turbo vertigo. Dillw. Cat. t. 2. p. 880. n° 154.

Vertigo pusilla. Férus. Prod. p. 65. n 10.

Id. Pfeiff. Syst. anord. p. 72. n° 2. pl. 3. f. 45, 46.

Nilss. Hist. moll. suec. p. 53. n° 6.

Alder. Cat. test. moll. Tr. soc. newc. p. 35. n° 34.

Kickx. Syn. moll. brab. p. 50. n° 60.

Vertigo pusilla. Mich. sup. à Drap. p. 72. n° 5.

Vertigo heterostropha. Tur. man. p. 105. n° 86. f. 86.

Vertigo pusilla. Goupil, Hist. des moll. de la Sarthe. p. 40. n° 2.

Id. Bouillet. Cat. des moll. d'Auverg. p. 57. n° 3.

Id. fossilis Bouillet. Cat. des coq. foss. d'Auver. p. 113. n° 2.

Habite en France, en Allemagne en Angleterre, en Suède, en Belgique, sous les pierres, dans les mousses, dans les lieux humides.

Coquille sénestre, ovale, cylindracée, obtuse, finement striée; stries superficielles, d'un brun obscur; spire de quatre à cinq tours; ouverture aussi haute que large, rétrécie vers son bord latéral par un pli profond muni d'une dent à l'intérieur; deux plis élevés sur le milieu de la columelle, un autre ascendant vers le bord columellaire: enfin un osselet élastique dans le fond de l'ouverture; péristome brun, sinueux, réfléchi; fente ombilicale oblique, peu ouverte. Cette espèce, très petite et presque microscopique, a un millim. de longueur et trois quarts de millim. de large.

† 51. Maillot anti-vertigo. *Pupa anti-vertigo.* Drap.

P. testâ ovatâ, ventricosâ; aperturâ coarctatâ, septemplicatâ, anfractibus convexis, levigatis; labio laterali angulato.

Drap. Moll. p. 60. nᵒ 4. pl. 3. f. 32. 3.

Bowd. Elem. of. Conch. pl. 8. f. 36.

Vertigo sexdentata. Wagn. Suppl. à Chemn. p. 175. pl. 235. f. 4124.

Vertigo septemdentata. Férus, Prod. p. 64. nᵒ 7.

Vertigo sexdentata. Pfeiff. Syst. anord. p. 71. nᵒ 1. pl. 3. f. 43, 44.

Nilss. Hist. moll. suec. p. 52. nₒ 2.

Kickx. Syn. moll. brab. p. 50. nᵒ 61.

Col. des ch. cat. des coq. du Finist. p. 68. nₒ 7.

Vertigo anti-vertigo. Mich. Sup. à Drap. p. 72. nᵒ 4.

Vertigo palustris. Turt. man. p. 104, nᵒ 85. f. 85.

Vertigo anti-vertigo. Goupil. Hist. des moll. de la Sarthe, p. 40. n. 3.

Habite en France, dans les lieux humides, sous les mousses, sous les pierres. Coquille dextre, ovale, cylindracée, obtuse, lisse, luisante, d'un brun fauve; spire de cinq tours; ouverture semiovale, ayant une petite inflexion latérale et rentrante, garnie intérieurement de sept dents dont quatre dans le pourtour supérieur et trois sur la columelle; péristome sinueux, légèrement réfléchi; fente ombilicale oblique, peu ouverte. Cette petite coquille a deux millim. de long et un de large. Nous empruntons à l'excellent petit ouvrage de M. Goupil, sur les mollusques de la Sarthe, cette courte et exacte description.

†. 52. Maillot tridental. *Pupa tridentalis.* Mich.

P. testâ, parvâ, cylindricâ, obtusâ, fulvâ, longitudinaliter obliquè striatulâ; anfractibus septenis convexis; ultimo extùs unisulcato; suturâ profundâ; aperturâ subrotundâ; columellâ uniplicatâ; labro infernè bidentato, marginato, subreflexo; umbilico-patulo; apice obtuso.

Mich. Compl. à Drap. p. 61. nᵒ 2. pl. 15. f. 28 et 30.

An eadem ? Vertigo anglica. Turt. man. p. 102. nᵒ 82.

Habite les environs de Lyon. Petite coquille cylindracée que l'on prendrait pour le *Pupa marginata* de Draparnaud, mais que l'on distingue par trois petites dents à l'intérieur de l'ouverture; les deux dents du bord droit sont très profondes et se voient quelquefois assez difficilement. Cette espèce a deux à trois millim. de longueur.

† 53. **Maillot chéilogone.** *Pupa cheilogona.* Lowe.

P. testâ ovato-cylindraceâ, corneâ, lævi, vel obsolete striatâ; anfractibus convexiusculis, ultimo basi latè umbilicato; spira obtusâ; aperturâ ovato–oblongâ, coarctatâ, triplicatâ; plicâ unicâ in columellâ duabus parallelis in ventrum positis.

Helix cheilogona. Lowe. Moll. de Madère, p. 63. n. 63. pl. 6. f. 31.

Habite Madère. Petite espèce qui a bien des rapports avec le *Pupa tridentalis* de M. Michaud; elle est cependant un peu plus grande et les dents de l'ouverture sont autrement disposées dans celle–ci; il y a un seul pli columellaire et les deux autres sont placés parallèlement sur l'avant-dernier tour; entre l'extrémité du bord droit et la base de la columelle, le bord droit est épaissi et vers son milieu il rentre un peu en dedans. La base est percée d'un ombilic assez grand.

† 54. **Maillot de Goodall.** *Pupa Goodalii.* Férus.

P. testâ ovato-oblongâ, parvâ, undiquè obtusâ, lævi, nitidissimâ, diaphanâ, fulvâ, anfractibus septenis subconvexis; aperturâ ringente, subtriangulari, angulo superiori acuto, labro bidentato, dente majore marginali, alio interiore; labio biplicato, plicâ ad marginem, alterâ intùs ad angulum longitudinaliter dispositâ; columella callosâ unidentatâ et unilamellatâ, lamellâ flexâ, decurrente; dentibus plicis lamellâque albis.

Cochlodonta Goodalii. Fér. Prod. p. 71. no 492.

Turbo tridens. Pulteney, Cat. Dorset. p. 46. pl. 19. f. 12.

Mont. Brit. Shells, t. 2. p. 38. pl. 11. f. 2. et 3. p. 125.

Matton et Rackett. Lin. transact. 8. p. 181. no 52.

Dillwyn. Desc. cat. p. 877.

Mich. Compl. à Drap. p. 68. no 21. pl. 15. fig. 39. 40.

Azeca tridens Alder. Cat. test. moll. tr. soc. newc. p. 32. no 24.

Azeca matoni. Turt. Manuel, p. 65. no 52. f. 52.

Habite Metz, Verdun, dans les bois, sur les mousses humides, aux pieds des arbres; se trouve aussi en Angleterre et en Allemagne. Coquille fort singulière, lisse, brillante, transparente comme le *Bulimus lubricus*, mais ayant une ouverture tout-à-fait remarquable par sa forme et ses caractères.

† 55. Maillot cylindrique. *Pupa cylindrica*. Mich.

P. testá ovato-cylindraceá, apice obtusá, corneá, longitudinaliter tenuè et eleganter striatá; umbilico patulo; aperturá ovatá, albá, octo vel novem plicatá; columella plicis duobus parallelis instructá; marginibus incrassatis, reflexis.

Mich. Desc. de quelques coq. bull. de Bord. t. 3. f. 17, 18.

Desh. Encycl. méth. vers. t. 2. p. 404. n° 10.

Habite à Bascara, non loin de Figuières. Jolie espèce d'une forme allongée, cylindrique, formée de 13 à 14 tours; la spire est très obtuse au sommet; le dernier tour est percé à la base d'un ombilic étroit mais profond; les tours sont peu convexes et couverts de stries fines, serrées, longitudinales et régulières. L'ouverture est blanche; elle se détache de l'avant-dernier tour pour se porter en avant; elle est ovalaire, plus haute que large et un peu resserrée latéralement en dedans; elle est obstruée par huit, quelquefois neuf plis; cinq ou six seulement s'approchent du bord, les autres se terminent au fond de l'ouverture et ne se voient bien que dans les vieux individus. Cette coquille d'un brun corné clair est longue de 9 millim. et large de trois.

† 56. Maillot cylindre. *Pupa cylindrus*. Desh.

P. testá subumbilicatá, pellucidá, tenui, ex purpureo tinctá; nfractibus convexiusculis, contiguis, angustis, æqualibus, tenuissimè striatis; apice obtuso; aperturá orbiculari, simplici, labro detecto undiquè reflexo.

Lister. Conch. pl. 21. f. 17.

Chemn. Conch. t. 11. p. 279. pl. 209. f. 2061, 2062, *Turbo cylindrus.*

Turbo cylindrus. Dillw. Cat. t. 2. p. 862. n. 111.

Cochlodina cylindrus. Fér. Prodr. p. 61. n. 500.

Habite la Jamaïque (Chemnitz). Belle et singulière espèce, allongée, cylindracée, blanche-pourprée ou d'une couleur pourprée, uniforme; ses tours de spire sont étroits, à peine convexes et couverts de stries obliques, extrêmement fines; le dernier tour est percé au centre d'un petit ombilic non pénétrant l'ouverture et détaché de l'avant-dernier tour; elle est arrondie, à bords évasés dans toute la circonférence. Cette coquille est comme le *Bulimus decollatus*; elle est souvent tronquée au sommet. Dans cet état elle est longue de vingt-huit millim. et large de neuf.

† *Espèces fossiles.*

† 1. Maillot ancien. *Pupa antiqua.* Matheron.

P. *testâ perversâ ,cylindraceâ, turgidulâ, attenuato–obtusâ , lævi;
anfractibus planulatis ; suturis vix excavatis ; labro margine reflexo.*

Math. Ann. des sc. et de l'industrie du midi. t. **3**. p. 56. pl. 1. f. 4. 5.

Habite......... Fossile dans le terrain d'eau douce, de Baux.

Cette espèce ressemble beaucoup par sa forme et par sa taille aux
grands individus du *Pupa tridens;* elle est lisse, les tours sont à
peine convexes, à suture fine et peu apparente; l'ouverture est
grande en proportion de la taille de la coquille; elle est sub-ova-
laire, à bords épaissis, renversés, mais simples et sans dents.

† 2. Maillot épais. *Pupa patula.* Math.

P. *testâ perversâ, cylindraceâ, attenuato-acutâ, longitudinaliter
sulcatâ ; sulcis creberrimis, angustis, subflexuosis, aperturâ patulâ, labro margine reflexo.*

Math. Ann. des sc. et de l'ind. du midi de la France. t. **3**. p. 57.
n° 4. pl. 1. f. 8. 10.

Habite.......... Fossile des environs de Rognac, dans les couches
moyennes du terrain à lignite. Belle espèce que nous mentionnons
ici d'après M. Matheron, mais dont nous ne pouvons faire la description ne l'ayant pas sous les yeux : elle est plissée longitudinalement à la manière de certaines Clausilies; l'ouverture est très
grande et très évasée et n'a ni dents ni plis. Cette espèce a vingt-
cinq millim. de long. et huit de large.

CLAUSILIE. (Clausilia.)

Coquille le plus souvent fusiforme ; grêle, à sommet un
peu obtus. Ouverture irrégulière , arrondie-ovale ; à
bords partout réunis, libres, réfléchis en dehors.

*Testa sæpissimè fusiformis , gracilis; apice obtusiusculo.
Apertura irregularis, rotundato-ovata ; marginibus undiquè connatis, liberis, extùs reflexis.*

OBSERVATIONS. — Le nom de *Clausilie* fut d'abord significatif;

car, dans l'origine, on l'appliqua à des coquilles dont l'entrée
de l'ouverture, à une certaine profondeur, est fermée par
une pièce mobile et particulière. Cette pièce, en effet, est
ovalaire, testacée, soutenue par un pédicule mince et élastique, qui s'insère sur la columelle. Elle fait les fonctions d'opercule, et cède à la moindre pression du corps de l'animal lorsqu'il
veut sortir de sa coquille; mais dès qu'il y est rentré, elle
reprend sa 'place par le ressort de son pédicule. On ne l'aperçoit pas au dehors, parce qu'elle est située dans l'avant-dernier
tour. Daubenton la fit connaître, dès l'année 1743, à l'Académie des sciences, dans un mémoire qu'il lut à cette Académie, et qui avait pour objet une *distribution méthodique
des coquillages*, dans laquelle le fait particulier de cette pièce
à pédicule élastique se trouve rapporté et décrit (Voyez les
Mémoires de l'Académie des sciences, année 1743, p. 46 et
suiv.) (1). Depuis, Draparnaud, remarquant cette pièce oper-
culaire dans certaines des coquilles qu'il observait, donna à ces
coquilles le nom de *Clausilie*. Mais j'ignore si toutes les espèces
que nous rapportons au genre Clausilie ont la pièce élastique
dont il est question; je présume seulement qu'elle s'y trouve,
soit développée et complète, soit ébauchée ou élémentaire. Le
caractère essentiel dont il s'agit ici repose donc uniquement sur
la considération de la forme et de l'état des deux bords de
l'ouverture. Or, ce caractère consiste en ce que ces deux bords
sont partout réunis, libres dans leur contour, et refléchis au
dehors. Ainsi nos Clausilies comprennent toutes celles de Draparnaud, qui sont des coquilles fusiformes, et d'autres encore
qui sont cylindracées. Toutes néanmoins sont réunies par le
caractère des deux bords de l'ouverture partout réfléchis, libres et continus.

[Comme nous l'avons déjà dit, le genre Clausilie n'est pas
de ceux que l'on puisse conserver. Si, en effet, on le compare
avec celui des Maillots, on trouve dans ces animaux des carac-

---

(1) Avant Draparnaud, Muller, en décrivant son *Helix bidens,*
eut soin de parler de la pièce operculiforme des Clausilies; il
indique sa position sur la columelle et son jeu lorsque l'animal rentre dans sa coquille ou en sort.

tères semblables, et si dans celles des espèces prises aux extrémités de la série, il y a des dissemblances constantes celles
prises dans le milieu offrent un passage d'un genre à l'autre,
et l'on est indécis dans lequel des deux elles doivent être placées.

On ne connaissait autrefois qu'un fort petit nombre de Clausilies. Dans son prodrome publié en 1821, M. de Férussac en
mentionne quarante-huit espèces; mais depuis, les voyages faits
dans le midi de la Russie, en Crimée, et dans une petite partie
de l'Asie, en ont fait découvrir un grand nombre d'espèces curieuses, de sorte que l'on peut regarder cette partie des conti-
nens comme la véritable patrie des Clausilies; car il en existe
plus d'espèces là que sur tout le reste de la terre. D'après l'ouvrage de M. Rosmasler, ouvrage, pour le dire en passant, très
utile pour l'étude des Clausilies en particulier, et des coquilles
terrestres et fluviatiles de l'Europe; dans cet ouvrage, disons-
nous, on trouve la description et une très bonne figure de
soixante-quatorze espèces à ajouter à celles inscrites par M. de
Férussac. Si l'on réunit à ces deux nombres celles des espèces
découvertes en d'autres lieux, on comptera plus de cent cinquante espèces dans un petit genre créé il y a 35 ans par Draparnaud, pour y placer les neuf espèces connues en France et
dans l'Europe septentrionale.

ESPÈCES.

1. Clausilie col-tors. *Clausilia torticollis.* **Lamk.**

> *Cl. testá sinistrorsá, cylindraceá, truncatá, rectè striatá, rufo-ferru-*
> *gineá; collo angustato, anguloso et arcuato; aperturá edentulá.*
> *Bulimus torticollis.* Oliv. Voy. pl. 17. f. 4. a. b.
> *Helix torticollis.* Daudeb. Hist. des Moll. n° 513.
> * Férus. Syst. Conch. p. 61. n₀ 3.
> Habite dans l'île de Candie. Mon cabinet. Coquille singulière, ayant
> 7 lignes de longueur.

2. Clausilie troncatule. *Clausilia truncatula.* **Lamk. (1)**

---

(1) M. de Férussac avait donné un nom à cette espèce avant
que Lamarck lui en rendit un dans cet ouvrage; sa synonymie en
est la preuve et il sera juste de rendre à l'espèce son premier
nom de *Clausilia gracilicollis.*

Cl. testá tereti, gracili, truncatá, longitudinaliter striatá ; albido-griseá ; aperturá ovato-rotundatá, edentulá.

Helix gracilicollis. Daudeb. Prod. des Moll. nº 5o5.

* Férus. Hist. des Moll. pl. 163. f. 10.

Habite dans l'île de Saint-Thomas. M. *Daudebard.* Mon cabinet. Longueur, 9 lignes.

3. Clausilie rétuse. *Clausilia retusa.* Lamk.

Cl. testá sinistrorsá, cylindraceá, truncatá, exquisitè striatá, griseo-rufescente ; aperturá subplicatá.

Bulimus retusus. Oliv. Voy. pl. 17. f. 2. a. b.

Helix retusa. Daudeb. Hist. des Moll. nº 514.

* Desh. Expéd. de Morée. Zool. p. 166. nº 255.

Habite dans l'île de Candie. Mon cabinet. Longueur, six lignes et demie.

4. Clausilie costulée. *Clausilia costulata.* Lamk. (1)

Cl. testá cylindraceo-fusiformi, ovtusá rufo-fuscescente ; striis tenuissimis longitudinalibus obliquis ; costulis longitudinalibus rectis, remotis, striis decussantibus; aperturá albá; labro columellari bilamellato.

Turbo tridens. Chemn. Conch. 9. t. 112. f. 957.

Helix bicanaliculata. Daudeb. Hist. des Moll. nº 523.

* *Turbo labiatus* [*pars*]. Dillw. Cat. t. 2. p. 875.

* Bowd. Elem. of Conch. pl. 8. f. 28.?

* *Clausilia labiata.* Sow. Gener. of shells. f. 3.

Habite dans l'île de Porto-Ricco. *Maugé.* Mon cabinet. Coquille singulière par le croisement de ses côtes et de ses stries. Son ouverture et ses bords sont d'un beau blanc ; ces derniers sont fort amples. Longueur, près de 11 lignes.

5. Clausilie froncée. *Clausilia corrugata.* Drap. (2)

---

(1) Pour cette espèce nous pensons que ni le nom de Lamarck ni celui de M. de Férussac ne doivent rester : il y en a un plus ancien, celui de Chemnitz ; et pour nous, comme pour les zoologistes qui tiennent à une bonne nomenclature, cette espèce sera le *Clausilia tridens*, quoique en réalité elle n'ait le plus souvent que deux dents à l'ouverture.

(2) M. Michaud, qui a parcouru presque toute la France, et qui dans ses voyages a eu l'occasion d'examiner les collections

Cl. testá sinistrorsá, fusiformi, opacá, lævi cinereá, anfractu, in-fimo valdè rugoso; aperturá biplicatá.

Turbo corrugatus. Chemn. Conch. 9. t. 112. f. 961. 962.

Bulimus corrugatus. Brug. Dict. n° 95.

Clausilia corrugata. Drap. Moll. pl. 4. f. 11. 12.

Helix corrugatá. Daudeb. Hist. des Moll. n° 519.

* Férus. Syst. Conch. p. 51. n° 2.

* *Turbo bidens.* Var. Z. Gmel. p. 3609.

* *Turbo corrugatus.* Dillw. Cat. t. 2. p. 875. n° 144.

* Mich. Compl. à Drap. p. 54. n° 4.

Habite la France méridionale et en Espagne. Mon cabinet. Le sommet de la spire est rougeâtre ou d'un bleu noirâtre. Longueur, dix lignes et demie.

6. Clausilie renflée. *Clausilia inflata.* Lamk.

Cl. testá sinistrorsá, fusiformi, opacá, valdè striatá, cinereá; apice nigricante; ultimo anfractu rugis plicato; aperturá biplicatá.

Bulimus inflatus. Oliv. Voy. pl. 17. f. 3, a. b.

Helix inflata. Daudeb. Hist. des Moll. n° 521.

* Guer. Icon. du Règn. anim. Moll. pl. 6. f. 13.

Habite dans l'île de Candie. Mon cabinet. Elle avoisine beaucoup la précédente; mais elle a des stries élevées. Longueur, 10 lignes.

7. Clausilie amincie. *Clausilia teres.* Lamk.

Cl. testá sinistrorsá fusiformi, subgracili, minutissimè striatá, cinereá; apice fuscá; ultimo anfractu subrugoso; aperturá biplicatá.

Bulimus teres. Oliv. Voy. pl. 17. f. 6. a. b.

Helix teres. Daudeb. Hist. des Moll. n° 517.

* Desh. Expéd. de Morée. Zool. p. 166. n° 257.

Habite dans l'île de Candie. Mon cabinet. Longueur, près de 11 lignes.

8. Clausilie dentelée. *Clausilia denticulata.* Lamk.

Cl. sinistrorsá, fusiformi, minutissimè et obliquè striatá, rubro

---

de localité; qui lui-même a fait avec une rare persévérance la recherche des coquilles terrestres et fluviatiles de France, dit, dans son complément à Draparnaud, qu'il n'a jamais trouvé en France le *Clausilia corrugata.* Il est à présumer que Draparnaud a été trompé par quelque fausse indication.

violacescente ; columellâ uniplicatâ ; labro intùs denticulato.

Bulimus denticulatus. Oliv. pl. 17. f. 9. a. b.

Helix denticulata. Daudeb. Hist. des Moll. n° 538.

Habite dans l'île de Scio. Mon cabinet. Longueur, 6 lignes et demie.

9. Clausilie collaire. *Clausilia collaris.* Férus.

Cl. testâ fusiformi-subulatâ, acutissimâ, longitudinaliter et oblique striatâ, rufescente ; anfractibus numerosissimis ; aperturâ mimimâ, rotundatâ, edentulâ.

Lister. Conch. t. 20. f. 16.

Petiv. Gaz. t. 153. f. 4.

Helix collaris. Daudeb. Hist. des Moll. n° 507. pl. 163. f. 7.

Habite l'île de Porto-Ricco. *Maugé.* Mon cabinet. Longueur, 6 lignes et demie.

10. Clausilie papilleuse. *Clausilia papillaris.* Drap. (1)

Cl. testâ sinistrorsâ, fusiformi, pellucidâ, exilissimè striatâ, corneo-fuscescente; suturis lineâ fuscâ marginatis papill'sque albis crenulatis, aperturâ biplicatâ.

Turbo bidens. Lin. Syst. nat. p. 1240. Gmel. p. 3069. n° 87.

* *Turbo terrestris non descriptus,* Fab. Colum. p. 17. ch. 7. pl. 16. f. 10.

Helix papillaris. Muller. Verm. p. 120. n° 317.

Bonanni, Recr. 3. f. 41.

Gualt. Test. t. 4. fig. D. E.

Murray, Testac. Fundam. t. 1. f. 2.

* Fav. Conch. pl. 65. f. E 9.

Chemn. Conch. 9. t. 112. f. 963. 964.

* *Turbo bidens.* Schrot. Einl. t. 2. p. 55.

* Olivi. Adriat. p. 171.

Bulimus papillaris. Brug. Dict. n° 94.

Clausilia papillaris. Drap. Moll. pl. 4. f. 13.

* *Clausilia bidens.* Turt. Man. p. 73. n° 56. f 56.

---

(1) Il est fâcheux que Muller ait donné à cette espèce un autre nom que Linné ; car il est bien difficile, lorsque tant d'auteurs ont consacré par l'usage le nom de Muller, de revenir aujourd'hui à celui de Linné. Ce serait avec justice cependant que l'on rendrait au *Clausilia papillaris* celui de *Clausilia bidens*, et il serait nécessaire en même temps de donner un autre nom au *Clausilia bidens*. Drap. (*Helix bidens* Mull.)

* Férus. Syst. Conch. p. 5r. n° r.
* *Turbo bidens.* Dillw. Cat. 2. p. 8₇3. n₀ 14r.
Helix papillaris. Daudeb. Hist. des Moll. n° 528.
* Nilss. Hist. des Moll. de Suède, p. 44. n° 2.
* Coll. des Ch. Cat. des coq. du Finist. p. 68, n° r.
* Wagn. Supp. à Chemn. p. 189. pl. 236. f. 414r.
* *Bulimus papillaris.* Poiret, Prod. p. 59. n° 27.
* Kickx. Syn. Moll. brab. p. 4r. n₀ 46.
Clausilia bidens. Turton. Man. p. ₇3. n° 56. f. 56.
* Philippi, enum. Moll. p. r38.
Habite en France, dans le Languedoc et le Dauphiné, etc., et se
trouve aussi en Italie. Mon cabinet. Jolie coquille, ayant 7 lignes
de longueur.

11. Clausilie plicatule. *Clausilia plicatula.* Drap.

Cl. testá sinistrorsá, fusiformi, striatá, rufo-fuscá; columellá quadri
seu quinqueplicatá: plicis duabus magis perspicuis.
Clausilia plicatula. Drap. Moll. pl. 4. f. r₇. r8.
Helix plicatula. Daudeb. Hist. des Moll. n° 540.
* Hécart. Cat. des coq. de Valenc. p. 8. n₀ 3.
* Desmoul. Cat. des Moll. de la Gironde. p. r4. n° 2.
* Rosm. Iconog. t. r. p. r₇9. pl. 32. f. 32.
* Pfeiff. Syst. anord. p. 64. n° 7. pl. 3. f. 3r.
* Nills. Hist. moll. suec. p. 54. n° 3.
* Payr. Cat. p. r03. n₀ 223.
* Kickx. Syn. Moll. brab. p. 43. n° 49.
* Turton. Man. p. ₇r. n° 54. pl. 54.
Habite dans le midi de la France, etc., sous les mousses, au bas
des vieux murs. Mon cabinet. Longueur, 7 lignes et demie.

12. Clausilie ridée. *Clausilia rugosa.* Drap. (1)

Cl. testá sinistrorsá, tereti-attenuatá, gracili, acutá, striatá, rubro-
fuscescente; aperturá bidentatá; labro margine albo, reflexo.
Helix perversa. Muller, Verm. p. rr8. n° 3r6.

---

(1) Cette espèce ayant été nommée *Helix perversa* par Muller,
il serait convenable de lui rendre son premier nom et de l'inscrire sous celui de *Clausilia perversa.* Nous n'ignorons pas ce
que ce nom a de défectueux dans un genre où presque toutes
les espèces sont sénestres; mais il y a bien plus d'inconvéniens
à laisser la nomenclature en désordre.

La nompareille. Geoff. Coq. p. 63, n° 23.

Bulimus perversus. Brug. Dict. n° 92.

Clausilia rugosa. Drap. Moll. pl. 4. f. 19. 20.

Helix rugosa. Daudeb. Hist. des Moll. n° 543.

* Dacosta. Conch. brit. p. 10. pl. 5. f. 15.

* *Turbo perversus.* Pennant. zool. brit. 1812. t. 4. p. 311. n° 54. pl. 85. f. 3 ?

* *Turbo nigricans.* Dillw. Cat. t. 2. p. 875. n$_0$ 145.   ·

* Millet. Moll. de Maine et Loire, p. 38. n° 3.

* *Clausilia perversa.* Pfeif. Syst. anord. p. 62. n° 4. pl. 3. f. 28.

* Nilss. Hist. Moll. suec. p. 46, n° 4.

* Payr. Cat. p. 104. n° 224.

* Alder. Cat. Test. Moll. tr. soc. New. p. 32. n° 26.

* Kickx. Syn. moll. brab. p. 39. n° 44.

* Col. des Ch. Cat. des Coq. du Finist. p. 69. n° 2.

* Turton. Man. p. 74. n° 58. f. 58.

* Hécart. Cat. des coq. de Valenc. p. 8. n° 2.

* Desmoul. Cat. des Moll. de la Gironde, p. 14. n° 3.

* Goupil. Hist. des Moll. de la Sarthe. p. 35, n° 3.

* Bouillet. Cat. des Moll. d'Auverg. p. 52. n° 4.

* *An eadem? Clausilia similis.* Rosm. Iconog. t. 1. p. 77. pl. 2. f. 30.

* *Fossilis* Bouillet, Cat. des coq. foss. d'Auv. p. 119. n° 1.

Habite en France, dans les fentes des vieux arbres, sous les mousses, etc. Mon cabinet. Ses deux dents sont columellaires. Longueur, 4 lignes trois quarts.

† 13. Clausilie lisse. *Clausilia bidens.* Drap.

Cl. testá elongato-fusiformi subventricosá, solidá, substriatá, rufescente ; aperturá ovato pyriformi , bidentatá ; lamellá inferiore emersá, flexuosá; clausilio apice marginato.

Helix bidens. Mull. Verm. p. 116. n° 315.

Lister Conch. pl. 41. f. A.

Turbo bidens. Pennant. Brit. zool. 1812. t. 4. p. 309. n$_0$ 49. pl. 84. f. 5.

Bulimus bidens. Poiret. Prod. p. 57. n° 26.

Drap. Moll. p. 68. n$_0$ 1. pl. 4. f. 5. 6. 7.

Millet. Moll. de Maine-et-Loire, p. 36. n° 1.

Turbo bidens. Chemn. Conch. t. 9. p. 119. pl. 112. f. 960. n° 1.

Bulimus bidens. Brug. Encycl. méth. vers. t. 1. p. 352.

Turbo laminatus. Dillw. Cat. t. 2. p. 874. n$_0$ 142 ?

Helix derugata. Férus. Prod. p. 63. n° 529.

Clausilia bidens. Pfeif. Syst. anord. p. 60. n° 1. pl. 3. f. 25.

Clausilia bidens. Nilss. Hist. moll. suec. p. 43. n₀ 1.

Alder. Cat. Test. Moll. p. 32. n° 25.

Kickx. Syn. moll Brab. p. 40. n° 45.

Col. des Ch. Cat. des coq. du Finist. p. 69. no **3**.

Clausilia laminata. Turton. Man. p. 70. n° 53. f. 53.

Hécart. Cat. des coq. de Valenci. p. 8. n° 1.

Des moul. Cat. des Moll. de la Gironde. p. 14. n₀ 1.

Goupil. Hist. des Moll. de la Sarthe, p. 33. n° 1.

Rosm. Iconog. t. 1. p. 76. pl. 2. f. 29.

Bouillet. Cat. des Moll. de l'Auv. p. 50. n° 1.

Habite presque toute l'Europe. Espèce très connue, fusiforme, lisse, cornée, transparente, à sommet obtus et un peu mamelonné ; l'ouverture est évasée et présente deux plis fort grands, le columellaire surtout. Cette espèce est trop connue pour que nous en fassions une description plus complète.

† 14. Clausilie blanchâtre. *Clausilia candidescens.* Ziegl.

Cl. testá vix rimatá, fusiformi, ventricosá ; solidá, violascenti-lacteá, glabriusculá, apice et cervice striatis ; aperturá rotundatá ; peristomate continuo, soluto, late reflexo, labiato ; lamellá superiore emersá ; compressá ; inferiore subduplice.

Cl. candidescens. Z. in lett.

Rosm. Icon. Susswass. Moll. t. 2. p. 10. pl. 7. f. 104.

Habite les Abruzzes. Coquille fusiforme, ventrue, ayant le sommet obtus et cylindracé, presque toujours brun et finement strié, les tours de la spire sont peu convexes, et le dernier est à peine ridé sur le dos, mais il est strié, tandis que les tours médians sont lisses et d'un blanc bleuâtre. L'ouverture est grande, presque circulaire, ayant une gouttière à l'angle postérieur, le bord est large et évasé, l'ouverture a deux plis, l'un supérieur, droit, placé près de l'angle de l'ouverture, l'autre columellaire, élargi, comprimé et oblique, en s'enfonçant dans l'ouverture, il semble devoir se joindre à l'autre. Cette espèce a beaucoup de ressemblance avec le *Clausilia maccarana.*

† 15. Clausilie de Cattaro. *Clausilia Catarvensis.* Ziegl.

Cl. testá cylindrico-attenuatá, subventricosá, pallidè corneá, pellucidá, nitidiusculá ; anfractibus convexiusculis ; aperturá subsemiovatá, peristomate disjuncto, reflexo, acuto ; marginibus subæqualibus ; cervice impressá, striatá ; palato triplicato.

Rosm. Icon. Susswass. Moll. t 2. p. 8. pl. 7. f 100.

Habite aux environs de Cattaro en Dalmatie. Belle espèce allongée,

fusiforme, mince , transparente, couleur de corne blonde. Elle a le
sommet obtus et les premiers tours sont striés, ceux du milieu sont
lisses et brillans, le dernier est finement ridé sur le dos et vers
l'ouverture; celle-ci est semi-ovale, coupée en arrière, presque
transversalement de sorte que le bord droit, n'est guère plus long
que le gauche, il y a deux plis principaux, l'un columellaire oblique, l'autre placé vers l'angle, sort de l'ouverture, se recourbe à
droite et vient se continuer avec l'extrémité du bord droit de sorte
que ce bord semble réellement entrer dans l'ouverture sous la
forme d'un pli. Dans le fond de l'ouverture, on trouve deux plis
profonds s'avançant parallèles près de la suture, et un troisième
presque caché derrière le pli columellaire. Cette coquille a 25
millim. de long et 6 de large.

† 16. Clausilie souillée. *Clausilia contaminata.* Ziegl.

> *Cl. testá profundiùs rimatá, clavatá, ventricosá, solidá, livido-calca-
> reá ; aperturá subrhombeo-rotundatá; peristomate disjuncto, re-
> flexo, labiato, incrassato; lamellá superiore puncti-formi; infe-
> riore immersá, sub- obliteratá.*

Rosm. Icon. Susswass. Moll. p. 11. pl. 7. f. 105.

Habite aux environs de Corfou. Espèce très voisine du *Clausilia candidescens.* Elle a la même forme et la même taille, cependant son
test est plus solide et d'un blanc terne, un peu livide, lisse, si ce
n'est l'extrémité du dernier tour, sur laquelle on trouve des rides
assez grosses ; l'ouverture est subcirculaire, à bords élargis, continus, et très évasés en dehors. Ce qui distingue plus particulièrement cette espèce, c'est que des deux plis de l'ouverture, l'un placé
vers l'angle postérieur, est punctiforme, et l'autre columellaire est
oblique, épais, et comme oblitéré. Cette espèce a 19 millim. de
long et 6 de large.

† 17. Clausilie de Dalmatie. *Clausilia Dalmatina.* Partsch.

> *Cl. testá fusiformi-subcylindricá; ventricosá, cinereo-lacteá, spar-
> sim obscure atomatá et striolatá; anfractibus planiusculis; aper-
> turá ovato-pyriformi, aquose hepaticá; peristomate continuo, sub-
> soluto, reflexo, acuto, sublabiato; cervice rugosá; lamellá inferá
> parum elatá.*

Cl. marmorata. Ziegl. in litt.

Cl. dalmatina. Partsch. Mus. Cæs. Vindob.

Cl. corrugata. Drap. sec. Menke sed falso.

Rosm. Icon. Susswass. Moll. t. 2. p. 7. pl. 7. f. 98.

Habite la Dalmatie. C'est cette espèce qui a été prise à tort par

M. Menke pour le *Clausilia corrugata* de Draparnaud, mais elle s'en distingue constamment, ce dont MM. Partsch et Ziegler se sont bien aperçus. Cette espèce a des rapports avec le *Clausilia candidescens* et le *maccarana*. Elle se distingue de l'une et de l'autre par les plis de l'ouverture et la coloration. Elle est fusiforme, ventrue, d'un blanc bleuâtre, irrégulièrement ponctuée de brun, elle est lisse ou à peine striée, le dos du dernier tour est chargé de rides nombreuses et serrées, souvent bifides en descendant vers la suture. L'ouverture est ovale, obronde, d'un blanc pâle, à bords évasés et minces. On trouve deux plis principaux placés sur la columelle, et en plongeant dans le fond de l'ouverture, on en aperçoit trois autres, l'un redressé derrière le pli columellaire, les deux autres très rapprochés forment une petite gouttière profondément placée le long de la suture. La longueur est de 23 millim., la largeur de 6.

† 18. Clausilie grisâtre. *Clausilia grisea*. Desh.

Cl. testá elongatá, fusiformi, ventricosá, lævigatá, albo griscá fusconubeculatá; ultimo anfractu ad aperturam striato; aperturá dilatato; columellá biplicatá, plicá anteriore bifidá.

Desh. Expéd. de Morée. Zool. p. 168. pl. 19. f. 52 à 54.

Habite la Morée où elle parait rare. Coquille fusiforme, ventrue, lisse, brillante, à sommet brun et obtus, ayant les premiers tours striés, et le dernier finement plissé sur le dos et vers l'ouverture; les tours sont peu convexes, l'ouverture est ovale, blanche, à bords presque égaux et parallèles, épaissis et renversés. Il y a deux plis columellaires, le premier est épais à la base, profond, oblique et bifide; le second s'avance jusque sur le bord, il est placé non loin de l'insertion du bord droit au fond de l'ouverture, et près de la suture s'élèvent deux lames très minces, parallèles et assez saillantes. Toute la coquille est d'un gris corné, interrompu par des taches brunes, longitudinales et nuageuses. Longueur, 19 millim., largeur 5.

† 19. Clausilie luisante. *Clausilia lævissima*. Ziegl.

Cl. testá subcylindrico-fusiformi, gracili, pallidè corneá, pellucidá, nitidá, lævi; anfractibus planiusculis; aperturá ovato-pyriformi; peristomate connexo, reflexo, acuto; marginibus, inæqualibus; cervice striatá; palato supra uniplicato.

Menke. Syn. ed. 11. p. 30.

Rosm. Icon. Suswass. moll. t. 2. p. 9. pl. 7. f. 101.

Habite la Dalmatie. Coquille ventrue, fusiforme, ayant le sommet obtus et subcylindracé. Les tours de spire sont à peine convexes, entièrement lisses, et toute la coquille est polie et brillante. Elle est mince, transparente, d'un corné rougeâtre pâle, le dernier tour porte sur le dos des rides très fines et très serrées. L'ouverture est blanche, ovalaire, à péristome assez élargi, réfléchi, mais mince. La columelle porte un pli oblique, subitement tronqué en avant. Derrière la troncature s'élève du fond un autre pli peu saillant, un troisième pli est placé vers l'angle postérieur, et contribue à le changer en une petite gouttière. Enfin, au fond de l'ouverture et suivant la suture, on voit un quatrième pli peu proéminent. Cette coquille a 20 millim. de long et six de large.

† 20. Clausilie de Macarsca. *Clausilia Macarana.* Ziegl.

Cl. testá fusiformi, subventricosá, violascenti-cinereá, striatulá; anfractibus convexiusculis; aperturá rotundato pyriformi, hepaticá; peristomate continuo soluto, late reflexo, acuto; cervice rugosá; lamellis hepaticis, flexuosis, validis.

Cl. macarana. Ziegl. in litt.

Cl. corrugata. Menke. Synops.

Rosm. icon. Susswass. Moll. t. 2. p. 6. pl. 7. f. 97.

Clausilia macascarensis. Sow. genera of shells. Clausilia, f. 1.

Habite Macarsca en Dalmatie. Belle et grande espèce allongée, ventrue, fusiforme, lisse ou substriée, brune et obtuse au sommet, d'un blanc bleuâtre, dans tout le reste de son étendue; les tours sont peu convexes, et le dernier est ridé irrégulièrement sur le dos. L'ouverture est circulaire, dilatée, d'un brun hépathique, son péristome continu est mince, mais large et réfléchi. On voit sur la columelle une grande lame mince et oblique, derrière laquelle se redresse presque perpendiculairement un petit pli blanc; une autre lame est située vers l'insertion du bord droit, elle est écartée de la précédente, et ni l'une ni l'autre n'aboutissent au niveau du bord de l'ouverture. La longueur est de 35 millim., la largeur de 6.

† 21. Clausilie tachetée. *Clausilia maculosa.* Desh.

Cl. testá elongato-fusiformi, ventricosá apicè acuminatá, albo griseá, maculis longitudinalibus punctisve fuscis notatá; anfractibus convexiusculis; primis striatis: alteris lævigatis, ultimo, ad aperturam rugoso; aperturá ovatá, albá, columellá triplicatá.

Desh. Expéd. Sc. de Morée. Zool. p. 167. pl. 19. f. 67 à 69.

Habite la Morée et les iles de l'Archipel. Belle espèce, fusiforme, ventrue, facilement reconnaissable à ses taches longitudinales onduleuses, brunes, sur un fond blanc, grisâtre ou jaunâtre, opaque.

Le sommet est obtus , brun et strié ; le dernier tour porte surtout
vers l'ouverture des rides fines et profondes, quelquefois dicho-
tomes. L'ouverture est blanche, fauve au fond, elle est ovale, anguleuse postérieurement ; la columelle très oblique porte trois plis,
dont le médian est le plus grand ; on trouve aussi près de la suture, deux petites lamelles concentriques, l'une appartenant au
bord droit, l'autre au plancher de l'ouverture. Les grands individus de cette espèce ont 18 millim. , de long et 5 de large , mais ces
proportions sont variables ; il y a une variété qui n'a que trois millim. et demi de diamètre.

† 22. Clausilie marginée. *Clausilia marginata.* Ziegl.

*Cl. testâ vix rimatâ, fusiformi, corneo-flavescente, minutissime stria-
tulâ; aperturâ pyriformi, angustatâ ; peristomate continuo , affixo ; margine exteriore fusculo-labiato, majore; lamellâ superiore
compressâ, acuatâ; infer. elatâ, flexuosâ, palato triplicato ; clausilio apice bilobo.*

Rosm. Icon. Susswass. Moll. t. 2. p. 12. pl. 7. f. 107.

Habite le Bannat. Coquille allongée, fusiforme, très finement striée et
ridée sur le dos du dernier tour ; elle est mince , transparente ,
fauve, cornée. L'ouverture est ovale, oblongue, rétrécie postérieurement ; le bord gauche est très court, le droit est presque le double en longueur. Ces deux bords élargis et évasés en dehors sont
garnis en dedans d'une lèvre blanche, saillante à l'intérieur. Le pli
columellaire est grand, saillant, oblique, et subitement tronqué en
avant, il est proéminent dans le fond de l'ouverture, et il est séparé du second pli par une gorge large et profonde ; ce second pli
s'avance jusque sur le bord, et se confond avec l'extrémité du bord
droit. La longueur de cette espèce est de 17 millim., son diam. de
4 mill.

† 23. Clausilie à gros-ventre. *Clausilia pachygastris.* Partsch.

*Cl. testâ rimatâ, fusiformi, perquam ventricosâ , tenui pellucidâ, gla-
briusculâ , cinereo-lutescente; aperturâ rotundata ; palato uniplicato; peristomate connexo, reflexo, albo; lamellâ superiore compressâ, acuatâ emersâ ; inferiore mediocri.*

Cl. pachygastris. Partsch. Mus. Cæs. Vindob.

Rosm. Icon. Susswass. Moll. t. 2. p. 10. pl. 7. f. 103.

Habite la Dalmatie, dans l'île de Méléda. Espèce fusiforme, très
ventrue, ayant beaucoup de ressemblance avec le *Clausilia lœvis
sima,* elle est en proportion plus ventrue, elle est mince , transpa-

rente, presque lisse, d'un cendré jaunâtre ; l'ouverture est arrondie,
à peine anguleuse postérieurement ; le bord est évasé, élargi et
particulièrement épaissi à l'intérieur ; un peu avant l'angle postérieur, la columelle porte un pli oblique, mince, large, derrière lequel se redresse un pli beaucoup plus petit ; le pli postérieur s'a-
vance obliquement, jusque sur le bord avec lequel il se confond.
Cette coquille a 20 millim. de long. et 6 de diamètre.

† 24. Clausilie solide. *Clausilia solida*. Drap.

Cl. testá elongato-fusiformi, pallide corneá, solida, longitudinaliter
tenue et obsolete striatá; anfractibus convexiusculis; aperturá sub-
rotundá, bilamellatá; labro coarctato.

Drap. Moll. p. 69. n° 2. pl. 4. f. 8. 9.
Helix solida. Férus. Prod. p. 63. n° 535.
Rosm. Icon. t. 4. p. 18. pl. 18. f. 267.
Habite en France, aux environs de Lyon. Espèce allongée, fusiforme,
couleur de corne blonde, obtuse au sommet, ayant les tours peu
convexes et couverts de stries fines et obsolètes, le test est plus
épais et plus solide que dans la plupart des autres espèces ; l'ouverture est arrondie, l'angle postérieur étant peu marqué. Le bord
est épaissi, blanchâtre, continu, peu évasé. La lame columellaire est
grande, épaisse, et profondément placée dans l'ouverture ; l'autre
s'avance jusque sur le bord. Cette espèce a 13 millim. de long, et
3 et demi de diamètre.

† 25. Clausilie pointillée. *Clausilia punctata*. Mich.

Cl. testá fusiformi, pellucidá, longitudinaliter, oblique striatá, corneá,
vel fulvá ; anfractibus medium convexis, ultimo, corrugato, spira-
liter, ad suturam unisulcato ; suturis, denticulis albis supernè nota-
tis; apertura ovata; labio uniplicato; columellá bilamellatá.
Cochlodina denticulata ? Fér. Prod. p. 53. n° 538.
Bulimus denticulatus ? Oliv. Voy. au Levant. pl. 17. f. 9 a. b.
Mich. Compl. à Drap. p. 55. n° 5. pl. 15. f. 23.
Habite les environs d'Avignon, la Sicile. Espèce bien distincte, et
qui nous parait toujours différente du *Clausilia denticulata* d'Olivier ; elle est allongée, fusiforme, finement striée ; elle est d'un
brun corné ou fauve ; la suture est bordée d'une rangée de ponctuations blanches ; ces caractères rapprocheraient cette espèce d'un
côté avec le *Clausilia ventricosa*, d'un autre avec le *Clausilia pa-*
pillaris, mais elle diffère de l'une et de l'autre, par la taille et les
plis de l'ouverture. Il suffit de comparer entre elles les trois espèces
que nous venons de mentionner pour reconnaitre dans celle-ci une

espèce bien distincte. Cette coquille a 22 ou 23 millim. de longueur.

† 26. Clausilie plissée. *Clausilia plicata*. Drap.

Cl. testá subventricosá, corneá, striatá; aperturá pyriformi columellaque unilamellatá plicatis; peristomate patulo.

Drap. Moll. p. 72. nº 7. pl. 4. f. 15. 16.
Helix plicosa. Férus. Prod. p. 63. no 536.
Pfeiff. Syst. anord. p. 61. nº 2. pl. 3. f. 26.
Bowd. Elem. of Conch. pl. 8. f. 33.
Rosm. Icon. t. 1. p. 78. pl. 2. f. 31.

Habite en France, en Allemagne. Espèce allongée, assez semblable au *Clausilia ventricosa*, pour la taille, la couleur et les stries, mais constamment différente par les caractères de l'ouverture. Outre le pli de l'angle postérieur et celui plus grand de la columelle, tout le pourtour intérieur du péristome est chargé de petits plis courts, parallèles pour la plupart, et au nombre de 16 à 18. Cette coquille a 18 millim. de long et 4 de large.

† 27. Clausilie ventrue. *Clausilia ventricosa*. Drap.

Cl. testá fusiformi, gracili, bruneá, striatá; columellá biplicatá, margine laterali fauces coarctante; peristomate soluto, productoque.

Drap. Moll. p. 71. nº 6. pl. 4. f. 14.
Helix ventriculosa. Férus. Prod. p. 63. nº 531.
Pfeiff. Syst. anord. p. 63. nº 5. pl. 3. f. 29.
Mich. Compl. à Drap. p. 56. no 7.
Clausilia biplicata. Turton. Man., p. 72. nº 55. f. 55.
Bouillet. Cat. des Moll. d'Auv. p. 51. nº 3.
Rosm. Icon. t. 2. p. 9. pl. 7. f. 102. et t. 4. p. 21 et 22. pl. 18. f. 275. 276. 277. 279.

Habite en France, en Allemagne, en Angleterre. Espèce très commune, et bien connue depuis la description et la figure exactes de Draparnaud. Elle est allongée, fusiforme, un peu ventrue, d'un brun marron foncé, finement striée, ayant les tours convexes; vers les sutures, quelques stries sont blanches dans une petite partie de leur longueur. L'ouverture est brune, ovale, oblongue, anguleuse postérieurement; les bords sont continus, mais peu évasés. Les grands individus ont 21 millim. de long et 4 de large.

† 28. Clausilie douteuse. *Clausilia dubia*. Drap.

Cl. testá elongato-fusiformi, fuscá, corneá, striatá; anfractibus convexiusculis, ultimo supernè sulco bipartito; aperturá ovato-pyriformi, albá, columellá bilamellatá; labiis continuis, reflexis.

TOME VIII. 14

Drap. Moll. p. 70. n° 3. pl. 4. f. 10.
Millet. Moll. de Maine-et-Loire. p. 37. n° 2.
Férus. Prod. p. 63. n° 541.
Goupil. Hist. des Moll. de la Sarthe. p. 34. n° 2.
Bouillet. Cat. des Moll. de l'Auverg. p. 51. n° 2.
Habite en France, en Auvergne, dans le département de la Sarthe et
celui de Maine-et-Loire. Cette espèce semble intermédiaire entre
le *Clausilia rugosa* et le *ventricosa*. Elle est allongée, fusiforme,
finement et régulièrement striée ; sa couleur est brun-marron ; le
sommet est obtus, les tours de spire peu convexes, et le dernier
tour porte sur le dos, avant sa terminaison, un sillon assez profond
qui le partage en deux ; dans cette partie où existe le sillon, les
stries sont plus profondes et plus grosses. L'ouverture est ovale,
anguleuse postérieurement ; elle est blanche, et la columelle porte
deux lames saillantes , dont la plus antérieure ne s'avance pas
comme l'autre jusque sur le bord ; dans le fond de l'ouverture, il
existe un troisième pli transverse. La longueur est de 13 millim.,
la largeur, d'un peu plus de trois.

† 29. Clausilie guttulée. *Clausilia albo-guttulata.* Wagn.

Cl. testâ fusiformi, fuscâ, striatâ, nitidâ, pellucidâ anfractuum mar-
gine superiore remote albo-plicato; columellâ biplicatâ.
Wagn. Supp. à Chemn. p. 191. pl. 236. f. 4146.
Clausilia ornata. Zieg. Mus.
Clausilia albo pustulata. Crist. et Jan. Cat. p. 4. n° 33.
Clausilia ornata. Rosm. Icon. t. 3. p. 9. pl. 12. f. 164.
Habite la Dalmatie. Espèce assez voisine du *Clausilia papillaris*, mais
bien distincte. Elle est d'un brun corné, transparente, les tours
sont peu convexes, ils sont finement striés ; la suture, bordée en
dessus d'une rangée de points blancs, ces points occupent l'extrémité des stries un peu plus saillantes que les autres, et régulièrement espacées. L'ouverture est ovale, évasée, et présente deux plis,
l'un placé près de l'insertion du bord droit, l'autre fortement
tordu et saillant, un peu au-dessus de l'origine de la columelle.
Longueur, 17 millim., largeur 4.

† 30. Clausilie bleuâtre. *Clausilia cærulea.* Fér.

Cl. testâ elongato-fusi formi apice obtusâ et nigrâ, in medio inflatâ,
cærulescente; anfractibus convexiusculis; ultimo anfractu pro-
funde rugoso, supernè bipartito; aperturâ ovatâ, intus fuscâ, co-
lumellâ bidentatâ, dente opposito in labro dextro.
Férus. Prod. p. 62. n° 520.

Desh. Expéd. scien. de Morée. Moll. p. 166. pl. 19. f. 64. 65. 66.
Rosm. Icon. t. 2. p. 8. pl. 7. f. 99.

Habite la Morée et les îles de l'Archipel. Coquille allongée, turriculée, fusiforme, finement striée, ayant quelquefois les stries obsolètes par places ; le dernier tour est profondément ridé, et les rides sont souvent bifides en descendant vers la suture ; la coquille est assez épaisse, solide, d'un bleu blanchâtre ou grisâtre opaque, parsemé irrégulièrement de points ou de petites taches d'un bleu foncé ; le sommet obtus est toujours de cette dernière couleur. L'ouverture est ovale, oblongue ; l'angle postérieur est à peine marqué ; les bords sont blanchâtres, continus, et l'intérieur est d'un brun foncé. Des deux plis, le columellaire est peu saillant et très enfoncé ; l'autre, placé vers l'angle, s'avance davantage vers le bord, mais il reste petit. Cette coquille a 25 millim. de long. et 5 de larg.

† 31. Clausilie crépue. *Clausilia crispa*. Low.

Cl. testá elongato-turritá ; fuscá ; anfractibus convexis transversim tenue eleganterque striato-punctatis ; aperturá ovato-oblongá, bidentatá, utraque extremitate angulatá ; columellaribus plicis divaricatis.

Clausilia crispa. Lowe. Moll. de Madère, p. 65. n° 68. pl. 6. f. 36.

Habite Madère, sur les rochers. Espèce très voisine du *Clausilia bidens*. Elle est allongée, fusiforme, d'un brun assez foncé et uniforme. La surface extérieure est couverte de stries très fines, longitudinales, dans l'intérieur desquelles on aperçoit des stries transverses, beaucoup plus fines, onduleuses et subponctuées. L'ouverture est ovale, anguleuse à ses deux extrémités ; le bord droit est épais, renversé ; la columelle porte deux plis inégaux qui, partant du même point du fond, s'avancent en s'écartant. Cette coquille a 15 à 18 millim. de longueur.

† 32. Clausilie deltostome. *Clausilia deltostoma*. Low.

Cl. testá elongato-turritá ; apice obtusá ; fusco-castaneá ; anfractibus planiusculis, striis tenuibus, regularibus confertis ; aperturá oblique ovato-rotundatá, biplicatá ; plicá columellari obliquá duplici, posticá simplici, labro disjuncto, continuo, reflexo.

Low. Moll. de Madère, p. 65. n° 69. pl. 6. f. 37. 38.

Habite Madère et Porto-Santo. Coquille allongée, turriculée, d'un brun marron foncé, les tours sont peu convexes, finement et régulièrement striés ; les stries sont proéminentes, l'ouverture est ovale, oblongue, à péristome blanchâtre, épais et renversé en dehors. Des deux plis, l'un columellaire est oblique et double ; l'au

14.

tre est simple, proéminent, s'avance sur le bord du péristome, et se continue avec lui. Cette coquille a 12 à 14 millim. de longueur.

† 33. Clausilie strigillée. *Clausilia strigillata.* Muhlf.

Cl, testá rimatá, oblongo-cylindraceá, paucispirá, cinereá, capillaceo-costulatá; aperturá obliquá, rotundatá; peristomate continuo, affixo, reflexo, tenero; lamellis exiguis; cervice impressá, basi gibbá.

Rosm. Icon. Susswass. Moll. t. 2. p. 13. pl. 7. f. 110.

Habite Raguse. Espèce peu distincte du *Clausilia irregularis*; elle est allongée, étroite, subulée, cylindracée, formée d'un petit nombre de tours larges, aplatis et très finement costulés; le dernier tour est partagé sur le dos par un sillon médian et ridé vers l'ouverture; celle-ci est ovale, obronde, oblique, à bords continus, minces, évasés et renversés en dehors. Le pli columellaire est court, oblique, et séparé du pli postérieur par une gouttière assez large. Toute cette coquille est d'un blanc cendré. Elle est longue de 10 millim. et large de 2 et demi.

† 34. Clausilie lamelleuse. *Clausilia lamellosa.* Wagn.

Çl. testá fusiformi, corneá lamellis longitudinalibus, albis, creberrimis instructá, aperturá biplicatá, peristomate dilatato, patulo, reflexo.

Wagn. Supp. à Chemn. p. 190. pl. 236. f. 4143.

Clausilia sulcosa. Rosm. Icon. t. 2. p. 13. pl. 7. f. 109.

Habite la Dalmatie. Nous conservons à cette espèce son premier nom; on ne peut douter que le *Clausilia lamellosa* de M. Wagner, quoique mal figurée, ne soit la même que celle nommée cinq à six ans plus tard *Clausilia sulcosa* par M. Rossmasler. Cette espèce, par sa forme et l'ensemble de ses caractères, a beaucoup d'analogie avec le *Clausilia exarata*. Elle est allongée, grèle, fusiforme, à tours larges et aplatis; sa couleur est d'un brun pâle, et elle est ornée d'un grand nombre de stries lamelliformes, blanches. L'ouverture est blanchâtre, dilatée, presque circulaire, à bords minces et continus; il y a deux plis dans l'ouverture, le plus grand est le columellaire, il est oblique, et se termine avant d'aboutir sur le bord; le second, situé vers l'angle postérieur, vient se confondre avec le péristome et s'élève à son niveau. Cette petite coquille a 12 millim. de long, et deux et demi de diamètre.

† 35. Clausilie irrégulière. *Clausilia irregularis.* Ziegl.

Cl. testá vix rimatá, fusiformi, gracili, rubello vel violascenti-cinereá, costulatá; aperturá pyriformi subampliatá; peristomate sejuncto ; lamellis emersis , margine columellari brevissimo ; margine exteriore longiore producto.

Cl. irregularis. Ziegl. in litt.

Rosm. Icon. Susswass. Moll. p. 14. pl. 7. f. 112.

Habite aux environs de Raguse. Coquille allongée, subulée, étroite, d'un fauve pâle, violacé, ayant le sommet brunâtre ; les tours sont aplatis, et on y voit un assez grand nombre de petits plis obliques, blanchâtres, et beaucoup moins réguliers que dans le *Clausilia exarata ;* ces plis, dans quelques individus, sont presque effacés. L'ouverture est ovale, le bord columellaire est très court, et se continue en se contournant avec le pli columellaire antérieur ; le bord droit, beaucoup plus long, rejoint le second pli de l'ouverture, de sorte que l'interruption du péristome a lieu entre les deux plis ; le bord droit est assez fortement développé, le gauche est accompagné en dehors d'un petit bourrelet ridé, et le dos du dernier tour, ridé plus profondément que le reste, est divisé en deux parties très inégales par un sillon superficiel. Cette coquille est longue de 14 millim., et large de deux et demi.

+ 36. Clausilie élégante. *Clausilia formosa.* Ziegl.

Cl. testá rimatá, oblongo-fusiformi, paucispiratá lutescenti-cinereá, capillaceo-costulatá ; aperturá obliquá, rotundatá ; peristomate subsejuncto, reflexo, acuato ; lamellis exiguis ; cervice basi gibbá.

Cl. formosa. Z. in litt.

Rosm. Icon. Susswass. Moll. p. 14. pl. 7. f. 111.

Habite la Dalmatie. Petite espèce fusiforme, étroite, d'un fauve cendré et couverte de stries extrêmement fines. Les tours de spire sont peu nombreux, élargis, aplatis et conjoints, le sommet est obtus. L'ouverture est ovale, oblongue, à bords minces, renversés en dehors, mais étroits ; le bord droit est un peu sinueux avant de se fixer à l'avant-dernier tour ; en dedans de l'ouverture, on trouve un très grand pli columellaire, oblique et très aplati, et près de l'angle postérieur, concourant même à le former, un second pli petit et droit. Cette petite espèce a 10 millim. de long et deux et demi de large.

+ 37. Clausilie multisillonnée. *Clausilia exarata.* Ziegl.

Cl. testá exumbilicatá, cylindrico-fusiformi, gracili violascenti-cinereá, argute albo, costulatá ; aperturá piriformi-rotundatá, fauce angustá ; peristomate continuo soluto productoque, reflexo, acuato, fragili ; lamellis compressis, exiguis ; cervice impressá, basi bicristatá.

Rossm. Icon. Susswass. Moll. p. 13. pl. 7 f. 108.

Habite la Dalmatie, aux environs de Macarsca. Très belle espèce, très allongée, grèle, fusiforme, à sommet obtus, à tours aplatis et presque conjoints. Sur un fond d'un brun violacé, les tours sont ornés d'un grand nombre de côtes blanches, régulières, serrées, longitudinales. Le dernier tour est subcaréné à la base, et les sillons, en aboutissant à la carène, se redressent en écailles assez larges. Outre ce caractère, le dernier tour en offre encore un autre; il a le dos divisé en deux parties inégales, par un sillon profond; l'ouverture est ovalaire, on y trouve deux lames columellaires, assez larges et divergentes, et au-dessous de la supérieure une troisième lame beaucoup plus courte, et qui s'avance moins loin vers l'ouverture. Les bords sont élargis, mais restent minces; ils sont souvent blancs, quelquefois d'un brun hépatique fort clair. Cette élégante coquille a 25 millim. de long. et 4 de diamètre.

† 38. Clausilie Gargantua. *Clausilia Gargantua*. Fér.

Cl. testá turritá, longitudinaliter confertissime striatá, aperturá sinuosá; labro reflexo, integro, continuo, intus dentibus octo instructo, tribus in labio dextro tribus in labio sinistro, quorum duo connati, uno in angulo inferiore altero in angulo superiore; basi bicarinatá; carinis inæqualibus umbilico minore circumdantibus.

Férus. Prod. p. 62. n° 510.

Id. Hist. des Moll. pl. 163. f. 1.

Helix Odontostoma. Férus. Hist. des Moll. pl. 163. f. 2.

Bulimus odontostoma. Sow. Zool. Journ. t. 1. p. 59. pl. 5. f. 3.

Rang. Desc. des coq. terr. p. 57. n° 59.

Habite le Brésil. Nous réunissons ces deux espèces, car nous ne voyons pas de caractères assez constans pour les distinguer. Elle est l'une des plus grandes espèces du genre; on pourrait aussi la mettre dans le genre Pupa, étant de ces espèces ambiguës qui montrent la relation intime qui existe entre les genres *Clausilia* et *Pupa*. Elle est allongée, fusiforme, atténuée à ses extrémités, ventrue dans le milieu. Les six ou sept tours dont elle est formée sont peu convexes, ils sont finement striés dans leur longueur. Le dernier se termine à la base par un plan oblique contourné d'arrière en avant, et très nettement limité par deux angles, l'un moins saillant, est du côté d'une petite fente ombilicale; l'autre est à l'extérieur. L'ouverture est entièrement détachée et projetée en avant; elle est ovale, ses bords sont épais, évasés et garnis à l'intérieur de six ou sept grosses dents, dont la saillie de celles d'un côté correspond aux interstices de celles de l'autre. Toute la coquille est

d'un brun rougeâtre, lorsqu'elle est fraîche; elle a 40 millim. de
long et 12 de large. Cette espèce n'est pas sénestre comme les autres Clausilies, mais dextre comme les Maillots.

† 39. Clausilie rongée. *Clausilia exesa.* Spix.

*Cl. testá cylindraceo-fusiformi, exesá, albidá, aperturá quadriplicatá
labro roseo, expanso, late reflexo.*

Spix. Moll. du Brésil. p. 19. n° 1. pl. 14. f. 1.

Moric. Mem. de Genève. t. 7. p. 441. n° 45.

Habite le Brésil. Elle est rare dans les collections. M. de Férussac a
figuré sous le nom d'*Exesa* une espèce bien différente de celle de
Spix ; c'est à l'espèce de M. de Férussac que doit être rapportée la
coquille mentionnée sous le nom d'*Helix exesa*, par M. Rang, dans
son mémoire sur les coquilles recueillies pendant un voyage en
Afrique et au Brésil (Ann. des Sc. nat. t. 24. p. 58). M. Moricaud,
dans son mémoire sur les coquilles du Brésil, a le premier fait remarquer l'erreur de M. de Férussac. La synonymie de l'espèce doit
donc se réduire aux deux citations que nous conservons.

Le *Clausilia exesa* est une coquille singulière qui a beaucoup de
rapports avec le *Bulimus pentagruelinus.* Elle appartient peut-être
au même genre. Elle est allongée, fusiforme, assez épaisse et solide ; la spire étroite, pointue, est formée de huit à neuf tours
convexes, striés longitudinalement, mais dont les stries sont plus
apparentes au-dessous des sutures. Le dernier tour est percé à la
base d'une fente ombilicale, étroite, en partie cachée par le bord
gauche. L'ouverture est ovale, oblongue, ses bords sont largement
évasés en dehors, ils sont d'un beau rose pourpré ; vers le milieu de
la longueur du bord droit, on trouve deux petits plis obliques,
presque égaux, qui ne se continuent pas à l'intérieur ; il y a deux
plis columellaires, plus épais et plus saillans que les deux autres ;
la couleur de la coquille est d'un blanc grisâtre ou rosâtre, marbré de brun. Les grands individus ont plus de 45 millim. de longueur et 15 de large.

† 40. Clausilie antiperverse. *Clausilia antiperversa.* Fér.

*Cl. testá elongato-turritá, subcylindraceá, apice obtusá, basi perfo-
ratá, fusco-luteá, tenuiter striatá ; anfractibus angustis convexis,
ultimo penultimo detecto, distorto ; aperturá albá, subquadrangulari, simplici edentulá, labro lato, reflexo.*

Férus. Prodr. p. 61. n° 509.

Id. Hist. des Moll. p. 163. f. 5. 6.

An eadem species? Pupa truncatula. Sow. Genera of shells. Pupa.
fig. 7.

Habite la Guadeloupe, la Martinique (Férussac). On pourrait aussi
bien comprendre cette espèce parmi les Maillots que parmi les
Clausilies. Elle est fort singulière, et mérite de former, avec quelques autres espèces, une petite section dans ce genre ; elle est allongée, turriculée, sa spire, obtuse au sommet, se compose d'un
grand nombre de tours convexes, s'accroissant lentement, et finement striés dans leur longueur, le dernier est percé à la base d'un
ombilic médiocre, mais profond ; avant de se terminer, ce dernier
tour se détache, se projette obliquement en avant, et se termine
par une ouverture blanche subquadrangulaire, à bords minces,
mais larges et très évasés. Cette coquille a 15 à 18 millim. de
long et quatre de large.

† 41. Clausilie subulée. *Clausilia subula.* Fer.

*C. testâ elongato-turritâ, apice acutâ, cylindraceâ angustâ, tenui,
fragili tenuissime striatâ ; anfractibus convexiusculis, ultimo basi
angulato detecto producto; aperturâ obliquâ, albâ, subcirculari;
labiis reflexis.*

Férus. Prod. p. 61. no 508.

Id. Hist. des Moll. pl. 163. f. 8.

Habite.... On la dit de Cuba. Espèce allongée, turriculée, étroite,
un peu obtuse au sommet. Elle est mince, cornée, transparente,
d'un brun peu foncé, ses tours à peine convexes, sont couverts de
stries longitudinales, très fines et très serrées ; le dernier tour a la
base circonscrite par un angle.Ce dernier tour se détache et se porte
en avant pour se terminer en une ouverture presque circulaire,
un peu subquadrangulaire, surtout dans le jeune âge; elle est simple, les bords continus sont minces et largement renversés en
dehors. Cette coquille a 18 millim. de longueur.

† 42. Clausilie à gros plis. *Clausilia perplicata.* Fér.

*Cl. testâ elongato-turrita, cylindraceâ, angustâ, apice decollatâ, te-
nui, corneâ, longitudinaliter lamellosâ; anfractibus, angustissimis;
ultimo detecto producto; aperturâ albâ circulari, labiis reflexis.*

Férus. Prod. p. 61. no 506.

Id. Hist. des Moll. pl. 163. f. 9.

Habite les Antilles (Férussac).Belle espèce, ayant l'apparence d'un
petit scalaire, elle est allongée, subulée, étroite, souvent tronquée
au sommet, à la manière du *Bulimus decollatus*, mince, transparente, cornée; elle est chargée de plis saillans, distans, se succédant obliquement, d'un tour à l'autre; ces lames sont blanches, et
entre elles, on aperçoit des stries très fines et onduleuses; la base
du dernier tour est circonscrite par un angle obtus sur lequel

viennent se relever, en une série d'écailles, les côtes longitudinales.
L'ouverture est obliquement détachée, elle est blanche, arrondie,
à bords minces et évasés. Cette coquille est longue de 18 millim.,
et large de 4.

† 43. Clausilie de Chemnitz. *Clausilia Chemnitziana.* Fér.

Cl. testá elongato-turritá, pellucidá candidá, striato-rugosá cylin-
draceá; aperturá ovato-rotundatá, simplici, edentulá, peristomate
continuo, labro reflexo.

Turbo elongatus. Chemn. Conch. t. 9. p. 114. pl. 112. f. 955.

Férus. Prod. p. 62. n° 622.

An eadem? Pupa gracilis. Sow. Genera of shells. *Pupa.* fig. 8.

Habite la Jamaïque (Chemnitz). Coquille allongée, étroite, turriculée, formée de treize à quatorze tours, à peine convexes, et
chargés de stries assez grosses et écartées; toute la coquille est
mince, blanche, transparente; son ouverture, ovale-oblongue, se
détache un peu de l'avant-dernier tour; elle est simple, sans dents
ni plis à l'intérieur. Cette coquille a 30 à 35 millim. de longueur
et 8 à 9 de large.

† 44. Clausilie très grande. *Clausilia maxima.* Gratcloup.

Cl. testá fossili sinistrorsá, elongato-angustá, fusiformi, utrinque at-
tenuatá, longitudinaliter substriatá; aperturá oblongá, obliquá, pos-
tice angulatá; columellá triplicatá, labro sinistro elevato lamelli-
formi.

Grat. Bull. d'hist. nat. de la soc. linn. de Bordeaux. t. 2. p. 67.
n° 55.

Desh. Magasin de Conch. p. 15. pl. 15. f. 1. 2.

Habite...... Fossile aux environs de Dax, où elle est très rare.
Coquille allongée, turriculée, étroite, fusiforme, composée de
onze tours quoique le sommet soit tronqué; ces tours sont pres
que plats, substriés longitudinalement; le dernier tour se déjette
un peu à gauche; il n'a point d'ombilic; l'ouverture est ovale,
oblongue, rétrécie en un angle aigu; à son extrémité postérieure,
la columelle porte trois gros plis très saillans; le bord droit est
simple et peu épais, le gauche se détache, se relève en une lame
qui, par ses extrémités, se joignant au bord droit, constitue avec
lui un péristome complet. La longueur est de 53 millim.; la largeur neuf et demi.

BULIME. (Bulimus.)

Coquille ovale, oblongue ou turriculée. Ouverture entière, plus longue que large, à bords fort inégaux, désunis supérieurement. Columelle droite, lisse, sans troncature et sans évasement à sa base.

Testa ovata, oblonga vel turrita. Apertura integra, longitudinalis, marginibus inæqualissimis, supernè disjunctis. Columella recta, lævis, basi integra, non effusa.

OBSERVATIONS. — Le genre *Bulime* est nombreux en espèces, et comprend des coquillages terrestres que Linné avait placés, les uns dans ses *Bulla*, et les autres parmi ses *Helix*. Ces coquilles sont toutes mutiques, lisses ou striées dans leur longueur. Les unes sont ovales, les autres oblongues ou turriculées, et le dernier tour de leur spire est plus grand que le pénultième.

Les *Bulimes* ne sont jamais orbiculaires comme les Hélices, et ils diffèrent fortement des Maillots par la grande inégalité des deux bords de leur ouverture.

Lorsque l'animal a atteint le terme de son développement, il forme souvent sur le bord droit de sa coquille une espèce de bourrelet qui est quelquefois assez épais. C'est un trachélipode à collier et sans cuirasse. Sa tête est munie de quatre tentacules dont les deux plus grands sont terminés par les yeux. Son pied est comme celui de l'Hélice, et il est dépourvu d'opercule.

[De tous les genres créés par les auteurs les plus récens, celui-ci, proposé par Bruguière, était le plus mauvais, et l'on ne peut qu'applaudir aux sages réformes que Lamarck y a introduites. Dix genres retirés des Bulimes, ce genre devint enfin naturel, et c'est après avoir été ainsi réformé qu'il a été adopté dans presque toutes les méthodes. Dans ces dix genres, nous ne comptons que ceux qui furent fondés sur des caractères d'une assez grande importance pour les faire admettre par la plupart des zoologistes. Pour nous, qui avons étudié ce genre et ceux qui l'avoisinent le plus avec une attention particulière ; pour nous, qui avons eu l'occasion de faire l'anatomie de plusieurs espèces des genres Bulime, Agathine, Ambrette, Partule, etc., nous pensons que la méthode doit subir encore quelques changemens pour ce qui a rapport aux genres que nous venons de mentionner. M. de Férussac, comme on le sait, entraîné par la ressemblance extérieure des animaux, avait réuni tout cela en un seul genre sous le nom d'Hélice. Nous avons voulu nous assurer si cette ressemblance existait aussi dans la profondeur de l'organisation, et nous avons bientôt acquis la certitude qu'il existait dans ce grand type des Mollusques terrestres plusieurs bons genres, fondés plus sur l'organisation que sur les caractères extérieurs des coquilles. C'est ainsi que les organes de la génération nous ayant offert des modifications constantes, nous nous sommes appuyé sur ces caractères pour poser aux genres des limites plus rationnelles. C'est par ce moyen que nous avons réuni les Maillots et les Clausilies, que nous maintenons tel qu'il est dans Lamarck le genre Ambrette, et que nous proposons de réunir en un seul genre les Bulimes et les Agathines. Voici les motifs que nous pouvons alléguer en faveur de la réunion de ces genres.

Les animaux des Bulimes et des Agathines ont les mêmes caractères extérieurs. Quoique les coquilles diffèrent par la troncature columellaire des Agathines, cependant les animaux ont sous tous les rapports, l'organisation la plus semblable. S'ils se ressemblent entre eux, ils diffèrent essentiellement des Hélices proprement dites par l'absence des vésicules multifides aux organes de la génération, et ils diffèrent des Ambrettes par la soudure du canal déférent avec la matrice et l'oviducte, et enfin par la manière dont ce canal aboutit aux organes mâles. Ainsi, pour les animaux, ceux des Agathines et des Bulimes se ressemblent dans toutes les parties essentielles de l'organisation, et ils diffèrent quant aux organes de la génération des genres qui les avoisinent le plus.

Il reste actuellement à apprécier la différence qui se montre dans les coquilles entre les deux genres dont nous nous occupons dans ce moment. Lamarck admettait sans difficulté dans les Bulimes comme dans les Hélices, des espèces à ouverture bordée, et d'autres à bords simples et tranchans. On voit en effet , même dans un petit nombre d'espèces, s'établir le passage insensible entre les espèces bordées et celles qui ne le sont pas. Quant à la troncature des Agathines , Lamarck a donné à ce caractère une valeur générique, parce qu'il n'avait sans doute aucun moyen de l'apprécier convenablement. Actuellement que l'on connaît dans les deux genres un bien plus grand nombre d'espèces, le passage entre les Bulimes et les Agathines s'établit de la manière la plus graduée ; et ce qui prouve toute l'étendue des rapports de ces deux genres , c'est que le passage s'établit , non-seulement entre les espèces ovoïdes, mais encore entre les espèces turriculées. Pour nous, qui envisageons les genres d'une manière plus étendue que la plupart des zoologistes, qui voulons en faire des groupes naturels, et non des créations artificielles, nous trouvons dans ce que nous venons d'exposer toutes les raisons nécessaires pour joindre les Agathines aux Bulimes. Il faudra également réunir aux Bulimes plusieurs espèces que Lamarck a confondues parmi les Auricules, parce qu'elles ont un pli columellaire et quelquefois un bord droit épaissi et renflé ; mais ces espèces ne sont point de véritables Auricules, puisque leurs animaux, connus aujourd'hui, ont quatre tentacules comme les Bulimes, et non deux comme les Auricules. Par l'addition de ces espèces à plis ou à dents le genre Bulime devient beaucoup plus comparable avec celui des Hélices. Cette parité que l'on observe dans les modifications de deux genres voisins , indique l'existence dans une même famille de groupes tout-à-fait comparables dans leurs caractères, et aussi indispensables à conserver les uns que les autres. Pour faire voir le parallélisme des deux genres Hélice et Bulime , nous rappellerons qu'il y en a :

1° A ouverture simple et bordée.   Hélice. Bulime.

2° — et tranchante.   —   —

3° Ouverture dentée.   —   —

(B. pentagruelinus. B. Clausus.)

4° Ouverture renversée (anostome).   Hélice Bulime.

(B. navicula.)

5° Ouverture tronquée.   Hélice. Bulime. (agathine)

Comme on le voit, les modifications principales des Hélices se retrouvent dans les Bulimes. Cependant le genre Anostome n'y est pas entièrement représenté ; car le *Bulimus navicula* n'a qu'un commencement de rétroversion de l'ouverture , et elle est dénuée des dents qui sont toujours dans les Anostomes ; il manque aussi dans les Hélices la columelle tronquée des Agathines , à moins que l'on ne veuille prendre comme équivalent la forme de la columelle dans plusieurs espèces d'Hélices trochiformes.

Lamarck mettait au nombre des Bulimes fossiles un assez grand nombre de petites coquilles , qui , examinées de nouveau , nous ont présenté les caractères des Paludines : ce sera donc dans ce genre qu'elles devront être transportées. Lamarck comprenait également parmi les Bulimes fossiles une coquille singulière (Bulimus terebellatus), dont des espèces voisines ont été observées depuis, et ce sont des coquilles marines. Nous avons proposé pour elles un petit genre qui ne peut rester à la suite des Bulimes , mais qu'il faut transporter dans le voisinage des Pyramidelles.

Depuis la publication de l'ouvrage de Lamarck , et en admettant les modifications que nous proposons pour les Bulimes (réunion des Agathines) ce genre contient plus de deux cents espèces vivantes et un très petit nombre de fossiles. C'est particulièrement dans l'Amérique méridionale que l'on rencontre le plus d'espèces de Bulimes.]

ESPÈCES.

1. Bulime ovale. *Bulimus ovatus.* **Brug.**

B. testá ovatá, ventricosá, subperforatá, crassá, longitudinaliter striato-rugosá , albido-fulvá , apice purpureá ; columellá albá ; labro crasso, margine purpureo, reflexo.

Helix ovata. Muller. Verm. p. 85. n° 283.

Lister. Conch. t. 1055. f. 1.

Bulla ovata. Chemn. Conch. 9. t. 119. f. 1020. 1021.

* Schrot. Einl. t. 2. p. 203. n₀ 91.

Bulimus ovatus. Brug. Dict. n° 33.

Helix ovalis. Gmel. p. 3637. n₀ 86.

Helix ovata. Dauheb. Hist. des Moll. n° 410.

* Roissy. Buf. Moll. t. 5. p. 336. n° 2.

* Wagn. dans Spix. Test. bras. p. 12. n° 47. pl. 11. f. 1.

* Junior *Bulimus corrugatus*. Wagn. dans Spix. Test. bras. p. 5. n° 1. pl. 6. f. 1.
* *Helix ovata*. Dillw. Cat. t. 2. p. 931. n° 102.
* Rang. Desc. des coq. terr. p. 44. n° 21. pl. 147.

Habite dans les Indes orientales. Mon cabinet. Très belle coquille, ayant environ quatre pouces et demi de longueur. Vulg. la *fausse-oreille-de-Midas*. M. *Daubedard* l'a reçue du Brésil.

2. Bulime hémastome. *Bulimus hæmastomus*. Scopoli.

B. testá ovato-oblongá, ventricosá, subperforatá, longitudinaliter striatá, albido-fulvá; labro collumelláque purpureis.

Helix oblonga. Muller. Verm. p. 86. n° 284.

Lister. Conch. t. 23. f. 21.

* Roissy. Buf. Moll. t. 5. p. 336. n° 1.

Seba. Mus. 3. t. 71. f. 17-20.

Born. Mus. t. 15. f. 21. 22.

Favanne, Conch. pl. 65. fig. 11.

Bulimus hæmastomus. Scopoli. Delic. insubr. t. 25. f. 1, 2. b.

Bulla oblonga. Chemn. Conch. 9. t. 119. f. 1022. 1023.

Bulimus oblongus. Brug. Dict. n° 34.

Helix oblonga. Gmel. p. 3637. n₀ 87.

Ejusd. turbo hæmastomus. p. 3597. n° 38.

* Schrot. Einl. t. 2. p. 180. n° 8.

* *Helix oblonga.* Dillw. Cat. t. 2. p. 931. n° 103.

* Leach. Zool. misc. p. 67. 68. pl. 29.

* Guild. In act. soc. lin. t. 14. p. 342.

* Guild. Moll. carib. Zool. journ. t. 2. p. 440. pl. Suppl. 16 bis f. 1 à 4.

Helix oblonga. Daudeb. Hist. des Moll. n° 411.

Habite dans la Guyane. Mon cabinet. *Scopoli* a le premier rapporté cette coquille à son véritable genre. Quoique grande, elle l'est un peu moins que la précédente; bord droit de l'ouverture réfléchi en dehors. Longueur, 3 pouces 9 lignes. Les œufs de ce coquillage sont presque aussi gros que ceux d'un pigeon.

3. Bulime poule-sultane. *Bulimus gallina-sultana*. Lamk.

B. testá ventricoso-conicá, tenuissimá, fragili, diaphaná, longitu-dinaliter et exilissimè striatá, albá, lineis rufis longitudinalibus flexuosis confertis pictá; ultimo anfractu fasciis tribus albo fuscoque articulatis cincto: aperturá patulá; labro acuto.

Helix gallina-sultana. Chemn. Conch. 11. t. 210. f. 2070. 2071.

Helix sultana. Daudeb. Hist. des Moll. n° 338.

* Wagn. dans Spix. Test. brasil. p. 9. no 11. pl. 9. f. 1.
* Fav. Cat. pl. 1. f. 47.

Habite dans la Guyane, d'où M. *Daudebard* l'a reçue. Mon cabinet. Coquille très rare, précieuse, et singulièrement mince pour son volume; ce qui indique qu'elle n'est point marine. Largeur de la base, 21 lignes; longueur 2 pouces 3 lignes.

4. Bulime zigzag. *Bulimus zigzag.* Lamk. (1)

B. *testá ovato-conicá, solidá, lævi, albá, strigis rufo-fuscis longitudinalibus angulatìm flexuosis pictá; labri margine interno columelláque rufo-fuscis.*

Favanne. Conch. pl. 65. fig. M. 4.

Habite.... Mon cabinet. Coquille rare et jolie, imperforée, et dont le bord droit n'est point réfléchi. Longueur 22 lignes.

5. Bulime ondé. *Bulimus undatus.* Brug. (2)

B. *testá ovatá, subconicá, tenui, glabrá, albidá strigis fuscis longitudinalibus undatis ornatá, aliisque transversis cinctá; columellá luteo-fulvá; labro acuto, margine fusco.*

Buccinum zebra. Muller, Verm. p. 138 no 331.

* List. Conch. pl. 580. f. 34.
* Fav. Conch. pl. 65. f. M. 2.

Seba, Mus. 3. t. 39. f. 54. 55.

* Gualt. Ind. pl. 5. f. N.
* Chemn. Conch. t. 9. 2ᵉ part. p. 24. pl. 118. f. 1015. 1016.
* Kammerer. Cab. rud. pl. 80. f. 4.
* Schrot. Flussconch. p. 325. tab. min. A. f. 4. Id. p. 325. no 123.
* Schrot. Einl. t. 2. p. 216. no 143.

Bulla zebra. Gmel. p. 3431. no 31.

Bulimus undatus. Brug. Dict. no 38.

* *Helix undata.* Dillw. Cat. t. 2. p. 958. no 161.
* *Bulla zebra.* Dillw. Cat. t. 1. p. 494. no 52.

Helix undata. Daudeb. Hist. des Moll. pl. 114. f. 5. 8. et pl. 115.

---

(1) Cette espèce ne pourra être conservée, elle n'est autre chose qu'une jolie variété de la suivante, le *Bulimus undatus.*

(2) Bruguière aurait dû conserver à cette espèce le nom imposé par Muller, et la décrire sous le nom de *Bulimus zebra* Cette dernière dénomination est la seule que l'on doive conserver.

* Wagn. dans Spix. Test. brasil. p. 9. n° 12. pl . 9. f. 2.

* Moric. Mém. de Genève. t. 7. 2ᵉ part. p. 423. n° 14.

Habite dans les Antilles, etc. Mon cabinet. Longueur, environ vingt lignes.

6. Bulime de Riche. *Bulimus Richii.* Lamk.

B. testâ ovato-conicâ, solidâ, albido-lutescente; flammulis rufis longitudinalibus; anfractibus convexis: ultimo spirâ breviore, subrugoso; labro acuto.

Lister. Conch. t. 9. f. 4.

Helix flammigera. Daudeb. Hist. des Moll. pl. 118. f. 5. 7.

Habite dans le Pérou. *Riche.* Mon cabinet. Longueur, 2 pouces 9 lignes.

7. Bulime inverse. *Bulimus inversus.* Brug.

B. testâ sinistrorsâ, ovato-oblongâ, lævi, albido-cœruleâ; strigis longitudinalibus obliquis, aliis luteo-rufis, aliis fuscis; ultimo anfractu lineâ albâ cincto; labro margine reflexo, albo.

Helix inversa. Mull. Verm. p. 93. n° 290.

Petiv. Gaz. t. 76. f. 5.

Gualt. Test. t. 5. fig. O.

Favanne, Conch. pl. 80. fig. N.

Chemn. Conch. 9. t. 110. f. 925. 926.

Bulimus inversus. Brug. Dict. n° 28.

Helix inversa. Gmel. p. 3644. n° 97.

Daudeb. Hist. des Moll. n° 414.

* Lister. Conch. pl. 33. f. 31.

* Kammerer. Cab. Rud. pl. 10. f. 3.

* Schrot. Einl. t. 2. p. 182. no 11.

* Grew. Mus. pl. 10. figure inférieure à gauche.

* *Helix recta.* Dillw. Cat. t. 2. p. 937. n° 114.

Habite... dans les grandes Indes? Mon cabinet. Sa spire est un peu conique. Longueur, 2 pouces 2 lignes.

8. Bulime citron. *Bulimus citrinus.* Brug. (1)

B. testâ sinistrorsâ, ovato-oblongâ, lævi, nitidâ, citrinâ, vel im-

---

(1) Sous le nom d'Hélice perverse, Schroter confond plusieurs espèces, et donne la figure (Einl. t. 2. p. 153. pl. 4. f. 4) d'une

*maculatá, vel maculis rufis transversim seriatis tessellatá; labro
intùs albo, margine reflexo.*

Helix perversa. Lin. Syst. nat. p. 1246. Gmel. p. 3642. n° 94.

Helix sinistra. Mull. Verm. p. 90. n° 288.

Lister. Conch. t. 34. f. 33. et t. 35. f. 34.

Gualt. Test. t. 5. fig. P.

D'Argenv. Conch. pl. 9. fig. G.

Favanne. Conch. pl. 65. fig. A 8.

Chemn. Conch. 9. t. 110. f. 928-931. et t. 111. f. 934. 935.

Bulimus citrinus. Brug. Dict. n° 27.

[b] *Var. testá dextrá.*

Helix dextra. Muller. Verm. p. 89. n° 287.

Chem. Conch. 9. t. 134. f. 1210-1212.

Gmel. p. 3643. n° 95.

Helix aurea. Daudeb. Hist. des Moll. n° 413. pl. 148.

* Schrot. Flussconch. p. 294. tab. min. A. f. 2. 3.

* Swain. Illus. Zool. t. 1. pl. 46.

* *Helix aurea.* Dillw. Cat. t. 2. p. 936. n° 113.

Habite dans la Guyane ; on le trouve dans les forêts de Cayenne, etc.
Mon cabinet. Jolie coquille, recherchée dans les collections. Longueur, 22 lignes.

9. Bulime sultan. *Bulimus sultanus.* Lamk.

*B. testá sinistrorsá, ovatá, subperforatá, lævi, nitidá, fulvo-ro-
seá; strigis rufis longitudinalibus angulatìm flexuosis ; labro intùs
albo, margine reflexo.*

Helix inversa. Var. A. Daudeb. Hist. des Moll. n° 414.

---

coquille qui n'est pas la même que celle de Muller et des autres
auteurs. Cette espèce se trouvant presque aussi souvent dextre
que sénestre, Muller a cru devoir en former deux espèces. Pour
éviter cette confusion, Bruguière a réuni les deux espèces de
Muller sous le nom de *Bulimus citrinus*, auquel Dillwyn et
M. de Férussac ont substitué celui d'*Helix aurea*, de sorte qu'en
voulant fixer la nomenclature, les auteurs l'ont compliqué inu-
tilement, car avant eux et avant Muller lui-même, Linné avait
donné le nom d'*Helix perversa* à cette espèce; c'est à ce nom qu'il
faut invariablement revenir pour éviter toute confusion, et nommer l'espèce *Bulimus perversus.*

[*b*] *Var. testá minore, dextrá, ventricosá, citriná; strigis undato-flexuosis.*

Habite dans l'île de Java. M. *Leschenault.* Mon cabinet.

Coquille, nommée le sultan de Java. Longueur, 19 lignes. Sa variété est un peu moins longue et plus ventrue.

10. Bulime des Philippines. *Bulimus Pythogaster.* Frus.

B. testá ovato-conoideá, longitudinaliter tenuissimè striatá, castaneá; anfractibus senis, convexiusculis: ultimo penultimoque infra medium lineá impressá cinctis; aperturá longitudinali; labro intùs albo, margine reflexo.

Bulimus pythogaster, *ex* D. Daudebard.

Habite dans les îles Philippines. Cabinet de *M. le marquis de Bonnay.* Espèce bien distincte, et probablement fort rare. Longueur, 1 pouce 11 lignes. Communiquée par M. *Valenciennes.*

11. Bulime ovoïde. *Bulimus ovoideus.* Brug.

B. testá ovatá, lævi, nitidá, albá, fasciis spadiceo-rufis cinctá; spirá conoideá, obtusá; labro margine reflexo, albo.

Lister. Conch. t. 13. f. 8.

Bulimus ovoideus. Brug. Dict. n° 64.

Helix ovoidea. Daudeb. Hist. des Moll. pl. 112. f. 5. 6.

* Schrot. Einl. t. 2. p. 179. n° 5.

* *Bulimus luzonicus.* Sow. Illus. Conch. p. 53.

Habite... Mon cabinet. Jolie coquille, lisse, luisante, légèrement renflée dans son milieu, à sommet obtus et d'un fauve rougeâtre, ayant trois fascies sur son dernier tour et une seule sur les autres. Longueur, 15 lignes.

12. Bulime interrompu. *Bulimus interruptus.* Brug. (1)

B. testá sinistrorsá, ovato-conicá, perforatá, glabrá, albido-griseá; fasciis transversis interruptis fusco-maculatis, articulatim

---

(1) Cette espèce, nommée par Muller, avant Chemnitz, devra reprendre son premier nom spécifique et être inscrite dans les catalogues, sous le nom de *Bulimus contrarius.* Chemnitz a donné une autre *Helix interrupta* (t. 9, 2ᵉ partie, p. 154. pl. 134. fig. 1213. 1214) qu'il regarde comme l'*interrupta* de Muller. D'après Bruguière et M. de Férussac, c'est la variété dextre de celle-ci, comme l'*Helix dextra* de Muller est la variété dextre du *Bulimus citrinus.*

tessellatis ; anfractibus propè suturas depresso-coarctatis ; labro albo, margine reflexo.

Helix contraria. Muller. Verm. p. 95. n° 292.

Favanne, Conch. pl. 65. fig. A 6.

Helix interrupta. Chemn. Conch. 9. t. 111. f. 938. 939.

Bulimus interruptus. Var. B. Brug. Dict. n° 30.

Helix contraria. Gmel. p. 3644. n° 99.

Helix interrupta. Daudeb. Hist. des Moll. n° 415.

* *Helix interrupta.* Dillw. Cat. t. 2. p. 937. n° 115.

* Quoy et Gaim. Voy. de l'Uranie. Zool. p. 474. pl. 7. f. 8. 9.

Habite dans les Molluques. Mon cabinet. Longueur, 17 lignes.

13. Bulime péruvien. *Bulimus peruvianus.* Brug.

B. testá ovato-oblongá, tenui, longitudinaliter rugosá, griseo-fus-cescente; strigis longitudinalibus fuscis; ultimo anfractu spirá longiore, rugosissimo ; labro acuto.

Bulimus peruvianus. Brug. Dict. n° 37.

Helix peruviana. Daudeb. Hist. des Moll. pl. 114. f. 1-4.

* Var. Gray. Spic. Zool. p. 5. pl. 5. f. 4.

* *Bulimus gravesii.* King. Zool. Journ. 12. t. 5. p. 340. n° 27.

* Id. Sow. Conch. illust. *Bulimus.* f. 12.

Habite dans le Pérou. *Dombey.* Mon cabinet. La partie inférieure du bord droit va s'insérer derrière la columelle, ce qui lui fait faire une légère saillie. Longueur, 1 pouce et demi.

14. Bulime de Favanne. *Bulimus Favannii.* Lamk.

B. testá ovatá, ventriçosá, perforatá, longitudinaliter et tenuissimè striatá, albá ; maculis rufo-castaneis latis quadratis transversìm seriatis ; anfractibus septenis, convexis ; labro tenui, acuto.

Helix Favannii. Daudeb. Hist. des Moll. n° 408.

Habite.... Mon cabinet. Sutures peu profondes. Longueur, environ 22 lignes.

15. Bulime Kambeul. *Bulimus Kambeul.* Brug. (1)

B. testá ovato-conicá, perforatá, tenui, subtillissimè decussatá, al-

---

(1) Nous rapportons à cette espèce l'*Helix flammea* de Muller, parce que le savant naturaliste a décrit sous ce nom le Kambeul d'Adanson. Une autre coquille qui vient d'Egypte, et à laquelle Bruguière a donné le nom de *Bulimus flammeus*, ne serait, d'après les observations très bien faites de M. Rang, qu'une

bidâ aut griseo-fucescente ; anfractibus octonis, convexiusculis ; labro acuto.

Adans. Seneg. pl. 1. f. 1. le Kambeul.

Bulimus Kambeul. Brug. Dict. n° 40.

Helix Kambeul. Daudeb. Hist. des Moll. n° 388.

* *Helix flammea.* Muller. Verm. p. 87. n° 285.

* *Bulla flammea.* Chemn. Conch. t. 9. p. 32. pl. 119. f. 1024. 1025.

* Schrot. Einl. t. 2. p. 179. n° 3.

* *Bulimus flammeus.* Brug. Ency. méth. Vers. t. 1. p. 322.

* *Helix flammea.* Gmel. p. 3637. n° 88.

* Id. Dillw. Cat. t. 2. p. 932. n° 104.

* Férus. Prodr. p. 53. n° 389.

* Férus. Hist. des Moll. pl. 141.

* *Helix Kambeul.* Dillw. Cat. t. 2. p. 932. n° 105.

* Bowd. Elem. of Conch. pl. 8. f. 20.

* *Helix Kambeul.* Rang. Descr. des coq. terr. p. 38. n° 19.

Habite au Sénégal. Mon cabinet. Longueur, 2 pouces 10 lignes.

16. Bulime calcaire. *Bulimus calcareus.* Brug.

B. testâ elongato-turritâ, crassâ, longitudinaliter et tenuissimè striatâ, albâ; spirâ apice obtusâ; labro margine reflexo.

Lister. Conch. t. 14. f. 9.

Gualt. Test. t. 6. fig. 1.

Helix calcarea. Born. Mus. t. 16. f. 13.

Favanne. Conch. pl. 80. fig. O.

Chemn. Conch. 9. t. 135. f. 1226.

Bulimus calcareus. Brug. Dict. n° 50.

Helix calcarea. Daudeb. Hist. des Moll. n° 382. pl. 140. f. 9. 10.

* Kammerer. Cab. rud. pl. 11. f. 3.

* *Turbo terebra.* Schrot. Flussconch. p. 362. tab. min. A. f. 1.

* Schrot. Einl. t. 2. p. 179. n° 6.

* *Helix decollata.* Var. 3. Gmel. Syst. nat. p. 3652.

* *Helix obtusata.* Gmel. Syst. nat. p. 3655. n° 250.

* *Helix calcaria.* Dillw. Cat. t. 2. p. 948. n° 138.

Habite.... dans les Grandes-Indes? Mon cabinet. Il a jusqu'à dix tours de spire. Longueur, près de 3 pouces.

---

variété du Kambeul, et c'est pour nous un motif de plus de compléter, comme on le voit ici, la synonymie de cette espèce.

17. Bulime décollé. *Bulimus decollatus.*

> *B. testá cylindrico–turritá, tenuissimè striatá, albidá, apice trun-*
> *catá, consolidatá; labro simplici.*

Helix decollata. Lin. Syst. nat. p. 1247. Gmel. p. 3651. n° 115.

Muller. Verm. p. 114. n° 314.

Lister. Conch. t. 17. f. 12.

* *Junior.* Lister. Conch. pl. 18. f. 13.

Petiv. Gaz. t. 66. f. 1.

Gualt. Test. t. 4. fig. O. P. Q.

Knorr. Vergn. 6. t. 32. f. 3.

Favanne. Conch. pl. 65. fig. B 8.

Chemn. Conch. 9. t. 136. f. 1254, 1255.

* Schrot. Einl. t. 2. p. 163.

* *Helix decollata.* Dillw. Cat. t. 2. p. 947. n° 136.

Bulimus decollatus. Brug. Dict. n° 49.

Drap. Moll. pl. 4. f. 27. 28.

* De Roissy. Buf. Moll. t. 5. p. 338. n° 5.

* *Helix decollata.* Olivi. adriat. p. 176.

Helix decollata. Daudeb. Hist. des Moll. n° 383. pl. 140. f. 1 à 8.

* Bowd. Elem. of Conch. pl. 6. f. 38.

* Desmoul. Cat. des Moll. de la Gironde p. 16. n° 4.

* Turton. Man. p. 77. n° 60. f. 60.

* Mich. Coq. d'Alger. p. 7. n° 1.

* Webb. et Berth. Synop. Moll. Canar. p. 14. n° 1.

* Desh. Expéd. de Morée. Zool. p. 164. n° 248.

* Lowe. Moll. de Madère. p. 62. n° 61.

* Philippi, Enum. Moll. p. 139. pl. 8. fig. 14.

* Payr. Cat. p. 104. n° 225.

Habite la France méridionale, etc., dans les jardins et ailleurs. Mon
cabinet. La troncature de sa spire est constante, et la cavité qu'elle
forme en cet endroit est fermée. Longueur, 16 lignes.

18. Bulime bossu. *Bulimus lyonetianus.* Lamk. (1)

> *B. testá conicá, rugoso-striatá, albidá; spirá obtusá; aperturá cu-*
> *cullatá: latere opposito gibboso; labro margine reflexo.*

Helix lyonetiana. Pallas. Spicil. Zool. 10. t. 3. f. 7. 8,

---

(1) Cette coquille singulière que Lamarck range parmi les Bulimes, d'après l'ensemble de ses caractères, nous semblerait
mieux placée parmi les Maillots.

Trochus monstruosus lyonetianus. Chemn. Conch. 5. t. 160. f. 1513. a. b.

Bulimus lyonetianus. Brug. Dict. n° 6.

Trochus distortus. Gmel. p. 3580. no 82.

Helix lyonetiana. Daudeb. Hist. des Moll. n° 472.

* *Trochus.* Schrot. Einl. t. 1. p. 679. n° 2.

* *Helix lyonetiana.* Dillw. Cat. t. 2. p. 959. n° 163.

* *Helix distorta.* Burrow. Elem. pl. 23. f. 3.

* *Pupa modiolinus.* Bowd. Elem. of. Conch. pl. 6. f. 34.

* Maillot bossu. Blainv. Malac. pl. 40. f. 4.

Habite dans l'Inde et l'Ile-de-France. Mon cabinet. Coquille très singulière, et surtout remarquable par la bosse subanguleuse qui est opposée au côté de l'ouverture. Son bord droit est ample, arrondi et réfléchi. Longueur, un pouce; largeur presque égale.

19. Bulime enflé. *Bulimus inflatus.* Lamk. (1)

B. testâ ovatâ, ventricosâ, perforatâ, longitudinaliter striatâ, squalidè albâ; spirâ obtusiusculâ; labro margine subreflexo.

Helix costulata. Daudeb. Hist. des Moll. n₀ 405.

Habite dans la Nouvelle-Hollande. Mon cabinet. Longueur, près d'un pouce.

20. Bulime radié. *Bulimus radiatus.* Brug. (2)

H. testâ ovato-conicâ, perforatâ, glabrâ, minutissimè striatâ, albâ

---

(1) Pour un assez grand nombre d'espèces, Lamarck, soit par la collection du Muséum, soit par communication directe de la part de M. de Férussac a su les noms imposés par ce dernier à des coquilles qui n'en avaient point encore, et Lamarck, au lieu d'adopter ces noms inscrits dans le prodrome de M. de Férussac, eut le tort d'en donner d'autres, en citant ceux du prodrome en synonymie. Il faut enfin rendre la nomenclature précise en restituant à chaque espèce son premier nom. Cette observation s'applique à cette espèce, mais encore à beaucoup d'autres : une fois faite, nous ne pensons pas qu'il soit nécessaire de la reproduire chaque fois.

(2) Il est certain que l'*Helix detrita* de Muller est la même espèce que le *Bulimus radiatus* de Bruguière; nous ne voyons pas pourquoi Bruguière a changé le nom donné d'abord par

*strigis longitudinalibus cinereis aut fuscescentibus pictâ; anfrac-
tibus convexiusculis; labro simplici aut basi subreflexo.*

Helix detrita. Muller. Verm. p. 101. n° 300.

Gualt. Test. t. 5. fig. SS.

Seba. Mus. 3. t. 39. f. 37.

Chemn. Conch. 9. t. 134. f. 1225. a. b. c. d.

Bulimus radiatus. Brug. Dict. n° 25.

Helix detrita. Gmel. p. 3660. n° 139.

Ejusd. helix sepium. p. 3654. n° 200. *Et buccinum leucozonias.*
p. 3489. n° 78.

Bulimus radiatus. Drap. Moll. pl. 4. f. 21.

Helix radiata. Daudeb. Hist. des Moll. n° 392. pl. 142. f. 4. 5. 6. 8.

* Blainv. Malac. pl. 38. f. 3.

* Mich. Coq. d'Alger. p. 8. n° 2. f. 24.

* *Helix detrita.* Dillw. Cat. t. 2. p. 957. n° 158.

* *Bulimus radiatus.* Roissy. Buf. Moll. t. 5. p. 338. n° 4.

* Pfeif. Syst. anord. p. 49. n° 1. pl. 3. f. 4. 5. 6.

* Bowd. Elem. of Conch. pl. 6. f. 27..

* Kikx. Syn. Moll. Brab. p. 35. n° 38.

* Desh. Expéd. de Morée. Zool. p. 164. n° 249.

* *Bulimus radiatus.* Rosm. Icon. t. 1. p. 86. pl. 2. f. 42.

* Bouillet. Cat. des Moll. de l'Auverg. p. 46. n° 1.

* *Fossilis.* id. Cat. des coq. foss. d'Auv. p. 206.

Habite en Allemagne, en Italie, dans la France méridionale, etc.
Mon cabinet. Longueur, près de 11 lignes.

21. Bulime fragile. *Bulimus fragilis.* Lamk. (1)

H. testâ oblongo-conicâ, tenui, longitudinaliter striatâ, albido-cœ-

---

Muller. Aussi, malgré l'habitude où l'on est de voir dans toutes
les collections le nom de Bruguière prévaloir, nous proposons,
restituant à cette espèce son véritable nom, de la désigner à l'a-
venir sous celui de *Bulimus detritus.* Nous ferons observer que
Chemnitz a confondu deux espèces sous le nom d'*Helix detrita*
de Muller, celle-ci, fig. 1225, c. d, et le *Bulimus virgatus* Fér. fig.
1225, a. b.

(1) Si cette coquille est réellement la même, comme tout le
porte à croire, que celle figurée par Turton (*Limneus fragilis.*
Man. p. 121. n° 105. f. 105), il serait pour nous évident qu'elle
aurait été faite avec de jeunes individus du *Lymnea stagnalis.*

rulescente ; anfractibus septenis, convexiusculis ; aperturâ ovatâ; labro simplici.

Helix fragilis. Montag. *ex D.* Leach.

Habite en Angleterre. Communiqué par M. *Leach.* Mon cabinet. Coquille mince, d'un blanc bleuâtre. Longueur, 1 pouce.

22. Bulime de la Guadeloupe. *Bulimus Guadalupensis.* Brug. (1)

H. testâ oblongâ, superforatâ, glabriusculâ, albidâ rufo aut fusco fasciatâ; ultimâ suturâ coarctatâ; labro margine reflexo, medio intùs gibboso,

Lister. Conch. t. 8. f. 1.

Helix acuta. Chemn. Conch. 9. t. 184. f. 1224. 1. 2.

* *Helix exilis.* Gmel. p. 3668. n° 252.

Bulimus Guadalupensis. Brug. Dict. n° 26.

Helix Guadalupensis. Daudeb. Hist. des Moll. no 394.

* Guer. Icon. du Règn. anim. Moll. pl. 6. f. 11.

* Kammerer. Cab. rud. pl. 12. f. 2. 3.

* *Helix Guadalupensis.* Dillw. Cat. t. 2. p. 957. no 159.

Habite à la Guadeloupe. *Badier.* Mon cabinet. Sommet de la spire un peu obtus. Longueur, 10 à 11 lignes.

23. Bulime Mexicain. *Bulimus Mexicanus.* Lamk.

H. testâ ovato-acuminatâ, umbilicatâ, tenui, pellucidâ, albâ, fuscozonatâ, zonis aut fasciis subinterruptis; striis longitudinalibus tenuissimis; labro margine subreflexo.

Helix vittata. Daudeb. Hist. des Moll. no 397.

Habite dans le Mexique. MM. *de Humboldt* et *Bonpland.* Mon cabinet

---

(1) Chemnitz s'est évidemment trompé en donnant à une variété de cette espèce le nom d'*Helix acuta* de Muller : l'*Helix acuta* est le *Bulimus acutus* qui vit en abondance dans le midi de l'Europe; à peine est-il nécessaire d'ajouter que ce sont des espèces très différentes, des *Helix acuta* de Chemnitz et de Muller. Dans la treizième édition du *Systema naturæ*, Gmel. a donné deux *Helix exilis* l'une (page 3616 no 14) est voisine de l'*Helix citrina*; l'autre que nous citons ici est la même que le *Bulimus guadalupensis* de Bruguière. Aussi comme le nom de Gmélin est le premier en date, il serait convenable de nommer l'espèce qui nous occupe, *Bulimus exilis.*

Jolie coquille, ayant deux zones brunes sur le dernier tour et des fascies jaunâtres maculées de roux sur les autres. Longueur, 14 lignes.

24. Bulime multifascié. *Bulimus multifasciatus.* Lamk.

H. testá ovato-conicá, perforatá, lævi, nitidá, albá ; zonis rubro-violaceis, nigro-marginatis ; anfractibus convexis, ad suturas coarctatis ; spirá apice nigrá ; labro tenui, subreflexo.

Helix picturata. Daudeb. Hist. des Moll. n° 400.

Habite dans les Antilles. Mon cabinet. Jolie coquille, ayant 1 pouce de longueur.

25. Bulime du Bengale. *Bulimus Bengalensis.* Lamk.

H. testá ovato-acutá, perforatá, tenui, diaphaná, glabrá, albo-lutescente, fusco-fasciatá ; ultimo anfractu subventricoso, bifasciato ; suturis lineá nigrá marginatis ; labro subreflexo.

Habite dans le Bengale. *Massé.* Mon cabinet. Le sommet de sa spire est noir. Longueur, 10 lignes.

26. Bulime des Antilles. *Bulimus Cariboeorum.* Lamk. (1)

H. testá ovato-conicá, imperforatá, lævi, albá, strigis rufo-fuscis longitudinalibus interruptis ornatá ; anfractibus convexis : ultimo subangulato ; spirá apice nigrá ; labro tenui, margine fusco.

Lister. Conch. t. 8. f. 2.

Helix virgulata. Daudeb. Hist. des Moll. n° 369. pl. 142. B. f. 1 à 7.

* Kammerer. Rud. Cab. pl. 10. f. 2.

Helix fragilis. Var. 3. Gmel. p. 3669.

* Schrot. Einl. t. 2. p. 179. n° 2.

Habite dans les Antilles. Mon cabinet. Longueur, 9 lignes.

27. Bulime octone. *Bulime octonus.* Brug. (2)

H. testá cylindrico-attenuatá, subturritá, lævi, pellucidá, corneá, apice obtusiusculá ; anfractibus octonis, convexis ; suturis coarctato-concavis ; labro tenui, acuto.

Helix octona. Chemn. Conch. 9. t. 136. f. 1264.

---

(1) M. de Férussac avait nommé cette espèce avant Lamarck, dans son Prodrome ; il sera donc nécessaire d'adopter le nom de M. de Férussac.

(2) Cette petite coquille ayant une petite troncature à la base de la columelle, appartient réellement au genre Agathine, et doit y être transportée.

Bulimus octonus. Brug. Dict. n° 47.

Helix octona. Daudeb. Hist. des Moll. n⁰ 369.

* *Helix octona.* Dillw. Cat. t. 2. p. 954. n° 152. *Syn. plur. excl.*

Habite dans les Antilles. Mon cabinet. Coquille allongée, un peu grèle, mince, à ouverture ovale. Longueur, 10 lignes.

28. Bulime térébraste. *Bulimus terebraster.* Férus.

H. testá cylindrico-turritá, glabriusculá, corneo fuscescente; anfractibus novenis, planulatis: ultimo ventricosiore; labro tenui, acuto.

Lister. Conch. t. 20. f. 15.

Helix terebraster. Daudeb. Hist. des Moll. n° 370.

Habite à Porto-Ricco. *Maugé.* Mon cabinet. Il avoisine le précédent, mais il en est bien distinct. Longueur, 9 à 10 lignes.

29. Bulime articulé. *Bulimus articulatus.* Lamk. (1)

H. testá conico-acutá, subperforatá, striatá, albá, fasciis articulatis fusco-maculatis cinctá: maculis subquadratis; anfractibus planulatis: ultimo convexo; labro tenui, acuto.

* Turton. Man. p. 85. n⁰ 68. f. 68.

Habite.... Mon cabinet. Quoique petit, il est assez joli. Longueur, 6 lignes.

30. Bulime aigu. *Bulimus acutus.* Brug.

B. testá oblongo-conicá, solidá, tenuiter striatá, albá, strigis, rufis longitudinalibus ornatá; anfractibus convexis; spirá apice acutiusculá; suturis coarctato-concavis; labro acuto.

Helix acuta. Muller. Verm. p. 100. n° 97.

Lister. Conch. t. 19. f. 14.

Gualt. Test. t. 4. fig. I.

Turbo fasciatus. Pennant. Brit. Zool. 4. t. 82. f. 119.

Bulimus acutus. Brug. Dict. n⁰ 42.

Helix acuta. Gmel. p. 3660. n₀ 136.

Bulimus acutus. Drap. Moll. pl. 4. f. 29. 30.

Helix acuta. Daudeb. Hist. des Moll. n° 378.

* Mich. Coq. d'Alger. p. 9. n₀ 4.

* *Philippi* Enum. Moll. p. 140. n₀ 2.

---

(1) D'après M. Turton, cette jolie et intéressante espèce se trouverait en Angleterre dans le Cornwall, aux environs de Penzance.

* Millet. Moll. de Maine-et-Loire. p. 41. n₀ 43
* *Helix acuta.* Dillw. Cat. t. 2. p. 956, n₀ 156.
*. Payr. Cat. p. 104. n₀ 226.
* Kickx. Syn. Moll. Brab. p. 36. n₀ 40.
* Col. des Ch. Cat. des coq: du Finist. p. 69. n₀ 1.
* *Bulimus fasciatus.* Turton. Man. p. 84. n° 67. f. 67.
* Desmoul. Cat. des moll. de la Gir. p. 15. n° 3.
* Desh. Expéd. de Morée. Zool. p. 164. n₀ 250.

Habite dans le midi de la France. M. *Latreille* m'en a donné plusieurs exemplaires des environs de Brives, et M. *Lavaux* de ceux
de Saintes. Longueur, 7 lignes.

31. Bulime ventru. *Bulimus ventricosus.* Drap.

B. *testá ovato-conicá, basi ventricosá, albá; anfractibus omnibus
fasciá fuscá cinctis; suturis coarctatis; labro tenui, acuto.*

Gualt. Test. 4. fig. L. N.
* *Bulimus ventricosus.* Drap. Moll. pl. 4. f. 31. 32.
Helix ventrosa. Daudeb. Hist. des Moll. n° 377.
* Payr. Cat. p. 104. n° 227.
* Lowe. Moll. de Madère, p. 62. n₀ 60.
* Turton. Man. p. 86. n₀ 69. f. 69.
* Desh. Expéd. de Morée. Zool. p. 164. n° 251.

Habite dans le midi de la France, en Italie, etc. Mon cabinet. Longueur, environ 4 lignes.

32. Bulime montagnard. *Bulimus montanus.* Drap. (1)

B. *testá ovato-oblongá, perforatá, striata, corneo-fuscá: anfractibus
septenis, convexis; apertura semiovali; labro margine albo, reflexo.*

Bulimus montanus. Drap. Moll. pl. 4. f. 22.
Helix montana. Daudeb. Hist. des Moll. n₀ 425.
* *Helix buccinata.* Alten. Syst. abh. p. 100. pl. 12. f. 22.
* Pfeiff. Syst. anord. p. 52. n° 4. pl. 3. f. 10.
* Bowd. Elem. of Conch. pl. 8. f. 23.
* *Helix Lachkamensis.* Dillw. Cat. t. 2. p. 958. n₀ 150.
* Kickx. Syn. Moll. brab. p. 36, n° 39.
* Mich. Compl. a Drap. p. 50. n° 3.
* *Varietas injentior ?* Bulimus collini. Mich. Compl. à Drap. p. 49,
pl. 15. f. 41.

---

(1) Il est bien à présumer que le *Bulimus collini* de M. Mi-
chand n'est qu'une variété d'une grandeur monstrueuse et indi-
viduelle du *Bulimus montanus.*

* Turton. Man. p. 80. n° 62. f. 62.
* Rosm. Icon. t. 1. p. 86. pl. 2. f. 41.

Habite les montagnes des Cévennes et de la Savoie, sous les feuilles mortes. Mon cabinet. Longueur, 5 lignes.

33. Bulime grain-d'orge. *Bulimus hordeaceus*. Brug. (1)

B. testá parvulá ovato-oblongá, glabrá, corneo-fuscescente ; averturá ovatá ; labro margine reflexo, albo.

* *Helix obscura.* Muller. Verm. p. 103. n° 302.
* D'Argenv. Conch. pl. 28. f. 15.
Le grain-d'orge. Geoff. Coq. p. 51. n. 15.
* *Helix obscura.* Alten. Syst. abh. p. 98. pl. 12. f. 21.
* Poiret. Prod. p. 51. n° 19.
* *Helix obscura.* Dillw. Cat. t. 2. p. 955. *syn. plerisque exclus.*
* *Bulimus obscurus.* Millet. Moll. de Maine-et-Loire. p. 39. n. 1.
* Id. Brard. Hist. des Coq. p. 97. pl. 3. f. 19.
Bulimus hordeaceus. Brug. Dict. n° 62.
Helix obscura. Gmel. p. 3661. n° 141.
Bulimus obscurus. Drap. Moll. pl. 4. f. 23.
Helix obscura. Daudeb. Hist. des moll. n° 424.
* *Bulimus obscurus* de Roissy buf. Moll. t. 5. p. 337. n° 3.
* Nilss. Hist. moll. suec. p. 36. n° 1.
* Kleeb. Syn. moll. Boruss. p. 17. n° 2.
* Alder. Cat. Test. moll. tr. soc. newc. p. 32. n° 22.
* Kickx. Syn. Moll. Brab. p. 37. n° 41.
* Turton. Man. p. 81. n° 63. f. 63.
* *Bul. obscurus.* Bouill. Cat. des moll. de l'Auv. p. 48. n° 11.
* Hécart. Cat. des coq. de Valenc. p. 7. n° 2.
* Desmoul. Cat. des moll. de la Gironde. p. 15. n° 1.
* *Bulimus obscurus.* Goupil. Hist. des moll. de la Sarthe. p. 30.

---

(1) Muller ayant donné le premier le nom d'*Helix obscura* à cette espèce, Bruguière a eu tort de lui en imposer un autre en la faisant passer dans son genre Bulime; il faut donc lui restituer son premier nom, et l'inscrire à l'avenir sous le nom de *Bulimus obscurus.* Dillwyn a rendu fort incorrecte la synonymie de cette espèce ; il y rapporte le *Turbo rupium* de Dacosta, et comme jeune âge l'*Helix ventricosa* de Muller (*Bulimus ventricosus* Drap.). Cette dernière est bien distincte du *Bulimus obscurus.*

* Pfeiffer. Syst. anord. p. 52. n° 5. pl. 3, f. 11.

Habite aux environs de Paris, parmi les mousses et sous les pierres humides. Mon cabinet. Longueur 3 lignes et demie.

34. Bulime brillant. *Bulimus lubricus*. Brug. (1)

B. testá parvá, ovato-oblongá, lævi, nitidissimá, corneo-fulvá; aperturá ovatá; labro simplici.

Helix subcylindrica. Lin. Syst. nat. p. 1248. Gmel. p. 3652. n° 118.

Helix lubrica. Muller. Verm. p. 104. n° 303.

La brillante. Geoff. Coq. p. 53. n° 17.

Chemn. Conch. 9. t. 135. f. 1235.

Bulimus lubricus. Brug. Dict. n° 23.

Helix lubrica. Gmel. p. 3661. n° 142:

Bulimus lubricus. Drap. Moll. pl. 4. f. 24.

Helix lubrica. Daudeb. Hist. des Moll. n° 374.

* *Bulimus lubricus.* Poiret. Prod. p. 47. n° 12.

* *Helix lubrica.* Pennant. Brit. Zool. t. 4. p. 337. pl. 85. f. 4.

* Schrot. Einl. t. 2. p. 162.

* Millet. Moll. de Maine-et-Loire. p. 40. n° 2.

* Kleeb. Syn. Moll. borus. p. 19. n° 1.

* Alder. Cat. Test. Moll. tr. soc. New. p. 32. n° 23.

* Kickx. Syn. Moll. brab. p. 37. n° 42.

* Col. des Ch. Cat. des coq. du Finist. p. 69. n° 2.

* *Turbo glaber.* Dacosta. Brit. Conch. p. 87. pl. 15. f. 18.

* *Helix subcylindrica.* Dillw. Cat. t. 2. p. 952. n° 147.

* Brard. Hist. des coq. p. 98. pl. 3. f. 20.

* Pfeif. Syst. anord. p. 50. n° 2. pl. 3. f. 7.

* Nilss. Hist. Moll. suec. p. 37. n° 2.

---

(1) Si, comme tout le porte à croire, cette espèce est bien la même que l'*Helix subcylindrica* de Linné, dès-lors, elle devra reprendre son nom linnéen, et elle deviendra le *Bulimus subcylindricus*. M. Michaud, dans son utile ouvrage : Complément à Draparnaud, trouve à cette espèce des caractères analogues à ceux de l'*Achatina folliculus,* et en raison de ses observations, il met aussi le *Bulimus lubricus* parmi les Agathines. Ceci a très peu d'importance, mais ce qui en a davantage, c'est que cette coquille se joint à plusieurs autres pour établir le passage entre les Bulimes et les Agathines, et donne une preuve de plus de l'inutilité de l'un de ces deux genres.

* *Achatina lubrica.* Mich. Compl. à Drap. p. 51. n° 1.

* *An eadem? Helix lubrica.* Low. Moll. de Madère, p. 61. n° 59. pl. 6. f. 29.

* *Bulimus lubricus.* Turton. Man. p. 82. n° 65. f. 65.

* Hécart. Cat. des coq. de Valenci. p. 7. n° 1.

* Desmoul. Cat. des Moll. de la Gironde. p. 15. n° 2.

* *Achatica lubrica.* Goupil. Hist. des Moll. de la Sarthe, p. 31. n° 2.

* *Id.* Bouillet. Cat. des coq. de l'Auver. p. 48. n° 1.

* *Id.* Rosm. Icon. t. 1. p. 88. pl. 2. f. 43.

* *Fossilis. achatina lubrica.* Bouillet. Cat. des coq. foss. d'Auvergne. p. 109. n° 1.

Habite dans l'Europe septentrionale; commun aux environs de Paris, dans le voisinage des eaux. Mon cabinet. Longueur, 2 lignes et demie.

† 35. Bulime de Cantagallo. *Bulimus cantagallanus.* Rang.

B. testá ovatá, ventricosá, compressá, crassá, exile longitudinaliter striatá, antice fulvá, postice castaneá, apice obtusá albidá; ultimo anfractu magno obliquo postice transversim striato; suturis fasciá albidá marginatis; aperturá ovali intus albá; columellá labroque albis, crassis, reflexis.

Helix cantagallana. Rang. Descr. des coq. recueillies pendant un voyage. p. 46. n. 22.

Moric. Mém. de Genève, t. 7. 2ᵉ part. p. 430. n° 25.

Habite les forêts vierges du Brésil. M. Rang distingue cette coquille du *Bulimus ovatus* avec lequel elle a de très grandes ressemblances, elle en diffère cependant en quelques points, mais ces différences suffisent-elles pour constituer une espèce? celle-ci est déprimée, bordée de blanc à la suture, et couverte de stries fines que l'on ne voit bien qu'à l'aide de la loupe.

† 36. Bulime granuleux. *Bulimus granulosus.* Rang.

B. testá ovatá, compressá tenui, longitudinaliter striato-rugosá, fuscá, exilissime granulosá; ultimo anfractu magno; aperturá ovali, columellá subcomplanatá purpureá; labro reflexo, purpureo in medio præsertim calloso; intus pallido cærulescente.

Bulimus hæmastomus. Lesson. Centurie. Zool.

Rang. Desc. des coq. terr. p. 49. n° 23. pl. 2.

Habite les grandes forêts du Brésil. Grande et belle coquille qui n'est peut-être qu'une variété du *Bulimus hæmastomus.* Celle-ci est en proportion plus étroite, plus mince: le dernier tour est sensiblement comprimé, et toute la surface de la coquille est couverte de

très fines granulations, le pourtour de l'ouverture est d'un beau
rouge pourpré. Cette coquille est longue de 90 millim. et large
de 48.

† 37. Bulime à dent plate. *Bulimus planidens*. Mich.

B. testá ovato-oblongá, longitudinaliter et tenue striatá, fuscá apice
obtusá rubescente; ultimo anfractu magno; aperturá ovali, colu-
mellá purpureá; labro crasso, reflexo purpureo in medio dente
unico planulato instructo.

Michelin. Magas. de Conch. p. 25. pl. 25.

Rang. Descr. des coq. terrest. p. 50. n° 24.

Habite le Brésil dans les forêts. Ce Bulime se rapproche beaucoup
pour sa forme du *Bulimus granulosus* de M. Rang, seulement il
est plus petit, strié finement, mais non granuleux; l'ouverture est
en proportion un peu plus courte; tout son pourtour est d'un
beau rouge pourpre, et son bord droit porte sur le milieu de sa
longueur une dent peu saillante et aplatie en dehors. Cette coquille, fort rare jusqu'à présent, est longue de 70 millim. et large
de 32.

† 38. Bulime multicolore. *Bulimus multicolor*. Rang.

B. testá ovato-pyramidali, longitudinaliter et transversim creberrime
substriatá, luteo-fuscá maculis albis et purpureo-atris fucatá; labio
roseo subreflexo; columellá subalbide, aperturá intus subatro-pur-
pureá.

King. Zool. Journ. p. 341. n° 33.

Rang. Desc. des coq. terrest. p. 51. n° 25. pl. 3. f. 1.

Habite au Brésil. Découverte au Brésil par M. Rang. Cette espèce est
une des plus jolies du genre; elle est ovale, oblongue, formée de
cinq tours convexes, dont la suture est bordée; le dernier atténué
à la base, est plus long que la spire; il est percé d'une fente ombilicale, étroite, la surface extérieure paraît lisse, mais vue à la
loupe, elle est chargée de stries granuleuses, excessivement fines.
L'ouverture est ovale, oblongue, le bord droit est d'un beau rose
pourpré, il est épais et renversé en dehors; la columelle est blanche, et elle a dans le milieu un pli obtus et oblique. Cette coquille
est marbrée de taches irrégulières, brunes, jaunâtres, fauves et
blanches. Elle a 35 millim. de long et 18 de large.

† 39. Bulime de capueira. *Bulimus capueira*. Spix.

B. testá ovato-conicá, ventricosá, basi perforatá, longitudinaliter
striatá, albá lineis longitudinalibus fuscis et luteis pictá; spirá
elongatá apice nigrá; aperturá oblongá angustissimá; marginibus
parallelis, dextro reflexo.

Spix. Moll. du Brésil. p. 14. n° 20. pl. 13. f. 4.
Junior, Bulimus virgatus. Id.   pl. 6. f. 4.
Bulimus angiostomus. Wagn. Même ouvrage.
Moric. Mém. de Genève. t. 7. p. 435. n° 34.
Habite le Brésil, les montagnes de la Jacobine. Espèce singulière par la forme de son ouverture : elle est ovale, oblongue, un peu ventrue dans le milieu ; la spire est régulièrement conique, un peu plus longue que l'ouverture : elle est formée de neuf tours étroits et convexes sur lesquels se montrent des stries longitudinales régulières. L'ouverture est allongée, près de quatre fois plus longue que large, le bord droit et le gauche sont parallèles, ils se courbent l'un vers l'autre pour se joindre à la base ; ces bords sont blancs, épaissis, renversés en dehors, et derrière le gauche se cache une fente ombilicale, étroite, qui termine une fossette plus large. Cette coquille, sur un fond blanc de lait, est ornée de linéoles longitudinales étroites, brunes et jaunes alternes et presque toujours réunies trois à trois ou quatre à quatre. Les grands individus ont un pouce de longueur.

† 40. Bulime de Coxeira. *Bulimus Coxeiranus*. Moric.

B. testâ elongato-conicâ, subturritâ, lævigatâ nitidâ, luteolâ, fasciis fuscis transversis ornatâ ; anfractibus convexiusculis, ultimo spirâ æquali basi convexo, perforato ; aperturâ ovato-oblongâ, labro tenui reflexo.

Moric. Mém. de Genève, t. 7. p. 433. n° 33. pl. 2. f. 7 à 11.
Habite le Brésil à la Coxeira, aux environs de Bahia, dans les bois de Saint Gonsalves (Moricand). Très belle espèce de Bulime, allongé, lisse, brillant, d'un beau jaune, et orné d'un nombre variable de un à trois, de fascies brunes transverses. Quelquefois les fascies se réunissent, et la coquille est presque toute brune ; les tours sont légèrement convexes, le dernier est aussi grand que la spire, il est percé à la base, et l'ombilic est en partie caché par l'élargissement de la columelle. L'ouverture est ovale, son bord est mince et renversé en dehors. Cette espèce a 15 millim. de diamètre et 33 de longueur.

† 41. Bulime de Taunay. *Bulimus Taunaysii*. Fér.

B. testâ ovato-elongatâ, crassâ, fulvo-bruneâ, fasciâ pallidâ antice cinctâ ; spirâ elongato-conicâ, apice obtusâ ; aperturâ ovatâ, columellâ albâ subtortâ ; labro albo, crasso, simplici, intùs griseo cærulescente.

Fér. Prod. p. 48. n° 331.
Fér. Hist. des Moll. p. 113. f. 4. 5. 6.
Rang. Desc. des Coq. terr. p. 14. n° 8.

Habite l'intérieur du Brésil. Belle et grande espèce ovale, oblongue, composée de sept à huit tours, peu convexes, dont le dernier est moins grand que la spire; la suture est simple dans les premiers tours, elle est bordée d'un petit bourrelet, plissé dans les deux derniers. L'ouverture est ovale, oblongue, d'un bleu cendré à l'intérieur; la columelle porte un gros pli tordu, dont la base se continue avec le bord droit, celui-ci est épais et renversé en dehors. Cette espèce est longue de 75 à 80 millim. et large de 35 à 38.

† 42. Bulime velouté. *Bulimus heterotrichus.* Moric.

B. testâ ovato-oblongâ, epidermide castaneo pubescente et pilis rectis, seriatim dispositis, indutâ; anfractibus septem convexis, ultimo basi perforato, ad periphœriam zonâ albidescente cincto; aperturâ ovatâ, albâ; labro crasso, reflexo.

Moric. Mém. de Genève. t. 7. 2e partie. p. 430. no 23. pl. 2. figur. 5. 6.

Habite le Brésil. Elle a beaucoup de ressemblance avec les Bulimus *velutino hispidus;* elle est plus grande, a un tour de plus, plus ovale, à spire plus longue en proportion; l'épiderme est le même, l'ouverture est d'une étendue médiocre, d'un blanc bleuâtre au fond; le bord est blanc, épais et renversé en dehors; la partie columellaire couvre un peu moins l'ombilic; enfin, l'animal est noirâtre, tandis qu'il est rosé dans l'autre espèce; celle-ci est longue de 55 millim., et large de 32.

† 43. Bulime floconneux. *Bulimus floccosus.* Wagn.

B. testâ ovato-oblongâ, imperforatâ, profunde longitudinaliter striatâ, corneo-bruneâ, maculis floccosis irregularibus fuscis adspersâ aperturâ oblongâ; margine incrassato, subreflexo.

Wagn. dans Spix. Test. bras. p. 10. no 13. pl. 9. f. 3. 4.

Habite dans les forêts des provinces septentrionales du Brésil. Belle espèce ovale, oblongue, assez étroite, dont la forme se rapproche un peu de celle du *Bulimus taunaisi.* Fer. Cette coquille est ovale, oblongue, solide, sans ombilic; toute sa surface est ornée de stries nombreuses, longitudinales et profondes; les tours sont convexes, et le dernier est presque quatre fois plus grand que l'avant-dernier; l'ouverture est oblongue, et son bord est accompagné d'une petite frange étroite et renversée en dehors; la couleur est d'un brun corné, sur laquelle sont irrégulièrement éparses des taches floconneuses fauves; l'ouverture est d'un brun blanchâtre, et son bord est blanc. Cette coquille a plus de deux pouces de longueur.

† **44. Bulime textile.** *Bulimus vimineus.* Moric.

> *B. testá conico-oblongá, nitidá subtilissime striatá, ex albo, luteo et cinereo vittatá; anfractibus convexiusculis, ultimo perforato, basi producto; aperturá fuscá, basi utrinque coarctatá; labro reflexo, albo.*

Moric. Mém. de Genève, t. 6. 2ᵉ part., p. 540. nº 5. pl. 1. f. 5.
Id. t. 7. 2ᵉ part. p. 432. nº 29.

Habite le Brésil dans la province de Bahia. Jolie espèce allongée, conique, sensiblement dilatée à la base, la spire pointue est composée de sept tours convexes, dont le dernier est percé à la base d'un ombilic très étroit, et en partie caché par le renversement du bord droit. L'ouverture est ovale, oblongue, oblique et légèrement contractée en forme de bec vers son extrémité antérieure. L'ouverture est brune dans le fond; son bord est blanc et renversé en dehors; la coquille sur un fond blanc grisâtre est ornée de flammucules brunes, obliques, quelquefois bordées de jaunâtre. La longueur est de trente millim.

† **45. Bulime épais.** *Bulimus durus.* Spix.

> *B. testá oblongo-ovatá, ventricosá, crassiusculá, umbilicatá, albá, tenuissime longitudinaliter striatá; spirá conicá, elongatá; aperturá ovatá, margine reflexo.*

Wagn. dans Spix. Test. bras. p. 5. pl. 6, f. 2.

Habite la province de Bahia. Coquille ovale, oblongue, ventrue, formée de six à sept tours de spire; la spire est conique, les tours sont peu convexes, et leur surface est couverte de stries longitudinales, assez régulières. L'ouverture est ovale, son bord droit est simple, à peine renversé en dehors, le gauche est assez large, et couvre en grande partie un petit ombilic percé à la base. Toute la coquille est blanche. Elle a un pouce de long, et 6 lignes et demi de large.

† **46. Bulime zébré.** *Bulimus zebra.* Spix.

> *B. testá oblongo-conicá, lævi, solidá, perforatá, lutescente, strigis longitudinalibus rubro fuscis aut cærulescentibus pictá; spirá elongatá, aperturá ovatá, obliquá, margine reflexo.*

Spix. Moll. du Brésil, p. 8. pl. 7. f. 5.
Helix zebra. Moric. Mém. de Genève. t. 7. 2ᵉ part. p. 432. nº 30.

Habite le Brésil. Jolie espèce de Bulime, allongée, subturriculée, ayant des rapports avec le *Bulimus lita,* elle est assez épaisse, solide, toute lisse, composée de sept tours convexes; la spire est allongée, plus longue que le dernier tour, et obtuse au sommet;

l'ouverture est ovale, oblique, ayant le bord gauche élargi et renversé au-dessus d'une fente ombilicale étroite ; la couleur générale est jaunâtre, sur laquelle se montre des flammules flexueuses souvent bifides, plus ou moins larges, selon les individus, d'un beau rouge fauve, quelquefois bleuâtre. La longueur est de 11 lignes. Nous ferons remarquer que cette coquille n'est pas la même que le *Buccinum zebra* de Muller, *Bulla zebra* de Gmélin. La coquille de Muller est terrestre; elle est inscrite dans les catalogues sous le nom de *Bulimus undatus*.

† 47. Bulime à bande. *Bulimus vittatus*. Spix.

B. testá ovato-oblongá conicá, lævi, nitidá, perforatá, albidá, strigis longitudinalibus brunneo-luteis ornatá; ultimo anfractu basi lineá transversá, rubro-fuscá cincto; spirá elongato-subturritá; labro sinistro reflexo.

Spix. Test. bras. p. 7. pl. 7. f. 4.
Moric. Mém. de Genève, t. 7. 2ᵉ part. p. 432. nᵒ 32.

Habite le Brésil aux Illheos, sur les grands arbres. Coquille allongée, subturriculée, ayant la spire près de trois fois plus longue que l'ouverture; cette spire est formée de sept tours convexes lisses, d'un blanc transparent, sur lequel sont placés avec assez de régularité des linéoles d'un beau rouge, longitudinales et un peu obliques; à la base du dernier tour, ces linéoles se terminent sur une zone transverse, étroite, de la même couleur ; cette zone s'aperçoit dans l'ouverture ; celle-ci est blanche, son bord droit est un peu réfléchi en dehors; le gauche, élargi, cache presque entièrement une petite fente ombilicale. Cette espèce est longue d'un pouce.

† 48. Bulime polygramme. *Bulimus polygrammus*. Mor.

B. testá elongatá, subturritá, fulvá, striis numerosissimis elevatis, albidis, lineolatá ; spirá acuta ; anfractibus convexiusculis ultimo basi perforato ; aperturá ovatá; labro acuto reflexo.

Moric. Mém. de Genève. t. 7. p. 436. nᵒ 39, pl. 2. f. 12 à 14.

Habite le Brésil, les grands bois, à la Coxeira. Jolie petite espèce allongée, subturriculée, à spire, un peu obtuse, composée de sept tours, dont le dernier est aussi grand que tous les autres. L'ouverture est oblique, ovale, et occupe presque toute la base du dernier tour ; derrière elle se trouve une petite fente ombilicale, brune, entourée en dehors d'une zone blanchâtre. Les tours de spire sont convexes, d'un fauve pâle ou jaunâtre, et ils sont ornés d'un grand nombre de stries peu saillantes, mais blanches. Cette coquille a 13 millim. de longueur, et cinq de diamètre à la base.

† 49. Bulime hétérogramme. *Bulimus heterogrammus.* Moric.

*B. testâ ovato-oblongâ , fragili, fulvâ, lineolis fuscis albidisque no-
tatâ ; anfractibus convexiusculis ultimo basi perforato ; aperturâ
obliquâ ovatâ; labro acuto, reflexo.*

Moric. Mém. de Genève, t. 7. p. 437. n° 40. pl. 2. f. 15 à 17.

Habite le Brésil à la Coxeira dans les grands bois. Petite espèce bien
voisine du *Bulimus polygrammus*, dont elle diffère surtout par la
coloration, leur forme et leur taille sont les mêmes ; celle-ci est cependant un peu plus courte en proportion. Elle est d'un jaune
fauve et ornée de taches longitudinales brunes, diversement disposées, et souvent interrompues sur le milieu des tours.

† 50. Bulime linéolé. *Bulimus lineatus.* Spix.

*B. testâ oblongo-conicâ , perforatâ, lævi minutissime striatâ; albâ
strigis longitudinalibus luteo-bruneis pictâ; spirâ elongato-subtur-
ritâ; labro subreflexo margine sinistro lato reflexo.*

Spix. Test. bras. p. 8, n° 8. pl. 7. f. 6.

Habite le Brésil. En décrivant cette espèce, M. Wagner dit qu'elle est
très voisine du *Bulimus radiatus* qui vit en Europe. Cependant, l'espèce du Brésil se distingue toujours par une forme plus étroite,
par une spire plus allongée, par le dernier tour et l'ouverture plus
courts en proportion. La coquille est solide, couverte de stries longitudinales très fines. L'ouverture est blanche en dedans, son bord
droit est simple, un peu renversé en dehors ; le gauche est élargi et
couvre entièrement une petite fente ombilicale. La coquille est
blanche, et elle est ornée de linéoles longitudinales nombreuses,
d'un jaune brunâtre plus ou moins foncé, selon les individus. La
longueur est de dix lignes.

† 51. Bulime à un tubercule. *Bulimus tuberculatus.* Turt.

*B. testâ ovatâ , oblongâ, albido-fuscâ, basi lacteâ subumbilicatâ; pe-
ritremate lacteo, subreflexo; aperturâ supernè uni-tuberculatâ.*

Turton. Zool. Journ. t. 2. p. 363. pl. 13. f. 4.

Bulimus pupa. Brug. Encyc. méth. vers. t. 1. p. 349. n° 89. *non
Linnei.*

Bulimus emarginatus. Desh. Expéd. de Morée, Zool. p. 165. n° 253.
pl. 19. f. 13. 14. 15.

Bulimus pupa. Philippi. Enum. Moll. Sicil. p. 140. n° 3. pl. 8.
f. 21.

Habite Alger, la Sicile, la Morée. Dans l'incertitude où nous étions
sur l'espèce nommée *Helix pupa*, par Linné, nous n'avons pas voulu

appliquer ce nom de la même manière que Bruguière ; et ayant échappé dans nos recherches le *Bulimus tuberculatus* de **M.** Turton , nous avons donné un nom nouveau à une espèce qui était déjà connue ; nous réparons notre erreur en adoptant le nom de l'auteur anglais, nous y sommes déterminé parce que nous ne connaissons aucun fait qui puisse changer nos doutes à l'égard du nom Linéen. Cette espèce a été parfaitement décrite par Bruguière ; lorsqu'elle est jeune elle a beaucoup de ressemblance avec le *Bulimus montanus* ; lorsqu'elle est vieille, l'ouverture est bordée d'un péristome blanc, épais, renversé en dehors, à l'angle postérieur de l'ouverture , près du point de jonction du bord droit avec l'avant-dernier tour, s'élève un tubercule blanc obtus, un peu creusé en voûte comme l'a très bien observé Bruguière. La taille et les proportions de cette coquille sont variables. Des individus très ventrus, de Sicile, ont 18 millim. de long et 9 de large, et une variété de Morée à 20 millim. de long et 8 de large seulement.

† 52. Bulime de Sainte-Hélène. *Bulimus helena.* Quoy.

B. testá ovato-conicá, subperforatá, squalide luteá transversim et longitrorsum striatá ; spirá acutá anfractibus sectis ; suturis valde profundis ; aperturá subovali ; margine simplici ; columellá tantisper reflexá.

Quoy et Gaim. Voy. de l'Ast. t. 2. p. 111, pl. 9. f. 8. 9.

Habite à l'île Sainte-Hélène. Coquille ovale, oblongue, et qui, par ses caractères se rapproche beaucoup des partules de M. de Férussac, mais son bord droit reste mince et tranchant, et par conséquent, elle doit rester dans les Bulimes proprement dits. La spire est formée de six à sept tours convexes ; elle est pointue, et les tours ont une suture profonde ; la surface extérieure est treillissée par des stries longitudinales et transverses, égales, et assez serrées, L'ouverture est ovale, sa columelle est élargie , blanche, et cache une fente ombilicale étroite. Toute la coquille est d'un brun jaunâtre. Sa longueur est de 25 millimètres, sa largeur de 12.

⊦ 53. Bulime melon. *Bulimus melo.* Quoy.

B. testá ovatá, ventricosá, vix perforatá, longitudinaliter striatá - albá, flammis subrubris ornatá ; aperturá mediocri, ovali ; labro simplici acuto ; columellá subreflexá ; anfractibus quinque.

Var. Castanea ; vitta alba cincta.

Helix melones. Fér. Prod. p. 54. n° 406.

Quoy et Gaim. Voy. de l'Ast. t. 2. p. 109. pl. 9. f 4. 7.

Cuvier. Nouv. édit. Moll. pl. 23. f. 1.

Habite la Nouvelle-Hollande. Espèce très commune au port du Roi-George. Cette espèce n'est-elle pas la même que le *Bulimus infla-tus* de Lamarck, dont cet auteur n'aurait eu que des individus roulés et morts? D'après ce que dit M. Quoy, et autant que nous en pouvons juger par la courte phrase de Lamarck, nous serions porté à réunir ces espèces; le *Bulimus melo* est une coquille ovale, enflée, lisse ou striée par des accroissemens, les tours, au nombre de six, sont médiocrement convexes et plissées sur la suture; le dernier tour est très convexe à la base, où il est percé d'une petite fente ombilicale; l'ouverture est ovale, oblongue, son bord droit est mince et tranchant, blanchâtre ou brunâtre en dedans; la columelle est arrondie et épaisse dans les vieux individus. Sur un fond d'un blanc grisâtre ou jaunâtre, cette coquille est ornée d'un grand nombre de flammules brunes ou fauves, quelquefois plus pâles. Cette espèce a 25 millim. de long et 15 de large.

† 54. Bulime de Dufresne. *Bulimus Dufresnii*. Leach.

B. *testâ ovatâ, oleæformi, imperforatâ, fuscâ longitrorsum tenuiter striatâ; anfractibus quinis, convexis, ultimo fasciis luteis et fuscis cincto; aperturâ amplâ, subsemilunatâ; labro simplici.*

Leach. Miscell. Zool. t. 2. p. 153 à 154. pl. 120.

Quoy et Gaim. Voy. de l'Ast. t. 2. p. 118. pl. 10. f. 1. 3.

Fér. Prod. p. 48. n° 330.

Fér. Hist. des Moll. pl. 113. f. 1. 2. 3.

Bowd. Elem. of Conch. pl. 8. f. 21.

Habite l'île de Van-Diemen (Quoy). Coquille ovale oblongue, à spire renflée et très obtuse. Cette spire est formée de six tours dont la suture est plissée. Toute la partie supérieure de la coquille jusqu'à la circonférence du dernier tour est finement ponctué, les points sont très petits, irrégulièrement épars, et ne s'aperçoivent bien qu'à la loupe. L'ouverture est un peu oblique, à l'axe; elle est dilatée à la base, et la columelle est légèrement saillante et tordue; le bord droit est simple et tranchant, d'un rouge vineux en dedans. La coquille est d'un brun fauve, et le dernier tour a une zone d'un brun foncé suivi, de chaque côté d'une petite zone jaune.

† 55. Bulime citrino-vitré. *Bulimus citrino-vitreus*. Moric.

B. *testâ ovatâ, inflatâ, globulosâ, tenuissime striatâ; tenui fragili, citrino-hyalinâ; anfractibus convexis; spirâ brevi obtusiusculâ; aperturâ ovato-rotundâ, magnâ; labro tenui, acuto.*

Moric. Mém. de Genève. t. 7. p. 436. n° 38. pl. 2. f. 19.

Habite le Brésil aux environs de Bahia. Cette espèce est subglobuleuse, à spire courte; elle est mince, transparente, finement striée, d'un jaune ambré uniforme, le dernier tour est beaucoup plus grand que la spire, il n'a point d'ombilic. L'ouverture est presque aussi large que haute. Son bord est simple, mince et tranchant, il n'est pas renversé en dehors.

† 56. Buline corné. *Bulimus corneus*. Desh.

B. testá ovato-conicá, basi subperforatá, glabrá, tenui, fragili, corneo rubescente; anfractibus convexiusculis; labro simplici; labio rimá umbilicali reflexo.

Desh. Expéd. de Morée. Zool. p. 164. n₀ 252. pl. 19. f. 11. 12.

Habite la Morée. Elle a beaucoup de rapports par sa forme avec le *Bulimus radiatus*, et par sa couleur avec le *Bulimus limnoïdes* de M. de Férussac. Elle est différente de ces deux espèces : sa forme est ovale allongée, la spire conique et plus longue que le dernier tour, est obtuse au sommet. La surface paraît lisse, mais vue à un grossissement suffisant, elle est couverte de fines stries transverses obsolètes, et finement onduleuses; le dernier tour présente à la base une petite fente ombilicale non pénétrante. L'ouverture est ovale, la columelle est arrondie, sans pli, et le bord gauche élargi cache en partie la fente ombilicale; le bord droit est simple, mince, et tranchant. Cette coquille est d'une couleur brun-rougeâtre uniforme. Elle a 20 millim. de long et 10 de large.

† 57. Buline Lita. *Bulimus Lita*. Fér.

B. testá ovato-oblongá, longitudinaliter striatá, albidá strigis longitudinalibus subarticulatis pictá; anfractibus convexis, ultimo basi subperforato; aperturá ovato-oblongá; labro tenuissimo; columellá augustá, læviter contortá.

Helix lita. Férus. Prod. p. 54. n° 403.

Quoy et Gaim. Voy. de l'Uran. p. 473.

Moric. Mém. de Genève, t. 7. 2ᵉ part. p. 432. no 31.

Bulimus litturatus. Spix. Moll. du Brésil. p. 7. pl. 7. f. 3.

Var. Testá ventricosiore. Bulimus magus. Wagn. dans Spix. p. 6. pl. 7. f. 1.

Rang. Desc. des Coq. Ann. des Sciences nat. t. 24. p. 42. n° 20.

Habite le Brésil. Coquille allongée ovale, très mince et fragile, formée de huit tours convexes, dont le dernier est aussi grand que la spire; celle-ci est conique et obtuse au sommet; leur surface est couverte de stries fines et assez régulières; ces stries sont aplaties et deviennent blanches en passant sur les taches brunes dont la coquille est ornée. L'ouverture est ovale oblongue, son bord droit est très mince et très fragile. La columelle est formée par un petit filet solide, mince, qui descend perpendiculairement en se tordant un peu dans sa longueur. La coquille est blanche, et elle est ornée de fascies longitudinales, irrégulières, brunes, subarticulées.

La variété paraît assez constante ; elle se distingue par une forme plus renflée et plus ovalaire. Cette coquille a 35 à 40 millim. de longueur.

† 58. Bulime éclatant. *Bulimus perlucidus.* Spix.

B. testâ ovato-conicâ, tenui, diaphanâ, perforatâ, lævi, albido-cœrulescente; spirâ elongato-acutâ; aperturâ ovatâ, obliquâ, margine simplici, acuto; sinistro reflexo.

Spix. Test. Bras. p. 7. no 5. pl. 7. f. 2.

Habite le Brésil. Petite espèce de huit à neuf lignes de longueur. Elle est allongée, subturriculée, à spire, deux fois plus longue que l'ouverture ; elle est formée de sept à huit tours, à peine convexes striés dans leur longueur. L'ouverture est ovale, à bords très minces et simples ; le gauche est étroit, et se renverse au-dessus d'une petite fente ombilicale. Toute la coquille est brillante, mince, striée, transparente, d'un blanc bleuâtre. M. Wagner rapporterait à cette espèce le *Bulimus vitreus* du Spix, mais nous croyons que la coquille, ainsi désignée, est un jeune individu très imparfait du *Pupa inflata.* Wagn.

† 59. Bulime pseudo-succiné. *Bulimus pseudo-succineus.* Moric.

B. testâ ovato-oblongâ, tenuissimâ, lucidâ, hyalinâ, pallidè citrinâ; anfractibus quinque convexiusculi ultimo spirâ longiore, imperforato ; aperturâ ovatâ, obliquâ; labro tenui, acuto, simplici.

Moric. Mém. de Genève. t. 7. p. 435. no 37. pl. 2. f. 18.

Habite le Brésil aux environs de Bahia. Coquille très allongée, mince, transparente, d'un jaune ambré, toute lisse, sa spire pointue et plus courte que le dernier tour, est composée de cinq tours peu convexes. L'ouverture est ovale, le bord droit reste tranchant.

† 60. Bulime trois lignes. *Bulimus trilineatus.* Quoy.

B. testâ ovato-conicâ, imperforatâ, albâ; strigis rufo-fuscis, longitudinalibus plus minusve densis ornatâ; aperturâ ovatâ, violaceâ; labro simplici acuto; columellâ basi nigrâ; anfractibus quinque et sesqui.

Quoy et Gaim. Voy. de l'Ast. t. 2. p. 107. pl. 9. f. 1-3.

Habite à la Nouvelle-Hollande, au port du Roi-George. L'animal a les

tentacules fort longs et grêles, et il est orné sur le cou et sur le
dos de trois lignes vivement coloriées; la médiane est bleue, et les
deux autres sont d'un brun fauve, assez foncé. La coquille est
ovale, oblongue, à spire pointue; elle est formée de six à sept
tours médiocrement convexes; irrégulièrement striés par des
accroissemens. L'ouverture est brune en dedans; elle est ovale,
oblongue, à bords simples et tranchans; la columelle est peu
épaisse, et son bord se renverse et cache une petite fente ombilicale. Sur un fond d'un blanc grisâtre, cette coquille est ornée
de linéoles obliques, d'un brun rouge; elles sont variables selon
les individus. Sa longueur est de 30 millim., sa largeur de 14.

† 61. Bulime goniostome. *Bulimus goniostoma*. Fér.

B. testâ oblongâ, turritâ, apice obtusiusculâ; anfractibus castaneis,
convexiusculis, ad suturas depressiusculis, eleganter confer-
tissimè granulosis; aperturâ oblongâ, utrinque acutiusculâ, ad
basim subcanaliculatâ; peristomate incrassato, reflexo, rubro; co-
lumellâ albâ; anfractu ultimo ad basim obliquè carinato umbilicato.

Sow. Zool. Journ. t. 1, p. 59. no 2. pl. 5. f. 2.

Férus. Prod. p. 57. n° 441.

Maw. Voyage au Brésil. pl. de Coq. f. 3.

Rang. Desc. des Coq. terrest. p. 55. n° 27.

Habite le Brésil. Belle et curieuse espèce allongée, fusiforme, atténuée à ses deux extrémités, la spire, obtuse au sommet, se compose
de six tours peu convexes, larges, dont le dernier est moins grand
que tous les autres réunis; ce dernier tour se termine à la base
par une carène obtuse, oblique, qui circonscrit en dehors un ombilic infundibuliforme, très étroit au fond. L'ouverture est
oblongue, élargi dans le milieu, rétrécie et anguleuse à ses extrémités; l'angle antérieur est subéchancré, le bord droit et une
partie du gauche sont épais, renversés en dehors, et d'un beau
rouge pourpré. Toute la coquille est d'un beau brun fauve ou
marron clair, et elle est couverte de très fines stries longitudinales; ces stries sont quelquefois granuleuses. La longueur est de
57 millim., la largeur de 21.

† 62. Bulime anguleux. *Bulimus angulatus*. Wagn.

B. testâ elongatâ, angustâ subturritâ, basi perforatâ: albo virides-
cente; aperturâ triangulari, marginibus albis incrassatis valdè
reflexis.

Wagn. dans Spix. Test. Bras. p. 14. n° 21. pl. 13. f. 3.

An eadem ? Helix fusiformis. Rang. Desc. des coq. terr. p. 56. n° 28.
pl. 3. f. 2.

Habite le Brésil, dans les forêts qui avoisinent la rivière Purée, dans la province de Rio Negro. M. Rang, dans son mémoire très intéressant sur les coquilles terrestres qu'il recueillit pendant un voyage en Afrique et au Brésil, donne la description d'une coquille du Brésil qui a une très grande analogie avec celle-ci. Il est possible que plus tard on pourra les réunir lorsque l'on aura rassemblé un grand nombre d'individus de ces espèces rares aujourd'hui dans les collections. A la voir seule, la coquille de Spix aurait des caractères distinctifs suffisans. Elle est allongée, étroite, turriculée, composée de neuf tours étroits, à peine convexes, finement striés dans leur longueur, le dernier tour est terminé à la base par un angle aigu. L'ouverture est allongée, étroite, triangulaire, les côtés du triangle sont inégaux, le bord droit est le plus long, le bord gauche vient ensuite, et le côté le plus court est formé par la partie columellaire de l'avant-dernier tour; les bords sont blancs épais, renversés en dehors; derrière le gauche, qui est le plus large, se trouve une fente ombilicale, étroite. La coquille est épaisse, solide, et partout d'un verdâtre peu foncé. Elle a 14 lignes de longueur.

† 63. Bulime sylvatique. *Bulimus sylvaticus*. Wagn.

B. testá elongatá, turritá, apice obtusá ; pellucidá albá, tenuissime longitudinaliter striatá, anfractibus convexiusculis, suturis coarctatis ; aperturá ovato-subtrigoná, obliquá ; labro simplici ; columellá uniplicatá.

Wagn. et Spix. Moll. du Brésil, p. 11. n° 10. pl. 10. f. 4.

Moric. Mém. de Genève. 2ᵉ part. p. 424. n° 18.

Habite le Brésil, dans les forêts des environs de Bahia. Coquille allongée, turriculée, composée de onze à douze tours, dont les premiers sont obtus; ils sont médiocrement convexes, couverts de fines stries longitudinales, un peu obliques; les sutures sont linéaires et assez profondes. L'ouverture est oblique, oblongue, subtrigone; les bords en sont minces, la columelle est épaissie par un petit pli blanc et tordu. Toute la coquille est blanche ou jaunâtre. Elle a 35 millim. de long sur 8 de large.

† 64. Bulime maritime. *Bulimus maritimus*. Spix.

B. testá elongatá turritá, regulariter conicá apice obtusá, tenuissime longitudinaliter striatá, ad suturas striis exilioribus decussatá ; epidermide custaneo ; aperturá ovato-oblongá ; margine obtuso.

Columna maritima. Spix. Moll. du Brésil. pl. 10. f. 1. 2.

Bulimus calcareus. Wagn. Pour le même.

Helix coxapregana. Moric. Mém. de Genève. t. 7. 2e part. p. 426. no 20.

Habite les forêts vierges du Brésil, et surtout la petite île de Coxaprego, à l'embouchure du Jagoaripe (Moricand).

On a une tendance à confondre en une seule espèce, toutes celles qui sont allongées et turriculées; on les rapporte toutes au *Bulimus calcareus* de Bruguière, cependant M. Moricand, dans son bon mémoire sur les coquilles du Brésil, a judicieusement distingué trois espèces, le *B. obeliscus,* celui-ci auquel nous restituons le nom donné par Spix, et le *B. calcareus.* Le *Bulimus maritimus* est le plus grand parmi les espèces turriculées. Les individus complets ont onze tours à la spire, les premiers sont obtus et lisses, les suivans sont peu convexes, très finement striés en longueur; les stries sont serrées et peu profondes, et près des sutures, elles sont coupées en travers par d'autres beaucoup plus fines. Toute la surface est revêtue d'un épiderme d'un beau brun marron. L'ouverture est ovale, oblongue, d'un blanc bleuâtre, et son bord droit simple non réfléchi devient obtus avec l'âge. Les grands individus ont jusqu'à 4 pouces et demi de longueur.

† 65. Bulime obélisque. *Bulimus obeliscus.* Moric.

B. testá elongatá turritá, apice obtusá, longitudinaliter tenuissime striatá, cinereo-lutescente; anfractibus convexiusculis ultimis lævigatis; aperturá ovato-oblongá, labro simplici.

Moric. Mém. de Genève. t. 6. 2e part. p. 540. pl. 1. f. 4.

Id. t. 7. 2e partie. p. 424. n° 19.

Habite le Brésil, près de Caravalhas. Grande et belle coquille turriculée, ayant beaucoup de rapports avec le *Bulimus calcareus* de Bruguière, dont il se distingue par plusieurs caractères constans; elle est d'un gris olivâtre, plus foncé sur les derniers tours. La spire est obtuse au sommet, elle est composée de dix-sept à dix-huit tours peu convexes, dont les premiers sont finement striés, et les deux ou trois derniers lisses. M. Moricand, auquel on doit la connaissance de cette espèce donne des détails sur l'animal, sur la ponte et le développement des petits. L'animal lui est parvenu vivant en Europe, et c'est en Europe que la ponte s'est faite.

† 66. Bulime de Spix. *Bulimus Spixii.* Wagn.

B. testá elongatá, turritá, cylindraceá, apice obtusá, longitudinaliter striatá, epidermide fusco-castaneo vestitá; anfractibus convexiusculis ultimo spirá breviore zonulá transversá in medio circumdato; aperturá ovatá, postice angulatá, intus albá.

Wagn. dans Spix. Test. bras. p. 11. n° 15. pl. 10. f. 3.

An eadem junior? Bulimus hyalinus. Wagn. dans Spix. Test. bras., p. 6. n° 3. pl. 6. f. 3.

Habite le Brésil. Espèce allongée, turriculée, subcylindracée, à sommet obtus, les tours de spire sont convexes, étroits, finement striés, dans leur longueur. La spire est plus longue que le dernier tour ; celui-ci n'est point ombiliqué; l'ouverture est oblongue, très rétrécie à son extrémité postérieure. Elle est blanche en dedans, le bord droit est simple, mince, le gauche forme une sorte de pli tordu sur la columelle. La coquille est blanche, sous un épiderme brun interrompu sur le dernier tour par une ceinture blanchâtre. La longueur est de deux pouces.

† 67. Bulime alène. *Bulimus subuliformis.* Moric.

B. testá turritá, elongato-angustissimá, nitidá albá, lævigatá; anfractibus numerosis angustis, planulatis ; apice obtuso; aperturá minimá, ovatá; labro simplici acuto.

Moric. Mém. de Genève. t. 7. 2e part. p. 427. pl. 2 f. 3.

Habite le Brésil, près de Bahia, dans la forêt de St.-Gonsalves. (Moricand.)

Petite coquille singulière, allongée, très étroite, subcylindrique, mince, blanche, transparente, toute lisse ; la spire obtuse au sommet se compose de quatorze à quinze tours étroits et aplatis. Le dernier est fort court, l'ouverture est ovale, oblique, le bord droit est mince et tranchant. La longueur est de 22 millim. et le diamètre à la base de trois millim.

† 68. Bulime de Bahia. *Bulimus Bahiensis.* Moric.

B. testá oblongá, cylindraceá, fragili lævigatá, albá; anfractibus subplanis, ultimo basi producto, aperturá oblongá, angustá; labro patulo, reflexo, columellá uniplicatá.

Moric. Mém. de Genève. t. 6. 2e part. p. 541. n° 6. pl. 1. f. 6.

Id. t. 7. 2e part. p. 438. n0 4.

Habite le Brésil, près de Bahia, dans les bois. Coquille allongée, subcylindracée, un peu ventrue dans le milieu ; la spire est formée de sept tours peu convexes, dont le dernier fait plus du tiers de la longueur totale. Toute la coquille est blanche, diaphane, lisse. L'ouverture est ovale oblongue, étroite; le bord est élargi, aplati et un peu renversé en dehors; la columelle porte à son origine un pli tordu comme celui que l'on voit dans le *Bulimus auris sileni* de Bruguière.

† 69. Bulime mélanostome. *Bulimus melanostomus.* Swain.

B. testá ovato-oblongá, ventricosá, confertim granylatá, albo-aureá cinereo vel fusco marmoratá, basi perforatá, umbilico obtuso, ni-

gro; anfractibus convexiusculis; primis longitudinaliter supernè pli-
catis; aperturâ ovatâ, nigrâ; labro incrassato, intus extusque re-
flexo basi emarginato.

Lister. Conch. pl. 29. f. 27.

Bulimus melanostomus. Swain. Ill. zool. t. 1. pl. 4.

Helix melanostoma. Fér. Prod. p. 70. n° 445 *bis.*

Auris melanostoma. Spix. Test. bras. p. 15. n° 19. pl. 12. f. 1. 22.

Helix rhodospira. Moric. Mém. de Genève. t. 7. 2° partie. p. 48. n° 22.

·Var. a. *Testa longiore, labro albido, luteo circumdato.*

Habite le Brésil aux environs de Bahia, sur les figuiers et les oran-
gers. Très belle et très singulière espèce ovale oblongue, ayant le
dernier tour ventru, à-peu-près aussi long que la spire : celle-ci
est obtuse au sommet, formée de cinq tours convexes, dont les
trois ou quatre premiers sont plissés longitudinalement; le dernier
tour présente au-dessous du milieu, un angle obtus, ordinairement blanc; à la base on voit derrière un bord gauche fort épais,
et élargi, un ombilic étroit et profond entouré d'une zone noire,
toute la surface extérieure est couverte de petites rides punctiformes rapprochées et irrégulières. L'ouverture est ovale oblongue,
d'un beau brun, presque noir dans la plupart des individus; le
bord droit est très épais, et il forme un bourrelet extérieur fort
saillant; en dedans de l'ouverture, il devient aussi saillant dans les
vieux individus, et à sa jonction avec la columelle il offre une
échancrure assez profonde, le bord gauche est d'un beau brun
noire; la columelle est un peu oblique, de dedans en dehors, elle
est formée par un gros pli obtus, très obliquement tordu. Les individus frais sont blanchâtres ou orangés', et ils sont ornés de marbrures brunes ou grisâtres, interrompues sur le dernier tour par
la carène blanche; l'intervalle des plis de la spire est occupé par
une tache brune. La couleur de l'ouverture est variable, elle est
quelquefois blanche, quelquefois jaunâtre et entourée de jaune
orangé, d'autres fois, d'un brun pâle, et de cette nuance, elle passe
au brun le plus foncé. Cette coquille a 55 millim. de long et 30
de large.

† 70. Bulime pudique. *Bulimus pudicus.* Muller.

B. testâ ovato-oblongâ, crassâ, rugulosâ, ventricosâ, perforatâ, ro-
seâ ; aperturâ oblongâ; labro incrassato, repaudo, reflexo, albo.

Lister. Hist. conch. pl. 24. f. 22.

* Schrot. Einl. t. 2. p. 181. n° 9.

Helix pudica. Mull. Verm. p. 97. n° 295.

Auris virginea. Chem. t. 9. p. 44. pl. 121. f. 1042.
Bulimus virgineus. Brug. Encycl. méth. vers. t. 1. p. 315. n 29.
Voluta auris virginis. Dillw. Cat. t. 1. p. 502. n° 8.
Partula pudica. Férus. Prodr. p. 66. n° 1.
Wagn. dans Spix. p. 12. n° 12. pl. 11. f. 2. 3. *Bulimus virgineus.*
Bowd. Elem. of conch. pl. 8. f. 30. *Partula australis.*
Helix pudica. Moric. Mém. de Genève. t. 7. p. 438. n 42.
Habite le Brésil dans les forêts de la province de Bahia.

Il se pourrait que l'*Helix pudica* figurée par Chemnitz·fut une autre espèce que celle figurée dans l'ouvrage de Spix. Il suffit en effet de comparer les deux figures pour apercevoir de notables différences. Il serait nécessaire d'examiner un grand nombre d'individus des deux formes pour s'assurer s'il existe entre elles un passage par une série de variétés. La coquille figurée par Spix est la seule que nous ayons à notre disposition ; elle est ovale, oblongue, ventrue, épaisse, chagrinée en dehors; striée dans sa longueur, et quelquefois treillissée par des stries transverses; la spire est très courte, et le dernier tour très grand ; il est percé à la base d'une fente ombilicale très étroite. L'ouverture est ovale oblongue, tantôt blanche, tantôt rose, selon les individus, elle est évasée et le bord droit, très épaissi, est renversé en dehors, le bord gauche est étroit appliqué sur le ventre de l'avant-dernier tour. La columelle forme un plis obtus tordu. En dehors, sous un épiderme d'un brun noirâtre. La coquille est d'un beau rose. Les grands individus ont 55 à 60 millim. de longueur, et 28 à 30 de large.

† 71. Bulime buriné. *Bulimus signatus.* Wagn.

B. testá ovato-oblongá, umbilicatá, longitudinaliter profunde striatá, albidá, flammulis, longitudinalibus, fasciisve tribus transversis ornatá ; spirá exertiusculá, apice nigro, aperturá ovato oblongá, albá; labro late intus extusque expanso; columellá uniplicatá.
Auric. signata. Wagn. Moll. du Brésil. p. 17 n. 1. pl. 12. f. 3.
Helix signata. Moric. Mém. de Genève. t. 2. p. 431. n° 27.
Habite le Brésil aux Illheos. Certains Bulimes ont, par leurs caractères généraux). beaucoup d'analogie avec les Auricules; on ne saurait cependant les confondre, lorsque surtout on a pu observer les animaux. Dans les Bulimes, l'animal a quatre tentacules comme dans les Hélices, dans les Auricules, l'animal ne porte que deux tentacules. Le *Bulimus signatus* est une coquille ovale allongée, ventrue dans le milieu; à spire conoïde, plus courte que le dernier tour, et obtuse au sommet. Des six ou sept tours dont elle est composée, les premiers sont peu convexes, le dernier l'est, en

proportion beaucoup plus à la base; il est percé d'une fente ombilicale longitudinale et oblique; dans la plupart des individus, la surface extérieure est fortement striée dans la longueur ; dans d'autres, les stries sont remplacées par des rugosités irrégulières. L'ouverture est d'un beau blanc ; à prendre son contour extérieur, elle est ovale oblongue : à la prendre dans son contour intérieur, elle est étroite, sinueuse et auriforme. Le bord droit est très largement étalé en dehors, où il forme un bourrelet très saillant et horizontal, à partir du tiers postérieur jusqu'à la base, s'élève une crète très aiguë, saillante horizontalement dans l'ouverture, et la columelle porte une grosse callosité oblique pliciforme. La coloration est variable, et l'on trouve tous les intermédiaires entre des individus ayant des flammules longitudinales, étroites, nombreuses, brunes, sur un fond blanc, et d'autres ayant trois zones transverses, brunes, également sur un fond blanc, la longueur est de 42 millim., la largeur de 20.

† 72. Bulime pentagruel. *Bulimus pentagruelinus*. Moric.

B. testá fusiformi, apice acutá, tenue striatá, cinereá ; anfractibus convexiusculis, ultimo basi verforato ; aperturá oblongá, subquadrangulatá, columellá labroque intus dentatis, labro reflexo, roseo, incrassato.

Scarabus labrosus. Menke. Syn. moll. p. 35 et p. 130.

Helix (cochlodina) Pentagruelina. Moricand. Mém. de la soc. de Genève. t. 6. 2ᵉ part. p. 542. n° 7. pl. 1. f. 7.

Id. t. 7. 2ᵉ part. p. 440. n° 45.

Habite le Brésil. Après avoir examiné cette coquille, nous ne partageons pas l'opinion de M. Menke, qui en fait un Scarabe, et nous ne croyons pas que ce soit une Clausilie comme le pense M. Moricand ; pour nous, elle appartient au genre Bulime, elle en a tous les principaux caractères et la forme générale; et il faut bien admettre dans les Bulimes comme dans les Hélices, des espèces à ouverture dentée ; celle-ci est certainement l'une des plus remarquables, mais elle n'est pas la seule, et si l'on veut y faire attention on ne lui trouvera ni les vrais caractères des Maillots ou des Clausilies, et encore moins ceux des Scarabes.

† 73. Bulime fermé. *Bulimus clausus*. Desh.

B. testá ovato-conicá ; compressá, subtus gibbá, solidá, lutescente, lineis fuscis cinctá; aperturá axi longitudinali parallelá, rectá, albá, dentibus septem inæqualibus valde angustatá, ringente; labro reflexo.

Tomigerus clausus. Spix. Test. bras. pl. 15. f. 4. 5.

Helix clausa, Wagn. dans Spix. p. 21. n° 1.

An eadem? Helix gibberula. Burrow. Elem. pl. 27. f. **3.**

Habite le Brésil dans les forêts vierges d'Almada, province de Bahia.

Si l'on avait conservé cette espèce parmi les Hélices, il aurait fallu changer son nom, puisque, avant qu'elle le reçût, Rafinesque l'avait déjà donné à une petite espèce de l'Amérique septentrionale, fort différente de celle-ci. Nous plaçons cette espèce parmi les Bulimes, parce qu'elle a le plan de l'ouverture perpendiculaire et non oblique, comme dans les Hélices, parce qu'elle a la spire en proportion plus allongée. Cette coquille est pour nous, par rapport au genre Bulime, ice que l'*H. auriculata* de Say est dans le genre Hélice. Le *Bulimus clausus* a aussi, par son aspect général de l'analogie avec le *Scarabus plicatus*, *Auricula plicata*, Lamk.; mais on ne peut le rapporter au genre Scarabe. La forme des plis de l'ouverture, et la nature du test, sa coloration, son épiderme s'y opposent.

† 74. Bulime navicule. *Bulimus navicula.* Wagn.

B. testá conicá distortá. ad basin truncatá, et planulatá ; lutescente, transversim fusco-fasciatá, spirá , roseá, fusco-fasciatá ; aperturá perpendiculari rectá , triangulari, ad spiram retroversá, labro albo, reflexo, margine dextro, antepenultimo anfractu affixo.

Wagn. dans Spix. Moll. du Brésil. p. 22. n° 2. pl. 15. f. 2. 3.

Moric. Mém. de Genève. t. 2. 2ᵉ part. p. 420. n° 7.

Habite dans les forêts vierges de la province de Bahia. A mesure que les observations se multiplient dans la grande famille des Hélices, on voit des faits d'abord exceptionnels se généraliser; ainsi, la retroversion de l'ouverture vers la partie supérieure de la spire, ne s'était vu que dans le genre Anostome appartenant aux Hélices globuleuses et dentées. Nous avons fait remarquer le même phénomène dans le type des Cyclostomes; et enfin, l'espèce qui nous occupe, le montre dans les Bulimes vivans, tandis que M. Mathéron l'a découvert dans les Bulimes fossiles des terrains d'eau douce du midi de la France. Le *Bulimus navicula* a la spire conique et pointue formée de six à sept tours étroits, aplatis, lisses, rosés et ornés à la suture d'une fascie transverse brune; le dernier tour est fort ample, tronqué à la base, et percé au centre d'un ombilic étroit et peu profond, au lieu de se développer régulièrement en avant comme dans le *Bulimus aurisleporis* avec lequel l'espèce actuelle a beaucoup de rapports, ce dernier tour se relève obliquement vers la spire, de manière à ce que l'extrémité postérieure de l'ouverture vient s'implanter sur le tour antépénultième. Au reste, il y a

tant d'analogie dans la forme de la spire, celle de l'ouverture
ainsi que dans le système général de la coloration, que quelques
personnes pensent que cette espèce n'est autre chose qu'une mons-
truosité constante du *Bulimus aurisleporis*, comparable aux variétés, soit scalariformes, soit sénestres que l'on rencontre dans
d'autres espèces.

† 75. Bulime oreille de renard. *Bulimus auris vulpinus.* Desh.

*B. testâ ovato-ventricosâ, irregulariter striatâ, rugulosâ, calcareâ,
fossili? Anfractibus septem suprà planiusculi ad suturam crenato
plicatis, aperturâ coarctatâ, antice posticeque angulatâ; labro du-
plicato crassissimo.*

Chemn. Conch. t. 11. pl. 287: pl. 210. f. 2086, 2087.

Helix auris vulpina. Fér. Prodr. p. 57. n° 445.

Melania. Perry. Conch. pl. 29. f. 4.

Voluta auris vulpina. Dillw. Cat. t. 1. p. 503. n° 9.

Habite subfossile, à l'île Sainte-Hélène. Cette curieuse et intéressante
espèce a été trouvée sur quelques points de l'île Sainte-Hélène,
mais non vivante, elle est enfouie et une très grande partie de ses
couleurs ont disparu. Elle appartiendrait à une race éteinte depuis
peu de temps. Elle est ovale, ventrue, couverte de stries longitudinales, ridées ou rugueuses, les tours dont elle est composée, au nombre de sept, sont aplatis en dessus, et anguleux à la circonférence.
L'ouverture est fort remarquable par l'épaississement extraordinaire de ses bords, épaississement qui a lieu en dedans et en dehors, dans les vieux individus. Longueur, 45 à 50 millim., largeur, 28 à 30.

† 76. Bulime Bontia. *Bulimus Bontia.* Desh.

*B. testâ conico-acuminatâ, ventricosâ, perforatâ, pellucidâ, fragilis-
simâ; apice nigro; anfractu ultimo in fundo flavescente-albido
transversaliter cincto tribus fasciis flavescentibus, superiore lineari
inferioribus latioribus; aperturâ ovatâ, extensâ, integrâ basi subtruncatâ.*

Helix bontia. Chemn. Conch. t. 9. p. 156. pl. 134. f. 1216. 1217.

Id. Gmel. Syst. nat. p. 3642. n° 248.

Id. Férus. Prodr. p. 54. n° 404.

Helix bontia. Dillw. Cat. t. 2. p. 934. n° 108.

Habite Tranquebar (Chemnitz). Coquille conique pointue, ventrue,
ayant le dernier tour percé à la base, elle est mince, fragile, transparente, noire au sommet, d'un blanc jaunâtre sur le reste, et or-

née sur le dernier tour, de trois fascies brunes, transverses, étroites, dont l'antérieure est la plus fine. L'ouverture est ovale, un peu dilatée, à bords minces et tranchans.

† 77. Bulime tortu. *Bulimus distortus.* Brug.

B. testá ovato-oblongá, utrinque attenuatá, rugosá fulvá; aperturá elongatá, angustá, coarctatá, utroque latere unidentatá; dente columellari conico, majore.

Aurismida distorta. Chemn. Conch. t. 10. p. 146. pl. 149. f. 1395. 1396.

Brug. Encycl. méth. vers. t. 1. p. 344. n° 79.

Voluta australis. Dillw. Cat. t. 1. p. 500. n° 3. La variété.

Helix distorta. Férus. Prodr. p. 57. n° 443.

Dillwyn, sous le nom de *Voluta australis,* confond deux espèces bien distinctes, celle-ci et le *Bulimus auris bovinus* de Bruguière. Cette espèce est réellement très remarquable, et nul doute que Lamarck l'eût placé parmi les Auricules, quoiqu'en réalité ce soit un Bulime. Cette coquille est ovale oblongue, subfusiforme, atténuée à ses deux extrémités. La spire est conique, obtuse au sommet, et formée de six à sept tours aplatis, striés et rugueux longitudinalement; le dernier tour est un peu plus long que la spire, il est très rétréci en avant, et ventru dans le milieu. L'ouverture est très étroite, contractée, à bords blancs, très épaissi en dedans et en dehors. La columelle porte dans le milieu une grosse dent obtuse, blanche, presque transverse, le bord droit est très épaissi dans ses deux tiers antérieurs, il s'amincit subitement vers le tiers postérieur, cette partie amincie est courbée, tandis que l'autre est droite. Toute la coquille est d'un brun fauve, peu foncé, avec des taches nettes mais irrégulièrement distribuées, d'un brun presque noir. Cette belle et remarquable espèce a 65 millim. de long et 27 de large.

† 78. Bulime glabre. *Bulimus glaber.* Desh.

B. testá ovatá, ventricosá lævigatá, albo flavescente, fusco longitudinaliter fasciatá, variegatá, apice obtusá basi perforatá; anfractibus latis, convexis; aperturá ovato-angustá, coarctatá; plicá columellari magná labiis albis, incrassatis reflexis.

Voluta glabra. Gmel. p. 3436. n° 8.

Voluta auris judæ. Var. B. Gmel. p. 3437.

Gronov. Zooph. pl. 18. f. 12.

Schrot. Einl. t. 1. p. 273. n° 109.

Martini. Conch. t. 2. pl. 43. f. 447. 448.

Fav. Conch. pl. 65. f. H 3.

Voluta glabra. Dillw. Cat. t. 1. p. 501. n° 5.

Auricula sileni. Encycl. pl. 460. f. 4. a. b.

De Roissy. Buff. Moll. t. 5. pl. 55. f. 7.

Helix auris caprinus. Férus. Prodr. p. 57. n° 442.

Habite la Trinité, Saint-Domingue (Férussac). Par une confusion dont il est difficile de deviner la cause, cette coquille a été confondue avec le *Voluta auris sileni* de Born, quoiqu'on la distingue parfaitement bien, et nous rétablissons ici la synonymie exacte de cette espèce, nous lui rendons son premier nom spécifique. Nous la replaçons aussi dans le genre Bulime, auquel elle appartient par tous ses caractères. En consultant les notes que nous avons faites sur plusieurs des auricules de Lamarck, on verra quelles sont les espèces de ce dernier genre qui devront passer dans celui-ci.

Le *Bulimus glaber* est une coquille ovale, oblongue, ventrue dans le milieu; la spire, obtuse au sommet, est formée de cinq à six tours convexes, larges, lisses, quelquefois finement striés vers la suture; le dernier tour est plus grand que la spire, il est atténué antérieurement, et percé à la base d'une fente ombilicale très étroite, et presque entièrement close; l'ouverture est ovale, allongée, étroite; le bord droit faisant une légère courbure rentrante dans le milieu; la columelle porte sur le milieu un gros pli blanc; le bord est épais, renversé en dehors, et d'un beau blanc. La coquille est d'un fond blanc fauve sur lequel se montrent un petit nombre de larges fascies longitudinales, brunes, irrégulièrement déchirées sur les bords, souvent ponctuées de blanc, et quelquefois formant par des lignes entre-croisées un réseau irrégulier.

† 79. **Bulime bouche-violette.** *Bulimus phasianellus.* **Hum.**

B. *testá oblongiusculá, spirá breviusculá, obtusá anfractibus quinque subventricosis, leviter striatis, subviolascente griseis; aperturá oblongá, longitudine spiram æquante; intùs pallide violaceá, peristomate incrassato reflexo, continuo, violaceo; anfractu ultimo parte inferiore intus suturate castaneo.*

Bulimus iostoma. Sow. Zool. Journ. t. 1. p. 58. n° 1. pl. 5. f. 1.

Bulimus phasianella. Humbolt. Obs. zool.

Helix phasianella. Férus. Prod. p. 48. n° 336.

Habite le Chili, le Pérou. Grande et belle espèce ovale oblongue, ventrue dans le milieu, obtuse au sommet; les tours, au nombre de six, sont larges, convexes, plissés longitudinalement. Le dernier tour, plus grand que la spire est sans ombilic. L'ouverture est ovale oblongue, tout son pourtour est d'un beau violet, et sa paroi postérieure, c'est-à-dire la partie de l'avant-dernier tour, comprise dans l'ouverture, est d'un beau brun violacé, les bords sont très épais, renversés en dehors. La columelle est épaisse, et elle a un pli obtus, très oblique et blanc sur le milieu de sa longueur; à l'extérieur les premiers tours sont d'un fauve clair, sur les troisième et quatrième tours se montrent des fascies longitudinales en zig-zag, d'un brun foncé auxquelles succède une couleur blanche, violacée, tantôt uniforme, tantôt irrégulièrement ponctuée de brun. Nous devons à M. Rolland du Roquan fils, de Carcassonne, la connaissance d'un fait assez rare dans les coquilles terrestres. Cet amateur distingué nous a communiqué un individu de cette espèce, portant une grosse varice sur le milieu du dernier tour. Autrefois très rare, cette espèce est actuellement commune dans les collections; elle a 75 millim. de long et 40 de large.

† **8o. Bulime gauche.** *Bulimus lœvus.* **Brug.**

B. testá subcylindraceá; glabrá, sinistrorsá, fasciatá, labro subreflexo; columellá flava.

Helix lœva. Mull. Verm. p. 95. n° 293.

Lister. Conch. pl. 33. f. 31.

Knorr. Vergn. t. 6. pl. 29. f. 3

Fav. Conch. pl. 65. f. A 3.

Chemn. Conch. t. 9. n. 101. pl. 111. f. 940 à 949.

Bulimus lœvus. Brug. Encycl. méth. vers. t. 1. p. 317. n° 31.

Helix lœva. Dillw. Cat. t. 2; p. 935. n° 112.

Bulla lœva. Schrot. Einl. t. 1. p. 194. n° 22.

Helix lœva. Quoy et Gaim. Voy. de l'Astr. t. 2. p. 120. pl. 10. f. 4.

Habite Amboine et les îles de l'Océan indien. Espèce bien connue, que l'on ne peut confondre avec aucune autre de celles qui sont sénestre; celle-ci l'est constamment, elle se distingue du *Bulimus contrarius*, par son volume toujours plus petit, et d'autres caractères non moins constans. Chemnitz en a rassemblé sept variétés, il faut actuellement en ajouter quelques-unes de plus. Cette coquille est trop connue pour que nous la décrivions ici.

† **8i. Bulime limnoïde.** *Bulimus limnoïdes.* **Fér.**

B. testá ovato-oblongá conoïdea, tenui, pellucidá, corneo-castaneá, lœvigatá, spirá acutá; anfractibus convexiusculis, ultimo spira breviore, basi perforato; aperturá ovatá, labiis teneribus acutis.

Férus. Prodr. p. 53. n° 393.

Id. Hist. des Moll. pl. 142. f. 9. 10. 11. 12.

Habite la Martinique (Com. M. Petit). Espèce allongée, conique, lisse, mince, diaphane, d'un beau brun, plus ou moins foncé, selon les individus, mais ordinairement foncé, la spire est pointue, on y compte huit à neuf tours étroits, convexes, à suture simple, dont le dernier, plus court que la spire, est percé à la base d'une petite fente ombilicale, étroite, presque tout--à-fait cachée par le bord gauche; l'ouverture est ovale oblongue, à bords minces et tranchans. La longueur est de 23 millim., et la largeur de 11.

✝ 82. Bulime bi-labié. *Bulimus bilabiatus.* **Brod. et Sow.**

B. testá ovatá, pallide fuscá longitudinaliter oblique costatá ; anfractibus quinque ultimo ad basim angulato; aperturá auriculari ; peristomate reflexo , sinuoso, pone labium lamellifero ; columella obtuse uniplicatá.

Brod. et Sow. Zool. Journ. t. 5. p. 49. pl. sup. 40. f. 1. 2.

Helix maximiliana. Férus. Collect.

Moric. Mém. de Genève. t. 7. 2ᵉ part. p. 431. n° 26.

Habite au Brésil les Illhéos (Moricand). Belle et singulière espèce, ventrue, à spire conique, pointue, composée de cinq tours convexes, à suture bordée, et dont le dernier, plus grand que la spire, est obscurément anguleux vers la base. Sur les tours sont disposées avec régularité, les côtes longitudinales obliques un peu contournées en S. L'ouverture a son angle postérieur rétréci en gouttière, la columelle très épaisse, a un pli très obtus et peu marqué, le bord est fort remarquable , étant formé de deux péristomes, l'un sur l'autre. Cette coquille est souvent rugueuse , et d'un blanc terne et calcaire, quelquefois elle est d'un jaune fauve. L'ouverture est noirâtre dans le fond , et souvent les bords sont de la même couleur.

✝ 83. Bulime trifascié. *Bulimus trifasciatus.* **Brug.**

B. testá ovato-conicá, basi umbilicatá, lœvigatá albá, in ultimo anfractu, fusco trifasciatá ; bifasciata in alteris fascia superiore angustiore ; aperturá subrotundá, edentulá; labro simplici incrassato, reflexo, albo.

Helix trifasciata tranquebarica. Chemn. Conch. t. 1. p. 155. pl. 134. f. 1215.

Bulimus trifasçiatus. Brug. Encycl. méth. vers. t. 1. p. 317. n° 32.

Helix trizonalis. Fér. Prod. p. 55. n₀ 417.

Helix trifasciata. Dillw. Cat. t. 2. p. 933. n₀ 107.

Gmel. p. 3642. n° 247. *Excl. listeri syno.*

Habite Tranquebar (Chemnitz.) Coquille ovale, conique, lisse, blanche, à spire plus longue que le dernier tour, obtuse au sommet, composée de six à sept tours peu convexes, larges; sur les premiers on voit deux zones brunes transverses, la première, plus étroite, est sur la suture; la seconde est près de la base des tours, sur le dernier tour, on voit une troisième zone autour de l'ombilic. L'ouverture est ovale, obronde, blanche, la columelle est simple, et le bord droit épais et blanc, est renversé en dehors. Cette coquille n'est pas commune dans les collections.

† 84. Bulime petit-velours. *Bulimus velutino-hispidus.* Moric.

B. testá ovato-globosá, epidermide pallide fusco, pubescente et pilis rectis, seriatim dispositis indutá; anfractibus convexiusculis, ultimo basi perforato; spirá brevi, acutá; aperturá albá, ovatá; labro reflexo.

Moric. Mém. de Genève. t. 7. 2e part. p. 429. n° 23. pl. 2. f. 4.

Habite le Brésil dans les forêts humides. Espèce fort remarquable et bien facile à distinguer de toutes les autres, car elle est la plus courte et la plus rapprochée des Hélices; on la placerait dans le voisinage de l'*Helix lucana*, si par la forme et la direction de l'ouverture, elle n'appartenait réellement au genre Bulime. Lorsque cette coquille est fraîche, elle est revêtue d'un épiderme formé de poils redressés, très courts, semblables à un velours peu serré. On remarque aussi des lignes transverses de poils plus allongés.

† 85. Bulime vitré. *Bulimus vitreus.* Brug.

B. testá ovatá, turgidá, lœvigatá, tenui, fragili papyraceá, subumbilicata; spirá obtusá ultimo anfractu multo breviore; anfractibus primis subcarinatis; colore fuscá lineis sulphureis fulguratá.

Helix vitrea. Born. Mus. pl. 15. f. 15. 16.

Schrot. Einl. t. 2. p. 234. n° 204.

Gmel. p. 3622. n° 166.

Chemn. Conch. t. 11. p. 282. pl. 210. f. 2072. 2073.

Bulimus vitreus. Brug. Encycl. méth. vers. t. 1. p. 299.

Helix vitrea. Dillw. Cat. t. 2. p. 919. n° 74.

Habite........ Le *Bulimus coturnix* de M. Broderip a avec cette espèce beaucoup de rapports. Le Bulime vitré, figuré pour la première fois par Born, est resté jusque dans ces derniers temps une coquille excessivement rare; on ne connaissait que le seul individu figuré par l'auteur dont nous parlons; depuis, il en a été rapporté quelques individus recueillis au Pérou. Il est assez probable pour nous du moins que le *Bulimus coturnix* en est une variété; cependant il reste comme caractère d'après Born que dans le *Bulimus vitreus*, les premiers tours sont anguleux, ce que nous n'avons vu dans aucun individu du *Coturnix*. Nous n'avons jamais vu cette espèce, de sorte qu'il nous est difficile de donner d'autres détails à ce sujet.

† 86. Bulime grain de riz. *Bulimus oryza*. Brug.

B. testá elongato-turritá , vitreá , virescente apice obtusá , basi sub-perforatá, longitudinaliter tenuissime striatá; anfractibus angustis, convexis; aperturá minimá , ovato-circulari, labio tenui, simplici, acuto.

Bulimus oryza. Brug. Ency. méth. vers. t. 1. p. 333.

Helix oryza. Moric. Mém. de Genève, t. 7. 2e part. p. 423. no 16.

Férus. Prodr. p. 52. no 380.

Habite le Brésil. Très petite espèce, allongée, turriculée, obtuse au sommet, mince, vitrée, transparente, d'un vert pâle ou jaunâtre, la spire se compose de huit tours étroits, convexes, très finement striés, le dernier, beaucoup plus court que la spire, offre à la base un très petit ombilic que recouvre à peine un bord gauche blanchâtre très étroit. L'ouverture est ovale, obronde, à bords minces et tranchans. Cette petite coquille a 7 millim. de long et 2 et demi de large.

† 87. Bulime de Broderip. *Bulimus Broderipii*. Sow.

B. testá ovato-pyramidali, tenui albicante, nigro fulvoque elegantis-sime maculatá et variegatá; anfractibus quinque rapidè crescenti-bus, paululum ventricosis; suturá subconfluenti ; superficie granu-lis minimis, longitudinaliter seriatim dispositis.

Proc. of Zool. Soc. Lond. 1832. p. 30.

Sow. Conch. illust. Bulimus. f. 1. 1*, 1**.

Muller. Syn. Test. p. 16. no 1.

Habite au Chili, dans la fissure des rochers, près Copiapo. Une variété se rencontre au Pérou , près Iquiqui (Cuming). Belle espèce mince et fragile, ayant beaucoup de rapports avec l'*Helix vitreus* de Born (*Bulimus vitreus* Brug.). Elle est moins globuleuse , très mince, brunâtre en dedans, et remarquable par la beauté de sa coloration des zones longitudinales blanchâtres, marquées de taches d'un brun noirâtre alternant avec des zones d'un beau fauve brun; la columelle est un filet solide, tordu sur lui-même; la surface extérieure est chargée de rangées très serrées de fines granulations. Les grands individus ont 45 millim. de long. et 36 de diamètre.

† 88. Bulime bigarré. *Bulimus coturnix*. Sow.

*B. testá globoso-pyramidali, anfractibus quatuor ad quinque ven-
tricosis, albicantibus, fusco maculatis et variegatis; suturá dis-
tincta; superficie tenuissimè transversim striatá; umbilico parvo,*

Procéd. of Zool. Soc. Lond. 1832. p. 30.
Sow. Conch. illus. Bulimus. f. 3.
Muller. Synop. testac. p. 17. n° 2.

Habite au Chili, sous les pierres, dans les lieux secs. Espèce ayant
bien des rapports avec le *Bulimus Broderipii*, mais elle en diffère
parce qu'elle a toujours l'ombilic ouvert, elle est plus globuleuse,
toute sa surface est couverte de stries transverses extrêmement
fines, onduleuses et très rapprochées. Sur un fond d'un blanc
corné, cette coquille est agréablement tachetée de brun fauve; les
taches nuageuses, sur leurs bords, sont disposées tantôt en zones
transverses, tantôt en zones longitudinales. Longueur, 27 millim.,
largeur 20.

† 89. Bulime de Coquimbo. *Bulimus Coquimbensis.* Brod.

*B. testá lævi, ovato-fusiformi, fragili, subdiaphaná, albido-fuscá, ma-
culis strigisque nigro fuscis sparsá; anfractibus sex longitudinaliter striatis, ultimo maximo; labro acuto.*

Proc. of Zool. Soc. Lond. 1832. p. 30.
Sow. Conch. illust. Bulimus. f. 8.
Muller. Synop. testac. p. 17. n₀ 3.

Habite à Coquimbo, sur les montagnes. Ovale, oblongue, à spire conique et pointue. Six tours peu convexes, dont le dernier, plus
grand que tous les autres, test très mince et fragile, irrégulièrement strié par des accroissemens; ouverture grande, ovale, oblongue, atténuée postérieurement; bord droit, mince et tranchant;
columelle très étroite, formant un petit pli tordu. Toute la coquille est d'un blanc fauve, et ornée d'un grand nombre de taches,
les unes presque noires, disposées presque toujours en rangées
longitudinales; les autres plus irrégulières et d'un brun pâle. 35
millim. de long, 17 de large.

90. Bulime du Chili. *Bulimus Chilensis*. Less.

*B. testá ovato-pyramidali, subpellucidá, fuscá, striis fasciisque in-
terruptis castaneo-nigris variá; anfractibus sex granulosis; labro
acuto.*

Broderip. Procced. of Zool. Soc. Lond. 1832. p. 31. *Bulimus granulosus.*

Bulimus granulosus. Sow. Conch. illust. f. 7: 7*.

Bulimus granulosus. Mull. syn. Moll. p. 17. n° 4.

Buimus chilensis. Less. Voy. de la coq. Zool. pl. 7 f. 3.

Habite à Valparaiso et sur les montagnes de la Conception. Quand même, M. Rang, avant M. Broderip n'aurait pas donné le nom de *Granulosus* à une autre espèce de Bulime, il aurait toujours été nécessaire de rendre à celle-ci le nom que le premier, M. Lesson, lui imposa. Ce Bulime est ovale, oblong, à spire obtuse, à-peu-près aussi longue que l'ouverture, les tours sont convexes, s'accroissent rapidement, et leur suture est finement crenelée, toute la surface de la coquille est couverte de fines granulations. L'ouverture est ovale, oblongue, un peu inclinée sur l'axe longitudinal, son bord droit est mince et tranchant; la columelle, assez solide, forme un pli obtus, faiblement tordu et blanc, derrière lequel reste ouverte une petite fente ombilicale. La coquille est d'un brun roux, plus ou moins foncé, selon les individus et ornée de zones étroites irrégulières, souvent interrompues, d'un brun marron foncé. Cette coquille a 42 millim. de long et 20 de large.

† 91. Bulime transparent. *Bulimus translucens*. Broderip.

B. testá oblongo-pyramidali, lævissimè transversim striatá, pallidè flavá, valdè pellucidá, anfractibus quinque subventricosis.

Proceed. of Zool. Soc. Lond. 1832. p. 31.

Sow. Conch. illus. Bulimus. f. 11.

Muller. Syn. testac. p. 18. n° 7.

Habite l'Amérique méridionale. Cette espèce vit attachée aux arbres. Espèce assez voisine du *Bulimus coxciranus* de M. Moricard (variété jaune). Elle est allongée, conique, mince, transparente, d'un jaune citron clair; la spire, obtuse au sommet, se compose de six tours assez larges et peu convexes; leur surface est brillante, elle paraît lisse, mais examinée à la loupe, on la trouve couverte de stries transverses, très fines, distantes et un peu onduleuses. L'ouverture est ovalaire, à bords minces et tranchans; la columelle est arrondie, et son bord se renverse fortement pour couvrir une petite fente ombilicale, qui néanmoins, reste toujours ouverte à la base. La longueur de cette espèce est de 25 millim. et sa largeur de 12.

92. Bulime maillé. *Bulimus scutulatus*. Broderip.

B. testá pyramidali, tenui, albidá vel fulvá, lineis, maculis; fasciis-que castaneis interruptis, scutulatá; anfractibus 8 subrotundatis, longitudinaliter striatis; umbilico subobtecto.

Proceed. of Zool. Soc. Lond. p. 106. 1832.

Sow. Conch. illus. Bulimus. f. 39.

Muller. Synop. Testac. p. 20. n$_0$ 17.

Habite les collines du Pérou (Islay.) M. de Ferussac, sous le nom d'*Hélix virgulata*, a confondu plusieurs espèces, parmi lesquelles celle-ci, que M. Broderip a séparée. Elle est allongée, turriculée, conique; sa spire est composée de huit à neuf tours convexes, striés irrégulièrement dans leur longueur. L'ouverture a à peine le tiers de la longueur totale; elle est ovale, à bords minces et tranchans; la columelle est arrondie, et le bord gauche se renverse au-dessus d'une fente ombilicale, qui reste toujours ouverte. Cette coquille est d'un fond blanc grisâtre ou roussâtre, et elle est ornée de fascies transversales, quatre ou cinq sur le dernier tour, composées d'un grand nombre de petites lignes brunes longitudinales, très rapprochées. Cette coquille, longue de 28 millim. et large de 12. Il y a des individus moins turriculés et plus ventrus.

† 93. Bulime abandonné. *Bulimus derelictus*. Brod.

B. testá ventricoso-pyramidali, albidá, subdiaphaná; anfractibus 6 longitudinaliter striatis; apice solidulo, subpapillari; umbilico magno.

Brod. Proceed. of Zool. Soc. Lond. 1832. p. 107.

Sow. Conch. illust. Bulimus. f. 38.

Muller. Syn. Testac. p. 22. n° 21.

Habite à Cobija, Bolivia. Espèce commune et assez variable. Elle est ovale, ventrue, largement et profondément ombiliquée à la base, la spire est plus courte que le dernier tour; on y compte six à sept tours convexes, les premiers forment un petit mamelon lisse et d'un rouge foncé; les suivans sont striés irrégulièrement par des accroissemens, et ces stries sont coupés en travers par d'autres très fines, distantes, que l'on remarque particulièrement à la partie supérieure des tours. L'ouverture est déjetée à droite; elle est ovale, semi-lunaire, blanche ou fauve-clair. La columelle est arrondie, épaisse, droite, le bord gauche très élargi à son point d'insertion à l'avant-dernier tour se renverse au-dessus de l'ombilic; le bord droit est simple, mince, mais fortement renversé en dehors. Cette coquille est ordinairement d'un blanc jaunâtre ou rosâtre, très pâle, et elle passe par des nuances insensibles, jusqu'au brun foncé. Les grands individus ont 28 millim. de long et 18 de large.

† 94. Bulime changeant. *Bulimus varians*. Brod.

B. testá elongatá, subnitidá, castaneá; maculis strigisque albis variá; anfractibus 8 longitudinaliter striatis; umbilico mediocri.

Brodr. Proc. of Zool. Soc. Lond. 1832. p. 107.

Sow. Conch. Illust. *Bulimus*, f. 20. 20*.

Muller. Syn. Testac. p. 22. n₀ 22.

Habite les montagnes du Pérou (Truxillo). Espèce allongée, subturriculée, quelquefois subcylindracée, elle est variable dans sa
forme et ses proportions, et néanmoins se reconnaît toujours facilement; la spire est blanche et obtuse au sommet; les premiers
tours sont étroits, peu convexes, les suivans s'élargissent rapidement, et sont plus convexes; le dernier, beaucoup plus court
que la spire, est percé d'un ombilic étroit et profond, en partie
caché par le renversement et l'élargissement du bord gauche; la
région ombilicale est blanche, les sutures sont blanchâtres, et le
reste est d'un beau brun foncé, parsemé irrégulièrement de grosses
taches blanches circulaires; quelquefois ces taches se touchent et
se confondent en zones longitudinales. L'ouverture est ovale,
oblongue, à bords minces, tranchans et blancs. Cette coquille est
longue de 35 millim. et large de 12.

✝ 95. Bulime sali. *Bulimus sordidus.* Lesson.

B. *testá ovato-acutá, sordidè albidá, fulvo-maculatá; anfractibus
6 creberrimè longitudinaliter granuloso-striatis, ultimo maximo;
ventricoso; umbilico magno; epidermidè tenui.*

Var. a. granulis striisque paulo elevatioribus subalbidis.

Var. b. albidá fasciis castaneis.

Var. c. naná, albidá fasciis interruptis sordidè castaneis.

Brod. Procced. of Zool. Soc. Lond. 1832. p. 107. *B. Proteus.*

Lesson. Voy. de *la Coq.* Zool. pl. 13. f. 3.

Bulimus Proteus. Sow. Conch. Illus. f. 14. a. b. c.

Id. Muller. Syn. Testac. p. 22. n° 24.

Habite les montagnes du Pérou. M. Lesson, dans la zoologie du
voyage de *la Coquille*, publiée en 1830, donna le premier le nom
de *Sordidus* à cette espèce. Depuis M. King, dans le 19ᵉ numéro
du *Zoological*, journal qui parut en 1831, imposa aussi le nom
de *Sordidus* à une autre espèce du même genre; ce sera donc à
celle-ci que le nom de *Sordidus* devra rester, car on ne peut adopter non plus le nom de *Bulimus proteus*, proposé par M. Broderip en 1832, dans les Procedings de la Société zoologique de
Londres. Cette coquille oblongue, ventrue, est très variable dans
sa forme et sa coloration; sa surface est toujours profondément découpée en granulation par l'entrecroisement des stries ordinairement d'un blanc jaunâtre; sale et terne, elle est quelquefois ornée
de zones transverses brunes, d'autres fois de zones de taches subqua

drangulaires, d'un brun terreux. La longueur est de 40 millim.,
la largeur de 28.

† 96. Bulime versicolore. *Bulimus versicolor.* Brod.

B. testá ovato-pyramidali, albidá, maculis castaneis, vel castaneá ma-
culis albidis variá; anfractibus 6 minutissimè longitudinaliter subde-
presso-granuloso-striatis; labio exteriore albente; umbilico medio-
cri; epidermide tenui.
Var. fasciá albidá basali.

Brodr. Proceed. of Zool. Soc. Lond. 1832. p. 108.
Sow. Conch. Illust. *Bulimus.* f. 16. 16*.
Muller. Syn. Testac. p. 23. no 26.

Habite les montagnes du Pérou. Espèce variable pour sa coloration:
elle est ovale, oblongue, à spire obtuse formée de six tours convexes, dont le dernier est plus grand que tous les autres réunis; la
base est percée d'un ombilic médiocre, en partie caché par l'élargissement du bord gauche. L'ouverture est ovale, oblongue à son
extrémité postérieure; les bords ont une tendance à se joindre et
à compléter le péristome. Ce péristome est blanchâtre, et l'ouverture est brune en dedans; les bords sont épaissis et renversés en
dehors. La surface de cette coquille est couverte de ponctuations
et de granulations oblongues, longitudinales, disposées en séries
transverses; la couleur est blanche, avec des taches onduleuses,
étroites, longitudinales, brunes en petit nombre, et depuis cette
coloration, on arrive par nuances insensibles à celle d'individus
bruns, avec quelques zones blanchâtres quelquefois interrompues.

† 97. Bulime rougeâtre. *Bulimus rubellus.* Brod.

B. testá tenui, diaphaná, subpyramidali, pallidè rubrá, obscurè al-
bido-maculosá; anfractibus 7 longitudinaliter striatis; umbilico
mediocri.

Brod. Proceed. of Zool. Soc. Lond. 1832. p. 124.
Sow. Conch. Illust. *Bulimus.* f. 32.
Muller. Synop. Testac. p. 24. n° 27.

Habite les montagnes du Pérou. Jolie espèce allongée, étroite, subturriculée, à spire conique à laquelle on compte sept à huit tours
à peine convexes, irrégulièrement striés par des accroissemens, et
plissés sur les sutures; le dernier tour est moins grand que la spire,
il est percé à la base d'une fente étroite, au-dessus de laquelle se
rabat un bord gauche blanc, large et plat; l'ouverture est allongée, étroite, longitudinale, à bords minces et tranchans; la columelle est étroite, dans le prolongement de l'axe, et aplatie. Cette

coquille est d'une couleur uniforme, orangée, quelquefois orangé rougeâtre. Elle a 31 millim. de long et 12 de large.

† **98. Bulime rosé.** *Bulimus rosaceus.* King.

B. testá, ovato-oblongá, scabriusculá; apicè et anfractibus primis, rosaceis, cœteris viridifuscis; labro albo; suturis crenulatis vel plicatis.

King. Zool. Journ. t. 5. p. 341. n° 33.

Sow. Conch. Illust. *Bulimus.* f. 5.

Var. a. Minor. *Bulimus chiliensis.* Sow. Jun. proceed. Soc Zool. Lond. 1833. p. 36.

Bulimus chiliensis. Muller. Syn. Test. p. 24. n° 29.

Habite les rivages de l'Amérique méridionale (Chili). Nous réunissons à l'espèce qui est nommée par M. King. *Bulimus rosaceus,* celle que plus tard M. Sowerby le jeune, indiqua sous le nom de *Bulimus chiliensis.* Nous avons plusieurs raisons pour opérer cette réunion. Nous avons sous les yeux les animaux des deux espèces, nous les devons à la bienveillante communication de M. Lajoye. Ces animaux sont semblables; quant aux coquilles, si l'on prend les variétés extrèmes, on leur trouvera bien quelques différences et des caractères communs; mais cette communauté de caractères se manifestera de plus en plus, à mesure que l'on observera un plus grand nombre d'individus. Cette espèce, sous un moindre volume, ressemble au *Bul. ovatus,* toute la surface est très finement granuleuse; le sommet est obtus, et le premier tour semble rentrer dans le second, comme s'il avait été tiré de l'intérieur dans cette direction; les sutures sont crénelées, et quelquefois dentelées.

† **99. Bulime blanc.** *Bulimus albus.* Sow.

B. testá ovato-ventricosá, albá, aliquando intus carneá; apice obtuso; anfractibus quinque globulosis lævibus; aperturá ovali; labio tenui, acuto; umbilico minimo.

Sow. Jun. Proc. of Zool. Soc. Lond. 1833. p. 73.

Sow. Conch. illust. *Bulimus.* f. 51.

Muller. Syn. Testac. p. 28. n° 45.

Habite aux environs de Copiapo (Cuming). Elle n'est peut-être qu'une variété du *Bulimus Erythrostoma* de M. Sowerby. Elle est ovale, globuleuse, lisse ou substriée par des accroissemens, elle est ordinairement blanche en dedans et en dehors, et ayant toujours le sommet obtus et d'un rouge rose ou carminé. L'ouverture est quelquefois d'un brun-jaunâtre en dedans; les tours sont très convexes,

le dernier est percé d'un ombilic médiocre. La longueur est de 21
millim. la largeur de 15.

† 100. Bulime striatule. *Bulimus striatulus.* Sow.

B. testá oblongo-acuminatá, corneo-albicante, transversim fusco zo-
natá, apicè obtusiusculo anfractibus convexis confertim longitudi-
naliter striatis; striis elevatiusculis exilibus; aperturá oblongá, la-
biis tenuibus acutis.

Sow. Proc. of Soc. Zool. Lond. 1833. p. 73.
Id. Conch. Illust. f. 58.
Muller. Syn. Testac. p. 29. n° 46.

Habite aux environs de Lima, sous les pierres (Cuming.) Espèce
oblongue, conique, ayant le dernier tour ventru et presque égal à
la spire. Celle-ci est obtuse au sommet, composée de sept à huit
tours convexes, dont les premiers sont lisses, et les suivans, finement et assez profondément striés dans leur longueur; le dernier
tour est percé à la base d'un ombilic assez large et profond, à
peine recouvert par un petit bord gauche; l'ouverture est ovale,
oblongue, l'extrémité du bord droit se recourbe à gauche comme
pour rejoindre l'extrémité du bord de ce côté, les bords sont minces
et tranchans. Toute cette coquille est mince, cornée, transparente, de couleur brun-fauve, très claire, le sommet est plus foncé;
il y a des individus qui ont cette couleur uniforme, d'autres qui
ont des flammules brunes longitudinales. Ces flammules sont remplacées dans une série de variétés, par des fascies transverses plus
ou moins nombreuses, et plus ou moins larges. Cette coquille a
20 millim. de long. et 11 à 12 de large.

† 101. Bulime des cactus. *Bulimus cactivorus.* Brod.

B. testá fusiformi, pyramidali, albidá, subpellucidá, opalescente; an-
fractibus sex subventricosi-longitudinaliter creberrimè, elevato-
striatis; spirá apice subnigro.

Proceed. of Zool. Soc. Lond. 1832. p. 31.
Sow. Conch. illust. *Bulimus.* f. 2*.
Muller. Syn. Test. p. 17. n° 5.

Habite la Colombie, sur la montagne Christa. Coquille oblongue,
conique, formée de six ou sept tours peu convexes, mais finement
et profondément striés. L'ouverture est ovalaire, à bords minces et
tranchans. La columelle est courte, peu épaisse, et le bord gauche couvre une petite fente ombilicale. Toute la coquille est
mince, transparente, d'un blanc jaunâtre opalin avec le sommet
noirâtre. Il serait possible que cette espèce ne soit qu'une variété

du *Bulimus lilaceus* de M. de Férussac, ce dont on ne peut guère s'assurer positivement que par la comparaison immédiate des espèces. Celle-ci a 23 millim. de long et 12 de large.

† 102. Bulime brillant. *Bulimus nitidus*. Brod.

B. testá fusiformi, subpellucidá, nitidè albidá strigis frequentibus longitudinalibus castaneo-fuscis variá; anfractibus sex longitudinaliter striatis; apice subnigro; labro acuto.

Proceed. of zool. soc. Lond. 1832. p. 31.

Sow. Conch. Illust. *Bulimus.* f. 2.

Muller. Syn. test. p. 18. n° 6.

Habite au Pérou (Tumbez), (Cuming), fort belle espèce, ayant assez le port du *Bulimus peruvianus*, dont elle reste d'ailleurs bien distincte; elle est ovale, conique, sa spire, composée de sept tours convexes et striés, est obtuse au sommet. L'ouverture est plus courte que la spire; elle est ovale, oblongue, fauve en dedans, ses bords sont minces et tranchans, la columelle est blanche, et un peu tordue dans sa longueur. La coquille, sur un fond blanc est ornée de zones longitudinales irrégulièrement espacées, mais souvent rapprochées, d'un beau brun rougeâtre, le sommet est noir, et les zones paraissent dans l'ouverture, à cause du peu d'épaisseur du test. La longueur est de 29 millim. et la largeur de 13.

† 103. Bulime guttulé. *Bulimus guttatus*. Brod.

B. testá fusiformi, pullucidè fuscá, guttis lineisque longitudinalibus albis variá; anfractibus sex apice papillari et quasi elephantino.

Proceed. of zool. Soc. Lond. 1832. p. 31.

Sow. Conch. illust. *Bulimus.* f. 10.

Muller. Syn. test. p. 18. n° 8.

Habite au Pérou (Cuming). Coquille ovale, oblongue, mince, transparente, d'un brun fauve, marbrée de lignes et de guttules longitudinales, blanches, la coquille est lisse, et son sommet subcylindracé est en mamelon; l'ouverture est ovale, oblongue, à bords minces et tranchans. La columelle est brune et un peu tordue. Longueur 22 millim. largeur 10.

† 104. Bulime rubané. *Bulimus lemniscatus*. Desh.

B. testá pyramidali, albidá, subdiaphaná, vittis latis fuscis, circumdatá; anfractibus septem turgidis longitudinaliter levissimè striatis; labro acuto; umbilico mediocri; aperturá corneá.

Bulimus vittatus. Brod. Proceed. of zool. soc. Lond. 1832. p. 31.

Id. Sow. Conch. illust. f. 6. 6*.

Id. Muller. Syn. test. p. 18. n° 9.

Habite au Pérou (Cuming). Nous changeons le nom donné à cette espèce par M. Broderip, parce que long-temps avant, Spix avait employé la même dénomination pour une autre espèce du même genre. Belle espèce, ovale, ventrue, à spire conique, composée de sept tours très convexes, très finement striés dans leur longueur. Le dernier offre, à la base, un ombilic d'une médiocre grandeur; l'ouverture est presque aussi longue que la spire; elle est rosée en dedans, ses bords sont simples et tranchans; la columelle est droite, et forme avec le bord droit un angle très obtus; la coquille, sur un fond blanc ou blanchâtre est ornée de fascies rubanées, larges, linéolées de rouge, sur le brun elles sont quelquefois subarticulées. Cette coquille, d'une coloration agréable et élégante, a 30 millim. de longueur et 18 de large.

† 105. Bulime scalariforme. *Bulimus scalariformis.* Brod.

B. testâ pyramidali subfuscâ, anfractibus quinque, subturgidis, creberrime longitudinaliter costatis; labro acuto; umbilico magno.

Var. testâ fuscâ, fasciis et lineis transversis albis.

Proceed. of zool. soc. Lond. 1832. p. 31.

Sow. Conch. illust. *Bulimus* f. 13.

Muller. Syn. test. p. 19. n° 10.

Habite au Pérou (Ancon) (Cuming). Petite espèce curieuse, subturbiniforme, ayant un peu l'apparence de certains Scalaires; ses tours de spire, au nombre de cinq, sont très convexes, le dernier est largement ouvert par un grand ombilic, et toute la surface est chargée de stries lamelliformes, régulières et très rapprochées; l'ouverture est ovale, obronde, à péristome simple, aigu et presque continu; la columelle est blanche, et le bord gauche est peu élargi, toute cette coquille est d'un beau brun foncé; il y a une variété avec des fascies transverses blanchâtres. Longueur, 12 mill. largeur 8.

† 106. Bulime pavillon. *Bulimus vexillum.* Brod.

B. testâ pyramidali, albente, vittis castaneis fasciatâ; anfractibus 6 levissimè longitudinaliter striatis; umbilico subobsoleto.

Proceed. of zool. soc. Lond. 1832. p. 105.

Sow. Conch. illust. *Bulimus.* f. 26.

Muller. Syn. test. p. 19. n° 11.

Habite l'île de Saboga, dans le golfe de Panama (Cuming). Coquille ovale, oblongue, ventrue dans le milieu; la spire, obtuse au sommet, est aussi longue que le dernier tour, elle est composée de six tours, lisses, convexes, dont le dernier a une fente ombilicale pres-

que entièrement close par le bord gauche. L'ouverture est ovale
oblongue, à bords minces et tranchans, la columelle un peu tordue, forme un pli obtus et un peu saillant. Cette coquille, sur un
fond blanc jaunâtre, est ornée de zones brunes transverses, trois
sur les premiers tours, cinq sur le dernier, la dernière circonscrit
l'ombilic à la base. La longueur est de 23 millim., la largeur de 12.

† 107. Bulime pustuleux. *Bulimus pustulosus*. Brod.

*B. testâ fusiformi, e fusco albente, subdiaphanâ; anfractibus sex striis
moniliformibus, frequentibus, longitudinalibus; umbilico mediocri.*

Proceed. of soc. Zool. Lond. 1832. p. 105.

Sow. Conch. illust. *Bulimus.* f. 23.

Muller. Syn. test. p. 19. n° 12.

Habite au Chili (Cuming). Petite espèce, allongée, turriculée, à
spire pointue, à laquelle on compte six tours convexes, étroits, chargés de stries très fines, longitudinales, finement granuleuses, le dernier tour, subglobuleux, est percé à la base d'un ombilic grand
en proportion du volume de la coquille. L'ouverture est ovale,
oblongue, à bords presque continus, mais minces et tranchans,
toute cette coquille est mince, d'un blanc jaunâtre, tirant sur la
couleur abricot; en dedans, cette couleur est plus intense. Cette
coquille a 17 millim. de long et 8 de large.

† 108. Bulime de Panama. *Bulimus Panamensis*. Brod.

*B. testâ ovato-fusiformi, subglabrâ, diaphanâ, pallidè fulvâ; anfrac-
tibus 6 subventricosis, labro vix subreflexo.*

Proceed. of zool. soc. Lond. 1832. p. 105.

Sow. Conch. illust. *Bulimus.* f. 25.

Muller. Syn. test. p. 19. n° 13.

Habite l'isthme de Panama (Cuming). Coquille ovale, oblongue, conique, à spire obtuse, plus longue que le dernier tour; elle est formée de six tours larges et convexes, striés par des accroissemens.
Une petite fente ombilicale se montre à la base du dernier tour;
l'ouverture est ovale, oblongue, à bords minces et à peine renversés en dehors; la columelle est blanche, toute la coquille est en
dehors et en dedans de la même couleur; cette couleur est d'un
fauve pâle et transparent. La longueur est de 24 millim., la largeur
de 12.

† 109. Bulime voisin. *Bulimus affinis*. Brod.

*B. testâ valdè fusiformi, pellucidè fuscâ albo fucatâ, longitudinaliter
striato-rugosâ; umbilico obsoleto.*

Proceed. of zool. soc. Lond. 1832. p. 106.

Sow. Conch. illust. *Bulimus.* f. 3o.

Muller. Syn. test. p. 20. n° 15.

Habite au Pérou, sur les hautes montagnes, à deux mille pieds au-dessus du niveau de la mer (Cuming). Elle paraît bien voisine du *Bulimus panamensis*, et semble intermédiaire entre cette espèce et le *Bulimus rubellus*. Il est en effet plus allongé et plus étroit que le *Panamensis*, mais moins que le *rubellus*, il a à-peu-près la même couleur, mais il est parsemé de taches nuageuses blanches; sa longueur est de 25 millim., sa largeur de 11.

† 110. **Bulime blanchâtre.** *Bulimus albicans.* **Brod.**

> *B. testá ovato-ventricosá, subpellucidá, fuscá lineolis strigisque longitudinalibus, albis variá ; anfractibus 6 longitudinaliter striato-rugosis ; columellá et fauce rubro-castaneis ; umbilico mediocri.*

Proceed. of zool. soc. Lond. 1832. p. 105.

Sow. Conch. illustr. *Bulimus.* f. 22*. 22.

Muller. Syn. test. p. 20. n° 14.

Habite Copiapo au Chili (Cuming). Espèce que nous n'avons pu examiner, et qui nous paraît avoir une bien grande ressemblance avec les individus jeunes du *Bulimus derelictus.* C'est une coquille ovale, ventrue, un peu transparente, brune, ornée de linéoles et de flammules blanchâtres, longitudinales; les tours, au nombre de six, sont striés ou rugueux longitudinalement; la columelle et l'intérieur du bord droit sont d'un brun rouge clair, et l'ombilic est médiocre. Une variété est blanche, et en proportion plus étroite. La longueur est de 20 millim.; la largeur de 13.

† 111. **Bulime modeste.** *Bulimus modestus.* **Brod.**

> *B. testá pyramidali, turritá, elongatá, tenui subalbidá lineolis castaneis, longitudinalibus, frequentibus variá; anfractibus 8 longitudinaliter striatis; umbilico mediocri; epidermidè tenui.*

Proceed. of zool. soc. Lond. 1832. p. 106.

Sow. Conch. illust. *Bulimus.* f. 19.

Muller. Syn. test. p. 20. n° 16.

Habite les montagnes du Pérou (Huacho) (Cuming). Coquille oblongue, subturriculée, conique, mince, blanchâtre et ornée d'un grand nombre de linéoles longitudinales, d'un brun marron foncé; les stries irrégulières, résultant des accroissemens, suivent la direction des linéoles. L'ouverture est un peu plus du tiers de la longueur totale; elle est ovale, oblongue; la columelle est blanche, cylindracée, et le bord gauche renversé cache un petit ombilic. Longueur, 33 millim., largeur, 13.

✝ 112. Bulime turriculé. *Bulimus turritus.* **Brod.**

> *B. testâ turritâ, imperforatâ; anfractibus* **10** *substriatis, albidis cas-*
> *taneo-fasciatis.*

Proceed. of zool. soc. Lond. 1832. p. 106.

Sow. Conch. illust. *Bulimus.* f. 31.

Muller. Syn. test. p. 21. n° 18.

Habite les montagnes du Pérou. (Truxillo) (Cuming). Espèce fort
remarquable, allongée, turriculée, pointue, formée de dix tours
très convexes, étroits, substriés, le dernier n'est point ombiliqué;
l'ouverture est ovale, oblongue; la columelle courte est en forme
de pli tordu dans sa longueur, les bords sont minces et tranchans;
la coquille est ornée sur un fond blanc de deux fascies transverses
brunes, sur les premiers tours, il y en a une troisième sur le dernier tour. La longueur est de 26 millim. la largeur de 9.

✝ 113. Bulime agréable. *Bulimus pulchellus.* **Brod.**

> *B. testâ elongatâ : anfractibus* 7 *longitudinaliter elevato-striatis, al-*
> *bidis; ultimo trifasciato, cæteris bifasciatis; fasciis subnigro-cas-*
> *taneis; umbilico mediocri.*

Proceed. of zool. soc. Lond. 1832. p. 106.

Sow. Conch. illust. *Bulimus.* f. 17.

Muller. Syn. test. p. 21. n° 19.

Habite les montagnes du Pérou (Truxillo.) (Cuming). Espèce élégante, allongée, étroite, subturriculée, à spire pointue, conique,
plus longue que le dernier tour; elle se compose de sept tours
striés, assez convexes, le dernier, atténué antérieurement, est percé
d'un petit ombilic. Le bord droit est mince et tranchant; la coquille est d'un blanc laiteux, opaque, et chaque tour est orné de
deux zones brunes transverses; il y a trois de ces zones sur le dernier tour. La longueur est de 31 mill. la largeur de 11.

✝ 114. Bulime rongé. *Bulimus erosus.* **Brod.**

> *B. testâ ovato-pyramidali, albicante, sparsim diaphanâ quasi erosâ;*
> *anfractibus sex ventricosis, longitudinaliter sub rugoso-striatis;*
> *apice solidulo, subpapillari.*

Brod. Proceed. of zool. soc. Lond. 1832. p. 106.

Sow. Conch. illust. *Bulimus.* f. 34.

Muller. Syn. test. p. 21. n° 20.

Habite au Pérou, à 2500 pieds au-dessus de la mer, aux environs d'I-
quiqui (Cuming). Espèce qui a beaucoup d'analogie avec le *Buli-*
mus derelictus. Elle est oblongue, ventrue, à spire conique, terminée par un petit mamelon cylindracé et obtus; les tours, au nombre

de six, sont convexes, striés longitudinalement, mais les stries sont
rugueuses et comme rongées ; le dernier tour, plus grand que la
spire, est percé à la base d'un ombilic étroit. L'ouverture est ovale
oblongue, la columelle est droite. La coquille est d'un fauve blanchâtre , parsemée de petites taches transparentes. La longueur est
de 25 millim., la largeur de 13.

† 115. Bulime tigré. *Bulimus tigris*. Brod.

B. testá cylindrico-fusiformi, nitidá, subglabrá; fulvo-albente, longi-
tudinaliter castaneo-strigatá; anfractibus 7 longitudinaliter stria-
tis; columellá subcallosá; umbilico tantum non obtecto.

Brod. Proc. of zool. soc. Lond. p. 107. 1832.
Sow. Conch. illust. *Bulimus.* f. 21.
Muller. Syn. test. p. 22. n° 23.

Habite les montagnes du Pérou (Truxillo) (Cuming). Belle espèce
allongée, étroite, subfusiforme, ayant de l'analogie, par sa forme,
avec le *Bulimus lita* , qui se trouve au Brésil; elle est polie, brillante, à tours de spire larges, et médiocrement convexes; le dernier est atténué antérieurement et percé d'un ombilic presque entièrement caché par le bord gauche. L'ouverture est ovale, oblongue, étroite, la columelle est blanche, épaisse et subcalleuse, le
droit reste mince et tranchant. Sur un fond blanc jaunâtre, cette
coquille est ornée de nombreuses flammules, d'un brun foncé, assez larges et longitudinales. Longueur, 38 millim.; largeur, 14.

† 116. Bulime noyeau. *Bulimus nux*. Brod.

B. testá pyramidali, fuscá; anfractibus 7 longitudinaliter rugosis;
umbilico mediocri.

Brod. Proceed. of zool. Soc. Lond. 1833, p. 125.
Sow. Conch. illust. *Bulimus.* f. 37. 37*.
Muller. Syn. test. p. 24. n° 28.

Habite les îles Gallopagos (Cuming.) Coquille ovale, conique, ventrue, ayant la spire égale au dernier tour. Les tours sont au nombre de sept, ils sont étroits et convexes, striés irrégulièrement.
Toute la coquille est d'un brun foncé; il y a des individus qui
laissent apercevoir deux ou trois zones d'un brun plus intense. La
longueur est de 20 millim., et la largeur de 12.

† 117. Bulime rugifère. *Bulimus rugiferus*. Sow.

B. testá turrito-pyramidali, brunneá; anfractibus octo, longitu-
dinaliter rugulosis; suturá distinctá, aperturá sub ovali, labio te-
nui, irregulari; umbilico parvo.

Sow. juni. Proc. of Soc. Lond. 1833. p. 36.

Sow. Conch. illust. f. 40.

Muller. Syn. test. p. 25. n₀ 31.

Habite l'île de Jacobi, l'une des Gallopagos (Cuming.) Jolie petite
espèce allongée, étroite, turriculée, couverte de rugosités longitudinales, peu régulières. Il y a huit tours convexes, étroits, le dernier est beaucoup plus court que la spire. L'ouverture est ovale,
oblongue, à bords minces et tranchans; et le bord droit est quelquefois irrégulièrement flexueux. Toute la coquille est mince, et
d'un brun foncé uniforme; elle a pour la taille et la forme de
l'analogie avec le *Bulimus calvus*. Mais ce dernier n'a jamais les
rides longitudinales. Longueur, 13 millim., largeur, 5.

† 118. Bulime unifascié. *Bulimus unifasciatus.* Sow.

*B. testá oblongo-conicá, tenui, pellucidá, fuscá, ultimo anfractu fas-
ciá albá cincto; anfractibus convexis, striatis; aperturá ovalá, superne attenuatá; labro tenui, acuto; umbilico parvo.*

Sow. jun. Proc. of zool. soc. Lond. 1833. p. 37.

Sow. Conch. illust. f. 55.

Muller. Synop. test. p. 25. n° 34.

Habite les îles Gallopagos (Cuming). Coquille oblongue, conique, à
spire obtuse, plus longue que le dernier tour, et composée de
cinq à six tours convexes, striés longitudinalement, et qui s'élargissent assez rapidement. Le dernier est percé d'une petite fente
ombilicale cachée sous le bord gauche. L'ouverture est ovale,
oblongue, rétrécie postérieurement. Les bords sont minces et
tranchans. Toute la coquille est mince, transparente, d'un brun
assez foncé. Le dernier tour porte sur la circonférence une zone
blanche, étroite. La longueur est de 20 millim., la largeur de 11.

† 119. Bulime bilinéolé. *Bulimus bilineatus.* Sow.

*B. testá oblongo-conicá, tenui, lævigatá, pallidè fulvá, fusco in me-
dio bizonatá; interstitio albo; anfractibus convexis, angustis, ultimo basi perforato; aperturá ovato-subrotundá, labro tenui, acuto.*

Sow. jun. Proc. of zool. soc. Lond. 1833. p. 37.

Sow. Conch. illust. f. 29.

Muller. Syn. test. p. 26. n₀ 35.

Habite la Colombie occidentale (Cuming). Petite espèce oblongue,
conique, ayant la spire pointue, et plus longue que le dernier
tour, on y compte six à sept tours convexes, étroits, lisses,
ou striés par des accroissemens; le dernier tour est percé
à la base, d'une petite fente ombilicale, en partie cachée par le

renversement d'un bord gauche fort étroit; l'ouverture est ovale, obronde, à bords minces et tranchans. La couleur de cette coquille varie pour son intensité, elle est le plus ordinairement d'un brun très pâle; les premiers tours ont une seule zone brune sur le milieu. Le dernier en porte deux, et elles sont séparées par un intervalle blanc. Cette espèce a de l'analogie avec le *Bulimus ustulatus*. Sa longueur est de 16 millim., sa largeur de 8.

† 120. Bulime érythrostome. *Bulimus erythrostoma*. Sow.

B. testâ ovato-subglobosâ, ventricosâ, albâ apice obtusâ, minutissime granulosâ ; anfractibus convexis ultimo basi umbilicato; umbilico pervio ; aperturâ ovatâ intus sanguineâ.

Sow. jun. Proc. of zool. soc. Lond. 1833. p. 37.

Sow. Conch. illust. f. 50.

Muller. Syn. testac. p. 26. n₀ 37.

Habite le Chili, dans les jardins des environs de Huasco (Cuming). Cette curieuse espèce a beaucoup d'analogie par sa forme et son volume avec le *Bulimus albus*, elle est globuleuse, ventrue, à spire obtuse et courte, à tours très convexes et étroits ; le dernier est percé à la base d'un large ombilic profond. L'ouverture est ovalaire, subcirculaire, à bords simples et peu épais ; à l'intérieur elle est d'un beau rouge ; toute la surface est blanche, et très finement granuleuse. Cette jolie espèce a 20 millim. de long et 15 de large.

† 121. Bulime chrysalide. *Bulimus chrysalidiformis*. Sow.

B. testâ ovato-oblongâ, medio ventricosiore, tenui lævigatâ, albâ; suturâ lineâ brunneâ notatâ ; anfractibus convexis ; aperturâ ovatâ lobro incrassato reflexo, fusco marginato.

Sow. jun. Proc. of zool. soc. Lond. 1833. p. 37.

Sow. Conch. illus. f. 28.

Muller. Syn. test. p. 26. n₀ 38.

Habite l'Amérique méridionale (Cuming). Belle espèce, dont la forme et la taille ont de l'analogie avec le *Bulimus taunaysi*, mais qui en est spécifiquement bien différente ; elle est ovale, oblongue, obtuse au sommet, un peu ventrue dans le milieu ; sa spire se compose de sept tours convexes, lisses, blancs, à suture simple, mais accompagnée d'une ligne brune étroite. L'ouverture est ovale, oblongue blanche ; en dedans la columelle est assez épaisse et faiblement tordue dans sa longueur ; les bords sont épais, renversés en dehors, et circonscrits par une ligne brune. Cette belle espèce a 70 millim. de long., et 29 de large.

† 122. Bulime divergent. *Bulimus discrepans.* Sow.

> B. *testá oblongo-acutá, lævigatá, nitidá albescente lineis obliquis,*
> *longitudinalibusque rufo fuscis pictá; anfractibus convexiusculis,*
> *ultimo basi perforato; aperturá ovatá; labro tenui acuto; columellá*
> *angustá.*

Sow. jun. Proc. of zool. Soc. Lond. 1833. p. 72.

Sow. Conch. illust. f. 52.

Muller. Syn. testac. p. 27. n₀ 39.

Habite sous l'écorce des arbres, dans l'Amérique centrale (Cuming). Jolie espèce oblongue, conique, ayant la spire pointue plus
longue que le dernier tour ; les tours sont peu élargis et peu convexes, leur surface est lisse et brillante ; le dernier est percé à la
base d'une fente columellaire, étroite. L'ouverture est ovalaire,
à columelle mince et à bords minces et tranchans. Toute la coquille est d'un blanc rosé, interrompu irrégulièrement par un assez
grand nombre de lignes obliques et longitudinales, d'un beau
rouge brun. Cette coquille a 20 millim. de long et 10 de large.

† 123. Bulime chauve. *Bulimus calvus.* Sow.

> B. *testá elongatá, turritá lævigatá fuscá, pallidiore marmoratá;*
> *anfractibus convexis, angustis; aperturá ovatá; labio intùs in-*
> *crassato umbilico mediocri.*

Sow. jun. Proc. of zool. soc. Lond. 1833. p. 72.

Sow. Conch. illust. *Bulimus.* f. 41.

Muller. Syn. testac. p. 27. n° 40.

Habite les îles Gallopagos (Cuming). Petite espèce dont la forme
rappelle assez exactement celle du *Bulimus acutus* qui vit en
France, elle ressemble aussi au *Bulimus rugiferus* Sow., mais elle
est plus large en proportion. Elle est allongée, turriculée, les
tours étroits, lisses, sont convexes, et le dernier subglobuleux et
fort court est percé d'une petite fente ombilicale. La coquille est
brune, marbrée de brun jaunâtre, et quelques anciens péristomes
sont marqués par une fascie noirâtre ; la longueur est de 13 millim. et la largeur de 6.

† 124. Bulime brûlé. *Bulimus ustulatus.* Sow.

> B. *testá oblongá, subacuminatá, fusco-nigricante; anfractibus*
> *convexiusculis, lineis nonnullis pallescentibus pictis : aperturá el-*
> *lipticá ; columellá crassiusculá, albicante; labio acuto.*

Sow. jun. Proc. of Zool. Soc. Lond. 1833. p. 72.

Sow. Conch. illust. *Bulimus.* p. 42.

Muller. Syn. testac. p. 27. n° 41.

Habite les iles Gallopagos. Celle-ci n'est très probablement qu'une variété du *Bulimus Jacobi*, et elle se rapproche surtout de la variété à bande blanche de cette espèce. Elle est un peu plus grande; les tours sont un peu moins convexes, et la couleur de la coquille est plus foncée. N'ayant pas vu cette espèce, nous la mentionnons sous l'autorité de M. Sowerby ; elle a 14 millim. de long et 7 de large.

† 125. Bulime pâle. *Bulimus pallidior*. Sow.

B. testâ oblongâ, subacuminatâ, pallide albo-fuscescente; anfractibus convexis, ultimo spirâ æquali, ad suturam marginato, basi umbilicato ; aperturâ ovato-oblongâ, pallide brunneâ ; labio tenui reflexo, antice expanso.

Sow. jun. Proc. of Zool. Soc. Lond. 1833. p. 72.

Sow. Conch. illust. *Bulimus.* p. 39 et 44.

Muller. Syn. Testac. p. 27. n° 42.

Habite l'Amérique méridionale (Cuming). Espèce oblongue, ovalaire, à spire conique et pointue, à-peu-près aussi longue que le dernier tour. Les tours sont convexes, lisses, et la surface du dernier est bordée; la base est percée d'un ombilic plus ou moins grand, selon les individus; les uns étant plus élargis à la base que les autres; l'ouverture est ovalaire, oblongue, d'un brun fauve pâle ; à l'intérieur les bords sont élargis, renversés, et surtout en avant, le bord gauche se relève et cache une partie de l'ombilic. Toute la coquille est d'un blanc jaunâtre ou fauve très pâle; elle a 40 millim. de long et 20 à 23 de large.

† 126. Bulime unicolore. *Bulimus unicolor*. Sow.

B. testâ oblongâ , conicâ, tenui, apice obtusâ, anfractibus sex-ventricosi, striati, suturis distinctis ; aperturâ ovatâ; margine tenui, acuto; umbilico parvo.

Sow. jun. Proceed. of Soc. Zool. Lond. 1833. p. 73.

Id. Conch. illust. *Bulimus.* p. 43: .

Muller. Syn. test. p. 29. n° 48.

Habite l'île de Périco dans le golfe de Panama (Cuming). Ovale oblongue, mince, conique, obtuse au sommet, six tours de spire convexes, le dernier aussi grand que la spire et percé à la base d'une petite fente ombilicale; ouverture ovale oblongue à bords minces et tranchans; surface extérieure finement striée; toute la coquille est d'un brun corné uniforme; longueur 19 millim. ; largeur 10.

† 127. Bulime de Jacobi. *Bulimus Jacobi.* Sow.

B. testá oblongá, tenui, fuscá, aliquando albido bilineatá; anfractibus sex, ventricosis, minutissime seriatim granosis, suturá profunde impressá; aperturá ovatá, peristomate tenui, labio interno partim supra umbilicum magnum expanso.

Sow. jun. Proceed. of zool. soc. Lond. 1833. p. 74.

Id. Conch. illust. *Bulimus.* f. 45.

Muller. Syn. testac. p. 29. n₀ 49.

Habite l'île Jacobi, l'une des Gallopagos. Petite espèce, oblongue, conique, mince, à spire obtuse, formée de six à sept tours convexes, striés longitudinalement; le dernier est plus court que la spire, il est globuleux et percé à la base d'un petit ombilic. L'ouverture est ovalaire, à columelle presque droite, les bords sont minces et légèrement renversés en dehors. Cette coquille est ordinairement d'un brun foncé uniforme, quelquefois elle est beaucoup plus pâle, et elle porte sur le milieu du dernier tour une zone blanche. La longueur est de 12 millim. la largeur de 7.

† 128. Bulime rude. *Bulimus scabiosus.* Sow.

B. testá oblongo-pyramidali, brunneá, apice saturatiore, albido guttatá et maculatá; anfractibus septem, subventricosis, suturá læviter impressá; aperturá subovali, labio tenui umbilico parvo.

Sow. jun. Proc. of zool. Soc. Lond. 1833. p. 74.

Sow. Conch. illust. *Bulimus.* f. 24.

Muller. Syn. test. p. 30. n. 50.

Habite aux environs de Cobija, sous les pierres (Cuming). Coquille allongée, étroite, turriculée, d'un brun fauve, plus foncé au sommet, tachetée de blanc; on compte sept tours convexes à la spire. L'ouverture est ovale, oblongue, à bords simples, minces et tranchans; l'ombilic est fort étroit. La longueur est de 16 millim., la largeur de 6.

† 129. Bulime d'Otahiti. *Bulimus Otaheitanus.* Brug.

B. testá sinistrorsá ovato-oblongá, lævigatá castaneá; apice obtusá; basi perforatá; anfractibus senis, convexis; aperturá albá, ovatá; labro reflexo.

Helix perversa. Chemn. Conch. t. 9. p. 108. pl. 112. f. 950. 951.

Helix perversa. Var. E. Gmel. p. 3643.

Bulimus otaheitanus. Brug. Encycl. méth. vers. t. 1. p. 347. n₀ 84.

Helix otaheitana. Dillw. Cat. t. 2. p. 935. no 111.

Partula otaheitana. Less. Voy de la Coq. pl. 7. f. 6. 7.

Partula otaheitana. Férus. Prod. p. 66. n₀ 5.

Habite Otahiti. Coquille toujours sénestre, ovale, oblongue, d'un beau brun, quelquefois fasciée transversalement de blanchâtre, la spire est obtuse, composée de cinq à six tours peu convexes, lisses; le dernier est percé à la base d'un ombilic étroit en fente, caché derrière le bord gauche. L'ouverture est ovale, oblongue, à bords épais, blancs; la columelle reste simple. Cette coquille est longue de 20 millim., et large de 11.

† 13o. Bulime labiale. *Bulimus labiosus.* Brug.

B. testá oblongá, politá, candidá, aperturá, edentulá, labro dila-tato. Muller.

Helix labiosa. Muller. Verm. p. 96. n° 294.

Id. Gmel. p. 3645. n° 101.

Gualt. Test. pl. 4. f. R?

Helix cylindracea acuta. Chemn. Conch. t. 9. p. 166. pl. 135. f. 1234.

Schrot. Einl. t. 2. p. 114. n₀ 158. Turbo.

Bulimus labiosus. Brug. Encycl. méth. vers. t. 1. p. 347.

Helix labiosa. Dillw. Cat. t. 2. p. 934. n₀ 109.

Id. Férus. Prodr. p. 55. n₀ 420.

Habite les Indes (Muller). D'après la description de Muller, que nous rapportons en la traduisant fidèlement, cette coquille serait une Partule, comme le représente la figure de Chemnitz, en adoptant la description de Bruguière, description qui se rapporte exactement à la figure de Gualtieri, elle appartiendrait au genre Maillot. Muller ayant mentionné la figure de Gualtieri avec doute, l'espèce serait bien plutôt celle figurée par Chemnitz. Dans le doute où nous restons à l'égard de cette espèce, de Muller, nous la signalons de nouveau pour solliciter des naturalistes les renseignemens qu'ils pourront donner.

Coquille allongée, glabre très polie, blanche et transparente, huit tours de spire lisses, le dernier, plus grand que tous les autres pris ensemble. Ouverture ovale, sans dents; sur la columelle s'élève un tubercule produit par l'enfoncement de la fente ombilicale. Le bord droit est large, dilaté, aplati, lisse et brillant, et un peu déchiré sur sa partie extérieure.

La dent représentée dans le milieu de l'ouverture, dans la figure de Gualtieri, manque dans notre coquille (Muller).

† 131. Bulime de Vanikoro. *Bulimus Vanikorensis.* Quoy.

B. testá ovato-conicá; perforatá, solidá, longistrorsum transversim-que striatá, fulvá; aperturá ovali; peristomate lato, reflexo et albo; anfractibus quinque aut sex.

Quoy et Gaim. Voy. de *l'Astr.* t. 2. p. 115. pl. 9. fig. 12-17.

Habite l'île Vanikoro. Cette espèce appartient au genre partule de M. de Férussac. Elle est ovale, oblongue, à spire obtuse, plus courte que le dernier tour, et composée de cinq tours convexes dont le dernier est perforé à la base; la surface extérieure paraît lisse, mais vue à la loupe, elle est treillissée par des stries très fines, longitudinales et transverses. L'ouverture est un peu oblique, ovale, oblongue; la columelle est élargie et aplatie au point de son insertion; le bord droit est blanc, épais, et renversé en dehors. Cette coquille est d'un brun jaunâtre uniforme. Les grands individus ont 23 millim. de long, et 11 de large.

† 132. Bulime de Carteret. *Bulimus Carteriensis.* Quoy.

B. testá elongatá, apicè acutá, perforatá transversim, et longistrorsum striatá fulvá; aperturá ovali, inflexá; peristomate lato, reflexo, anfractibus quinis, ultimo ventricoso, reliquis majore.

Quoy et Gaim. Voy. de *l'Ast.* t. 2. p. 117. pl. 9. f. 10. 11.

An Helix cylindracea? Chemn. Conch. t. 9. pl. 135. f. 1234.

An partulá griseá? Less. Voy. de *la Coq.* Zool. t. 2. pl. 13. f. 11.

Habite la Nouvelle-Hollande, au port Carteret (Quoy). Espèce oblongue, conique, à spire pointue et aussi longue que le dernier tour qui est percé à la base d'une fente ombilicale, étroite. La coquille est couverte d'un réseau de fines stries dans lesquelles celles qui sont transverses sont plus apparentes. Revêtue de son épiderme, cette coquille est d'un blanc jaunâtre uniforme; elle est toute blanche, lorsqu'elle l'a perdu. L'ouverture est ovale, oblongue, la columelle est aplatie, et forme une sorte de pli au point de son insertion. Le bord droit est épais, blanc et renversé en dehors. La longueur est de 30 millim. et la largeur de 9.

† 133. Bulime bossue. *Bulimus gibbus.* Quoy.

B. testá ovato-conicá, transversim tenue striatá, ad apicem roseá; ultimo anfractu flavo, albidove, anfractibus subplanis, suturá margine albo circumdatá, ultimo anfractu gibboso, basi perforato, aperturá ovatá, labro expanso, marginato, albo.

Partula gibba. Férus. Prod. p. 70. n° 3.

Id. Quoy et Gaim. Voy. de *l'Uranie.* Zool. pl. 68. f. 15. 16. 17.

Helix gibba. Quoy et Gaim. Voy. de *l'Ast.* Zool. t. 2. p. 113. pl. 9. f. 18 à 22.

Habite l'île Guam, l'une des îles Mariannes. Coquille, ovale conique, ayant le dernier tour globuleux et bossu. La spire compte cinq tours, à peine convexes, dont la suture est suivie d'un petit bourrelet blanc, la surface extérieure est striée transversalement, les stries sont très fines, et ne peuvent bien s'apercevoir qu'à l'aide de la loupe ; la base du dernier tour est percé d'un ombilic étroit et profond. L'ouverture est ovale, oblongue, les bords blancs et épais, sont renversés en dehors, un peu avant de s'appuyer sur l'avant-dernier tour, l'extrémité postérieure du bord droit se coude, et les deux parties forment entre elles un angle presque droit. Les premiers tours de cette coquille sont toujours d'un rose rougeâtre ou pourpré ; le dernier tour est jaunâtre ou blanc. Les grands individus ont 19 millim. de longueur et 12 de large.

† 134. Bulime austral. *Bulimus faba.* Desh.

B. testá ovato-oblongá , lævigatá , brunneá , basi fasciá latá ad suturam que fasciá angustiore, fuscescente ornatá ; spirá apice obtusá ; anfractibus convexis, ultimo basi perforato; aperturá ovatá, labiis incrassatis reflexis ; columellá sub uniplicatá.

Limax faba. Martyn. univ. Conch. pl. 66. fig. med.

Auris midæ fasciata terra australis. Chemn. Conch. t. 9. p. 44. pl. 121. fig. 1041.

Helix faba. Gmel. p. 3625. n₀ 252.

Bulimus australis. Brug. Encycl. méth. vers. t. 1. p. 347, n° 83.

Voluta fasciata. Dillw. Cat. t. 1. p. 502. no 7.

Helix faba. Dillw. Cat. t. 2. p. 906. n° 46.

Partula australis. Fér. Prodr. p. 66. n° 2.

Habite les terres Australes. Nous rendons à cette espèce son premier nom, et nous rétablissons sa synonymie en réunissant sous une même dénomination les coquilles figurées par Martyn et par Chemnitz ; comme on le voit, la plupart des auteurs ont fait deux espèces, qui, en réalité, n'en sont qu'une. Cette coquille appartient au genre Partule de M. de Férussac ; elle est ovale, oblongue, à spire conique, obtuse, dont les tours sont convexes, le dernier, plus grand que la spire, est percé d'une fente ombilicale, assez large et recouverte par un large bord gauche. L'ouverture est ovale, oblongue, à bords épaissis en dedans, et renversés en dehors ; la columelle est formée d'un gros pli très obtus. Toute la coquille est d'un beau brun marron : la suture est accompagnée d'une fascie étroite, d'un brun noirâtre ; une zone très large, de la même couleur, occupe toute la base. La longueur est de 27 mill., la largeur de 15.

† 135. Bulime hyalin. *Bulimus hyalinus.* Brod.

B. testá oblongá ; hyaliná ; anfractibus sex longitudinaliter levis-

*simè striatis et transversim minutissimè crenulatis crebris labro
albo.*

Proceed. of zool. soc. Lond. 1832. p. 32. *Partula hyalina.*

Sow. Conch. illus. *Bulimus.* f. 9.

Partula hyalina. Muller. Syn. test. p. 32. n° 1.

Habite la Polynésie. Cette espèce est très probablement le même que
le *Partula grisea* (Lesson. Voy. de *la Coq.* Zool. t. 2. pl. 13. f.
11), à laquelle nous rapporterions avec doute l'*Helix cylindracea*
de Chemnitz (Conch. t. 9. pl. 135. f. 1234) et avec le même
doute l'Helix carteriensis de Quoy et Gaimard, Voy. de l'*Ast.*
Zool. t. 2. pl. 9. f. 10, 11. Nous regrettons de n'avoir pas sous les
yeux, pour la comparer, l'espèce de M. Broderip; nous ne pouvons, à cause de cela, compléter la synonymie; nous signalons ici
cette espèce et nos doutes à ce sujet pour appeler sur elle l'attention des conchyliologistes.

Espèces fossiles.

1. Bulime blanchâtre. *Bulimus albidus*. Lamk.

*B. testá ovatá, lævigatá; anfractibus convexiusculis, subsenis;
aperiurá semiovatá.*

An buccinum? Gualt. Test. t. 5. f. 55.

Bulimus albidus, Annales. vol. 4, p. 291. n° 1.

Habite..... Fossiles des environs de Crépy en Valois. Mon cabinet. Il a six ou sept tours de spire, dont le dernier est beaucoup
plus grand que les autres. L'ombilic de la base de sa columelle
est presque entièrement recouvert par le bord gauche de son
ouverture. Longueur, 15 à 20 millim.

2. Bulime petite-harpe. *Bulimus citharellus*. Lamk.

*B. testá ovato-conicá, transversè striatá; costis crebris longitudi-
nalibus; apicè mamilloso.*

Bulimus citharellus. Ann. du Mus. t. 4. p. 291. n° 2.

* *Bulimus citharellus.* Def. Dict. Sc. nat. t. 5. suppl.

* *Auricula citharella.* Desh. Desc. des coq. fossil. t. 2. p. 70. pl. 8.
f. 4. 5.

Habite.... Fossile de Parnes. Cab. de M. *Defrance.* Coquille
ovale-conique, n'ayant que quatre tours de spire, et à peine longue de 4 millim. Est-ce véritablement un Bulime?

3. Bulime en tarière. *Bulimus terebellatus*. Lamk. (1)

B. testá umbilicatá, territá ; anfractibus lævissimis ; aperturá ovatá,
utrinquè acutá.

Turbo terebellum. Chemn. Conch. 10. t. 165. f. 1592. 1593.
Bulimus terebellatus. Ann. du Mus. t. 4. p. 291. n° 3. et t. 8. pl. 59.
f. 6.
* *Helix terebellatus.* Brocchi. Conch. foss. t. 2. p. 304. n° 6.

---

(1) Cette coquille n'est certainement pas un Bulime, elle est marine, et présente, comme l'a senti M. Sowerby, beaucoup d'analogie avec les Pyramidelles. Cette analogie a même paru si incontestable à l'auteur que nous citons, qu'il n'a pas hésité dans son *Genera* de placer parmi les Pyramidelles le *Bulimus terebellatus* de Lamarck. Pour nous, depuis plusieurs années nous avons pensé qu'il était nécessaire de faire de cette coquille le type d'un genre nouveau auquel nous avons donné dans notre collection le nom de *Bonellia*. M. Risso, dans son ouvrage sur les animaux de la mer de Nice, a proposé un petit genre *Eulima* pour le *Melania cambessedesi* de M. Payraudeau, et quelques autres petites espèces analogues. M. Sowerby junior, dans les Proceedings de la Société zoologique de Londres, ainsi que dans ses Illustrations conchyliologiques, crut pouvoir rapporter au genre de M. Risso, plusieurs espèces vivantes ombiliquées, ayant la plus grande analogie avec le *Bulimus terebellatus*. Il nous paraît probable que M. Sowerby junior confond deux choses bien distinctes sous le nom d'*Eulima*, les Eulima de M. Risso et nos *Bonellia*. En restreignant notre genre comme nous le proposons, il aurait les caractères suivans :

BONELLIE. *Bonellia*. Nob.

Animal inconnu.

Coquille turriculée, lisse, polie, à sommet très pointu et incliné latéralement ; axe perforé dans toute sa longueur ; ouverture petite, entière, anguleuse à ses extrémités ; columelle simple et sans pli ; bord droit mince, simple, presque parallèle à l'axe longitudinal.

* Soldani saggio. Orit. pl. 19. f. 95.

* Desh. Desc. des coq. foss. t. 2. p. 63. pl. 9. f. 1. 2.

* *Pyramidella terebellata.* Sow. *genera* of shells. f. 2 et 4.

Habite... Fossile de Grignon. Mon cabinet. Coquille turriculée comme une vis, très lisse à sa surface, offrant environ douze tours de spire légèrement convexes. Son ouverture est très singulière en ce qu'elle se termine en pointe au sommet et à la base qui est carinée, et qui offre un ombilic infundibuliforme qui s'étend dans toute la longueur de la columelle. Cette coquille est longue de deux centimètres.

Toutes les coquilles de ce petit groupe ont des caractères qui les font reconnaître facilement; elles sont de celles que l'animal polit à mesure qu'il s'accroît; l'axe est percé dans toute sa longueur, et la base du dernier tour offre par conséquent un ombilic régulier dont la circonférence extérieure est indiquée par un angle peu saillant; l'ouverture est entière, rétrécie ou anguleuse à chaque extrémité. Cette ouverture n'est pas tout-à-fait dans le plan de l'axe; le bord droit, comme dans les Rissoa, s'avance un peu en avant par son extrémité antérieure.

M. Sowerby junior a signalé cinq espèces vivantes que nous rapportons à notre genre, et que leurs caractères réunissent à l'espèce fossile. Voici l'indication de ces espèces :

1. *Bonellia terebellata.* Desh. *Bulimus terebellatus.* Lamk.

Lamarck rapporte à cette espèce la coquille vivante figurée par Chemnitz, et citée dans la synonymie. Chemnitz dit qu'elle vient des mers de Nicobar. Nous n'avons pas sous les yeux la coquille vivante, et nous ne pouvons vérifier si son analogie avec la fossile est parfaite. Parmi les espèces figurées par M. Sowerby, il en est une qui a plus de ressemblance encore avec la fossile que celle de Chemnitz : c'est l'espèce nommée *Eulima marmorata.* Illustr. conch. fig. 8.

4. Bulime aciculaire. *Bulimus acicularis*. Lamk.

B. testâ elongato-turritâ, gracili; anfractibus lævibus numerosis; aperturâ ovali, minimâ.

Bulimus acicularis. Ann. ibid. p. 292. n° 4.

Habite... Fossile de Grignon. Cab. de **M.** *Defrance*. Petite coquille turriculée, fort grèle, dont la spire est allongée et aiguë presque comme une épingle. Elle a treize ou quatorze tours petits, très lisses et même luisans. Les bords de son ouverture sont désunis supérieurement. Long., 6 ou 7 millimètres.

† 2. Bonellie élégante. *Bonellia splendidula*. Desh.

B. testâ acuminato-pyramidali; fucescente, ad suturas albo-castaneo-que articulatâ, umbilico magno; anfractibus planiusculis, aperturâ ovatâ anticè angulatâ.

Eulima splendidula. Sow. Proc. zool. soc. 1834. p. 6.

Id. Conch. illust. f. 7.

Id. Muller. Syn. Moll. p. 48. n° 1.

Habite l'Amérique méridionale à Sainte-Elena (Cuming). Celle-ci est la plus grande espèce du genre. Elle est allongée, conique, et en proportion plus large à la base que les autres; ses tours sont à peine convexes, le dernier, convexe à la base, est percé d'un très grand ombilic. L'ouverture est brun rougeâtre en dedans; elle est anguleuse à ses deux extrémités. La coquille est fauve, et les sutures en dessus et en dessous, sont suivies d'une ligne étroite, formées de taches alternatives, blanches et brunes, l'ombilic est environné d'une semblable zone à taches alternatives. Longueur, 36 millim. largeur 16.

† 3. Bonellie marbrée. *Bonellia marmorata*. Desh.

B. testâ acuminato-pyramidali, albido, fuscoque marmoratâ; anfractibus convexiusculis; umbilico magno, patulo; aperturâ antice angulatâ.

Eulima marmorata. Sow. Proc. zool. soc. 1834. p. 7.

Id. Illust. conch. f. 8.

Muller. Syn. Moll. p. 48. n° 2.

Habite...... (Collection Humphrey). Espèce qui par sa taille et ses autres caractères, se rapproche infiniment de celle que l'on trouve assez fréquemment fossile en Italie, elle est allongée, assez élargie à sa base; ses tours étroits sont légèrement convexes, le dernier est percé d'un grand ombilic. L'ouverture est ovale et anguleuse

5. Bulime luisant. *Bulimus nitidus.* Lamk.

B. *testá turritá, lævissimá; anfractibus convexiusculis; aperturá oblongá; labro arcuato.*

Bulimus nitidus. Ann. ibid. nº 5.

Habite.... Fossile de Grignon et de Parnes. Cab. de M. *Defrance.* Celui-ci se rapproche beaucoup de notre Agathine aiguillette; mais sa spire est plus pointue, et ses tours sont plus nombreux. Long 6 millimètres.

---

elle est brune en dedans; la coquille est marbrée de blanc et de fauve, et ornée sur chaque tour de deux rangées de taches brunâtres. La longueur est de 22 millim. la largeur de 9.

† 4. Bonellie interrompue. *Bonellia interrupta.* Desh.

B. *testá acuminato-pyramidali, albicante, varicibus depressissimis interruptá, ad varices brunneo maculatá; umbilico mediocri; aperturá antice angulatá.*

Eulima interruptá. Sow. Proc. zool. soc. 1834. p. 7.

Id. Conch. illust. f. 11.

Id. Muller. Syn. Moll. p. 43. nₒ 3.

Habite l'Amérique centrale dans le golfe de Nocoiyo (Cuming). Espèce d'une taille médiocre, à spire très pointue, les tours sont à peine convexes, mais leur régularité est un peu dérangée par les varices très aplatis irrégulièrement épars, dont ils sont chargés. L'ouverture est presque symétrique, anguleuse à son extrémité antérieure. La coquille est blanche et ornée, à côté des varices de grandes taches brunes. Cette coquille est longue de 19 mill., et large de 6 et 1|2.

† 5. Bonellie imbriquée. *Bonellia imbricata.* Desh.

B. *testá acuminato-pyramidali, albidá, longitudinaliter spadiceo lineatá; anfractibus infrá angulatis, prominentibus; umbilico parvo; aperturá antice angulatá.*

Eulima umbricata. Sow. Proc. zool. soc. 1834. p. 7.

Id. Conch. illustr. f. 4.

Id. Muller. Syn. moll. p. 49. nₒ 4.

Habite l'Amérique mériodionale à Sainte-Elena, très jolie espèce, allongée, subulée, à spire étroite et pointue, dont les tours anguleux inférieurement, semblent imbriqués comme ceux de certaines turritelles; la base du dernier tour est plus aplatie que dans les autres espèces, et elle est percée d'un ombilic étroit, l'ouverture

6. Bulime sextone. *Bulimus sextonus*. Lamk.

B. testá turritá; anfractibus convexis, lœvigatis, subsenis; aperturá ovatá.

Bulimus sextonus. Ann. t. 4. p. 292. n° 6. et t. 8. pl. 59. f. 8. a. b.

* **Def.** Dict. des Sc. nat. art. Bulime.

* **Desh.** Desc. des Coq. foss. t. 2, p. 61. pl. 7. f. 11 et 12.

Habite... Fossile de Villiers et Grignon. Cab. de M. *Defrance.* Il ressemble beaucoup au *B. lubricus.* Son ouverture néanmoins est un peu plus courte, et le sommet de sa spire est moins obtus. Longueur, 4 à 5 millimètres.

7. Bulime petit-cône. *Bulimus conulus*. Lamk.

B. testá conicá, lœvigatá; anfractuum margine superiore subcanaliculato; spirá acutá.

Bulimus conulus. Ann. t. 4. p. 293. n. 7. et t. 8. pl. 59. f. 7. a. b.

* **Def.** Dict. des Sc. nat. t. 5. Supp. p. 123.

* **Desh.** Desc. des Coq. foss. t. 2. p. 62. pl. 9. f. 3. 4.

Habite... Fossile de Grignon. Cabinet de M. *Defrance.* Petite coquille conique, pointue au sommet, lisse, et composée de sept tours de spire médiocrement convexes, dont le bord supérieur est enfoncé et semble canaliculé. Ouverture ovale. Longueur, 4 à 5 millimètres.

8. Bulime chevillette. *Bulimus clavulus*. Lamk. (1)

B. testá turritá; anfractibus planulatis, senis; striis transversis obsoletis.

---

se termine antérieurement par un angle aigu ; sur un fond blanc, cette coquille est ornée de linéoles longitudinales rougeâtres. Sa longueur est de 20 millim., sa largeur de 7.

† 6. Bonellie rembrunie. *Bonellia brunnea*. Desh.

B. testá acuminato-pyramidali, brunneá; anfractibus convexiusculis; umbilico parvo; aperturá antice rotundatá.

Eulima Brunnea. Sow. Proc. zool. soc. 1834. p. 7.

Id. Illustr. Conch. f. 9.

Muller. Syn. moll. p. 49. n° 5.

Habite l'île Haynan, dans les mers de la Chine. Petite espèce provenant de la collection de G. Humphrey. Elle est toute brune et facilement reconnaissable à ses tours convexes et à son ouverture arrondie en avant; l'ombilic est étroit. Elle a 17 millim. de long et sept de large.

(1) Cette espèce faite avec un très jeune individu du *Melania hordacea* devra disparaître des catalogues.

Bulimus clavulus. Ann. ibid. n° 8.

Habite... Fossile de Grignon. Cab. de **M.** *Defrance.* Il est turriculé, presque cylindrique, pointu, et a six tours un peu aplatis. Ouverture ovale-oblongue. Longueur, 3 millimètres.

9. Bulime striatule. *Bulimus striatulus.* Lamk.

B. testá ovato-conicá, abbreviatá; anfractibus convexis, transversìm tenuissimèque striatis.

Bulimus striatulus. Ann. ibid. n° 9.

Habite... Fossile de Grignon. Cab. de **M.** *Defrance.* Il est pointu au sommet, et a cinq tours de spire bien convexes. Ouverture ovale Longueur, 2 millimètres.

10. Bulime nain. *Bulimus nanus.* Lamk.

B. testá ovato-conicá, minimá; anfractibus convexis, verticaliter plicatis : plicis exiguis.

Bulimus nanus. Ann. ibid. n° 10.

Habite... Fossile de Grignon. Cab. de **M.** *Defrance.* Petite coquille ovale-conique, composée de cinq tours convexes, ornés de plis verticaux nombreux et fort petits. Ouverture exactement ovale. Longueur, 2 millimètres au plus.

11. Bulime buccinal. *Bulimus buccinalis.* Lamk. (1)

B. testá oblongo-conicá, transversìm striatá; anfractibus convexis aperturá integrá, basi subangulatá.

Bulimus buccinalis. Ann. ibid. p. 294.

★ *Melania (Rissoa) buccinalis.* Desh.Desc. des Coq. foss. t. 2. p. 116. pl. 14. f. 11. 12.

Habite.... Fossile de Grignon. Cab. de **M.** *Defrance.* Cette coquille, quoique peu épaisse, semble marine, et a l'aspect d'un buccin; mais elle n'a aucune échancrure à sa base. Elle offre environ sept tours, éminemment striés, et dont le dernier est beaucoup plus grand que les autres. Son ouverture forme un angle assez remarquable à sa base. Bord droit garni en dehors d'un bourrelet médiocre. Longueur, un centimètre.

12. Bulime turbiné. *Bulimus turbinatus.* Lamk.

B. testá ovato-conicá, abbreviatá, verticaliter costatá; striis transversis minimis intercostalibus; aperturá subrotundo-ovatá.

---

(1) Par ses caractères cette espèce doit être comprise parmi celles du genre *Rissoa* dont nous traiterons à la suite des Mélanies.

19.

Bulimus turbinatus. Ann. ibid.

Habite.... Fossile de Pontchartrain. Cab. de M. *Defrance.* Celui-ci semble se rapprocher plus des Turbos que des Bulimes : mais son ouverture n'est pas véritablement ronde, et ses bords se réunissent de manière à ne permettre aucune saillie dans l'ouverture l'avant-dernier tour. Il est court pour sa grosseur, et offre six ou sept tours de spire dont le dernier est beaucoup plus grand que les autres. Longueur, 5 ou 6 millimètres.

13. Bulime treillissé. *Bulimus decussatus.* Lamk. (1)

B. testá conicá ; striis transversis verticalibusque decussatis ; aperturá basi effusá.

Bulimus decussatus. Def. Dict. des Sc. nat. t. 5. sup. p. 114.

* *Melania decussatá.* Desh. Descr. des coq. foss. t. 2. p. 112. pl. 14. fig. 10.

* *Id.* Encycl. méth. vers. t. 2. p. 430, n° 24.

* *Bulimus decussatus.* Ann. t. 4. p. 294.

Habite.... Fossile de Louvres. Cab. de M. *Defrance.* L'évasement singulier de la base de son ouverture indique que cette coquille devrait être rangée parmi les mélanies ; cependant je doute qu'elle soit fluviatile. Elle a six ou sept tours convexes. Longueur, à peine 4 millimètres.

14. Bulime cyclostome. *Bulimus cyclostoma.*

B. testá cylindraceo-conicá, subumbilicatá ; anfractibus lævibus convexis ; aperturá ovato-subrotundá.

Bulimus cyclostomus. Ann. t. 4. p. 294.

Habite.... Fossile de Crépy et Crignon. Cabinet de M. *Defrance.* Il semble se rapprocher des Cyclostomes, mais son ouverture n'est pas complètement ronde, et ses bords ne sont ni ouverts ni réfléchis en dehors. Longueur, un peu plus de 3 millimètres.

15. Bulime antidiluvien. *Bulimus antidiluvianus.* Poir. (2)

B. testá pyramidatá, acutá ; anfractibus lævibus vix convexis ; aperturá ovatá.

---

(1) Cette coquille n'est point un Bulime comme l'a cru Lamarck, elle appartient au genre Mélanie, dont elle a tous les caractères. Il conviendra donc de la faire passer dans ce genre.

(2) Cette coquille n'est point une Bulime comme Lamarck l'a supposé d'après Poiret : c'est le *Melanopsis buccinoidea* men-

Bulimus antidiluvianus. Poiret. Prodr. p. 36.

Bulimus antidiluvianus. Ann. ibid. p. 295.

Habite.... Fossile de Soissonnais; se trouve sur la route de Soissons à Château-Thierry, dans une couche de limon marneux, entre deux autres de tourbe pyriteuse. Communiqué par M. *Poiret.* Longueur, 14 à 15 millimètres.

16. Bulime vis. *Bulimus terebra.* Math.

B. *testá cylindraceo-conicá, sublævi; anfractibus numerosis, planulatis; superioribus subæqualibus; ultimo majore, suturis vix excavatis aperturá ovato-oblongá; labro margine subreflexo.*

Math. Ann. des Sc. et de l'Indust. du midi de la France. t. 3. p. 57. no 6. pl. 1. f. 12. 13.

Habite........ Fossile du terrain d'eau douce des Baux. Coquille allongée, turriculée, composée d'un grand nombre de tours aplatis, conjoints, presque lisses. L'ouverture est ovale, oblongue, atténuée postérieurement; les bords de l'ouverture sont minces et faiblement réfléchis en dehors. Cette coquille a 21 millim. de long et 6 de large.

AGATHINE. (Achátina.)

Coquille ovale ou oblongue. Ouverture entière, plus longue que large; à bord droit tranchant, jamais réfléchi. Columelle lisse, tronquée à sa base.

Testa ovata vel oblonga. Apertura integra, longitudinalis; labro acuto, nunquam reflexo. Columella lœvis, basi truncata.

OBSERVATIONS. — Dans la famille des Colimacés, les *Agathines* constituent un genre naturel, très beau, nombreux en espèces, lesquelles sont agréablement variées dans les couleurs qui les ornent, et dont il y en a même qui sont rares, précieuses et fort recherchées.

Les *agathines* sont des coquillages en quelque sorte subter-

---

tionné dans le genre Mélanopside; cette espèce devra donc disparaître des catalogues, et nous joignons sa synonymie à celle du Mélanopside que nous venons de mentionner.

restres; car, d'après l'examen de leur bord droit, je présume que ces coquillages vivent constamment dans le voisinage des eaux, sans être néanmoins réellement aquatiques, c'est-à-dire sans vivre habituellement dans le sein même de ces eaux. Probablement les *Agathines* ne respirent que l'air libre, et broutent l'herbe sur le bord des eaux douces, soit stagnantes, soit fluviatiles.

Les coquilles dont il s'agit constituent un genre très-distinct des Bulimes, en ce que leur bord droit n'est jamais réfléchi, même dans l'état adulte, et qu'elles manquent de bord gauche, leur columelle étant constamment nue, très lisse, et toujours tronquée à sa base. Elles sont, en général, d'une assez belle taille, et font l'ornement des collections. L'animal qui les produit a quatre tentacules, dont les deux plus grands sont oculés au sommet. Il n'a point d'opercule. (1)

ESPECES.

Dernier tour ventru, non deprimé.

1. **Agathine perdrix.** *Achatina perd. x.* **Lamk.**

A. testâ maximâ, ovato-oblongâ, ventricosâ, decussatâ, albâ, apice roseâ; flammis longitudinalibus undulatis spadiceis; columellâ purpureo-violaceâ; labro intùs albo.

An eadem? Agathine zèbre. De Blainv. Malac. pl. 40. f. 1.

Bulla achatina. Lin. Syst. nat. p. 1186. Gmel. p. 3431. nº 32.

Buccinum achatinum. Muller. Verm. p. 140. nº 332.

Bonanni. Recr. 3. f. 192.

* *Buccinum variegatum exoticum.* Fab. Colum. aquat. p. xviii ch. 8. p. xvi. f. 3.

Lister. Conch. t. 579. f. 34.

Gualt. Test. t. 45. fig. B. *Perperam buccinum parvum.*

D'Arg. Conch. pl. 10. fig. E.

---

(1) Après ce que nous avons dit dans les additions au genre Bulime, nous n'avons rien à ajouter sur le genre Agathine. Nous avons dit que pour nous c'était un genre artificiel se joignant aux Bulimes par la ressemblance des animaux, par la disparition successive de la troncature columellaire, et en conséquence par le passage insensible d'un genre à l'autre.

Favanne. Conch. pl. 65. fig. M. 5.

Seba. Mus. 3. t. 71. f. 1–3 et 7–10.

Chemn. Conch. 9. t. 118. f. 1012, 1013.

* Schrot. Fluss. conch. p. 301. pl. 4. f. 1.

* Schrot. Einl. t. 1. p. 185.

* Regenfuss. Conch. t. 2. pl. 7. f. 5.

Bulimus achatinus. Brug. Dict. n° 101.

* *Bulla achatina.* Dillw. cat. t. 1. p. 494. n° 53. *exclus. var.*

* *Achatina variegata.* De Roissy. Buf. moll. p. 354.

* Rang. Desc. des Coq. terr. p. 26. D₀ 12.

Helix achatina. Daudeb. Hist. des Moll. n° 353. pl. 131, 131 A. 131 B.

Habite dans les Antilles, la Guyane, etc. Mon cabinet. C'est une des plus grandes coquilles terrestres connues. Ses sutures sont lé- gèrement crénelées, et elle est très agréablement ornée par ses flammes d'un beau rouge brun. Longueur de nos plus grands in- dividus, près de 6 pouces.

2 Agathine zèbre. *Achatina zebra.* Lamk.

A. testá maximá, ovato-oblongá, ventricosa, obsoletè decussatá albá lineis aut strigis longitudinalibus undulatis confertis rufis et fuscis ; labro intùs albo.

Buccinum achatinum. Var. D. Muller. Verm. p. 141.

D'Argenv. Conch. Append. pl. 2. fig. L.

Favanne. Conch. pl. 65. fig. M. 3.

Seba. Mus. 3. t. 71. f. 4. 5.

Knorr. Vergn. 5. t. 12. f. 2.

Bulla achatina. Born. Mus. t. 10. f. 1.

Bulla zebra. Chemn. Conch. 9. t. 118. f. 1014.

* *Bulla achatina. Var.* Dillw. cat. t. 1. p. 495.

* De Roissy. Buf. Moll. t. 5. p. 355. n° 2.

Bulimus zebra. Brug. Dict. n° 100.

Helix zebra. Daudeb. Hist. des Moll. n° 354. pl. 133.

Habite dans l'île de Madagascar, et peut-être dans l'Inde. Mon cabi- net. Belle coquille, qui acquiert encore un assez grand volume. Ses sutures sont légèrement crénelées, comme dans celle qui pré- cède. Longueur de notre individu, 5 pouces et demi ; mais la co- quille a quelquefois un pouce de plus, selon *Bruguières.*

3. Agathine immaculée. *Achatina immaculata.* Lamk.

A. testá maximá, ovato-oblongá, ventricosá, longitudinaliter sulcato rugosá, fulvá, apice albidá; aperturá spirá longiore ; columellá roseo tinctá ; labro intùs albo, margine interiore fusco.

* Férus. Hist. des Moll. pl. 127.
* Desh. Encycl. méth. Vers. t. 2. p. 9. n° 1.
Habite.... Mon cabinet. Grande et belle coquille, qui paraît différente du *Bulimus fulvus* de Bruguières. Elle a près de 6 pouces de
longueur, et ce serait la plus grande des coquilles terrestres, si
l'on n'assurait que l'Agathine perdrix acquiert une taille bien plus
grande encore.

4. Agathine pourpre. *Achatina purpurea.* Lamk.

*A testá ovatá, ventricosá, decussatá, cinereá, apice corneá ; aper-
turá purpureá : labiis utrisque lineá fuscá marginatis.*
Schrot. Einl. t. 2. p. 202. n° 89. Helix.
Lister. Conch. t. 581. f. 35.
Knorr. Vergn. 4. t. 24. f. 4.
Bulla purpurea. Chemn. Conch. 9. t. 118. f. 1017. 1018.
Bulimus purpurascens. Brug. Dict. n° 103.
Bulla purpurea. Gmel. p. 3433. n° 42.
Helix purpurea. Daudeb. Hist. des Moll. n° 351.
* *Bulla purpurea.* Dillw. Cat. t. 1. p. 495. n° 54.
* Sow. Genera of shells. Achatina. f. 1.
* Rang. Desc. des Coq. terr. p. 23. n° 11.
Habite en Afrique et dans la Jamaïque, selon *Lister.* Mon cabinet.
Belle coquille, fort recherchée pour la couleur pourpre de son test
intérieur, et surtout de sa columelle. Elle n'a, ainsi qu'aucune de
ce genre, nul rapport avec les bulles, et à cet égard, *Chemnitz*
s'est trompé. Sa spire est obtuse au sommet et ses sutures sont en-
core un peu crénelées. Longueur, 4 pouces.

5. Agathine pointue. *Achatina acuta.* Lamk.

*A. testá ovato-conicá, elongatá, apice acutá, tenuissimè decussatá,
albá ; flammis longitudinalibus rubro-castaneis, infernè confertis,
subcoalitis, supernè separatis ; aperturá albá.*
* Férus. Hist. des Moll. pl. 134 A. f. 2.
Habite en Afrique, près de Sierra-Leone. Mon cabinet. Belle coquille, bien distincte par sa forme, et vivement colorée. Longueur, 5 pouces environ.

6. Agathine bi-carinée. *Achatina bicarinata.* Lamk.

*A. testá sinistrorsá, ovato-oblongá, ventricosá, longitudinaliter sub-
rugosá, rufo-castaneá, apice obtusá, lutescente ; ultimo anfractu
carinis duabus inæqualibus transversis subobsoletis ; labro intùs
cœrulescente.*
Lister. Conch. t. 37. fig. 36.

Tournefort. Voyage, vol. 2. p. 440.

Chemn. Conch. 9. t. 103. f. 875. 876.

* *Bulimus bicarinatus.* Brug. Dict. n° 102.

Helix bicarinata. Daudeb. Hist. des Moll. n° 350. pl. 128.

* Schrot. Einl. t. 1. p. 374. Buccinum, n° 72.

* *Bulla bucarinata.* Dillw. Cat. p. 496. n° 55.

* De Roissy. Buf. Moll. t. 5. p. 357. n° 4.

* Rang. Desc. des Coq. terrest. p. 19. n° 10.

Habite... dans le Levant, près de la mer Noire? Rapportée en France par *Tournefort.* Mon cabinet. Coquille très rare, précieuse, fort belle, et qui acquiert jusqu'à 6 pouces et demi de longueur. Celle de ma collection en a à peine 4. Les deux carènes du dernier tour étant peu éminentes, il parait que le dessinateur de la figure citée de *Chemnitz* les a négligées.

7. Agathine mauritienne. *Achatina mauritiana.* **Lamk.** (1)

A. testá ovato-conicá, longitudinaliter striatá, albido-lutescente; strigis longitudinalibus confertis rufo-fuscis; spirá apice acutiusculá; aperturá albidá; labro margine interiore fusco.

* Quoy et Gaim. Voy. de l'astr. Moll. t. 2. p. 152. pl. 11. f. 12 à 15.

Helix fulica. Daudeb. Hist. des Moll. n° 347. pl. 124 A. f. 1.

* Bowd. Elem. of Conch. pl. 13. f. 3.

Habite dans l'Ile-de-France. Mon cabinet. Longueur, près de quatre pouces.

8. Agathine marron. *Achatina castanea.* **Lamk.**

A testá ovatá, ventricosá, tenuissimè striatá, nitidá, castaneá, apice albidá; suturis lineá albá marginatis; labro intus albo.

Habite... Mon cabinet. La moitié supérieure de son dernier tour est d'un beau marron, tandis que l'inférieure est d'un roux plus clair. Longueur, 2 pouces 8 lignes.

9. Agathine rôtie. *Achatina ustulata.* **Lamk.**

A. testá ovato-conicá, longitudinaliter striatá, pallidè lutescente; flammis longitudinalibus anfractuum infernè latioribus fuscis, supernè attenuato-acutis rufescentibus; spira apice obtusá; labro tenui.

---

(1) **M.** de Férussac avait nommé cette espèce avant Lamarck, il faudra donc lui rendre le nom d'*Achatina fulica* proposé par ce premier auteur.

Habite... Mon cabinet. Celle-ci est peu ventrue, et, par suite, son ouverture est médiocrement dilatée. La forme de ses flammes la rend remarquable. Elles sont comme rôties inférieurement. Longueur, 2 pouces 10 lignes.

10. Agathine pavillon. *Achatina vexillum.* Lamk. (1)

A. testá ovato-conicá, læviusculá, minutissimè striatá, diversimodè coloratá, fasciatá et maculatá; anfractibus octonis, convexiusculis; columellá roseá, ætate nigrá.

* Schrot. Fluss. Conch. p. 327. n° 124.

Buccinum fasciatum. Muller. Verm. p. 145. n° 334.

Lister. Conch. t. 12. f. 7.

Gualt. Test. t. 6. fig. C. D.

D'Argenv. Conch. pl. 11. fig. M. et Append. t. 1. fig. G.

Favanne. Conch. pl. 65. fig. G 2. G 6.

Seba. Mus. 3. t. 39. f. 62-74.

Regenf. Conch. 1. t. 10. f. 46.

Bulla fasciata. Chemn. Conch. 9. t. 117. f. 1004-1006.

Bulimus vexillum. Brug. Dict. n° 107.

Bulla fasciata. Gmel. p. 3430. n° 25.

Helix vexillum. Daudeb. Hist. des Moll. pl. 121.

* *Bulla fasciata.* Dillw. Cat. t. 1. p. 491. n° 46.

* *Achatina crenata.* Swain. Zool. illust. t. 1. pl. 58.

* *Achatina pallida.* Swain. Zool. illust. t. 1. pl. 42.

* *Achatina fasciata.* Swain. illust. t. 3. pl. 162.

[b] *Eadem testá sinistrorsá.*

Habite dans les grandes Indes. Mon cabinet. Jolie coquille, très variable dans sa coloration et la disposition de ses fascies, à laquelle on donne vulgairement le nom de *ruban* et quelquefois celui de *pavillon-d'Hollande.* J'en possède un individu qui tourne à gauche. Longueur, 3 pouces 3 lignes.

---

(1) Bruguières a eu tort de ne pas adopter pour cette espèce le nom que Muller le premier lui avait donné. Le *Buccinum fasciatum* de Muller aurait dû devenir le *Bulimus fasciatus* de Bruguières, et par conséquent l'*Achatina fasciata.* M. de Férussac et Lamarck ont eu tort de ne pas restituer à l'espèce son premier nom, ce qu'il faudra faire cependant dans un bon catalogue.

11. Agathine ruban. *Achatina virginea.* **Lamk.**

> *A. testâ ovato-conicâ, lœvi, albâ, fasciis rubris nigrisque eleganter circumdatâ; anfractibus convexis; columellâ roseâ; labro intùs cœrulescente, uniplicato.*

Bulla virginea. Lin. Syst. nat. p. 1186. Gmel. p. 3429. n° 24.

Buccinum virgineum. Muller. Verm. p. 143. n° 333.

Bonanni. Recr. 3. f. 66.

Lister. Conch. t. 15. f. 10.

Petiv. Gaz. t. 22. f. 11.

Gualt. Test. t. 6. fig. A.

D'Argenv. Conch. pl. 11. fig. N.

Favanne. Conch. pl. 65. fig. G. 1.

Seba. Mus. 3. t. 40. f. 38.

Knorr. Vergn. 1. t. 30. f. 7.

Bulla virginea. Chemn. Conch. 9. t. 117. f. 1000-1003.

Bulimus virgineus. Brug. Dict. n° 109.

Helix virginea. Daudeb. Hist. des Moll. pl. 118. f. 3. 4. et pl. 120.

[*b*] *Eadem testâ sinistrorsâ.*

Favanne. Conch. pl. 65. fig. G 4.

Chemn. Conch. 10. t. 173. f. 1682. 1683.

* Agathine de Virginie. Blainv. Malac. p. 38. f. 2.

* Schrot. Fluss. Conch. 'p. 335. pl. 8. f. 3. 4.

* Schrot. Einl. t. 1. p. 184.

* *Bulla virginea.* Dillw. cat. t. 1. p. 491. n° 45.

* De Roiss. Buff. Moll. t. 5. p. 356. n° 3. pl. 55. f. 6.

* Bowd. Elem. of. Conch. pl. 6. f. 26. et pl. 8. f. 26.

* Sow. Genera of shells. Achatina. f. 2.

Habite dans les Antilles et à la Guyanne. Mon cabinet. Coquille fort jolie, et très commune dans les collections. Sa variété gauche est rare. Longueur, 19 à 20 lignes.

12. Agathine Priam. *Achatina Priamus.* **Lamk.** (1)

> *A testâ ovatâ, ventricosâ, tenui, lœvi, diaphanâ, fulvo-roseâ; punctis quadratis rubro-castaneis remotis per lineas transversas dispositis; spira brevi; labro acuto.*

---

(1) M. Beck, savant danois des plus distingués, digne successeur des Muller et des Fabricius, qui a consacré une partie de sa vie à l'étude rationnelle et philosophique de la Conchyliologie, nous a donné sur cette coquille des renseignemens précieux,

*   Gronov. Zooph. pl. 19. f. 10, 11.
    Fav. Cat. pl. 2. f. 129.
*   Schrot. Einl. t. 2. p. 236. n° 212. *Helix.*
    Buccinum stercus pulicum. Chemn. Conch. 9. t. 120. f. 1026. 1027.
    Bulimus Priamus. Brug. Dict. n° 104.
    Bulla stercus pulicum. Gmel. p. 3434. n° 45.
    Helix Priamus. Daudeb. Hist. des Moll. n. 355.
*   *Helix priapus.* Gmel. p. 3654. n° 198.
*   *Bulla priamus.* Dillw. Cat. t. 1. p. 493. n. 51.
*   *Fossilis. Bulla helicoides.* Brocc. Conch. foss. Subap. t. 2. p. 281. pl. 1. f. 9.
*   Id. Bowd. Elem. of Conch. pl. 8. f. 22.

Habite.... dans la Guinée? Mon cabinet. Jolie coquille, remarquable par ses rangées de points carrés, et à laquelle on donne vulgairement le nom de *chiure-de-puce.* Elle est assurément terrestre, comme toutes ses congénères. Notre individu, encore jeune, n'a que 18 lignes de longueur.

Dernier tour déprimé et s'atténuant vers sa base.

13. Agathine gland. *Achatina glans.* Lamk. (1)

A. *testá elongato-fusiformi, lævi, pallidè castaneá ; ultimo anfractu spirá longiore ; aperturá perangustá.*

*   Blainv. Malac. pl. 40. f. 2.

---

et nous a autorisé à les publier. Malgré son apparence, qui l'a fait confondre avec les coquilles terrestres par tous les auteurs, malgré les caractères qui la rapprochent des Agathines, cette coquille appartient cependant à un mollusque marin operculé, à opercule corné, et vivant, à ce qu'il paraît, dans les mers d'Espagne et de Portugal. Si ce fait est vrai comme il y a toute apparence, l'*Achatina priamus* devra constituer un nouveau genre dont les rapports s'établiront d'un côté avec les struthiolaires, et d'un autre avec certains buccins. Le nouveau genre auquel M. Beck propose de donner le nom de PRIAMUS, ne contient qu'une seule espèce, celle connue sous le nom *stercus pulicum*, imposé par Chemnitz.

(1) Depuis Chemnitz jusqu'à Bruguières, les conchyliologistes ont désigné cette espèce par le nom de *Bulla voluta.* Malgré

* *Bulimus glans.* Férus. Syst. Conch. p. 79. n. 1.
* *Bulla voluta.* Dillw. cat. t. 1. p. 486. n. 34.
Bulla voluta. Chemn. Conch. 9. t. 117. f. 1009. 1010.
Bulimus glans. Brug. Dict. n. 111.
Bulla voluta. Gmel. p. 3433. n. 40.
Helix glans. Daudeb. Hist. des Moll. n. 362.

Habite dans les Antilles. Mon cabinet. Cette coquille est presque cylindracée, un peu plus renflée vers son milieu, n'a aucune tache,
et a la columelle tronquée comme ses congénères. Néanmoins, d'a-
près la forme de son dernier tour, on pourrait la considérer comme
formant un genre particulier, si l'établissement de nouveaux genres, sans nécessité absolue, n'offrait un inconvénient réel pour la
science. Longueur, 2 pouces 3 lignes.

14. Agathine du Pérou. *Achatina Peruviana.* **Lamk.**

*A. testá cylindraceo-fusiformi, tenui, pellucidá, longitudinaliter
elegantissimè striatá, striis transversis subdecussatá, albá, flammulis lineolisque rufo-fuscis variegatá; suturis subcanaliculatis; ultimo anfractu spirá longiore, costulis incumbentibus instructo.*

* *Helix pretiosa.* Fér. Hist. des Moll. pl. 135. f. 4.
* *Achatina peruviana.* Desh. Encyc. méth. vers. t. 2. p. 10. n. 4.

Habite dans le Pérou. *Dombey.* Mon cabinet. C'est une des plus jolies coquilles de ma collection. Elle est délicate, et offre huit tours
qui sont agréablement panachés de flammules longitudinales étroites, auxquelles viennent se réunir obliquement quantité de linéoles. Longueur, 20 lignes:

15. Agathine raies-blanches. *Achatina albo-lineata.* **Lamk.**
[(1)]

*A testá subfusiformi, glabrá, longitudinaliter striatá, castaneá; li-
neis albis undatis remotis longitudinalibus alternis; striis minutissimis undulatis; spirá brevi, acutá.*

---

l'autorité des nomenclateurs plus modernes, nous pensons
qu'il serait convenable de rendre à l'espèce son premier nom,
et de l'inscrire dans les catalogues, sous le nom d'*Achatina
voluta.*

(1) Le nom de cette espèce devra être changé contre celui
d'*Achatina leucozonias,* Walch lui ayant depuis long-temps donné
ce nom.

* *Voluta leucozonias.* Dillw. Cat. t. 1. p. 547. n. 110.
* Schrot. Einl. t. 1. p. 276. n. 121.
* *Achatina leucozonias.* Sow. Genera of shells. f. 3.

Martini. Conch. 4. t. 148. f. 1371. 1372.

Walch. Naturforch. 4. t. 1. f. 3. 4.

Voluta leucozonias. Gmel. p. 3453. n° 56.

Helix leucozonias. Daudeb. Hist. des Moll. n. 363.

Habite à la Martinique. M. *Daudebard.* Mon cabinet. Longueur, 16 lignes.

16. Agathine raies-brunes. *Achatina fusco-lineata.* Lamk. (1)

A. testá subfusiformi, longitudinaliter et minutissimè striatá, pallidè rufá ; lineis fuscis longitudinalibus remotis alternis ; ultimo anfractu spirá breviore.
* Var. *Achatina semisulcata.* Desh. Encycl. méth. vers. t. 2. p. 11. n. 7.
* *Bulla dominicensis.* Dillw. Cat. t. 1. p. 487. n. 35.
* *Polyphemus bruguiereus.* Bowd. Elem. of Conch. pl. 12. f. 11.

Chemn. Conch. 9. t. 117. f. 1011.

---

(1) Voici encore un exemple des fâcheux changemens que chaque auteur se croit autorisé à faire dans la nomenclature des espèces. Chemnitz ayant donné à cette espèce le nom composé de *Bulla turrita et maculata*, ne pouvait être adopté, il aurait fallu que Gmelin, en introduisant l'espèce dans la 13ᵉ édition du système naturel, lui conservât l'une des deux dénominations de Chemnitz; mais il préféra la désigner sous le nom de *Bulla dominicensis*. Bruguières, qui à ce qu'il paraît ne connut pas l'ouvrage de Gmelin, indiqua la même coquille dans l'encyclopédie sous le nom de *bulimus maculatus*. Il aurait donc fallu que Lamarck adoptât soit le nom de Bruguières, soit mieux encore celui de Gmelin. Il est bien probable, d'après ce que nous a dit M. Beck, qui connaît très bien la collection de Spengler de laquelle provient la coquille figurée par Chemnitz, il est bien probable, disons-nous, que notre *Achatina semisulcata* de l'Encyclopédie est une variété de la même espèce. Il est actuellement nécessaire que cette espèce reprenne son nom spécifique *Achatina Dominicensis*.

Bulimus maculatus. Brug. Dict. n. 112.
Bulla dominicensis. Gmel. p. 3433. n. 41.
Helix dominicensis. Daudeb. Hist. des Moll. n. 364.
Habite Saint-Domingue. Mon cabinet. Longueur, 15 à 16 lignes.

17. Agathine turriculée. *Achatina fulminea.* **Lamk.**

A. testá turritá, subtilissimè decussatá; maculis oblongo-quadratis strigisque angulato-flexuosis rubro-violacescentibus, alternis, fundo albido separatis; suturis crispis; spirá apice obtusá.

Helix fulminea. Daudeb. Hist. des Moll. n° 366.

Habite... Mon cabinet. Coquille très rare et fort jolie, remarquable par ses taches et ses strigies colorées qui alternent et se détachent sur un fond blanchâtre. Sommet de la spire obtus et rougeâtre. Longueur, 2 pouces 5 lignes.

18. Agathine follicule. *Achatina folliculus.* **Lamk.** (1)

A testá parvulá, subturritá, lævi, diaphaná, albá aut corneo lutescente; anfractibus convexis; apice obtusiusculo.

* Mich. Coq. d'Alger. p. 9. n° 2.
* Philippi. Enum. Moll. p. 141. n° 2. pl. 8. f. 27.
* *Physa scaturiginum.* Drap. Moll. p. 56. pl. 3. f. 14. 15.
* Schrot. Einl. t. 2. p. 237. n. 213. *Helix.*
Helix folliculus. Gmel. p. 3654. n° 199.
Daudeb. Hist. des Moll. n. 373.
* Gronov. Zooph. pl. 19. f. 15. 16.
* Mich. Compl. à Drap. p. 52. n. 2. pl. 15. f. 44. 45.
* *Physa scaturiginum.* Drap. Moll. p. 56. n. 4. pl. 3. f. 14. 15.
* *Physa scaturiginum.* Kickx. Syn. Moll. brab. p. 53. n° 64.
* *Helix gracilis.* Lowe. Moll. de Madère. p. 61. n° 58. pl. 6. f. 28?
* *Limneus scaturiginum.* Turton. Man. p. 119. n° 102. f. 102.
* *Achatina folliculus.* Webb et Berth. Syn. Moll. pl. 16. n° 1.
Habite en Andalousie, etc. M. *Daudebard.* Mon cabinet. Longueur, 4 lignes.

___

(1) M. Michaud, auquel la science est redevable du supplément à Draparnaud, ayant vu dans la collection même de Draparnaud la coquille nommée *physa scaturiginum*, il reconnut, dans cette coquille, un jeune individu de l'*Achatina folliculus*, d'où vient la nécessité de supprimer cette espèce de physe, et de la rapporter ici.

19. Agathine aiguillette. *Achatina acicula.* Lamk. (1)

A. testâ minutâ, tereti-acutâ, gracili, lævi, nitidâ, albâ; ultimo anfractu spiram subæquante.

* *Buccinum terrestre.* Montagu. Test. p. 248. pl. 8. f. 3.
* Schrot. Einl. t. 2. p. 162.
* *Buccinum acicula.* Dillw. cat. t. 2. p.652, n° 158.
* Philippi. Enum. Moll. p, 142. n° 3. pl. 8. f. 25. 26.
* *Bulimus acicula.* Poiret. Prod. p. 48. n° 16.
* Schrott. Fluss. Conch. p. 350. pl. 8. f. 6. *a. b.*
* *Helix acicula.* Féruss. Syst. conch. p. 77.
* *Bulimus acicula.* Millet. Moll. de Maïne-et-Loire. p. 40.
* *Id.* Brard. Hist. des Coq. p. 100. pl. 3. f. 21.
* *Id.* Pfeiff. Syst. anord. p. 51. n° 3. pl. 3. f. 8. 9.
* Nilss. Hist. Moll. Succ. p. 38. n° 1.

Buccinum acicula. Muller. Verm. p. 150. n° 340.

Gualt. Test. t. 6. fig. BB.

L'Aiguillette. Geoff. Coq. p. 59. n° 21.

Bulimus acicula. Brug. Dict. n° 22.

Helix octona. Gmel. p. 3653. n° 120.

Bulimus acicula. Drap. Moll. pl. 4. f. 25. 26.

Helix acicula. Daudeb. Hist. des Moll. n° 371.

* Bowd. Elem. of Conch. pl. 8. f. 19.
* Alder. Cat. test. Moll. Tr. Soc. Newc. p. 31. n. 21.
* *Bulimus acicula.* Kickx. Syn. Moll. Brab. p. 38. n° 43.
* Col. des Ch. Cat. des Coq. du Finist. p. 69. n° 1.
* *Helix acicula,* Sow. Moll. of Madera. p. 59. n° 53.
* Turton. Man. p. 89. n° 71. f. 71.
* Hécart. Cat. des Coq. de Valenci. p. 1. n° 1.
* Desmoul. Cat. des Moll. de la Gironde. p. 16. n° 1.
* Goupil. Hist. des Moll. de la Sarthe. p. 31. n° 1.
* Bouillet. Cat. des Moll. de l'Auver. p. 49. n° 2.
* Fossilis. Bouillet. Cat. des Coq. foss. d'Auver. p. 109. n° 2.

Habite en France, etc. Mon cabinet. Longueur, une ligne trois quarts.

---

(1) Plusieurs auteurs rapportent à l'*Helix octona* de Linné, la petite *Agathine aiguillette*, mais il y a, dans la phrase caractéristique de Linné, l'indication de caractères que l'on ne trouve pas dans l'Aiguillette, et que l'on ne voit pas non plus dans l'*Octona* de Chemnitz. Pour nous l'espèce linnéenne est encore inconnue.

20. Agathine columnaire. *Achatina columnaris.* Lamk.

*A. testá sinistrorsá, elongato-turritá, striis exilibus decussatá, pal-
lide fulvá, flammulis longitudinalibus rufo fuscis ornatá; anfractibus prope suturas planulatis; spirá apice obtusiusculá; aperturá
angustá.*

Buccinum columna. Muller. Verm. p. 151. n° 341.

Lister. Conch. t. 38. f. 37. et t. 39. f. 376.

Fav. Conch. pl. 61. f. H 13.

Chemn. Conch. t. 9. pl. 112. f. 954, 955. et t. 11. pl. 213. f. 3020.
3021.

Bulimus columna. Brug. Dict. n° 61.

Helix columna. Gmel. Syst. nat. p. 3653. n° 122.

* *Helix pyrum.* Id. p. 3665. n° 204.

Lymnæa columna. Encycl. pl. 459. f. 5. a, b.

* Schrot. Fluss. Conch. p. 291. n° 90.

* *Limnea columna.* De Roissy. Buf. Moll. t. 5. p. 349. n° 3.

* *Limnæus columna.* Fér. Syst. Conch. p. 56. n° 4.

* *Helix columna.* Dillw. Cat. t. 2. p. 955. n° 153.

* *Columna.* Péry. Conch. pl. 51. f. 6. 7.

* *Helix columna.* Burrow. Elém. pl. 20. f. 4.

* *Helix columna.* Fér. Prod. p. 51. n° 367.

* *Agathine columnaire.* De Blainv. Malac. pl. 40. f. 3.

* *Helix columna.* Rang. Desc. des Coq. terr. p. 38. n° 14. pl. 1. f. 1.
Avec l'animal.

Habite en Guinée; coquille rare recherchée et précieuse, surtout
lorsqu'elle est bien conservée. On l'a comparée à une colonne
torse. Longueur, près de trois pouces.

Persuadé que cette coquille vivait dans les eaux douces, Lamarck l'a-
vait d'abord rangée parmi les Limnées sous le nom de *Lymnea
columnaris*; mais, ayant appris ensuite qu'elle était terrestre, il
inséra à la fin de son ouvrage un erratum dans lequel il dit que
cette coquille doit passer dans son genre Agathine. Nous croyons
devoir faire ce que Lamarck n'aurait pas manqué d'exécuter s'il
l'eût pu, et nous transportons cette espèce terrestre, des Lymnées,
où elle ne peut rester, dans le genre Agathine, où est sa place naturelle.]

† 21. Agathine de Saulcy. *Achatina Saulcydi.* Joannis.

*A testá ovatá, sinistrorsá, griseo-violaceá fasciolis longitudinalibus
irrugularibus fuscis ornatá; anfractibus septem convexis ad suturam tenue plicatis; ultimo anfractu spiram æquante; aperturá*

ovali, fusco-fulvá columellá obliquá ; vix truncatá, labro dextro breviore; labro simplici, acuto. Desh.

Joannis. Mag. de Conch. 1834. p. 50. pl. 50.

Müll. Syn. Moll. p. 31. n° 2.

Habite l'île du Prince, golfe de Guinée. N'ayant pas eu occasion de voir cette belle espèce d'Agathine, nous reproduisons ici la description d'après ce qu'en a dit M. de Joannis. Coquille ovoïde assez solide, les tours de spire très convexes, les premiers formant au sommet un mamelon plus saillant que dans les autres espèces du même genre; la suture est bordée d'un petit bourrelet plissé; les plis se continuent sur la surface en stries peu régulières; le dernier tour est aussi grand que tous les autres réunis. Le sommet de la coquille est d'un blanc sale avec quelques fascies jaunâtres espacées; l'avant-dernier tour est d'un gris violâtre avec des fascies longitudinales jaunâtres et d'autres brunes plus étroites. La coloration du dernier tour est formée de deux zones : l'une occupe toute la base jusqu'à la circonférence; elle est plus foncée; l'autre plus pâle est supérieure; la zone inférieure d'un brun violâtre; la supérieure d'un blanc jaune nuancé de bleu; de la base à la suture s'étendent des linéoles onduleuses d'un beau brun; elles sont irrégulièrement espacées. L'ouverture est ovale; la columelle est oblique, peu épaisse, d'un beau brun fauve comme le reste de l'ouverture; elle est à peine tronquée à la base, et elle est plus courte que le bord droit. Cette belle espèce, dont on ne connaît encore que le seul individu figuré par M. de Joannis, a 70 mill. de long et 37 de large.

† 22. **Agathine tornatelline.** *Achatina tornatellina.* **Lowe.**

A. testá ovato-oblongá, utráque extremitate attenuatá, lævigatá, nitidá, corneo-rufescente; spirá brevi, conicá, obtusá, anfractibus angustis, ultimo maximo; aperturá elongatá, longitudinali, postice angustatá; columellá abrupte truncatá; labro in medio producto postice sinuoso.

Helix tornatellina. Lowe. Moll. de Madère. p. 59. n° 54. pl. 6. f. 23.

Habite Madère. Espèce qui a beaucoup de rapports avec l'*Achatina folliculus*, dont elle semble être un individu d'une grandeur gigantesque. La spire est courte, conique, obtuse au sommet. Les tours sont aplatis, le dernier est très grand, atténué antérieurement; l'ouverture est longitudinale, allongée, étroite, surtout à son extrémité postérieure; la columelle est subitement tronquée

à la base', et forme une sorte de pli oblique ; toute la coquille est
lisse, mince, transparente. Sa longueur est de 15 millim., et sa largeur de 8.

† 23. Agathine olive. *Achatina oleacea.* Fér.

A. testá ovato-oblongá, politissimá, diaphaná, virescente, apice acu-
tá ; aperturá angustá, spirá æquali, anfractibus octonis, convexius-
culis ; columellá basi valde contortá, compressá, albá ; labro dex-
tro sinuoso.

Férus. Prodr. p. 5o. n° 36o.
Desh. Encyc. méth. Vers. t. 2. p. 11. n° 6.
Id. Mag. de Conch. p. 3. pl. 3. f. 1.2.

Habite... Probablement les Antilles. Belle espèce de forme olivaire,
ovale oblongue, atténuée à ses extrémités. La spire pointue est
moins longue que le dernier tour ; elle est formée de sept à huit
tours peu convexes. L'ouverture est allongée, longitudinale,
étroite, un peu dilatée à la base. Le bord droit est simple, un peu
rentrant dans le milieu ; la columelle est fortement tronquée à
la base, contournée en avant comme dans l'*Achatina glans ;* toute
la coquille est mince, transparente, polie, d'un beau vert olive ou
jaunâtre. Longueur, 28 à 3o millim., largeur 11 à 12.

† 24. Agathine nitidule. *Achatina nitens.* Gray.

A. testá turritá nitidá, pellucidá, corneá, spirá conicá, apice obtusá,
anfractibus gradatim majoribus, convexis ; aperturá quartam testæ
partem æquante, ovatá ; columella curvatá.

Gray. Spic. Zool. p. 5. pl. 6. f. 10.

Habite... Espèce appartenant à la section des Turriculées ; elle est allongée, conique, formée de sept à huit tours convexes dont la surface est lisse et brillante ; le sommet est obtus et la base sans ombilic ; l'ouverture a à peine le quart de la longueur totale ; elle est
subtriangulaire. La columelle est fortement arquée, concave dans le
milieu, et elle se relève en avant et à droite ; le bord droit est simple, mince, et tranchant. Toute cette coquille est transparente,
d'un brun jaunâtre corné. Elle a 18 millim. de long et 8 de
large.

† 25. Agathine de Malaguette. *Achatina Malaguettana.*
Rang.

A. testá elongatá turritá, tenui subdiaphaná, exilissimá atque lon-
gitudinaliter striatá, brunneo lutescente ; apice obtusá ; aperturá
ovali columellá arcuatá, truncatá ; labro simplici, acuto.

20,

Rang. Descr. des Coq. terr. p. 35. n° 16. pl. 3. f. 4.

Habite sur la côte de la Malaguette ; espèce de taille médiocre allongée, turriculée, pointue, formée de huit tours convexes dont le dernier est plus court que les autres ; la surface extérieure est brillante et semble lisse ; mais, vue à la loupe, elle est couverte de stries longitudinales excessivement fines. L'ouverture est ovale-oblongue ; le bord droit est très mince et tranchant ; la columelle est fortement arquée à son extrémité antérieure et profondément tronquée ; elle ressemble à celle de l'*Achatina glans* et des autres espèces analogues. Toute la coquille est d'un brun corné ; elle est transparente et la columelle est blanche à son extrémité. Cette espèce a 22 millim. de long et 8 de large.

† 26. Agathine hyaline. *Achatina hyalina.* Rang.

A testâ ovato-elongatâ, tenuissimâ, hyalinâ, lœvigatâ, luteo-pallidâ, apice obtusâ ; aperturâ ovali ; columellâ convexâ extrinsecus reflexâ ; labro simplici, acuto.

Rang. Desc. des Coq. terrest. p. 36. n° 17. pl. 3. f. 5.

Habite Mesurade (cap Vert). Cette coquille est ovale, allongée, lisse, luisante, très mince, transparente, et d'un jaune pâle couleur de corne blonde. La spire est allongée, obtuse au sommet ; elle se compose de six tours convexes dont le dernier est plus grand que tous les autres réunis. L'ouverture est ovale-oblongue ; son plan et sa direction sont presque parallèles à l'axe. La columelle est saillante en avant, brusquement et obliquement tronquée, et se continue à la base avec le bord droit ; celui-ci est mince et tranchant. Cette espèce est longue de 7 à 9 millim. et large de 3 à 4.

† 28. Agathine d'Alger. *Achatina algria.* Desh.

A. testâ ovato-oblongâ, subturritâ, sulcatâ, tenui, fragili, pellucidâ, apice obtusâ ; longitudinaliter tenue striatâ ; anfractibus convexiusculis ; suturis tenue crenato-marginatis ; columellâ arcuatâ, basi truncatâ.

Bulimus algirus. Brug. Encycl. méth. Vers. t. 1. p. 364. n° 110.

Pfeiff. Syst. anord. t. 3. p. 34. pl. 7. f. 3. 4. •

Michaud. Coq. d'Alger. p. 9. n° 1. f. 19. 20. *Achatina poireti.*

Philippi. Enum. Moll. p. 141. n° 1.

Helix poireti. Férus. Prodr. p. 50. n° 358.

Id. Hist. des Moll. pl. 136. f. 1 à 5.

Achatina Algira. Desh. Expéd. de Morée. p. 165. n° 254.

Rosm. Icon. t. 2. p. 18. pl. 7. f. 123.

Habite aux environs d'Alger, en Sicile, en Morée. Elle est la plus grande des espèces d'Europe ; elle est mince, fragile, transparente, d'un jaune pâle lorsqu'elle est revêtue de son épiderme; blanches lorsqu'elle l'a perdu; son sommet est obtus; la spire est plus longue que l'ouverture, et les sutures sont suivies d'un petit bourrelet crénelé. Toute la surface est couverte de fines stries longitudinales assez régulières; l'ouverture est oblongue, étroite ; la columelle arquée dans sa longueur se recourbe en avant comme pour sortir de l'ouverture. Les grands individus ont 4 millim. de long et 13 de large.

† 29. **Agathine panthère.** *Achatina panthera.* Fér.

A. testá ovato-oblongá, solidá, apice obtusá albo-griseá; strigis longitudinalibus fusco violaceis vel flavis ornatá ; anfractibus convexis ultimo spirá breviore; aperturá ovatá, albo-cæruleá; columellá contortá, labroque roseis.

Férus. Prodr. p. 49. n. 349.

Id. Hist. des Moll. pl. 126.

Habite.....

Belle et grande coquille qui ne manque pas d'analogie, par sa forme, avec l'*Achatina fulva* ; mais elle est en proportion moins longue et plus ventrue. On compte huit tours à la spire; ils sont convexes, à suture simple, lisse, ou à peine striée par les accroissemens. Le sommet est obtus et blanchâtre. Sur les tours suivans apparaissent quelques flammules fauves; elles deviennent plus larges et plus foncées sur l'avant-dernier tour; mais, sur le dernier, elles forment de larges zones d'un brun très intense, se dégradant souvent par nuances insensibles, jusqu'au gris cendré du fond. L'ouverture est ovale, oblongue, d'un blanc bleuâtre au fond, blanche sur le bord droit ; le bord gauche et la columelle sont d'un beau rose. Celle-ci, fortement contournée sur elle-même, a son extrémité portée en avant et en dehors. Elle est beaucoup plus courte que le bord broit, et sa troncature est profonde.

Cette coquille, une des plus grandes du genre, a 15 centim. de long et 75 millim. de large.

† 30. **Agathine fauve.** *Achatina fulva.* Desh.

A. testá ovato-oblongá, obsolete striatá ; anfractibus octonis ultimis fulvo-fuscis, maculis fuscis majoribus, vel strigis longitudinalibus ornatis ; aperturá spirá breviore; columellá contortá albá; labro intus albo.

Bulimus fulvus. Brug. Encycl. méth. Vers. t. 1. p. 4.

Lister. Conch. pl. 582. f. 35. a.

Helix fulvescens. Férus. Prodr. p. 49. n° 345.

Achatina maculata. Nob. Encycl. méth. vers. t. 2. p. 12. n° 10.
Habite la Sénégambie?

N'ayant pas d'abord reconnu dans la description de Bruguières son *Bulimus fulvus*, nous avons donné à cette espèce un autre nom, dans l'Encyclopédie méthodique. M. de Férussac, plaçant les Agathines parmi les Hélices, et ayant déjà, dans sa nomenclature, une *Helix fulva*, fut obligé de donner à celle-ci un autre nom que celui de Bruguières. Nous rectifions aujourd'hui la nomenclature, et nous inscrivons cette espèce sous le nom d'*Achatina fulva.*

Elle est une des plus grandes du genre; allongée, subturriculée, épaisse et solide. Sa spire, obtuse au sommet, est formée de neuf tours médiocrement convexes, et irrégulièrement striés par les accroissemens; les premiers sont d'un blanc sale; dès le cinquième tour apparaissent quelques flammules d'un fauve très pâle; elles deviennent plus larges et plus foncées sur les tours suivans; elles finissent même quelquefois par se confondre, interrompues seulement par quelques flammules étroites d'un brun foncé. L'ouverture est ovalaire, blanche en dedans. La columelle, assez épaisse, est tordue dans sa longueur, et elle est toujours plus courte que le bord droit : celui-ci est mince et tranchant et d'un brun fauve.

La longueur de cette espèce est de 14 centim., et sa largeur de 65 millim.

† 31. Agathine reine. *Achatina regina.* Fér.

A. testá ovato-oblongá, subturritá, irregulariter striatá ; anfractibus convexiusculis , primis rubescentibus; alteris fulvis vel viridescentibus; ultimo anfractu spirá breviore, ad periphœriam fusco monozonali ; aperturá fusco circumdatá, intùs albá ; columellá contorto plicatá.

Helix regina. Férus. Prodr. p. 42. n₀ 342.

Id. Hist. des Moll. pl. 119. f. 1 à 6.

Achatina melanostoma. Wagn. Dans. Spix test. bras. p. 16. n° 1. pl. 8. f. 1.

Var. a. *Testá dextrorsa. Achatina melastoma.* Swain. Zool. illust. t. 2. pl. 152.

Var. b. *Testá sinistrorsá. Achatina perversá.* Swain. Zool. ill. t. 1 pl. 36.

Var. c. *Testá minore; anfractibus zonis duabus, articulatis, ornatis.*

Habite le Brésil, dans les forêts de la province de Bahia.

Magnifique espèce, variable dans ses formes et sa coloration comme la plupart des espèces du même genre. Elle est allongée, oblongue subturriculée, à tours peu convexes; souvent substriée et à sommet obtus. L'ouverture est ovale-oblongue; la columelle, à peine tronquée à la base, présente un des nombreux passages des Agathines aux Bulimes. Cette columelle, ainsi que le bord gauche, sont d'un brun noirâtre, et cette couleur s'étend sur le pourtour du bord droit. La coloration est variable, cependant les premiers tours sont assez constamment rougeâtres. Les suivans sont ornés de linéoles longitudinales brunes, interrompues sur les derniers tours, par une zone étroite d'un beau noir. Dans une variété fort remarquable, le dernier tour est jaune-fauve. Dans une autre les deux derniers tours sont d'un vert brun avec des flammules plus pâles. Une autre variété, fort remarquable, a de l'analogie pour sa coloration, avec quelques variétés du *Bulimus zebra*. Enfin, la variété la plus remarquable est celle qui est senestre, et que M. de Férussac a fait représenter dans son ouvrage.

Les grands individus de cette espèce, très rares dans les collections, ont 90 millim. de long et 38 de large.

† 32. Agathine sillonnée. *Achatina exarata*. Desh.

A. testâ ovato-ventricosâ, apice acutâ, albâ, longitudinaliter striato-rugosâ, anfractibus convexiusculis : ultimo ad peripheriam angulato ; aperturâ ovatâ, subdilatatâ; columellâ brevissimâ, acutâ, vix emarginatâ.

Buccinum exaratum. Mull. Verm. p. 148.

Schrot. Flussch. p. 390.

Chemn. Conch. t. 9. pl. 120. f. 1031. 1032.

Bulla exarata. Gmel. p. 3431. n° 28.

Bulimus exaratus. Brug. Encyc. méth. Vers. t. 1. p. 361.

Bulla exarata. Dillw. Cat. t. 1. p. 493. n° 49.

Fér. Prod. p. 49. n° 339.

Id. Hist. des Moll. pl. 118. f. 1.

Habite la côte de Guinée? (Férussac).

Cette coquille, figurée pour la première fois par Chemnitz, l'a été plus exactement par M. de Férussac. Elle est ovale, ventrue, toute blanche, mince et diaphane. Sa spire, pointue au sommet, est formée de sept à huit tours peu convexes dont le dernier porte un angle à la circonférence, angle sur lequel la suture est appuyée dans les tours précédens. Toute la surface extérieure est couverte de stries longitudinales ou plutôt de rides peu régulières. L'ouverture est ovale; le bord droit, mince et tranchant, est faiblement dilaté en dehors; la columelle est très courte; elle se porte obliquement à droite de l'ouverture; elle est pointue à son extrémité, et l'angle, qu'elle fait à sa jonction avec le bord droit, indique la très faible troncature qu'elle a à sa base.

Cette coquille, très rare dans les collections, a 63 millim. de long et 36 de large.

‡ 33. Agathine de Muller. *Achatina Mulleri.* Fer.

A testâ ovato-angustâ, apice obtusâ, longitudinaliter tenui striatâ, albo fucescente flammulis angustis, fuscis, ornatâ; anfractibus convexis, marginatis; aperturâ ovato-angustâ, columellâ arcuatâ, profundè, emarginatâ; labro simplici, acuto.

Chemn. Conch. t. 9. pl. 120. f. 1030.

Guérin Icon. du Règne anim. Moll. pl. 6. f. 14.

Buccinum striatum. Mull. Verm. p. 149. n° 339.

Strombus striatus. Gmel. p. 3524. n₀ 50.

Helix tenera. Gmel. p. 3653. n° 121.

Helix incombens. Dillw. Cat. t. 2. p. 955. n₀ 154.

Helix Mulleri Féruss. Prod. p. 50. n° 357.

Habite Cayenne, sur les monts Serpent et Syneri. (Férussac.)

Chemnitz confondait cette espèce avec son *Buccinum striatum* dont M. de Férussac a fait son *Helix rosea, Achatina rosea.* C'est avec raison que celle-ci a été distinguée. Elle constitue une espèce bien caractérisée.

Coquille ovale-oblongue, à spire à-peu-près aussi longue que le dernier tour, obtuse au sommet, et formée de huit à neuf tours convexes, dont la suture est bordée d'un petit bourrelet crénelé, et la surface couverte d'un grand nombre de fines stries longitudinales régulières. L'ouverture est oblongue; la columelle, régulièrement arquée dans sa longueur, profondément tronquée à la base, est peu dépassée par le bord droit. Celui-ci est mince et tranchant, et placé obliquement à l'axe longitudinal. Toute la coquille est d'un blanc fauve très clair; elle est ornée de flammules étroites irrégulièrement distribuées, d'un brun fauve peu foncé.

Les grands individus ont 60 millim. de long et 20 de large.

† 34. Agathine albâtre. *Achatina alabaster.* Rang.

A. testâ conicâ, lævigatâ albâ diaphanâ, anfractibus convexiusculis ultimo basi convexo ad peripheriam fasciâ fuscâ cincto; aperturâ ovatâ; columellâ complanatâ, antice truncatâ, labro simplici acuto.

Rang. Desc. des Coq. terr. p. 16. n₀ 9. pl. 1. f. 2, 2 a.

Habite l'île-au-Prince. Belle espèce voisine pour la forme de l'*Achatina virginea.* Elle est ovale, conique, à spire obtuse au sommet,

composée de huit tours à peine convexes, lisses, et dont la suture
est accompagnée d'un petit bord d'un blanc opaque. Le dernier
tour est convexe, non perforé à la base. L'ouverture est oblique à
l'axe; son bord droit est assez épais, et la columelle cylindracée
tombe perpendiculairement et se termine à une troncature peu
profonde. Toute cette coquille est d'un beau blanc transparent
comme de l'albâtre, et le dernier tour est orné d'une zone brune
sur la circonférence. Longueur, 35 millim. largeur, 20.

† 35. Agathine striée. *Achatina striata*. Desh.

*A. testá ovato-oblongá, roseá, longitudinaliter tenuissime striatá,
apice acutá; aperturá ovato-acutá, angustá; labro tenui, acuto,
sinuato.*

Buccinum striatum. Chemn. Conch. t. 9. p. 36. pl. 120. f. 1028.
1029.

Bulla truncata. Gmel. p. 3434. n° 49.

Polyphemus glans. Say.

Helix rosea. Fér. Prodr. p. 50. n_0 356.

Id. Hist. des Moll. pl. 136. f. 6 à 10.

Bulimus striatus. Brug. Encycl. méth. Vers. t. 1. p. 366.

Kœmmerer. Cab. Rud. p. 128. pl. 10. f. 5.

Bulla truncata. Dillw. Cat. t. 1. p. 493. n_0 50.

Achatina rosea. Desh. Encycl. méth. Vers. t. 2. p. 10. n_0 3.

Habite les Florides. Nous rendons à cette espèce son nom spécifique.
Muller et les auteurs de son temps nommaient Buccins des coquilles
terrestres et fluviatiles. En transportant les espèces d'un genre
dans un autre, elles doivent toujours conserver leur nom spécifique. Le *Buccinum striatum* doit donc devenir l'*Achatina striata*,
puisqu'il est bien reconnu que cette coquille appartient en effet
à ce dernier genre. Il faut distinguer comme espèce différente la figure 1030 de Chemnitz, que la plupart des auteurs confondaient
avec celle-ci.

Espèce fossile.

† 1. Agathine pellucide. *Achatina pellucida*. Desh.

*A. testá ovato-conicá, subventricosá, apice acutissimá, lævigatá, pel-
lucidá, tenuissimá. Anfractibus convexis, aperturá ovato-acutá;
columellá truncatá, contortá.*

Desh. Desc. des Coq. foss. t. 2. p. 65. pl. 6. f. 17. 18.

Habite... Fossile à Parnes. Cette coquille est réellement terrestre,
et elle offre tous les caractères des Agathines; elle est mince trans-

parente, lisse; la spire est un peu plus longue que le dernier tour; les tours sont convexes; l'ouverture est ovale, la columelle est tordue et tronquée à la manière de l'*Achatina glans*. Cette coquille, fort rare et très fragile, a 9 millim. de longueur.

AMBRETTE. (Succinea.)

Coquille ovale ou ovale-conique. Ouverture ample, entière; plus longue que large; à bord droit tranchant, non réfléchi, s'unissant inférieurement à une columelle lisse, amincie, tranchante. Point d'opercule.

Testa ovata vel ovato-conica. Apertura ampla, integra, longitudinalis : labro acuto, non reflexo, cum columellâ angusto protractu confluente. Columella lævis, attenuato-acuta. Operculum nullum.

OBSERVATIONS. — Les *Ambrettes*, que j'ai distinguées comme genre et nommées Amphibulines, avant de connaître le genre *succinea* de Draparnaud, semblent, par leurs rapports, tenir le milieu entre les Bulimes et les Lymnées. Ce sont des coquillages presque amphibies, habitant le voisinage des eaux, s'y exposant souvent, mais vivant habituellement à l'air libre. Aussi ces trachélipodes ont-ils quatre tentacules dont les deux plus grands sont oculés au sommet, comme dans les Bulimes, les Hélices, etc.

Ces coquilles sont distinguées des Bulimes en ce que leur bord droit n'est jamais réfléchi; et elles le sont des Lymnées en ce que leur columelle est lisse, amincie, tranchante, et que le bord droit, en remontant sur cette columelle, n'y forme aucune apparence de pli.

Voici les trois espèces que je rapporte à ce genre.

[Malgré la ressemblance de la coquille des Ambrettes avec celle de certains Bulimes, on pouvait cependant distinguer les deux genres, et c'est en effet ce que fit Draparnaud : depuis sa création il fut adopté par tous les conchyliologistes, excepté par M. de Férussac. Persuadé que dans le grand groupe des Hélices il n'y avait dans les animaux aucun caractère propre à les dis-

tinguer en bons genres, cet auteur fit des Ambrettes un sous-
genre des Hélices, et lui donna le nom de Cochlohydre, obligé
d'inventer un nom nouveau pour un genre anciennement connu
pour qu'il cadrât avec le reste de sa nomenclature. En faisant
des recherches sur les principaux groupes appartenant au grand
genre Hélice de Linné, nous fûmes surpris qu'un animal aussi
commun en nos climats que celui de l'Ambrette n'eût pas encore
attiré l'attention des anatomistes, nous en fîmes avec soin l'a-
natomie, ayant reconnu dans l'ensemble de l'organisation une
très grande analogie avec les Hélices; nous aperçûmes cependant des différences notables dans ce qui a rapport aux organes
génitaux. On sait d'après le beau travail de M. Cuvier que
dans les Hélices le canal déférent est lié si intimement au second
oviducte qu'il est impossible de l'en séparer; de plus dans les
Hélices, on remarque de chaque côté du canal commun des organes de la génération, des organes dont l'usage est inconnu
formés de plusieurs digitations et auxquels Cuvier a donné le
nom de vésicules multifides. Dans les Ambrettes les vésicules
multifides manquent entièrement; il n'y a pas non plus de dard
ni de poche pour le contenir. Le canal déférent est entièrement
détaché de l'oviducte, et au lieu de se porter vers les deux tiers
antérieurs de l'organe excitateur pour y pénétrer comme dans
les Hélices, il aboutit au sommet de cet organe. Cette simplicité
des organes de la génération dans le genre Ambrette, la séparation nette des organes mâles et femelles est un fait important
puisqu'il est impossible de ne pas reconnaître à chaque partie
les fonctions qu'elle doit remplir dans l'acte de la génération.]

ESPECES.

1. Ambrette cupuchon. *Succinea cucullata.* Lamk.

> *S. testá ovato-inflatá, tenui, flavescente; striis obliquè transversis;
> spirâ brevissimâ, rubrá; aperturá valdè patulá.*
>
> *Bulimus patulus.* Brug. Dict. n° 15.
>
> *Amphibulima cucullata.* Lamk. Annales du Mus. vol. 6. pl. 55. f. 1.
> b. c.
>
> *Helix patula.* Daudeb. Hist. des Moll. pl. 11. f. 14-16. et pl. 11.
> a. f. 12. 13.

* De Blainv. Malac. pl. 37. f. 2.

* Bowd. Elem. of Conch. pl. 6. f. 6. et pl. 7. f. 5. 6.

* *Succinea cucullata.* Sow. Genera of shells f. 1.

Habite à la Guadeloupe. M. *Daudebard.* Mon cabinet. Coquille plus grande que les deux suivantes, et fort singulière par la grandeur et l'obliquité de son ouverture, ainsi que par le raccourcissement de sa spire. Longueur, 14 lignes; largeur, 9 et demie.

2. Ambrette amphibie. *Succinea amphibia.* Drap.

S. testá ovato-oblongá, tenuissimá, pellucidá, flavidulá; spirá brevi; aperturá infernè dilatatá, subverticali.

Helix putris. Lin. Syst. nat. p. 1249. Gmel. p. 3659. n° 135.

Helix succinea. Muller. Verm. p. 97. n° 296.

Lister. Conch. t. 123. f. 23. a.

* Lister. Anim. angl. pl. 2. f. 24.

* Lister. Trans. phil. t. 9. pl. 2. f. 18.

Gualt. Test. t. 5. fig. H.

D'Argenv. Conch. pl. 28. f. 23.

An Favanne. Conch. pl. 61. fig. E 4 ?

L'Amphibie ou l'Ambrée. Geoff. Coq. p. 60. n° 22.

* Swam. Bib. nat. pl. 8. f. 4.

Chemn. Conch. 9. t. 135. f. 1248.

* *Turbo trianfractus.* Dacosta. Conch. brit. p. 92. pl. 5. f. 13.

* *Helix putris.* Olivi. Adriat. p. 176.

* *Bulimus succineus.* Poiret. Prodr. p. 41. n° 9.

Bulimus succineus. Brug. Dict. n° 18.

Succinea amphibia. Drap. Moll. pl. 3. f. 22. 23. .

* De Roissy. Buf. Moll. t. 5. p. 352. n° 1.

* Brard. Hist. des Coq. p. 72. pl. 3. f. 1. 2.

* *Helix putris.* Dillw. Cat. t. 2. p. 965. n° 173.

* *Helix limosa.* Dillw. Cat. t. 2. p. 966. n° 175.

* Dorset. Cat. p. 56. pl. 21. f. 13.

* Montagu. Test. p. 373. pl. 16. f. 3.

* Millet. Moll. de Maine-et-Loire. p. 32. n° 1.

* *Helix putris.* Alten. Syst. abh. p. 96.

* Nilss. Hist. Moll. Succ. p. 41. n° 1.

* Bowd. Elem. of Conch. pl. 6. f. 5.

Helix putris. Daudeb. Hist. des Moll. pl. 11. f. 4-10 et 13. et pl. 11 a. f. 7-10.

* *Helix putris.* Var. Fér. (pl. 11 A. f. 9). Quoy et Gaim. Voy. de l'*Uranie.* Zool. p. 467. (de l'île Guam).

* Pfeiff. Syst. anord. p. 67. n° 1. pl. 3. f. 36 à 38.

* De Blainv. Malac. pl. 38. f. 4.
* Desmoul. Cat. des moll. de la Gironde. p. 17. n° 1.
* Hécart. Cat. des coq. de Valenci. p. 1. n° 1.
* Sow. Genera of shells, Succinea. f. 3.
* Col. des Ch. Cat. des coq. du Finist. p. 70. n° 1.
* Turton. Man. p. 91. n° 73. f. 73.
* Kickx. Syn. Moll. Brab. p. 33. n° 37.
* Philippi. Enum. Moll. p. 142.
* Alder. Cat. Test. Moll. Tr. Soc. Newc. p. 31. n° 19.
* Goupil. Hist. des moll. de la Sarthe. p. 10. n° 1.
* Bouillet. Cat. des moll. de l'Auverg. p. 44. n° 1.
* Rosm. Icon. t. 1. p. 91. pl. 2. f. 45.
* Fossilis. Bouillet. Cat. des foss. d'Auvergn. p. 106. n° 1.

Habite en France, dans les lieux humides, sur le bord des eaux douces. Mon cabinet. Coquille réellement terrestre. Longueur, 9 lignes.

3. Ambrette oblongue. *Succinea oblonga*. Drap.

S. testá ovato-oblongá, tenui, longitudinaliter striatá, albidá, anfractibus quatuor convexis; suturis subexcavatis; aperturá spiram vix superante.

* *An Helix limosa?* Linné. Syst. nat. p. 1249.
* De Roissy. Buf. Moll. t. 5. p. 352. n° 2.
* Pfeiff. Syst. anord. p. 68. n° 2. pl. 3. f. 39.
* Alder. Cat. test. Moll. Tr. Soc. Newc. p. 31. n° 20.
* Turton. Man. p. 92. n° 74. f. 74.
* Hécart. Cat. des coq. de Valenci. p. 1. n° 2.
* Goupil. Hist. des Moll. de la Sarthe. p. 11. n° 2. pl. 1. f. 5. 6. 7.
* Bouillet. Cat. des Moll. de l'Auvergn. p. 45. n° 2.
* Rosm. Icon. t. 1. p. 92. pl. 2. f. 47.
* Desh. Encycl. méth. Vers. t. 2. p. 20. n° 3.

Succinea oblonga. Drap. Moll. pl. 3. f. 24. 25.
Helix elongata. Daudeb. Hist. des Moll. pl. 11. f. 1-3.

Habite dans le midi de la France, près des ruisseaux et des fontaines. Mon cabinet. Longueur, 11 lignes.

4. Ambrette lévantine. *Succinea levantina*. Desh.

S. testá ovato-oblongá, tenuissimá, fragili, pellucidá; flavo-rubescente; spirá brevissimá, acuminatá; ultimo anfractu amplissimo; aperturá obliquá; marginibus tenuissimis.

Desh. Expéd. sc. de Morée. Zool. p. 170. pl. 19. f. 25-27.
Succinea Pfeifferi. Rosm. Icon. t. 1. p. 92. pl. 2. f. 46.

Habite la Morée et la Sicile.

Les caractères de cette espèce ne s'accordent avec aucun de celles qui sont jusqu'à présent connues; comme elle est propre aux parties orientales de l'Europe, nous lui avons donné le nom de *Succinea levantina*. Elle a quelques rapports avec la *Succinea amphibia* de Draparnaud; mais la spire est toujours beaucoup plus courte, et le dernier tour proportionnellement plus grand; elle est ovale-oblongue, pointue au sommet; elle est lisse ou striée par des accroissemens, elle est formée de quatre tours convexes, dont le dernier constitue à lui seul presque toute la coquille; il se termine par une ouverture ovale-oblongue, oblique à l'axe, à bords très minces et tranchans. Cette coquille est très mince et très fragile, transparente, d'un jaune rougeâtre uniforme.

Elle a quatorze mill. de long et six de large.

† 5. Ambrette de Cuvier. *Succinea Cuvieri*. Guild.

S. corpore flavido-fucescente, nigro lineata-maculato; oculis aterrimis.

Testá nitente, diaphaná, pallide succineá, immaculatá, oblique plicatá, anfractibus duobus superioribus obsoletioribus.

Guild. Zool. journ. t. 2. p. 443. pl. Supp. 17 bis. fig. 1 à 4.

Habite les lieux ombragés sous les pierres dans l'île Saint-Vincent.

Cette espèce, bien distincte, a été publiée pour la première fois par l'auteur que nous citons dans la Synonymie; l'animal est fauve vers les bords du pied et irrégulièrement marbré de gris noirâtre sur le dos. La coquille est beaucoup plus ventrue et à spire plus courte que le *Succinea putris*. Elle est mince, transparente, de couleur fauve; son ouverture est ovale oblongue; la columelle est très étroite et régulièrement arquée; vers la base elle est presque aussi mince que le bord droit. Lorsque l'animal est contracté dans la coquille, il semble que celle-ci soit marbrée elle-même des mêmes taches que le manteau; mais, l'animal étant retiré, la coquille se trouve d'une seule couleur.

Cette espèce, d'une taille médiocre, à 11 millim. de long et 8 de large.

† 6. Ambrette des Barbades. *Succinea Barbadensis*. Guild.

S. corpore flavescente, tentaculis collique lineis nigris; oculis atris; facie rufescente pallio nigro, marmorato; pede brevi, postice obtuso.

Testá flavescente, sæpè subopacá, longitudinaliter subplicatá; spirá productá, anfractibus quaternis.

Guild. Zool. journ. t. 3. p. 532. pl. Suppl. 27. f. 4. 5. 6.

Habite... Assez abondante sous les pierres des îles Barbades. Cette espèce a des rapports avec la *Succinea Cuvieri;* mais elle en est bien distincte.

L'animal est d'un fauve brunâtre, et son manteau présente un petit nombre de taches noires irrégulièrement éparses. Par sa forme la coquille se rapproche beaucoup du *Succinea putris;* cependant l'ouverture est en proportion plus ovale et plus courte. La spire est plus allongée ; la coquille est mince, transparente, avec des stries irrégulières d'accroissemens. Elle est d'un fauve pâle, uniforme.

Elle a douze à quatorze millim. de long et huit ou neuf de large.

† 7. Ambrette australe. *Succinea australis.* Quoy.

S. testá ovato-oblongá, ventricosá, pellucidá, fragili flavá aut nigricante, oblique striatá; aperturá ovali; anfractibus ternis.

Quoy et Gaim. Voyage de l'*Astr.* t. 2. p. 150. pl. 13. f. 19 à 23.

Habite l'île de Van Diemen, dans les environs d'Hobar-Town, sur les lieux élevés, arides et dépourvus d'eau. (Quoy et Gaim.)

Celle-ci a également beaucoup de rapports avec l'Ambrette répandue en Europe. Son dernier tour est plus renflé; la coquille est très mince et un peu noirâtre; l'ouverture est presque régulièrement ovale, l'angle supérieur étant à peine marqué.

L'animal est blanc, jaunâtre en dessous; en dessus il est jaunâtre sale, ponctué de brun. Les tentacules antérieurs sont très petits.

La longueur est de 11 mill. et la largeur de six.

† 8. Ambrette ovale. *Succinea ovalis.* Say.

S. testá ovatá lymnæformi, pellucidá, tenui, subsulcatá; aperturá ovali, obliquá, anfractibus quatuor convexis; spirá brevi.

Say. Journ. de l'acad. de Phil. t. 1. p. 15.

Fér. Prodr. p. 26. n° 8.

Id. Hist. des Moll. pl. 11 A. f. 1.

Desh. Ency. méth. Vers. t. 2. p. 20. n° 2.

Habite les Etats-Unis. Elle ressemble par la forme générale à une petite limnée. Elle est ovale globuleuse, mince, transparente, couleur de corne brunâtre. Sa spire est courte, formée de quatre tours convexes étroits, dont le dernier est fort grand et plissé vers l'ouverture. Celle-ci a les bords très minces; la columelle elle-même n'est guère plus épaisse que le bord droit. Cette coquille a 12 à 14 millim. de longueur.

† 9. Ambrette rougeâtre. *Succinea rubescens.* Desh.

S. testá ovatá, tenui, pellucidá, rubescente, substriatá; aperturá ovali amplissimá, obliquá; spirá brevi, obtusá.

Desh. Encycl. méth. Vers. t. 2. p. 20. n° 4.

Id. Magasin de Conch. p. 4. pl. 4. f. 1. 2.

Guér. Icon. du Règne anim. pl. 6. f. 8.

Habite la Guadeloupe. Belle espèce ovale oblongue, mince, transparente, d'un rouge assez vif; la spire est très courte, et son dernier tour très grand, la surface extérieure semble lisse; mais, examinée à la loupe, la surface est couverte de fines stries longitudinales rapprochées et assez régulières. Si l'on regarde la coquille par la base, on voit la columelle formant une spirale ouverte jusqu'au sommet. Sa longueur est de 22 millimètres, et sa largeur de 13.

† 10. **Ambrette tigrine.** *Succinea tigrina.* Fér.

S. testá ovali, pellucidá, lævigatá, tenuissimá, subvirescente, maculis minimis subrufis aspersá; aperturá ingentissimá, patente, ovatá, spirá brevissimá.

Helix tigrina. Fér. Prod. p. 26. n° 6.

Id. Hist. des Moll. pl. 11 A. f. 4.

Succinea tigrina. Desh. Encycl. méth. Vers. t. 2. p. 19. n° 1.

Habite l'île Saint-Vincent. Coquille fort singulière par sa forme déprimée, l'évasement de son ouverture, la brièveté de la spire, la finesse et la fragilité de son test; elle ressemble un peu à un osselet d'aplysie ou à une bullée; elle est de couleur jaune verdâtre, ornée de taches rouge-brun irrégulièrement éparses. Sa longueur est de dix-huit à vingt millimètres.

AURICULE. (Auricula.)

Coquille subovale ou ovale-oblongue. Ouverture longitudinale, très entière à sa base, et rétrécie supérieurement où ses bords sont désunis. Columelle munie d'un ou de plusieurs plis. Labre à bord tantôt réfléchi en dehors, tantôt simple et tranchant.

Testa subovalis aut ovato-oblonga. Apertura longitudinalis, basi integerrima, supernè angustata cum marginibus disjunctis. Columella uni vel pluriplicata. Labrum vel margine reflexum vel simplex et acutum.

[Animal pulmobranche héliciforme n'ayant que deux tenta-

cules sur la tête, tentacules coniques sans yeux au sommet;
les yeux placés à la base interne des tentacules, tête proboscidiforme, pied court et étroit ne dépassant jamais le sommet
de la coquille; manteau formant un collier épais percé à gauche vers le milieu de sa longueur d'une ouverture anale et
d'une autre plus grande pour la respiration.

OBSERVATIONS. — Toutes les volutes de *Linné* dont l'ouverture
n'offre aucune échancrure à sa base, *Bruguières* les a transportées dans son genre Bulime; et pour cela il n'eut aucun égard à
la considération des plis de la columelle. Cependant ces plis indiquent évidemment une organisation particulière aux animaux
qui les forment; en sorte qu'on peut assurer que les animaux
dont il s'agit sont essentiellement différens de ceux qui produisent des coquilles à columelle non plissée, comme les vraies
Bulimes.

Ces considérations m'ont engagé à ne pas confondre les *Auricules* avec les Bulimes, puisqu'elles en sont si éminemment distinguées, et que d'ailleurs il paraît que les animaux de chacun
de ces deux genres ont des habitudes différentes.

J'avais d'abord pensé que, parmi les coquilles à columelle
plissée et dont l'ouverture n'est point échancrée à sa base, celles
qui ont le bord droit simple et tranchant étaient réellement
fluviatiles; et j'en avais fait un genre particulier, sous le nom de
Conovule [*Conovulus*]. Mais ayant appris, d'après des observations qui m'ont été communiquées par M. *Valenciennes*, que
mes Conovules étaient des coquilles terrestres, je supprime maintenant ce genre, et en réunis les espèces à celles de mes anciennes *Auricules*. Ainsi le genre dont il est ici question ne
comprend que des coquilles terrestres; et, quoique, dans les
unes, le bord droit de l'ouverture soit réfléchi en dehors, tandis
que dans les autres il est simple et tranchant, aucune d'elles
n'est réellement fluviatile. Voici les espèces que nous rapportons à ce genre.

[Depuis la publication de cette partie de l'ouvrage de
Lamarck, la science a acquis des renseignemens importans
sur le genre Auricule et les divers groupes que l'on a
voulu en séparer. D'abord M. de Blainville, ayant eu con-

naissance de l'animal du genre *Scarabeus* de Montfort, donna sur lui des détails intéressans, à l'article Scarabe du Dictionnaire des sciences naturelles. Ce même animal, revu par MM. Quoy et Gaimard, dans leur voyage de circumnavigation, fut représenté par eux avec beaucoup d'exactitude. Mais ce groupe particulier des Auricules n'était pas le seul qui méritât d'être connu. On pouvait douter que l'animal de l'*Auricula Midæ* ressemblât à celui des autres Auricules. Dans son voyage autour du monde, M. Lesson rencontra cette espèce avec son animal, et en fit un dessin qu'il voulut bien nous communiquer, ainsi que les observations qui pouvaient lui servir d'explication. Nous publiâmes dans l'Encyclopédie les observations de M. Lesson, qui malheureusement ne furent pas confirmées par celles de MM. Quoy et Gaimard. Il restait enfin un dernier groupe d'Auricules, avec lequel Lamarck avait fait autrefois son genre Conovule. Convaincu de l'identité de ses Conovules avec les Auricules, Lamarck avait supprimé ce genre, sans avoir pu motiver sa suppression sur l'observation des animaux. C'est encore à MM. Quoy et Gaimard que la science est redevable de la connaissance exacte des animaux de ce petit groupe d'Auricules; de sorte qu'aujourd'hui, c'est en connaissance de cause que les zoologistes peuvent réunir ou séparer en genres distincts les trois groupes d'Auricules dont nous venons de parler. Pour nous, confiant dans les observations de MM. Quoy et Gaimard, nous n'hésitons pas à les réunir sous la dénomination commune d'Auricules, et nous sommes entraîné à cette réunion, non-seulement par la ressemblance des animaux, mais encore par les passages que l'on voit s'établir entre ces trois groupes, à l'aide d'espèces, tant vivantes que fossiles, qui participent aux caractéres des uns et des autres. Il faut avouer cependant que le groupe des Scarabes se lie moins aux Auricules proprement dites, que les Conovules.

Lamarck a compris au nombre des Auricules fossiles, une petite coquille fort intéressante, à laquelle il a donné le nom d'*Auricula ringens*. Cette espèce n'a point les caractères des autres Auricules; aussi elle a été diversement placée par les différentes personnes qui s'en sont occupées. M. Meynard de la Groye et plus tard M. Philippi en ont fait une Marginelle; Brocchi une Volute, et M. de Férussac une Nasse; mais il est évident que cette coquille n'appartient pas plus à ces genres qu'aux Auricules, ce qui nous a déterminé à proposer, pour elle et cinq à six autres espèces du même groupe, un genre particulier auquel nous donnons le nom de Ringicule, *Ringicula*.

Lamarck, trompé par des caractères extérieurs, comprit, parmi les Auricules, plusieurs espèces qui appartiennent aux Bulimes véritables. Il n'avait pas songé qu'il pouvait exister des Bulimes à ouverture dentée, comme il y a des Hélices à ouverture dentée; il plaça donc parmi les Auricules toutes les espèces de Bulimes connues de son temps, et qui ont des plis, soit à la columelle, soit sur le bord droit. Il est facile cependant de distinguer ces espèces; car dans les unes, celles qui dépendent des Bulimes, l'animal a quatre tentacules, tandis que dans les Auricules, l'animal n'en a jamais que deux. Nous avons eu soin d'indiquer par des notes celles des espèces, qui doivent passer aux Bulimes.

ESPÈCE.

[Bord droit réfléchi en dehors.]

1. **Auricule de Midas.** *Auricula Midæ.* **Lamk.**

> *A. testá ovato-oblongá, crassissimá, striis decussatá, supernè granosá, albá; epidermide castaneo-fuscá; spirá brevi, conoideá; aperturá medio angustatá; columellá biplicatá.*
>
> *Voluta auris Midæ.* Lin. Syst. nat. p. 1186. Gmel. p. 3435. nᵒ 1.
>
> *Helix auris Midæ.* Muller. Verm. p. 118. nᵒ 311.
>
> Lister. Conch. t. 1058. f. 6.

21.

Rumph. Mus. t. 33. fig. HH.

Petiv. Amb. t. 8. f. 2.

Gualt. Test. t. 55. fig. G.

D'Argenv. Conch. pl. 10. fig. G.

Favanne. Conch. pl. 65. fig. H 2.

Seba. Mus. 3. t. 71. f. 21. 22.

Knorr. Vergn. 5. t. 25. f. 1.

* Schrot. Einl. t. 1. p. 196.

Martini. Conch. 2. t. 43. f. 436—438.

Bulimus auris Midæ. Brug. Dict. n. 76.

* De Roissy. Buff. Moll. t. 5. p. 364. n$_0$ 1.

* *Voluta auris Midæ.* Burrow. Elém. pl. 15. f. 1.

* Férus. Syst. Conch. p. 78. n° 1.

* *Voluta auris Midæ.* Dillw. Cat. t. 1. p. 499. n° 1.

* Leach. Zool. Misc. t. 1. p. 74. pl. 32.

Auricula Midæ. Encyclop. pl. 460. f. 6. a. b.

* *Auricula Midæ.* Féruss. Prod. p. 102. n° 1.

* *Auricula Midæ.* Less. Voy. de la coq. Zool. t. 2. p. 337. n$_0$ 83. pl. 9. f. 1.

* Quoy et Gaim. Voy. zool. t. 2. p. 156. pl. 14.

* Guer. Icon. du Règne Anim. Moll. pl. 7. f. 7.

Habite dans les Indes-Orientales et les Moluques. Mon cabinet. Belle coquille terrestre, fort remarquable par sa solidité et son épaisseur. Son dernier tour, qui est fort grand, offre une côte longitudinale, opposée au bord droit. Longueur, près de 4 pouces.

2. Auricule de Judas. *Auricula Judæ.* Lamk.

A. testá oblongá, cylindraceo-conicá, crassá, minutissimè decussatá et granulosá, albido-fulvá; aperturá medio angustatá; columellá triplicatá.

Voluta auris Judæ. Lin. Syst. nat. p. 1187. Gmel. p. 3437. n° 10.

Helix auris Judæ. Muller. Verm. p. 109. n° 310.

Bonanni. Mus. Kirch. 3. f. 412.

Lister. Conch. t. 32. f. 30.

Martini. Conch. 2. t. 44. f. 449-451.

Schroëtter. Einl. in Conch. 1. t. 1. f. 9.

* *Voluta auris Midæ.* Schrot. Fluss. Conch. p. 314. pl. 9. f. 10.

Bulimus auris Judæ. Brug. Dict. n° 78.

* De Roissy. Buf. Moll. t. 5. p. 365. n^e 2.

* Férus. Syst. Conch. p. 78. n° 2.

* *Voluta auris Judæ.* Dillw. Cat. t. 1. p. 500. n° 2.

* Bowd. Elem. of Conch. pl. 6. f. 22.

* Férus. Prodr. p. 102. n$_0$ 5.

* De Blainv. Malac. pl. 38. f. 1.

Habite dans les Indes orientales. Mon cabinet. Coquille solide, moins grosse que la précédente. Des trois plis de sa columelle, l'intérieur est le plus petit. Longueur, 2 pouces 3 lignes.

3. Auricule de Silène. *Auricula Sileni*. Lamk. (1)

A. testá ovato-oblongá, perforatá, minutissimè striatá, pallidè fulvá, flammulis luteo-rufis longitudinalibus ornatá ; aperturá albá, medio angustatá ; columellá uniplicatá.

Lister. Conch. t. 1058. f. 9.

Seba, Mus. 3. t. 60. *Absque numero infernè ad dextram inter Bulimos scarabœos.*

Martini. Conch. 2. t. 43. f. 447. 448. ?

Bulimus auris Sileni. Brug. Dict. n$_0$ 81. *Syn. plur. excl.*

Auricula Sileni. Encyclop. pl. 460. f. 4. a. b. ?

Helix auris caprina. Daudeb. Hist. des Moll. n° 442.

* Gronov. Zooph. pl. 18. f. 12. ?

* Fav. Conch. pl. 65. f. H 3. ?

Habite dans la Guyane et les Antilles. Mon cabinet. Longueur, 18 à 19 lignes.

4. Auricule de lièvre. *Auricula leporis*. Lamk. (2)

A. testá ovato-conicá, basi depressá, perforatá, albidá, flammulis

---

(1) Lamarck confond évidemment deux espèces sous cette dénomination, celle figurée par Born devra conserver le nom ; tandis que celle représentée dans Martini et dans l'Encyclopédie constitue une espèce parfaitement distincte de la première. Bruguières, dont la synonymie est ordinairement fort exacte, a lui-même confondu les deux espèces que nous signalons. Gmelin les a bien distinguées, mais en laissant très incomplète leur synonymie ; il donne le nom de *Voluta glabra* à l'espèce de Martini et de Gronovius, et conserve le nom de *Voluta Sileni* à l'espèce de Born. Comme ces coquilles sont de véritables Bulimes et non des Auricules, on trouvera dans ce dernier genre le *Bulimus glaber* (*Voluta glabra*, Gmel.) dont la synonymie servira à rectifier celle de l'*Auricula Sileni* de Lamarck.

(2) Cette espèce, aussi bien que la précédente, n'est point une véritable Auricule, elle appartient à cette section des Buli-

luteo-fulvis nebulosis variegatá; striis decussatis, ad interstitias impresso-punctatis; aperturá labiis utrisque margine lato reflexis, albis; columellá uniplicatá.

Bulimus auris leporis. Brug. Dict. n₀ 82.

Helix auris leporis. Daudeb. Hist. des Moll. n° 438.

* Quoy et Gaim. Voy. de l'*Uranie.* Zool. p. 483.

* Rang. Desc. des coq. terr. p. 53. n° 26.

* Wagn. dans Spix. Test. bras. p. 18. n° 2. pl. 13. f. 1. 2.

* Moric. Mém. de Genève. t. 7. 2ᵉ part. p. 432. n° 28.

* Férus. Syst. Conch. p. 78. n° 4.

* Bowd. Elem. of Conch. pl. 6. f. 35.

Habite à Madagascar; découverte et rapportée par *Bruguières.* Mon cabinet. Coquille fort rare, remarquable par les rebords larges et minces qui entourent son ouverture. Longueur, 20 lignes.

5. Auricule de chat. *Auricula felis.* Lamk. (1)

A. testá ovali, crassiusculá, transversìm striatá, rufo-fuscescente; spiræ brevissimæ anfractibus planiusculis; aperturá medio angustatá; columellá triplicatá.

Favanne. Conch. pl. 65. fig. H 7.

Chemn. Conch. 9. t. 121. f. 1043. 1044.

Bulimus auris felis. Brug. Dict. n° 77.

---

mes, ayant la columelle dentée ou tordue; elle devra donc rentrer dans ce dernier genre sous le nom donné par Bruguières de *Bulimus auris leporis.*

(1) Il est difficile de rapporter d'une manière certaine à l'une des espèces connues dans les collections, le *Voluta coffea* de Linné; la phrase caractéristique que l'on trouve dans la 12ᵉ édition du *Systema naturæ* peut s'appliquer à plusieurs des espèces actuellement répandues dans les collections. Linné cite trop souvent l'ouvrage de Lister dans sa synonymie pour croire qu'il aurait oublié de mentionner la figure de cet auteur (Pl. 834, fig. 69) si elle eût représenté effectivement le *Voluta coffea,* comme le supposent Chemnitz et d'autres conchyliologues. A moins de renseignemens plus positifs que ceux que nous possédons sur cette espèce, il faut abandonner dans les *Incertæ sedis* le *Voluta coffea* de Linné et adopter provisoirement l'*Auricula felis* de Lamarck.

Auricula felis. Encyclop. pl. 460. f. 5. a. b.

* Férus. Prod. p. 105. n$_0$ 25.

Habite.... dans les grandes Indes et les îles de la mer du Sud ? Mon cabinet. Cette coquille n'est assurément point marine, ce que constatent les bords bien réfléchis de son ouverture ; mais elle est terrestre, comme ses congénères. Longueur, 11 lignes.

6. Auricule Aveline. *Auricula scarabeus.* Lamk. (1)

A. testá ovatá, convexo-depressá, lateribus oppositis subangulatá, glabrá, œtate rufo-castaneá ; spirá breviusculá ; aperturá ringente, utroque latere dentatá.

Helix scarabæus. Lin. Gmel. p. 3613. n$_0$ 1.

Helix pythia. Muller. Verm. p. 88. n° 286.

Bonanni. Recr. 3. f. 385.

Lister. Conch. t. 577. f. 31.

Rumph. Mus. t. 27. f. 1.

Petiv. Amb. t. 12. f. 8.

Gualt. Test. t. 4. fig. S.

---

(1) La plupart des auteurs depuis Linné ont confondu plusieurs espèces avec celle-ci. On trouve dans la Synonymie de Linné et des autres conchyliologues, la citation de la fig. 10. pl. 4, de Pétiver. Cette figure représente une espèce bien distincte du *Scarabœus.* **M.** de Férussac la désigne dans son Prodrome sous le nom de *Scarabus petiverianus.* Chemnitz a poussé plus loin la confusion : non-seulement il admet l'espèce de Pétiver, mais encore le Piétin d'Adanson et une troisième espèce figurée par lui sous les numéros 1251, 1252, 1253. Cette dernière espèce a été nommée *Scarabus Plicatus* par **M.** de Férussac. Bruguières n'a rectifié qu'une seule des erreurs de Chemnitz, il n'a point laissé le Piétin dans la Synonymie de son *Bulimus Scarabœus,* mais y maintint les deux autres espèces d'Aricules. Lamarck laisse subsister les erreurs de Bruguières ; aussi pour rectifier sa Synonymie, il faut supprimer la figure 32 de Lister, la fig. 10 de Pétiver, la fig. D. 4, de Favanne et les figures 1251 et 1252 de Chemnitz. **M.** de Férussac est le premier qui ait bien reconnu les diverses espèces du genre *Scarabœus* de Montfort dans son Prodrome de la famille des Auricules, faisant suite à celui des Hélices.

D'Argenv. Conch. pl. 9. fig. T.
Favanne. Conch. pl. 65. fig. D. 1. D. 2.
Seba. Mus. 3. t. 60. *Infrà ad dextram.*
Knorr. Vergn. 6. t. 19. f. 2. 3.
Born. Mus. p. 354. vign. fig. A.
Chemn. Conch. 9. t. 136. f. 1249 et 1253.
Bulimus scarabæus. Brug. Dict. n° 74.
* De Blainv. Malac. pl. 37. bis. f. 5.
* *Scarabus imbrium.* Guer. Icon. du règ. Anim. Moll. pl. 7. fig. 6.
* Schrot. Einl. t. 2. p. 122.
* Klein. Ostrac. pl. 1. f. 23.
* *Scarabus imbrium.* Férus. Prod. p. 101. n₀ 1.
* *Helix scarabœus.* Burrow. Elem. pl. 20. fig. 1.
* *Scarabus imbrium.* Bowd. Elem. of Conch. pl. 6.
* Quoy et Gaim Voy. de l'*Uranie.* Zool. p. 488. fig. 23.
Varietates : Scarabus undatus et Scarabus castaneus. Lesson. Voy. de
   la *Coq.* Zool. t. 2. p. 336. nᵒˢ 81 et 82. pl. 10. fig. 6 et 7.
* Quoy et Gaim. Voy. Zool. t. 2. p. 162. pl. 13. fig. 24.
Habite dans les grandes Indes et les Moluques. Mon Cabinet. Co-
quille d'une forme très particulière, et qui varie dans sa coloration, étant tantôt d'un roux marron, et tantôt tachetée de fauve
sur un fond blanchâtre. Elle a trois dents sur sa columelle, et
quatre ou cinq à son bord droit. Longueur, 16 à 17 lignes. Vulg.
la *Punaise.*

7. Auricule de bœuf. *Auricula bovina.* Lamk. (1)

*A. testá elongato-turritá, longitudinaliter rugosá et striatá, pallidè
   castaneá, apice albidá ; anfractibus convexis : ultimo longitudine
   spiram subæquante ; aperturá subdilatatá ; columellá uniplicatá ;
   labro intùs flavo, margine albo.*
* *Voluta auris malchi.* Var. B. Gmel. p. 3437.
* Martyn. Univ. Conch. pl. 25.
Lister. Conch. t. 1058. fig. 8.
Favanne. Conch. pl. 65. fig. V.
Chemn. Conch. 9. t. 121. fig. 1039. 1040.
Fav. Cat. pl. 1. fig. 77.
* *Voluta australis.* Dillw. Cat. t. 1. p. 500. n₀ 3. Exclus. Variét.

------

(1) Cette coquille n'est pas une véritable Auricule, c'est un
Bulime à Columelle plissée ; il faudra donc la reporter à ce dernier genre sous le nom donné par Bruguières de *Bulimus bovinus.*

Bulimus bovinus. Brug. Dict. n° 80.

Helix auris bovina. Daudeb. Hist. des Moll. n° 447. pl. 159.

Habite dans la Nouvelle-Hollande et dans la Nouvelle-Calédonie. Mon cabinet. Belle coquille, beaucoup plus grande que celle qui précède, sa longueur étant de 2 pouces 10 lignes. Vulg. l'*Oreille-de-cheval.*

8. Auricule de chevrotin. *Auricula caprella.* Lamk. (1)

A. testá ovato-turgidá, subperforatá, nitidá, longitudinaliter striatá, rufescente ; strigis longitudinalibus confertis, undatim flexuosis, castaneo-fuscis; anfractibus subquinis; columellá uniplicatá ; labro margine reflexo albo.

An Chemn. Conch. 11. t. 176. fig. 1701-1702? *synonymis exclusis.*

Helix auris Sileni. Daudeb. Hist. des Moll. n° 439.

* *Bulimus auris Sileni.* Brug. Encycl. méth. t. 1. p. 345. n° 81. Syn. plur. exclus.

* Dillw. Cat. t. 1. p. 502. n° 6.

* Férus. Prodr. p. 57. n° 439.

* Born. Mus. pl. 9. fig. 3-4.

* Fav. Cat. pl. 1. fig. 78.

* Bowd. Elem. of Conch. pl. 6. fig. 24.

* Gmel. p. 3436. n° 9.

---

(1) Voici sous un autre nom le véritable *Auris Sileni* des auteurs avec une synonymie incomplète, car une partie est confondue avec l'*Auris Sileni* n° 3, qui, comme nous l'avons fait remarquer, n'est pas l'espèce à laquelle ce nom convient. Nous ne pouvons attribuer à Lamarck des erreurs telles que celles qui se montrent dans cette synonymie, il avait trop d'habitude de voir et de bien voir pour laisser une pareille confusion ; déjà il était frappé de cécité et ne pouvait vérifier exactement le travail de personnes peu instruites dans cette partie de l'histoire naturelle et auxquelles il était forcé cependant de s'en rapporter. Ainsi cette *Auricula caprella* de Lamárck devra reprendre son véritable nom ; ce n'est point une Auricule c'est un Bulime avec un gros plis columellaire, et en passant dans le genre Bulime il deviendra le *Bulimus auris Sileni.* La coquille n° 3 est aussi un Bulime et elle devra prendre le nom proposé par Gmelin d'*Helix glabra (Bulimus glaber).*

* Schrot. Einl. t. 1. p. 285.
* *Carychium undulatum.* Leach. Zool. Misc. t. 1. p. 83. pl. 37.
* *Plekocheilus undulatus.* Guild. Zool. journ. t. 3. p. 533.

Habite.... Mon cabinet. Belle coquille, très rare et précieuse, vulg. nommée le *Pied-de-chevrotin.* Longueur, 21 lignes.

9. Auricule myosote. *Auricula myosotis.* Drap.

A. testá ovato-conicá, apice acutá, tenuiter striatá, corneo-fusces-cente; anfractibus convexis; columellá triplicatá; labro margine albo, reflexo.

Auricula myosotis. Drap. Moll. pl. 3. fig. 16-17.
* *Auricula myosotis.* Férus. Prod. p. 103. n° 8.
* *Voluta denticula.* Dillw. Cat. t. 1. p. 506. n₀ 18.
* *Auricule pygmée.* De Blainv. Malac. pl. 37 bis. fig. 6.
* *Philippi.* Enum. Testa. p. 143.
* *Carychium myosotis.* Férus. Syst. Conch. p. 54. n° 2.
* De Roissy. Buf. Moll. t. 5. p. 366. n° 3.
* Payr. Cat. des Moll. de Corse. p. 104. n₀ 228.
* Desh. Encycl. méth. Vers. t. 2. p. 88. n° 1.
* *Fossilis. Marcel de Serres.* Note sur le gis. de Coq. foss. bul. des Sc. 1814. p. 17. pl. 1. fig. 9.
* *Carychium myosotis.* Mich. Compl. à Drap. p. 73. n° 1.
* Desmoul. Cat. des Moll. de la Gironde. p. 17. Oss.

Habite dans le midi de la France, près des côtes de la Méditerranée, sur les bois morts et pourris. Mon cabinet. Longueur, 4 lignes.

10. Auricule pygmée. *Auricula minima.* Drap.

A. testá minimá, ovato-oblongá, apice obtusá, lævi, diaphaná, al-bidá; aperturá tridentatá; labro margine reflexo.

Carychium minimum. Muller. Verm. p. 125. n° 321.
Helix carychium. Gmel. p. 3665. n° 156.
Auricula minima. Drap. Moll. pl. 3. fig. 18-19.
* *Helix carychium.* Alten. Syst. abh. p. 107, pl. 13. fig. 23.
* Schrot. Fluss. Conch. p. 324. n° 122.
* *Carychium minimum.* Férus. Syst. Conch. p. 54. n° 1.
* *Turbo carychium.* Dillw. Cat. t. 2. p. 880. n° 155.
* De Roissy. Buf. Moll. t. 5. p. 367. n° 4.
* *Bulimus minimus.* Brug. Encycl. méth. Vers. t. 1. n₀ 21.
* *Carychium minimum.* Férus. Prodr. p. 100. n₀ 2.
* Pfeiff. Syst. anord. p. 69. n° 1. pl. 3. fig. 40-41. *Carychium mi-nimum.*
* Nilss. Hist. Moll. Suec. p. 55. n° 1.

* Kleb. Syn. Moll. Boruss. p. 21. n° 1.
* Alder. Cat. Test. Moll. Tr. Soc. Newc. p. 31. n° 18.
* *Carychium minimum.* Kickx. Syn. Moll. Brab. p. 51. n° 62.
* Coll. des Ch. cat. des Coq. du Finist. p. 70. n° 1.
* Desh. Encycl. méth. Vers. t. 2. p. 93. n° 18.
* *Carychium minimum.* Mich. Compl. à Drap. p. 74. n° 3.
* *Id.* Turton. Man. p. 96. n. 77. fig. 77.
* Hécart. Cat. des Coq. de Valenci. p. 7. n° 1.
* Desmoul. Cat. des Moll. de la Gironde. p. 17. n° 1.
* Goupil. Hist. des Moll. de la Sarthe. p. 42. *Carychium minimum.*
* Bouillet. Cat. des Moll. d'Auver. p. 58. n° 1.

Habite en France, dans les lieux humides, etc. Mon cabinet. Elle a
à peine une ligne de longueur.

[*Bord droit simple et tranchant.*]

11. Auricule de Dombey. *Auricula Dombeiana.* Lamk. (1)

A. *testâ ovato-oblongâ, tenui, longitudinaliter subrugosâ, fulvâ;
fasciis quatuor transversis fusco-maculatis; epidermide fuscâ;
spirâ conicâ, apice erosâ; columellâ uniplicatâ.*

Bulimus Dombeianus. Brug. Dict. n° 66.

* Var. Minor. *Auricula fluviatilis.* Lesson. Voy. de *la Coq.* Zool. t.
2. p. 342. n° 88.
* Var. *Strigis concentricis fuscis quadrifasciata. Auricula fluctuosa.*
Gray. Spic. Zool. p. 5. pl. 6. fig. 19.

Conovulus bulimoides. Encycl. pl. 459. fig. 7. A. B.

Habite dans le Pérou. *Dombey.* Mon cabinet. Sa spire est plus allongée que celle des espèces qui suivent. Longueur, près de 16
lignes.

---

(1) Cette coquille ne nous paraît pas avoir tous les caractères des Auricules, l'ouverture est bien plus large et plus
évasée, elle n'a qu'un pli columellaire et le bord droit reste
toujours simple et sans plis ou sans dents; aussi nous la place-
rions de préférence parmi les Lymnées, genre dont elle a les
principaux caractères, seulement elle est plus épaisse, le pli
columellaire est plus épais et la base de la columelle est plus
large et plus déprimée que dans les Lymnées; il est à desirer
que les voyageurs rapportent l'animal après l'avoir observé
vivant.

12. Auricule coniforme. *Auricula coniformis.* Lamk. (1)

A. testâ turbinatâ vel obversè conicâ, basi attenuatâ, longitudinaliter subrugosâ, albidâ, fulvo-fasciatâ; spirâ brevissimâ; columellâ triplicatâ; labro intùs dentato et sulcato.

Voluta coffea. Lin. Syst. nat. p. 1187. Gmel. p. 3438. n° 15.

Lister. Conch. t. 834. fig. 59.

Favanne. Conch. pl. 65. fig. H. 8.

Martini. Conch. 2. t. 43. fig. 445.

Bulimus coniformis. Brug. Dict. n° 72.

Conovulus coniformis. Encycl. pl. 459. fig. 2. A. B.

* *Conovula coniformis.* Bowd. Elem. of Conch. pl. 6. fig. 25.

* *Tornatelle coniforme.* De Blainville. Malac. pl. 37 bis. fig. 4.

* *Voluta minuta.* Gmel. p. 3436. n° 6.

* Schrot. Einl. t. 1. p. 272. n° 107.

* *Voluta minuta.* Dillw. Cat. t. 1. p. 506. n° 16.

* *Auricula coniformis.* Férus. Prod. p. 105. n° 23.

Habite en Amérique. Mon cabinet. Ouverture beaucoup plus étroite que celle de l'espèce qui précède. Longueur, 8 à 9 lignes.

13. Auricule luisante. *Auricula nitens.* Lamk. (2)

A. testâ parvulâ, ovato-oblongâ, lœvi, nitidulâ, castaneo-fuscescente; spirâ exsertiusculâ, acutâ; columellâ triplicatâ; labro intùs costâ transversali instructo, substriato.

Favanne. Conch. pl. 65. fig. H. 4.

Martini. Conch. 2. t. 43. fig. 446.

Bulimus ovulus. Brug. Dict. n₀ 71.

Voluta pusilla. Gmel. p. 3436. n° 7.

* *Voluta pusilla.* Dillw. Cat. t. 1. p. 505. n° 20.

* Schrot. Einl. t. 1. p. 273. *Valuta.* n° 108.

* *Auricula ovula.* Férus. Prod. p. 104. n. 21.

Habite à la Guadeloupe. Mon cabinet. Longueur, 5 lignes et demie.

---

(1) Si cette espèce est le *Voluta coffea* de Linné, Lamarck aurait dû lui conserver son nom linnéen, mais rien ne prouve que ce soit à celle-ci plutôt qu'à la suivante ou qu'à l'*Auricula Felis* que ce nom de *Voluta coffea* doive être appliqué. Voyez la note relative à l'*Auricula Felis.*

(2) Le nom de Gmelin doit être rendu à cette espèce à cause de son antériorité; par la même raison il doit être préféré à celui de Bruguières; cette espèce deviendra l'*Auricula Pusilla.*

14. Auricule collier. *Auricula monile.* Lamk. (1)

> *A. testâ parvulâ, ovato-turbinatâ, lœvi, nitidulâ, fulvâ, albotri-*
> *fasciatâ; spirâ brevi; columellâ biplicatâ; labro intùs striato.*

Lister. Conch. t. 834. fig. 60-61.

Favanne. Conch. pl. 65. fig. H. 1.

Martini. Conch. 2. t. 43. fig. 444.

Bulimus monile. Brug. Dict. n° 70.

Voluta flava. Gmel. p. 3436. n° 5.

* Schrot. Einl. t. 1. p. 272. n° 106.

* *Voluta flava.* Dillw. Cat. t. 1. p. 506. n° 17.

* *Auricula monile.* Férus. Prod. p. 105. n° 22.

Habite dans les Antilles. Mon cabinet. Taille de la précédente.

† 15. Auricule australe. *Auricula australis.* Quoy.

> *A. testâ turriculatâ ovoideâ, lœvi, virescenti, bruneo-fasciatâ;*
> *spirâ conicâ, elongatâ, apice erosâ; columellâ biplicatâ.*

Quoy et Gaim. Voy. de l'*Artr.* t. 2. p. 169. pl. 13. fig. 34–38.

Auricula ovata. Gray. Spic. Zool. p. 5. pl. 6. fig. 21.

Habite la Nouvelle-Hollande à Van-Diemen, sur les plages saumâtres ombragées par des arbrisseaux. Petite coquille ovale oblongue, à spire conique et pointue, à-peu-près aussi longue que le
dernier tour. Elle est formée de huit tours étroits, lisses, et quelquefois les premiers sont rongés comme dans la plupart des coquilles d'eau douce. L'ouverture est allongée, rétrécie postérieurement, le bord droit est simple, et la columelle porte vers la
base deux plis inégaux, l'antérieur s'avance en dehors jusqu'à
l'extrémité du bord de la columelle, l'autre est beaucoup plus
saillant en dedans, il forme une sorte de corniche qui se projette
horizontalement. La coquille est d'un brun plus ou moins foncé,
selon les individus; le dernier tour porte deux ou trois zones d'un
brun intense ordinairement, accompagnées d'une zone pâle,
étroite. La longueur est de 16 millim., la largeur de 9.

M. Gray a nommé cette espèce *Auricula ovata;* mais ce nôm ne pouvait être adopté, parce qu'il y a depuis très long-temps une espèce
fossile des environs de Paris, décrite sous ce nom par Lamarck,
en 1806, dans les Annales du Muséum.

---

(1) Nous ferons pour cette espèce la même observation que
pour la précédente, nommée pour la première fois *Voluta flava*
par Gmelin, elle doit devenir l'*Auricula flava,* pour ceux qui
admettent le genre Auricule.

† 16. Auricule de St.-Firmin. *Auricula Firmini.* Payr.

A. testâ ovato-turgidâ, albido-flavâ, transversim striatâ, et pallidè fasciatâ; anfractibus planiusculis; spirâ brevi, apice fuscescente; columellâ triplicatâ.

Payr. Cat. des Moll. de Corse. p. 105. n° 229. pl. 5. fig. 10.

Philippi. Enum. Moll. p. 142. n° 1.

Desh. Encycl. méth. Vers. t. 2. p. 89. n° 3.

Habite la Méditerranée. Espèce qui, par sa forme et sa grandeur, se rapproche beaucoup de l'*Auricula myosotis;* mais dont elle diffère constamment par le nombre et la position des plis de l'ouverture. La surface extérieure est striée transversalement, et les stries sont écartées et très fines. Les grands individus ont 14 millim. de long et 7 de large.

† 17. Auricule personnée. *Auricula personata.* Mich.

A. testâ ovato-oblongâ, albâ, tenui, lævigatâ, anfractibus subplanis; spirâ acutâ, aperturâ oblongâ, angustâ, utroque attenuatâ, columellâ quadriplicatâ, labro incrassato, reflexo, intus quinque aut sex dentato.

Carychium personatum. Michaud. compl. à Drap. p. 73. n° 2. pl. 16 fig. 42-43.

Habite sur les bords de la mer en Bretagne. Espèce curieuse et bien distincte de l'*Auricula myosotis*, avec laquelle elle a beaucoup de ressemblance par la taille et la forme; mais celle-ci est toujours blanche, son ouverture est plus étroite, elle a toujours quatre plis columellaires et cinq ou six dents sur le bord droit, ce qui ne se voit jamais dans l'*Auricula myosotis.* Cette espèce a 10 millim. de long et 4 de large.

† 18. Auricule alène. *Auricula subula.* Quoy.

A. testâ ovato-conicâ; apice acutâ, lævi, luteofulvâ; aperturâ ovali, albâ; columellâ triplicatâ.

Quoy et Gaim. Voy. de l'*Astr.* t. 2. p. 171. pl. 13. fig. 39-40.

Habite la Nouvelle-Irlande au Havre-Carteret. Pour la taille et la forme, cette espèce a quelques rapports avec l'*Auricula myosotis;* cependant elle est plus longue et plus étroite, et sa couleur est d'un brun plus corné et plus transparent; la spire est allongée, pointue. L'ouverture est étroite, aussi longue que la spire, elle est blanche en dedans, le bord droit est simple et épaissi; dans les vieux individus, la columelle porte, à son extrémité antérieure, un pli qui s'obstrue avec l'âge, mais qui produit une troncature comme celle des Agathines; un autre pli plus grand, presque trans-

verse, est placé vers le tiers antérieur de la columelle. Cette coquille est longue de 14 millim. et large de 5.

+ 19. Auricule angistome. *Auricula angystoma.* **Desh.**

> *A. testá ovato-elongatá, lœvigatá; nitidá, flavá, spirá elongatá, co-*
> *nicá, obstusá; aperturá angustá, columellá bidentatá, labro valdè*
> *intus marginato, crenato, postice interrupto.*

Desh. Encycl. méth. Vers. t. 2. p. 93. n° 16.
Id. Mag. de Conch. pl. 11. p. 11.

Habite.... Coquille ovale, oblongue, étroite, épaisse, solide, lisse
et brillante, d'un jaune fauve uniforme; la spire est un peu moins
longue que le dernier tour; elle est obtuse au sommet et composée de six à sept tours à peine convexes, le dernier est atténué
à la base et à peine ombiliqué. L'ouverture est blanche, longitudinale et en fente étroite; le bord droit est garni en dedans d'un
bourrelet épais formé par la jonction de sept dents assez grosses;
la columelle est épaissie et ne présente que deux plis peu épais et
écartés. Nous n'avons vu jusqu'à présent qu'un petit nombre
d'individus de cette espèce; sa longueur est de 16 millim. et sa
largeur de 7.

+ 20. Auricule oreillette. *Auricula auricella.* **Fér.**

> *A. testá solidá, cylindraceá, apice acutá, lœvi, albá; aperturá su-*
> *bovali; columellá lœvigatá, unidentatá.*

Quoy et Gaim. Voy. de l'*Astr.* t. 2. p. 172. pl. 13. fig. 41-42.
Lister. Conch. pl. 577. fig. 32. B.
Gualt. Ind. pl. 55. fig. F.
Auricula auricella. Férus. Prod. p. 103. n° 5.

Habite l'île Guam. Cette Auricule a la forme et l'épaisseur d'une
tornatelle; sa spire est atténuée, pointue, et souvent le dernier
tour se développe subitement et n'est plus en rapport de taille
avec la spire, dans ce cas ce dernier tour est subcylindracé. L'ouverture est étroite postérieurement, dilatée antérieurement; le
bord droit est simple et peu épais; la columelle arrondie porte
une seule dent assez saillante; toute la coquille est lisse et blanche
lorsqu'elle est dépourvue d'épiderme; sa longueur est de 20 millim. et sa largeur de 7.

+ 21. Auricule noyau. *Auricula nucleus.* **Fér.**

> *A. testá ovato-conicá, fusco-nigricante, aliquantisper albo fasciatá,*
> *tenuissime striatá; spirá conicá, exertiusculá, obtusá; columellá*
> *biplicatá; labro dextro valdè incrassato, postice resecto.*

Helix nucleus. Gmel. p. 3651. n° 255.

Martyn. Univ. Conch. pl. 67. *fig. ext.*

Férus. Prod. p. 105. n° 26.

Desh. Encycl. méth. Vers. t. 2. p. 92. n° 13.

Habite Otahiti. Jolie espèce ayant de l'analogie avec l'*Auricula felis;* mais elle en reste toujours distincte; elle est plus petite, à test plus mince, d'un brun foncé interrompu, dans la plupart des individus, par deux zones transverses rousses ou bleuâtres; la surface extérieure est couverte de très fines stries transverses, subponctuées. L'ouverture est allongée, étroite, d'un blanc rosé ou fauve; la columelle porte deux plis obliques inégaux; le premier est le plus petit; le bord droit est épaissi en dedans et en dehors; vers son extrémité postérieure, le bourrelet intérieur offre une échancrure assez profonde. Cette coquille a 16 millim. de long et 9 de large. Il y a des individus plus grands.

† 22. Auricule de belette. *Auricula mustelina.* Desh.

A. testá ovato-conoideá, subventricosá, tenue striatá, albidá, quatuor zonis rufis, inæqualibus cinctá; aperturá longitudinali, in medio angustatá; columellá biplicatá; plicis magnis, labro marginato.

Desh. Encycl. méth. Vers. t. 2. p. 92. n. 14.

Habite la Nouvelle-Zélande. Jolie espèce qui a beaucoup d'analogie avec l'*Auricula nucleus*, et qui en a également avec l'*Auricula felis.* Elle est toujours plus petite que cette dernière, ovale-oblongue, à spire conique, pointue, beaucoup plus courte que le dernier tour; toute la surface est couverte de stries transverses plus apparentes et plus rapprochées sur la spire; les tours sont aplatis, très étroits et au nombre de huit; le dernier présente à la base une petite côte blanche qui circonscrit une surface ombilicale, la fente ombilicale étant cachée derrière un bord gauche épais et calleux. L'ouverture est allongée, d'un jaune fauve, quelquefois blanchâtre et livide; la columelle porte deux plis écartés et inégaux, le premier ou antérieur est obtus, oblique et plus petit que le second, celui-ci est transverse; le bord droit est d'une remarquable épaisseur, son bourrelet est saillant en dehors et en dedans, de ce côté, il présente vers le tiers postérieur de sa longueur, une dent peu saillante, et immédiatement après une échancrure profonde entaillée dans toute l'épaisseur du bourrelet interne. La coloration de cette espèce est variable; il y a des individus bruns, d'autres avec trois ou quatre zones blanchâtres, d'autres qui sont grisâtres avec quelques zones brunes, étroites, et enfin il y a des individus d'un blanc grisâtre uniforme. Les grands individus ont 18 millim. de long et 11 de large.

† 23. **Auricule labrelle.** *Auricula labrella.* Desh.

> *A. testá ovato-acutá, tenuiter striatá, grisco-fulvá, basi attenuatá ; spirá elongatá; anfractibus convexis, marginatis, columellá bipli- catá ; labro incrassato, marginato.*

Desh. Encycl. méth. Vers. t. 2. p. 92. no 15.

Id. Mag. de Conch. pl. 14. p. 14.

Habite l'Ile de France. Jolie petite espèce ovale-oblongue, à spire conique plus courte que le dernier tour, et composée de sept à huit tours convexes, le dernier est terminé en avant par une carène oblique qui circonscrit un ombilic infundibuliforme, mais peu profond. L'ouverture est allongée, étroite; le bord droit est très épais, aplati en avant et presque aussi saillant au dedans qu'au dehors de la coquille; vers son tiers postérieur, ce bord diminue subitement de largeur; la columelle est assez épaisse et porte deux plis arrondis et assez gros. Toute la coquille est d'un brun violacé livide, et elle est finement striée en travers; elle est longue de 12 millim. et large de 7.

† 24. **Auricule à côtes.** *Auricula costata.* Quoy.

> *A. testá ovatá, subglobosá, rufulá, fortiter longitrorsum costatá ; spirá brevi ; columellá triplicatá.*

Quoy et Gaim. Voy. de *l'Astr.* t. 2. p. 173. pl. 13. fig. 43–46.

Habite la Nouvelle-Irlande au havre Carteret. Jolie petite espèce ovale subglobuleuse, à spire très courte et pointue au sommet; le dernier tour est très grand et constitue presque toute la coquille; sa surface ainsi que celle de la spire est ornée de côtes longitudina- les fort saillantes, arrondies, régulières. L'ouverture est blanche, allongée, étroite postérieurement, plus large du côté antérieur; le bord droit est simple et épaissi en dedans; la columelle porte trois plis régulièrement décroissans d'avant en arrière. Cette co- quille est d'un jaune ferrugineux et les côtes sont un peu plus foncées. Cette coquille a dix millim. de long et 5 de large.

† 25. **Auricule fasciée.** *Auricula fasciata.* Desh.

> *A. testá ovato-conicá, turbinatá, basi attenuatá lævigatá, nitidá, albido-cærulescente, fulvo-fasciatá, spirá brevissimá; columellá quadriplicatá; labro dextro dentato.*

Desh. Encycl. méth. Vers. 2. p. 90 n° 8.

Guer. Icon. du Règ. anim. Moll. pl. 7. f. 8.

Auricula monile. Quoy et Gaim. Voy. de *l'Astr.* t. 2. p. 166. pl. 13. f. 28 à 33.

Habite à la Nouvelle-Irlande et à la Nouvelle-Guinée sur les riva-

TOME VIII. 22

ges non loin de la mer. M. Quoy a rapporté à l'*Auricula monile* de Lamarck l'espèce que nous en avions distinguée sous le nom d'*Auricula fasciata*, faisant ainsi une seule espèce des deux. Malgré l'opinion d'un savant aussi distingué, nous conservons les deux espèces, non-seulement parce qu'elles se trouvent dans des lieux fort éloignés, mais encore parce que l'une et l'autre, dont nous avons vu un grand nombre d'individus, conservent leurs caractères propres. Ces espèces diffèrent par la forme, la coloration et surtout par les accidens de l'ouverture : dans l'*Auricula monile* il y a invariablement deux plis columellaires; dans celle-ci il y en a constamment quatre.

✝ 26. Auricule livide. *Auricula livida.* Desh.

A. testâ conoideâ, lævigatâ, albido-lividâ, vel rufescente, spirâ brevi, conicâ; aperturâ elongatâ, angustâ; columellâ quadridentatâ, basi castaneâ, labro intùs multidentato.

Desh. Encycl. meth. Vers. t. 2. p. 91. n° 10.

Habite. . . . Espèce appartenant à la section des Conovules de Lamarck, sa spire est courte et conique, formée d'un grand nombre de tours plats et très étroits, parfaitement lisses; le sommet est pointu et d'un brun marron; le dernier tour est d'un blanc corné livide, et la base de la columelle et du bord droit porte toujours une tache d'un brun violacé. La columelle a quatre dents inégales et le bord droit, épaissi en dedans, porte six ou sept dentelures obtuses et blanches. Cette coquille est longue de 18 millim. et large de 11.

✝ 27. Auricule jaune. *Auricula lutea.* Quoy.

A. testâ ovato-conicâ, posticè dilatatâ, lævigatâ nitidâ, luteolâ; spirâ brevi, conicâ; columellâ quinque dentatâ; labro dextro dentato.

Quoy et Gaim. Voy. de l'*Astr.* t. 2. p. 163. pl. 13. f. 25-27.

Habite la petite île de Nanoun-ha qui touche à Vanikoro et à l'île Guam (Quoy). Cette espèce est très voisine de celle à laquelle nous avons donné le nom d'*Auricula livida*; cependant elle offre quelques petites différences : ce qui nous engage à les conserver toutes deux jusqu'à de nouvelles observations. L'*Auricula lutea* appartient à la section des Conovules; elle est ovale conoïde, à spire courte, conique et pointue; elle forme le tiers environ de la longueur totale; les tours au nombre de 13 ou 14 sont très étroits et aplatis; le dernier est subanguleux à sa partie supérieure, il n'est point ombiliqué; toute la surface est lisse, pâle et d'un jaune pâle uniforme; dans quelques individus cette couleur passe insensiblement au jaune fauve ou brunâtre. L'ouverture est allongée,

étroite, blanche en dedans, sans tache sur la columelle ; cette columelle est garnie de cinq dents inégales, et le bord droit, épaissi,
est également denté. La longueur est de 20 millim. et la largeur
de 12.

† 28. Auricule cornée. *Auricula cornea.* **Desh.**

> *A. testâ ovato-coniformi, translucidâ, transversim substriatâ, corneo
> griseâ, spirâ brevi, obtusâ, sæpe erosâ; aperturâ angustâ, elongatâ,
> columellâ biplicatâ, basi albâ, labro tenui, acuto.*

Desh. Ency. méth. Vers. t. 2. p. 90. n° 9.

Habite les marais salins des environs de New-York. Petite coquille ovalaire, lisse, couleur de corne, à test mince et translucide; elle
appartient à la section des Conovules; sa spire est courte et obtuse,
son ouverture longue et étroite a un bord droit, simple et tranchant;
vers la base, la columelle offre deux petits plis blancs, égaux et
peu obliques. Cette petite coquille a 10 millim. de long et 6 de
large.

† 29. Auricule de Petiver. *Auricula petiveriana.* **Desh.**

> *A. testâ ovatâ-depressâ, longitudinaliter substriato-rugosâ, rufo
> fuscâ; spirâ brevi, acutâ utroque latere varicosâ; aperturâ ringinte
> fucescente; columellâ dentibus tribus maximis armatâ; labro basi
> expanso quadri seu quinquedentato.*

Petiver. Gasoph. pl. 4. f. 10.
Scarabus petiverianus Fér. Prod. p. 101. n° 3.
Scarabus lessoni de Blainv. Dict. s. nat. t. 48. p. 32.
Id. Lesson. Voy. de *la Coq.* Zool. t. 2. p. 334. n° 79. pl. 10. f. 4.

Habite Waigiou (M. Lesson). Coquille fort remarquable, appartenant
au genre Scarabe de Montfort, et que M. de Blainville prit pour
une espèce nouvelle bien qu'elle fût connue déjà depuis long-temps.
Elle est ovale-oblongue, déprimée et variqueuse de chaque côté de
la spire; elle est d'un brun fauve ou marron uniforme. et se reconnaît surtout par la forme et la disposition des plis de l'ouverture.
Le dernier tour est percé à la base d'un ombilic arrondi peu profond terminé, par une fente perpendiculaire; l'ouverture est d'une
fauve pâle un peu rosé; les dents du bord droit sont placées sur un
épaisissement intérieur dépassé par une portion lisse et évasée du
bord droit. Cette coquille rare encore dans les collections a 30
millim. de long et 18 de large.

† 30. Auricule plissée. *Auricula plicata.* **Desh.**

> *A. testâ ovato subglobulosâ, depressâ, lævigatâ, violaceâ; anfracti-*

*bus angustis utrinque varicosis, varicibus albidis ; ultimo anfrac-
tu, basi rimulá umbilicali prælongá instructo ; aperturá angustá albo rufescente; columellá tridentatá : labro dilatato , intus bidentato.*

Lister. Conch. pl. 577 f. 32.

Fav. Conch. pl. 65. f. D. 4.

Chemn. Conch. t. 9. pl. 136. f. 1251, 1252.

Klein. Ostrac. pl. 1. fig. 24.

Bulimus scarabæus. var. A. Brug. Encycl. méth. Vers t. 1. p. 340.
n° 74.

Scarabus plicatus. Férus. Prod. p. 101. n° 2.

Lesson. Voy. de *la Coq.* Zool. t. 2. p. 335, n° 80.

Habite Pondichéry (Bélanger). Espèce très curieuse et fort rare dans
les collections. Elle est d'un violet obscur, lisse, à spire conique
et pointue , formée de onze tours très étroits, a peine convexes,
dont le dernier est beaucoup plus grand que les autres réunis.
Comme dans toutes les espèces du groupe des Scarabes il règne une
varice blanche et obtuse de chaque côté de la coquille qui est
aplatie ; l'ouverture est beaucoup plus latérale que dans les autres
espèces , aussi on voit à la base une surface ombilicale fort large,
occupée par une fente transverse horizontale, peu profonde et longue de près de deux lignes. L'ouverture est d'un blanc fauve; elle
est grimaçante et très rétrécie; trois grosses dents columellaires,
dont la médiane est la plus proéminente ; un épaississement du
bord droit placé assez profondément et portant deux dents peu
saillantes; le bord droit se dilate vers la base et présente une
large surface lisse. Cette coquille est longue de 27 millim. et large
de 20.

Espèces fossiles.

1. Auricule sillonnée. *Auricula sulcata.* Lamk. (1)

*A. testá ovato-conicá, transversim sulcatá ; spirá acutá ; columellá
uniplicatá.*

Auricula sulcata. Annales, vol. 4. p. 434. n°. 1.

---

(1) Avant que Lamarck créât le genre Tornatelle, il plaçait
les Tornatelles fossiles parmi les Auricules ; c'est donc par une
erreur que cette espèce, Tornatelle véritable, n'a pas été reporté
dans son genre où nous la reproduirons.

Habite. ... Fossile de Grignon. Mon cabinet et celui de M. *Defrance*. Coquille ovale-conique, pointue au sommet, régulièrement sillonnée transversalement dans toute sa longueur, et qui a huit tours de spire. Ouverture oblongue, rétrécie supérieurement. Cette coquille semble avoisiner notre tornatelle brocard, mais sa spire est un peu plus élevée et aiguë. Longueur, 18 millimètres.

2. Auricule ovale. *Auricula ovata*. Lamk.

A. testâ ovato-acutâ , subventricosâ, lævi ; labro intùs marginato; columellâ subtriplicatâ.

Auricula ovata. Ann. t. 4. p. 435. n° 2. et t. 8. pl. 60. f. 8. a. b.

* Desh. Descr. des Coq. foss. t. 2. p. 68. pl. 6. fig. 12. et 13.
* Def. Dict. des Sc. nat. t. 3. sup.
* Ferus. Prod. p. 104. no. 13.

Habite. ... Fossile de Grignon. Cabinet de M. *Defrance*. Celle-ci est moins allongée que la précédente. Un petit bourrelet bordant intérieurement le bord droit de l'ouverture lui forme un limbe aplati, qui rend la coquille très remarquable. Longueur, 12 à 15 millimètres.

3. Auricule grimaçante. *Auricula ringens*. Lamk. (1)

A. testâ ovato - acutâ, turgidulâ, transversim striatâ ; aperturæ marginibus calloso-marginatis ; columellâ subtriplicatâ.

Auricula ringens. Ann. t. 4. p. 435. n° 3. et t. 8. pl. 60. fig. 11.

---

(1) L'incertitude où l'on est encore aujourd'hui, pour déterminer convenablement les rapports de cette coquille et de quelques autres espèces qui lui ressemblent, nous engage à créer pour elle un petit genre particulier. Quoique la plupart des auteurs, à l'exemple de Lamarck, aient placé parmi les Auricules cette coquille et ses congénères, d'autres cependant en ont fait des Marginelles ou des Volutes, et quelques conchyliologues ont eté portés à les réunir au genre Pedipes d'Adanson; cependant en comparant entre elles les coquilles des genres que nous venons de mentionner, on ne reste pas long-temps sans s'apercevoir qu'elles ont des caractères différens de ceux de l'*Auricula ringens*. M. Ménard de la Groye découvrit dans le golfe de Tarente une petite espèce vivante qu'il regarda comme l'analogue de la coquille fossile de Paris; il reconnut bien que ce ne pouvait être une Auricule , et comme il la trouva dans la mer. il la rangea

* *Desh*. Desc. des Coq. foss. t. 2. pl. 3. fig. 16-17.
* *Id*. Encycl. méth. Vers. t. 2. p. 94. n° 19.
* *Auricula turgida?* Sow. Min. Conch. pl. 163. fig. 4.
Habite.... Fossile de Grignon; se trouve aussi dans les environs de
Bordeaux. Mon cabinet et celui de M. *Defrance*. Petite coquille
fort singulière; qui est très voisine par ses rapports de notre Tornatelle piétin. Les deux bords de son ouverture sont épais, calleux, marginés, surtout le bord droit, qui a un bourrelet saillant
à l'extérieur. Longueur, 4 à 5 millimètres.

parmi les Marginelles, sous le nom de *Marginella auriculata*.
M. Ménard a été entraîné à ce rapprochement, parce qu'il a remarqué dans sa coquille une échancrure à la base de la columelle. Cette échancrure existe en effet, mais ce caractère ne
suffit pas, lorsque la plupart des autres s'opposent à ce rapprochement. Il était plus naturel de chercher les rapports de
l'*Auricula ringens* avec le *Pedipes* d'Adanson; mais les *Pedipes*
sont fort différens par l'obliquité de l'ouverture sur l'axe longitudinal, par l'épaississement et la dentelure intérieure du bord
droit, tandis que dans l'*Auricula ringens* ce bord droit est épaissi en
dehors et simple en dedans; enfin la forme des plis columellaires
et l'échancrure de la base, distinguent encore l'*Auricula ringens*
des *Pedipes*. Ainsi l'*Auricula ringens* de Lamarck n'est point
une Auricule, parce qu'elle est marine et échancrée; ce n'est point
une Marginelle, parce que l'échancrure n'est pas assez profonde
et que la forme générale et la position des plis columellaires, ne
ressemblent pas à ceux des Marginelles; ce n'est point enfin un
Pedipes comme nous venons de le voir. Pour nous il résulte de
cet examen comparatif, qu'il est nécessaire de créer pour l'*Auricula ringens* et ses congénères un genre à part, pour lequel
nous proposons le nom et les caractères suivans:

Genre **RINGICULE**. *Ringicula*. Desh.

Marginella. Ménard. Philippi.
Auricula. Lamarck.
Voluta. Brocchi.
Nassa. Férussac.

4. Auricule miliole. *Auricula miliola.* Lamk.

A. testâ ovato-conicâ, lævi; columellâ uniplicatâ.

Auricula miliola. Ann. du Mus. t. 4. p. 435. n° 4.

* Def. Dict. des Sc. nat. t. 3. Sup. *

* Férus. Prod. p. 104. n° 19.

* Desh. Descr. des Coq. foss. t. 2. p. 69. pl. 6. fig. 19-20.

Habite.... Fossile de Grignon. Cabinet de M. *Defrance.* Petite co-

---

Caractères génériques.

Animal inconnu.

Coquille petite, ovale, globuleuse, à spire courte, sub-écharnée à la base. Ouverture parallèle à l'axe longitudinal, étroite, calleuse; la columelle courte, arquée, ayant deux ou trois plis presque égaux, et une dent saillante vers l'angle postérieur de l'ouverture. Bord droit, très épais, renversé en dehors; il est simple et sans dents.

Presque tous les auteurs, et nous-même à leur exemple, avons rapporté d'abord à une seule espèce, toutes celles qui ont été successivement découvertes et mentionnées. Depuis, M. Sowerby et nous-même en avons distingué plusieurs. Maintenant nous connaissons une espèce vivante dans la Méditerranée, et qui a son analogue fossile, et au moins huit espèces fossiles; nous indiquons ici les principales.

L'*Auricula ringens.* Lamk. devient notre *Ringicula ringens*, pour laquelle nous n'admettons actuellement que la synonymie rectifiée que l'on y voit.

1. Ringicule auriculée. *Ringicula auriculata.* Desh.

R. testâ minutâ, ovatâ, inflatâ, albâ, lævigatâ; spirâ brevi, acutâ, basi emarginatâ, columellâ triplicatâ, plicis acutis, labio expanso adnato; labro marginato, calloso.

Marginella auriculata. Ménard. Ann. du Mus t. 17. p. 331.

Id. Philippi. Enum. moll. Sicil. p. 231. n° 1. Syn. exc.

Id. Fossilis. loc. cit. p. 231.

Habite la Méditerranée. Fossile en Sicile et en Italie. Espèce bien distincte, blanche, lisse quelquefois subtriée transversalement :

quille peu remarquable par sa forme, et qui n'est guère plus grosse qu'un grain de millet. Elle a cinq tours de spire. Longueur, 4 millimètres.

5. Auricule grain-d'orge. *Auricula hordeola*. Lamk.

A. testá ovato-conicá, lævigatá; labro intùs striato; columellá uniplicatá.

Auricula hordeola. Ann. du Mus. t. 4. p. 436. n° 5.

---

elle a trois plis à la columelle; les deux antérieurs sont égaux; le postérieur est plus écarté et moins saillant. Le bord droit est épaissi et n'a jamais sur sa partie intérieure les petites dentelures qui font toujours reconnaître l'*Auricula ringens* des environs de Paris. M. Philippi a réuni sous une seule dénomination toutes les espèces connues; il est nécessaire d'éviter et de rectifier cette confusion.

2. Ringicule de Bonelli. *Ringicula Bonellii*. Desh.

R. testá ovato-abbreviatá turgidulá, eleganter striatá; striis tenuibus, numerosissimis angulis minimis lateralibus imbricatis; columellá triplicatá; labro dextro incrassato, valde marginato.

Auricula Bonelii. Desh. Encycl. méth. Vers. t. 2. p. 95. n° 21.

Habite.... Fossile en Italie. Elle est la plus grande des espèces que nous connaissions; elle est ovale globuleuse, à spire très courte : deux caractères la distinguent essentiellement; la surface extérieure est finement striée, et les stries sont un zig-zag très fin et régulier ; les deux bords de l'ouverture sont chagrinés d'une manière particulière par des points enfoncés, qui laissent en relief les petits intervalles qui les séparent. Cette coquille est longue de dix millim. et large de huit.

3. Ringicule buccinée. *Ringicula buccinea*. Desh.

R. testá minutá, subovatá, inflatá, lævigatá ; spirá brevi, acutá; columellá triplicatá, plicis acutis, labio expanso, adnato; labro marginato, in medio inflato, non exarato.

Voluta buccinea. Broc. Conch. foss. subap. t. 2. p. 319. n° 23. pl. 4. fig. 9.

Auricula ringens. Var. A. Fér. Prod. p. 109.

Id. Nob. Var. A et B. Desc. des Coq. foss. t. 2. p. 72.

An eadem junior? Voluta pisum. Broch. Conch. foss. Subap. p. 642. pl. 15. fig. 10.

Desh. Encycl. méth. Vers. t. 2. p. 95. n° 20. *Auricula buccinea.*

Dub. de Montper. Conch. foss. de Volhy. pl. 1. fig. 15–16.

* Def. Dict. des Sc. nat. t. 3. Sup.
* Férus. Prodr. p. 104. fig. 28.
* Desh. Descr. des Coq. foss. t. 2. p. 68. pl. 6. fig. 21-22.
[b] *Eadem magis elongata, nitida; labro obsoletè striato.*
Habite.... Fossile de Grignon. Cabinet de M. *Defrance.* Coquille
   ovale-conique ou oblongue, et qui a six ou sept tours de spire.
   Longueur, 5 à 8 millimètres.

6. Auricule aiguillette. *Auricula acicula.* Lamk. (1)

*A. testâ turrito-cylindricâ, lœvigatâ; aperturâ, brevi, ovatâ; colu-
   mellâ uniplicatâ.*

Auriculâ acicula. Ann. du Mus. t. 4. p. 436. n° 6. et t. 8. pl. 60.
   fig. 9.
* Def. Dict. des Sc. nat. t. 3. Sup.

Habite.... Fossile en Italie, à Bordeaux, à Angers, les Faluns de
   la Touraine, la Volhynie et la Podolie. Petite coquille ovale, subglobuleuse, lisse, à spire courte et pointue. La columelle porte
   trois plis, et son échancrure est assez profonde; le bord gauche est
   épais et calleux, et recouvre presque toute la face inférieure du
   dernier tour. Le bord droit est fort épais, mais sans dentelures à
   l'intérieur.

4. Ringicule marginée. *Ringicula marginata.* Desh.

*R. testâ ovato-ventricosâ, lœvigatâ; spirâ acutâ; suturâ subcanali-
   culatâ, labro sinistro latissimo; columellâ triplicatâ, callo repando
   postice instructâ, labro dextro sub callo marginato, in medio
   valde incrassato.*

Desh. Encycl. méth. Vers. t. 2. p. 95. n° 22. *Auricula marginata.*
Habite.... Fossile d'Asti. Coquille ovale, ventrue; poche lisse, à
   spire courte et pointue, dont les tours convexes sont réunis par
   une suture subcanaliculée. Le bord gauche est très large et très
   épais, il recouvre toute la face inférieure, et ce qui distingue très
   facilement cette espèce, c'est une callosité longitudinale, placée
   sur la columelle, au devant de l'ouverture dont elle cache en
   partie l'angle postérieur; le bord droit est très épais et garni à
   l'intérieur d'un bourrelet saillant; la columelle a trois plis saillans et aigus, et d'après cela on doit juger que l'ouverture est très
   étroite et grimaçante.

(1) Il est très probable que cette espèce n'est point une Auricule, mais une Tornatelle allongée.

Desh. Desc. des Coq. foss. t. 2. p. 71. pl. 8. fig. 6-7.

Habite.... Fossile de Grignon. Cabinet de M. *Defrance.* Coquille singulière par sa forme grêle et allongée, et en manière d'aiguillette. Longueur, 8 ou 9 millimètres.

7. Auricule en tarière. *Auricula terebellata.* Lamk. (1)

A. testá turritá, lævi; aperturá brevi, semiovatá; columellá triplicatá.

Auricula terebellata. Ann. t. 4. p. 436. n° 7. et t. 8. pl. 60. fig. 10. A. B.

Def. Dict. des Sc. nat. t. 44. p. 135.

Pyramidella terebellata. Fér. Tab. Syst. des Moll. p. 107.

Id. Bast. Mém. sur les foss. de Bord. p. 26. n₀ 2.

An eadem? Turbo terebellatus. Broc. Conch. foss. Subap. t. 2. p. 383. n° 33.

Pyramidella terebellata. Desh. Descrip. des Coq. foss. t. 2. p. 191 pl. 22. fig. 7-8.

Habite.... Fossile de Grignon. Cabinet de M. *Defrance.* Coquille turriculée, lisse, à neuf ou dix tours de spire, et longue de 10 à 13 millimètres. Serait-ce une Pyramidelle?

† 8. Auricule pyramidale. *Auricula pyramidalis.* Sow.

A. testá ovato-ventricosá, lævigatá; spirá conicá, acutá; anfractibus numerosis angustis subplanis; ultimo spirá majore; aperturá ovato-oblongá, postice augustatá, columellá ad basim biplicatá.

Sow. Min. Conch. pl. 379. fig. 1-2.

Habite.... Fossile dans le Crag d'Angleterre. Coquille ovale, ventrue, à spire assez longue, conique et pointue; on y compte neuf à dix tours fort étroits, les premiers sont aplatis, les deux derniers sont plus convexes. L'ouverture est aussi longue que la spire, dilatée à sa partie antérieure, elle se rétrécit à son extrémité postérieure.

---

(1) C'est par oubli que cette coquille est mentionnée ici, elle appartient au genre Pyramidelle. Comme pour la partie des fossiles des deux derniers volumes de cet ouvrage, les personnes qui aidaient Lamarck pendant sa cécité ont copié textuellement les mémoires des Annales du Muséum; elles ont reproduit l'ancienne classification de Lamarck, sans profiter, pour le placement de certaines espèces, des améliorations que lui-même avait introduites dans sa méthode.

Le bord droit est simple, quelquefois épaissi; la columelle, vers son
extrémité, porte deux plis presque égaux et à peine obliques.
Toute la coquille est lisse, et elle n'est point ombiliquée; sa longueur est de 21 millim., sa largeur de 13.

† 9. Auricule de Brocchi. *Auricula myotis*. Desh.

*A. testâ ovato-acutâ, turgidulâ, lævigatâ, columellâ triplicatâ; labro
dextro uni dentato; anfractibus convexiusculis, suturâ marginalis.*

Voluta myotis. Broc. Conch. foss. subap. t. 2. p. 640. pl. 15. fig. 9.

Desh. Encycl. méth. Vers. t. 2. p. 88. n° 2.

Habite.... Fossile en Italie. Coquille ovale, à spire pointue, le dernier tour renflé dans le milieu; elle est lisse, les sutures sont bordées, et l'ouverture ovale-oblongue offre trois dents, deux sur la
columelle et une sur le bord droit, au niveau du pli postérieur de
la columelle; quelquefois dans de vieux individus, il existe une
troisième dent columellaire vers l'angle postérieur de l'ouverture.
Cette coquille est longue de 16 millim. et large de 10.

† 10. Auricule oblongue. *Auricula oblonga*. Desh.

*A. testâ ovato oblongâ, lævigatâ, spirâ acutiusculâ; anfractibus
depressis, ultimo magno ad suturam sinuato; aperturâ ovatâ,
magnâ, columellâ biplicatâ.*

Desh. Encycl. méth. Vers. t. 2. p. 89. n° 5.

Dujard. Mém. de la Soc. Géol. de France. t. 4. p. 276. n° 1.

Habite.... Fossile dans les faluns de la Touraine. Coquille ovale-
oblongue, à spire courte formée de sept tours, dont la suture est
imbriquée et presque confluente; le dernier tour est plus grand
que la spire, et l'on voit derrière un bord gauche épais et renversé, une fente ombilicale à peine ouverte. L'ouverture est allongée, contractée et anguleuse à son extrémité postérieure. La columelle porte deux plis égaux, peu saillans, obliques et parallèles;
le bord droit est simple, épaissi en dedans, mais également dans
toute sa longueur. Les grands individus ont 15 millim. de long et
7 de large.

† 11. Auricule pisoline. *Auricula pisolina*. Desh.

*A. testâ ovato-acutâ, globulosâ, lævigatâ; spirâ elongatâ, acutâ;
anfractibus convexis, suturâ marginatâ separatis; aperturâ abbre-
viatâ, ovatâ; columellâ tridentatâ.*

Desh. Encycl. méth. Vers. t. 2. p. 90. n° 6.

Dujard. Mém. de la Soc. Géol. de France. t. 4. p. 276. n° 4.

Habite.... Fossile dans les faluns de la Touraine. Dans l'ouvrage que nous citons de M. Dujardin, ce naturaliste distingué par ses connaissances aussi variées qu'approfondies, prétend que des individus de notre *Auricula pisolina* peuvent se rapporter soit à l'*Auricula oblonga*, soit à l'*ombilicata*; nous pensons que M. Dujardin est dans l'erreur. Nous avons vu un grand nombre d'individus des diverses espèces que nous venons de citer, et nous leur avons toujours reconnu des caractères bien distincts, même dans le jeune âge. L'Auricule pisoline se reconnaît non-seulement à sa forme et à l'absence de l'ombilic, mais surtout par les trois plis columellaires, dont le dernier est très petit et fort rapproché de celui du milieu; celui-ci est fort mince, très saillant et transverse; le bord droit s'épaissit un peu avec l'âge et porte deux petites dents, ce qui semble établir le passage vers les Auricules scarabes et autres du même groupe; celle-ci a 12 millim. de long et $\frac{7}{}$ de large. Il y a des individus en proportion plus étroits.

† 12. Auricule ombiliquée. *Auricula umbilicata*. Desh.

A. testá ovato-conicá, turgidulá; spirá conicá, acutá, anfractibus convexis, marginatis; umbilico infundibuliformi, angulo basi separato; aperturá angustá, labro crasso, columellá triplicatá.

Desh. Encycl. méth. Vers. t. 2. p. 89. n° 4.

Dujard. Mém. de la Soc. Géol. de France. t. 4. p. 276. n° 3. pl. 19. fig. 20.

Habite.... Fossile dans les Faluns de la Touraine. Petite espèce ovale-oblongue qui, par ses caractères, a des rapports avec l'*Auricula felis* et autres espèces, ayant le bord droit épaissi à l'intérieur; sa spire est pointue, on y compte sept à huit tours très convexes, dont la suture est bordée d'un très petit bourrelet. Le dernier tour est plus grand que la spire, il est percé à la base d'un petit ombilic circonscrit en dehors par un angle obtus. L'ouverture est oblongue; la columelle porte trois dents presque égales et également espacées; le bord droit, épaissi à l'intérieur, s'amincit subitement vers son extrémité postérieure, avant d'avoir atteint la hauteur de la dernière dent columellaire. Les grands individus ont 15 millim. de long et 8 de large.

† 13. Auricule conoïde. *Auricula conoidea*. Fér.

A. testá conicá, glabrá, anfractibus planiusculis, infimo subcarinato; aperturá ovali; columellá uniplicatá. Broc.

Turbo conoideus. Broc. Conch. foss. subap. p. 660. pl. 16. fig. 2.

Auricula conoidea. Férus. Prodr. p. 104. n° 17.

Philippi. Enum. Moll. p. 143. n° 3.

Habite.... Fossile de Sicile et d'Italie. Petite coquille ayant à peine une ligne de longueur; elle a de l'analogie avec l'*Auricula hordacea* de Lamarck. Il est à présumer que l'individu décrit et figuré par Brocchi, était jeune, car il a, à la circonférence du dernier tour, un angle obtus que l'on retrouve dans un grand nombre de jeunes espèces. Cette petite coquille est toute lisse, et ne porte qu'une seule dent columellaire; elle est probablement marine.

† 14. Auricule de Tours. *Auricula turonensis*. Desh.

> *A. testá conoideá, turbinatá, lævigatá; spirá brevi, obtusá; aperturá elongatá, angustá; columellá triplicatá; plicis minimis; labro intus multiplicato.*

Desh. Encycl. méth. Vers. t. 2. p. 91. n° 12.

Dujard. Mém. de la Soc. Géol. de France. t. 4. p. 276. n° 2.

Habite.... Fossile des Faluns de la Touraine. Celle-ci est la seule espèce fossile que nous ayons vu appartenant à la section des Conovules. Par sa grandeur et sa forme, elle se rapproche de l'*Auricula monile* de Lamarck. Elle a aussi des rapports avec notre *Auricula fasciata*; mais elle se distingue, par les trois plis de sa columelle, leur position et leur forme, de toutes les espèces vivantes à nous connues. Cette espèce curieuse vient certainement des Faluns de la Touraine; nous l'avons trouvée dans une caisse de fossiles, envoyée à Paris, par une personne étrangère à l'histoire naturelle, et qui, par complaisance, a ramassé, en se promenant, les fossiles qu'elle a rencontrés. Sa longueur est de 11 millim. et sa largeur de 7.

† 15. Auricule conovuliforme. *Auricula conovuliformis*. Desh.

> *A. testá ovato-ventricosá, subglobulosá, tenuissime striatá; spirá, conico-depressá; aperturá semilunari; labro dextro crasso, non replicato; columellá marginatá, aliquantisper subuniplicata.*

Desh. Desc. des Coq. foss. t. 2. p. 67. pl. 6. fig. 9-10-11.

Id. Encycl. méth. Vers. t. 2. p. 93. n° 17.

Habite... Fossile à Parnes. Nous conservons, au sujet de cette coquille, le même doute que lorsque nous en publiâmes, pour la première fois, la description dans l'ouvrage précité. Elle a la forme extérieure d'une Auricule : *Auricula felis* par exemple; mais elle n'a point de plis, ni sur la columelle, ni sur le bord droit. L'ouverture est droite, arquée, très rétrécie à son angle postérieur. Le bord droit est simple et plus épaissi en dedans qu'en dehors. A l'extérieur, la coquille est couverte de stries transverses fines et élégantes. Sa longueur est de 20 millim. et sa largeur de 12.

CYCLOSTOME. (Cyclostoma.)

Coquille de forme variable, à tours de spire arrondis. Ouverture ronde, régulière; à bords réunis circulairement, ouverts ou réfléchis avec l'âge. Un opercule.

Testa varia; anfractibus cylindraceis. Apertura circinata, regularis : marginibus orbiculatìm connexis, ætate patenti-reflexis. Operculum.

OBSERVATIONS. — Le genre des *Cyclostomes* ne comprend que des coquillages terrestres qui font partie de la famille des Colimacés. Ces coquillages aéricoles n'ont jamais leur test nacré, ont en général peu d'épaisseur, et n'offrent à l'extérieur ni écailles ni tubercules âpres ou piquans. Ainsi, quoique les scalaires et les Dauphinules aient l'ouverture ronde et les bords réunis circulairement, ces coquilles marines et nacrées en sont bien distinctes.

Les *Cyclostomes* ne sont pas les seules coquilles qui aient leur ouverture ronde, régulière, et à bords réunis circulairement, car les Paludines sont tout-à-fait dans le même cas ; mais les *Cyclostomes* adultes ont les bords de l'ouverture réfléchis en dehors, tandis que, dans les Paludines, ainsi que dans toute coquille univalve fluviatile, ces bords sont toujours tranchans, non réfléchis. Ainsi, d'après la considération des bords réfléchis des *Cyclostomes,* on est assuré qu'ils sont terrestres.

Ces coquilles varient beaucoup dans leur forme générale, selon les espèces. Il y en a qui sont presque discoïdes comme les Planorbes; d'autres sont coniques ou turriculées; et il s'en trouve qui sont presque cylindriques comme les Maillots dont elles se distinguent par leur ouverture régulière, non anguleuse.

Les espèces de ce genre sont nombreuses et habitent dans différens climats. Elles ont toutes un opercule corné ou calcaire qui ferme exactement leur ouverture.

L'animal est sans collier ni cuirasse; il a deux tentacules cylindracés, non aplatis, oculés à leur base externe. Sa bouche termine un mufle proboscidiforme.

[Les rapports dans lesquels Lamarck a maintenu le genre Cyclostome dans ses diverses méthodes, n'ont pas été adoptés par tous les zoologistes. Les uns, en effet, donnant autant d'importance que Lamarck aux modifications de l'organe de la respiration, ont fait des Cyclostomes et des Hélicines un petit groupe particulier, présentant la combinaison organique remarquable de respirer l'air, d'être terrestres et cependant d'avoir un opercule; ce groupe a été placé par eux dans l'ordre méthodique à la suite de la famille des Limaçons. D'autres zoologistes, ne considérant la respiration aérienne chez les mollusques que comme un caractère peu important dans l'organisation, cherchant à établir les rapports par l'ensemble plutôt que par un fait particulier de l'organisation, ont pensé que les Cyclostomes, ayant deux tentacules seulement comme les Turbos, les yeux placés à la base et la cavité de la respiration largement ouverte en avant comme dans les mollusques branchifères, qu'il fallait comprendre ce genre dans la même famille que les Turbos, les Troques, les Scalaires, etc. Telle est la manière de voir de Cuvier et des zoologistes qui ont adopté ses opinions. Entre les deux opinions extrêmes de Lamarck et de Cuvier, il y a, nous le pensons, un moyen terme. Il est certain que par l'ensemble de l'organisation les Cyclostomes se rapprochent plus des Turbos que des Hélices; mais tenant compte de la modification très importante de l'organe de la respiration, il sera nécessaire de faire des Cyclostomes un petit groupe à part, dans le voisinage de la famille des Turbinacés ou dans cette famille elle-même; dès-lors il y aurait des Turbinacés pectinibranches et des Turbinacés pulmobranches. Si Lamarck et M. de Férussac lui-même eussent connu l'organisation des Cyclostomes ils auraient penché plus vers l'opinion de Cuvier que vers celle qu'ils ont préférée; les animaux de ce genre, en effet, ne sont pas hermaphrodites comme ceux des Hélices. Chaque individu a son sexe, comme cela a lieu dans les Turbos. L'appareil lingual dans les Cyclostomes ressemble à celui des Turbos: il consiste en une lanière étroite couverte d'aspérités cornées et contenue dans un sac particulier voisin de l'estomac. Dans les Hélices, la bouche est armée d'une seule plaque linguale, dentée en son bord libre. On peut donc dire que les Cyclostomes sont des Turbos terrestres respirant l'air. Nous sommes confirmé dans cette conclusion par le bon mémoire sur l'anatomie du *Cyclostoma elegans*, publié dans le tome quatrième du *Zoological journal*, par M. Berkeley.

A côté des Hélices il y a un genre Anostome dont l'ouverture est renversée du côté de la spire ; à côté des Cyclostomes il y a aussi un genre qui offre le même caractère, d'avoir l'ouverture ronde, bordée, simple et dirigée du côté de la spire. M. Grateloup, savant auquel on doit des recherches très assidues sur les fossiles du bassin tertiaire de la Gironde, a donné le nom de Ferussine à ce genre, et dans le même temps nous proposions celui de STROPHOSTOME, *Strophostoma*, qui veut dire ouverture renversée.

Un genre nouveau dont la place serait également marquée à côté des Cyclostomes, a été proposé récemment par M. Troschet, dans les *Archives de zoologie* de Wiegmann; la seule espèce connue, a la forme d'une Cyclostome planorbulaire, elle est operculée, elle est terrestre, son péristome est entier, épais, bordé et offre un peu au-dessous de l'angle supérieur, très près de la suture, une échancrure profonde, comparable à celle des Pleurotomaires, mais différente cependant en ce que les bords de cette échancrure sont relevés en forme de canal; c'est avec cette curieuse coquille, rapportée de l'Inde par M. Lamare Picquot, que M. Troschet a fait un genre nouveau auquel il donne le nom de STEGANOTOME, *Steganotoma*. Les observateurs savent qu'il y a quelques espèces de Cyclostomes, dans lesquels l'angle supérieur de l'ouverture se prolonge en une sorte de languette légèrement creusée en gouttière : cette partie est appuyée sur la base de l'avant-dernier tour. Dans la coquille qui sert de type au nouveau genre de M. Troschet, la spire est presque plate, l'ombilic très large, et les tours sont joints par une très petite étendue de leur surface; la languette du bord n'ayant pas trouvé d'appui sur l'avant-dernier tour, s'est relevée à côté de la suture, et a formé l'échancrure que l'on y voit. Nous pensons que ce caractère n'a point assez de valeur pour la création d'un genre, et nous conservons au nombre des Cyclostomes la coquille rapportée par M. Lamare Picquot.

Presque toutes les espèces de Cyclostomes, inscrites ici par Lamarck, lui ont paru nouvelles et il n'y a point mis la synonymie; aussi il nous est impossible de rien y ajouter, puisque pour cela il aurait fallu examiner les types eux-mêmes dans la collection de Lamarck. Ne pouvant malheureusement le faire, nous sommes dans l'impossibilité de donner aucun renseignement nouveau sur ces espèces.]

ESPÈCES.

1. Cyclostome planorbule. *Cyclostoma planorbula.* Lamarck. (1)

> *C. testâ anfractibus teretibus orbiculatim involutis, supernè planulatâ, subtùs latè umbilicatâ, bizonatâ, suprà luteo-rufescente, infrà castaneâ; aperturâ albâ; labro margine reflexo.*
> Petiv. Gaz. t. 1. fig. 6.
> *Cyclostoma planorbula.* Encycl. pl. 461. fig. 3. a. b.
> Favanne. Conch. pl. 64. fig. P 1 ?
> * Fav. Cat. rais. pl. 1. fig. 14.
> * Desh. Encycl. méth. Vers. t. 2. p. 39. n° 1.
> * *An eadem? Cyclostoma planorbulum.* Sow. Genera of sh. fig. 1.
> Chemn. Conch. 9. t. 127. fig. 1132? 1133?
> *An helix cornu venatorium?* Gmel. p. 3641. n° 227.
> Habite. . . . dans le Sénégal? Mon cabinet. Belle coquille terrestre, difficile à reconnaître dans les ouvrages qui en ont fait mention, par l'imperfection des figures et des caractères exposés. Elle est glabre, à stries transverses très fines. Le diamètre de notre coquille est de 19 lignes.

2. Cyclostome trochiforme. *Cyclostoma volvulus.* Lamarck. (2)

> *C. testâ trochiformi, profundè umbilicatâ, transversim striatâ, albo*

---

(1) Nous avons bien des raisons de croire que le *Cornu venatorium* de Chemnitz est le même espèce que celle-ci ; seulement Chemnitz n'aurait eu à sa disposition qu'un individu roulé et sans couleurs, d'où proviennent les différences qui se remarquent dans la figure et la description ; si la justesse de notre soupçon est vérifiée, l'espèce devra prendre le nom de *Cyclostoma cornu venatorium.*

(2) Chemnitz a évidemment confondu deux espèces sous un

luteo et rufo variegatâ; spirâ acuminatâ; aperturâ albâ aut luteâ; labro margine reflexo.

* *An eadem species?* Martyn. Univ. Conch. pl. 27.

* Desh. Encycl. méth. Vers. t. 2. p. 39. n° 2.

* *Helix volvulus.* Wood. Ind. test. pl. 32. fig. 7.

Helix volvulus. Muller. Verm. p. 82. n° 280.

Lister. Conch. t. 50. fig. 48.

Petiv. Gaz. t. 76. fig 6.

Seba. Mus. t. 3. t. 40. fig. 18-19.

Born. Mus. t. 14. fig. 23-24.

Chemn. Conch. 9. t. 123. fig. 1064-1066.

Helix volvulus. Gmel. p. 3638. n° 91.

Cyclostoma volvulus. Encycl. pl. 461. fig. 5. a. b.

Habite Mon cabinet. Diamètre de la base, environ un pouce et demi.

3. Cyclostome cariné. *Cyclostoma carinata.* Lamk.

C. testâ orbiculatâ, subtrochiformi, profundè umbilicatâ, tenui, pellucidâ, multicarinatâ, albidâ; anfractuum carinis præcipuis subquinis eminentibus; spirâ breviusculâ.

* Desh. Encycl. méth. Vers. t. 2. p. 40. n° 3.

* Lister. Conch. pl. 28. fig. 26.

* Schrot. Einl. t. 2. p. 181. n° 10.

* *Turbo carinatus.* Dillw. Cat. t. 2. p. 866. n° 123.

Turbo carinatus. Born. Mus. t. 13. fig. 3-4.

Turbo carinatus. Gmel. p. 3601. n° 57.

Habite.... Mon cabinet. Coquille rare, mince, presque papyracée, à carènes inégales, dont certaines sont très saillantes. Diamètre de la base, 15 lignes.

4. Cyclostome sillonné. *Cyclostoma sulcata.* Lamk. (1)

C. testâ orbiculatâ, ventricosâ, subtrochiformi, umbilicatâ, transversim sulcatâ, albâ; spirâ brevi, acutâ.

---

même nom. Les figures 1064 et 1065 représentent une grande et magnifique espèce beaucoup plus aplatie et plus grande que le vrai *volvulus* de Muller. Cette erreur rectifiée, la synonymie de Lamarck devient bonne et nous ne conservons de doute que pour la figure de l'Encyclopédie qui nous paraît représenter assez exactement notre *Cyclostoma Indicum.*

(1) Ce nom avait été donné depuis long-temps à une autre espèce par Draparnaud. Lorsque l'espèce de Lamarck sera bien connue, il faudra lui imposer un autre nom.

Habite. . . . Mon cabinet. Cette espèce est très rare sans doute, puisqu'elle me paraît inédite. Le bord de son ouverture est réfléchi comme dans les autres. Diamètre de la base, 15 lignes.

5. Cyclostome unicariné. *Cyclostoma unicarinata*. Lamk.

C. testá trochiformi, umbilicatá, transversìm striatá, luteo-rubente; ultimo anfractu medio cariná prominentè cincto; labro margine albo, valdè reflexo.

Encycl. pl. 461. fig. 1. a. b.

* Bonan. Récr. part. 3. fig. 335.

* Desh. Encycl. méth. Vers. t. 2. p. 40. n° 4.

Habite dans l'île de Madagascar. Mon cabinet. J'en ai une variété plus petite, qui est transversalement fasciée de brun. Diamètre de notre plus grande coquille, 14 lignes.

6. Cyclostome tricariné. *Cyclostoma tricarinata*. Lamk. (1)

C. testá trochiformi, perforatá, transversìm striatá et carinatá, griseo-rubente; anfractuum carinis præcipuis tribus : intermediá eminentiore; spirá brevi, subacutá; aperturá fuscatá; labro margine albo, reflexo.

Helix tricarinata. Muller. Verm. p. 84. n° 282.

Chemn. Conch. 9. t. 126. fig. 1103-1104.

Helix tricarinata. Gmel. p. 3621. n° 34.

* Wood. Ind. Test. pl. 32. fig. 125.

Habite. . . . Mon cabinet. Diamètre de la base, un pouce.

7. Cyclostome obsolète. *Cyclostoma obsoleta*. Lamk.

C. testá orbiculatá, subtrochiformi, profundè umbilicatá, longitudinaliter tenuissimè striatá, cinereá, fasciis cœruleo-fuscis obsoletis cinctá; spirá brevi, acutá; labro margine albo, reflexo.

---

(1) Les coquilles désignées ici par Lamarck sous les noms de *Cyclostoma carinata*, *unicarinata* et *tricarinata*, viennent de Madagascar. Très rares autrefois dans les collections ces coquilles ont été rapportées avec abondance par M. Goudot, intrépide voyageur qui, dans l'intérêt de la science, est parvenu à braver avec succès le climat malsain de Madagascar, et a pu faire dans l'intérieur plusieurs voyages, tous très utiles à l'histoire naturelle. Nous avons vu dans les mains de M. Goudot un grand nombre de variétés qui lient entre elles les trois espèces que nous venons de mentionner et rendent leur réunion nécessaire.

23;

Habite dans l'île de Madagascar. Mon cabinet. Celui-ci n'est point cariné. Parmi les fascies de son dernier tour, celle du milieu est beaucoup plus large que les autres. Vu en dessous, il offre des stries concentriques très prononcées. Diamètre de la base, près de 14 lignes.

8. Cyclostome ridé. *Cyclostoma rugosa.* Lamk.

C. testá globoso-conicá, subtrochiformi, umbilicatá, striis trans-versis exquisitis subrugosá, griseá; spirá brevi; labro margine reflexo.

Habite.... Mon cabinet. Coquille ventrue par la grosseur de son dernier tour, et remarquable par la régularité de ses stries trans-verses, qui sont éminentes. Diamètre de la base, 11 lignes.

9. Cyclostome grand-rebord. *Cyclostoma labeo.* Lamk.

C. testá oblongá, obtusá, umbilicatá, pellucidá, decussatìm striatá, albá aut rubente; maculis minimis luteis furcatis transversìm se-riatis; labro margine reflexo, albo, dilatato, patente.

Nerita labeo. Muller. Verm. p. 180. n° 367.

Lister. Conch. t. 25. fig. 23.

Brown. Jam. t. 40. fig. 5.

Born. Mus. t. 13. fig. 5-6.

Chemn. Conch. 9. t. 123. fig. 1061 1062.

* Schrot. Fluss. conch. p. 364.

Turbo labeo. Gmel. p. 3605. n° 73.

* *Turbo dubius.* Gmel. Syst. nat. p. 3606. n° 75.

Cyclostoma labeo. Encycl. pl. 461. fig. 4. a. b.

* Férus. Syst. Conch. p. 66. n. 3.

* *Turbo labeo.* Dillw. Cat. t. 2. p. 865. n° 118.

* Desh. Encycl. méth. Vers. t. 2. p. 40. n° 5.

* Wood. Ind. Test. pl. 32. fig. 120.

Habite à la Jamaïque. Mon cabinet. Jolie coquille, remarquable par le large rebord de son ouverture. Longueur, 17 lignes.

10. Cyclostome interrompu. *Cyclostoma interrupta.* Lamk.

C. testá brevi, ventricoso-conoideá, apice obtusá, umbilicatá, tenui, lœvi, pellucidá, albá; fasciis luteis transversis interruptis; labro margine reflexo, dilatato, patente.

Habite.... Mon cabinet. Coquille lisse, plus courte que celle qui précède; elle lui ressemble par le rebord de son ouverture; mais elle en est bien distincte. Longueur, 7 lignes et demie; largeur, 8 lignes.

11. Cyclostome ambigu. *Cyclostoma ambigua*. Lamk.

C. testá ovato-conoideá, obtusá, perforatá, tenui, pellucidá, albidá; lineolis luteis interruptis transversìm seriatis; striis longitudinalibus prominentibus; labro margine reflexo, valdè dilatato.

Habite.... Mon cabinet. Il est moins ventru que le précédent, et s'en distingue en outre par ses stries longitudinales bien saillantes. Longueur, 7 lignes.

12. Cyclostome petit - rebord. *Cyclostoma semilabris*. Lamk.

C. testá oblongo-conoideá, subcylindricá, obtusá, obsoletè perforatá, tenui, pellucidá, minutissimè cancellatá, albá; maculis luteis transversìm seriatis; labro margine angusto, subreflexo.

Habite.... Mon cabinet. Jolie coquille, très mince, transparente, qui diffère principalement de celles qui précèdent par son rebord étroit. Longueur, 10 lignes et demie.

13. Cyclostome bouche - d'or. *Cyclostoma flavula* Lamk. (1)

C. testá cylindraceá, pupæformi, solidá, glabrá, luteo-rufescente; anfractibus octonis, convexiusculis; aperturá annulo aureo distinctá; labro extùs marginato.

* *Turbo croceus.* Dillw. Cat. t. 2. p. 862. n° 112.
* *Desh. Encycl. méth. Vers. t. 2. p. 41. n° 8.*
* *An eadem? Cyclostoma flavulum.* Sow. Genera of shells. fig. 3.
* Webb et Berth. Syn. Moll. Cana. p. 18. n° 3.
* Wood. Ind. Test. Sup. pl. 6. fig. 31.

Chemn. Conch. 9. t. 135. fig. 1233.

Helix crocea. Gmel. p. 3655. n° 243.

Cyclostoma flavula. Encycl. pl. 461. fig. 6. a. b.

Habite dans l'île de Porto–Ricco et dans celle de Ténériffe; j'en ai plusieurs individus de ces deux endroits, que *Maugé* m'a communiqués. Mon cabinet. Coquille remarquable par le cercle doré qui entoure son ouverture. Longueur, 15 lignes et demie.

---

(1) Avant Lamarck, Gmelin dans la 13e édition du *Systema naturæ* avait donné à cette espèce le nom d'*Helix crocea*; c'est lui qu'il faudra rendre à cette coquille. Cette espèce sera pour nous le *Cyclostoma crocea*.

14. Cyclostome fascié. *Cyclostoma fasciata.* Lamk.

C. testá cylindraceá, apice truncatá, superforatá, lævi, pellucidá,
albá; faciis duabus seu tribus violaceo-fuscescentibus; aperturá
parvulá, obliquá; labro subreflexo.

Favanne. Conch. pl. 65. fig. B 10.
Chemn. Conch. 9. t. 136. fig. 1256-1257.
Cyclostoma fasciata. Encycl. pl. 461. fig. 7.
* *Helix truncata.* Dillw. Cat. t. 2. p. 948. n° 137.
* Desh. Encycl. méth. Vers. t. 2. p. 42. n° 10.

Habite dans l'île de Saint-Domingue. Mon cabinet. Il est remarquable par la petitesse de son ouverture, relativement à son volume.
Ses tours de spire, au nombre de 7 à 10, sont peu convexes;
quelquefois il est sans fascies. Longueur, 13 lignes à-peu-près.

15. Cyclostome quaterné. *Cyclostoma quaternata.* Lamk.

C. testá cylindraceo-turgidá, breviusculá, apice truncatá, subperfo-
ratá, longitudinaliter tenuissimèque striatá, albidá; anfractibus
quatuor, convexis; labro margine subreflexo.

Habite.... Mon cabinet. Il est court, un peu renflé, strié longitudinalement, et a aussi quelques stries transverses vers sa base,
mais peu apparentes; le petit nombre de ses tours le rend remarquable. Longueur, 9 lignes.

16. Cyclostome ferrugineux. *Cyclostoma ferruginea.* Lamk.

C. testá ventricoso-conicá, apice obtusá, striis transversis prominulis
cinctá, albido-lutescente, ferrugineo-nebulosá; anfractibus senis,
convexis; suturis excavatis; labro subreflexo.

* Mich. Coq. d'Alger. p. 11. n° 2. fig. 23.
* Rosmas. Iconogr. t. 5. p. 49. n° 396. pl. 28. fig. 396.
Habite.... Mon cabinet. Longueur, 8 lignes.

17. Cyclostome treillissé. *Cyclostoma decussata.* Lamk.

C. testá ventricoso-conicá, subperforatá, decussatim striatá, luteo-
rufescente; lineis fuscis longitudinalibus flexuosis; anfractibus
senis, convexis; labro margine albo, reflexo.

Habite dans l'île de Porto-Ricco. *Maugé.* Mon cabinet. Son dernier
tour est subanguleux près de sa base. Longueur, 7 lignes.

18. Cyclostome linéolé. *Cyclostoma lineolata.* Lamk.

C. testá ventricoso-conicá, subperforatá, longitudinaliter tenuissimè-
que striatá, griseo-fulvá, lineis albis interruptis cinctá; lineolis
rufo-fuscis longitudinalibus flexuosis; anfractibus septenis, con-
vexis; labro margine albo, reflexo.

Habite dans les Antilles. Mon cabinet. Spire grèle, un peu pointue. Longueur, 6 lignes et demie.

19. Cyclostome mamillaire. *Cyclostoma mammillaris.* Lamk.

> *C. testâ breviusculâ, ovatâ, subperforatâ, transversìm minutissimè-que striatâ, albâ, apice lutescente; anfractibus quinis aut senis, convexis; spirâ mammilliformi; labro subreflexo.*

Habite.... Mon cabinet. Longueur, 7 lignes et demie.

20. Cyclostome cerclé. *Cyclostoma ligata.* Lamk. (1)

> *C. testâ subglobosâ, ventricosâ, umbilicatâ, glabrâ, nitidâ, albo-rubente, apice luteâ; fasciis transversis rubro-fuscis; spirâ brevi, acutâ; labro margine crassiusculo, reflexo.*

Nerita ligata. Muller. Verm. p. 181. n° 368.

Chemn. Conch. 9. t. 123. fig. 1071—1074.

* *An eadem species?* Sow. Genera of shells. fig. 4.

* Wood. Ind. Test. pl. 32. fig. 122?

Habite dans l'île de Madagascar. Mon cabinet. Il a des stries concentriques bien apparentes autour de son ombilic. Diamètre de sa base, 7 lignes et demie. Longueur moindre.

21. Cyclostome lincinelle. *Cyclostoma lincinella.* Lamk. (2)

> *C. testâ, orbiculato-conicâ, umbilicatâ, tenui, longitudinaliter subti-*

---

(1) Nous ne savons si l'espèce de Lamarck est bien la même que celle de Muller; quelques-uns des caractères donnés par Lamarck ne paraissent pas s'accorder avec ceux de Muller. Chemnitz confond évidemment deux espèces sous le nom de Muller, il suffit de voir ses figures pour en rester convaincu; mais est-ce aux figures 1071, 1072 qu'il faut rapporter l'espèce de Lamarck et de Muller, ou bien est-ce aux figures 1073, 1074? nous ne pouvons malheureusement éclaircir quelques-uns de nos doutes par l'examen des coquilles de la collection de Lamarck.

(2) Nous avions d'abord cru que l'espèce de Lamarck était la même que le *Turbo lincinia* de Linné, mais nous pensons que les deux espèces doivent rester: il suffit en effet pour rendre impossible la confusion de supprimer de la synonymie de Lamarck la figure de Lister et de la reporter à l'espèce linnéenne.

*lissimè striatâ, cinereâ ; spirâ brevi, acutâ ; labro margine reflexo,
lato, patente.*

* *Turbo compressus.* Wood. Ind. Test. Sup. pl. 6. fig. 1-2.
Lister. Conch. t. 26. fig. 24.
Cyclostoma lincina. Encycl. pl. 461. fig. 2. a. b.
Habite à la Jamaïque. Mon cabinet. Il a des rapports par son ouver-
ture avec le *C. labeo ;* mais il en est bien distinct. Diamètre de la
base, 6 lignes.

22. Cyclostome orbelle. *Cyclostoma orbella.* Lamk.

*C. testâ orbiculari, supernè planulatâ, subtùs profundè umbilicatâ,
scabriusculâ, cinereâ ; anfractibus longitudinaliter striatis : striis
prominentibus ; spiræ apice submamillari.*

Habite.... Mon cabinet. Il est un peu planorbulé, et a des stries
éminentes dans la direction de ses tours. Largeur, 6 lignes.

23. Cyclostome frangé. *Cyclostoma fimbriata.* Lamk.

*C. testâ ventricoso-conoideâ, subperforatâ, transversìm striatâ, albi-
do-lutescente ; anfractuum margine superiore plicis fimbriato ;
spirâ brevi, acutâ ; aperturâ luteâ.*

* Quoy et Gaim. Voy. *de l'Astr.* Zool. t. 2. p. 188. pl. 12. fig. 31
à 35.
Habite dans la Nouvelle-Hollande. M. *de Labillardière.* Mon cabinet. Il a une fascie brune sur son dernier tour. Largeur de la
base, 5 lignes et demie.

24. Cyclostome multilabre. *Cyclostoma multilabris.* Lamk.

*C. testâ ventricoso-conicâ, perforatâ, diaphanâ, cinereâ, apice
cœrulescente ; ultimo anfractu striis quinque acutis prominentibus
asperato ; spirâ brevi, acutâ ; labro margine reflexo, posticè marginibus pluribus antiquis subimbricato.*

* Quoy et Gaim. Voy. *de l'Astr.* Zool. t. 2. p. 183. pl. 12. fig.
20-21-22.
Habite dans la Nouvelle-Hollande. M. *de Labillardière.* Mon cabinet. Largeur de la base, 5 lignes.

25. Cyclostome élégant. *Cyclostoma elegans.* Drap.

*C. testâ ovato-conicâ, perforatâ, striis transversis elegantissimis
cinctâ, albido-cinereâ ; anfractibus quinis, convexis ; adultorum
labro margine reflexo.*

* *Cochlea turbinata.* Fab. Colomna de purp. p. 18. ch. 9. p. 16.
fig. 13.

* Blainv. Malac. pl. 34. fig. 7.
* *Philippi*. Enum. Moll. p. 143.
* Guérin. Iconogr. du R. A. Moll. pl. 12. fig. 12.
* *Turbo elegans*. Poiret. Prodr. p. 31. n° 3.
* *Turbo striatus*. Dacosta brit. Conch. p. 86. pl. 5. fig. 9.
* Lister. Anim. Angl. pl. 2. fig. 5.
* Lister. Trans. Phil. t. 9. pl. 2. fig. 2.
* *Turbo elegans*. Pennant. Zool. brit. t. 4. p. 302. pl. 85. fig. 2.
* *Nerita elegans*. Schrot. Fluss. Conch. p. 366. pl. 9. fig. 15.
* *Turbo reflexus*. Olivi. Adriat. p. 170.
* *Cyclostoma elegans*. Fér. Syst. Conch. p. 66. n° 1.
* Millet. Moll. de Maine-et-Loire. p. 3. n° 1.
* *Turbo elegans*. Dillw. Cat. t. 2. p. 863. n° 116.
* Brard. Hist. des Coq. p. 103. pl. 3. fig. 7-8.
* Pfeiff. Syst. Anord. p. 74. pl. 1. fig. 9. pl. 4. fig. 30-31.
* Bowd. Elem. of Conch. pl. 9. fig. 14.
* Payr. Cat. des Moll. de Corse. p. 105. n° 230.
* Kickx. Syn. Moll. Brab. p. 69. n° 87.
* Col. des Ch. Cat. des Coq. du Finist. p. 71. n° 1.
* Desh. Encycl. méth. Vers. t. 2. p. 40. n° 6.
* Turton. Man. p. 93. n° 75. fig. 75.
* Web. et Berth. Syn. Moll. Canar. p. 17. n° 1.
* Hécart. Cat. des Coq. de Valenc. p. 9. n° 1.
* Desmoul. Cat. des Moll. de la Gironde. p. 17. n° 1.
* Goupil. Hist. des Moll. de la Sarthe. p. 66. n° 1.
* Bouillet. Cat. des Moll. d'Auver. p. 59. n° 1.
* Rosm. Iconogr. t. 1. p. 90. pl. 2. fig. 44.
* Wood. Ind. test. pl. 32. fig. 118.
Nerita elegans. Muller. Verm. p. 177. n° 363.
Lister. Conch. t. 27. fig. 25.
Gualt. Test. t. 4. fig. A. B.
D'Argenville. Conch. pl. 28. fig. 12. et Zoomorph. pl. 9. fig. 9.
L'élégante-striée. Geoff. Coq. p. 108. n° 1.
Turbo elegans. Gmel. p. 3606. n. 74.
Cyclostoma elegans. Draparn. Moll. pl. 1. fig. 5 et 7.
* *Fossilis*. Bouillet. Cat. des Coq. foss. d'Auv. p. 113. n° 1.

Habite en France, sur les pelouses sèches, où il adhère aux herbes;
je l'y ai trouvé en abondance. Mon cabinet. Le rebord de son ouverture est étroit, et un peu réfléchi dans les adultes. Il est en général grisâtre ou violâtre, et souvent on le trouve nuancé ou
maculé, soit de violet, soit de jaune ou de roux. Longueur, 7
lignes.

Espèces douteuses. (1)

26. Cyclostome évasé. *Cyclostoma patulum.* Drap.

> *C. testá cylindraceo-attenuatá, longitudinaliter striatá, cinereo-fuscá; anfractibus convexis; labro margine albo, reflexo.*
>
> * *An Var. Major? Cyclostoma obscurum.* Drap. Moll. p. 39. n° 14. pl. 1. fig. 13.
> * Col. des Ch. Cat. des Coq. du Finist. p. 71. n₀ 2.
> * Rosmas. Iconog. t. 5. p. 52. n° 401–403. pl. 28. fig. 401-403.
> *Cyclostoma patulum.* Draparn. Moll. pl. 1. fig. 9-10-11.
> Habite en France, près de Montpellier, dans les fentes des rochers. Mon cabinet. S'il n'eût pas eu un opercule, je l'aurais placé parmi les Maillots, son ouverture n'étant point celle d'un Cyclostome. Longueur, 3 lignes et demie.

27. Cyclostome tronqué. *Cyclostoma truncatulum.* Drap. (2)

> *C. testá cylindraceá, apice truncatá, pellucidá, longitudinaliter striatá, corneo-rufescente; labro margine reflexo.*

---

(1) La première de ces deux espèces douteuses de Lamarck est un véritable Cyclostome; la seconde est devenue le type d'un genre nouveau, auquel M. Risso a donné le nom de Troncatelle et que nous adoptons.

(2) Depuis Draparnaud, presque tous les auteurs ont confondu, parmi les Cyclostomes, une petite coquille abondamment répandue sur tous les rivages de la Méditerranée, et à laquelle Draparnaud a donné le nom de *Cyclostoma truncatulum.* Quelques observateurs, frappés des différences que l'on remarque entre cette coquille et les vrais Cyclostomes, et ayant remarqué d'ailleurs qu'elle était aquatique, la retirèrent d'entre les Cyclostomes: les uns, comme M. Payrandeau, pour en faire une Paludine; les autres, comme M. Michaud, pour en faire une Rissoaire. Des observations, intéressantes et très bien faites par M. Lowe, et publiées dans le *Zoological journal* (t. v. p. 209), viennent infirmer toutes les opinions de ses devanciers à l'égard de la coquille qui nous occupe.

Cyclostoma truncatulum. Draparn. Moll. pl. 1. fig. 28-31.

Habite sur les côtes de la Méditerranée, près des étangs à terre parmi les plantes, etc. Mon cabinet. Coquille operculée comme la précédente, et dont l'ouverture a aussi ses bords désunis. Longueur, 2 lignes et demie.

† 28. Cyclostome Indien. *Cyclostoma indica.* Desh.

C. *testá turbinato-conicá, orbiculatá, umbilicatá, fusco albo-rutilante marmoratá, ultimo anfractu ad peripheriam zoná nigrescente*

Il résulte en effet des observations de M. Lowe, que l'animal du *Cyclostoma truncatulum* de Draparnaud, est marin, qu'il est pectinibranche et pourvu d'un opercule corné, simple et non spirale. Aucun de ces caractères, comme on le voit, ne s'accordent avec ceux des Paludines ou des Cyclostomes; un seul genre pourrait présenter une analogie plus véritable avec cette coquille, c'est celui des Rissoaires. Mais depuis quelques années, on connaît un peu mieux l'animal de ce dernier genre, par la figure qu'en a donnée M. Dellechiaje; d'abord dans le troisième volume de l'ouvrage de Poli (*Testacea utriusque Siciliæ*), et ensuite dans son ouvrage (*Memorie tulla storia e notomia degli animali senza vertebre del regno di Napoli*); ainsi que par la courte description de M. Philippi, dans son ouvrage (*Enumeratio Molluscorum Siciliæ*). En comparant ce que disent ces auteurs de l'animal du *Rissoa*, avec la description que donne M. Lowe de celui du *Cyclostoma truncatulum*, il est évident qu'il y a des caractères suffisans pour séparer ce *Cyclostoma truncatulum* des Rissoaires, et pour établir avec lui un genre particulier auquel il convient de conserver le nom de Truncatella, proposé pour la première fois par M. Risso, dans son ouvrage sur les Animaux de la mer de Nice.

Genre **TRONCATELLE.** *Truncatella.* (Risso).

Caractères génériques.

Animal ayant deux tentacules contractiles, cylindrico-

cincto, subtus lineis nigris fasciato; anfractibus convexis transversim trisulcatis, striis tenuioribus interjectis, apertura marginata pallide aurantiacá.

* Desh. Voy. dans l'Inde par Belanger. Zool. p. 415. pl. 1. f. 4. **5.**

Habite l'île d'Elephanta près Bombay, au pied des arbres sur les collines boisées. Cette coquille n'est peut-être qu'une variété du *Cyclostoma volvulus* (*Helix volvulus* de Muller); mais comme il existe dans notre espèce des caractères que ne mentionne pas Muller,

coniques, courts et obtus, portant à la base externe et un peu en dessus des yeux sessiles; tête proboscidiforme, subcylindrique; bouche exerte entre les tentacules; lèvres larges et épaisses, formant deux lobes à la partie antérieure de la tête; manteau formant un collier comme dans les Hélices, dépourvu de siphon, et présentant un orifice sur le côté droit; pied tronqué, arrondi ou ovale, très court; opercule corné, simple, ovale, non spirale, fermant complètement l'ouverture de la coquille.

Coquille turriculée, cylindrique, décollée ou tronquée au sommet, sans épiderme. Ouverture ovale, courte, à bords continus, simples, perpendiculaires, c'est-à-dire dans le même plan que l'axe.

L'animal du genre Truncatella a de l'analogie avec celui des Pédipes et de quelques Auricules. Il a la partie antérieure de la tête très épaisse et bilobée; les tentacules sont courts, cylindracés et obtus au sommet; les yeux sont placés à leur base, à la partie externe et supérieure, ils sont petits et sessiles; le pied est très court, arrondi ou ovale; il ne se continue pas en disque jusqu'à la partie antérieure du corps de l'animal, il est divisé en deux par un sillon médian, et cette disposition force l'animal à marcher comme les Pédipes, c'est-à-dire comme les Chenilles connues sous le nom d'Arpenteuses; l'opercule est corné, très mince et composé d'élémens concentriques.

Les coquilles de ce genre ont un caractère qui leur est particulier : elles sont cylindracées, à ouverture entière,

ordinairement si exact , nous sommes par cela même déterminé à présenter de nouveau notre espèce pour appeler à son sujet de nouvelles observations. Elle est turbinée à spire conique et peu proéminente, composée de six tours très convexes, dont le dernier, cylindracé, est plus grand que tous les autres réunis. Ce dernier tour est percé à la base d'un large ombilic, dans lequel on voit facilement tous les tours de la spire ; les premiers tours de la spire présentent trois ou quatre petites côtes transverses, espacées ,

---

et remarquables en ce que leur sommet est constamment tronqué ou décollé, absolument de la même manière que le *Bulimus decollatus*.

On en connaît encore qu'un petit nombre d'espèces appartenant à ce genre. Trois seulement sont mentionnées par M. Lowe, parmi lesquelles l'une est pour lui incertaine; la première pour le *Cyclostoma truncatulum* de Draparnaud, à laquelle il réunit la *Truncatella lævigata* de Risso; les deux autres, *Truncatella clathrus* et *Truncatella montagui*, nous sont inconnues.

Si nous recherchons actuellement les rapports de ce genre avec ceux qui ont avec lui de l'analogie, nous le trouvons très voisin des Rissoaires , par la coquille et l'opercule, et intermédiaire, en quelque sorte, entre ce genre et les Pédipes, par les caractères des animaux.

Troncatelle tronquée. *Truncatella truncatula*. Risso.

T. testá cylindraceá, apice truncatá, subpellucidá, solidiusculá, corneo rufescente longitudinaliter plus minusve striatá, aperturá ovatá, labro margine reflexo.

Cyclostoma truncatulum. Drap. Moll. p. 4o. n° 17. pl. 1. fig. 28 à 31.

Id. Mich. Compl. à Drap. p. 76. n° 8.

Helix subcylindrica. Mont. Test. Brit. p. 393. n 17.

Var. lævigata.

Truncatella lævigata. Risso. Hist. t. 4. p. 125. n° 300. fig. 5.

Var. costulata.

Truncatella costulata. Risso. loc. cit. fig. 57.

Paludina truncata. Payr. Cat. p. 116. n° 244.

entre lesquelles se montrent des stries très fines ; sur le dernier tour, il y a quatre ou cinq de ces côtes ; la dernière forme une sorte de carène obtuse à la circonférence ; au dessous toutes les stries sont fines et finement ondulées. L'ouverture est arrondie , à peine modifiée par l'avant-dernier tour. Le péristome est interrompu dans le court espace qu'occupe l'avant-dernier tour; il est épais, renversé en dehors et d'une belle couleur orangée. Le dessus de la coquille est d'un brun foncé, marbré de blanc et de blanc ferrugineux ; le dernier tour porte à la circonférence une zone d'un brun noir très foncé ; en dessous et jusque dans l'ombilic , il est orné de cinq linéoles, dont les quatre plus extérieures sont deux à deux. Cette coquille a 38 millim. de diamètre et 35 de hauteur.

† 29. **Cyclostome de Blanchet.** *Cyclostoma blanchetiana.* Moric.

> *C. testá orbiculato-depressá, late umbilicatá, transversim tenue striatá , sub epidermide olivaceo , albá fusco unizonatá; aperturá albá subrotundá, vix marginatá.*

Moric. Mém. de Genève. t. 7. p. 442, pl. 2. f. 21. 22. 23.

Habite le Brésil , dans les bois de la Coxeira. Espèce ayant trente millim. de diamètre ; elle est déprimée, à spire courte, composée de quatre tours convexes finement striés : la base est ouverte par un très large ombilic, dans lequel on voit très bien tous les tours de la spire; l'ouverture est à-peu-près orbiculaire ; elle est blanche et ses bords sont à peine épaissis. La surface extérieure est couverte

---

Paludina Desnoyersii. Pay. loc. cit. n° 245. pl. 5. fig. 21-22. Individu jeune.

Truncatella truncatula. Lowe. Observations Zool. Journ. t. 5. p. 280. pl. 13. fig. 13 à 18.

Descript. de l'Egypte. Coq. pl. 3. fig. 3 1.

Rissoa truncata. Philip. Enum. Moll. p. 151. n° 8.

Rissoa Desnoyersii. Philip. loc. cit. n° 9¼

Cyclostoma truncatulum. Rosmas. Iconogr. t. 5. p. 53. pl. 28. f. 407.

Habite sur presque tous les points du littoral de la Méditerranée. Coquille très connue et dont M. Risso a fait, à tort, deux espèces. Les observations de M. Lowe à l'égard de leur réunion, sont confirmées par celles de M. Philippi. M. Lowe pense, et nous partageons son opinion, que le *Paludina Desnoyersii* de M. Payreaudeau, a été établi avec de jeunes individus non encore tronqués de la Troncatelle.

d'un épiderme d'un vert olivâtre ou brunâtre, et une fascie brune,
étroite, forme une ceinture au dernier tour. L'animal est couleur
de chair et ses tentacules sont roses.

† 3o. Cyclostome de Cuming. *Cyclostoma Cumingii*. Sow.

*C. testá orbiculari subdepressá, albicante, epidermide fuscá ; spirá
elevatiusculá ; carneá; anfractibus quinque vel sex, rotundatis,
spiraliter sulcatis ; suturá subdecurrente ; aperturá ferè circulari,
obliquá, albá, superne subacuminatá ; peritremate simplici subin-
crassáto; umbilico maximo; operculo corneo, tenui, spirali ; anfractibus plurimis; margine fimbriato.*

Proceed. of zool. Soc. Lond. p. 3 2. tom. 2.

Habite l'Amérique méridionale. Coquille orbiculaire, aplatie, largement ombiliquée en dessous. La circonférence de l'ombilic est formée par un angle très obtus; la spire, très surbaissée, est formée
de six tours convexes, dont les premiers sont lisses et d'une belle
couleur orangée. Les suivans sont d'un blanc grisâtre, finement
et irrégulièrement sillonnés, à la partie supérieure du dernier tour,
et vers la suture, deux ou trois sillons sont bruns à leur sommet.

Cette coquille a été apportée pour la première fois par M. Cuming;
elle a vingt-cinq à trente millim. de diamètre.

† 3r. Cyclostome vitré. *Cyclostoma vitrea*. Less.

*C. testá ventricoso-conicá, umbilicatá, diaphaná, luteá, tenuissimè
striatá; spirá acutá, anfractibus convexis; aperturá circulari labro
lato, reflexo, albo.*

Lesson. Voy. de la Coq. Zool. t. 2. p. 346. pl. 13. f. 6.

Cyclostoma lutea. Quoy et Gaim. Voy. de *l'Astr*. Zool. t. 2. p. 180.
pl. 12. f. 11 à 14.

Habite la Nouvelle-Guinée (Lesson), la Nouvelle-Irlande, Bourou,
dans les Moluques (Quoy). Il est pour nous certain que l'espèce
de M. Lesson est la même que celle de M. Quoy; et comme le
nom donné par le premier de ces zoologistes est le plus ancien,
c'est celui qui doit être conservé à l'espèce. Ce Cyclostome se reconnaît facilement : sa spire est conique, pointue, composée de six
tours très convexes; le dernier est très grand, cylindracé et percé à
la base d'un ombilic médiocre; l'ouverture est circulaire; le bord
est dilaté, renversé en dehors et interrompu dans le court espace
où il s'appuie sur l'avant-dernier tour ; toute la coquille est d'un
jaune pâle, elle est même vitrée, transparente ; elle paraît lisse à
l'œil nu; mais vue à la loupe on la trouve couverte de stries transverses, tremblées, très fines et très rapprochées. Cette coquille a
16 millim. de long et 15 de large.

† 32. Cyclostome frangé. *Cyclostoma lincina.* Lin.

C. testá ovatá, incarnatá, striatá; aperturá circulari; labro dilatato,
lato, plano, striato, fimbriato.

Turbo lincina. Linné. Syst. nat. p. 1239.

Lister. Conch. pl. 26. f. 24.

Klein. Méth. Ostrac. pl. 3. f. 71 a. b.

Nerita lincinia. Muller. Verm. p. 178 n° 364.

Id. Shrot. fluss. conch. p. 365.

Id. Shrot. Einl. t. 2. p. 43.

Chemn. Conch. t. 9. p. 54, pl. 123. f. 1060 a.

Férus. Syst. conch. p. 66. n° 2 (*exclus. Turbo dubius.* Gmel.)

Turbo lincina. Dillw. Cat. t. 2. p. 864. n° 117.

Id. Wood. Ind. pl. 32. f. 119.

Habite.... On a donné plusieurs espèces sous la dénomination que
l'on doit rapporter à celle-ci. Chemnitz a confondu avec le *Nerita
licinia* de Muller une espèce des contrées méridionales de l'Europe, à laquelle Draparnand a donné le nom de *Cyclostoma sulca-
tum.* Le *Cyclostoma lincina* se distingue des autres espèces, non-
seulement par le bord mince, frangé et plissé de son ouverture,
mais encore par ses stries fines et transverses et par son ombilic
étroit et peu profond. Muller dit que cette coquille est d'un rouge
fauve, peu foncé en dedans et en dehors; les individus que nous
avons vus étaient blancs. La longueur est de 18 à 20 millim.

† 33. Cyclostome de Carteret. *Cyclostoma. Novæ-Hiber-niæ.* Quoy.

*C. testá ventricosá conicá, perforatá, apice acutá, longitudinaliter
striatá, rufá vel rubescente; spirá brevi, virescente; anfractibus,
angustis, convexis; aperturá dilatatá, intus rubrá, tantisper
reflexá.*

* Quoy et Gaim. Voy. de *l'Astr.* Zool. t. 2. p. 182, pl. 12. f. 15
à 19.

Ce Cyclostome a beaucoup de ressemblance avec celui nommé *Cyclostoma lutea* par M. Lesson, dans le Voy. de *la Coquille* (Zool.
t. 2. pl. 13. f. 15). D'après M. Quoy, celui-ci se distinguerait par
ses stries plus fortes et surtout par son opercule calcaire. L'espèce
de M. Lesson ayant l'opercule corné ceci ne peut dépendre de l'âge,
et c'est sans contredit un caractère spécifique important. 12 millim. de long, 10 de large.

† 34. Cyclostome à tentacules rouges. *Cyclostoma ru-bens.* Quoy.

C. testá ovato-conicá, perforatá, ad periphæriam carinatá, apice acutâ, oblique striatâ, luteâ, rubro variegatâ; aperturâ subrotundâ, albâ; anfractibus senis.

* Quoy et Gaim. Voy. *de l'Astr.* Zool. t. 2. p. 189. pl. 12. f. 36 à 39.

Habite l'Ile de France, à la montagne du Pouce, dans les lieux humides (Quoy).

Cette espèce a beaucoup de rapports avec celle que nous avons décrite, dans le Voyage dans l'Inde par M. Bélanger, sous le nom de *Cyclostoma aurantiacum*. Les deux espèces nous paraissent distinctes : celle-ci est conique, à spire allongée et pointue ; le dernier tour est ventru, subcaréné un peu au-dessous de la circonférence. L'ouverture est ovalaire, à péristome blanc, et ce qui est remarquable pour un Cyclostome, il n'est pas continu ; la base est percée d'un ombilic étroit, dont la circonférence extérieure est limitée par un angle très obtus. Cette coquille est d'un jaune verdâtre, variée de rouge ou de rose vers le milieu de la spire ; le dernier tour porte une petite zone rougeâtre. L'animal a les tentacules très allongés, cylindracés et rouges, portant de gros yeux noirs à la base.

† 35. Cyclostome Papoua. *Cyclostoma Papoua*. Quoy.

C. testâ orbiculari, planulatâ, subtus late profundèque umbilicatâ, lævi, albidâ, flammis rubro-castaneis ornatâ; aperturâ, integrâ, circulari, labro vix reflexo.

Quoy et Gaim. Voy. *de l'Astr.* Zool. t. 2. p. 185. pl. 12. fig. 23 à 26.

Habite la Nouvelle-Guinée au port Dorey. Jolie espèce planorbique, lisse, dont la spire peu élevée a ses tours bien arrondis, espacés ; le dernier très grand, cylindrique à sa terminaison, comme l'indique l'ouverture, qui est entière, à péristome fort peu évasé, à peine réfléchi. Les sutures sont linéaires et profondes. L'ombilic, largement évasé et profond, permet de voir tous les tours. La couleur de cette coquille est blanchâtre, couverte de flammes longitudinales, rouge-brun, rapprochées et comme pressées : sur le dernier tour, elles forment un cordonnet irrégulier. L'ouverture est d'un blanc bleuâtre. Cette coquille a 18 millim. de diamètre, et 12 de hauteur (Quoy).

† 36. Cyclostome transparent. *Cyclostoma lucida*. Lowe.

C. testâ globoso-conoideâ, olivaceo-corneâ, nitidâ, lucidâ, sub-imperforatâ; anfractibus angustis, convexis, transversìm substriatis.

Lowe. Moll. de Madère. p. 66. n° 7. pl. 6. fig. 40.

Habite Madère, dans les foréts humides. Petite coquille globuleuse, mince, transparente, d'un vert brunâtre, et ressemblant beaucoup, par sa forme, au *Valvata piscinalis;* mais elle est terrestre, et son opercule est celui d'un Cyclostome. Sa hauteur est de 6 millim., son diamètre en a 5.

† 37. Cyclostome à bandeau. *Cyclostoma erosa.* Quoy.

C. testâ *ovato-conicâ, perforatâ, apice acutâ, spirâ luteolâ; ultimo anfractu semper eroso, violaceo, vel rubro; aperturâ rubescens, peristomate simplici, integro subovali, umbilico canaliculato.*

Quoy et Gaim. Voy. *de l'Astr.* Zool. t. 2. p. 191. pl. 12. fig. 40 à 44.

Habite l'île Guam, l'une des Marianes. Petite espèce allongée, conique, à spire pointue, presque aussi longue que le dernier tour; celui-ci est plus large que haut et percé à la base d'un ombilic canaliculé; la spire est jaunâtre, et le premier tour, rongé constamment, est violacé ou rougeâtre. L'ouverture est ovale-obronde, rougeâtre en dedans; le péristome est simple et entier; l'opercule est membraneux et pauci-spiré. Cette petite coquille a 10 millim. de longueur et 5 de largeur.

† 38. Cyclostome sillonné. *Cyclostoma sulcata.* Drap.

C. testâ *ovato-conoïdeâ, lutescenti carneâ, vel rubescente; costis distantibus spiraliter sulcatâ; striis longitudinalibus tenuissimis decussatâ aperturâ circulari, rectâ; labro incrassato, simplici operculo profundè striato, crasso, in medio depresso.*

Chemn. Conch. pl. 123. fig. 1060. B. C.

Drap. Moll. p. 33. n° 2. pl. 13. fig. 1.

Cyclostoma productum. Turton. Man. p. 94. n° 76. fig. 76.

Philippi. Enum. Moll. p. 144. n° 2.

Rosmass. Iconogr. Moll. t. 5. p. 48. n° 394. pl. 28. fig. 394.

Habite les parties méridionales de l'Europe.

Cette espèce a de la ressemblance avec certaines variétés du *Cyclostoma elegans.* Elle se distingue néanmoins avec facilité par une taille ordinairement plus grande, par son test plus épais, et surtout par les sillons distans et saillans que l'on voit à sa surface. Examinée à la loupe, cette coquille présente aussi un grand nombre de stries longitudinales, fines et régulières. L'ouverture est arrondie, détachée de l'avant-dernier tour. Elle est perpendiculaire à l'axe; son bord est simple, assez épais et à peine renversé.

C'est cette espèce que Chemnitz a confondue avec le *Nerita lincinia* de Muller. Toute la coquille est d'un rouge jaunâtre. Elle a 18 millim. de long et 13 de large.

† 39. Cyclostome de Voltz. *Cyclostoma Volziana*. Mich.

C. testá ovato-elongatá, basi vix perforatá albidá, vel fulvá, transversìm tenuè striatá, anfractibus convexis : ultimo majore ; aperturá ovatá, supernè angulatá, intùs albá ; labro simplici, operculo pauci-spirato, convexo, ad peripheriam plicato.

Mich. Coq. d'Alger. p. 10. n° 1. fig. 21-22.

Habite l'Algérie.

Espèce bien distincte, dont on doit la connaissance à **M. Rozet.** Cette coquille est allongée, conique, obtuse au sommet, et formée de six tours convexes, dont les premiers sont lisses et les suivans treillissés par l'entrecroisement de stries obtuses, longitudinales et transverses. Le dernier tour, plus grand que la spire, est ordinairement lisse sur le milieu, et sillonné vers la fente ombilicale. L'ouverture est ovale, à bords continus, simples ou peu épais. Elle est fermée par un opercule qui présente un tour et demi de circonvolution. Le sommet de cet opercule est tout près du bord interne ; il est brun et enfoncé. La surface extérieure, lisse au centre, présente un grand nombre de fines lamelles rayonnantes vers la circonférence. Toute cette coquille est blanche ou d'un blanc fauve. Sa longueur est de 18 millim. et sa largeur de 9.

† 40. Cyclostome admirable. *Cyclostoma mirabilis*. Wood.

C. testá turbinatá, elongato-conicá, basi profundè umbilicatá, tenuè et eleganter striatá, albo-griseá ; zonis tribus fuscis, subarticulatis ornatá ; anfractibus convexissimis ; aperturá circulari ; limbo tenui, lato, plano, circumdatá.

Wood. Ind. Test. Suppl. pl. 6. fig. 22.

Habite....

Espèce fort remarquable qui a de la ressemblance, par sa forme, avec un petit *Turbo* et avec un *Scalaire*, par ses tours très convexes et presque détachés les uns des autres. Cette coquille est régulièrement conique, formée de huit tours très convexes, chargés de stries longitudinales, fines, régulières et finement crénelées ; le dernier tour est percé à la base d'un ombilic étroit et profond. L'ouverture est circulaire, détachée et entourée d'un rebord mince, tranchant, étalé et un peu renversé en arrière. La coquille est d'un blanc grisâtre ; elle est mince, transparente et ornée de trois lignes brunes, transverses, subarticulées ; surtout celle qui est la plus rapprochée de la suture. Longueur, 14 mill., largeur, 8.

24.

† 41. Cyclostome colonne. *Cyclostoma columna*. Wood.

C. testá elongato-conicá, turritá, apice acutá, tenuissimè striatá, albo–lutescente lineis puncticulatis fuscis ornatá; anfractibus convexis ultimo basi perforato; aperturá ovato-circulari; labro reflexo.

Wood. Ind. Test. Suppl. pl. 6. fig. 21.

Habite....

Coquille allongée, subturriculée, conique, à spire pointue, formée de huit tours convexes, dont les premiers sont lisses, et les suivans chargés de stries très fines, aplaties et longitudinales, que l'on ne voit bien qu'à l'aide de la loupe. Le dernier tour est percé à la base d'une fente ombilicale très étroite et non pénétrante. L'ouverture est ovale–obronde, d'un blanc jaunâtre en dedans. Toute la coquille est d'un blanc fauve, et elle est ornée, sur les derniers tours surtout, de plusieurs rangées transverses de petits points bruns quadrangulaires, quelquefois subtrigones. Cette espèce, dont nous ignorons la patrie, a 16 millim. de long et 8 de large.

† 42. Cyclostome tordu. *Cyclostoma torta*. Wood.

C. testá elongato-cylindraceá, pupæformis in medio inflatá, utrinquè attenuatá, lævigatá, luteo-cretaceá; anfractibus convexis primis angustissimis; alteris latioribus: ultimo basi profundè perforato; aperturá circulari; labro incrassato, marginato.

Wood. Ind. Test. Suppl. pl. 26 fig. 32.

Habite.... (On le dit de Cuba).

Coquille fort remarquable qui, par sa forme, a du rapport avec les Maillots; mais qui, par son ouverture, doit se ranger parmi les Cyclostomes. Elle est allongée, cylindracée, obtuse au sommet et plus étroite à ses extrémités que dans le milieu. Les premiers tours de la spire sont très convexes et très étroits. Les trois derniers sont, en proportion, beaucoup plus larges et constituent à eux seuls presque toute la coquille. Le dernier tour ne paraît pas continuer l'impulsion spirale que semblent indiquer les précédens; il est tordu vers l'axe, et l'ouverture vient se placer presque au centre de la base. Cette ouverture est arrondie, non modifiée par l'avant-dernier tour; les bords sont épais, simples, et garnis à l'extérieur d'un bourrelet saillant; la coquille est lisse ou irrégulièrement striée, elle est d'un jaune terreux ou blanchâtre, et le dernier tour est brunâtre. Longueur, vingt-six millimètres, largeur, treize.

✢ **43. Cyclostome orangé.** *Cyclostoma aurantiaca.* **Desh.**

> *C. testâ croceâ, elongato-conicâ, apice acutâ, basi perforatâ, tenuè striatâ; anfractibus planiusculis ultimo ad periphæriam subangulato; aperturâ ovato-circulari, intus luteâ, obliquâ; marginibus incrassatis, albidis.*

Desh. Voy. *de Bélanger dans l'Inde.* Zool. p. 416. n° 6. pl. 1. fig. 16-17.

Habite aux environs de Pondichéry (Bélanger). Cette coquille est ovale, allongée; sa spire est régulièrement conique, très pointue au sommet; elle est formée de six à sept tours aplatis, légèrement striés dans leur longueur, et pourvus de quelques stries transverses; un petit ombilic, dont la circonférence est marquée par une carène, se montre à la base; la circonférence du dernier tour porte un angle obtus peu saillant. L'ouverture est ovale-obronde, oblique à l'axe, et d'un jaune orangé assez foncé à l'intérieur. Le sommet de la coquille est d'un jaune orangé très vif, et les derniers tours sont d'un jaune beaucoup plus pâle, quelquefois grisâtre. La longueur est de 10 millim.

✝ **44. Cyclostome pygmé.** *Cyclostoma pygmæa.* **Mich.**

> *C. testâ solidâ, ovato-conicâ, subperforatâ, pallidè fulvâ, glabrâ, nitidâ; anfractibus quaternis convexis; suturâ profundâ; aperturâ rotundâ; peristomate continuo, simplici; apice obtuso; operculo solido, lineâ concentricâ, minimâ constructo.*

Mich. Compl. à Drap. p. 75. n° 3. pl. 15. fig. 46-47.

Habite la Provence, le midi de la France. Cette coquille est probablement la plus petite des espèces du genre; elle a à peine deux millim. de long, et moins d'un millim. de large; elle est ovale, conique, subombiliquée, d'un fauve pâle; elle est lisse; ses tours, au nombre de quatre, sont très convexes. L'ouverture est arrondie, à bords continus et peu épais. Cette ouverture est fermée par un opercule calcaire couvert de stries concentriques.

✝ **45. Cyclostome pointillé.** *Cyclostoma maculata.* **Drap.**

> *C. testâ oblongo-conicâ, longitudinaliter convexe striatâ, serie macularum rubescentium notatâ; labro dilatato, patulo, plano.*

Drap. Moll. p. 39. n° 13. pl. 1. fig. 12.

Desmoul. Cat. des Moll. de la Gironde. p. 18. n° 2.

Sturm. Fau. t. 6. p. 47. pl. 3.

Stud. p. 22.

Hartm. § 214. n° 15.

Pfeiff. Syst. anord. t. 3. p. 43. pl. 7. fig. 30.

Menke. Syn. p. 40.

Rossm. Iconogr. p. 52. n° 400. t. 5. pl. 28. fig. 399–400.

Philip. Enum. Moll. p. 144. *Cyclostoma turriculatum.*

Habite en France, en Italie, en Sicile, etc. Espèce bien distincte du *Cyclostoma patulum.* On la reconnaît surtout à l'échancrure de la partie extérieure de son péristome vers la base de la columelle ; la plupart des individus sont ornés de deux ou trois rangées de ponctuations brunes ou rougeâtres et quadrangulaires. Cette coquille a 10 à 12 millim. de longueur.

Espèces fossiles.

1. Cyclostome cornet-de-pasteur. *Cyclostoma cornu pastoris.*

C. testá orbiculato-convexá, transversim striatá ; anfractibus tereti-bus, basi solutis.

Cyclostoma cornu pastoris. Ann. vol. 4. p. 114. no 1.

* Def. Dict. des Sc. nat. t. 12.

* Desh. Desc. des Coq. foss. t. 2. p. 77. pl. 7. fig. 17–18.

Habite... Fossile de Grignon. Cabinet de M. *Defrance.* Petite coquille blanche, orbiculaire, convexe, formée de quatre tours de spire, dont le dernier se détache un peu à sa base. Elle a un ombilic infundibuliforme qui remplace sa columelle. Largeur, 2 millim.

2. Cyclostome spiruloïde. *Cyclostoma spiruloïdes.*

C. testá orbiculatá, læviusculá, pellucidá, nitidá, ultimo anfractu soluto.

Cyclostoma spiruloïdes. Ann. Ibid. n° 2.

* Def. Dict. des Sc. nat. t. 12.

* Desh. Desc. des Coq. foss. t. 2. p. 78. pl. 7. fig. 15–16.

Habite.... Fossile de Grignon. Cabinet de M. *Defrance.* Il offre trois tours de spire disposés circulairement comme dans les Planorbes, et dont le dernier est libre et détaché des autres. Largeur, à peine 3 millim.

3. Cyclostome planorbuloïde. *Cyclostoma planorbuloïdes.* Lamk.

C. testá orbiculatá, lævi, solidulá, infernè umbilicatá.

Cyclostoma planorbula. Ann. ibid. n° 3.

Habite.... Fossile de Grignon. Cabinet de M. *Defrance.* Cette petite coquille serait un Planorbe si son ouverture n'était entièrement ronde, l'avant-dernier tour n'y faisant aucune saillie. Largeur, 2 millim.

4. Cyclostome à grande bouche. *Cyclostoma macrostoma.* Lamk.

> *C. testá orbiculatá, lævi, pellucidá; aperturá patulá, maximá, sub-elliptica.*
>
> *Cyclostoma macrostoma.* Ann. ibid. nº 4.
>
> Habite.... Fossile de Grignon. Cabinet de M. *Defrance.* Coquille extrêmement petite, et singulière par la grandeur disproportionnée de son ouverture. Ombilic recouvert. Largeur, un millimètre.

5. Cyclostome momie. *Cyclostoma mumia.* Lamk.

> *C. testá cylindraceo-conicá, solidulá; striis transversis longitudinalibusque obsoletis; aperturá subrotundo-ovatá.*
>
> *Cyclostoma mumia.* Ann. du Mus. t. 4. p. 115. nº 5. et t. 8. pl. 37. fig. 1.
>
> * Bowd. Elem. of Conch. pl. 9. fig. 13. et pl. 4. fig. 1.
>
> * Brong. Ann. du Mus. t. 15. pl. 22. fig. 2.
>
> * Def. Dict. des Sc. nat. t. 12.
>
> * Cyclostome des grès. Brard. Ann. du Mus. t. 15. pl. 22. fig. 10–11. et pl. 24. fig. 8 à 11.
>
> * Desh. Desc. des Coq. foss. t. 2. p. 76. pl. 7. fig. 1-2. pl. 8. fig. 19 à 21.
>
> * *Id.* Encycl. méth. Vers. t. 2. p. 41. no 9.
>
> Habite.... Fossile de Grignon; se trouve aussi dans les environs de Vannes. Mon cabinet et celui de M. *Defrance.* Coquille cylindracée inférieurement, pointue au sommet, composée de huit ou neuf tours légèrement convexes. Son ouverture est arrondie-ovale, oblique, à bords réunis, à peine réfléchis, et épaissis en un petit bourrelet marginal. Longueur, 25 ou 26 millim.

Nota. Cette espèce a été mentionnée par erreur comme un Cyclostome dans l'état frais, et placée au milieu de ce genre dans la seconde partie du sixième volume [p. 146, n$_0$ 15]; mais c'est ici qu'il faut la rapporter, puisqu'elle est fossile.

6. Cyclostome turritellé. *Cyclostoma turritellata.* Lamk. (1)

> *C. testá turritá; anfractibus convexis, striis transversis verticalibusque subdecussatis.*
>
> *Cyclostoma turritellata.* Ann. du Mus. t. 4. p. 115. n$_0$ 6. et t. 8. pl. 37. fig. 2.

---

(1) Cette coquille n'est point un Cyclostome comme Lamarck

* *Scalaria turritellata.* Desh. Desc. des Coq. foss. t. 2. p. 199. pl.
23. fig. 15-16.

Habite.... Fossile de Grignon. Cabinet de M. *Defrance.* Il a dix
tours de spire convexes , chargés de stries fines et transverses qui
se croisent avec d'autres stries verticales. Sa face inférieure est
lisse et n'offre aucune strie. Les bords de son ouverture ne sont
point dilatés. Longueur, 5 ou 6 millim.

† 7. Cyclostome raccourci. *Cyclostoma abbreviata.* Math.

*C. testá parvá, ovato-conoideá, obtusá, perforatá longitudinaliter
subtilissimè striatá; anfractibus senis, convexis, suturis excavatis;
aperturæ marginibus crassis ; labro margine reflexo.*

Math. Ann. des Sc. et de l'Indust. du midi de la France. t. 3. p. 61.
no 13. pl. 2. fig. 10-12.

Habite.... Fossile des couches moyennes du terrain à lignite, des
environs de Rognac.

Nous empruntons cette espèce au mémoire de M. Mathéron, sur les
terrains tertiaires du département des Bouches-du-Rhône, avec la
description des espèces fossiles. Celle-ci est très petite, ovale-conique, et, pour le port extérieur, a de la ressemblance avec notre
Paludina Prevostina. Longueur, 7 millim.

† 8. Cyclostome disjoint. *Cyclostoma disjuncta.* Math.

*C. testá oblongo-conicá, transversè striatá; anfractibus convexius-
culis; aperturæ marginibus inæqualibus, acutis, extùs valdè reflexis, supernè disjunctis; lamind columellari intra eos interpositá.*

Math. Ann. des Sc. et de l'Indust. du midi de la France. t. 3. p. 59.
nᵒ 10. pl. 2. fig. 1 à 4.

Habite.... Fossile des deux terrains d'eau douce des Baux, des
couches moyennes du terrain à lignite, et du terrain d'eau douce
de Mons (Var).

L'ouverture de cette espèce a quelques rapports avec celle du *Cyclostoma patulum* de Draparnaud. Les tours de spire sont au nombre
de huit ; le dernier est quelquefois anguleux dans la jeunesse.
Ce Cyclostome se rencontre à l'état de Moule, d'autres fois le test n'a
pas entièrement disparu, mais ne présente plus de stries transversales. Longueur 33 millim.

---

l'avait supposé, mais bien une véritable Scalaire à laquelle nous
avons donné le nom de *Scalaria Turritellata.*

† 9. **Cyclostome élégant-ancien.** *Cyclostoma elegans-antiquum.* **Brong.**

C. testá ovato-conicá, umbilico mediocri basi perforatá, striis transversis regularibus, tenuibus ornatá; anfractibus quinque convexis, suturá profundá separatis; ultimo ad basim latiore.

Brong. Ann. du Mus. t. 15. p. 365. pl. 22. fig. 1.

Brard. Journ. de Phys. 1811. t. 72. p. 453.

Desh. Coq. foss. t. 2. p. 75. n° 1. pl. 7. fig. 4–5.

Bowd. Elem. of Conch. pl. 4. fig. 5.

Habite.... Fossile à Fontainebleau. Il se distingue à peine de la variété méridionale du *Cyclostoma elegans.* La principale différence consiste en ce que dans celui-ci le dernier tour est, en proportion, un peu plus dilaté.

† 10 **Cyclostome héliciforme.** *Cyclostoma heliciformis.* **Math.**

C. testá orbiculato-convexá, crassiusculá, umbilicatá, longitudinaliter substriatá; spirá brevi, subacutá; anfractibus senis convexiusculis; aperturá supernè subangulatá; adultorum labro crasso, extùs latè marginato.

Math. Ann. des Sc. et de l'Indust. du midi de la France. t. 3. p. 58. n° 8. pl. 1. fig. 16-17.

Habite.... Fossile des couches supérieures du terrain à lignite, et du terrain d'eau douce des Baux.

Belle et grande espèce qui, par sa forme, a beaucoup d'analogie avec le *Cyclostoma volvulus* de Muller. Les tours sont convexes, peu nombreux; le dernier est percé à la base d'un ombilic assez étroit. L'ouverture est ronde, à bords épais et garnis d'un bourrelet extérieur assez large, semblable à celui que l'on remarque dans certains individus du *volvulus.*

Cette espèce est la plus grande fossile que l'on connaisse; elle a 23 millim. de diamètre, et 20 de hauteur.

LES LYMNÉENS.

Trachélipodes amphibiens, généralement dépourvus d'opercule, et ayant les tentacules aplatis. Ils vivent dans l'eau douce et viennent respirer l'air à sa surface.
Coq. spirivalve, le plus souvent lisse à sa surface externe, et ayant le bord droit de son ouverture toujours aigu et non réfléchi.

A mesure que les animaux se répandirent partout de proche en proche, il paraît que ceux des Trachélipodes fluviatiles qui habitèrent les eaux qui ont peu de profondeur, comme celles des petites rivières, des étangs et des marais, qui sont exposées à tarir, furent souvent réduits à vivre dans une vase plus ou moins desséchée. Ils se trouvèrent donc forcés à s'habituer à l'air, à le respirer. Or, cette habitude ayant modifié leurs branchies, comme celles des Colimacés, est devenue pour eux une nécessité ; en sorte que, quoique vivant dans l'eau, ils sont maintenant obligés de venir de temps en temps à sa surface pour y respirer l'air libre.

Cette circonstance de leur manière de vivre semble avoir influé à rendre un opercule inutile pour eux ; aussi en sont-ils généralement dépourvus. Ceux, au contraire, des Trachélipodes fluviatiles que nous savons ne pouvoir respirer que l'eau, ont tous un opercule.

Les *Lymnéens* n'ont que deux tentacules : ils sont aplatis et ne sont jamais oculés à leur sommet.

Nous rapportons à cette famille les genres *Planorbe*, *Physe* et *Lymnée*.

PLANORBE. (Planorbis.)

Coquille discoïde, à spire aplatie ou surbaissée, et dont

les tours sont apparens en dessus et en dessous. Ouverture oblongue, lunulée, très écartée de l'axe de la coquille, et dont le bord n'est jamais réfléchi. Point d'opercule.

Testa discoidea. Spira depressa, vix prominula; anfractibus omnibus utrinquè conspicuis. Apertura oblonga, lunata, ab axe remotissima : margine nunquam reflexo. Operculum nullum.

OBSERVATIONS. — On sait que les coquilles discoïdes sont celles dont la spirale tourne sur un plan horizontal, de manière que ce que l'on nomme la spire ne fait point ou presque point de saillie, et qu'on aperçoit sur les deux surfaces opposées de ces coquilles, sans l'aide d'un trou ombilical, tous les tours dont leur spire est composée. C'est, en effet, ce qui a lieu dans les *Planorbes*, dont la spire aplatie ou presque point saillante se voit entièrement, soit en dessus, soit en dessous. La seule chose qui distingue la face inférieure de ces coquilles, c'est qu'elle est toujours plus enfoncée que la supérieure, et qu'elle présente une espèce d'ombilic fort évasé, et non simplement un trou ombilical.

Les *Planorbes* sont des coquillages fluviatiles ou qui habitent les eaux douces. Linné les rapportait à son genre *Hélix*; mais Muller et ensuite Bruguières jugèrent qu'il était convenable de les en séparer, et en formèrent effectivement un genre particulier auquel ils ont assigné le nom de *Planorbe* que nous avons adopté. Ils eurent d'autant plus de raison à cet égard, qu'outre qu'ils diminuaient par ce moyen la trop grande étendue du genre *Hélix*, ils en écartaient des animaux aquatiques qui n'ont que deux tentacules à la tête, et qui portent les yeux à la base de ces tentacules.

Ces coquilles sont en général minces, fragiles, diaphanes; les unes ont les tours presque cylindriques, et les autres les ont carinés ou anguleux. Leur ouverture est un peu plus longue que large, et offre intérieurement une saillie formée par l'avant-dernier tour. Ses bords ne sont jamais réfléchis en dehors, comme ils le sont dans la plupart des coquilles terrestres.

L'animal, sans cuirasse et sans collier, a le cou allongé, deux tentacules subulés, et les yeux à leur base interne. Les orifices pour l'anus et la respiration sont au côté gauche.

[Les Planorbes, comme le savent tous les naturalistes, sont des coquilles discoïdes généralement minces, fragiles, et que l'on trouve en abondance dans les eaux douces stagnantes ; quelques espèces sont tellement aplaties, qu'elles semblent parfaitement symétriques, de sorte qu'il est difficile, pour celles-là du moins, de distinguer la surface supérieure de l'inférieure. Cette difficulté en entraîne une autre, c'est de savoir si ces espèces sont dextres ou sénestres. Ces questions intéressantes n'avaient point été profondément discutées lorsqu'en 1831, M. Desmoulins publia, dans les actes de la société linnéenne de Bordeaux, un mémoire très bien fait et fort étendu, dans lequel il examine ces diverses questions. Dans nos précédens travaux, nous n'avions peut-être pas attaché assez d'importance à ces recherches pour lesquelles il était nécessaire d'examiner les animaux vivans, cependant conchyliologiquement nous avions tranché, dès 1824, une partie de la difficulté en disant dans notre ouvrage sur les fossiles du bassin de Paris, que le côté supérieur des Planorbes se distingue de l'inférieur à l'aide de l'obliquité de l'ouverture, dont le bord supérieur est le plus avancé. Une fois donné ce moyen de distinguer la face supérieure de l'inférieure, et de placer la coquille dans sa position normale, il devient facile de reconnaître dans le genre quelles sont les espèces dextres et quelles sont les espèces sénestres ; par ce moyen on reconnaît, comme l'a très bien démontré M. Desmoulins, que presque toutes les espèces connues vivantes et fossiles de Planorbes sont dextres, même celles que les auteurs les plus estimés avaient jugées sénestres, d'après la profondeur de l'ombilic. Mais si par l'observation de l'ouverture on parvient à décider que la coquille des Planorbes est dextre, il se présente une difficulté, c'est que les animaux qui habitent ces coquilles dextres, seraient sénestres par la position des trois orifices que les Mollusques pulmonés offrent à l'extérieur du corps. C'est ainsi que Cuvier avait bien remarqué cette transposition des orifices dans le *Planorbis corneus*, et il n'a pas hésité à déclarer cette espèce sénestre contre le sentiment de Linné, de Muller et de Draparnaud, qui disent que la spire est ombiliquée en dessus; Cuvier corrobore son opinion d'un fait fort important, c'est que le cœur est à droite dans le Planorbe, tandis qu'il est à gauche dans les coquilles dextres des autres genres; mais Cuvier n'a pas fait attention à la position des organes de la digestion, trouvant le cœur à droite et les orifices à gauche, il a conclu que le *Planorbis corneus* est sénestre; il aurait fallu voir cependant avant de porter ce jugement définitif, dans quelle position réelle sont les organes, c'est à cela que s'est appliqué surtout M. Desmoulins, et il a vu que tous les organes de la digestion et de la génération restent dans la position qu'ils ont dans les Mollusques dextres, et que les orifices seuls ont une position anormale; ainsi les observations de M. Desmoulins expliquent comment, dans le genre Planorbe, les apparences mettaient un animal sénestre dans une coquille dextre, ce que l'on ne pourrait concevoir, et comment en réalité l'animal est dextre comme sa coquille, et qu'il n'y a d'autre dérangement dans les rapports de ses organes que pour le cœur, et la terminaison des organes digestifs et de la génération.)

ESPÈCES.

1. Planorbe corne-de-bélier. *Planorbis cornu arietis.* Mull. (1).

> *Pl. testá sinistrorsá, solidá, supernè plano-concavá et albá, subtùs latè, umbilicatá, rufo-fuscescente; anfractibus cylindraceis, lœvibus : ultimo fasciis castaneis cincto.*
>
> *Helix cornu arietis.* Lin. Syst. nat. p. 1244. Gmel. p. 3625. nº 41.
> *Planorbis contrarius.* Muller. Verm. p. 152. nº 342.
> Lister. Conch. t. 136. f. 40.
> Petiv. Gaz. t. 92. f. 4.
> Seba. Mus. t. 39. f. 14. 15.
> Knorr. Vergn. 1. t. 2. f. 4. 5.

---

(1) Cétte curieuse coquille, dont on connaît aujourd'hui l'animal, n'est point un Planorbe comme l'ont cru presque tous les auteurs, mais une Ampullaire discoïde operculée comme toutes les espèces de ce dernier genre, tandis que les véritables *Planorbis* n'ont jamais d'opercule.

Chemn. Conch. 9. t. 112. f. 952. 953.

Planorbis cornu arietis. Encyclop. pl. 460. f. 3. a. b.

* Geve. Conch. Cab. pl. 3. f. 9 à 14.

* Schrot. Flussconch. p. 230. n° 43. pl. 9. f. 13. Il distingue sept variétés.

* Schrot. Einl. t. 2. p. 139.

* Dacosta. Elem. of conch. pl. 3. f. 10.

* *Helix cornu arietis.* Born. Mus. p. 373.

* *Planorbis contrarius.* Férus. Syst. conch. p. 57. no 1.

* *Ampullaria cornu arietis.* Sow. Genera. f. 3.

* *Id.* Zool. journ.

* *Id.* Desh. Encycl. méth. vers. t. 2. p. 29. n° 1.

Habite dans le Brésil, selon quelques-uns, et à la Chine, selon *Gmelin.* Mon cabinet. C'est le plus beau et le plus grand des planorbes. Diamètre, 17 à 18 lignes.

2. **Planorbe corné.** *Planorbis corneus.* Drap. (1)

> *Pl. testâ opacâ, supernè plano-depressâ, subtùs latè umbilicatâ, corneo aut castaneo fuscâ; anfractibus transversè striatis.*

Helix cornea. Lin. Syst. nat. p. 1243. Gmel. p. 3623. n° 343.

Planorbis purpura. Muller. Verm. p. 154. n° 343.

Lister. Conch. t. 137. f. 41.

Petiv. Gaz. t. 92. f. 5.

Gualt. Test. t. 4. fig. DD.

D'Argenv. Conch. pl. 27. f. 8. et Zoomorph. pl. 8. f. 7.

Pennant. Brit. Zool. 4. t. 83. f. 126.

Seba. Mus. 3. t. 39. f. 17.

Knorr. Vergn. 5. t. 22. f. 6.

Le grand Planorbe. Geoff. Coq. 8 4. n° 1.

Chemn. Conch. 9. t. 127. f. 1116-1120.

Planorbis corneus. Draparn. Moll. pl. 1. f. 42-44.

Planorbis cornea. Encyclop. p. 460. f. 1. a. b.

---

(1) Quoique Chemnitz confonde quatre espèces sous le nom d'*Hélix cornea*, cependant sa synonymie est correcte. Les figures 1113, 1114 et 1115, sont les seules de cet ouvrage qui représentent le *Planorbis corneus,* les autres appartiennent à trois espèces bien distinctes. Il nous semble que le *Planorbis similis* de Muller, d'après cet auteur lui-même, ne diffère pas assez du *Planorbis corneus,* pour en être séparé.

Blainv. Malac. pl. 37 *bis*, f. 3.

* Guér. Icon. du règne An. Moll. pl. 7. 2.
* *Helix cornea*. Lessons on shells. pl. 5. f. 2.
* Poiret. Prodr. p. 87. n° 1.
* *Cornu arietis*. Dacosta. Conch. brit. p. 60. pl. 4. f. 13.
* Lister. Anim. angl. pl. 2. f. 26.
* Lister. Trans. phil. t. 9. pl. 2. f. 23.
* Swam. Bibl. nat. pl. 10. f. 4.
* Geve. Conch. cab. pl. 3. f. 18. 19.
* Schrot. Flussconch. p. 233. pl. 5. f. 16. 20. 21. pl. Min. C. f. 7.
* Schrot. Einl. t. 2. p. 137.
* Bonan. Rec. part. 3. f. 316.
* *Helix cornea*. Olivi. Adriat. p. 174.
* *Planorbis purpura*. Férus. Syst. conch. p. 57. n° 2.
* Millet. Moll. de Maine-et-Loire. p. 12. n° 2.
* Brard. Hist. des coq. p. 147. pl. 6. f. 1. 2.
* De Roissy. Buf. moll. t. 5. p. 377. n° 1.
* *Helix cornea*. Burrow. Elem. pl. 20. f. 2.
* Pfeiff. Syst. anord. p. 177. n° 3. pl. 4. f. 3. 4.
* Nilss. Hist. moll. suec. p. 74. n° 2.
* Kleeb. Syn. moll. borus. p. 26. n° 1.
* Kickx. Syn. moll. brab. p. 62. n° 76.
* Col. de ch. cat. des coq. du Finist. p. 71. n° 1.
* Desh. Encycl. méth. vers. t. 3. p. 778. n° 1.
* Sow. Genera of shells . *Planorbis*. f. 1.
* Turton. Man. p. 112. n° 95. f. 95.
* Hécart. Cat. des coq. de Valenci. p. 21. n° 5.
* Desmoul. Cat. des moll. de la Gironde. p. 18. n° 2.
* Goupil. Hist. des moll. de la Sarthe. p. 44. n° 1.
* *Junior Planorbis similis*. Kickx. Syn. moll. brab. p. 62. n° 77. pl. 1. f. 15. 16.
* *Planorbis similis*. Muller. Verm. p. 166.
* Rosm. Icon. t. 2. p. 14. pl. 7. f. 113.
* Bouillet. Cat. des moll. d'Auver. p. 60. n₀ 2.
* Fossilis. Bouillet. Cat. des coq. foss. d'Auver. p. 114. n° 1.

Habite en France, dans les rivières, et très commun aux environs de Paris, dans celle des Gobelins. Mon cabinet. C'est, après celui qui précède, le plus grand Planorbe. Il n'est point fascié. Diamètre, environ 14 lignes.

3. Planorbe caréné. *Planorbis carinatus*. Muller.

Pl. testâ discoideâ, supernè plano-depressâ, ad periphœriam angu-

lato-carinatâ, subtùs magis concavâ, pellucidâ, corneâ ; anfractibus infra angulum rotundatis.

Helix planorbis. Linn. Gmel. p. 3617. n⁰ 20.

Planorbis carinatus. Muller. Verm. p. 157. n° 344.

Lister. Conch. t. 138. f. 42.

Gualt. Test. t. 4. fig. EE.

Born. Mus. t. 14. f. 5. 6.

Pennant. Brit. Zool. 4. t. 83. f. 123.

Le Planorbe à quatre spirales à arêtes. Geoff. Coq. p. 90. n° 4.

Planorbis acutus. Poiret. Prodr. p. 91. n° 5.

Planorbis carinatus. Draparn. Moll. pl. 2. f. 13. 14.

Encyclop. pl. 460. f. 2. a. b.

* *Limbata.* Dacosta. Brit. conch. p. 63. pl. 4. f. 10. pl. 8. f. 8.

* Lister. Anim. angl. pl. 2. f. 27.

* Lister. Trans. phil. t. 9. pl. 2; f. 24.

* Geve. Conch. cab. pl. 4. f. 21 et 23.

* Schrot. Flussconch. p. 226. n° 39. pl. 5. f. 13.

* Schrot. Einl. t. 2. p. 128.

* *Helix planorbis.* Olivi. Adriat. p. 174.

* Millet. Moll. de Maine-et-Loire. p. 10. n⁰ 10.

* Brard. Hist. des Moll. p. 150. pl. 6. f. 3.

* De Roissy. Buf. moll. t. 5. p. 378. no 4.

* Pfeiff. Syst. anord. p. 76. no 2. pl. 4. f. 5. 6.

* Nilss. Hist. moll. suec. p. 81. n° 8.

* Kleeb. Syn. moll. borus. p. 27. n° 8.

* Kickx. Syn. Moll. brab. p. 65. n° 81.

* Desh. Encycl. méth. vers. t. 3. p. 780. n° 7.

* Sow. Genera of shells; *Planorbis,* f. 3.

* Turton. Man. p. 106. n° 87. f. 87.

* Hécart. Cat. des coq. de Valenci. p. 20. no 1.

* Goupil. Hist. des moll. de la Sarthe. p. 49. n° 8.

* Bouillet. Cat. des moll. de l'Auver. p. 64. n°. 9.

* Rosm. Icon. t. 1. p. 102. pl. 2. f. 60.

Habite en France, dans les rivières, les étangs, etc. Mon cabinet.
Diamètre, 7 lignes et demie.

4. Planorbe jaunâtre. *Planorbis lutescens.* Lamk.

Pl. testâ discoideâ-depressâ, subtùs concavâ, diaphanâ, lutescente ; ultimo anfractu subangulato.

Habite..... Mon cabinet. Il est bien distinct de ceux qui précèdent.
Diamètre, 7 lignes.

5. Planorbe oriental. *Planorbis orientalis.* Lamk.

> Pl. testá discoideá, utrinquè plano-depressá, subrugosá, fragili, corneá; ultimo anfractu subangulato.

Planorbis orientalis. Oliv. Voy. pl. 17. f. 11. a. b.

* Desh. Encycl. méth. vers. t. 3. p. 780. n° 6.

Habite dans l'île de Scio. Mon cabinet. Il a quatre à cinq tours. Diamètre, 4 lignes.

6. Planorbe spirorbe. *Planorbis spirorbis.* Muller.

> Pl. testá discoideá, utrinquè plano-depressá, corneá; anfractibus subcontrariis : ultimo absoletè angulato.

Helix spirorbis. Lin. Syst. nat. p. 1244. Gmel. p. 3624. n° 36.

Planorbis spirorbis. Muller. Verm. p. 161. n_o 347.

Le petit-planorbe à cinq spirales rondes. Geoff. Coq. p. 87. n_o 2.

Planorbis vortex. Var. B. Drap. Moll. pl. 2. f. 6. 7.

* Schrot. Flussconch. p. 236. n° 47.

* Schrot. Einl. t. 2. p. 138.

* Poiret. Prodr. p. 91. n° 4.

* Millet. Moll. de Maine-et-Loire. p. 17. n_o 8.

* Brard. Hist. des coq. p. 156.

* De Roissy. Buf. moll. t. 5. p. 377. n° 3.

* Pfeiff. Syst. anord. p. 79. n° 5. pl. 4. f. 8.

* Nilss. Hist. moll. suec. p. 78. n° 5.

* Payr. Cat. p. 106. n° 231.

* Kleeb. Syn. moll. borus. p. 26. n_o 3.

* Col. des Ch. cat. des coq. du Finist. p. 71. n_o 2.

* Desh. Encycl. méth. vers. t. 3. p. 780. n° 8.

* Turton. Man. p. 110. n° 92. f. 92. *Plan. planatus.*

* Hécart. Cat. des coq. de Valenc. p. 32. n° 9.

* Desmoul. Cat. des moll. de la Gironde. p. 19. n_o 7.

* Goupil. Hist. des moll. de la Sarthe. p. 46. n° 4.

* Rossm. Icon. t. 1. p. 106. pl. 2. f. 63.

* Bouillet. Cat. des moll. d'Auvergn. p. 62. n° 6.

* *Fossilis.* Bouillet, Cat. des coq. foss. d'Auv. p. 120. n° 11.

Habite en France, dans les eaux douces. Mon cabinet. En plaçant la partie la moins concave en dessus, la coquille paraît gauche. Diamètre, 3 lignes ou un peu plus.

7. Planorbe tourbillon. *Planorbis vortex.* Muller.

> Pl. testá discoideá, planulatá, supernè concaviusculá, tenui, albidá aut corneá; anfractibus subsenis : ultimo angulato.

Helix vortex. Lin. Gmel. p. 3620. n° 30.

TOME VIII.   25

Planorbis cortex. Muller. Verm. p. 153. n° 345.

Lister. Conch. t. 138. f. 43.

Petiv. Gaz. t. 92. f. 6.

Gualt. Test. t. 4. fig. GG.

Le planorbe à six spirales à arêtes. Geoff. Coq. p. 93. n° 5.

Chemn. Conch. 9. t. 127. f. 1127. a. b.

Planorbis vortex. Draparn. Moll. pl. 2. f. 4. 5.

Poiret. Prodr. p. 93. n° 7.

* Dacosta. Conch. brit. p. 65. pl. 4. f. 12.

* Lister, Anim. angl. pl. 2. f. 28.

* Lister. Trans. phil. t. 9. pl. 2. f. 25.

* Pennant. Zool. brit. t. 4. p. 320. pl. 86. f. 4.

* Schrot. Flussconch. p. 228. pl. 5. f. 16. 17.

* Schrot. Einl. t. 2. p. 134.

* *Helix vortex.* Olivi. Adrial. p. 174.

* Millet, Moll. de Maine-et-Loire. p. 15. n° 6.

* Brard. Hist. des coq. p. 154. pl. 6. f. 8. 9.

* De Roissy. Buf. moll. t. 5. p. 377. n° 2.

* Pfeiff. Syst. anord. p. 79. n° 4. pl. 4. f. 7.

* Nilss. Hist. moll. suec. p. 79. n° 6.

* Kleeb. Syn. moll. boruss. p. 27. n° 5.

* Alder. Cat. test. moll. Tr. soc. newc. p. 30. n° 16.

* Kickx. Syn. moll. brab. p. 65. n° 82.

* Col. des Ch. cat. des coq. du Finist. p. 71. n° 3.

* Desh. Encycl. méth. vers. t. 3. p. 781. n° 9.

* Turton. Man. p. 109. n° 91. f. 91.

* Hécart. Cat. des coq. de Valenc. p. 22. n° 10.

* Desmoul. Cat. des moll. de la Gironde. p. 19. n° 6.

* Goupil. Hist. des moll. de la Sarthe. p. 48. n° 6.

* Bouillet. Cat. des moll. d'Auvergn. p. 62. n° 5.

* *Fossilis.* Bouillet. Cat. des coq. foss. d'Auvergn. p. 121. n° 19.

* Rosm. Icon. t. 1. p. 104. pl. 2. f. 61.

Habite en France, dans les eaux douces. Mon cabinet. Diamètre,
    3 lignes et demie.

8. Planorbe difforme. *Planorbis deformis.* Lamk.

*Pl. testâ orbiculari, supernè medio excavatâ subtùs umbilicatâ, albi-
dâ; anfractibus subquinis, rotundatis, sese partìm obtegentibus:
ultimo versùs umbilicum inflexo et porrecto.*

Habite ... Mon cabinet. Diamètre, 2 lignes et demie.

9. Planorbe entortillé. *Planorbis contortus*. Muller.

Pl. testâ discoideâ, supernè centro excavatâ, subtùs umbilicatâ, al-
bidâ; anfractibus senis aut ultrà, rotundatis.

Helix contorta. Lin. Syst. nat. p. 1244. Gmel. p. 3624. n° 37.
Planorbis contortus. Muller. Verm. p. 162. n° 348.
Petiv. Gaz. t. 92. f. 8.
Le petit planorbe à six spirales rondes. Geoff. Coq. p. 89. n₀ 3.
Chem. Conch. 9. t. 127. f. 1126.
* Schrot. Flussconch. p. 243. n° 55. pl. 5. f. 29.
* Schrot. Einl. t. 2. p. 139.
Planorbis contortus. Draparn. Moll. pl. 1. f. 39-41.
* *Helix contorta.* Alten. Syst. Abhandl. p. 40.
* Poiret. Prod. p. 89. n° 3.
* Millet. Moll. p. 11. n° 1.
* Brard. Hist. des Coq. p. 157. pl. 6. f. 12 à 14.
* Pfeif. Syst. anord. p. 81. n° 7. pl. 4. f. 11.
* Nilss. Hist. Moll. Suec. p. 73. n° 1.
* Kleeb. Syn. Moll. Borus. p. 26. n° 2.
* Alder. Cat. Test. Moll. Tr. soc. new. p. 30. n° 12.
* Kickx. Syn. Moll. Brab. p. 63. n° 78.
* Col. des Ch. Cat. des coq. du Finist. p. 71. n° 4.
* Desh. Encycl. méth. vers. t. 3. 781. n° 10.
* Turton. Man. p. 113. n° 96. f. 96.
* Hécart. Cat. des Coq. de Valenc. p. 21. n° 7.
* Desmoul. Cat. des Moll. de la Gir. p. 18. n° 1.
* Goupil. Hist. des Moll. de la Sarthe. p. 45. n° 2.
* Rosm. Icon. t. 2. p. 16. pl. 7. f. 117.
* Bouillet. Cat. des Moll. d'Auvergn. p. 60. n₀ 1.
* *Fossilis.* Bouillet. Cat. des Coq. d'Auv. p. 119. n° 10.

Habite en France, dans les eaux douces. Mon cabinet. Diamètre
une ligne et demie. Il est souvent hispide.

10. Planorbe velouté. *Planorbis hispidus*. Drap. (1)

Pl. testâ orbiculari, supernè planâ, centro excavatâ, subtùs pro-
fundè umbilicatâ, tenui, pellucidâ, hispidâ, fulvo-rufescente;
anfractibus ternis, decussatim striatis : ultimo angulato.

---

(1) Nous ne voyons pas pour quelles raisons le nom de cette
espèce a été changé, il sera nécessaire de lui restituer celui de
Planorbis albus, le premier imposé par Muller.

25.

Planorbis albus. Muller. Verm. p. 164. n° 350.

Petiv. Gaz. t. 92. f. 7.

Le planorbe velouté. Geoff. Coq. p. 96. n° 7.

Helix alba. Gmel. p. 3525. n° 39.

Planorbis villosus. Poiret. Prodr. p. 95. n° 9.

Planorbis hispidus. Draparn. Moll. pl. 1. f. 45-47.

  * Schrot. Flussconch. p. 225. n° 38. pl. 5. f. 22 ?

  * *Planorbis hispidus.* Schrot. Flussconch. p. 246. n° 60.

  * Millet. Moll. p. 13. n° 3.

  * Brard. Hist. des coq. p. 159. pl. 6. f. 6. 7.

  * Nilss. Hist. moll. Suec. p. 75. n° 3.

  * Kleeb. Syn. moll. Boruss. p. 27. n° 4.

  * Alder. Cat. Test. moll. Tr. Soc. newc. p. 30. n° 13.

  * Hécart. Cat. des coq. de Valenc. p. 22. n° 8.

  * Desmoul. Cat. des moll. de la Gironde. p. 18. n° 3.

  * Goupil. Hist. des moll. de la Sarthe. p. 46. n° 3.

  * Bouillet. Cat. des moll. d'Auvergn. p. 63. n° 7.

  * Pfeiff. Syst. anord. p. 80. n° 6. pl. 4. f. 9. 10. *Planorbis albus.*

  * Kickx. Syn. moll. brab. p. 64. n° 79.

  * *Planorbis albus.* Turton. Man. p. 114. n° 97. f. 97.

Habite en France, dans les eaux douces. Mon cabinet. Diamètre,
    2 lignes.

11. Planorbe poli. *Planorbis nitidus.* Muller.

*Pl. testâ orbiculari, complanatá, ad periphœriam carinatá, subtùs
umbilicatá, diaphaná, nitidá, pallidè corneá; anfractibus quaternis.*

Planorbis nitidus. Muller. Verm. p. 163. n° 349.

Helix nitida. Gmel. p. 3624. n° 38.

Planorbis complanatus. Drap. Moll. pl. 2. f. 20-22.

  * Schrot. Flussconch. p. 242. n° 53. pl. 5. f. 27.

  * Millet. Moll. de Maine-et-Loire. p. 19. n° 11.

  * Pfeiff. Syst. anord. p. 82. n° 8. pl. 4. f. 12. 13.

  * Nilss. Hist. moll. Suec. p. 82. n° 9.

  * Kleeb. Syn. moll. Borus. p. 27. n° 6.

  * Alder. Cat. test. moll. Tr. soc. new. p. 30. n° 15.

  * *Planorbis nautileus.* Kickx. Syn. moll. Brab. p. 66. n° 83.

  * Col. des Ch. cat. des coq. du Finist. p. 72. n° 5.

  * Desh. Encycl. méth. vers. t. 3. p. 782. n° 12.

  * *Segmentina nitida.* Flem. Edinb. encyclop. t. 7.

  * *Id.* Turton. Man. p. 116. n° 99. f. 99.

              coq. de Valenc. p. 21. n° 2.

* Desmoul. Cat. des moll. de la Gir. p. 21. n₀ 11.
* Goupil. Hist. des moll. de la Sarthe. p. 52. n° 12.
* Bouillet. Cat. des moll. de l'Auv. p. 120. n° 11.
* *Fossilis.* Bouillet. Cat. des coq. foss. de l'Auv. p. 120. n° 12.
* Rosm. Icon. t. 2. p. 15. pl. 7. f. 114. 115.
Habite dans les eaux stagnantes du midi de la France. Mon cabinet.
Diamètre, 1 ligne.

12. Planorbe tuilé. *Planorbis imbricatus.* Muller. (1)

Pl. testá discoideá, supernè planá, subtùs concavá, tenui, pellucidá, pallidè corneá; anfractibus subternis, transversè lamellosis: lamellis ad marginem prominentioribus, imbricatis.

Turbo nautileus. Lin. Syst. nat. p. 1241. Gmel. p. 3612. n° 98.
Planorbis imbricatus. Muller. Verm. p. 165. n° 351.
Le planorbe tuilé. Geoff. Coq. 97. n° 8.
Planorbis imbricatus. Draparn. Moll. pl. 1. f. 49-51.
* Poiret. Prodr. p. 95. n° 10.
* Schrot. Flussconch. p. 238. n° 50.
* *Turbo nautileus.* Schrot. Einl. t. 2. p. 60.
* Férus. Syst. conch. p. 57. n₀ 3.
* Turton. Man. p. 111. n₀ 94. f. 94.
* Hécart. Cat. des coq. de Valenc. p. 22. n° 11.
* Desmoul. Cat. des moll. de la Gir. p. 19. n° 4.
* Goupil. Hist. des moll. de la Sarthe. p. 51. n° 11.
* Bouillet. Cat. des moll. d'Auv. p. 61. n° 4.
* Millet. Moll. de Maine-et-Loire. p. 14. n° 4.
* Brard. Hist. des Coq. p. 163. pl. 6. f. 10. 11.
* De Roissy. Buf. moll. p. 378. n° 5.
* Pfeiff. Syst. anord. p. 84. pl. 4. f. 15. 16.
* Nilss. Hist. moll. suec. p. 76. n° 4.
* Kleeb. Syn. moll. borus. p. 28. n° 9.
* Alder. Cat. test. moll. Tr. soc. newc. p. 30. n₀ 14.
* Kickx. Syn. moll. brab. p. 67. n° 85.
* Desh. Encycl. méth. vers. t. 3. p. 78. n° 85.
Habite en France, dans les rivières, sur les plantes aquatiques. Mon cabinet. Diamètre du précédent.

---

(1) Personne n'a de doute sur l'identité du *Turbo nautileus* de Linné, et du *Planorbis imbricatus* de Muller; comme le nom de Muller est venu après celui de Linné, il convient donc de rendre à l'espèce son nom Linnéen, et de l'inscrire dans les ouvrages de conchyliologie sous le nom de *Planorbis nautileus.*

† 13. Planorbe aplati. *Planorbis complanatus.* Lin.

Pl. testá discoideá, complanatá, fuscá, opacá, utrinque umbilicatá, carina marginali inferá; pagina inferiore subplaná, superiore concaviusculá.

Helix complanata. Lin. Syst. nat p. 1242.

Drap. Moll. p. 45. n° 8. pl. 2. f. 11. 12. 15. *Pl. marginatus.*

Geoffroy. Coq. p. 94. n° 6.

Planorbis umbilicatus. Mull. Verm. p. 160. n° 349.

Poiret. Prodr. p. 93. n° 8. *Planorbis complanatus.*

Philippi. Enum. moll. p. 145. n° 1.

Schrot. Flussconch. p. 239. n° 51. pl. 5. f. 22 à 25. pl. min. C. f. 4.

Schrot. Einl. t. 2. p. 129. pl. 4. f. 1.

Chemn. Conch. t. 9. p. 96. pl. 127. f. 1121 à 1123.

Millet. Moll. de Maine-et-Loire. p. 18. n° 9.

Brard. Hist. des coq. p. 152. pl. 5. f. 5.

Pfeiff. Syst. anord. p. 75. n° pl. 4. f. 1. 2.

Nilss. Hist. moll. suec. p. 80. n° 7.

Alder. Cat. test. moll. Tr. soc. newc. p. 31. n° 17.

Kickx. Syn. moll. brab. p. 64. n° 80.

Turton. Man. p. 107. n° 88. f. 88.

Hécart. Cat. des coq. de Valenc. p. 21. n° 4.

Desmoul. Cat. des moll. de la Gir. p. 20. n° 9.

Planorbis umbilicatus. Goupil. des moll. de la Sarthe. p. 50. n° 9.

Planorbis marginatus. Bouillet. Cat. des Moll. d'Auv. p. 63. n° 8.

Id. Fossilis. Bouillet. Cat. des coq. foss. de l'Auv. p. 117. n° 6.

Id. Rosm. Icon. t. 1. p. 102. pl. 2. f. 59.

Habite presque toute l'Europe, depuis le nord jusqu'au midi. Nous rendons à cette espèce son nom linnéen de *Planorbis complanatus,* abandonnant comme cela est juste les noms de Muller, de Draparnaud et des autres auteurs. Coquille d'un brun fauve, striée, concave et ombiliquée en dessus, plus ou moins planes en dessous, spire de cinq tours convexes en dessus, carénés inférieurement, ce qui les fait paraître aplatis en dessous ; ouverture ovale, à bord beaucoup plus avancé que l'inférieur péristome simple. Cette espèce a 12 ou 15 millim. de diamètre et 3 millim. d'épaisseur.

† 14. Planorbe lugubre. *Planorbis lugubris.* Wagn.

Pl. testá discoideá tenui utrinque profunde umbilicatá, ferrugineá, anfractibus rotundatis, oblique tenue striatis.

Planorbis corneus. Var. Chemn. Conch. t. 9. pl. 127. f. 1118.

Planorbis nigricans, albescens, viridis. Spix. Test. bras. pl. 18. f. 3. 4. 5. 6.

Planorbis lugubris. Wagn. daus Spix. p. 27. n₀ 2.

Planorbis Guadalupensis. Sow. Genera of shells. f. 2.

Habite dans les ruisseaux des forêts de la province de Bahia au Brésil.

Celle-ci est encore une des espèces confondues par Chemnitz avec le *Planorbis corneus.* C'est une de celles qui a avec lui le plus de ressemblance : elle est discoïde, assez épaisse, ombiliquée des deux côtés, mais plus profondément en dessous qu'en dessus. Le dernier tour est subcylindracé et toute la coquille est couverte de stries obliques fines et assez régulières; la couleur est souvent d'un brun ferrugineux, quelquefois d'un jaune corné ou brunâtre.

† 15. Planorbe verdâtre. *Planorbis olivaceus.* Wagn.

P. *testá discoideá, tenui, supernè plano-depressá, inferne late umbilicatá, olivaceá; anfractu ultimo compresso.*

Planorbis corneus. Var. Chemn. Conch. t. 9. p. 96. pl. 127. f. 1119. 1120.

Planorbis ferrugineus et olivaceus. Spix. Test. bras. pl. 13. f. 1. 2.

Planorbis olivaceus. Wagn. dans Spix. p. 26. n° 1.

An eadem? *Pl. Guadalupensis.* Guér. Icon. du Règn. anim. Moll. pl. 7. f. 1.

Habite dans les ruisseaux des forêts de la province de Bahia au Brésil. C'est après le *Planorbis corneus* le plus grand qui soit connu. Chemnitz, sous cette commune dénomination, confondait trois espèces au moins. Cette confusion a lieu, non dans sa synonymie, qui demande peu de rectifications, mais dans ses figures. Le Planorbe verdâtre est une coquille discoïde beaucoup plus aplati que le *Planorbis corneus,* le côté supérieur est presque plane, si ce n'est vers le centre, et les tours de spire y sont plus largement découverts que du côté inférieur. Ce côté offre un ombilic large et assez profond, circonscrit au dehors par un angle obtus: de ce côté les tours, plus enveloppés, sont beaucoup plus étroits; le dernier tour n'est pas subcylindracé comme dans la plupart des autres espèces; aplati en dessus, il est obliquement convexe et comprimé du bord de l'ombilic jusqu'à la circonférence; l'ouverture est très oblique à l'axe longitudinale; elle est un peu moins haute que large. La surface extérieure est chargée de fines stries irrégulières d'accroissement. La couleur est quelquefois ferrugineuse; le plus souvent elle est d'un jaune corné ou d'un jaune verdâtre transparent; les grands individus ont 28 à 30 millim. de diamètre et le dernier tour près de l'ouverture a 9 millim. d'épaisseur.

† 16. Planorbe de Tondano. *Planorbis Tondanensis.* Quoy.

> *P. testâ discoideâ, minimâ, planâ , subdepressâ, rubente, transver-sim tenuiter striatâ ; operturâ amplâ, obliquâ subangulatâ.*

Quoy et Gaim. Voy. de l'Ast. Zool. t. 2. p. 209. pl. 58. f. 39.

Habite à Célèbes, dans le lac de Tondano. Par sa taille et sa forme, cette coquille se rapproche du *Planorbis spirorbis;* nous la mentionnons pour appeler sur elle l'attention des voyageurs naturalistes; car cette coquille, trop brièvement décrite, et figurée une fois seulement, vue en dessous, ne nous semble pas suffisamment connue. Elle est très petite, discoïde, plane; l'ouverture est oblique et couleur rouge de laque sur le vivant. Cette petite coquille n'a que 2 lignes et demie de diamètre.

† 17. Planorbe brûlé. *Planorbis exustus.* Desh.

> *P. testâ discoideâ, utroque latere depressâ, subtus concaviusculâ ; anfractibus convexis, tenuè striatis, obliquatis; aperturâ semi-lunari, obliquâ, albâ; colore externo fusco, subcorneo.*

Desh. Voyage dans l'Inde, par M. Bélanger. Zool. p. 417. pl. 1. f. 11. 12. 13.

Habite les lieux marécageux de la côte du Malabar. Ce planorbe est bien distinct de l'*orientalis.* Il est beaucoup plus épais et formé d'un moindre nombre de tours. Il est discoïde, concave des deux côtés, mais plus profondément en dessous qu'en dessus. Les tours sont convexes, subanguleux du côté supérieur, et sensiblement inclinés du côté inférieur. L'ouverture est semilunaire et moins symétrique que dans la plupart des espèces. La surface parait lisse, mais vue à la loupe, elle est finement et assez régulièrement striée. Cette espèce a 16 millim. de diamètre et 8 d'épaisseur.

† 18. Planorbe marbré. *Planorbis marmoratus.* Mich.

> *Pl. testâ discoideâ, fusco marmoratâ, striatâ, superne convexâ, subtùs concavâ ; anfractibus quatuor, ultimo carinato, carinâ infe-riore ; aperturâ ovatâ, biangulatâ ; labro acuto, simplici.*

Mich. Coq. d'Alger. p. 11. n° 1. fig. 28. 29. 30.

Habite aux environs d'Alger. Petite coquille discoïde, aplatie, brune, marbrée de noirâtre. Elle a quatre tours, dont le dernier offre inférieurement une carène aiguë. Cette coquille a beaucoup de rapports avec le *Planorbis complanatus* (*marginatus.* Drap.). Nous n'avons pu encore l'observer, mais d'après ce qu'en dit M. Michaud, nous présumons que ce n'est qu'une variété méridionale du *Planorbis complanatus.*

† **19.** Planorbe leucostome. *Planorbis leucostoma.* Millet.

> *P. testá depressá, supra vix concavá, subtùs planá; anfractibus tardissimè accrescentibus, supra semiteretibus, subtùs planiusculis, extremo vix latiore, deorsum obtuse carinatá; aperturá subrotundá, subangulatá; peristomate leviter albi labiato.*

Mich. Compl. p. 80. pl. 16. f. 3. 5.

Hartm. (*in Sturm.* vi. 8. 13). *Pl. vortex Var. spirorbis.*

Rossm. Icon. Susswass. Moll. p. 105. pl. 2. f. 62.

Millet. Moll. de Maine-et-Loire. p. 16. n° 7.

Desm. Moll. de la Gironde. Bull. de la soc. linn. de Bord. t. 2. p. 58. n° 8.

Desmoul. Cat. des moll. de la Gironde. p. 20. no 8.

Goupil. Hist. des moll. de la Sarthe. p. 47. no 5.

Fossilis. Bouillet. Cat. des coq. foss. de l'Auv. p. 118. no 8.

Habite en France dans les petites mares. Petite coquille orbiculaire très aplatie, peu distincte du *Planorbis vortex.* Cependant elle se reconnait à son angle obtus, placé sur le bord du dernier tour. Cet angle est plus aigu. La coquille est plus convexe d'un côté; le bord de l'ouverture est jaunâtre et assez épais. Cette espèce a 8 millim. de diamètre et 1 millim. d'épaisseur.

† **20.** Planorbe comprimé. *Planorbis compressus.* Mich.

> *P. testá discoideá, compressá, striatulá, nitidá, pellucidá, supra concavá, infra planá, aliquando subconvexá, utrinque umbilicatá pallidè corneá; anfractibus septenis, ultimo majore carinato, cariná medianá, vel submedianá; aperturá ovatá, angulatá; peristomate simplici.*

Pl. vortex. Drap. p. 45. no 6. Var. A. pl. 2. f. 4. 5.

Mich. Complém. à Drap. p. 81. n° 8. pl. 16. f. 6. 7. 8.

Goupil. Hist. des Mol. de la Sarthe. p. 49. n° 7.

Habite La Rochelle, Verdun, Lyon, Strasbourg. Petite espèce que l'on distingue du *Planorbis vortex* avec lequel on pourrait le confondre par l'angle du dernier tour plus aigu, plus saillant, et placé sur le milieu du dernier tour; la coquille, est plane en dessous, concave en dessus. Ce n'est qu'avec peine que nous admettons cette espèce. Il faudrait s'assurer si les caractères donnés par M. Michaud sont constans, ce dont nous n'avons pu nous convaincre n'ayant pas un assez grand nombre d'individus.

† **21.** Planorbe coret. *Planorbis coretus.* Adanson.

> *P. testá minimá, discoideá, diaphaná, luteo-corneá, lævigatá, an-*

fractibus quatuor convexis; utrinque umbilicatá ; subtus conca-
viusculá.

Le Coret. Adans. Voy. au Sénég. p. 7. pl. 1.

Schroter. Flussconch. p. 232, n° 44.

Habite les lieux marécageux de Podor (Adans.). Il est assez remarquable que cette espèce, trouvée par Adanson, n'ait pas été observée de nouveau, malgré les recherches de plusieurs voyageurs. Il serait intéressant cependant de retrouver cette petite espèce pour la comparer avec une également fort petite que l'on rencontre fossile aux environs de Bordeaux. Cette petite coquille, d'un fauve corné, est composée de quatre tours lisses, convexes ; ils sont largement découverts, et par conséquent, la coquille est ombiliquée de chaque côté; mais elle est plus concave en dessous qu'en dessus. Adanson dit que cette coquille est sénestre; mais il est évident qu'il se trompe. Elle est dextre comme le démontre la figure et la planche; elle a une ligne et demie de diamètre.

† 22. Planorbe dentelé. *Planorbis cristatus.* Drap.

P. testá supra planá, subtus umbilicatá, spirá lamellis transversis aut striis elevatis raris cinctá; cariná dentatá.

Drap. Moll. p. 44. n° 5. pl. 2. f. 1. 2. 3.

Millet. Moll. de Maine-et-Loire. p. 14. n° 5.

Hécart. Cat. des Coq. de Valenc. p. 21. n° 6.

Desmoul. Cat. des Moll. de la Gironde. p. 19. n° 5.

Goupil. Histoire des Moll. de la Sarthe. p. 51. n° 10.

Bouillet. Cat. des Moll. de l'Auverg. p. 61. 3.

Habite en France dans les eaux stagnantes. Cette coquille est discoïde, aplatie, d'un brun pâle, très transparente; elle est plane en dessus, et de ce côté, le centre est creusé d'un très petit ombilic. Le dernier tour est caréné. Il est profondément ombiliqué en dessous, et on voit s'élever sur lui, à des distances régulières, des petites lames rayonnantes qui, dépassant la carène, produisent, au dernier tour, un contour dentelé. L'ouverture est arrondie, à bords presque égaux. Cette espèce, l'une des plus petites du genre, a à peine 2 millim. de diam.

Espèces fossiles.

† 1. Planorbe arrondi. *Planorbis rotundatus.* Brong.

P. testá discoideá, lævigatá, substriatáve, superne subplaná, subtus concavá; anfractibus sex rotundatis.

Brong. Ann. du Mus. t. 15. p. 370. pl. 22. f. 4.

Planorbis similis. Fer. Mem. Géol. p. 61. n° 1.

Planorbe arrondi. Brard. Ann. du Mus. t. 14. pl. 27. f. 19. 20.

Desh. Desc. des Coq. foss. t. 1. p. 83. pl. 9. f. 7. 8.

Id. Ency. Méth. Vers. t. 3. p. 778. n° 2.

Bowd. Elem. of Conch. pl. 4. f. 7.

Bouillet. Descr. Hist. et sc. de l'Auver. p. 115. n$_0$ 2.

Id. Cat. des Coq. foss. de l'Auver. p. 115. n$_0$ 2.

Habite.... fossile dans les meulières et dans les marnes blanches inférieures au gypse dans le bassin de Paris. Coquille discoïde, aplatie, presque également ombiliquée de chaque côté. En dessous,
elle a un angle obtus qui circonscrit l'ombilic. L'ouverture est presque circulaire, peu modifiée par l'avant-dernier tour. Dans le jeune
âge, la coquille était striée transversalement, et ces tries persis-
tent quelquefois jusque sur les derniers tours.

† 2. Planorbe cornet. *Planorbis cornu.* Brong.

*P. testá discoideá, superne subplaná, subtus profunde umbilicatá;
anfractibus quaternis, lœvigatis, ultimo maximo.*

Brong. Ann. du Mus. t. 15. p. 371. pl. 22. f. 6.

Fér. Memoi. Géol. p. 62. n$_0$ 8.

Desh. Desc. des Coq. foss. t. 2. p. 83. pl. 9. f. 5. 6.

Bowd. Elem. of. Conch. pl. 4. f. 9.

Bouillet. Cat. des Coq. foss de l'Auver. p. 115. n$_0$ 3.

Habite.... fossile à St. Prix-Palaiseau, à la Vilette, aux environs de
Paris. Elle a beaucoup de ressemblance avec le *Planorbis corneus,*
elle se distingue par un moindre nombre de tours en proportion
et par un ombilic plus élargi et plus profond; elle a aussi de
l'analogie avec le *Planorbis rotundatus,* mais celui-ci est beaucoup
plus grand et plus aplati.

† 3. Planorbe de Prévost. *Planorbis Prevostinus.* Brong.

*P. testá discoideá, lœvigatá, subsymetricá; anfractibus quaternis,
rotundatis, ultimo magno, involventi; umbilico utroque latere
minimo.*

Brong. Ann. du Mus. t. 15. p. 371. pl. 22. f. 7.

Desh. Desc. des Coq. foss. t. 2. p. 84. pl. 9. f. 9. 10.

Bowd. Elem. of Conch. pl. 4. f. 10.

Habite.... fossile dans les meulières du bassin de Paris. Celui-ci est
toujours plus petit et plus aplati que le *rotundatus,* il est tout-
à-fait lisse et ses tours sont plus enfoncés les uns dans les autres;
ces caractères ne permettent pas de le confondre avec les jeunes
d'autres espèces.

† 4. Planorbe subovale. *Planorbis subovatus*. Desh.

P. testâ subovatâ, discoideâ, subirregulari, supernè subplanâ, infernè profundè umbilicatâ lævigatâ, anfractibus quaternis, convexis, ultimo magno, aliquantisper substriato.

Desh. Desc. des Coq. foss. t. 2. p. 85. pl. 9. f. 19. 20. 21.

Habite.... fossile dans les marnes calcaires de la montagne de Bernou près Épernay. Petite espèce bien distincte de toutes ses congénères, les tours sont aplatis dans le sens de l'enroulement, ils sont dilatés de chaque côté, ce qui rend plus profonds les ombilics. Cette espèce est d'ailleurs bien reconnaissable par les stries granuleuses dont elle est couverte jusque sur le dernier tour. Elle a six à sept millim. de diamètre.

† 5. Planorbe lisse. *Planorbis lævigatus*. Desh.

P. testâ discoideâ, lævigatissimâ, tenui, symetricâ, depressâ; anfractibus quaternis, patentibus; utroque latere umbilico æquali.

Desh. Desc. des Coq. foss. t. 2. p. 85. pl. 10. f. 10. 11. 12.

Id. Ency. Méth. Vers. t. 3. p. 782. no 13.

Habite.... fossile près Épernay. Petite espèce toute lisse qui se rapproche par sa forme des jeunes *Planorbis rotundatus*, mais qui n'a jamais les stries qui distinguent ces derniers; la coquille est plus aplatie latéralement et elle est presque symétrique ses deux côtés étant également creusés; elle a quatre à cinq millim. de diamètre.

† 6. Planorbe d'Epernay. *Planorbis Sparnacensis*. Desh.

P. testâ discoideâ, subdepressâ, lævigatâ, supernè subconcavâ, inferne umbilicatâ; anfractibus senis, rotundatis; suturâ profundâ.

Desh. Desc. des Coq. foss. t. 2. pl. 10. f. 6. 7.

Id. Ency. Meth. Vers. t. 3. p. 782. n° 14.

An eadum ? Bouillet. Cat. des Coq. foss. d'Auv. p. 119. n° 9.

Habite.... fossile près d'Épernay; espèce aplatie discoïde, à tours nombreux et presque cylindriques, à peine embrassans; la coquille est presque plane en dessus, plus concave en dessous, elle est lisse, ses sutures sont profondes. Elle a neuf millim. de diamètre.

† 7. Planorbe lentille. *Planorbis lens*. Brong.

P. testâ discoideâ, depressâ, utrinque planâ, lævigatâ; anfractibus quaternis, ad periphæriam in medio subangulatis.

Brong. Ann. du Mus. t. 15. p. 372. pl. 22. f. 8.

Férus. Mém. Géol. p. 62. n₀ 10.

An eadem ? Sow. Min. Conch. pl. 140. f. 4.

An eadem ? Brard. Ann. du Mus. t. 14. pl. 27. f. 23. 24.
Desh. Desc. des Coq. foss. t. 2. p. 87. pl. 9. f. 11. 12. 13.
Id. Ency. Méth. Vers. t. 3. p. 783. n° 16.
Bowd. Elem. of Conch. pl. 4. f. 5.
Bouillet. Cat. des Coq. foss. de l'Auver. p. 116. n° 4.

Habite.... fossile dans les marnes calcaires inférieures et supérieures au gypse dans le bassin de Paris; petite espèce très aplatie; de forme lenticulaire; composée d'un petit nombre de tours très embrassans et laissant de chaque côté un ombilic peu profond. Le dernier tour est anguleux à sa circonférence et l'angle est presque médian, ce qui donne à la coquille l'apparence d'être symétrique quoiqu'elle ne le soit pas entièrement, l'ouverture est très oblique comprimée et triangulaire. Cette espèce a sept millim. de diamètre et à-peu-près deux millim. d'épaisseur.

† 8. Planorbe planulé. *Planorbis planulatus.* Desh.

P. testâ discoideâ, depressâ, lævigatâ, inferne planâ, superne convexiusculâ ; anfractibus quinis involventibus; ultimo magno, ad periphæriam angulato; umbilico patulo.

Desh. Desc. des Coq. foss. t. 2. p. 88. pl. 10. f. 8. 9. 10.

Habite.... fossile à Pantin, à la Villette dans les marnes blanches inférieures au gypse, espèce très aplatie, discoïde que rappelle assez bien pour la forme générale le *Planorbis marginatus.* Drap. Elle est cependant plus aplatie que l'espèce vivante, l'angle du pourtour est plus aigu et plus saillant, la face supérieure est médiocrement convexe, la face inférieure est aplatie et présente un ombilic large et peu profond, toute la coquille est lisses, marquée seulement par des stries d'accroissement, l'ouverture est oblique et triangulaire; les grands individus ont onze millim. de diamètre et deux d'épaisseur.

† 9. Planorbe évomphale. *Planorbis evomphalus.* Sow.

P. testâ discoideâ, supra planâ, ad periphæriam angulatâ ; subtus umbilicatâ transversim tenuè striatâ ; anfractibus subtrigonis vix involventibus.

Sow. Min. Conch. pl. 140. f. 7.
Sow. Genera of schells. f. 5.

Habite.... fossile à l'île de Wight. Espèce curieuse grande et très facile à distinguer parmi ses congénères, sa face supérieure est tout-à-fait plane, la convexité des tours est en dessous, et c'est de ce côté que se voit un ombilic large et assez profond, la surface supérieure est séparée du reste par un angle non saillant, mais cependant assez aigu , la surface de la coquille outre les stries d'accroissement, en offre encore de transverses, régulières plus ou moins nombreuses selon les individus. Nous apercevons plus de rapports entre cette espèce et le *Planorbis rotundatus* qu'on ne pourrait en supposer de prime abord. Les grands individus ont trente à trente-cinq millim. de diamètre.

PHYSE. (Physe.)

Coquille enroulée, ovale ou oblongue , à spire saillante. Ouverture longitudinale , rétrécie supérieurement. Columelle torse. Bord droit très mince, tranchant, s'avançant en partie au-dessus du plan de l'ouverture. Point d'opercule.

Testa convoluta , ovalis vel oblonga ; spirá prominente. Apertura longitudinalis, supernè angustata. Columella tortuosa. Labrum tenuissimum, acutum, subfornicatum aperturam partìm obtegens. Operculum nullum.

OBSERVATIONS. — Le genre *Physe*, établi par Draparnaud, comprend des coquilles fluviatiles , minces et fragiles, en général sinistrales , que l'on a comparées aux bulles, mais dont elles sont distinguées par leur spire bien saillante. Elles ont des rapports avec les Lymnées, et n'en diffèrent qu'en ce que leur ouverture n'est point évasée, le bord droit s'avançant un peu au-dessus de son plan. L'animal de ces coquilles n'a ni cuirasse, ni collier ; il est muni de deux tentacules aplatis, subulés, portant les yeux à leur base interne. On n'en connaît que peu d'espèces.

[Le genre Physe, d'abord établi par Adanson sous le nom de Bulin, ne fut définitivement introduit dans la science qu'au moment ou Draparnaud le présenta de nouveau sous le nom qu'il porte encore aujourd'hui. Adanson avait trop de sagacité pour ne pas apercevoir les rapports de son Bulin avec les Planorbes, aussi il ne manque pas d'insister sur ce point, tout en signalant les différences caractéristiques des deux genres. Aucun naturaliste n'a mis en doute l'analogie que présentent les animaux des Planorbes, des Physes et des Lymnées; mais aucun n'avait nié les caractères distinctifs des deux derniers genres. Certainement à considérer les coquilles seules, il y a une très grande ressemblance entre une Physe et une Lymnée, mais toutes les Physes sont sénestres, les Lymnées sont dextres, les Physes ont le test poli et luisant, parce que l'animal a son manteau lobé et renversé sur le test, ce qui n'a pas lieu dans les Lymnées; l'animal des Physes porte sur la tête des tentacules allongés et étroits, comme ceux des Planorbes, et non triangulaires et épais comme ceux des Lymnées. Ces caractères que nous venons de rappeler nous paraissent suffisans pour maintenir les deux genres dans la méthode, et pour rejeter par conséquent l'opinion de M. Sowerby qui les réunit dans son *Genera*.

Nous devons regretter que M. Michaud, dans la forme concise qu'il a adoptée pour son complément à Draparnaud, n'ait donné aucun détail sur quelques espèces indiquées comme trouvées en France, et qui cependant ne paraissent pas y vivre; c'est ainsi que Lamarck a cité deux espèces de Physes, l'une de la Garonne, et l'autre des environs de Montpellier, et que M. Michaud ne mentionne pas. Il faut probablement conclure du silence de M. Michaud, que les espèces dont il s'agit, n'ont pas été retrouvées, et que trompé par une fausse indication, Lamarck a donné un *Habitat* qui n'est pas le leur.

ESPÈCES.

1. Physe marron. *Physa castanea.* Lamk.

> Ph. testá sinistrorsá, ovato-oblongá, ventricosá, tenuissimá, pellucidá, castaneá; striis exiguis longitudinalibus obliquis; spirá breviusculá, apice erosá.
>
> Encyclop. pl. 459. f. 1. a. b.
> * Desh. Encycl. méth. Vers. t. 3. p. 761. n° 1.
> ★ *Limnea castanea.* Sow. Genera of shells. f. 7.
> Habite dans la Garonne. Mon cabinet. Elle est plus ventrue que celle qui suit. Longueur, 9 lignes et demie.

2. Physe des fontaines. *Physa fontinalis.* Drap.

> Ph. testá sinistrorsá, ovali, diaphaná, lævi, luteo-corneá; spirá brevissimá, acutiusculá.

Bulla fontinalis. Lin. Syst. nat. p. 1185.
Planorbis bulla. Muller. Verm. p. 167. nº 353.
Lister. Conch. t. 134. fig. 34.
Gualt. Test. t. 5. fig. CC.
La bulle aquatique. Geoff. Coq. p. 101. nº 10.
Favanne. Conch. pl. 61. fig. E 5.
Chemn. Conch. 9. t. 103. f. 877 et 878.
Bulimus fontinalis. Brug. Dict. nº 17.
Physa fontinalis. Drap. Moll. pl. 3. f. 8. 9.
* *Bulimus fontinalis.* Poiret. Prodr. p. 41. nº 10.
* Schrot. Flusschon. p. 269. nº 78. pl. 6. f. 16. a. b.
* Férus. Syst. Conch. p. 58. nº 1.
* Millet. Moll. de Maine-et-Loire. p. 29. nₒ 1.
* Brard. Hist. des Coq. p. 167. pl. 7. f. 7. 8.
* *Bulla fontinalis.* Dillw. Cat. t. 1. p. 487. nº 37.
* *Bulla rivalis.* Dillw. loc. cit. nº 38.
* Kickx. Syn. Moll. Brab. p. 54. nº 65.
* Coll. des Ch. Cat. des coq. du Finist. p. 72. nº 1.
* Schrot. Einl. t. 1. p. 181.
* *Turbo adversus.* Dacosta. brit. Conch. p. 96. pl. 5. f. 6.
* Lister. Anim. angl. pl. 2. f. 25.
* De Roissy. Buf. Moll. t. 5. p. 344. nº 1.
* Pfeif. Syst. anord. p. 94. nº 1. pl. 4. f. 28.
* Nilsˢ. Hist. moll. succ. p, 56. nº 1.
* Kleeb. Syn. moll. borus. p. 25. nº 1.
* Alder. Cat. test. Moll. Tr. sc. newc. p. 30. nº 10.
* Desh. Encycl. méth. Vers. t. 3. p. 762. nº 2.
* *Limnea fontinalis.* Sow. Genera of shells. f. 8.
* Turton. Man. p. 127. nº 110. f. 110.
* Webb. et Berth. Syn. moll. canar. p. 18. nº 2.
* Hécart. Cat. des coq. de Valenci. p. 20. nº 1.
* Desmoul. Cat. des moll. de la Gironde. p. 21. nº 1.
* Goupil. Hist. des Moll. de la Sarthe. p. 55. nº 3.
* Bouillet. Cat. des Moll. de l'Auvergn. p. 66. nº 2.
Habite dans les fontaines et les ruisseaux. Mon cabinet. Longueur,
6 lignes.

3. Physe des mousses. *Physa hypnorum.* Drap.

Ph. testá sinistrorsá, ovato-oblongá, lœvi, diaphaná, nitídá, lu-
tescente ; spirá exsertá, peracutá, nigro-maculatá.
Bulla hypnorum. Linn. Syst. nat. p. 1185. Gmel. p. 3428. nº 19.
Planorbis turritus. Muller. Verm. p. 169. nº 354.

Petiv. Gaz. t. 10. f. 8.

D'Argenv. Conch. pl. 27. f. 6. *figura septima ad dexteram.*

Chemn. Conch. 9. t. 103. fig. 882. 883. a. b. c.

Bulimus hypnorum. Brug. Dict. n° 11.

Bulla turrita. Gmel. p. 3428. no 20.

Physa hypnorum. Drap. Moll. pl. 3. f. 12. 13.

* *Bulimus hypnorum.* Poiret. Prod. p. 43. n° 11.

* Dacosta brit. Conch. p. 96. pl. 5. f. 66.

* Schrot. Flussconch. p. 290 et 291 n°s 88 et 89. pl. 6. f. 9. 15. a. b.

* Schrot. Einl. t. 2. p. 245. n°s 239 et 240.

* *Physa turrita.* Férus. Syst. Conch. p. 39. n° 2.

* Bouillet. Cat. des moll. de l'Auverg. p. 65. n° 1.

* Kickx. Syn. moll. Brab. p. 53. n° 63.

* Coll. des Ch. Cat. des Coq. du Finist. p. 72. n° 2.

* Desh. Encyc. méth. Vers. t. 3. p. 762. n° 3.

* Turton. Man. p. 128. n° 113. f. 113.

* Hécart. Cat. des coq. de Valenci. p. 20. n° 2.

* Goupil. Hist. des moll. de la Sarthe. p. 54. n° 1.

* Millet. Moll. de Maine-et-Loire. p. 30.

* *Bulla hypnorum.* Dillw. Cat. t. 1. p. 488. n° 39.

* De Roissy. Buff. Moll. t. 5. p. 344. n° 2.

* Pfeiff. Syst. anord. p. 97. n° 2. pl. 4. f. 29.

* Nilss. Hist. moll. suec. p. 57. n° 2.

* Kleeb. Syn. moll. borus. p. 25. n° 2.

* Alder. Cat. test. moll. tr. soc. newc. p. 30. n° 11.

Habite dans les rivières, les ruisseaux, sur les plantes aquatiques. Mon cabinet. Longueur, 5 lignes et demie.

4. Physe subopaque. *Physa subopaca.* Lamk.

Ph. testá sinistrorsá, ovatá, semipellucidá; lœviusculá, squalidè fulvá; anfractibus quaternis; spirá exsertiusculá.

Habite aux environs de Montpellier, dans les eaux stagnantes, M. *Chabrier.* Mon cabinet. Elle me parait inédite, et distincte non-seulement des espèces ci-dessus, mais aussi des *Ph. acuta* et *scaturiginum* de Draparnaud. Longueur, 4 lignes et demie.

† 5. Physe péruvienne. *Physa peruviana.* Gray.

Ph. testá ovatá, nitidá, pellucidá, fusco-conicá, spirá acutá; an-fractibus subito majoribus convexiusculis; aperturá spirá triplo longiore; labio interiore suprá ultimum anfractum subreflexo.

Gray. Spic. Zool. p. 5. pl. 6 f. 10.

Tome VIII. 26

Habite aux environs de Lima. Elle est l'une des plus grandes espèces
connues, elle est ovale-oblongue, ventrue, à spire courte et pointue, formée de cinq ou six tours convexes, le dernier a au moins
quatre fois la longueur de la spire, il est atténué antérieurement,
enflé dans le milieu; l'ouverture est grande, ovale oblongue, son
bord droit est très mince et très fragile, la columelle concave dans
le milieu, est elle-même peu épaisse [sans plis, et descend presque
perpendiculairement dans la direction de l'axe; toute la coquille
est mince et transparente, d'une couleur uniforme de brun cornée
très pâle. Elle est longue de vingt-cinq millim. et large de douze.

† 6. Physe de Tonga. *Physa Tongana*. Quoy.

Ph. testá sinistrorsá, ovato-acutá, elongatá, longitudinaliter striatá
subpellucidá, fulvo-castaneá; anfractibus convexis, ultimo spirá
longiore ventricoso; aperturá obliquá, labro tenui valde arcuato.
Quoy. et Gaim. Voy. de l'Astr. Zool. t. 2. p. 206. pl. 58. f. 19. 20.
  An eadum ? f. 21. 22.

Habite l'île Tonga (Quoy). Belle et grande espèce ovale allongée à
spire conique, pointue, formée de six tours convexes, dont le
dernier est ventru et un peu plus grand que la spire; la coquille
est mince, transparente, d'un brun corné uniforme; l'ouverture
est ovale oblongue, oblique. Le bord droit reste mince et tranchant; il est arqué et proéminent en avant comme celui de certains
Pleurotomes, la columelle porte vers le milieu un pli tordu et peu
saillant. Cette espèce à vingt-cinq millim. de longueur et douze
de largeur. Nous pensons après l'avoir examinée que la variété
f. 21. 22. doit constituer une espèce [distincte.

† 7. Physe hétérostrophe. *Physa heterostropha*. Say.

Ph. testá ovatá, inflatá, apice acutá, lævigatá corneo-fulvá; anfrac-
tibus quatuor, augustis convexis; ultimo maximo; aperturá ovato-
acutá, dilatatá; columellá albá crassá, valde contortá.
Bulla fontinalis Indiæ orientalis, Chemn. Conch. t. 9. p. 33. pl. 103.
  f. 879. 880.
Lister. Conch. pl. 135. f. 34.
Physa heterostropha. Say. Amer. Nich. Encycl.
Bulla fontinalis. Var. 3. Gmel. p. 3407.
Schrot. Einl. t. 1. p. 201. Helix. n° 84.
Bulla Crassula. Dillw. Cat. t. 1. p. 487. n° 36.
Habite la rivière Delaware. Espèce bien distincte d'un brun corné
clair, sa spire est très courte et le sommet est presque toujours
carié; quand la coquille est entière elle est formée de quatre

tours étroits convexes et dont le dernier est très grand; l'ouverture est ovale évasée dans les vieux individus, la columelle est blanche et sa tortion y produit un pli oblique et épais. La longueur est de 17 millim., la largeur de onze.

† 8. Physe aiguë. *Physa acuta*. Drap.

Ph. testá ovato-oblongá; albo–corneá, diaphaná, apice acutá, lævigatá; anfractibus sex, convexis ultimo magno inflato; aperturá ovato-oblongá, albá columellá subcontortá, rectá, labro intus incrassato.

Lister. Conch. pl. 135. f. 35?
Lister. Anim. Angl. pl. 2. f. 25.
Drap. Moll. p. 55. n° 2. pl. 3. f. 10. 11.
Férus. Syst. Conch. p. 59. n° 3.
Brard. Hist. des Coq. p. 169. pl. 7. f. 5. 6.
Mich. Compl. à Drap. p. 84. n° 3. pl. 16. f. 19. 20.
Webb. et Berth. Syn. moll. Canar. p. 18. n° 1.
Desmoul. Cat. des Moll. de la Gironde. p. 22. n° 2.
Goupil. Hist. des Moll. de la Sarthe p. 55. n° 2.

Habite en France, en Italie et en Sicile. Elle est ovale oblongue à spire pointue, formée de dix tours convexes, lisses dont le dernier enflé dans le milieu très grand constitue à lui seul les trois quarts de la coquille; l'ouverture est ovale oblongue, la columelle est blanche, droite et à peine tordue sur elle-même, le bord droit est blanc, épaissi et quelquefois il est accompagné en dedans d'une zone rougeâtre pâle, toute la coquille est d'une couleur cornée blanchâtre. Elle est longue de quinze millim. et large de neuf.

† 9. Physe torse. *Physa contorta*. Mich.

Ph. testá sinistrorsá, contrortá, ovatá, corneá, perforatá, nitidá, diaphaná, longitudinaliter striatá; anfractibus quaternis convexis, ultimo maximo; suturá profundá, spirá brevi, obtusiusculá; peristomate simplici.

Mich. Bull. de la Soc. linn. de Bord. t. 3. p. 568. f. 15. 16.
Id. Complém. à Drap. p. 83. n° 2. pl. 16. f. 21. 22.
Id. Coq. d'Alger. p. 12. n° 1. f. 26. 27.
Physa rivularis. Philippi Emm. Moll. Sici. pl. 9. f. 1.
An eadem? Physa alba. Turton. Zool. Journal. t. 2. p. 363. n° 3. pl. 13. f. 3.

Habite les Pyrénées, dans les ruisseaux qui coulent des montagnes. Elle vit aussi en Sicile, en Corse et en Algérie. La Physe torse se distingue facilement, elle est ovale globuleuse, formée de quatre à cinq tours très convexes lisses, la spire est obtuse au sommet plus courte que le dernier tour celui-ci est percé à la base d'un ombilic assez large pour une coquille de ce genre. Cette espèce est la seule à nous connue qui offre ce caractère, le test est d'un blanc jaunâtre corné ; l'ouverture est ovale et la columelle sans plis. Cette coquille est longue de treize millim. et large de huit.

✝ 10. **Physe georgienne.** *Physa georgiana.* **Quoy.**

Ph. testâ sinistrorsâ ovato-oblongâ, corneâ, crassâ, tenuissime longitudinaliter striatâ ; spirâ brevi, acutâ ; aperturâ ovato-oblongâ augustatâ ; marginibus utroque latere parallelis.

Quoy. et Gaim. Voy. de l'Astr. Zool. t. 2. p. 207. pl. 58. f. 23. 24.

Habite la Nouvelle-Hollande au port du roi George. Cette coquille a pour la forme générale et la taille beaucoup de rapports avec le *Physa acuta* de Draparnaud, elle est cependant bien distincte surtout par un caractère que nous ne retrouvons dans aucune autre espèce, son ouverture est allongée, étroite, arrondie à ses extrémités antérieure et postérieure, son bord droit est perpendiculaire non arqué, il est parallèle au bord columellaire, la coquille est mince d'un brun corné uniforme. Elle a quatorze millim. de longueur et sept de largeur.

Espèce fossile.

✝ 1. **Physe colomnaire.** *Physa columnaris.* **Desh.**

Ph. testâ elongato-turritâ, tenuissimâ, fragili, sinistrorsâ, lævigatâ, aperturâ ovato-acutâ ; columella marginatâ, in medio tortuoso-depressâ.

Desh. Desc. des Coq. foss. t. 2. p. 90. pl. 10. f. 11. 12.

Habite.... fossile à Épernay dans les marnes blanches de la montagne de Bernon. Elle est la plus grande espèce du genre ; sa taille et sa forme rappellent l'*Achatina columnaris*, elle est allongée, turriculée très mince, très fragile, toute lisse. L'ouverture est ovale atténuée postérieurement, le bord droit est très mince et la columelle tordue dans le milieu et un peu aplatie à sa base est suivie d'un bord gauche étroit et très mince. Les grands individus ont jusqu'à soixante millim. de longueur.

LYMNÉE. (Lymnea.)

Coquille oblongue, quelquefois turriculée, à spire saillante. Ouverture entière, plus longue que large. Bord droit tranchant : sa partie inférieure remontant sur la columelle, et y formant un pli très oblique en rentrant dans l'ouverture. Point d'opercule.

Testa oblonga, interdùm turrita ; spirá exserta. Apertura integra, longitudinalis. Labrum acutum, infernè ad sinistrum revertens et ascendens, in columellam versùs aperturam decurrit, plicamque obliquam mentitur. Operculum nullum.

OBSERVATIONS. — Les *Lymnées* constituent un genre assez nombreux en espèces, très distinct des Bulimes, puisque l'ouverture de leur coquille a le bord droit tranchant, mais fort rapproché de celui des Physes. On les distingue des Bulimes par l'espèce de pli très oblique qui se montre sur leur columelle, et des Physes, parce que le plan de leur ouverture n'est point irrégulier, et que le bord droit ne s'avance point au-dessus de cette ouverture. On ne les confondra pas non plus avec les Ambrettes, celles-ci ayant la columelle arquée, sans apparence de pli.

La coquille des *Lymnées* est oblongue, souvent un peu ventrue inférieurement, non nacrée, en général mince. Les espèces sont difficiles à distinguer, n'offrant pour les caractériser que des différences de proportions dans la grosseur et l'allongement des tours de la spire, différences qui se nuancent d'une espèce à l'autre, et sont difficiles à exprimer.

Bruguières, qui a fait dans les genres établis par *Linné*, parmi les coquillages, des réformes si convenables, n'a considéré pour caractériser son genre Bulime, qu'une ouverture entière plus longue que large à la coquille. D'après ce caractère, trop général encore, il rangeait parmi les Bulimes des coquillages terrestres, des coquillages fluviatiles, et d'autres marins ; il réunissait donc dans le même coupe des animaux très différens. C'est pour faire disparaître ces inconvéniens qu'aux dépens de ses Bulimes, nous avons établi les *Lymnées* et divers autres genres qu'il sera probablement utile de conserver.

La cavité spirale des *Lymnées* est complète, selon M. Daudebard, l'ouverture de la coquille se rétrécissant en haut et l'avant-dernier tour de la spire ne la modifiant nullement.

L'animal n'a point de collier apparent, et offre deux tentacules aplatis, lesquels portent les yeux à leur base interne.

[Depuis que Muller a distingué les Lymnées des autres coquilles terrestres et fluviatiles, en leur imposant le nom de Buccins, ce genre a été adopté par tous les naturalistes ; mais comme déjà le nom de Buccin avait été consacré par Linné à des coquilles marines toutes différentes des Buccins de Muller, ce nom a été changé par Lamarck dans ses premiers travaux pour celui qui a été conservé depuis.

L'animal des Lymnées présente des caractères qui lui sont propres. Il porte sur la tête deux tentacules triangulaires très élargies à la base, et ayant les yeux un peu saillans à la partie supérieure et interne de cette base. La tête est large et aplatie, séparée du pied par un sillon peu profond. Le pied est ovalaire, terminé en pointe postérieurement, mince et aplati sur ses bords. Le manteau fermé à sa partie antérieure, étroit, forme une sorte de collier comme dans les Hélices. Une grande cavité existe en arrière de son bord. La paroi supérieure de cette cavité, mince et transparente, est couverte en sa face interne d'un réseau vasculaire très développé, destiné à la respiration ; c'est près de l'ouverture du manteau et un peu en dessous que l'on aperçoit celle de l'anus.

Les Lymnées vivent dans les eaux douces, et peuplent en abondance surtout les eaux stagnantes ; elles se nourrissent de plantes aquatiques, rampent le long de leurs tiges, et viennent respirer l'air à la surface de l'eau. Souvent elles se tiennent renversées, nageant à la surface, et probablement maintenues dans cet équilibre par l'air dont elles remplissent la cavité branchiale. Elles ne restent point immobiles dans cette position. Examinées attentivement, on voit leur disque locomoteur en mouvement comme si l'animal rampait à la surface d'un corps solide : dans cette position renversée, il ne touche cependant qu'à une lame d'eau extrêmement mince, et il paraît que ce liquide offre encore assez de résistance pour permettre à l'animal de se mouvoir.

Comme tous les Pulmonés, les Lymnées ont les organes de la génération doubles dans chaque individu ; cependant l'accouplement ne se fait pas tout-à-fait de la même manière que dans les Hélices, un même individu servant de mâle à un second et de femelle à un troisième. Aussi, par cette disposition, il n'est pas rare de rencontrer dans le temps de la fécondation d'assez longs chapelets d'individus réunis les uns aux autres, par l'acte de la fécondation.

Les Lymnées, comme tous les Mollusques, ont un grand nombre d'œufs. Elles les appliquent sous les pierres ou sur les tiges des végétaux, où ils sont disposés en amas allongés, contenus dans une matière glaireuse qui s'augmente à mesure que les embryons se développent. Des observations très intéressantes ont été faites récemment sur ces développemens, d'abord par M. Pfeiffer, dans son ouvrage si remarquable et si bien fait sur les coquilles terrestres et fluviatiles de l'Allemagne; ensuite par M. Dumortier qui a publié à Bruxelles, un mémoire très important sur l'embryogenie des Mollusques, et qui a eu les Lymnées principalement en expérimentation. Nous ne pouvons ici reproduire ce dont la science est redevable à ces auteurs, mais nous engageons les zoologistes à avoir recours à ces ouvrages.

On trouve à l'état fossile un assez grand nombre de Lymnées. Jusqu'à présent on n'en cite aucune espèce dans les couches inférieures aux terrains tertiaires, et même dans ceux-ci les Lymnées n'apparaissent pas dans les couches d'eau douce inférieures. Elles se montrent dans les couches supérieures du calcaire grossier de Paris, et on les rencontre ensuite dans presque tous les dépôts lacustres, non-seulement dans l'époque parisienne, mais encore dans les deux autres grands groupes tertiaires qui surmontent celui-ci.

Les Lymnées sont des coquilles généralement minces, transparentes, cassantes, dont les formes sont assez diversifiées; elles sont cependant en général allongées, à spire petite, et à dernier tour très grand et très ample. On les trouve dans toutes les parties du monde; elles occupent cependant de préférence les parties tempérées et septentrionales de la terre.

ESPECES.

1. Lymnée columnaire. *Lymnœa columnaris.* Lamk. (1).

2. Lymnée des étangs. *Lymnœa stagnalis.* Drap. (2).

> *L. testá ovato-acutá, ventricosá, tenui, pellucidá, longitudinaliter substriatá, griseo-rufescente; ultimo anfractu supernè subangulato; spirá conico-subulatá; aperturá magná; labro repando.*

Helix stagnalis. Lin. Syst. nat. p. 1249. Gmel. p. 3657. n° 128.

Buccinum stagnale. Muller. Verm. p. 132. n° 327.

Lister. Conch. t. 123. f. 21.

Bonanni. Recr. 3. f. 55.

Gualt. Test. t. 5. fig. 1.

Le grand buccin. Geoff. Coq. p. 72. n° 1.

Seba. Mus. 3. t. 39. f. 43. 44.

Helix stagnalis. Pennant, Brith. Zool. 4. t. 86. f. 136.

Born. Mus. t. 16. f. 16.

Favanne. Conch. pl. 61. f. 16.

Chemn. Conch. 9. t. 135. f. 1237. 1238.

Bulimus stagnalis. Brug. Dict. n° 13.

Lymneus stagnalis. Drap. Moll. pl. 2. f. 38. 39.

Lymnœa stagnalis. Encyclop. pl. 459. f. 6. a. b.

* Dillw. Cat. t. 2. p. 962. n° 168.

* Brard. Hist. des Coq. p. 133. pl. 6. f. 1.

* De Roissy. Buf. Moll. t. 5. p. 348. n° 1. pl. 55. f. 5.

* *Helix stagnalis.* Burrow. Elem. pl. 20. fig. 5.

* Pfeiff. Syst. anord. p. 86. n° 2. pl. 4. f. 19.

* Nilss. Hist. moll. succ. p. 60. n° 1.

* Bowd. Elem. of Conch. pl. 6. fig. 12.

* Kleeb. Syn. moll. Borus. p. 22. n° 1.

---

(1) Cette coquille, comme l'a reconnu Lamarck d'après les observations de M. de Férussac, n'est pas une Lymnée, mais bien une Agathine; comme c'est dans ce genre que Lamarck l'aurait placée s'il eût été averti assez tôt, nous l'avons fait passer parmi les Agathines où elle restera désormais.

(2) Chemnitz a confondu sous le même nom cette espèce et la suivante, elles sont cependant bien constantes et faciles à distinguer.

* Alder. Cat. test. moll. Tr. soc. new. p. 29. n 4.
* Kickx. Syn. moll. Brab. p. 58. n° 71.
* Col. des Ch. Cat. des Coq. du Finist. p. 73. n₀ 1.
* Sow. Genera of shells. *Limnea.* f. 1.
* Turton. Man. p. 121. n₀ 104. f. 104.
* Junior. *Limneus fragilis.* Turton. Man. p. 121. n° 105. f. 105.
* Hécart. Cat. des Coq. de Valenci. p. 14. n₀ 2.
* Desmoul. Cat. des moll. de la Gironde. p. 23. n. 1.
* Goupil. Hist. des moll. de la Sarthe. p. 57. n° 1.
* Bouillet. Cat. des moll. de l'Auverg. p. 69. n° 4.
* *Fossilis.* Bouillet. Cat. des Coq. foss. d'Auv. p. 124. n° 3.
* Rosm. Icon. t. 1. p. 95. pl. 2. f. 49.
* Blainv. Malac. pl. 37. f. 1.
* Guer. Icon. du Règne Anim. Moll. pl. 7. f. 4.
* *Helix stagnalis.* Alten. Syst. abh. p. 93.
* Lessons on Schells. pl. 5. f. 5.
* *Bulimus stagnalis.* Poiret Prodr. p. 33. n° 1.
* Dacosta. Conch. Brit. p. 93. pl. 5. f. 11.
* Lister. Anim. Angl. pl. 2. f. 21.
* Lister. Trans. phil. t. 9. pl. 2. f. 22.
* Schrot. Flussconch. p. 304. pl. 7. f. 1. 2. pl. min. C. f. 1.
* Schrot. Einl. t. 2. p. 167.
* *Helix stagnalis.* Olivi. Adriat. p. 176.
* Férus. Syst. Conch. p. 56. n° 1.
* Millet. Moll. de Maine-et-Loire. p. 26. n° 5.
* Brookes. Introd. p. 129. pl. 8. f. 109.

Habite en France, dans les étangs. Mon cabinet. Espèce fort commune. Longueur, 2 pouces 3 à 4 lignes.

3. Lymnée des marais. *Lymnæa palustris.* Drap. (1).

> *L. testá ovato-oblongá, longitudinaliter et tenuissimè striatá, striis remotiusculis cinctá, fuscescente, interdùm albido-cærulescente; spirá conico-acutá; aperturá ovatá.*

---

(1) En réunissant à l'*Hélix fragilis* de Linné, le *Buccinum palustre* de Muller, Lamarck aurait dû préférer le nom Linnéen à tout autre; aussi ceux des Conchyliologues qui admettent comme Lamarck l'identité des deux espèces, devrait les réunir sous la dénomination de *Lymnea fragilis.* Quelques auteurs, Gmélin, Schroter, Dillwyn, maintiennent les deux espèces; mais **nous** n'avons jamais aperçu entre elles que des caractères de variétés.

Helix fragilis. Lin. Syst. nat. p. 1249. Gmel. p. 3658. n° 1249.

Buccinum palustre. Muller. Verm. p. 131. n° 326.

Lister. Conch. t. 124. f. 24.

Gualt. Test. t. 5. fig. E.

D'Argenv. Conch. pl. 27. fig. 6. *figura quarta.*

Fav. Conch. pl. 61. f. F 9.

Chemn. Conch. 9. t. 135. f. 1239. 1240.

Bulimus palustris. Brug. Dict. no 12.

Helix palustris. Gmel. p. 3658. n° 131.

Ejusd. Helix corvus. p. 3665. n° 203.

Lymneus palustris. Drap. Moll. pl. 2. f. 40. 42. et pl. 3. f. 1. 2.

Helix palustris. Montag. *ex D. Leach.*

* Rosm. Icon. t. 1. p. 96. pl. 2. f. 51. 52.

* *Var Lymnæus speciosus.* Zieg. Rosmal. Icon. t. 1. p. 96. pl. 2. f. 50.

* Philippi. Enum. moll. p. 46.

* *Var. majore, helix corvus.* Alten. Syst. abh. p. 109.

* *Bulimus palustris.* Poiret. Prodr. p. 35. no 2.

* Lister. Anim. Angl. pl. 2. f. 22.

* Lister. Trans. phil. p. 9. pl. 2. f. 20.

• Pennant. Zool. Brit. t. 4. p. 340. f. 26. f. 2. A?

* Schrot. Flusscouch. p. 307. pl. 7. f. 3. 4. 7. 8. 9. 10.

* Schrot. Einl. Conch. t. 2. p. 247. no 250.

* Millet. Moll. de M.-et-L. p. 26. n° 6.

* *Helix fragilis.* Dilw. Cat. t. 2. p. 963. no 169.

* *Helix palustri .* Dillw. Cat. p. 963. n° 170.

* Brard. Hist. des Coq. p. 136. pl. 5. f. 6. 7.

* Pfeiff. Syst. anord. p. 88. n° 3. pl. 4. f. 20.

* Nilss. Hist. des moll. suec. p. 69. n° 7.

* Payr. Cat. p. 106. n° 233.

* Kleb. Syn. moll. borus. p. 24. n° 8.

* Alder. Cat. test. moll. Tr. soc. New. p. 29. n° 5.

* Kickx. Syn. moll. Brab. p. 59. n° 72.

* Col. des Ch. Cat. des Coq. du Finist. p. 73. n° 2.

* Turton. Man. p. 123. n° 107. f. 107.

* Hécart. Cat. des Coq. de Valenci. p. 14. no 3.

* Desmoul. Cat. des moll. de la Gironde. p. 23. n° 2.

* Goupil. Hist. des moll. de la Sarthe. p. 61. n° 6.

* Bouillet. Cat. des moll. d'Auverg. p. 70. n° 5.

* Desh. Encyc. méth. Vers. t. 2. p. 359. n° 12.

* *Fossilis.* Bouillet. Descr. de l'Auv. pl. 19. f. 7.

* *Id. ibid.* Cat. des Coq. foss. d'Auv. p. 129. n° 9.

* *Id. fossilis.* Descr. des Coq. foss. t. 2. p. 95. pl. 11. f. 9. 10.
* *Id.* Bowd. Elem. of Conch. pl. 4. fig. 16.

Habite en France, dans les marais, les eaux douces. Mon cabinet.
Elle est moins grande, moins ventrue, et à ouverture bien moins
ample que celle qui précède. Ses tours sont arrondis et au nombre de six. Longueur, 9 lignes et demie.

4. Lymnée de Virginie. *Lymnœa Virginiana.* Lamk.

*L. testá ovato-ventricosá, tenuissimá, diaphaná, longitudinaliter
rugosá, griseá; anfractibus quinis: ultimo spirá longiore; labro
repando.*

* Desh. Encyc. méth. Vers. t. 2. p. 362. n° 21.

Habite en Virginie, dans les eaux douces. Mon cabinet. Sa ténuité
la rend très fragile. Longueur, 13 lignes.

5. Lymnée blonde. *Lymnœa luteola.* Lamk.

*L. testá ovato-ventricosá, turgidá, tenuissimá, pellucidá, luteo-au-
reá; spirá ultimo anfractu breviore; labro repando.*

Habite au Bengale, dans les eaux douces. *Massé.* Mon cabinet. Son
dernier tour est fort grand, couleur d'écaille blonde, et offre trois
lignes transverses, blanchâtres, peu apparentes. Longueur, un
pouce.

6. Lymnée acuminée. *Lymnœa acuminata.* Lamk.

*L. testá ovato-ventricosá, tenuissimá ; hyaliná, subalbidá; spirá,
brevissimá, apice acuminatá.*

Habite au Bengale, dans les eaux douces. *Massé.* Mon cabinet. Son
dernier tour fait presque toute la coquille. Sa ténuité est extrême.
Taille de la précédente.

7. Lymnée auriculaire. *Lymnœa auricularia.* Drap.

*L. testá ampullaceá, ventricosá, ovatá, tenui, diaphaná, pallidè
fulvá ; striis longitudinalibus tenuissimis confertis ; spirá brevissimá, acuminatá.*

Helix auricularia. Lin. Syst. nat. p. 1250. Gmel. p. 3662. n° 147.

Buccinum auricula. Muller. Verm. p. 126. n°. 322.

Bonanni. Recr. 3. f. 54.

Lister. Conch. t. 123. f. 22.

Gualt. Test. t. 5. fig. F. G.

D'argenv. Conch. pl. 27. f. 7. pl. 28. f. 22. et Zoomorph. pl. 8. f. 6.

Favanne. Conch. pl. 61. fig. E. 3. E. 11.

Le radis ou buccin ventru. Geoff. Coq. p. 77 n°. 3.

Helix auricularia. Pennant. Brit. Zool. 4. t. 86. f. 188.

Born. Mus. t. 16. f. 20.

Chemn. Conch. 9. t. 135. f. 1241, 1242.

Bulimus auricularius. Brug. Dict. n° 14.

Lymneus auricularius. Drap. Moll. pl. 2. f. 28. 29.

* De Roissy. Buff. moll. t. 5. p. 348. no 2.

* Pfeiff. Syst. Anord. p. 85. pl. 4. f. 17. 18.

* Nilss. Hist. moll. succ. p. 61. n° 2.

* Kleeb. Syn. moll. boruss. p. 22. n° 2.

* Kickx. Syn. moll. Brab. p. 56. n° 68.

* Col. des Ch. Cat. des Coq. du Finist. p. 73. n° 3.

* Desh. Ency. méth. vers. t. 2. p. 360. n₀ 13.

* Turton. Man. p. 117. f. 100. n° 100.

* Hécart. Cat. des coq. de Valenci. p. 15. n° 7.

* Goupil. Hist. des moll. de la Sarthe. p. 59. n° 3.

* Bouillet Cat. des moll. de l'Auver. p. 69. n° 1.

* Rosm. Icon. t. 1. p. 89. pl. 2. f. 55.

* *Junior. Helix limosa.* Chemn. Conch. t. 9. f. 77. pl. 135. f. 1246.
  1247.

* *An eadem ? Helix limosa.* Lin. Syst. nat. p. 12 49.

* Blainville. Malac. pl. 37 *bis.* f. 2.

* *Helix auricularia.* Alte. Syst. abh. p. 105.

* *Bulimus auricularius.* Poiret. Prod. p. 39. n° 6.

* *Turbo patulus.* Dacosta. Conch. Britt. p. 95. pl. 5. f. 17.

* Lister. Anim. Angl. pl. 2. f. 23.

* Lister Exercit. Anat. p. 54. pl. 2. f. 3. 4.

* Schrot. Flussconch. p. 272. n. 81. pl. 6. f. 3. à 6. pl. min. C. f. 2.

* Schrot. Einl. t. 2. p. 172.

* *Helix auricularia.* Olivi. Adriat. 77.

* Férus. Syst. conch. p. 56. n° 1.

* Millet. Moll. de Maine-et-Loire. p. 22. n° 1.

* Dorset. Cat. p. 56. pl. 21. f. 17.

* *Helix auricularia.* Dillw. Cat. t. 2. p. 969. n₀ 183.

* Brard. Hist. des Coq. p. 140. pl. 5. f. 2. 3.

Habite en France, dans les eaux douces. Mon cabinet. Son dernier
tour fait à lui seul presque toute la coquille. Sa spire très petite
n'a que trois tours. Longueur totale, 10 lignes; largeur presque
égale.

8. Lymnée ovale. *Lymnæa ovata.* Drap.

*L. testá subampullaceá, ovali, longitudinaliter striatá, albidá;
anfractibus quinis; spirá brevi, acutá; aperturá ovato-oblongá.*

Gualt. Test. t. 5. fig. NN ?

Helix teres. Gmel. p. 3667. n° 217.

Bulimus limosus. Poiret, Prodr. p. 39. n° 7.

Lymneus ovatus. Drap. Moll. pl. 2. f. 30. 31.

* Pfeiff. Syst. Anord. p. 89. pl. 4. f. 21.

* Nilss. Hist. moll. succ. p. 63. n° 3.

* Alder. Cat. Test. Moll. Tr. soc. New. p. 30. n° 9,

* Kickx. Syn. moll. Brab. p. 57. n° 69.

* Col. des Ch. Cat. des Coq. du Finist. p. 73. n° 4.

* Desh. Ency. Méth. Vers. t. 2. p. 359 n° 10.

* Hécart. Cat. des Coq. de Valenci. p. 15, n° 6.

* Desmoul. Cat. des Moll. de la Gironde. p. 24. n° 5.

* Goupil. Hist. des moll. de la Sarthe. p. 60. n° 4.

* Bouillet. Cat. des moll. de l'Auver. p. 67, n° 2.

* Rosm. Icon. t. 1. p. 100. pl. 2. f. 56.

* Philippi. Enum. Moll. p. 146. n° 2.

* Wagn. Suppl. à Chemn. p. 179. pl. 235. f. 4127. -28.

* *Var minor. Lymnœa vulgaris id.* f. 4129.

* *.An eadem? Helix limosa.* Olivi. Adriat p. 177.

* Millet. Moll. de Maine-et-Loire. p. 23 n° 2.

* Brard. Hist. des Coq. p. 542. pl. 5. f. 45.

* *Fossilis.* Bouillet. Cat. des coq. foss. d'Auv. p. 133. n° 18.

Habite en France, dans les ruisseaux. Mon cabinet. Longueur, **6**
lignes et demie.

9. **Lymnée voyageuse.** *Lymnœa peregra.* **Drap.**

> *L. testá ovato-oblongá, tenui, pellucidá, longitudinaliter striatá,*
> *pallidè corneá ; anfractibus convexis ; suturis excavatis ; spirá*
> *mediocri, acutá.*

Buccinum peregrum. Muller, Verm. p. 130. n° 324.

Helix atrata. Chemn. Conch. 9. t. 135. f. 1244. 1. 2.

Bulimus pereger. Brug. Dict. n° 10.

Helix peregra. Gmel. p. 3659. n° 155.

Lymneus pereger. Drap. Moll. pl. 2. f. 34—37.

Heiix peregra. Montag. *ex. D.* Leach. ?

An Helix putris ? Pennant. Zool. Breit. t. 4. p. 541. pl. 89. f. 3.

* Schrot. Flusseonch. p. 275. n° 82. pl. 6. f. 7. pl. min. C. f. 3.

* Schrot. Einl. t. 2. p. 244. n° 238. *Helix.*

* *Helix peregra.* Dillw. Cat. t. 2. p. 765. n° 194.

* Pfeiff. Syst. Anord. p. 90. n° 6. pl. 4. f. 23. 24.

* Nills. Hist. moll. suec. p. 166. n. 6.

Payr. Cat. p. 106. n° 233.

* Kleeb. Syn. moll. boruss. p. 23. n° 5.

* Alder Cat. test. Moll. Tra. Soc. Newc. p. 30. n° 8.

* Kickx. Syn. Moll. Brab. p. 57. n° 70.

* Hécart. Cat. des Moll. de Valenci. p. 15. n° 8.

* Philippi. Enum. Moll. p. 146. n° 3.

* Wagner. Suppl. à Chem. p. 180, pl. 235. f. 4130. 4131.

* *An eadem ? Bulimus obscurus.* Poiret Prodr. p. 35. n° 3.

» Millet. Moll. de Maine–et–Loire. p. 25. n° 4.

* Col. des Ch. Cat. des coq. du Finistère. p. 73. n° 5.

* Turton. Man. p. 118. n° 101. f. 101. exc. Var.

* Desmoul. Cat. des Moll. de la Gironde p. 25. n° 7.

* Goupil. Hist. des Moll. de la Sarthe. p. 61. n° 5.

* Bouillet. Cat. des Moll. de l'Auv. p. 68. n° 3.

* *Fossilis.* Bouillet. Cat. des Coq. foss. d'Auv. p. 133. n° 16.

* Rosm. Icon. t. 1. p. 98. pl. 2. f. 54.

Habite en France, dans les eaux douces. Mon cabinet. Elle a quatre tours et demi. Longueur sept lignes. L'animal sort quelquefois de l'eau, et grimpe, soit sur les troncs d'arbres, soit sur les murs.

10. Lymnée intermédiaire. *Lymnœa intermedia.* Fér.

L. testâ ovali, tenuissimâ, diaphanâ, per longitudinem tenuis-simè striatâ, corneo-rufescente ; anfractibus quaternis, convexis ; sptrâ brevi, fuscâ, acutâ.

Lymnœa intermedia. ex. D. Daudebard.

Gualt. Ind. Test. pl. 5. f. NN ?

* Schrot. Flusconch. Tab. Min. A. f. 7 ?

* Schrot. Einl. t. 2. p. 216. n° 144.

* Mich. Compl. à Drap. p. 86 n° 3. pl. 16. f. 17. 18.

Habite en France, dans le Quercy, où elle se trouve dans les eaux douces. Mon cabinet. Longueur quatres lignes et demie.

11. Lymnée leucostome. *Lymnœa leucostoma.* Lamk. (1)

L. testâ elongato-turritâ, longitudinaliter et tenuissimè striatâ,

---

(1) Il est à présumer que l'*Helix peregrina* de Dillwyn, est la même espèce que celle-ci, en rejetant de la synonymie la citation de Schroter et de Gmélin. Dillwyn a confondu deux espèces, celle de Schroter dont Gmélin a fait son *Helix peregrina ;* elle vient de l'Amérique méridionale, l'autre l'*Helix octofracta* de Montagu, qui très probablement est la même que la Lymnée leucostome.

fusco-nigricante; anfractibus septenis, convexis; aperturâ ab-
breviatâ : marginibus intùs albidis.

Bulimus leucostoma. Poiret. Prodr. p. 37. n° 4.

Lymueus elongatus. Drap. Moll. pl. 3. f. 3. 4.

* *Lymnœa elongata.* Wagner. Suppl. à Chemn. p. 181. pl. 235. f. 4132. 4133.

* *Helix octofracta.* Pennant. Zool. Brit. p. 336. pl. 89. f. 5.

* Férus. Syst. Conch. p. 56. n° 3.

* *Lymœa elongata.* Millet. Moll. de. M.-et-L. p. 27. n° 7.

* Pfeiff. Syst. anord. p. 92. n° 7. pl. 4. f. 25.

* Nilss. Hist. moll. succ. p. 71. n° 9.

* *Lymneus elongatus.* Kleeb. Syn. moll. borus. p. 24. n° 9.

* *L. leucostoma.* Alder. Cat. Test. Moll. tr. soc. Newc. p. 27. n° 7.

* Desh. Ency. méth. vers. t. 2. p. 357. n° 5.

* *Lymnœa elongata.* Sow. Genera. of shells. f. 6.

* *Limnea leucostoma.* Mich. Compl. à Drap. p. 89. no 9.

* *Lymneus elongatus.* Turton. Man. pl. 122. n° 106. f. 106.

* Hécart. Cat. des Coq. de Valenci. p. 14. n° 1.

* Desmoul. Cat. des moll. de la Gironde. p. 28. n° 3.

* Goupil. Hist. des moll. de la Sarthe. p. 63. n° 7.

* Bouillet. Cat. des moll. d'Auverg. p. 71. n₀ 6.

* Rosm. Icon. t. 1. p. 161. pl. 2. f. 58.

* *Helix octofracta.* Montagne. Test. Brit. p. 588. pl. 11. f. 8.

* Dorset. Cat. p. 55. pl. 18. f. 11.

* *Helix peregrina.* Dillw. Cat. t. 2. p. 954. n° 151. *Synon. Gmel. exclus.*

Habite en France, dans les eaux douces. Mon cabinet. Longueur près de huit lignes.

12. Lymnée naine. *Lymnœa minuta.* Drap. (1)

L. testâ ovato-conicâ, tenui, pellucidâ, longitudinaliter striatâ cinereo-fuscescente; anfractibus quinis, convexis; suturis ex-cavatis.

Buccinum truncatulum. Muller. Verm. p. 130. n° 325.

Le petit buccin. Geoff. Coq. p. 75. n° 2.

Bulimus truncatus. Brug. Dict. n° 20.

---

(1) Puisque Muller avait donné un nom spécifique à cette co-quille long-temps avant Draparnaud, il sera nécessaire de le lui rendre et de l'inscrire dans les catalogues sous le nom de *Lymnea truncatula.*

Helix truncatula. Gmel. p. 3659. n° 132.

Bulimus obscurus. Poiret. Prodr. p. 35. n° 5.

Lymneus minutus. Drap. Moll. pl. 3. f. 5–7.

* Philippi. Énum. Moll. p. 147. n° 4.

* Schrot. Flussonch. p. 318. pl. 7. f. 13.

* Schrot. Einl. t. 2. p. 248. n° 253.

* Millet. Moll. de Maine-et-Loire. p. 28. n° 8.

* *Helix truncatula.* Dillw. Cat. t. 2. p. 967. n° 176.

* Brard. Hist. des Coq. p. 138. pl. 5. f. 8. 9.

* Wagn. Suppl. à Chemn. p. 182. pl. 235. f. 4134. 4135.

* Pfeiff. Syst. anord. p. 93. n° 9. pl. 4. f. 27.

* Nilss. Hist. moll. suec. p. 72. n° 10.

* Kleeb. Syn. moll. borus. p. 24. n° 7.

* Alder. Cat. Test. moll. tr. soc. Newc. p. 29. n° 7.

* Kickx. Syn. Moll. Brab. p. 60. n₀ 75.

* Col. des Ch. Cat. des coq. du Finistère p. 74. n° 6.

* Desh. Ency. méth. vers. t. 2. p. 358. n° 6.

* *Lymneus fossarius.* Turton. Man. p. 124. n° 108. f. 108.

* Hécart. Cat. des Coq. de Valenci. p. 15. n° 1.

* Desmoulins. Cat. des Moll. de la Gironde. p. 24. n° 4.

* Goupil. Hist. des Moll. de la Sarthe. p. 65. n° 10.

* Bouillet. Cat. des Moll. d'Auver. p. 71. n° 7.

* *Fossiliis.* Bouillet. Cat. des coq. foss. d'Auver. p. 134. n° 17.

* Rosm. Icon. Test. p. 100. pl. 2. f. 57.

Habite en France, dans les ruisseaux. Mon cabinet. Longueur
quatre lignes.

† 13. Lymnée papyracée. *Lymnœa papyracea.* Spix.

*L. testâ ovato oblongâ, tenui, pellucidâ, nitidâ longitudinaliter
subtilissimè striatâ, lutescente, spirâ obtusâ, rubescente; aperturâ
longitudinali; margine sinistro subreflexo et roseo.*

Spix. Test. Bras. p. 17, pl. 10. f. 5.

Habite le Brésil dans les eaux douces. Par sa forme et ses caractères
cette Lymnée a beaucoup de rapport avec le *Lymnœa Virginea* de
Lamarck. Elle est ovale, oblongue, rétrécie; la spire est aussi longue
que l'ouverture; elle est conique, obtuse au sommet et formée de
six tours à peine convexes, très finement striés dans leur longueur. L'ouverture est allongée, étroite, le bord droit est mince
et tranchant, le gauche est étroit et cache en partie une petite
fente ombilicale, la columelle vers la base se relève en un pli
peu saillant et à peine bordée dans sa longueur. Toute la coquille
est mince, transparente et jaunâtre, le sommet de la spire est

teinté de rose et le pli columellaire est rougeâtre. La longueur
de cette espèce est de 34 millim., sa largeur de 12.

† 14. Lymnée de Lesson. *Lymnæa Lessoni*. Desh.

L. testá ovato-ventricosá, globulosá, pellucidá, fragilissimá, sub-
striatá; viridulá; spirá brevi, acutá aperturá magná, ovali, labro
dextro simplici, acuto; columellá contortá.

Desh. Mag. de Conch. pl. 16.
Id. Ency. méth. Vers. t. 2. p. 358. n° 7.
Lesson. Voy. de la Coq. p. 330. n° 76.
Id. Centurie Zool. p. 120. pl. 44.

Habite la petite rivière Marquarie à la Nouvelle-Hollande (Lesson).
Belle espèce découverte par M. Lesson à la Nouvelle-Hollande; elle
est ovale globuleuse, excessivement mince, cornée, transparente, à
spire courte et pointue, le dernier tour est très grand, la surface
paraît lisse, mais examinée à la loupe on la trouve couverte d'un
réseau excessivement fin produit par l'entrecoisement de stries
longitudinales et transverses. L'ouverture est très grande, dilatée antérieurement, la columelle est en un petit filet solide,
très mince, tordu sur lui-même, ce qui forme un pli columellaire peu saillant. La longueur est de 27 millim., la largeur
de 22.

† 15. Lymnée succinée. *Lymnæa succinea*. Desh.

L. testá ovato-acutá, tenui, fragili, lævigatá, colore succineá;
spirá acutá; anfractibus convexiusculis ultimo maximo; aperturá
ovato-acutá, basi dilatatá; labro tenuissimo, acuto; columellá in
medio, plicá contortá, instructá.

Desh. Voy. dans l'Inde par Belanger. Zool. p. 418. pl. 2. f. 13. 14.

Habite sur les côtes du Malabar dans les rivières et les ruisseaux.
Comme toutes les Lymnées, elle est très mince et fragile. Sa spire
courte et pointue est formée de quatre à cinq tours convexes,
dont le dernier très grand constitue à lui seul les deux tiers de la
coquille; l'ouverture est oblongue ovale, atténuée postérieurement, dilatée du côté antérieur, la columelle est en filet mince et
tordu. Toute la coquille est lisse, mince, fragile, transparente et
d'un jaune succiné. Elle est longue de 22 millim. et large de 12.

† 16. Lymnée verte. *Lymnæa viridis*. Quoy.

L. testá ovato-oblongá, ventricosá, tenui, pellucidá longitudinaliter
striatá, fusco-viridi; anfractibus quinis, convexis; aperturá
ovatá; postice angulatá, columellá simplici, plicá destitutá.

TOME VIII. 27

Quoy. et Gaim. Voy. de l'Astr. Zool. t. 2. p. 204. pl. 58. f. 16. 17. 18.

Habite l'île Guam. Petite espèce ovale oblongue, à spire conique et étroite, mais ayant le dernier tour ventru, elle est lisse ou striée par des accroissemens, transparente, mince, d'un brun verdâtre; l'animal est d'un vert jaunâtre assez foncé. L'ouverture est ovale, oblongue, rétrécie à son extrémité postérieure, élargie antérieurement. La columelle est simple, sans pli, le bord gauche s'élargit vers la base et cache une très petite fente ombilicale. Cette coquille a 10 millim. de longueur.

† 17. Lymnée ampoule. *Lymnæa ampullacea*. Rossm.

L. testá subperforatá, ovatá inflatá, striatá lutescente, tenerá; spirá brevissimá, mucronatá; aperturá acute ovatá; peristomate recto acuto.

Rossm. Icon. Susswass. Moll. t. 2. p. 19 pl. 7. f. 124.

Habite dans le lac de Joux, dans le Jura. Espèce très voisine du *Lymnea auricularia* et intermédiaire entre cette espèce et le *Lymnea glutinosa;* elle est mince fragile, ovale, eufflée, transparente, d'un jaune corné clair, les stries de la surface sont peu régulières, elles sont produites par les accroissemens; la spire est très courte et pointue. L'ouverture est très ample non dilatée à bord droit simple et tranchant, la columelle est blanchâtre et elle est tordue dans sa longueur en forme de pli très oblique, derrière la columelle et le bord gauche, on remarque une petite fente ombilicale. Cette coquille à 24 millim. de longueur et 19 de largeur.

† 18. Lymnée marginée. *Lymnæa marginata*. Mich.

L. testá ovatá, solidá, pellucidá, nitidá, longitudinaliter subtilissimè striatá, pallidè corneá, perforatá; anfractibus quaternis convexis ultimo maximo; aperturá ovatá, superne angulatá peristomate intus marginato, subreflexo, subalbo, columellá callosá; apice acuto; spirá brevissimá.

Mich. Complém. à Drap. p. 88. n° 6. pl. 16. f. 15. 16.

Habite Aix. Les ruisseaux de la Provence. Ce n'est qu'avec doute que nous admettons cette espèce, elle ne diffère du *Lymnea peregra* que par la taille plus petite et plus d'épaisseur en proportion dans le test, mais on sait par un très grand nombre d'exemples semblables que ces caractères sont en réalité peu importans.

† 19. Lymnée gencivée. *Lymnæa gingivata*. Goupil.

L. testá minimá, ovato-oblongá, lævigatá; corneo-fuscá, diaphaná;

anfractibus quinque convexis, ultimo spiram æquante; apertura ovato-acutá, albá, columellá subcontorto-plicatá; labro intùs marginato.

Goupil. Hist. des Moll. de la Sarthe p. 63. n° 8. pl. 1. f. 8. 9. 10.

Habite aux environs du Mans (Goupil). Petite et intéressante espèce découverte par M. Goupil dans les eaux stagnantes des environs du Mans, elle a de l'analogie avec le *Lymnea minuta* de Draparnaud, mais elle s'en distingue facilement ; non-seulement elle est toujours plus petite, mais encore proportionnellement plus étroite, elle est brune et blanche dans l'ouverture, la columelle est tordue en forme de plis obtus et peu saillant, et le bord droit est garni à l'intérieur d'un bourrelet assez épais blanc ou rosé. Cette petite espèce n'a que 4 à 5 millim. de longueur (commu. par M. Goupil).

† 20. **Lymnée glutineuse.** *Lymnæa glutinosa.* **Drap.**

L. testá globulosá, tenuissimá, fragili, nitidá, hyaliná; spirá brevissimá; anfractibus quatuor suturá subcanaliculatá; apertura amplá, ovatá; columellá arcuatá, tenui contortá, labro simplici, acutissimo recto.

Buccinum glutinosum. Mull. Verm. p. 129. n° 323.

Drap. Moll. p. 50. n° 3.

Poiret. Prodr. p. 41. n° 8. *Bulimus glutinosus.*

Mich. Compl. Drap. pl. 38. n° 4. pl. 16. f. 13. 14.

Schrot. Flussconch. p. 271. n° 79.

Millet. Moll. de Maine-et-Loire p. 24. n° 3.

Helix glutinosa. Gmel. p. 3659. n° 134.

Id. Montagn. Test. p. 379. pl. 16. f. 5.

Bulimus glutinosus. Brug. Encycl. méth. Vers. t. 1. p. 366.

Helix glutinosa. Dillw. Cat. t. 2. p. 970. n° 185.

Amphipeplea glutinosa. Nilss. Hist. Moll. suec. p. 58.

Kickx. Syn. Moll. Brab. p. 55. n° 66. pl. 1. f. 11. 12.

Sow. Genera of shells. *Lymneá.* f. 5.

Turton Man. p. 120. n° 103. f. 103.

Desmoul. Cat. des Moll. de la Gironde. p. 24. n° 6.

Hécart. Cat. des Coq. de Valenci. p. 14. n° 4.

Goupil. Hist. des Moll. de la Sarthe. p. 58. n° 2.

Amphipeplea glutinosa. Rosm. Icon. t. 1. p. 93. pl. 2. f. 48.

Habite dans les eaux douces de France, d'Allemagne, de Suède et aux environs de Verdun (Buvignier). M. Nilsson a proposé pour cette espèce un genre particulier auquel il a donné le nom d'Amphipeplea, parce que l'animal a une double lèvre à son manteau dont une partie se renverse sur la coquille et la polit. M. Vanbeneden dans les Annales des sciences naturelles a fait voir que dans le système nerveux il y avait quelque différence avec celui des autres Lymnées. Nous pensons que ces caractères peuvent être considérés comme spécifiques, et qu'ils n'ont pas assez d'importance pour déterminer la création d'un genre. La Lymnée glutineuse est une coquille bien connue, remarquable par sa forme globuleuse, sa transparence, sa fragilité et la brièveté de la spire. Elle a 15 millim. de longueur et 13 de largeur.

Espèces fossiles.

† 1. Lymnée des marais. *Lymnæa palustris*. Lamk. (1)

L. testâ oblongâ, substriatâ; anfractibus convexiusculis; aperturâ ovatâ.

Lymnæa palustris. Annales, vol. 4. p. 298. n° 1.

Habite.... Fossile de Grignon et de Nogent-l'Artault, dans la pierre calcaire tendre. Mon cabinet. Cette coquille est réellement l'analogue fossile de l'espèce vivante ainsi nommée. Elle se trouve en abondance dans des masses pierreuses calcaires, peut-être un peu marneuses, qui paraissent n'être que des dépôts de vase qui auront enveloppé les individus et se seront durcis et pétrifiés à l'aide du temps. J'en possède de gros morceaux pris aux environs de Paris, qui en sont remplis, et qui forment des pierres assez dures.

† 2. Lymnée ventrue. *Lymnæa ventricosa*. Brong.

L. testâ ovatâ, ventricosissimâ, lævigatâ; anfractibus quinis, convexis, ultimo magno; aperturâ amplâ, subrepandâ; columellâ marginatâ; plicâ columellari minimâ.

Brong. Ann. du mus. t. 15. pl. 22. f. 17.

Férus. Mém. géol. p. 61. n° 11.

Desh. Desc. des Coq. foss. p. 99. pl. 17. f. 12.

Id. Encycl. méth. Vers. t. 2. p. 362. n° 20.

* Bowd. Elem. of conch. pl. 4. f. 13.

Habite. . . . Fossile dans le terrain lacustre près Maurepas. Petite coquille ovale ventrue, formée de cinq tours de spire convexes, le

---

(1) Nous avons vu autrefois dans la collection de Lamarck, les Lymnées fossiles qu'il regarde comme analogues du *Lymnea palustris*, et nous avons reconnu diverses variétés du *Lymnea longiscata* de M. Brongniart.

dernier est très grand et constitue les trois quarts de la coquille. L'ouverture est ovale; fort ample, évasée; la columelle est bordée et le pli columellaire est long, peu tordu, oblique et peu épais; cette coquille est longue de 12 millim. et large de 8.

† 3. Lymnée symétrique. *Lymnœa symetrica*. Brard.

L. testá ovato-globosá, subcylindricá, acuminatá, læviusculá; spirá minimá; anfractibus quaternis, ultimo magno, supernè submarginato; aperturá ovato-acutá.

Brard. Ann. du mus. t. 15. pl. 27. f. 9. 10.
Férus. Mém. géol. p. 60. n 9.
Desh. Descr. des Coq. foss. t. 2. p. 98. pl. 11. f. 19.
Id. Encycl. méth. Vers. t. 2. p. 361. nº 17.

Habite. . . . Fossile dans les meulières. Petite coquille ovale subglobuleuse régulière, à spire courte et pointue, le dernier tour est très ventru, presque régulièrement ovale à la base, ce qui donne à cette espèce un aspect particulier, la surface extérieure est lisse; on ne connaît encore cette espèce que par ses empreintes et ses moules intérieurs, par la constance de leurs caractères, ils sont facilement reconnaissables, quoiqu'ils se rapprochent de la Lymnée cylindrique.

† 4. Lymnée substriée. *Lymnœa substriata*. Desh.

L. testá ovato-elongatá, subventricosá, striatá; striis minimis, subregularibus; anfractibus septenis, convexis; spirá exertá, acuminatá, aperturá ovatá, obliquá; plicá columellari magná, tortuosá, prominulá.

Desh. Descr. des Coq. foss. t. 2. p. 94. pl. 11. f. 5. 6.
Id. Encycl. méth. Vers. t. 2. p. 358. nₒ 8.
Bouillet. Cat. des Coq. foss. d'Auv. p. 130. nₒ 11.

Habite. . . . Fossile dans les grès des environs de Senlis; elle est bien distincte; son dernier tour est renflé, plus grand que la spire; celle-ci est pointue, formée de sept tours convexes, substriée avec assez de régularité; l'ouverture est ovalaire, la columelle est très oblique, et elle porte dans le milieu un gros pli oblique qui descend jusqu'à l'extrémité antérieure de la columelle; l'ouverture est plus oblique que dans la plupart des espèces, et elle est un peu versante à la base; cette espèce a 24 millim. de long et 11 de large.

† 5. Lymnée ovoïde. *Lymnœa ovum*. Brong.

L. testá ovato-ventricosá, acuminatá, sublævigatá; anfractibus sex

*convexis, ultimo magno ; aperturâ minimâ, basi non dilatatâ; colu-
mellâ marginatâ ; plicâ columellari minimâ, subrectâ.*

Brong. Ann. du mus, t. 15. pl. 22. f. 13.

Férus. Mém. géol. p. 60. n° 6.

Desh. Descr. des Coq. foss. t. 2. p. 97. pl. 11. f. 15. 16.

Id. Encyc. méth. Vers. t. 2. p. 361. n° 16.

Bowd. Elem. of Conch. pl. 41. f. 1. 2.

Bouillet. Cat. des Coq. foss. d'Auv. p. 131. n° 13.

Habite. . . . Fossile dans les sables de Beauchamp. Coquille ovale oblongue, dont la forme se rapproche un peu de celle de la Limnée voyageuse. La spire pointue est composée de sept tours convexes, dont le dernier ventru est plus grand que tous les autres réunis. L'ouverture est médiocre, non dilatée à la base ; la columelle porte dans le milieu un pli oblique assez mince et peu saillant, il est peu tordu. Cette coquille est longue de 25 millim. et large de 13.

+ 6. Lymnée obtuse. *Lymnæa obtusa.* Brard.

*L. testâ ovato–subventricosâ, spirâ brevi obtusâ; anfractibus quinis,
convexis, valde separatis, ultimo magno ; aperturâ, longâ, ovatâ.*

Brard. Ann. du mus. t. 15. pl. 27. f. 3. 4.

Férus. Mém. géol. p. 61. n° 14.

Desh. Descr. des Coq. foss. t. 2. p. 96. pl. 10. f. 16. 17.

Id. Encyc. méth. Vers. t. 2. p. 361. no 15.

Bouillet. Cat. des foss. d'Auv. p. 132. n° 14.

Habite. . . . Fossile dans les meulières. On ne connaît encore que le moule intérieur de cette espèce, mais sa forme bien constante la distingue facilement des autres ; elle est ovale, à spire courte et elle est moins ventrue que la Lymnée cornée avec laquelle elle a le plus de ressemblance ; les tours de la spire sont très convexes, et s'accroissent rapidement ; l'ouverture est ovale, et l'on voit par l'impression de la columelle que cette partie devait être mince et porter un pli droit et peu saillant. Longueur, 20 millim., largeur, 13.

+ 7. Lymnée effilée. *Lymnæa longiscata.* Brong.

*L. testâ elongatâ, subturritâ, acuminatâ, lævigatâ ; aperturâ ovato-
acutâ, basi subdilatatâ ; columellâ marginatâ ; plicâ columellari
minimâ.*

Bouillet. Cat. des Coq. foss. p. 127. n° 6.

Brong. Ann. du mus. t. 15. p. 272. pl. 22. f. 9.

Brard. Ann. du mus. t. 11. pl. 27. f. 14. 15.

Desch. Descr. des Coq. foss. t. 2. p. 92. pl. 11. f. 3. 4.

Id. Encycl. méth. Vers. t. 2. p. 356. n° 1.

Bowd. Elem. of Conch. t. 1. pl. 4. f. 3.

Sow. Miner. conch. pl. 343.

Sow. Genera of schells. f. 3 ?

Habite. . . . Fossile dans les marnes du gypse et dans les meulières du bassin de Paris; elle se trouve aussi dans les calcaires siliceux. Grande et belle espèce ayant plus de rapports avec la Lymnée palustris, qu'avec le stagnalis; elle est allongée; la spire est plus longue que le dernier tour, l'ouverture est ovale oblongue, et la columelle porte dans le milieu un pli peu saillant et fort oblique. Les grands individus ont 35 à 40 millim. de longueur.

† 8. Lymnée renflée. *Lymnæa inflata*. Brong.

L. testá ovato-globosá, lœvigatá, minimá; anfractibus quinis, convexis; suturá profundá; aperturá ovatá, subobliquá; plicá columellari magná.

Brong. Ann. du mus. t. 15. pl. 22. f. 18.

An eadem ? Brard. Ann. du mus. t. 15. pl. 27. f. 5 à 8.

Férus. Mém. géol. p. 61. n° 7.

Desh. Descr. des Coq. foss. des env. de Paris. t. 2. p. 98. pl. 11. f. 17. 18.

Id. Encyc. méth. Vers. t. 2. p. 362. no 19.

Bowd. Elem. of Conch. pl. 4. f. 14.

Habite. . . . Fossile dans les meulières. Petite coquille ovale globuleuse, très ventrue, toute lisse, ayant la spire courte et élargie; le dernier tour est très convexe, l'ouverture est ovale, dilatée à la base; la columelle est très oblique et munie à son tiers postérieur d'un assez gros pli, peu tordu dans sa longueur. Cette petite espèce à 8 ou 10 mill. de longueur.

† 9. Lymnée féverolle. *Lymnæa fabula*. Brong.

L. testá ovato-ventricosá, lœvigatá, acuminatá, anfractibus quaternis, subconvexis; aperturá ovato-oblongá; plicá columellari tortuosá, ad junctionem dilatatá.

Brong. Ann. du mus. t. 15. pl. 22. f. 16.

Férus. Mém. géol. p. 62. n₀ 13.

Def. Dic. des sc. nat. t. 26. p. 462.

Desh. Desc. des Coq. foss. t. 2. p. 96. pl. 11. f. 11. 12.

Id. Encyc. méth. Vers. t. 2. p. 361. n₀ 14.

Bowd. Elem. of Conch. pl. 4. f. 12.

Habite. . . . Fossile dans les meulières. Petite coquille que l'on au-

rait de la peine à distinguer de la Lymnée cornée jeune, si elle
n'avait un plis columellaire d'une forme particulière; elle est ovale
ventrue, à spire courte et très pointue, plus étroite que dans la
Lymnée cornée. Le pli columellaire est gros, mais peu tordu sur
lui-même. Cette coquille est longue de 10 à 12 millim. et large
de 5 à 6.

† 10. **Lymnée cylindrique.** *Lymnæa cylindrica.* **Brard.**

> *L. testâ ovato-cylindricâ, globulosâ, lævigatâ; anfractibus quinis,
> subscalaribus, suturâ profondâ separatis; ultimo anfractu ingen-
> tissimo; aperturâ ovatâ, plicâ columellari abbreviatâ, crassâ.*

Brard. Journ. de phys. 1811. pl. 2. f. 6. 7.
Férus. Mém. géol. p. 60. n° 16.
Desh. Descr. des Coq. foss. t. 2. p. 98. pl. 10. f. 18. 19.
Id. Encyc. méth. Vers. t. 2. p. 361. n° 18.
Bouillet. Cat. des Coq. foss. de l'Auv. p. 135. n° 20.

Habite.... Fossile dans les meulières. Espèce curieuse et bien distincte; elle est subcylindrique, très ventrue, sa longueur est
presque égale à sa largeur; la spire est courte et formée de cinq
tours très étroits et très convexes, le dernier est cylindracé sub-
symétrique. L'ouverture est ovale oblongue, étroite, la columelle
est droite et son pli columellaire est fortement tordu. Cette coquille assez rare est longue de 13 millim. et large de 10.

† 11. **Lymnée cornée.** *Lymnæa cornea.* **Brong.**

> *L. testâ ovato-ventricosâ, lævigatâ, irregulariter subplicatâ; anfrac-
> tibus quinis, convexis, ultimo magno; aperturâ ovatâ, amplâ;
> columellâ marginatâ; plicâ columellari magnâ, vix tortuosâ.*

Brong. Ann. du mus. t. 15. pl. 22. f. 12.
Férus. Mém. géol. p. 60. no 5.
Desh. Descr. des Coq. foss. t. 2. p. 94. pl. 11. f. 13. 14.
Id. Encyc. méth. Vers. t. 2. p. 358. n° 9.
Bowd. Elem. of Conch. pl. 4. f. 11.
Bouillet. Cat. des Coq. foss. d'Auv. p. 126. n° 5.

Habite. ... Fossile dans les meulières. Coquille ovale ventrue, dont
la forme se rapproche assez du *Lymnea virginiana* de Lamarck; la
spire est courte et pointue, le dernier tour forme à lui seul les
deux tiers de la coquille; il est ventru. L'ouverture est très grande,
ovalaire, le pli columellaire est large, peu saillant. Cette espèce
est quelquefois longue de 35 millim., elle est large de 16.

† 12. **Lymnée des grès.** *Lymnæa arenularia.* **Brard.**

> *L. testâ ovato-acuminatâ, lævigatâ; anfractibus septenis, convexius-*

*culis ; aperturâ ovatâ, perobliquâ ; plicâ columellari obliquâ mi-
nimâ.*

Brard. Ann. du mus. t. 15. pl. 24. f. 5. 6. 7.

Férus. Mém. géol. p. 61. n° 15.

Desh. Descr. des Coq. foss. t. 2. p. 93. pl. 11. f. 7. 8.

Id. Encyc. méth. Vers. t. 2. p. 857. n° 4.

Habite. . . . Fossile aux environs de Paris, à Beauchamp et à Valmondois. Coquille allongée à spire pointue, presque toujours plus
courte que le dernier tour. Les tours de spire sont plus convexes
que dans le *Lymnea longiscata.* L'ouverture est ovale oblongue, le
pli columellaire est peu saillant, très tordu. La longueur est de
34 millim. et la largeur de 15.

LES MÉLANIENS.

*Trachélipodes fluviatiles operculés, ne respirant que l'eau.
Deux tentacules.*

*Coquille dont les bords de l'ouverture sont désunis : le droit
toujours tranchant.*

Les *Mélaniens* sont des coquillages fluviatiles, presque
tous exotiques, et qui ont leur coquille recouverte d'un
épiderme d'un vert brun ou noirâtre. Ils ne respirent que
l'eau, ne vivent que dans celle non exposée à tarir, et ont
tous un opercule corné.

Ces Trachélipodes tiennent de très près aux Péristomiens, dont ils ne diffèrent que parce que leur coquille a
les bords de son ouverture désunis. Nous y rapportons
les genres *Mélanie, Mélanopside* et *Pirène.*

[La famille des Mélaniens a été créée par Lamarck, dans
l'extrait du cours ; il l'a formée alors des mêmes genres
qu'elle contient encore dans son dernier ouvrage; la plupart des zoologistes rejetèrent cette famille et conçurent
pour les genres qu'elle renferme d'autres rapports que
ceux indiqués par Lamark. Ainsi Cuvier, dans la première

édition du *Règne animal*, place les Mélanies dans son genre Conchylie avec les Ampullaires et les Phasianelles ; il ne mentionne ni les Mélanopsides, ni les Pyrènes. M. de Férussac, adoptant pour les Mélanies seules une opinion analogue à celle de Lamarck, en fait un sous-genre des Paludines, entre les Paludines, les Rissoaires et les Littorines, tandis qu'il rejette à la fin de la famille des Trochoïdes le genre Mélanopside, pour le rapprocher le plus possible du genre Cérite qui commence la famille suivante. Dans son traité de malacologie, M. de Blainville a rapproché plus encore que ne l'avait fait M. de Férussac le genre Mélanopside des Cérites, car il les comprend tous deux dans sa famille des Entomostomes. Quant au genre Mélanie, M. de Blainville le tient fort éloigné des précédens, dans sa famille des Ellipsostomes, laquelle correspond assez exactement aux Conchylies de Cuvier. Les opinions que nous venons de rapporter étaient fondées sur la description d'une Mélanie observée à Madagascar par Bruguière, et sur l'analogie qui se montre entre les coquilles de certains Mélanopsides et celles des Cérites. Depuis, un grand nombre de faits ayant été ajoutés sur tous ces genres par les voyageurs naturalistes, il faut modifier toutes les opinions précédemment admises. C'est ainsi que d'après les observations de M. Quoy et celles de M. Rang, il faut réunir partie des Pyrènes de Lamarck aux Mélanopsides partie aux Mélanies, la considération seule des coquilles nous avait conduit long-temps avant à proposer cette réforme du genre Pyrène. Par les observations de M. Quoy et celles de M. de Férussac lui-même, il est évident que les Mélanopsides ont la plus grande analogie avec les Mélanies par les coquilles, et il y a passage insensible entre les deux genres par les animaux dont les formes extérieures sont semblables. Il suit de là que l'opinion que l'on doit préférer est celle de Lamarck qui rapproche les deux genres qui nous occupent. Quant aux

rapports de la famille elle-même , ils ne resteront pas tels
que les ont établis les auteurs. En consultant ce qui a été
dit depuis Adanson jusqu'à nos jours sur le genre Cérite ,
en consultant surtout les figures publiées par M. Quoy
dans la Zoologie du Voyage de l'Astrolabe , on est obligé
de reconnaître une grande analogie entre les animaux de
ce genre , et ceux des Mélanies et des Mélanopsides ; cette
analogie se montre non-seulement dans la forme extérieure, mais encore dans les opercules. Nous savons qu'il
y a parmi les Cérites quelques espèces à opercule rond et
semblable à celui des Turbos , mais nous excluons ces espèces des rapports que nous indiquons de ce genre , avec
la famille des Mélaniens.

Il résulte déjà de ce que nous venons de dire : 1° que
la famille des Mélaniens doit être maintenue après avoir
supprimé le genre Pyrène ; 2° que cette famille doit être
rapprochée de celle des Cérites. Maintenant reste à examiner ce que l'on doit faire des deux genres Rissoa et
Eulima, ce que nous ferons en traitant d'eux en particulier.]

MÉLANIE. (Melania.)

Coquille turriculée, Ouverture entière, ovale ou oblongue, évasée à sa base. Columelle lisse , arquée en dedans.
Un opercule corné.

*Testa turrita. Apertura integra , ovata vel oblonga ad
basim effusa. Columella lævis , incurva. Operculum corneum.*

[Animal allongé ayant un pied ordinairement court et peu
épais ; tête proboscidiforme, subconique, tronquée et terminée
par une fente buccale, petite et longitudinale ; une paire de tentacules allongés filiformes, portant les yeux au côté externe,
tantôt près de la base, tantôt vers le quart de la longueur ; man-

teau ouvert ayant ses bords découpés ; opercule corné, allongé, étroit, à sommet apicial et paucispiré.]

OBSERVATIONS. — S'il y a quelques rapports entre les *Mélanies* et les Lymnées, qui, de part et d'autre, sont des coquilles fluviatiles, turriculées ou ovales-coniques, à ouverture entière, plus longue que large, ces rapports néanmoins sont un peu éloignés. En effet, les *Mélanies* sont des coquilles operculées, assez épaisses, souvent hérissées de rides ou d'aspérités au dehors, à columelle lisse, et qui ont leur ouverture constamment évasée à sa base. Or, ces caractères ne se rencontrent nullement dans les Lymnées, dont d'ailleurs l'animal ne respire que l'air.

Les *Mélanies* sont exotiques ou la plupart étrangères à l'Europe. Presque toutes ont un épiderme brun ou noirâtre.

[Lamarck a bien senti en s'appuyant sur la seule comparaison des coquilles, que les Mélanies n'avaient que des rapports fort éloignés avec les Lymnées : tout ce que l'on connaît de l'organisation de ces deux genres justifie cette opinion. On croirait peut-être que les rapports s'établissent mieux entre les Mélanies et les Paludines, cela est vrai pour certaines parties de l'organisation; c'est ainsi que les Mélanies et les Paludines sont operculées et Pectinibranches, mais c'est tout, et on pourrait en dire autant si l'on rapprochait les Mélanies de tout autre genre du grand embranchement des Pectinibranches. Si l'on voulait du reste conserver la classification de Lamarck, on pourrait mettre les Mélanies, les Mélanopsides et les Rissoaires à la suite de la famille des Turritelles, pour rapprocher ces genres le plus possible des Cérites qui commencent la série des Pectinibranches à coquille canaliculée à la base, non-seulement il y a dans l'organisation profonde des Mélanies et des Cérites des raisons très puissantes en faveur du rapprochement que nous indiquons, mais ces rapports s'établissent aussi par une série de modifications dans les coquilles, cela se voit facilement en établissant l'ordre suivant dans les genres : Mélanie, Mélanopside, Rissoa; Potamide, Cérite. Pour se faire une juste idée des rapports qui existent entre ces genres, il faut avoir un grand nombre d'espèces vivantes et fossiles appartenant à chacun d'eux, pour avoir sous les yeux toutes les modifications qu'elles présentent.

Parmi les espèces que Lamarck rapporte à ses Mélanies, soit

vivantes, soit fossiles, il y en a plusieurs qui méritent d'être séparées pour constituer des genres particuliers. C'est ainsi que le *Melania nitida*, par exemple, appartient au genre Eulima de M. Sowerby, que le *Melania cochlearella* est une des espèces les mieux caractérisées du genre Rissoa. Nous pouvons signaler aussi le *Melania costellata* comme un type particulier certainement marin, et établissant un rapport de plus entre les Mélanies, les Rissoa et les Cérites. Enfin, le *Melania marginata* diffère encore par un grand nombre de caractères des différentes coquilles que nous venons de mentionner. Cette espèce et deux autres du même genre sont fossiles et marines, et n'ont pas d'analogie bien directe avec les Mélanies proprement dites.

Lamarck a inscrit seize espèces vivantes parmi lesquelles plus de la moitié sont sans aucune citation synonymique ; il nous aurait fallu pour celles-là, comme pour beaucoup d'autres répandues dans cet ouvrage, examiner les types dans la collection même de Lamarck, pour en assurer la synonymie par de nouvelles observations. Nous ne pouvons faire cet examen, et nous ne nous doutions guère, en applaudissant au goût d'un prince qui a conservé en France le monument scientifique de Lamarck, que l'ouvrage même du savant naturaliste serait un jour privé des propres matériaux qui ont servi à le créer.]

ESPÈCES.

1. **Mélanie aspérulée.** *Melania asperata.* **Lamk.**

> M. *testâ turritâ, apice subtruncatâ, solidâ, rufo-fuscescente ; costulis longitudinalibus, tuberculato-asperatis ; striis transversis acutis costulas decussantibus ; anfractibus convexis ; suturis coarctato-excavatis.*

> Habite.... les rivières de l'Amérique méridionale ? Mon cabinet. Son dernier tour est un peu ventru. Longueur, environ 22 lignes.

2. **Mélanie tronquée** *Melania truncata.* **Lamk. (1)**

> M. *testâ turritâ, apice truncatâ, solidâ, fusco-nigricante ; costulis longitudinalibus : superioribus eminentioribus ; striis transversis crebris costulas decussantibus ; anfractibus plano-convexis.*

---

(1) Cette espèce ayant été d'abord nommée *Bulimus ater* par

Bulimus ater. Richard, Actes de la Soc. d'hist. nat. de Paris, p. 126. n° 18.

Melania semiplicata. Encyclop. pl. 458. f. 3. a. b.

* Guér. Icon. du Règ. an. Moll. pl. 13. f. 11.

* *Melania semiplicata.* Férus. Syst. conch. p. 73. n° 2.

* Desh. Encyc. méth. t. 2. p. 423. n° 3.

Habite dans les rivières de la Guyane. *Leblond.* Mon cabinet. Longueur, 22 lignes.

3. Mélanie strangulée. *Melania coarctata.* Lamk.

M. testá turritá , solidá , fulvo-rufescente ; striis longitudinalibus tenuibus confertis ; anfractibus convexis, supernè coarctato-planis, prope suturas plicato-fimbriatis ; ultimo anfractu longitudinaliter plicato, transversìmque striato.

Encyclop. pl. 458. f. 5. a. b.

Habite..... les rivières de l'Inde? Mon cabinet. Coquille rarissimé. Longueur, près de 2 pouces.

4. Mélanie ponctuée. *Melania punctata.* Lamk.

M. testá turritá, apice acutá, glabrá, albidá ; ultimo anfractu infernè punctis spadiceis transversìm seriatis cincto ; spirá maculis longitudinalibus angulato-flexuosis spadiceis ornatá; anfractibus convexiusculis.

Habite.... Mon cabinet. Jolie coquille, qui me paraît inédite. Longueur, 21 lignes et demie.

5. Mélanie froncée. *Melania corrugata.* Lamk.

M. testá turrito-acutá, supernè longitudinaliter plicato-rugosá, fuscá; anfractibus convexis, ad suturas obsoletè fimbriatis.

Habite.... Mon cabinet. La moitié inférieure de celle-ci n'offre que de fines stries longitudinales, et d'autres transverses à sa base, en sorte que la coquille n'est froncée que dans sa moitié supérieure. Longueur, 19 lignes et demie.

6. Mélanie subulée. *Melania subulata.* Lamk. (1)

M. testá turrito-subulatá, glabrá, longitudinaliter tenuissimè striatá,

---

Richard, il est nécessaire de lui restituer son premier nom, et de l'inscrire à l'avenir dans les catalogues, sous le nom de *Melania atra.*

(1) M. Sowerby, dans son *Genera*, a aussi donné le nom de

*supernè castaneo-fuscâ, infernè squalidè rufescente fasciisque al-
bidis cinctâ; anfractibus planulatis.*

Habite.... Mon cabinet. Sa spire est effilée, très aiguë. Longueur,
environ 18 lignes.

7. Mélanie lisse. *Melania lævigata.* Lamk.

*M. testâ turritâ, apice subtruncatâ, lævi, albâ, supernè pallidè ful-
vâ, anfractibus planulatis; suturis vix excavatis.*

Habite dans les rivières de l'île de Timor. Mon cabinet. Longueur,
15 à 16 lignes.

8. Mélanie clou. *Melania clavus.* Lamk.

*M. testâ abbreviato-turritâ, apice attenuato-obtusâ, supernè longitu-
dinaliter plicato-rugosâ, infernè striis longitudinalibus remotiusculis distinctâ, fulvâ; anfractibus planulatis.*

Habite.... Mon cabinet. Elle est distincte du *M. corrugata*, ainsi que
des autres de ma collection. Longueur, 11 lignes.

9. Mélanie décollée. *Melania decollata.* Lamk.

*M. testâ cylindraceâ, apice decollato-truncatâ, glabrâ, fusco-nigri-
cante; anfractibus convexiusculis: ultimo obsoletè plicato.*

Habite dans les rivières de la Guyane. M. *Richard.* Mon cabinet
Coquille courte et grosse, qui n'a que trois tours complets, et la
moitié du quatrième. Longueur, près de 10 lignes.

10. Mélanie thiare. *Melania amarula.* Lamk.

*M. testâ ovato-conoideâ, solidâ, longitudinaliter costulatâ, transverse
striatâ, fusco nigricante; costulis in spinas rectas porrectis; anfractibus supernè angulato-planis: angulo margine spinoso; spirâ
exsertâ; aperturâ albo—cærulescente.*

Helix amarula. Lin. Syst. nat. p. 1249. Gmel. p. 3656. n° 126.

Buccinum amarula. Muller. Verm. p. 137. n° 330.

Lister. Conch. t. 1055. f. 8. (1)

Melania subulata à une belle espèce, mais qui paraît fort différente de celle-ci, à en juger du moins par ce que Lamarck en
dit. Il sera facile de corriger ce double emploi dans les catalogues.

(1) Cette figure du Lister doit être supprimée de la synonymie
du *Melania amarula*, parce qu'elle représente une espèce voisine le *Melania setosa* de Swainson.

Rumph. Mus. t. 33. fig. FF.

Petiv. Amb. t. 4. f. 3.

D'Argenv. Conch. pl. 27. f. 6.

Favanne. Conch. pl. 61. fig. G 2.

Seba. Mus. 3. t. 53. f. 24. 25.

Chemn. Conch. 9. t. 134. f. 1218. 1219.

Bulimus amarula. Var. B. Brug. Dict. n₀ 19.

Melania amarula. Encyclop. pl. 458. f. 6. a. b.

* Blainv. Malac. pl. 35. f. 7.

* Guér. Icon. du Règ. an. Moll. pl. 13. f. 10.

* Lister. Conch. pl. 133. f. 33.

* Schrot. Flussconch. p. 297. pl. 9. f. 8 et 11.

* Schrot. Einl. t. 2. p. 166.

* Férus. Syst. conch. p. 73. nᵒ 1.

* *Helix amarula.* Dillw. Cat. t. 2. p. 960. n₀ 166. *Exclu. var.*

* Brookes. Introd. p. 129. pl. 8. f. 117.

* De Roissy. Buff. Moll. t. 6. p. 342. pl. 55. f. 4.

* Bowd. Elem. of Conch. pl. 6. f. 6.

* Desh. Encycl. méth. Vers. t. 2. p. 424. nᵒ 4.

* Sow. Genera of shells. f. 1.

Habite les grandes Indes, Madagascar, l'Ile-de-France, etc., dans les rivières. Mon cabinet. Longueur, 16 lignes. L'animal de cette coquille est très amer, et passe pour un excellent remède contre l'hydropisie.

11. Mélanie thiarelle. *Melania thiarella.* Lamk. (1)

> *M. testâ oblongâ, tenui, glabriusculâ, diaphanâ, albidâ ; costulis longitudinalibus obsoletis ; spirâ conico-acutâ ; anfractibus supernè angulato-planis : angulo denticulis instructo.*
>
> *Helix amarula.* Born. Mus. t. 16. f. 21.
>
> *Bulimus amarula. Var. C.* Brug. Dict. nᵒ 19.
>
> * *Helix mitra.* Muschen. Mus. Gronov. p. 128. nᵒ 1363.

---

(1) Le nom de cette espèce devra être changé, Mueschen, dès 1778, l'avait désigné sous le nom d'*Hélix mitra*. Born, plus tard, la prit pour l'*Hélix amarula* de Linné, et la confondit avec elle. Bruguière imita Born ; et comme l'espèce paraît distincte, Lamarck, en l'inscrivant dans son catalogue, ignorant qu'elle fût connue depuis long-temps, lui donna un nouveau nom qu'il faut remplacer par celui de *Melania mitra.*

* Gronov. zooph. Fas. 3. n° 1564.

* *Helix mitra.* Schrot. Flussconch. p. 300. pl. 9. f. 12.

* Schrot. Einl. t. 2. p. 251. n° 262.

Habite les grandes Indes, dans les rivières. Mon cabinet. Elle est très distincte de la précédente, tant par les proportions de sa spire comparée à son dernier tour, que par les petites dents qui la couronnent. Longueur, un pouce.

12. Mélanie spinuleuse. *Melania spinulosa.* Lamk.

M. testá oblongá, scabriusculá, longitudinaliter costulatá, transversè striatá, Juscescente; spirá ultimo anfractu longiore ; anfractibus numerosis, supernè angulato-spinulosis.

Quoy. et Gaim. Voy. de l'Astro. Zool. t. 3. p. 147. pl. 56. f. 12. 13. 14.

Habite dans les rivières de l'île de Timor. Mon cabinet. Celle-ci est remarquable par sa spire bien plus allongée que le dernier tour. Longueur, environ 10 lignes.

13. Mélanie granifère. *Melania granifera.* Lamk.

M. testá ovato-acutá, striis transversis crassiusculis granosis cinctá, luteo-virescente; ultimo anfractu ventricoso; spiræ anfractibus planis; aperturá albá.

Encyclop. pl. 458. f. 4. a. b.

* Desh. Encyc. méth. Vers. t. 2. p. 424. n° 5.

* Quoy. et Gaim. Voy. de l'Astr. Zool. t. 3. p. 149 pl. 56. f. 19. 20. 21.

Habite dans les rivières de l'île Timor. Mon cabinet. Coquille singulière par les granulations dont elle est partout chargée. Longueur, 11 lignes.

14. Mélanie carinifère. *Melania carinifera.* Lamk.

M. testá ovato-oblongá, longitudinaliter subrugosá, Jusco-nigricante; anfractibus medio transversè carinatis : spiræ carinis eminentioribus.

Habite dans l'Amérique septentrionale, pays des Chérokées, dans un ruisseau qui se jette dans la rivière d'Estan-Alley. *De Beauvois.* Mon cabinet. La spire est un peu plus longue que le dernier tour ; ses carènes sont très prononcées, et ses sutures sont légèrement granuleuses. Longueur, 7 lignes et demie.

15. Mélanie troncatule. *Melania truncatula.* Lamk.

M. testá oblongá, conicá, apice truncatá, longitudinaliter costula-

tá, transversè striatá, nigrá ; anfractibus quinque convexis : primario dimidiato ; suturis impresso-cávis.

* Quoy. et Gaim.Voy. de l'Astr. Zool. t. 3. p. 143. pl. 56. f. 5. 6. 7.

Habite dans les rivières de l'île de Timor. Mon cabinet. Longueur, 7 lignes et demie.

16. Mélanie flammulée. *Melania fasciolata.* Oliv. (1)

M. testá oblongo-subulatá, basi ventricosá, tenui, diaphaná, tenuissimè decussatá, albidá, flammulis longitudinalibus luteolis ornatá ; anfractibus convexis, subdenis ; suturis impresso-cavis ; spirá peracutá.

* * *Melanoides fasciolata.* Oliv. Voy. pl. 31. f. 7.
* * Mélanie à spire-aiguë. Blainv. Malac. pl. 37. f. 4.
* * *Nerita tuberculata.* Mull. Verm. p. 191. n° 378.
* * Schrot. Flussconch. p. 74.
* * Chem. Conch. t. 9. p. 189. pl. 136. f. 1262.
* * *Strombus costatus.* Schrot. Flussconch. p. 373. pl. 8. f. 14.
* * *Helix.* Schrot. Einl. t. 2. p. 351. n° 262.
* * Férus. Syst. Conch. p. 73. n° 3.
* * Desh. Encycl. méth. Vers. t. 2. p. 424. n° 6.
* * Caill. Voy. à Méroé. t. 2. pl. 60. f. 8.

Habite en Égypte, dans le canal d'Alexandrie. Mon cabinet. Longueur, près de 8 lignes.

† 17. Mélanie crénelée. *Melania crenulata.* Desh.

M. testá elongato-turritá, apice truncatá albo-fuscescente obsolete sulcatá ; anfractibus latis subplanis ad suturam depressis, marginatis ; margine lato, excavato ; aperturá magná, ovali, ad basim dilatatá ; columellá contortá, crassá.

Helix turrita crenulata. Chemn. Conch. t. 9. p. 165. pl. 135. f. 1230.

---

(1) Après avoir vu un grand nombre d'individus de cette espèce, nous avons trouvé des variétés qui répondent aux caractères donnés par Muller à son *Nerita tuberculata*, et à ceux du *Strombus costatus* de Schroter. Outre ces variétés principales, il en existe beaucoup d'autres qui les lient entre elles ainsi que la variété d'Olivier qui est la même que celle de Lamarck. Pour bien rétablir la nomenclature de cette espèce, il faut lui rendre le nom spécifique de Muller, *Melania tuberculata ;* toutes les autres dénominations doivent rentrer dans la synonymie.

Helix crenata. Gmel. p. 3655. n° 241.

Bulimus torulosus. Brug. Encycl. méth. Vers. t. 1. p. 352?

Helix crenata. Dillw. Cat. t. 2. p. 950. n° 144.

Habite.... Coquille allongée, turriculée, plus épaisse et plus solide
que ne le sont la plupart des Mélanies, elle est souvent tronquée
au sommet et réduite à six ou sept tours; les tours sont peu convexes, obscurément sillonnées transversalement, et déprimés au-
dessous de la suture; cette dépression est occupé par un bourrelet
aplati, assez large et crénelé; sous un enduit épais d'un brun
noirâtre, la coquille est blanche. Son ouverture est grande et fort
dilatée à la base; elle est versante, ce qui permet, en regardant
l'intérieur par la base, de voir l'enroulement de la columelle.
Celle-ci est épaisse, solide et fortement contournée sur elle-
même. Malgré la troncature, cette coquille est longue de 64
millim., sa largeur de 21.

† 18. **Mélanie tirouri.** *Melania tirouri.* Fér.

> *M. testâ turritâ, solidâ, crassâ; transversim sulcatâ, albidâ; anfrac-
> tibus plano-convexis, ad suturam sulco impresso divisis; spirâ
> crassâ, truncatâ, aperturâ amplâ, ovali, coarctatâ.*

Quoy et Gaim. Voy. de *l'Astr.* Zool. t. 3. p. 159. pl. 56. f. 38. 39.

Habite.

Cette espèce que nous ne connaissons que par la figure et la description de M. Quoy, a la plus grande analogie avec l'*Helix turrita
crenulata* de Chemnitz (*Melania crenulata.* Nob.) Si la figure de
M. Quoy est fidèle, l'ouverture de son espèce a une forme et une
grandeur proportionnelle différente de la nôtre, ce qui nous à
empêché de les réunir. La Mélanie tirouri est une coquille allongée, turriculée, à spire très pointue, à tours larges, peu convexes, dont la suture est un peu contractée; et suivie d'un bourrelet plat et large; la surface est couverte de sillons peu profonds
et assez larges; sur le dernier tour, on remarque quelques stries
longitudinales. L'ouverture est ovale oblongue, bleue en dedans
et évasée à la base; toute la coquille est couverte d'un enduit épidermique noir, elle est blanche en dessous. Elle est longue de 65
à 70 millim., et large de 16 à 17.

† 19. **Mélanie rembrunie.** *Melania fuscata.* Desh.

> *M. testâ elongatâ turritâ, subulatâ, fusco-nigrescente transversim
> tenuissime striatâ apice plicatâ; striis punctatis; anfractibus sub-
> convexis marginatis; ultimo basi sulcato; aperturâ ovato-oblongâ
> basi dilatatâ albo-cœrulescente.*

28.

Helix fuscatus. Born. Mus. p. 390. pl. 16. f. 17.

Gualt. Ind. Test. pl. 6. fig. F?

Chemn. Conch. t. 9 .pl. 129. fig. 1229?

Shrot. Einl. t. 2. p. 217. n° 147. *helix.*

Schrot. Einl. t. 2. p. 236. n° 211.

Fav. Conch. pl. 61. f. H. 9.

Bulimus fuscatus. Brug. Encycl. méth. Vers. t. 1. p. 332.

Helix fuscata. Dillw. Cat. t. 2. p. 951. n₀ 145.

Desh. Encycl. méth. Vers. t. 2. p. 426. n° 11.

Habite les eaux douces de la Virginie. Coquille allongée, subulée, presque toujours tronquée au sommet, et réduite alors à ses neuf ou dix derniers tours. Ces tours sont larges, à peine convexes et réunis par une suture enfoncée en forme de petit canal, et surmontée d'un petit bourrelet simple; toute la surface extérieure est couverte d'un enduit noir et épais, sous lequel la coquille est brune et toute couverte de stries transverses très fines, très rapprochées et finement ponctuées. Les premiers tours, outre ces stries, sont plissés longitudinalement, et le dernier est sillonné à la base; ces sillons commencent à l'angle postérieur de l'ouverture. Celle-ci est ovale oblongue, très dilatée à la base et versante. La partie antérieure du bord droit est oblique et découvre le haut de l'ouverture, de telle manière qu'en regardant la coquille par la base, on voit l'enroulement columellaire des derniers tours. Malgré la troncature de ses premiers tours, cette coquille est longue de 66 millim., et large de 17.

† 20. Mélanie cordelette. *Melania funiculus.* Quoy.

M. testâ turritâ, longissimâ, subulatâ, obsolete transversim striatâ, albidâ, vel subrubro apice maculatâ; anfractibus obliquis; suturâ marginatâ; aperturâ amplâ, subovali, albidâ ant cœrulescente.

Quoy et Gaim. Voy. de *l'Astr.* Zool. t. 3. p. 158. pl. 56. f. 43. 44.

Habite.

Grande et belle espèce qui a les plus grands rapports avec l'*Helix fuscatus* de Born. (*Melania fuscata.* Nob.) et qui peut-être n'en est qu'une variété, ce que nous ne pouvons actuellement vérifier, n'ayant sous les yeux que la figure et la description de M. Quoy. Cette coquille est allongée, subulée, à spire très pointue, les tours sont larges, légèrement convexes, couverts de stries, transverses fines et peu apparentes, elles sont coupées par des plis longitudinaux irréguliers produits par les accroissemens. La suture est en un petit canal étroit, surmonté d'un petit bourrelet saillant fort étroit. L'ouverture est ovale oblongue, bleuâtre, très évasée à la base, le bord droit se prolonge un peu en avant. Toute la coquille est revêtue d'un enduit épidermique noir au-dessous duquel elle est blanche ou fauve, tachetée au sommet de rouge obscur. Les grands individus ont 80 millim. de long et 16 de large.

† 21. Mélanie à côtes. *Melania costata*. Quoy.

M. testá solidá, elongatá, turritá, acutissimá, fusco-castaneá, anfractibus planis, plicatis, transversim striatis; aperturá minimá, subovali, albido cœrulescente.

Quoy et Gaim. Voy. de *l'Astr.* Zool. t. 3. p. 155. pl. 56. f. 34 à 37.

Habite.

Belle espèce, fort remarquable par la finesse et l'acuité de l'extrémité de la spire; elle est allongée, étroite, subuléé; les tours sont nombreux, plus étroits que dans la plupart des espèces, plats et leur suture est suivie d'un petit bourrelet créuelé; les tours sont ornés de côtes longitudinales étroites, régulières, sur lesquelles passent des stries transverses. L'ouverture est petite, ovale oblongue, d'un blanc bleuâtre, déprimée et évasée à la base; toute la coquille est brune, la columelle est blanche. La longueur de l'individu figuré par M. Quoy, est de 40 millim., sa largeur de 10.

† 22. Mélanie rayée. *Melania virgulata*. Fér.

M. testá turritá, apice acutá, transversim striatá, luteo rubente, flammulis punctatis longitudinalibus spadiceis ornatá; anfractibus convexiusculis; columellá rubente.

Quoy et Gaim. Voy. de *l'Astr.* t. 3. p. 141. pl. 56. f. 1-4.

Habite.

Cette espèce à plus d'analogie encore que la *Melania moluccensis* avec le *Melania fasciolata* d'Olivier, il y a cependant entre les deux espèces, quelques différences qui nous empêchent de les réunir. Celle-ci est allongée, turriculée, subuléé, très pointue au sommet; les tours sont convexes et striés transversalement. Toute la coquille est revêtue d'un épiderme mince et transparent, d'un brun fauve clair, au-dessous duquel on voit facilement des flammules composées de points d'un rouge obscur. L'ouverture est ovale oblongue, dilatée antérieurement, et ce qui fait reconnaître cette espèce et la distinguer de prime abord de la *Melania fasciolata*, c'est qu'elle à la columelle rougeâtre. La longueur est de 30 millim., sa largeur de 10.

† 23. Mélanie érythrostome. *Melania erythrostoma*. Quoy.

M. testá elongatá, turritá, apice acutá, transversim striatá, glaucá,

maculis subrubris pictá, aperturá subovali; columellá aurantiacá.
Quoy et Gaim. Voy. de *l'Astr.* t. 3. p. 148. pl. 56 f. 15 à 18.
Habite.

Celle-ci à beaucoup de rapports avec le *Melania papuensis.* Elle est
allongée, turriculée, à sommet très pointu; ses tours presque
plats sont couverts de stries transverses, très fines, le dernier
tour est court, subglobuleux, l'ouverture est oblongue, ovale
étroite, dilatée et versante à la base; la columelle assez épaisse et
un peu en bourrelet, est d'une couleur rouge orangé. Sous l'enduit noir que portent presque toutes les Mélanies, celle-ci est
verdâtre et peinte de taches rougeâtres. Cette coquille est longue
de 32 millim., large de 10.

† 24. Mélanie des Moluques. *Melania Moluccensis.* Quoy.

M. testá turritá, apice sæpius truncatá, virescente crasse transver-
sim sulcatá; anfractibus plano-convexis; aperturá ovali, augustá.
Quoy et Gaim. Voy. de *l'Astr.* Zool. t. 3. p. 151. pl. 56. f. 22-25.
Habite les eaux douces des Moluques. Cette espèce, par sa forme générale rappelle la *Melania fasciolata* d'Olivier; elle est allongée,
turriculée, très pointue au sommet, quelquefois tronquée et réduite aux quatre ou cinq derniers tours; les tours sont à peine convexes, sillonnées transversalement. L'ouverture est ovale, étroite,
bleuâtre en dedans; toute la coquille est revêtue d'un épiderme
vert-brun. La longueur est de 30 millim., la largeur de 10.

† 25. Mélanie des Célèbes. *Melania Celebensis.* Quoy.

M. testá solidá, turritá, apice truncatá, longitudinaliter transversim
que sulcatá, granosá, flavá, subrubro maculatá; granis qua-
dratis, planis; aperturá cæruleo-albicante.
Quoy. et Gaim. Voy. de *l'Astr.* Zool. t. 3, p. 152. pl. 56. f. 26 à 29.
Habite les Célèbes, espèce bien reconnaissable qui a de l'analogie
avec la *Melania tuberculata* de Wagner (Spix. test. Bras. p. 15.
pl. 8. f. 4). Elle est allongée, turriculée, épaissie et solide; le
sommet est toujours tronqué, de sorte que la coquille parvenue
à l'état adulte, est réduite à ses quatre ou cinq derniers tours.
Ces tours sont aplatis et découpés en tubercules quadrangulaires
et aplatis par des sillons transverses et longitudinaux. L'ouverture est allongée, étroite, versante à la base, elle est d'un brun
grisâtre ou bleuâtre. La coquille débarrassée de son enduit noir
est d'un vert fauve; elle est quelquefois marquée de taches rouge-
obscur. Longueur 27 milim. largeur 11.

† **26.** Mélanie uniforme. *Melania uniformis.* Quoy.

    M. testá turritá ; elongatá, apice acutissimá, basi subventricosá, lœvi, extremitate plicatá, striatá, albá sub epidermide virescente ; anfractibus subconvexis ; aperturá cœruleá , columellá rubente.

Quoy. et Gaim. Voy. de *l'Astr.* Zool. t. 3. p. 154. pl. 56. f. 30 à 35.

Habite.

Coquille allongée turriculée, à spire subulée et pointue , elle a beaucoup de rapports avec la *Melania funiculus* , mais elle est toujours plus petite et en proportion plus courte. Les tours sont élargis peu convexes à suture subcanaliculée et bordée, toute la coquille est lisse , si ce n'est à l'extrémité de la spire où elle est plissée longitudinalement et striée en travers. Sous un enduit d'un noir foncé cette coquille est verdâtre. L'ouverture est allongée étroite , ovale, bleuâtre en dedans; la columelle est rougeâtre. Cette coquille est longue de **53** millim. et large de **43**.

† **27.** Mélanie des Papous. *Melania Papuensis.* Quoy.

    M. testá turritá, apice acutá, transversim obsolete striatá, virescente, punctis rubris elongatis cinctá ; anfractibus plano-convexis ; aperturá ovali albá.

Quoy. et Gaim. Voy. de *l'Astr.* Zool. t. 3. p. 157. pl. 56. f. 45 à 47.

Habite les eaux douces de la terre des Papous. Espèce allongée turriculée à spire très pointue, très finement striée, transversalement et à stries obsolètes. Les tours de spire sont larges, à peine convexes et, à suture simple. L'ouverture est blanche , ovale , oblongue étroite ; toute la coquille est couverte d'un épiderme vert sous lequel on aperçoit des fascies transverses de point rouges allongés. La longueur de cette espèce est de 32 millim. la largeur de 9.

† **28.** Mélanie souillée. *Melania inquinata.* Def.

    M. testá elongatá, turritá , basi striatá ; anfractibus subconvexis in medio angulatis ; tuberculis depressis serratis vel striá prœminentiore ; aperturá ovatá , basi dilatatá.

An Lister. Conch. pl. 118. f. 13 ?

Desh. Encycl. méth. Vers. t. 2. p. 423. n° 2.

Desh. Magas. de Conch. pl. 13.

Fossilis. Cerithium melanoides. Sow. Min. Conch. pl. 147. f. 6. 7.

Desh. Desc. des Coq. foss. t. 2. p. 105. pl. 12. f. 7. 8. 13 à 16.

Def. Dict. des Sc. nat. f. 291. p. 469.

Habite vivante aux îles Philippines... Fossile en Angleterre , et aux

environs de Paris, dans le Soissonnais à Épernay; les individus vivans ont les tours un peu plus convexes et l'ouverture se trouve un peu plus arrondie; tous les autres caractères
sont semblables. Cette coquille est allongée, turriculée, les
tours convexes ont deux ou trois petites côtes transverses,
tantôt simples, tantôt onduleuses et devenant insensiblement
granuleuses dans une série assez considérable de variétés.
Cette coquille est très commune, mais on la trouve très rarement
entière, les grands individus ont 5o millim. de longueur.

† 29. **Mélanie tuberculeuse.** *Melania tuberculata.* Wagn.

M. testâ turritâ, apice truncatâ, crassâ, fuscâ; costulis longitudina-
libus tuberculato-granosis : striis transversis crebris costulas decus-
santibus; anfractibus planulatis.

Wagn. dans Spix. Test. Bras. p. 15. n° 2. pl. 8. f. 4.

Habite le Brésil dans les eaux douces. Coquille allongée turriculée
ayant beaucoup de rapports par sa forme avec le *Melania trunctatâ*
de Lamarck. Son sommet est rongé et tronqué comme dans beaucoup d'espèces du même genre, ses tours au nombre de six ou
sept sont aplatis et chargés de côtes longitudinales tuberculeuses;
ces côtes sont traversées par un assez grand nombre de stries
fines et transverses; le dernier tour est atténué à la base et à son
extrémité antérieure les stries transverses deviennent de plus en
plus saillantes à mesure que les côtes granuleuses disparaissent;
l'ouverture est oblongue, atténuée à ses extrémités, blanche en
dedans: son bord droit est simple et tranchant. Les jeunes individus
sont d'un vert jaunâtre, les vieux sont d'un brun noir, leur
longueur est de 4o millim.

† 3o. **Mélanie scalarine.** *Melania scalaris.* Wagn.

M. testâ turritâ, transversim striatâ, viridescente; punctis fuscis
ornatâ; anfractibus præsertim infimis superne angulatis, supra
planulatis.

Wagn. dans Spix. Test. Bras. p. 15. no 1. pl. 8. f. 5.

Habite le Brésil dans les eaux douces. Coquille singulière : elle est
allongé turriculée solide, souvent tronquée au sommet, les premiers tours sont aplatis, leur suture forme un petit canal très
étroit qui, s'élargissant subitement sur l'avant-dernier et le
dernier tour se change en une rampe assez large, terminée en
dehors par un angle aigu. Les premiers tours sont presque lisses,
les derniers sont striés transversalement; l'ouverture est oblongue,
blanche en dedans, son angle postérieur est ■■■qué, son bord est

mince et tranchant. Sous un épiderme mince et d'un vert jau‑
nâtre, cette coquille est blanche et ornée de points bruns en
petit nombre et irrégulièrement distribuées. Cette coquille est
longue de 35 millim.

† 31. Mélanie étroite. *Melania depygis*. Say.

M. testá ovato-angustá, apice acutá, fusco-virescente, fasciis duabus
fuscis in ultimo anfractu; anfractibus subplanulatis; aperturá
ovato-attenuatá; spirá breviore basi coarctatá.

Say. Americ. Conch. pl. 8. f. 4. 5.

Habite l'Ohio où elle est très abondante (Say). Coquille d'un médiocre
volume dont la forme se rapproche un peu de celle du *Melania*
lactea, abondamment répandue dans les calcaires grossiers du
bassin de Paris. Elle est ovale oblongue, étroite, lisse, pointue
au sommet lorsqu'il n'est point corrodé, les tours au nombre de
six ou sept sont à peine convexes et leur suture est simple et peu
profonde. L'ouverture est presque aussi longue que la spire, elle
est ovale oblongue, étroite blanche et son bord droit est mince
et tranchant; la couleur de cette espèce varie, elle est le plus
souvent d'un fauve verdâtre et ornée sur le dernier tour de deux
zones étroites brunes, quelquefois toute la coquille devient
brunâtre et alors les bandes transverses disparaissent presque en‑
tièrement. La longueur est de 13 millim. et la largeur de 7.

† 32. Mélanie très lisse. *Melania lœvissima*. Sow.

M. testá oblongá, acutá, conicá; anfractibus septenis convexiusculis;
olivaceis, longitudinaliter interrupte fusco-fasciatis; suturis lœvi‑
bus; aperturá suboblongá, supernè acutá; labio columellari, prœ‑
cipue supernè incrassato.

Sow. Zool. Journ. t. 1. p. 60. pl. 5. f. 5.
Desh. Ency. méth. Vers. t. 1. p. 426. n° 10.

Habite la Nouvelle-Espagne dans la petite rivière de la Guayra
(Sowerby). Coquille ovale oblongue, épaisse, solide, à spire courte
et pointue, à laquelle on compte huit à neuf tours dont les pre‑
miers sont d'un brun noir luisant, les suivans sont d'un brun
fauve peu foncé, marbrés de flammules brunes irrégulières et plus
ou moins nombreuses selon les individus. L'ouverture est ovale
oblongue, ayant en longueur plus du tiers de la coquille, elle est
blanche et son bord sans être obtus est cependant épais en dedans.
Cette coquille paraît toute lisse, mais examinée à un grossisse‑
ment suffisant on la trouve couverte de granulations extrêmement
fines et très rapprochées. La longueur de cette espèce est de 30
millim., sa largeur du 15.

† 33. Mélanie helvétique. *Melania helvetica.* Michelin.

M. testá elongato-turritá, albidá; anfractibus convexis medio carinatis: ultimo bicarinato, basi lævigato; aperturá ovato-oblongá, labro tenui, angulato, columellá incrassatá.

Michelin. Magas. de Conch. p. 37. f. 37.

Pyrgula annulata. Cristofori. et Jan. Catal.

Habite les eaux douces de la Suisse et de l'Italie. Nous n'admettons pas actuellement le genre *Pyrgula* proposé pour cette petite coquille par MM. Cristofori et Jan; il faudrait pour que nous l'adoptassions que l'animal bien observé eût présenté des différences notables avec ceux des autres Mélanies, et à ce sujet on n'a aucune observation qui contredise les rapports de la coquille. Cette espèce est allongée turriculée, pointue, blanche ou jaunâtre, les tours au nombre de dix ou onze, sont étroits convexes et portent dans le milieu une carène saillante. Le dernier tour est court et il porte au-dessous de la première une seconde carène. L'ouverture est ovale oblongue; le bord droit est mince et tranchant. Cette petite coquille a 5 à 6 millim, de longueur et 2 de largeur.

† 34. Mélanie de Rang. *Melania Rangii.* Desh.

M. testá elongato-turritá, apice truncatá, erosá; fuscá, vel fusco-rubescente; anfractibus in medio excavatis ad suturas utraque extremitate seriatim nodosis; nodis crassis convexis obtusis; aperturá ovatá, effusá, columella augustá.

Melania tuberculosá. Rang. Magas. de Conch. p. 13. pl. 13.

Habite la Sénégambie dans les rivières de la côte de Malaguette (Rang). On ne connaissait point encore les animaux de ces Mélanies épaisses et muriquées, dont Lamarck a fait des Pyrènes et dans lesquelles quelques personnes voulaient voir des Potamides. M. Rang, auquel on est redevable d'excellentes observations sur les Mollusques, a pris la peine de nous faire connaître les animaux de ces espèces, et ils sont semblables pour les caractères essentiels à ceux des autres Mélanies, figurées dans l'ouvrage de MM. Quoy et Gaimard. Il y avait déjà parmi les espèces de Mélanies un *Melania tuberculata* dans l'ouvrage de Spix, publié long-temps avant les observations de M. Rang; quoique ces deux noms ne soient pas absolument semblables, on peut confondre les espèces et celui de M. Rang devra être changé. Nous proposons de substituer celui du savant naturaliste lui-même. La Mélanie de Rang est une coquille allongée turriculée, dont le sommet tronqué est rongé comme dans la plupart des coquilles d'eau douce, les tours de spire sont étroits, et ils sont bordés de chaque côté d'un rangée de gros tubercules obtus ; le milieu des tours est légèrement creusé , le dernier est atténué à la base, et sur cette base il y a quatre rangées de tubercules graduellement décroissantes. L'ouverture est jaunâtre en dedans , elle est ovale , versante à la base. Le bord droit est mince, tranchant et sinueux latéralement , la coquille est revêtue d'un épiderme d'un brun foncé, quelquefois rougeâtre ou verdâtre. Sa longueur est de 55 millim. et sa largeur de 24.

✝ 35. Mélanie scabre. *Melania scabra.* Fér.

M. testá ovato-elongatá, turritá ; transversim striatá, longitudinaliter costatá ; anfractibus superne angulatis ; costis in angulo aculeatis ; aperturá ovatá.

Buccinum Scabrum. Mull. Verm. p. 136. no 329.

Schrot. Flussconch. p. 299. pl. 6. f. 13. *Mala.*

Chemn. Conch. t. 9. p. 188. pl. 136. f. 1259. 1260. *Helix scabra.*

Gmel. Syst. nat. p. 3656. *Helix aspera.*

Bulimus Scaber. Brug. Encycl. méth. Vers. t. 1. p. 350. n° 56.

Férus. Syst. Conch. p. 73. n° 5. *Melania scabra.*

Helix aspera. Dillw. Cat. t. 2. p. 950. n° 142.

Habite. . . .

Coquille ovale, oblongue, turriculée d'un brun assez foncé , parsemée de taches d'un rouge obscur; la spire est pointue , composée de neuf tours étroits, anguleux à leur partie supérieure et chargés de stries transverses peu régulières et onduleuses : ces stries sont inégales ; des côtes distantes obliques s'étendent sur la largeur des tours et se prolongent en épines aigus , lorsqu'elles sont parvenues à l'angle des tours ; l'ouverture est ovale oblongue , le bord droit est mince et tranchant et la coquille beaucoup plus oblongue que la *Melania amarula* a cependant des rapports avec elle à cause de la disposition des côtes et des épines qui couronnent les tours. Elle est longue de 17 millim. et large de 8.

✝ 36. Mélanie épineuse. *Melania setosa.* Swain.

M. testá ovato-ventricosá , apice truncatá ; anfractibus supernè planulatis, spiratis, spinis acutis, coronatis, transversim striatis , aperturá ovatá columellá latá, depressá.

Lister. Mantissa. pl. 1. f. 8.

Gualt. Ind. Test. pl. 6. f. B.

Helix amarula. Var. Gmel. p. 3656. n° 126.

Chemn. Conch. t. 9. pl. 134. f. 1220, 1221.

Swain. Zool. ill. t. 1. pl. 7. f. 6. 7. 8.

Gray. Zool. Journ. t. 1. pl. 8. f. 6. 7. 8.

Lesson. Voy. de la Coq. Zool. t. 2. p. 354. n° 101. pl. 11. f. 2.

Desh. Ency. méth. Vers. t. 2. p. 425. n° 7.

Quoy. et Gaim. Voy. de l'Astr. Zool. t. 3. p. 345. pl. 56. f. 8. 9. 10. 11.

Fav. Conch. pl. 61. f. G.5.

Habite les eaux douces de l'île de Waigiou (Lesson). Coquille fort singulière par la structure toute particulière de ses épines, par sa forme générale, elle se rapproche beaucoup du *Melania amarula* elle est en proportion plus courte et plus ventrue, elle est sillonnée transversalement, et l'angle des tours de spire est couronné par un rang de tubercules spinifères; ces tubercules sont creux et servent de gaine à une ou deux épines subcornées très aiguës. L'ouverture est très grande, ovale, d'un blanc bleuâtre, la columelle est aplatie, et a de l'analogie en cela seul avec certaines Pourpres. Cette coquille, souvent tronquée au sommet, est d'un noir foncé, elle a 33 millim. de long et 20 de large.

Espèces fossiles.

1. Mélanie petites-côtes. *Melania costellata*. Lamk. (1)

M. testâ turrito-subulatâ, transversè striatâ; costellis verticalibus crebris; labro antico intùs canaliculato.

Melania costellata. Ann. t. 4. p. 430. n° 1 et t. 8. pl. 60. f. 2.

* Sow. Genera of shells. f. 4.

* Bowd. Elem. of Conch. pl. 13. f. 14.

* Def. Dic. S. nat. t. 29. p. 466.

* Brong. Vicent. pl. 2. f. 18.

* *Melania variabilis.* Def. Dic. des sc. nat. *loc. cit.*

* Desh. Desc. des Coq. foss. t. 2. p. 113. pl. 12. f. 5. 6. 9. 10.

* *Id.* Encycl. méth. Vers. t. 2. p. 430. n° 25.

Habite.... Fossile de Grignon, où il est très commun. Mon cabinet

---

(1) Cette coquille n'est certainement pas une Mélanie, elle ne se trouve jamais que dans les terrains marins, et elle y est en trop grande abondance pour faire supposer qu'elle y soit accidentellement. Elle n'a pas tous les caractères des Mélanies; elle n'a pas non plus ceux des Cérites ou d'un autre genre connu. Il vaut mieux la laisser ici en attendant de nouvelles observations.

Coquille turriculée, à spire pointue ou en alène, et qui a douze ou treize tours de spire. Elle est striée transversalement, et en outre chacun de ses tours présente une multitude de petites côtes verticales qui la font paraître plissée longitudinalement. Son ouverture est ovale, évasée à sa base, et la partie supérieure de son bord droit est canaliculée en dedans, formant à l'extérieur un pli anguleux qui s'applique contre l'avant-dernier tour de la spire. Longueur, 48 millimètres.

2. Mélanie lactée. *Melania lactea.* Lamk.

M. testá turritá, crassá; anfractibus convexiusculis : inferioribus lævibus; supremis verticaliter striatis.

Bulimus lacteus. Brug. Dict. n° 45.

Melania lactea. Ann. t. 4. p. 430. n° 2 et t. 8. pl. 60. f. 5.

[*b*] *Eadem anfractibus omnibus transversè striatis.*

* *Melania inflata?* Borson. Mém. de l'ac. de Turin. t. 26. p. 386. pl. 2. f. 14.

* Def. Dic. des sc. nat. t. 29. p. 468.

* *Melania stigis.* Brong. Vicent. p. 91. pl. 2. f. 10.

* *An eadem?* Borson. Mém. de l'ac. de Turin. t. 26. pl. 2. f. 145.

* Desh. Desc. des Coq. foss. t. 2. pl. 13. f. 1 à 13.

* *Id.* Encycl. méth. Vers. t. 2. p. 425. n° 9.

* Fortis della valle di Ronca. pl. 1. f. 7.

Habite. . . . Fossile de Grignon, de Courtagnon, etc. Mon cabinet. Cette espèce est un peu moins grande que celle qui précède, car elle n'a que trois centimètres ou à-peu-près de longueur. Elle est turriculée, pointue au sommet, et a neuf ou dix tours de spire dont les inférieurs sont lisses, et les supérieurs offrent quelques stries transverses, avec des verticales très distinctes. Columelle un peu épaisse et calleuse supérieurement.

3. Mélanie bordée. *Melania marginata.* Lamk. (1)

M. testá conico-turritá; striis transversis remotiusculis; anfractibus supernè subcanaliculatis; aperturá marginatá.

---

(1) Nous pouvons faire pour cette coquille une observation semblable à celle sur le *Melania costellata.* Elle se rencontre dans les terrains marins, et elle n'a pas tous les caractères des véritables Mélanies; son ouverture est bordée et très épaissie; la forme du bord droit ne lui permet pas d'entrer dans le genre Rissoa, de sorte qu'à moins de faire un genre particulier pour

Bulimus turricula. Brug. Dict. n° 44.

Melania marginata. Ann. t. 4. p. 130. n° 3 et t. 8. pl. 60. f. 4.

* Bowd. Elem. of Conch. pl. 13. f. 10.

* Def. Dic. des sc. nat. t. 29. p. 467.

* Desh. Desc. des Coq. foss. t. 2. p. 114. pl. 14. f. 1. 2. 3. 4.

* *Id.* Encyc. méth. Vers. t. 2. p. 431. n° 26.

* Sow. Genera of shells. f. 5.

Habite. . . . Fossile de Grignon, de Courtagnon, etc. Mon cabinet. Coquille conique-turriculée, à onze ou douze tours aplatis, dont le bord supérieur saillant et un peu planulé forme une rampe qui tourne autour de la spire. Les stries transverses, au nombre de cinq sur chaque tour, sont un peu écartées les unes des autres : le tour inférieur en a davantage. On voit un rebord épais, un peu large, et qui forme un bourrelet remarquable à l'extérieur du bord droit. Longueur, 3 centimètres.

4. Mélanie grain-d'orge. *Melania hordacea.* Lamk.

M. testá turritá, transversé striatá ; anfractibus vix convexis ; aperturá perparvá.

Melania hordacea. Ann. du mus. p. 431. n° 4.

[*b*] *Eadem anfractibus sublævibus.*

Def. Dic. des sc. nat. t. 29. p. 467.

* *Bulimus clavatus.* Lamk. Ann. du mus. t. 4. p. 293. n° 8.

* Desh. Desc. des Coq. foss. t. 2. p. 108. pl. 13. f. 14. 15. 22. 23.

* *Id.* Encyc. méth. Vers. t. 2. p. 428. n° 17.

Habite. . . . Fossile de Houdan. Cabinet de M. *Defrance.* Petite coquille turriculée, longue d'un centimètre ou environ, et qui ressemble à une chevillette ou à une petite corne. Elle a huit ou dix tours de spire à peine convexes, séparés les uns des autres par un petit étranglement, et munis chacun de cinq stries transverses. L'évasement de la base de son ouverture est médiocre et peu remarquable.

5. Mélanie caniculaire. *Melania canicularis.* Lamk.

M. testá turrito-subulatá ; anfractibus convexiusculis, transversim tenuissimèque striatis ; aperturá minimá.

Melania canicularis. Ann. t. 4. p. 431. n° 5.

* Def. Dict. scienc. nat. t. 29. p. 467.

---

cette espèce et deux ou trois autres, il faut la laisser parmi les Mélanies.

* Desh. Desc. des Coq. foss. t. 2. p. 169. f. 16. 17. 26. 27.
* *Id*. Encycl. méth. Vers. t. 2. p. 428. n° 18.

Habite.... Fossile de Grignon. Cab. de M. *Defrance*. Petite coquille turriculée, presque subulée, grêle, et qui ressemble à une dent canine aiguë. Elle a douze tours de spire un peu convexes, finement striés en travers. Ouverture ovale et fort petite. Longueur, 11 millimètres.

6. Mélanie semi-croisée. *Melania semidecussata*. Lamk.

M. testá turritá, transversè rugosá; anfractuum parte superiore decussatá, plicato-crispá.

Melania corrugata. Ann. t. 4. p. 431. n° 6. t. 8. pl. 60. f. 3.
* Def. Dic. des sc. nat. t. 29. p. 468.
* Desh. Desc. des Coq. foss. t. 2. p. 16. pl. 12. f. 11. 12.
* Desh. Encycl. méth. Vers. t. 2. p. 425. n° 8.

Habite.... Fossile de Pontchartrain. Cab. de M. *Defrance*. Espèce très belle et fort remarquable par ses stries transverses et par leur croisement sur les tours supérieurs, ainsi que sur la moitié supérieure des autres tours, avec des rides verticales qui font paraître la coquille plissée, froncée et comme granuleuse en sa superficie. Ouverture ovale oblongue, bien évasée à sa base. Longueur, 22 à 25 millimètres.

7. Mélanie semi-plissée. *Melania semiplicata*. Lamk. (1)

M. testá abbreviatá, conicá, transversè striatá; anfractibus verticaliter subplicatis; aperturæ sinu productiusculo.

Melania semiplicata. Ann. ibid. p. 432. n° 7.

Habite.... Fossile de Parnes. Cab. de M. *Defrance*. Coquille courte, conique, un peu renflée inférieurement, et singulière en ce que l'évasement de la base de son ouverture forme un sinus qui s'avance un peu en bec de lampe. Elle est finement striée en travers, avec des plis verticaux peu éminens. Tours de spire au nombre de dix. Longueur, 19 millimètres.

8. Mélanie brillante. *Melania nitida*. Lamk. (2)

M. testá subulatá; anfractibus omnibus lævibus nitidissimis.

Melania nitida. Ann. t. 4. p. 432. n° 8. et t. 8. pl. 60. f. 6.

------

(1) Cette espèce de Lamarck, est pour nous une variété du *Melania lactea*; elle devra disparaître du catalogue.

(2) Cette coquille n'est point une Mélanie, elle a tous les ca-

* Desh. Desc. des Coq. foss. t. 2. p. 110. pl. 13. f. 10 à 13.
* *Id.* Encycl. méth. vers. t. 3. p. 429. n° 20.

ractères du genre Eulima de M. Risso, et c'est dans ce genre qu'elle devra se placer à l'avenir, pour ceux des zoologistes qui l'admettront.

Dans une note relative au *Bulimus terebellatus* de Lamarck, nous avons établi pour cette coquille et quelques autres qui présentent les mêmes caractères, un genre particulier auquel nous avons donné le nom de *Bonellia.* Nous avons vu que M. Sowerby, dans ses Illustrations conchyliologiques, avait rapporté plusieurs de nos Bonellies au genre Eulima de M. Risso. Après avoir détaché ces espèces bien distinctes selon nous des Eulima, ce dernier genre reste encore composé de quatorze espèces au moins, tant vivantes que fossiles, parmi lesquelles plusieurs espèces ont été reconnues par divers auteurs, et placées successivement dans plusieurs genres aux caractères desquels il fallait donner une trop grande extension, pour que les coquilles du genre qui nous occupe pussent y être introduites.

Linné connut une espèce du genre Eulima, il lui donna le nom de *Turbo politus.* Ceci ne paraîtra pas surprenant si on se souvient que dans ce même genre Turbo, Linné comprenait un grand nombre de coquilles turriculées. Lorsque Lamarck démembra le grand genre Turbo de Linné, il paraît avoir oublié cette coquille ; cependant entraîné par quelques analogies, il mit parmi les Mélanies fossiles (*Melania nitida*), une coquille qui a incontestablement un grand nombre de caractères communs avec le *Turbo politus,* depuis, plusieurs autres espèces furent également comprises parmi les Mélanies. Le *Turbo politus* lui-même, que ne reconnut pas M. Payraudeau dans son catalogue des Mollusques et des Annelides de Corse, fut

* Philip. Enum. moll. Sicil. p. 157, n° 6 (vivante).
* Dujard. Mém. sur la Touraine. Mém. de la Soc. géol. de Fr. t. 4,
  p. 278. n° 3.
Habite.... Fossile de Grignon et de Parnes. Cab. de M. *Defrance.*
Petite coquille turriculée, subulée, grêle, fort aiguë au sommet,
et partout lisse, polie et brillante. Elle a quatorze ou quinze tours
de spire; son ouverture est petite, ovale, légèrement évasée à la
base. Longueur, 11 à 12 millimètres.

rangé parmi les Rissoa sous le nom de *Rissoa Boscii.*
M. de Blainville, dans son Traité de Malacologie, a pensé
que les coquilles du genre Eulime, lisses et polies, comme
les Phasianelles, devaient appartenir à ce genre, et il a
proposé une section pour les y mettre; mais il faut convenir que ce rapprochement ne pouvait soutenir un examen approfondi des caractères propres aux coquilles de
ces deux genres, aussi il n'a point été adopté. De toutes
les opinions, celle qui paraissait réunir l'assentiment du
plus grand nombre des conchyliologues, c'est que toutes
ces espèces, quoique marines, pouvaient être jointes aux
Mélanies. On pouvait en effet dire que ces coquilles sont
pour les Mélanies, ce que les Nérites sont pour les Néritines; cependant cette comparaison n'est pas juste, parce
qu'il y a moins de rapports entre les Mélanies et les Eulimes, qu'entre les Néritines et les Nérites. Voici les caractères du genre Eulima tel que nous le restreignons.

EULIME. *Eulima.* Risso.

Animal inconnu.
Coquille allongée, subulée, lisse, polie, brillante, souvent infléchie ou contournée dans sa longueur, et présentant quelquefois des varices aplaties se suivant d'un tour à
l'autre, sa base n'ayant jamais de fente ou de trou ombilical; ouverture ovale, oblongue, arrondie antérieurement,
terminée à l'extrémité postérieure par un angle aigu; colu-

melle simple , étroite, courte, arquée ; bord droit un peu épaissi, simple, obtus. Un opercule corné ?

Quoique par leur forme générale les coquilles du genre Eulima se rapprochent de certaines Mélanies, elles en sont cependant parfaitement distinctes , et méritent de constituer un petit genre. Toutes les coquilles qui y sont rassemblées sont lisses et polies; il est bien probable que l'animal a les parties de son manteau assez grandes pour envelopper sa coquille, la polir et la mettre à l'abri des causes qui altèrent celle des autres Mollusques; ce caractère est tellement inhérent aux coquilles du genre Eulima , qu'il persiste dans les espèces fossiles. Un autre caractère qui se retrouve dans le plus grand nombre des espèces, est celui des varices; ces varices sont très aplaties, et elles offrent quelquefois à leur point de jonction avec ce qui les suit, un très petit canal qui semblerait indiquer que l'animal, après avoir épaissi son bord droit, a ensuite continué à s'accroître en laissant, entre ce bord et le test nouveau, un très petit intervalle ; dans la plupart des espèces, les varices ne sont pas irrégulièrement éparses sur les tours, on les voit souvent partir de l'extrémité postérieure du bord droit, et se succéder d'un tour à l'autre du même côté jusqu'au sommet. Il y a peu d'espèces du genre Eulima qui soient régulièrement turriculées et coniques, comme dans les autres genres, leur spire est plus ou moins infléchie, quelquefois tordue plusieurs fois, ce qui donne à ces coquilles une apparence toute particulière; les espèces connues sont généralement peu colorées , presque toutes sont blanches, transparentes ou laiteuses; elles n'ont point d'ombilic à la base, ce qui les distingue facilement des Bonellies ; leur ouverture est médiocre, point dilatée, un peu versante à la base et arrondie antérieurement, formant un angle aigu par la jonction du bord droit à l'avant-dernier tour. Le bord droit est souvent un peu projeté en avant, comme dans certains Rissoa ; cependant dans ces deux genres, le bord affecte une forme particulière. Nous n'avons jamais trouvé d'opercule dans les coquilles du genre Eulima. M. de Blainville, qui a compris ces coquilles parmi les Phasianelles, ne dit rien non plus de l'opercule. M. Sowerby, en caractérisant le genre Eulima, dit bien qu'il y a un opercule corné; mais comme il rapporte nos Bonellies à ce genre, est-ce à celles-ci ou aux Eulima proprement dites, que l'opercule appartient?

Il est assez difficile d'établir actuellement les rapports naturels du genre qui nous occupe, l'animal et l'opercule n'étant point connus, il faut se laisser guider par l'analogie des coquilles ; d'un côté elles ont des rapports avec le genre Stilifer de M. Broderip, et avec les Mélanies par la forme de l'ouverture, et la forme générale des coquilles ; c'est dans le voisinage des Mélanies que doit être maintenu provisoirement le genre Eulima, dont nous donnons ici les espèces figurées dans les auteurs.

† 1. **Eulime grande.** *Eulima major.* Sow.

> *E. testá acuminato-pyramidali, opacá, lacteá ; anfractibus convexiusculis; aperturá ovato-acutá ; basi dilatatá ; labro arcuato.*
>
> *An eadem?* Phasianelle infléchie. Blain. Malac. pl. 35. f. 5.
> Sow. Proced. Zool. Soc. 1834. p. 7.
> Sow. Conch. illus. f. 1, 1*. 1**.
> Muller. Syn. Moll. p. 50. n° 8.
> Habite les mers de l'Inde (Belanger), l'île de Tahiti (Cuming). Celleci est actuellement la plus grande espèce du genre, elle est allongée, turriculée, infléchie dans sa longueur, blanche, lisse, brillante, ses tours sont convexes étroits, nombreux; l'ouverture est ovale oblongue, atténuée postérieurement, son bord droit est simple, obtus et arqué dans sa longueur ; les grands individus de cette espèce ont 40 millim. de long. et 10 de large.

† 2. **Eulime hastée.** *Eulima hastata.* Sow.

> *E. testá breviusculá, albá, prope apicem testaceá ; aperturá ovatá margine laterali et anticá subangulatis.*

Sow. Proced.   . Soc. 1834. p. 7.
Sow. Conch. Illust. f. 10.
Muller. Syn. test. p. 49. n° 7.
Habite les côtes de Ste.-Hélène (Cuming). Cette espèce a de l'analogie avec l'*Eulima major*, mais elle s'en distingue par la forme
de l'ouverture ; elle est allongée, très pointue au sommet, ses
tours sont aplatis, peu distincts, les premiers sont opaques et
jaunâtres, les derniers sont blancs et diaphanes, le dernier tour
est obtusément subanguleux à la circonférence, un peu aplati en
dessous. L'ouverture est petite, ovalaire, atténuée postérieurement :
elle est droite et le bord droit est simple sans inflexion. Longueur
dix-huit millim., largeur six.

† 3. Eulime à grande lèvre. *Eulima labiosa*. Sow.

E. testá acuminato-pyramidali, basi latiusculá ; anfractibus con-
vexiusculis, aperturá brevi, labro lateraliter dilatato, producto.
Sow. Proced. Zool. Soc. 1834. p. 7.
Sow. Conch. illust. f. 2.
Muller. Syn. moll. p. 50. n° 9.
Habite l'océan Pacifique à l'île Annaa (Cuming). Nous avons une
espèce fossile du terrain tertiaire d'Angers, qui a la plus grande
analogie avec celle-ci ; n'ayant pas l'espèce vivante sous les yeux,
nous ne pouvons nous assurer si elle est identique avec la fossile :
nous croyons à une analogie et non à une identité parfaite. L'*Eu-*
lima labiosa est une coquille allongée conique, plus large à la
base que la plupart des espèces, elle est contournée dans sa longueur, ses tours sont nombreux, étroits, un peu convexes. L'ouverture est petite, ovale oblongue, son bord droit est sinueux à la
base il se prolonge dans le milieu, et se projette en avant, à-peu-
près comme dans quelques Potamides fossiles. Toute la coquille
est blanche, lisse et brillante ; elle a soixante millim. de long et
sept. de large.

† 4. Eulime articulée. *Eulima articulata*. Sow.

E. testá acuminato-pyramidali, albá, fusco articulatá et marmoratá ;
anfractibus convexis, varicibus prominulis interruptis ; labro
crassiusculo.
Sow. Proc. Zool. Soc. 1834. p. 8.
Sow. Conch. illust. f. 12.
Muller. Syn. test. p. 51. n° 12.
Habite la Nouvelle-Hollande. Belle espèce, allongée turriculée, un

peu arquée dans sa longueur, les tours sont légèrement convexes, étroits, nombreux, interrompus par des varices assez épaisses, irrégulièrement éparses. L'ouverture est ovale-oblongue, blanche, atténuée à son extrémité postérieure, le bord droit est simple, assez épais, sans ondulation dans sa longueur; toute la coquille est lisse et brillante, sur un fond blanc, elle est ornée, sur chaque tour de deux rangées de taches rougeâtres, subarticulées, quelquefois interrompues par des marbrures de la même couleur. Cette espèce a vingt-et-un millim. de long et six de large. Nous ne la connaissons que par la description et la figure de M. Sowerby.

† 5. Eulime polie. *Eulima polita*. Desh.

E. testá elongato-turritá, solidá, eburneá, nitidissimá; anfractibus angustis, planis, contiguis; aperturá minimá, ovatá, superne acuminatá.

Turbo politus. Lin. Syst. nat. t. 12. p. 1241.

Schrot. Einl. t. 2. p. 60.

Gmel. p. 3612. n° 97.

Strombiformis albus. dacosta. Brit. Conch. p. 116.

Hellix polita. Pennant. Zool. Brit. 1812. t. 4. p. 335. pl. 82. f. 1.?

Id. Maton. et Racket. Lin. Trans. t. 8. p. 210.

Dorset. Cat. p. 51. pl. 19. f. 15.

Turbo politus. Dillw. Cat. t. 2. p. 881. n° 157.

Turbo politus. Mont. Test. Brit.

Rissoa. Boscii. Payr. Cat. des Moll. p. 112. pl. 5. f. 15, 16.

Melania Boscii. Philipp. Enum. Moll. p. 157. n° 5.

Eulima anglica. Sow. Proc. Zool. Soc. 1834. p. 8.

Id. Conch. illust. f. 5.

Id. Muller. Syn. Test. p. 50. n° 9. a.

Habite l'océan européen. Fossile en Italie et en Sicile. Nous ferons remarquer pour cette espèce la même confusion que pour l'*Eulima subulata*. Caractérisée par Linné, cette espèce est reconnaissable par la courte description linéenne. Tous les auteurs à l'exception de M. Payraudeau, de M. Philippi et de M. Sowerby, sont d'accord sur la synonymie et sur le nom que doit conserver l'espèce. Coquille allongée, turriculée, très pointue, souvent un peu contournée au sommet, lisse, polie, brillante, d'un blanc laiteux, quelquefois un peu jaunâtre vers le sommet, les tours sont à peine convexes. L'ouverture est ovale oblongue, son bord droit est assez épais obtus, et un peu sinueux vers l'angle postérieur,

Cette coquille a quinze à vingt millim. de long et six à sept de large.

† 6. Eulime courte. *Eulima brevis*. Sow.

E. testâ brevi, acuminatâ, hyalinâ: varicibus subsecundis; aperturâ antice rotundatâ.

Sow. Proced. Zool. Soc. 1834. p. 7.

Sow. Conch. illus. f. 15.

Muller. Syn. test. p. 49. n° 6.

Habite les îles de la mer Pacifique, vivant sur la coquille de la Pintadine perlière (Cuming). Petite espèce, en proportion plus courte et plus large à la base que ses congénères; elle est très pointue au sommet, sa spire infléchie est composée d'un grand nombre de tours très étroits convexes et bien distincts. L'ouverture est ovale, droite, petite et arrondie antérieurement, son bord droit est simple et tranchant; on remarque sur les tours des varices très aplaties et qui se suivent d'un tour à l'autre, toute la coquille est lisse, polie, brillante, un peu jaunâtre au sommet, d'un blanc vitré pour les derniers tours. Elle est longue de dix millim. et large de quatre.

† 7. Eulime subanguleuse. *Eulima subangulata*. Sow.

E. testâ acuminato-pyramidali, tenui, opacâ, albâ; anfractibus planulatis; continuis, ultimo in medio subangulato.

Sow. Proced. Zool. Soc. 1834. p. 8.

Sow. Conch. illust. f. 3.

Muller. Syn. Test. p. 50. n° 10.

Habite l'océan indien. Coquille allongée, turriculée, très pointue au sommet, d'un blanc laiteux, demi transparent, les tours sont étroits, nombreux, aplatis et à peine distingués par une suture linéaire très fine, le dernier tour est subangulaire à la circonférence, cet angle obtus aboutit au bord droit, lui fait décrire un angle dans sa longueur, ce qui donne à l'ouverture une forme trapézoïdale. La columelle est étroite, droite, et continue perpendiculairement l'axe de la coquille. La longueur est de dix-huit millim. la largeur de cinq.

† 8. Eulime tortue. *Eulima distorta*. Desh.

E. testâ minimâ, elongato-subulatâ, distortâ nitidissimâ, pellucidâ; anfractibus planulatis, contiguis; aperturâ lanceolatâ.

Philip. Enum. Moll. Sicil. p. 158. n° 8.

Fossilis. Desh. Desc. des Coq. foss. de Paris. t. 2.

Habite la Sicile (Philippi) la Corse (communiquée par Michaud).
Fossile à Grignon, Parnes, Mouchy et aux environs de Paris:
Celle-ci est jusqu'à présent la plus petite espèce du genre, elle
est allongée, subulée, très pointue, lisse et brillante, transparente et toujours arquée dans sa longueur et quelquefois affectées de
plusieures courbures successives, les tours sont aplatis conjoints,
à peine distingués par une suture très fine et peu apparente.
L'ouverture est ovale, étroite, sublancéolée, son bord droit est un
peu saillant et renflé dans le milieu de sa longueur. Les individus
vivans que nous avons vus, étaient en proportion un peu plus
courts que les fossiles de Paris, cette légère différence ne nous
paraît pas suffisante pour distinguer ces coquilles en deux espèces.
Les plus grands individus ont quatre à cinq millim. de longueur.

† 9. Eulime grèle. *Eulima pusilla.* Sow.

*E. testá elongato-turritá, angustá, tenui, hyaliná, albá; anfracti-
bus convexis, longiusculis, aperturá ovali, posticè coarctato-acu-
minatá.*

Sow. Proced. Zool. Soc. 1834. p. 8.

Sow. Conch. illust. f. 6.

Muller. Syn. Test. p. 50. n$_0$ 11.

Habite l'Amérique méridionale à Ste.-Elène (Cuming). Coquille
allongée subulée, turriculée, étroite, mince, transparente toute
blanche; les tours sont larges légèrement convexes. L'ouverture
est allongée, ovale, plus grande en proportion que dans les autres
espèces du même genre, son angle postérieur est rétréci par une
petite inflexion rentrante du bord droit. Cette coquille à quinze ou
seize millim. de long. et un peu plus de trois de large.

† 10. Eulime subulée. *Eulima subulata.* Desh.

*E. testá elongatá, angustá, acuminatá, politá, anfractibus planis,
coadnatis, lineis duabus fuscis transversis ornatis; aperturá oblongá; labro simplici, recto.*

Turbo subulatus. Donov. t. 5. pl. 172.

Helix subulata. Brocchi. Conch. foss. Subap. t. 2. p. 305. pl. 3. f. 5.

Melania cambessedesii. Payr. Cat. p. 107. pl. 5. f. 11. 12.

Id. Philipp. Enum. Moll. Sicil. p. 157. n° 7.

Strombiformis parvus. Dacosta. Brit. Conch. p. 117.

Helix subulata. Maton et Racket. Lin. Trans. t. 8. p. 210.

Dorset. Cat. p. 55. pl. 19. f. 14.

9. **Mélanie semi-striée.** *Melania semistriata.* Lamk. (1)

M. testâ oblongâ, subturritâ; anfractibus superioribus striis vertica-
libus tenuissimis; inferioribus lævibus.

Melania semistriata. Ann. du mus. t. 4. p. 432.

* Def. Dict. des sc. nat. art. Mélanie.

* Desh. Descr. des Coq. foss. t. 2. p. 115. pl. 13. f. 8. 9.

Habite.... Fossile de Grignon. Cab. de M. *Defrance.* Celle-ci a les
tours inférieurs lisses et polis, mais les supérieurs sont ornés de
stries verticales très fines. Ouverture ovale oblongue, bien évasée
à la base. Longueur, à peine 9 millimètres.

10. **Mélanie cuilleronne.** *Melania cochlearella.* Lamk. (2)

M. testâ abbreviato-turritâ; sulcis longitudinalibus exiguis; labro

---

Turbo subulatus. Dillw. Cat. t. 2. p. 881. n° 158.

Fossilis. Melania cambessedesii. Philipp. Enum. Moll. Sicil. p. 158.
n° 1.

Eulima lineata. Sow. Proc. Zool. Soc. 1834. p. 8.

Id. Sow. Conch. illust. f. 13.

Id. Muller. Syn. Test. p. 51. n° 14.

Melania cambessedesii. Dujar. Mém. sur la Tour. p. 878. n° 2.

Habite l'océan européen. On verra par l'examen attentif de la synonymie de cette espèce, combien il régnait de confusion, puisqu'elle a reçu successivement quatre noms parmi lesquels nous
avons dû choisir le plus anciennement donné. Nous sommes surpris que M. Sowerby, qui peut mieux que personne connaître les
ouvrages anglais, n'ait pas reconnu dans cette espèce celle nommée depuis long-temps par Dacosta, Donovan, Dillwyn, etc.; il
était bien facile de reconnaître en elle le Melania cambessedesii de
M. Payraudeau dont l'analogie fossile a été nommée *Helix subu-*
lata par Broechi. Cette coquille est allongée, subulée, pointue au
sommet, ses tours sont élargis, aplatis et tellement conjoints
qu'il est difficile d'apercevoir la suture qui les réunit. L'ouverture
est allongée, étroite, ovalaire, le bord droit est simple, non
arqué ou sinué dans sa longueur. Cette coquille est polie, brillante,
blanche et ornée de deux zones transverses, d'un brun roux sur
chaque tour. Cette coquille est longue de dix millim. et large de
deux.

(1) Cette coquille appartient au genre Rissoa, genre sur lequel nous donnons quelques détails à la suite du genre Mélanie.

(2) Nous connaissons l'analogue vivant de cette espèce, mais

brevi, productiusculo, margine incrassato.

Melania cochlearella. Ann. du mus. t. 4. p. 432. n° 10.

[b] *Eadem longior, labro minus producto.*

* Def. Dict. des sc. nat. t. 29. p.   .

* Desh. Desc. des Coq. foss. t. 2. p. 117. pl. 14. f. 13 à 17.

Habite. . . . Fossile de Grignon. Cab. de M. *Defrance.* Cette Mélanie semble avoisiner les Cérites par la forme de son ouverture, dont le bord droit s'avance un peu en cuilleron, et dont la base s'évase en un petit sinus, mais sans former aucun canal. La coquille est conique-turriculée, pointue au sommet, chargée de sillons verticaux, nombreux, très fins, et un peu courbes. Son ouverture est ovale, oblique, à bord droit épaissi, et presque marginé. Long., 10 ou 12 millimètres.

11. Mélanie fragile. *Melania fragilis.* Lamk.

M. testâ subturritâ, tenui; sulcis longitudinalibus exiguis; anfractibus convexis.

Melania fragilis. Ann. t. 4. p. 433. n₀ 11.

* Def. Dict. des sc. nat. t. 29. p. 469.

* Desh. Desc. des Coq. foss. t. 2. p. 112. pl. 13. f. 6. 7.

Habite. . . . Fossile de Grignon. Cab. de M. *Defrance.* Elle a des rapports avec la précédente ; mais elle en diffère par son ouverture, son bord droit ne s'avançant point en cuilleron. Ses tours sont convexes et au nombre de sept. Cette coquille est mince, fragile, et longue de 5 à 6 millimètres.

12. Mélanie douteuse. *Melania dubia.* Lamk.

M. testâ ovato-conicâ, verticaliter costatâ; striis transversis minimis; aperturæ sinu subcanaliculato.

Melania dubia. Ann. ibid. n° 12.

Habite. . . . Fossile de Pontchartrain. Cab. de M. *Defrance.* Je soupçonne que cette coquille n'est qu'un rocher à canal obsolète ou imparfait. Elle est chargée de stries transverses très fines, et de côtes verticales un peu grossières, qui s'effacent ou disparaissent presque entièrement sur le dernier tour. L'évasement de la base de l'ouverture tronque ou raccourcit celle de la columelle, et semble être le commencement d'un petit canal. Long., 7 millimètres.

---

nous ne savons de quelle mers il provient. Cette coquille n'est point une Mélanie, mais une Rissoaire des mieux caractérisées.

† 13. Mélanie de Cuvier. *Melania Cuvieri.* Desh.

M. testá elongato-turritá, transversim striatá; anfractibus sub-convexis, parte superiore carinatis, longitudinaliter costatis; costis distantibus, penultimo et ultimo anfractu cuspidalis; aperturá ovato-oblongá; columellá arcuatá, marginatá.

Desh. Desc. des Coq. foss. t. 2. p. 104. pl. 12. f. 1. 2.

Id. Ency. méth. Vers. t. 2. p. 423. nº 1.

Habite.... Fossile à Chaumont et dans le Soissonnais. Très belle et fort grande espèce; par ses caractères extérieures, elle se rapproche beaucoup de la Pyrène épineuse de Lamarck; elle est allongée, turriculée, ornée de côtes épineuses sur ses tours et de stries transverses sur une rampe aplatie, placée entre la suture et les épines. Cette espèce est rare, elle a quatre-vingt-dix millim. de longueur.

† 14. Mélanie grain de blé. *Melania triticea.* Fér.

M. testá ovato-conicá, turritá; anfractibus convexiusculis, lævigatis; aperturá ovato-acutá basi dilatatá.

Desh. Desc. des Coq. foss. t. 2. p. 107. pl. 14. f. 7. 8.

Id. Ency. méth. Vers. t. 2. p. 428. nº 16.

Habite.... fossile dans les sables des lignites des environs d'Épernay. Celle-ci est une véritable Mélanie, elle est petite, courte, assez élargie à la base, formée de six tours peu convexes et entièrement lisses. L'ouverture est ovale, grande, dilatée à la base; le bord droit est mince et tranchant, le gauche se renverse sur la columelle, mais il reste fort étroit. Cette espèce est longue de huit millim.

† 15. Mélanie striatulée. *Melania lineata.* Sow.

M. testá elongato-turritá, subulatá, longitudinaliter tenue striatá; anfractibus convexiusculis, subplanis suturá simplici conjonctis; aperturá ovatá, postice angustatá, antice dilatatá, labro tenui, simplici.

Sow. Min. Conch. pl. 218. f. 1.

Habite... Fossile dans l'Oolite en Angleterre et en France. Espèce allongée, subulée, turriculée étroite, et qui par sa taille et sa forme se rapproche de quelques espèces vivantes; les tours, au nombre de douze ou treize, sont à peine convexes, ils semblent lisses; mais vus à la loupe ils sont couverts d'un grand nombre de stries longitudinales très fines et régulières; l'ouverture est comme dans toutes les Mélanies, dilatée en avant et terminée en angle aigu postérieurement; la columelle est simple, le bord droit est mince et tranchant, un peu versant à la base et à son extrémité antérieure saillant en avant. Cette espèce a soixante millim. de long. et dix-sept de large.

† 16. Mélanie de Heddington. *Melania Heddingtonensis*, Sow.

M. testá elongato-turritá, apice acumicatá, irregulariter striatá, anfractibus in medio leviter excavatis supernè subangulatis ; aperturá ovato-oblongá antice dilatatá, postice angustatá, labro acuto, simplici, antice producto.

Sow. Min. Conch. t. 1. p. 86. pl. 39. f. 2. 3.

Habite.... Fossile dans la grande Oolite en Angleterre, en France aux environs de Caen, à Neuvisi près de Mézières, en Allemagne. Grande et belle espèce, plus grande qu'aucune de celles du même genre qui vivent aujourd'hui ; elle a réellement tous les caractères des véritables Mélanies. Elle est allongée, turriculée, à spire pointue, à laquelle on compte treize à quatorze tours, les premiers sont aplatis, les derniers sont creusés dans le milieu d'une gouttière superficielle, dont le bord postérieur est formée d'un bourrelet assez large mais peu saillant; l'ouverture est allongée et elle est dans la forme de celle des Mélanies, elle est élargie en avant terminée à l'extrémité postérieure par un angle aigu, la columelle est arrondie et se continue à la base avec le bord droit, celui-ci a une double sinuosité dans sa longueur, de sorte que l'extrémité antérieure du bord droit est un peu projetée en avant. Cette coquille est longue de dix ou onze centimètres et large de trente-cinq à quarante millim.

17. Mélanie à côtes courbes. *Melania curvicosta*. Desh.

M. testá elongato-turritá, apice acuminatá, basi obtusá ; anfractibus convexiusculis, longitudinaliter costatis et transversim striatis ; costis arcuatis ; aperturá ovato-oblongá, utrinquè attenuatá; labro ad apicem productiore.

Desh. Expéd. de Morée. Zool. p. 149. pl. 25. f. 7. 8. 9.

Habite.... fossile en Morée et en Italie dans les terrains tertiaires. Coquille allongée, turriculée, ayant des rapports, pour la forme, avec la Mélanie flammulée. Sa spire, pointue, se compose de dix à onze tours convexes, sur lesquels s'élève un assez grand nombre de petites côtes très étroites, arquées dans leur longueur. Sur ces côtes passent cinq ou six stries transverses, ce qui les découpe en granulations plus ou moins grosses selon les individus. Les côtes longitudinales sont subitement arrêtées vers la circonférence du dernier tour, tandis que les stries transverses continuent à s'y montrer. L'ouverture est ovale, oblongue et versante à la base; la columelle est aplatie lors de sa jonction au bord droit; celui-ci reste simple et tranchant dans toute son étendue.

Cette coquille est longue de 22 millim. et large de 8. Les individus, provenant d'Italie sont en général plus courts, ont les stries plus profondes et les granulations des côtes plus saillantes.

Genre **RISSOA**. Rissoa. Frém.

Ce genre établi par M. de Fréminville pour quelques petites coquilles observées par M. Risso, naturaliste distingué de Nice, fut décrit en 1814 par M. Desmarest, dans le nouveau bulletin de la société philomatique. Négligé par Lamarck, qui confondait parmi les Mélanies le petit nombre d'espèces qu'il connut; il attira peu l'attention des naturalistes, ne contenant que des coquilles très petites, elles échappèrent à l'attention des collecteurs et jusque dans ces derniers temps, ce genre peu mentionné ne comptait qu'un très petit nombre d'espèces. M. Dellechiaje dans ses Mémoires sur les animaux sans vertèbres de la mer de Naples, a fait connaître l'animal d'une espèce méditerranéenne et M. Philippi, dans son *Enumeratio molluscorum Siciliæ* a donné les caractères génériques, d'après l'observation de deux autres espèces de la même mer. Il n'y avait encore de publiées que les sept espèces de MM. Fréminville et Desmarest, lorsqu'en 1830 M. Michaud donna un petit mémoire accompagné de très bonnes figures, dans lequel il décrivit seize espèces qui n'avaient pas encore été mentionnées jusque-là; à ces espèces il faut joindre les treize espèces nouvelles que M. Philippi décrit et figure dans l'ouvrage que nous venons de citer. Si l'on ajoute à ces trente-six espèces un petit nombre de fossiles répandus dans les ouvrages de divers auteurs on se fera une idée assez juste de tout ce que la science possède actuellement dans le genre qui nous occupe.

Cependant il existe encore d'autres matériaux sur ce genre ; car notre collection seule contient plus de quatre-vingts espèces, tant vivantes que fossiles.

Il est bien à présumer que c'est parmi les espèces de la Méditerranée qu'il faut rechercher le *Turbo cimex* de Linné. Quoique nous ayons de fortes présomptions de croire que cette espèce est la même que celle nommée *Rissoa cancellata* par Desmarest et *Turbo cancellatus* par Lamarck, il nous reste cependant quelques doutes, à cause de l'extrême brièveté de la description linéenne, et parce que la synonymie, qui se voit dans le *Systema naturæ*, nous paraît incorrecte. C'est ainsi que Linné renvoie d'abord à une figure *X* de la planche 44 de Gualtieri, laquelle pourrait s'appliquer aussi bien au *Rissoa cancellata* qu'au *Rissoa albida* de M. Michaud. Linné renvoie ensuite au *Soni* d'Adanson, pl. 2. fig. 10, qui, d'après la description même de l'auteur du voyage au Sénégal, constitue une espèce différente de celle de Gualtieri. Laquelle des deux espèces doit-on admettre comme type du *Turbo cimex* de Linné ? nous pensons, et nous reproduisons ici une opinion déjà émise par nous, que ces espèces linéennes, sur lesquelles il est impossible de se prononcer, sans avoir vu les coquilles qui ont servi à l'établissement de ces espèces, doivent être définitivement abandonnées et reléguées dans un *incertæ sedis* jusqu'au moment où de nouveaux renseignemens seront introduits dans la science.

Genre **RISSOA**. — *Rissoa*. Frém.

Caractères génériques.

Coquille allongée, turriculée, quelquefois courte et subglobuleuse. Ouverture ovale, semilunaire, subcanalicu-

lée, ayant le bord droit épaissi et presque toujours saillant en avant et arqué dans sa longueur, opercule corné
fermant exactement l'ouverture.

Animal trachélipode. Pied subtriangulaire, tronqué en
avant, pointu en arrière. Tête proboscidiforme, portant
de chaque côté un tentacule subulé, à la base externe
duquel l'œil est placé sur un petit renflement, bouche
prolongée en une trompe courte et tronquée.

Il était sans doute difficile, d'établir définitivement les
rapports du genre Rissoa, avant d'avoir les renseignement suffisans sur les caractères extérieurs de l'animal.
M. Delle Chiaje, le premier, dans le tome III de ses mémoires sur les animaux de la mer de Naples, a donné la
figure d'une espèce dont les caractères ont été confirmés
depuis par les observations de M. Philippi, sur deux
autres espèces des mers de Sicile. En comparant ces caractères avec ceux des Cérites dont on connaît actuellement un assez bon nombre, grâce aux travaux de MM. Quoy
et Gaimard, il est évident que les Rissoa avoisinent autant
les Mélanies que les Cérites, et peuvent être considérés
comme un terme moyen entre les deux genres. Le pied est
allongé, triangulaire, tronqué en avant, pointu en arrière.
Il porte un opercule corné vers les deux tiers postérieurs
de sa longueur. La tête de l'animal est subcylindracée,
la bouche est ouverte à l'extrémité d'un mufle proboscidiforme, tout-à-fait comparable à celui des Cérites et
des Mélanies. Les tentacules sont très allongés, presque
aussi longs que le pied et terminés en pointe aiguë; les
yeux sont placés à la partie externe de la base, un peu
au-dessus du point de jonction du tentacule à la tête.

Quoique le genre Rissoa soit assez nouvellement établi,
il serait peut-être déjà nécessaire de lui faire subir quelques réformes; car les caractères de certaines espèces qui
ont l'ouverture droite et dont la forme est subglobuleuse
ne s'accordent pas entièrement avec ceux des espèces qui

ont servi primitivement de type au genre. Mais comme il y a un passage presque insensible entre les deux formes dont nous venons de parler, nous pensons qu'il est nécessaire d'attendre que l'observation soit venue fournir, sur un plus grand nombre d'animaux du genre, le moyen de réunir définitivement les espèces admises aujourd'hui dans le genre, ou d'en faire une nouvelle distribution.

Les coquilles du genre Rissoa sont généralement allongées, turriculées, à spire pointue et peu élargie à la base. Cette base est rarement perforée d'une fente ombilicale ; l'ouverture, dans le plus grand nombre des espèces, est ovale, semilunaire. Elle est toujours oblique à l'axe, longitudinale, et son plan est presque toujours incliné sur cet axe ; cela vient de ce que le bord droit, épaissi, et quelquefois bordé, subsemicirculaire, se projette en avant, comme cela se remarque dans la plupart des Cérites. A la jonction antérieure du bord droit avec la columelle, on remarque un angle plus ou moins aigu, un peu déprimé et qui semble le commencement d'un petit canal. Dans d'autres espèces, cette dépression est plus élargie et alors cette ouverture est quelquefois versante comme dans la plupart des Mélanies. Les espèces subglobuleuses ont l'ouverture peu dilatée à la base, et le bord droit est tout-à-fait dans le sens de l'axe longitudinal.

Pendant long-temps on a cru que les Rissoa ne se trouvaient à l'état fossile que dans les terrains tertiaires. M. Sowerby dans le tome 6 de son *Mineral conchology*, a fait connaître un fait très curieux en décrivant quatre espèces de Rissoa, provenant de la grande Oolite d'Ancliff, ce qui est remarquable, c'est que aucune espèce du même genre n'est connue dans les formations géologiques placées entre la grande Oolite et le terrain tertiaire ; il est à présumer que plus tard on en trouvera aussi dans ces couches.

Nous divisons les Rissoa en trois groupes : dans le premier les espèces subglobuleuses voisines des Turbos ou des Littorines, dans le second celles qui sont allongées et dont l'ouverture se rapproche de celle des Mélanies, dans le troisième enfin les espèces à ouverture semilunaire subtronqué à la base et se rapprochant des Cérites.

PREMIER GROUPE. LES TURBINIFORMES.

† 1. **Rissoa treillisée.** *Rissoa cancellata.* Desm.

> *R. testá parvá, ovato-ventricosá, brevi, spadiceá ant fuscrá, longitudinaliter et transversim striatá ; anfractibus quinis; labro tenuiter marginato, intùs sulcato ; apertura ambitu albo.*

Desm. Bul. des Sc. de la Soc. Phil. de Paris. p. 8. n° 7. pl. 1. f. **5.**

Payr. Cat. des Moll. de Corse. p. 111. n° 239.

Desh. Morée. Zool. p. 151. n° 195.

An Turbo cimex? Brcchi. Conch. Foss. subop. t. 2. p. 363. pl. 6. f. 3.

An Turbo cancellatus? Lamk. A. S. vert. t. 7. p. 33.

An Turbo cimex? Lin. Syst. nat. éd. 12, p. 1233.

Gmel. p. 3589. n° 5?

Turbo cimex Pars.? Dillw. Cat. t. 2. p. 821. n° 15.

Turbo cancellatus. Dacosta. Brit. Conch. p. 104. pl. 8. f. 6. 9.

Habite l'océan Européen.

Nous avons dit précédemment qu'elle raison nous avions de douter de la parfaite analogie du *Turbo cimex* de Linné et du *Cimex cancellatus* de Dacosta. Comme ce dernier ne laisse aucun doute, par sa description, sur la ressemblance de son espèce et du *Rissoa cancellata* de M. Desmarest, nous avons dû préférer le nom proposé par ce dernier auteur. Cette coquille est des plus communes. Elle présente plusieurs variétés qu'il est nécessaire de mentionner, pour rendre plus facile les recherches synonymiques.

Elle est ovale, renflée; à spire assez courte, conique, composée de cinq à six tours peu convexes, séparés par une suture subcanaliculée, toute la surface est découpée assez profondément en un réseau à mailles quadrangulaires, par des strics longitudinales, transverses, régulières, la portion de la surface isolée par les stries forme des granulations disposées en séries régulières. L'ouverture est ovale, obronde; elle est droite; le bord droit est blanc, épais, garni d'un bourrelet extérieur. Cette partie, épaisse, est sillonnée en dedans comme en dehors. La columelle est blanche. La base du dernier tour présente quelques stries transverses sans granulation; on trouve des individus tout-à-fait blancs, d'autres jaunâtres, et l'on arrive, par nuances insensibles, à des individus d'un brun assez foncé. D'autres individus sont bruns et ils ont une fascie blanche sur le milieu du dernier tour. Cette fascie se montre à la base des tours précédens. Nous pensons que les variétés, blanches et d'un jaune pâle, sont dues à la décoloration des coquilles par leur long séjour aux bords de la mer.

Les grands individus ont 6 millim. de long et 4 de large, ceux qui viennent de l'Océan sont plus petits.

† 2. Rissoa crénelée. *Rissoa crenulata.* Mich.

R. testá parvá, solidá, ovatá, subcanaliculatá, albá vel albo-lutes-cente; longitudinaliter transversimque sulcatá; sulcis æqualibus æquidistantibus et indè elegantissimè regulariter faveolatá; an-fractibus quinis convexis; suturá profundá; labro marginato, extùs crenulato, intus absoletè sulcato; columellá infernè uni-dentatá; apice subacuto.

Mich. Desc. du genre Rissoa. p. 13. fig. 1. 2.

Desh. Morée. Zool. p. 151. n° 194.

Habite la Mediterranée.

Cette petite espèce est encore l'une de celles qui, comme le *Cancellata*, sera probablement rejetée du genre Rissoa. Elle est ovale, subglobuleuse, blanche ou d'un blanc jaunâtre, à spire courte, formée de cinq à six tours étroits convexes, presque étagés. Leur surface est découpée en un réseau assez gros par l'entrecroisement de sillons transverses et longitudinaux. A chaque point d'entrecroisement s'élève un petit tubercule assez pointu. L'ouverture est ovale, oblongue, sensiblement rétrécie par l'épaississement considérable de son bord droit. Ce bord est blanc en dedans et sillonné, en dehors, il est régulièrement crénelé. La columelle est blanche, arquée dans sa longueur, et elle porte à la base un petit tubercule oblong.

Cette espèce est longue de 5 millim. et large de 3.

† 3. Rissoa Buccinoïde. *Rissoa Buccinoïdes.* Desh.

R. testá parvulá, ovato-acutá, longitudinaliter costatá transversim basi sulcatá; aperturá obliquá, intùs incrassatá; labro fusco, intus tenuissimè striato.

Desh. Expéd. Morée. Moll. pl. 19. f. 41. 42. 43.

TOME VIII.   3o

Habite la Méditerranée.

Petite coquille que l'on pourrait facilement confondre avec le *Rissoa cancellata*, parce qu'il en a à-peu-près la forme et les couleurs ; cependant des caractères constans le rendent facile à distinguer. Cette coquille est ovale, conique, renflée vers la base. On compte six tours peu convexes à la spire ; ces tours, étroits, sont séparés par une suture subcanaliculée. Leur surface présente des côtes longitudinales saillantes, régulières, que l'on voit se terminer brusquement à la circonférence du dernier tour. Ces côtes sont traversés par quelques stries transverses, obsolètes, le dernier a la base sillonnée transversalement. Ces sillons sont au nombre de cinq. L'ouverture est ovale ; son péristome est brun, elle est blanchâtre dans l'intérieur. Le bord droit est épais et sillonné en dedans ; toute la coquille est d'un brun fauve. La base du dernier tour est quelquefois blanchâtre et les sillons sont ornés de points bruns. Le bourrelet du bord droit est blanc et on remarque à sa jonction deux taches irrégulières d'un brun très intense.

Cette petite coquille, assez commune dans la Méditerranée, a 5 à 6 millim. de longueur et 3 millim. et demi de largeur.

† 4. Rissoa lactée. *Rissoa lactea.* Mich.

R. testá parvá, ventricosá, subperforatá, brevi, semper lacteá, longitudinaliter costulatá transversim striatá ; anfractibus quinis convexis, supernè submarginatis ; suturá profundá ; aperturá ovali ; labro intùs nitido, acuto ; columellá subcallosá ; apice subacuto.

Mich. Desc. du genre Rissoa. p. 7. f. 11. 12.

Desh. Morée. Zool. p. 150. n° 193.

Phil. Enum. Moll. Sicil. p. 152. n° 13.

Habite la Méditerranée.

Petite coquille ovale, ventrue, à spire courte et pointue, ayant le dernier tour globuleux plus grand que la spire. Toute la surface extérieure est couverte d'un très fin réseau, produit par l'entrecroisement de fines stries transverses et de petites côtes longitudinales. L'ouverture est ovale, oblongue, son bord droit est simple, tranchant, la columelle est peu épaisse et arrondie. Cette coquille a beaucoup de ressemblance avec la variété blanche du *Rissoa cancellatá* ; mais on la distingue facilement, non-seulement par le réseau beaucoup plus fin qui la couvre, mais encore par la forme de l'ouverture, dont l'angle supérieur est beaucoup plus prolongé. Il existe dans la Manche, sur les côtes du Calvados, une jolie variété dont les côtes sont plus éloignées et les stries plus profondes.

Cette coquille est longue de 6 millim. et large de 3 et demie.

† 5. Rissoa labiée. *Rissoa labiata*. Phil.

R. testâ inflatâ, obtusiusculâ, transversim cingulatâ, lineisque longi-
tudinalibus tenuibus exaratâ; aperturâ ovatâ, labro extus reflexo
marginato.

Philip. Enum. Moll. Sicil. p. 155. n° 8. pl. 10. f. 7.

Junior: an Rissoa trochlea? Mich. Desc. du genre Rissoa. p. 14. f. 3, 4?

Habite la Méditerranée... Fossile en Sicile dans la caverne à osse-
mens des environs de Mardolce (Philippi).

Nous croyons que l'espèce nommée *Rissoa trochlea* par M. Michaud, a été établie avec de jeunes individus de celle-ci. M. Philippi
n'a connu qu'un seul individu fossile; mais nou connaissons
cette espèce vivante des mers de la Sicile. Elle est ovale globuleuse, à spire courte et étagée, composée de quatre tours étroits,
très convexes, sur le milieu desquelles s'elèvent trois côtes transverses, saillantes, égales, et également distantes; la base du dernier tour est couverte de stries transverses, rapprochees et peu
profondes. Dans l'intervalle des côtes, on remarque de fines
stries longitudinales, sublamelleuses et que l'on ne peut apercevoir qu'à l'aide d'une loupe. L'ouverture est grande, ovale, semi-
lunaire; son bord droit est garni, en dehors, d'un bourrelet épais
et lisse. Toute la coquille est blanche.

Sa longueur est de 5 millim. et sa largeur de 3.

† 6. Rissoa de Gouget. *Rissoa Gougeti*. Mich.

R. testâ incrassatâ, ovatâ, luteo-fulvâ, lævigatâ, nitidâ; anfracti-
bus quinis subplanis; suturâ obsoletâ, interdum ultimo anfractu
albo unifasciatâ; aperturâ subrotundâ; labro acuto; columellâ
albâ; apice acutiusculo.

Mich. Desc. du genre Rissoa. p. 7. f. 7. 8.

Habite les mers du Sénégal.

Nous présumons que cette espèce ne restera pas non plus dans le
genre Rissoa. Elle a des rapports de forme et de caractères avec le
Rissoa cancellata; elle est ovale, conique, ventrue, obtuse au
sommet, formée de six à sept tours à peine convexes, lisses, à
suture linéaire et peu profonde. L'ouverture est ovale, obronde,
le bord droit, simple et tranchant, est blanc à sa base, d'un brun
fauve dans le reste de son étendue. Toute la coquille est d'une
couleur fauve peu foncée; le dernier tour est blanc à la base, et
dans certains individus, on remarque, vers le milieu de ce dernier tour, une petite zone transverse blanchâtre.

Cette coquille est longue de 5 millim. et large de 3.

30.

† 7. Rissoa cingile. *Rissoa cingilus*. Mich.

*R. testá parvulá, conoideá, fulvá, pellucidá, nitidá, transversim
obsolete sulcatá; longitudinaliter substriatá; anfractibus septenis
convexiusculis quinque fasciatis, duabus fasciis fulvis duabus
nigris, alternis, aliá superiore, albidá; aperturá ovali; labro
acuto; apice obtusiusculo.*

Mich. Desc. du genre Rissoa. p. 12. f. 19. 20.

An Turbo cingilus. Donovan?

Habite....

Nous empruntons à M. Michaud la description de cette petite espèce
que nous ne possédons pas.

Coquille très petite, conoïde, fauve, transparente, finement
striée transversalement : les stries longitudinales sont à peine
visibles. Les tours de spire sont au nombre de sept. Ils sont ornés
de deux fascies fauves, alternant avec deux autres noirâtres. La
suture est bordée d'une petite ligne blanche. L'ouverture est
ovale et son bord droit est tranchant.

Cette espèce est longue de 5 millim. et large de 2 et demi.

† 8. Rissoa fauve. *Rissoa fulva*. Mich.

*R. testá minimá, conoideá, fulvá, nitidá; anfractibus senis glaber-
rimis, convexiusculis, aliquando supernè albo unifasciatis; apertura ovali; labro acuto; apice obtusiusculo.*

Mich. Desc. du genre Rissoa. p. 12. f. 17. 18.

Philip. Enum. moll. Sicil. p. 152. n° 11.

Habite la Méditerranée.

Très petite espèce, ovale-ventrue, lisse, obtuse au sommet, formée
de six tours peu convexes, à la partie supérieure desquels se
trouve, dans la plupart des individus, une petite fascie blanche.
Comme son nom l'indique, toute la coquille est fauve. L'ouverture
est ovale, obronde; le bord droit est simple et tranchant. Cette
espèce ne nous paraît pas avoir tous les caractères des vrais Rissoa; car elle n'a pas le bord droit épaissi et projeté en avant.

Sa longueur est de 4 millim. et la largeur de 2.

† 9. Rissoa marginée. *Rissoa marginata*. Mich.

*R. testá parvulá, lutescente, ovato-ventricosá, nitidá, superforatá;
anfractibus septenis lævigatis, penultimo et antepenultimo tantùm
longitudinaliter costulatis; suturá interdùm marginatá et albo
subfasciatá; aperturá subrotundatá, albá; labro extùs marginato.*

Mich. Desc. du genre Rissoa. p. 11. f. 15. 16.

Habite la Méditerranée.

Petite coquille ovale-obronde, à spire courte et conique, pointue au sommet et formée de six tours dont le premier et le dernier sont lisses, tandis que les moyens sont presque toujours garnis de petites côtes longitudinales. L'ouverture est ovale-obronde ; le bord droit est bordé, en dehors, d'un bourrelet blanc. Toute la coquille est d'un brun mat ; dans quelques individus, la suture est accompagnée d'une petite ligne blanche.

Cette espèce à 5 millim. de long. et 2 et demi de large.

Espèces fossiles.

† 10. Rissoa courte. *Rissoa curta*. Duj.

R. testá ovatá, ventricosá ; spirá brevi, conicá anfractibus planiusculis, 12–14, costatis, transversim que 6–7 striatis ; aperturá rotundá ; labro grossè dentato.

Duj. Mém. Géol. sur la Touraine. p. 279. n⁰ 3. pl. 19. f. 5.

Habite.... Fossile en Touraine et à Dax.

Espèce qui a quelque analogie avec le *Rissoa cancellata*, mais qui reste toujours d'un moindre volume que ses plus petites variétés. Elle est ovale, renflée, formée de cinq à six tours convexes, sur le dernier desquels s'élèvent douze ou quatorze côtes longitudinales. Ces côtes sont traversées par six à sept stries transverses également distantes, la suture est profonde, subcanaliculée. L'ouverture est ovale, oblongue ; son bord droit est garni d'un bourrelet épais, large, strié en dedans et en dehors.

Cette petite coquille a 3 millim. de long et un peu moins de 2 de large.

† 11. Rissoa réticulée. *Rissoa reticulata*. Phil.

R. testá lanceolato-turritá ; acutá ; anfractibus convexis, longitudinaliter plicatis ; transversim grosse sulcatis, rotundatis ; aperturá ovatá, labro simplici.

Philip. Enum. moll. Sicil. p. 156. n₀ 9, pl. 10. f. 14.

Habite.... Fossile dans la couche argilleuse des environs de Palerme (Philippi).

Très petite espèce, découverte en Sicile par M. Philippi, et qui est parfaitement distincte de toutes ses congénères. Elle est allongée, turriculée, pointue au sommet et formée de sept tours convexes, séparés entre eux par une suture profonde. La surface est découpée en réseau, à mailles quadrangulaires, produit par l'entrecroisement de dix à douze côtes longitudinales aiguës et de quatre côtes transverses régulières et également distantes. Sur le dernier tour, ces côtes transverses sont au moins au nombre de douze et décroissent régulièrement jusqu'à la base. L'ouverture est ovale, oblongue ; son bord droit simple, est épaissi à l'intérieur.

Cette petite espèce est longue de 3 millim. et large de 1 millim. et demi.

DEUXIÈME GROUPE. LES MÉLANOÏDES.

12. Rissoa aiguë. *Rissoa acuta.* Desm.

R. testá aciculatá, albá ; costis longitudinalibus, tenuibus ; anfractibus octonis vel novenis porrectis : ultimo tumido ; aperturá marginatá ; apice violacescente.

Desm. Bul. des Sc. de la Soc. phil. de Paris. p. 8. n⁰ 6. pl. 1. f. 4.
Payr. Cat. des moll. de Corse. p. 110. n⁰ 238.
Desh. Morée. Zool. p. 151. n⁰ 199.
Philip. Enum. moll. Sicil. p. 151. n⁰ 6.

Habite les plages sablonneuses de la Méditerranée et se trouve aussi quelquefois dans l'Océan.

Coquille allongée, turriculée, très étroite, formée de huit à neuf tours convexes, larges, dont les premiers sont lisses, violâtres et les suivans sont garnis de côtes obliques. L'ouverture est dilatée ; elle est ovalaire et ressemble à un petit pavillon de trompette. Le bord gauche est ordinairement calleux ; la columelle est droite, le bord droit est épaissi, renversé en dehors et bordé. Toute la coquille est blanc jaunâtre ; elle est transparente, lisse, si ce n'est à la base du dernier tour où l'on remarque quelques stries transverses.

Les grands individus ont 8 millim. de long. et à peine 2 millim. de large.

† 13. Rissoa oblongue. *Rissoa oblonga.* Desm.

R. testá turritá, albá, pellucidá, nitidá ; anfractibus septenis vel octonis longitudinaliter plicatis ; sulcis flavicantibus ; labro marginato, intùs et extùs duabus maculis fulvis notato ; aperturá albá, oblongá.

Desm. Bul. des Sc. de la Soc. phil. de Paris. p. 7. n⁰ 1. f. 3.
Payr. Cat. des moll. de Corse. p. 110. n⁰ 237.
Desh. Morée. Zool. p. 151. n⁰ 198.
Phil. Enum. moll. Sic. p. 150. n⁰ 3. et *fossilis* p. 155. n⁰ 1.
Habite la Méditerranée sur toutes les plages sablonneuses.

Jolie espèce bien distincte et qui, par sa forme, est intermédiaire entre le *Rissoa acuta* et le *costata*. Cette coquille est allongée, turriculée, subulée au sommet; sa spire se compose de sept tours convexes sur lesquels se relèvent des côtes longitudinales larges et peu saillantes, entre lesquelles il existe souvent une petite fascie brune, longitudinale. La surface paraît lisse, et elle l'est en effet dans les individus qui ont été roulés; mais dans ceux qui sont bien conservés, on aperçoit de très fines stries transverses obsolètes et ponctuées. L'ouverture est ovale, oblongue, dilaté en pavillon, et rétrécie par un bourrelet très épais et intérieur du bord droit. Ce bourrelet est d'un blanc mat, et il se montre aussi en dehors. De ce côté il porte constamment trois petites taches brunes, inégalement distantes. La columelle porte un petit renflement à la base.

Cette coquille est longue de 8 millim. et large de 3.

Il y a des individus en proportion plus étroits.

T 14. Rissoa à côtes. *Rissoa costata*. Desm.

R. testá turritá, albá, pellucidá, minutissimis punctis valdè numerosis distinctá, longitudinaliter sulcatá, nodosá, lineis spædiceis transversis, confertis adornatá, anfractibus novenis; labro marginato; aperturæ ambitu interiori cæruleo.

Desm. Bull. des Sc. de la Soc. phil. de Paris. Année. 1814. p. 7. n° 1. pl. 1. f. 1.

Payr. Cat. des moll. de Corse. p. 109. n° 235.

Philip. Enum. moll. Sic. p. 149. n° 1.

Desh. Morée. Zool. p. 151. no 196.

Habite sur toutes les plages sablonneuses de la Corse, de la Sicile, de la Morée et de presque toute la Méditerranée.

Celle-ci est une des plus abondamment répandues dans la mer d'Europe. Elle se présente sous plusieurs états qu'il est nécessaire d'indiquer pour empêcher d'établir d'autres espèces qui deviendraient inutiles. Lorsque la coquille est recueilli pendant la vie de l'animal, elle est d'un blanc grisâtre corné et transparente. Elle devient d'un blanc laiteux et quelquefois d'un blanc opaque lorsqu'elle a séjournée plus ou moins long-temps sur les rivages. Quelle que soit d'ailleurs sa coloration, elle se reconnaît toujours à sa forme turriculée, à sa spire pointue, à ses tours nombreux et étroits sur lesquels s'élèvent des côtes saillantes, renflées dans le milieu de leur longueur. Ces côtes s'effacent peu-à-peu en arrivant vers le dernier tour et finissent par disparaître sur le dos de ce dernier tour. L'ouverture est ovalaire, sensiblement dilatée; son pourtour est violâtre; le bord droit est épaissi en dedans et en dehors. La coloration de cette espèce est très agréable, elle consiste en lignes transverses, tantôt continues, tantôt ponctuées d'un brun assez foncé; une de ces lignes, plus permanente que les autres, se remarque à la base du dernier tour. Cette coquille n'est point lisse, comme on pourrait le croire d'après l'examen des individus blancs et roulés. Lorsqu'elle est bien fraîche l'on voit la surface couverte d'un très grand nombre de stries très fines, produites par de très petites ponctuations superficielles.

Nous connaissons l'analogue fossile de cette espèce provenant de la Sicile.

Les grands individus ont 10 millim. de long. et 4 de large.

† 15. Rissoa grosse. *Rissoa grossa.* Mich.

R. testá parvá, ventricosá, brevi, luteo-albá, longitudinaliter costulatá; costis flexuosis supernè majoribus; transversim striatá; anfractibus senis convexis, ultimo ventricosissimo; suturá profundá; aperturá ovato-oblongá; labro intùs et extùs marginato et nitido; columellá albá infernè uniplicatá; apice subacuto.

Mich. Desc. du genre Rissoa. p. 8. f. 21. 22.

Habite l'Angleterre et les côtes de Bretagne.

Cette espèce, que l'on pourrait confondre avec le *Rissoa ventricosa* de Desmarest, s'en distingue cependant par des caractères constans que M. Michaud a parfaitement reconnus. Elle est ovale, conique, ventrue, très pointue au sommet et teinte de violet très pâle à cette extrémité de la spire; elle est formée de sept à huit tours légèrement convexes, sur lesquels s'élèvent des côtes longitudinales simples, qui deviennent onduleuses sur le dernier tour. La base de ce dernier tour est lisse. Il faut examiner la coquille avec un assez fort grossissement pour apercevoir le petit nombre de stries obsolètes qui traversent les côtes. L'ouverture est ovale, oblongue, dilatée; son bord droit est épaissi en dedans et en dehors; la columelle est peu épaisse et faiblement renflée à son extrémité antérieure. Dans les vieux individus, bien frais, la columelle, et surtout l'angle supérieur de l'ouverture, sont teints de fauve rougeâtre. Toute la coquille est blanche.

Les grands individus ont 12 millim. de long. et 5 de large.

† 16. Rissoa ventrue. *Rissoa ventricosa.* Desm.

R. testá ovali-acutá, albo-virescente, pellucidá, longitudinaliter, costatá, transversim tenuiter striatá; anfractibus senis; labro unidentato, marginato; aperturæ ambitu leviter violacea.

Desm. Bul. des Sc. de la Soc. phil. de Paris. Annéc. 1814. p. 8.
n° 3. pl. 1. f. 2.

Payr. Cat. des. moll. de Corse. p. 109. n° 236.

Desh. Morée. Zool. p. 151. n° 197.

Philip. Enum. moll. Sicil. p. 149. n₀ 2.

Habite toutes les plages sablonneuses de la Méditerranée.

Coquille extrêmement commune et qu'il est assez facile de reconnaître, malgré sa grande analogie, avec quelques espèces voisines. Elle est ovale, oblongue, ventrue, à spire conique assez courte et cependant très pointue. Les premiers tours sont violâtres ou brunâtres, les suivans sont d'un blanc laiteux transparent. Tous, à l'exception de la dernière moitié du dernier, sont chargés de côtes longitudinales, obtuses, larges et plus profondément séparées à la base des tours qu'au sommet. Le dernier tour est strié transversalement à la base. Le reste de la coquille est lisse dans la plupart des individus, on en remarque cependant quelques-uns qui sont striés dans toute leur longueur. L'ouverture est assez grande, dilatée, ovalaire, et tout son pourtour est teint de violet clair. Le bord droit est dilaté; dans les vieux individus il est extrèmement rétréci à l'intérieur et présente alors un bourrelet obtus. A l'extérieur, dans un petit nombre d'individus nous avons remarqué un grand nombre de lignes transverses, formées de petits points bruns sur un fond blanc.

Cette coquille est longue de 8 millim. et large de 4.

† 17. Rissoa transparente. *Rissoa hyalina*. Desm.

R. testâ ovato-ventricosâ, apice acuminatâ, albo-hyalinâ; aperturâ ovatâ, ambitu violaceâ; anfractibus longitudinaliter fulvo-fasciatis.

Desm. Bull. de la Soc. phil. de Paris. 1814. p. 3. n° 4. pl. 1. f. 6.

Habite....

Nous ne connaissons cette espèce que par la courte description donnée par M. Desmarest, description que nous reproduisons textuellement. Coquille ventrue, ovale, pointue, formée de cinq ou six tours lisses, sans aucune strie ni côte longitudinale; chaque tour garni supérieurement d'un sillon qui fait paraître la suture double. Elle est d'un blanc transparent, avec le bord droit de la bouche brunâtre ou violet et quelques bandes étroites, d'un fauve très clair, disposées assez régulièrement en bandes longitudinales qui se réunissent au sommet de la coquille.

† 18. Rissoa linéolée. *Rissoa lineolata*. Mich.

R. testâ parvâ, turritâ, nitidâ, vitreâ; interstitiis lineolis, brunneis, longitudinalibus et æqualibus, ultimo anfractu tantùm flexuosis,

*pictis, anfractibus octonis longitudinaliter costatis, convexis;
apertura subrotundata; perisiomate simplici, acuto; apice acuto.*

Mich. Desc. du genre Rissoa. p. 9. f. 13. 14.

Habite la Méditerranée.

Cette espèce est toujours facile à distinguer; elle est allongée, conique, un peu turbiniforme, sa spire, pointue, se compose de
sept à huit tours convexes, étroits, sur lesquels se relèvent des
côtes longitudinales asses grosses, obtuses, rapprochés, dans l'intervalle desquelles se place constamment une linéole étroite, d'un
brun fauve qui tranche d'une manière agréable sur le fond blanc,
un peu nacré de la coquille. Les côtes sont quelquefois flexueuses,
et elles s'arrètent constamment à la circonférence du dernier tour,
tandis que les linéoles se continuent et deviennent très onduleuses.
L'ouverture est ovale; le bord droit est simple, un peu épaissi à
l'intérieur; la columelle est ordinairement brunâtre et le bord
gauche laisse à découvert une petite fente ombilicale très étroite.
Cette jolie espèce est longue de 7 millim. et large de 4.

† 19. Rissoa fragile. *Rissoa fragilis.* Mich.

*R. testa turrita, lævigata, vitreo-virente, nitida, fragili, longitu-
dinaliter irregulariter striata; anfractibus octo subconvexis;
apertura oblonga, labro fulvo, acuto, intùs submarginato; columella uniplicata; apice acuto.*

Mich. Desc. du genre Rissoa. p. 10. f. 9. 10.

Habite la Méditerranée.

Petite coquille allongée, turriculée, dont la forme extérieure a de
l'analogie avec le *Rissoa oblonga* de Desmarest. Elle est formée
de huit à neuf tours convexes, substriés longitudinalement. L'ouverture est ovale, oblongue; son bord droit est épaissi à l'intérieur, d'une couleur jaunâtre; la columelle est peu épaisse. On
remarque à sa base un très petit renflement en forme de plis.
Toute la coquille est d'un blanc verdâtre, elle a 7 millim. de long
et 4 de large.

† 20. Rissoa monodonte. *Rissoa monodonta.* Phil.

*R. testa oblongo-conoidea, acuta, lævissima, pellucida, hyalina;
anfractibus planulatis; labro intus marginato; columella basi
unidentata.*

Philip. Enum. moll. Sicil. p. 151. n⁰ 7. pl. 10. f. 9. et *fossilis.* p. 155.
n° 2.

Habite la Sicile sur les rivages de Palerme, de Syracuse et de
Catane, fossile à Militello, Céfali et Mardolce (Philippi).

Coquille assez remarquable, qui a été décrite pour la première fois
par M. Philippi; il serait possible qu'elle n'appartînt pas au
genre Rissoa; cependant elle en offre la plupart des caractères;
elle est ovale-conique, à spire pointue, dont le sommet est violet.
Lorsqu'elle est entière, elle est formée de sept tours aplatis,
presque conjoints et parfaitement lisses. Le dernier tour est aussi
long que la spire. L'ouverture est ovale oblongue; elle est inclinée
d'avant en arrière sur l'axe longitudinal; le bord droit est épaissi
en dedans et en dehors; il est quelquefois très légèrement teint
de violet. La columelle est épaisse et arrondie, et elle porte, à sa
base, une dent saillante et pointue que l'on ne trouve, avec un
pareil développement, dans aucun autre espèce du genre. Toute
la coquille est d'un blanc jaunâtre, et les individus, bien frais,
sont ornés de flammules longitudinales d'un fauve très pâle.

Cette coquille est longue de 6 mill. et large de 3.

† 21. Rissoa violette. *Rissoa violacea.* Desm.

*R. testâ elongato-conicâ, snbturritâ, apice acuminatâ, aliquantisper
obscurè costatâ, punctatâ; punctulis depressis; anfractibus planis,
albis, violaceo manozonatis; aperturâ ovatâ, intùs ambitu
violaceâ.*

Desm. Bull. de la Soc. phil. de Paris: p. 8. no 5. pl. 1. f. 7.

Desh. Morée. Zool. p. 151. n° 200.

Phili. Enum. moll. Sicil. p. 150. n. 4.

Habite la Méditerranée.

Petite coquille facile à reconnaître par sa coloration et surtout par
des lignes de points déprimés dont la surface est ornée. Les tours,
au nombre de neuf à dix, sont étroites, aplatis, conjoints et se
distinguent difficilement les uns des autres. Dans quelques individus, on remarque vers la base, quelques indices de côtes longitudinales; ils sont traversés par une zone d'un brun violet qui
devient de plus en plus intense à mesure que l'on approche du
sommet. L'ouverture est violette; elle est ovale, obronde, dilatée
dans le milieu; son bord droit est simple, épaissi en dedans.

Cette petite coquille est longue de 6 millim. et large de 3.

† 22. Rissoa rayonnée. *Rissoa radiata.* Phil.

*R. testâ oblongo-turritâ, lævissimâ, tenui, pellucidâ, virescenti-
hyalinâ, strigis longitudinalibus rufis radiatim ornatâ; anfractibus
superioribus obsolete costulatis; labro tenui, simplici.*

Phil. Enum. moll. Sicil. p. 151. no 10. pl. 16. f. 15.

Habite les plages de Palerme (Philippi).

Espèce très petite, qui a du rapport, par sa coloration, avec le

Rissoa lineolata, mais qui en diffère par tous ses autres caractères.
Elle est allongée, turriculée, à spire conique et pointue, mince transparente et verdâtre, parfaitement lisse. Les tours, au nombre de six ou sept, à peine convexes, ont des côtes longitudinales dans l'intervalle desquelles se montrent de petites fascies longitudinales d'un brun roux, assez larges, et se succédant en rayonnant du sommet à la base. Ces caractères rendent facile à distinguer cette espèce que l'on reconnaît encore par le pourtour brunâtre de son ouverture.

Sa longueur est de 4 millim. et sa largeur de 2.

✝ 23. Rissoa naine. *Rissoa punctulum*. Phil.

R. testâ oblongâ; obtusâ, lævissimâ, albâ, aut fulvâ; anfractibus quatuor convexiusculis; aperturâ oblongo-ovatâ, lambro simplici.

Philip. Enum. moll. Sicil. p. 154. n° 20. pl. 10. f. 11.

Habite la Sicile sur les rivages de la Péninsule de Thapsi (Philippi.)

Nous ne connaissons cette très petite coquille que par la description de M. Philippi; elle est mince, transparente, oblongue, étroite très obtuse, subtronquée; les tours sont convexes, au nombre de quatre et tout-à-fait lisses. Quoique très semblable, par la forme, au *Rissoa minutissima* de M. Michaud, cette espèce se distingue par le nombre de ses tours, quatre seulement au lieu de six; et par sa surface entièrement lisse.

Cette espèce n'a guère plus de 2 millim. de longueur.

✝ 24. Rissoa allongée. *Rissoa elongata*. Phil.

R. testâ aciculato-turritâ, lævissimâ, albâ; anfractibus convexiusculis; aperturâ ovatâ, supernè acutâ, labro simplici.

Philip. Enum. moll. Sicil. p. 154. n° 22. pl. 10. f. 16.

Habite la Sicile sur les rivages de la Péninsule Magnési (Philippi).

Nous ne connaissons cette petite espèce que par la description qu'en a donnée M. Philippi. Elle est formée, dit cet auteur, de cinq tours très lisses. L'ouverture est le tiers de la coquille, elle est ovale, et son angle supérieur est très aigu. Elle a des rapports avec le Rissoa fragile de M. Michaud; elle a une forme semblable, mais elle n'a point de stries longitudinales, le bord droit n'est point épaissi et bordé en dedans; la columelle est sans pli et sa taille est toujours plus petite.

Cette espèce a une ligne de longueur.

✝ 25 Rissoa Pygmée. *Rissoa pygmœa*. Mich.

R. testâ pygmœâ, turritâ, subcylindricâ, fulvâ pellucidâ; anfracti-

bus quinis glaberrimis, subconvexis; aperturâ subrotundatâ; labro acuto; apice obtuso.

Mich. Desc. du genre Rissoa. p. 18. f. 25. 26.

Philip. Enum. moll. Sicil. p. 153. n° 12.

Habite la Méditerranée.

Nous ne connaissons cette espèce que par la figure et la description de M. Michaud. Elle est une des plus petites espèces de coquilles connues; elle est allongée, cylindracée, transparente et d'une couleur fauve uniforme; sa spire obtuse au sommet, se compose de cinq tours tout–à–fait lisses, convexes. L'ouverture est arrondie et ressemble beaucoup plus à celle d'une petite Paludine qu'à celle d'une véritable Rissoa.

La longueur est à peine de 2 millim. et la largeur d'un peu moins d'un millim.

† 26. Rissoa scalaire. *Rissoa scalaris.* **Mich.**

R. testâ parvâ, elongatâ, subcylindricâ, subperforatâ, pellucidâ, truncatâ; anfractibus quaternis costatis; costis raris, æqualibus et æquidistantibus supernè angulatis; suturâ profundâ; aperturâ ovatâ, obliquâ; labro acuto, extùs marginato, intùs nitido; apice truncato.

Mich. Desc. du genre Rissoa. p. 18. f. 31. 32.

Habite....

Nous ne connaissons cette espèce que par la description et la figure de M. Michaud. Il se pourrait qu'elle appartînt au genre *Truncatella* de M. Risso, dont nous avons traité précédemment. Elle est petite, allongée, presque cylindrique et de couleur de chair, transparente, perforée à la base, tronquée au sommet; les tours de spire, peu convexes, sont séparés par une suture profonde, et ils sont ornés de côtes longitudinales égales, droites, peu nombreuses et se succédant d'un tour à l'autre. L'ouverture est ovale-oblique, à bord droit épaissi en dehors et dont l'épaississement est continué par une partie mince et tranchante.

L'individu figuré par M. Michaud, réduit à quatre tours par la troncature, est long de 5 millim. et large de 2 et demi.

Espèces fossiles.

† 27. Rissoa de Ropp. *Rissoa Roppii.* **Dub. de Mont.**

R. testâ turritâ, pyramidali; anfractibus convexis, valde crescentibus longitudinaliter costatis transversim tenuissime striatis; aperturâ ovatâ, labro extus marginato, recto.

Melania Roppii. Dub. de Montp. Conch. foss. p. 45. n₀ 1. pl. 3. f. 32. 33.

Habite.... Fossile en Podolie. Coquille ovale, conique, qui a des rapports avec le *Rissoa costata* de Desmarest ; elle est en proportion plus courte pour son diamètre ; les tours sont étroits, convexes, obscurément anguleux. Dans le milieu le dernier offre treize côtes longitudinales qui se terminent brusquement à la base : cette base paraît lisse aussi bien que le reste de la coquille ; mais, examinée à un grossissement convenable, on la trouve couverte de stries transverses, obsolètes et très fines. La base du dernier tour est un peu bossue, et laisse apercevoir une fente ombilicale très étroite. L'ouverture est régulièrement ovale ; son bord droit est très épaissi en dedans et en dehors.

Cette petite coquille est longue de 7 millim. et large de 4.

† 28. Rissoa plissée. *Rissoa plicata.* Desh.

R. testá turbinato-elongatá, spirá conicá, acuminatá ; anfractibus convexiusculis, longitudinaliter tenuè plicatis, transversim tenuissimè striatis ; aperturá ovatá ; columellá excavatá : labro incrassato, basi subunidentato.

Turbo plicatus. Desh. Coq. foss. de Paris. t. 2. p. 261. n° 14. pl. 34. f. 12. 13. 14.

Rissoa Michaudi. Nyst. Coq. Foss. du Limbourg. p. 22. pl. 3. f. 55.

Habite.... Fossile dans les terrains marins supérieurs, à la ménagerie, au parc de Versailles, à Montmorency et à Kleyn-Spauwen en Belgique. Nous avions d'abord rapporté cette petite espèce au genre Turbo dans le voisinage des littorines ; mais par ses caractères, elle se range plus naturellement parmi les Rissoa.

Elle est ovale, oblongue, à spire courte et conique, très pointue au sommet. Ses tours, au nombre de cinq à six, sont étroits, peu convexes, et ils sont chargés de petites côtes longitudinales qui cessent subitement un peu au-dessous de la circonférence du dernier tour. Outre ces côtes, on remarque sur la surface de fines stries transverses qui s'effacent presque entièrement, en passant sur le sommet des côtes : ces stries se continuent à la base du dernier tour. L'ouverture est ovale-obronde, la columelle est excavée dans le milieu, et le bord droit, épaissi en dedans et en dehors porte vers sa base un tubercule obtus ; mais ce tubercule ne se remarque que dans les vieux individus.

Cette coquille est longue de 6 millim. et large de 3 et demie.

TROISIÈME GROUPE. LES CÉRITHIFORMES.

† **29. Rissoa striée.** *Rissoa striata.* **Quoy.**

R. testá turritá, ad dextram tantisper inflexá, apice acutá, albidá, transversim striatá; postice costulatá; aperturá ovali, lævi et albá.

Quoy. et Gaim. Voy. de *l'Astrol.* t. 2. p. 493. pl. 33. f. 38. 39.

Habite....

Rapportée par MM. Quoy et Gaimard.

Depuis la publication de l'ouvrage de MM. Quoy et Gaimard, dans lequel se trouve décrite cette espèce de Rissoa, **M.** Philippi a imposé le même nom à une coquille qui est une espèce tout-à-fait distincte; il faudra donc changer le nom proposé par M. Philippi, puisqu'il a été donné le dernier. L'espèce figurée par M. Quoy a beaucoup de ressemblance avec les individus vivans du *Rissoa cochlearella*; elle est allongée, subturriculée, pointue au sommet; d'un blanc laiteux et un peu transparente. Les tours, au nombre de sept à huit, sont à peine convexes, chargés de stries transverses fines et rapprochées, traversées irrégulièrement par quelques stries d'accroissement. L'ouverture est semilunaire, subéchancrée antérieurement; la columelle est droite; le bord droit est épaissi, un peu dilaté et renversé en dehors.

Cette espèce, l'une des grandes du genre, a 17 millim. de long et 8 de large.

3o. Rissoa petite. *Rissoa pusilla.* **Desh.**

R. testá elongato-turritá; apice obtusá, longitudinaliter costellatá; costellis rectis, simplicibus; aperturá ovato–semilunari, utrinque attenuatá anfractibus planis, contiguis.

Turbo pusillus. Brocchi. Conch. foss. Subap. t. 2. pl. 6. f. 4.

Rissoa pusilla. Desh. Morée. Zool. p. 152. n° 203.

Habite la Méditerranée et l'Océan Indien. Fossile en Italie et aux environs de Perpignan.

Le *Turbo pusillus* de Brocchi, étant une véritable Rissoa, il doit conserver son nom spécifique, en passant dans ce genre. M. Philippi, ayant donné ce nom de *Rissoa pusilla* à une autre espèce que celle de Brocchi, ce nom doit être nécessairement changé.

Le *Rissoa pusilla* a beaucoup de ressemblance avec celui nommé *Rissoa chesnellii*, par M. Michaud. Elle en a également avec le *Rissoa Bruguierei*, mais elle se distingue nettement de l'une et de l'autre espèce. Elle est allongée, turriculée, étroite, composée de six à sept tours aplatis, presque conjoints, à suture linéaire et peu profonde. L'ouverture est ovale, oblongue, étroite, et subcanaliculée à la base; son bord droit est épais et projeté en avant. Toute la surface de la coquille est ornée de petites côtes étroites, nombreuses, longitudinales, sur lesquelles ne passent aucunes stries transverses; quelquefois elles se continuent d'un tour à l'autre. La columelle est en ligne droite ; toute cette coquille est d'un blanc laiteux.

Les grands individus ont 7 millim. de long et à peine 3 de large.

† 31. Rissoa gentille. *Rissoa pulchella*. Phil.

R. testá ovato-conoideá, ventricosá, subperforatá, longitudinaliter costellatá, costellis numerosis, in ultimo anfractu dimidiatis; aperturá rectá, oblongá, spiram subæquante, subdilatatá, labro simplici.

Philippi. Enum. moll. Sicil. p. 155. no 7. pl. 10. f. 12.

Habite vivant dans les mers de Sicile.

Fossile en Sicile près de Militello (Philippi).

Très petite espèce ovale-conique, que M. Philippi a trouvée fossile en Sicile, et que nous connaissons vivante des mers de cette île. Elle est d'un blanc verdâtre, subcornée; sa spire, pointue, se compose de sept tours étroits et convexes, sur lesquels s'élèvent de petites côtes longitudinales obtuses et aplaties, régulières et qui se terminent brusquement à la circonférence du dernier tour. L'ouverture est ovale, obronde; le bord droit est épaissi en dedans et en dehors, et il porte vers le milieu de sa longueur, une petite tache d'un brun noirâtre. Toute la coquille est lisse et sans stries transverses.

Sa longueur est de 4 millim. et sa largeur de 2.

† 32. Rissoa très petite. *Rissoa minutissima*. Mich.

R. testá minutissimá, turritá, subcylindricá, vitreá, nitidá; sulcis regularibus et æquidistantibus transversim aratá; anfractibus senis supernè costulatis ; suturá subrotundá, interdum marginatá; aperturá ovatá, obliquá; labro obtuso intus nitido; apice obtuso.

Mich. Desc. du genre Rissoa. p. 17. f. 27. 28.

Habite la Méditerranée et les côtes du Calvados.

Celle-ci est certainement une des plus petites du genre. Elle est allongée, subcylindracée, obtuse au sommet; les tours, au nombre de cinq, sont convexes, très finement striés en travers et plissés longitudinalement à leur partie supérieure. L'ouverture est ovale, sub-semilunaire; le bord droit est épaissi en dehors et projeté en avant. Toute cette coquille est d'un blanc laiteux; elle est longue de 2 millim. et demie et large de 1 millim.

Il existe sur les côtes du Calvados une variété un peu plus grande et dont les plis ont presque disparu. M. de Keilhau nous a communiqué, provenant des terrains tertiaires de la Norwège, une autre variété dont l'ouverture est un peu plus grande et dont les plis ont entièrement disparu.

† 33. Rissoa exiguë. *Rissoa exigua.* Mich.

R. testá minutissimá, turritá, nitidá, vitreá paululum ad aperturam inflexá; transversim elegantissimè, leviter sulcatá; anfractibus septenis obtusis, longitudinaliter costatis; costis æqualibus, obliquis et distantibus supernè obtusè angulatis; suturá profundá; aperturá ovatá obliquá, labro incrassato, subcanaliculato, extùs marginato; apice obtusiusculo.

Mich. Desc. du genre Rissoa. p. 16. f. 29. 30.

Rissoa carinata. Phill. Enum. moll. Sic. p. 150. n° 5. pl. 10. f. 10.

Habite la Corse; dans la Manche, sur les côtes de Bretagne, etc.

Nous réunissons l'espèce de M. Philippi à celle de M. Michaud, parce que après avoir comparé les descriptions et les coquilles, nous n'avons point trouvé de caractères suffisans pour les distinguer. Celle-ci est l'une des plus petites du genre. Elle est ovale, oblongue, composée de cinq à six tours sur lesquels s'élèvent des côtes longitudinales obliques, grosses et arrondies. Outre ces côtes, la surface examinée à un grossissement convenable présente encore des stries transverses extrêmement fines; à la base du dernier tour s'élève une carène assez saillante. L'ouverture est ovale-oblongue, le bord droit très épaissi en dedans et en dehors, a toute sa surface interne couverte de très fines stries. Toute cette coquille est blanche.

Les grands individus ont à peine 3 milllm. de long. et 1 millim. et demi de large.

† 34. Rissoa creusée. *Rissoa excavata.* Philip.

R. testá oblongá, obtusá, albá; anfractibus supernè angulatis, medio concavatis, longitudinaliter costatis, ultimo inferne cingulis tribus transversis elevatis instructo, aperturá ovatá, simplici.

Philippi. Enum. moll. Sicil. p. 154. n° 8. pl. 10. f. 6.

Habite la Sicile, trouvée sur le rivage de la Péninsule de Thapsi (Philippi.)

Cette petite espèce est bien distincte de toutes ses congénères. Elle est toute blanche, oblongue, formée de quatre à cinq tours, sur lesquels s'élèvent des côtes transverses coupées en travers par d'autres longitudinales. Ces côtes sont menues et tranchantes, et les espaces quadrangulaires qu'elles laissent entre elles sont creusés ; les côtes transverses du milieu sont plus écartées que celles qui sont vers la suture. L'ouverture est ovale, à peine anguleuse supérieurement, son bord droit est simple et tranchant.

Cette petite espèce est longue d'une ligne.

† 35. Rissoa tridentée. *Rissoa tridentata*. Mich.

R. testá conoïdeá, albá, lævigatá, nitidá; anfractibus septenis convexiusculis; suturá obsoletá; aperturá ovatá, obliquá et subcanaliculatá; labro tumido intùs tridentato; columellá callo superiori distinctá; apice obtuso.

Mich. Desc. du genre Rissoa. p. 6. fig. 5. 6.

Habite les mers des Indes.

Coquille curieuse, ovale-conique, plus dilatée vers la base que ne le sont la plupart des Rissoa ; toute sa surface est lisse comme dans les Eulimes. Son ouverture est cependant celle des véritables Rissoas. Sa spire, pointue au sommet, est composée de six à sept tours aplatis, conjoints ; dont le dernier est presque aussi grand que les autres ; l'ouverture est ovale, semi-lunaire ; son angle postérieur est très aigu. Le bord droit, épais et obtus, se projette en avant, et on remarque, dans sa longueur, trois petits tubercules arrondis, ce qui a valu à l'espèce le nom que lui a imposé M. Michaud.

Cette coquille est longue de 8 millim. et large de 4.

† 36. Rissoa treillissée. *Rissoa decussata*. Duj.

R. testá oblongo-turritá, longitudinaliter plicato-costatá, transversimque striatá; anfractibus convexiusculis; costis subobliquis, striis decussantibus sat remotis; labro expanso, incrassato.

Rissoa Bruguierei. Payr. variété ?

Duj. Mém. Géol. sur la Touraine. p. 279. n° 5. pl. 19. f. 23.

Habite.... Fossile dans les falluns de la Touraine et aux environs de Dax.

Quoique cette espèce ait beaucoup de ressemblance avec le *Rissoa Bruguierei*, elle s'en distingue néanmoins : et nous ne la connaissons qu'à l'état fossile et dans les deux localités que nous venons de citer. Ses côtes longitudinales sont étroites, rapprochées, obtuses, droites ; elles se continuent ordinairement d'un tour à l'autre ; elles sont en proportion plus nombreuses que dans le Rissoa de Bru-

guière. Les stries transverses ne passent pas sur les côtes; elles ne
se montrent que dans les intervalles.

La longueur est de 8 millim. et la largeur de 2 et demi.

† 37. Rissoa de Bruguière. *Rissoa Bruguierei*. Pay.

*R. testá turritá, albá, rugosá, longitudinaliter costatá; costis et
sulcis obliquè cancellatis; anfractibus senis vel septenis, convexis;
aperturá ovali, subcanaliculatá, margine tumido.*

Payr. Cat. des moll. de Corse. p. 113. n° 242. pl. 5. f. 17. 18.

Desh. Morée. Zool. p. 151. n° 201.

Philip. Enum. moll. Sicil. p. 153. n° 17 et *fossilis*. p. 56. n° 6.

Habite la Méditerranée.

Cette espèce a beaucoup de rapports, d'un côté, avec le *Turbo pusillus* de Brocchi, dont nous connaissons actuellement l'analogue
vivant, et de l'autre, avec le *Rissoa decustata* de M. Dujardin. Le
Rissoa de Bruguière est élargi, turriculé, composé de 8 à 9 tours
convexes, assez étroits, sur lesquels des côtes longitudinales et
obliques, subanguleuses à leur sommet, sont disposées avec régularité. Ces côtes sont traversées par des stries transverses, assez
profondes fines et régulières. L'ouverture est ovale, semilunaire;
elle ressemble presque exactement à celle d'une cérite, à canal
très court; le bord droit est très épais et arqué en avant. Toute la
coquille est blanche, quelquefois un peu transparente. Nous
connaissons l'analogue fossile de cette espèce, provenant des environs de Palerme en Sicile.

Sa longueur est de 7 millim. et sa largeur de 3.

† 38. Rissoa de Chesnel. *Rissoa Chesnelii*. Mich.

*R. testá parvulá, turritá, albá, nitidá; costis longitudinalibus,
obliquis ornatá; anfractibus septenis convexiusculis; spirá elongatá; suturá subprofundá; aperturá ovatá; labro incrassato;
apice subacuto.*

Mich. Desc. du genre Rissoa. p. 15. f. 23. 24.

Habite les mers des Indes.

Petite coquille qui a tout-à-fait le port du *Rissoa Bruguierei*. Elle
est constamment plus petite et en proportion plus étroite; ses
tours, peu convexes, sont chargés de côtes élégantes par leur régularité : ces côtes sont un peu obliques et se succèdent d'un tour
à l'autre. Ce qui distingue éminemment cette espèce de celle à laquelle nous la comparons, c'est qu'elle est toujours dépourvue de
stries transverses. Cette coquille a également beaucoup de res-
emblance avec le *Turbo pusillus* de Brocchi, mais celui-ci es'

toujours plus renflé, plus gros et il a les côtes plus fines et moins obliques. Cette jolie espèce nous a été communiquée par M. Michaud. Elle a 5 millim. de long et 2 de large.

Espèces fossiles.

† 39. Rissoa polie. *Rissoa polita*. Desh.

R. testá turritá, lævigatá, politá ; anfractibus subconvexis ; aperturá oblongá ; labro dextro crasso, basi sinuato.

Desh. Coq. des env. de Paris. t. 2. p. 116. n° 19. pl. 14. f. 20. 21.

Habite... Fossile aux environs de Paris à Mouchy-le-Châtel.

Cette espèce a de la ressemblance avec le *Rissoa cochlarella* dont elle diffère, non-seulement par la moindre saillie des stries, mais aussi par la forme de l'ouverture. Cette coquille est allongée, turriculée, étroite ; sa spire, pointue, est formée de huit à neuf tours interrompus pas un petit nombre de varices. La coquille est brillante et semble polie ; mais, examinée à un grossissement convenable, on la trouve couverte d'un réseau extrêmement fin de stries, longitudinales et transverses. L'ouverture est oblongue, sub-semilunaire, rétrécie à ses deux extrémités. L'angle antérieur est déprimé et présente la trace d'un petit canal. Le bord droit est épais et se projette en avant.

Cette petite coquille, assez rare, est longue de 7 millim. et large de 2.

† 40. Rissoa lisse. *Rissoa lævis*. Sow.

R. testá oblongá, cylindraceá, lævigatá ; aperturá ovato angustá, anticé submarginata ; labro intus incrassato.

Sow. Min. Conch. pl. 609. f. 1.

Habite.... Fossile dans la grande Oolite à Ancliffe. M. Sowerby est le premier qui ait fait connaître des espèces de ce genre dans un terrain bien inférieur à ceux où l'on est habitué à les rencontrer. On voit en effet une grande série de couches entre le terrain tertiaire et la grande Oolite dans laquelle aucune espèce du genre Rissoa n'a été observée.

Cette espèce est allongée, cylindracée, rappelant un peu, par son port, la forme de certains maillots. Les tours sont à peine convexes, au nombre de cinq ou six, ils sont parfaitement lisses. L'ouverture est ovalaire, et l'angle postérieur est très aigu, l'angle antérieur présente une légère dépression comme dans plusieurs espèces vivantes. Le bord droit est simple et épaissi en dedans.

Cette petite coquille intéressante, a 4 millim. de long et 1 et demi de large.

† 41. Rissoa de Sowerby. *Rissoa Sowerbyi*. Desh.

R. testá elongato-turritá, apice acuminatá, angustá, longitudina-liter arcuatim costatá, costis simplicibus; aperturá ovato-semi-lunari, utrinquè attenuatá, basi productá, subemarginatá; labro incrassato, reflexo.

Rissoa acutá. Sow. Min. Conch. pl. 609. f. 2.

Habite... Fossile à Ancliffe dans la grande Oolite. Bien antérieure-ment à la publication de cette espèce par M. Sowerby, M. Des-marest, dans le bulletin de la Société Philomatique, avait donné le nom de *Rissoa acuta* à une espèce vivante de la Méditerranée. Il faut donc, pour éviter la confusion synonymique, donner un autre nom à l'espèce de M. Sowerby, et nous proposons de lui consacrer désormais celui du savant Anglais.

Cette coquille a des rapports avec une espèce actuellement vi-vante, à laquelle M. Michaud a donné le nom de *Chesnelii;* elle a cependant des caractères spécifiques qui la distinguent parfaite-ment. Elle est allongée, turriculée, assez étroite; sa spire, com-posée de six ou sept tours convexes, est très pointue au sommet. Ils sont étroits, chargés de côtes longitudinales simples et arquées dans leur longueur. On ne remarque point de stries transverses sur la surface extérieure. L'ouverture est ovale, oblongue, sub-semi-lunaire; ses deux angles sont aigus; l'antérieur surtout qui est plus saillant que dans la plupart des autres espèces; la columelle s'avançant jusqu'au niveau du bord droit. L'angle, produit par la jonction de la columelle et du bord droit, est un peu déprimé et présente le commencement d'un petit canal. Le bord droit est épaissi et renversé en dehors.

Cette petite coquille longue de 5 millim. est large de 2.

† 42. Rissoa à côtes obliques. *Rissoa obliquata*. Sow.

R. testá elongato-turritá, acuminatá, longitudinaliter costatá; costis incrassatis, obliquis; anfractibus sex convexis; aperturá ovato-oblongá, subsemilunari, in medio dilatatá; labro simplici, incrassato, reflexo.

Sow. Min. Conch. pl. 609. f. 3.

Habite.... Fossile à Ancliffe dans la grande Oolite.

Jolie espèce qui a incontestablement beaucoup de rapport avec le *Rissoa Sowerbyi.* Elle est allongée, conique, turriculée; sa spire, pointue au sommet, se compose de cinq à six tours convexes sur lesquels s'élèvent un petit nombre de côtes longitudinales, épaissies, arrondies, simples et obliques. Sur le dernier tour, ces côtes viennent s'atténuer insensiblement vers la base où elles dispa» raissent. L'ouverture est ovale, oblongue, courte, sub-semilunaire, et presque aussi large que haute. La columelle et le bord droit se joignent antérieurement sous un angle droit. Le bord droit est épaissi et renversé en dehors.

Cette espèce a 5 millim. de long et un peu plus de 2 de large.

† 43. Rissoa bipartite. *Rissoa duplicata*. Sow.

> *R. testá elongato-conicá; anfractibus latis, longitudinaliter plicatis; plicis in medio cariná augustá interruptis; aperturá ovato-oblongá in medio dilatatá, basi subemarginatá.*

Sow. Min. Conch. pl. 609. f. 4.

Habite.... Fossile à Ancliffe, dans la grande Oolite.

Petite coquille très intéressante et qui constitue un chaînon de plus entre les *Rissoa* et les *Cérites*. Elle est oblongue, conique, sub-turriculée, composée de six à sept tours larges et anguleux dans le milieu. L'angle est subcaréné, il est lisse et il divise en deux les petites côtes longitudinales, peu saillantes dont la coquille est ornée. L'ouverture est remarquable ; elle est ovale oblongue, anguleuse à ses extrémites, et dilatée dans le milieu. La columelle est arquée dans sa longueur et un peu courbée à sa base, à la manière des Cérites; l'extrémité antérieure de la columelle est dépassée par le bord droit, comme dans le plus grand nombre des Rissoa. Ce bord droit est épaissi, simple et renversé en dehors.

Cette petite espèce a 4 millim. de long et 2 de large.

† 44. Rissoa chevillette. *Rissoa clavula*. Desh.

> *R. testá turritá, conicá, longitudinaliter costatá ; costis grossiusculis; aperturá ovatá, basi sinuosá, angulo inferiore subcanaliculatá.*

Melania (Rissoa) clavula. Desh. Desc. des Coq. foss. t. 2. p. 117. pl. 14. f. 18. 19.

Habite.... Fossile à Grignon, à Mouchy, aux environs de Paris. Petite coquille bien distincte parmi les autres espèces du même genre ; elle est allongée, turriculée, pointue, ses tours sont peu convexes et on y voit en petit nombre de grosses côtes arrondies et peu saillantes. L'ouverture est oblique, le bord droit très épais est projeté en avant. Cette coquille est longue de 6 millim. seulement.

MÉLANOPSIDE. (Melanopsis.)

Coquille turriculée. Ouverture entière, ovale-oblongue. Columelle calleuse supérieurement, tronquée à sa base, séparée du bord droit par un sinus. Un opercule.

Testa turrita. Apertura integra, ovato-oblonga. Columella supernè callosa, basi truncata, è labro sinu disjuncta. Operculum.

OBSERVATIONS. — Les *Mélanopsides* sont des coquilles fluviatiles qui avoisinent par leurs rapports les Mélanies. Mais leur columelle, calleuse dans sa partie supérieure, les en distingue éminemment; et elle est d'ailleurs tronquée à sa base, comme dans les Agathines, ce qui n'a jamais lieu dans les Mélanies. Elles sont très rapprochées des Pyrènes par leurs rapports, et elles s'en distinguent principalement en ce que leur ouverture n'a qu'un sinus ou un évasement à sa base. Nous rapportons à ce genre les deux espèces suivantes.

[Plusieurs espèces du genre Mélanopside ont été connues de Linné et des anciens conchyliologues. Linné, entre autres, confondait le peu d'espèces qu'il connût soit parmi les Buccins, soit parmi les Strombes, et même parmi les Murex; de tous les genres Linnéens, celui qui convenait le mieux aux Mélanopsides était celui des Buccins, car ces coquilles en ont presque tous les caracteres. La même confusion a existé parmi les auteurs qui, depuis Linné, ont admis à la lettre la classification conchyliologique du *Systema naturæ*, ce n'est que depuis le commencement de ce siècle que les auteurs français, en suivant le bon exemple que leur avait donné Bruguière, portant le flambeau de l'observation dans les genres Linnéens, les ont successivement démembrés en genres la plupart fort utiles, et de ce nombre, est celui-ci qui a été créé par M. de Férussac, dès 1807, dans son Essai de système de conchyliologie. Depuis lors, ce genre a été constamment adopté et diversement placé dans la méthode, selon que ses caractères ont été plus ou moins bien appréciés dans leur valeur. Déjà précédemment nous avons mentionné, en traitant des Mélanies, les différentes opinions des auteurs à l'égard des Mélanopsides, et nous avons ajouté, qu'entre toutes, celle que l'on devait préférer appartenait à Lamarck, et consistait à réunir ce genre dans une même famille que les Mélanies. Si l'on considère en effet les caractères zoologiques et conchyliologiques des deux genres, on acquiert bientôt cette conviction qu'ils ont entre eux tant de points de ressemblance, qu'il sera peut être nécessaire de les réunir plus tard. Dans une monographie publiée par M. de Férussac, en 1823, dans le premier volume des mémoires de la Société d'histoire naturelle de Paris, cet auteur a donné des renseignemens intéressans sur l'animal des Mélanopsides qu'il a eu occasion d'examiner en Espagne, aux environs de Séville et de Valence. Depuis, comme nous l'avons dit, M. Quoy a fait connaître l'animal de la Pyrène térébrale de Lamarck, de sorte que l'on a maintenant les moyens de comparer avec exactitude ces trois types principaux de la famille des Mélaniens, et de reconnaître ainsi l'analogie de leurs caractères zoologiques. Si l'on a sous les yeux un grand nombre d'espèces de Mélanies et de Mélanopsides vivantes et fossiles, on remarque entre ces deux genres un phénomène tout-à-fait semblable à celui que nous avons signalé entre les Bulimes et les Agathines, c'est-à-dire que l'on voit s'établir la troncature columellaire par des degrés presque insensibles depuis le commencement le plus incertain, jusqu'à une échancrure aussi profonde que celles des Buccins. Si, en nous appuyant de l'identité d'organisation des Bulimes et des Agathines, nous avons pu réduire presque à rien la valeur du caractère de la troncature columellaire, nous somme autorisé à employer ici le même moyen pour démontrer le peu d'importance que doit avoir, aux yeux des zoologistes, la troncature de la columelle des Mélanopsides, pour les séparer des Mélanies. Déjà nous nous sommes expliqué sur la valeur du genre Pyrène, et nous avons fait voir qu'il avait été composé par Lamarck, d'élémens hétérogènes; d'un côté nous y trouvons des Mélanies véritables, et de l'autre des coquilles assez singulières, voisines de certains Cérites, par leurs caractères, et que Linné comprenait parmi ses Strombes : en rapprochant ces espèces des Mélanopsides, on s'aperçoit bientôt qu'elles en ont tous les caractères principaux, et qu'elles n'en diffèrent réellement que par une échancrure à la lèvre droite,

échancrure qui, dans ces espèces remplace la gouttière postérieure des Mélanopsides bucciniformes. M. de Férussac a parfaitement senti les rapports de ces coquilles avec les Mélanopsides, ce qui l'a engagé à les joindre à ces derniers, et à ne
laisser dans le genre Pyrène que celles que nous comprenons
actuellement parmi les Mélanies : ainsi démembré, le genre
Pyrène devra donc disparaître de la méthode.

Les Mélanopsides habitent les eaux douces des parties méridionales de l'Europe, et plus particulièrement celles des pour-
tours de la Méditerranée ; et elles se montrent en abondance, à
l'état fossile, dans la plupart des terrains tertiaires de l'Europe.
M. de Férussac a fait remarquer que, parmi les espèces fossiles
dans nos contrées tempérées, il y en a quelques-unes d'analogues à celles qui vivent dans des régions beaucoup plus
chaudes, fait intéressant d'après lequel il a été porté à conclure
que l'abaissement de la température avait été une cause toute
puissante pour détruire les races qui autrefois vivaient au centre de la France. Nous avons reproché à M. de Férussac d'avoir
tiré une conclusion aussi générale sur un nombre d'observations
aussi bornées que celles que nous venons de rappeler. Nous
pensions que, pour établir, à l'aide des observations sur les mollusques, une chose aussi importante que celle des changemens
de température, il fallait trouver un grand ensemble de faits, non-
seulement pour les mollusques d'eau douce, mais encore pour
ceux qui habitent la mer. Nous avons rassemblé ces faits, et
nous avons pu ainsi estimer approximativement la température
qui a été propre à chacune des principales époques tertiaires.

ESPÈCES.

1. **Mélanopside à côtes.** *Melanopsis costata.* **Fér.**

> *M. testá ovato-oblongá, solidá, longitudinaliter costatá, fusco-ni-*
> *gricante ; anfractibus septenis : ultimo longitudine spiræ, medio*
> *depresso.*
> *Melania costata.* Oliv. Voy. pl. 31. f. 3.
> *Melanopsis costata.* Encyclop. pl. 458. f. 7.
> * Chemn. Conch. t. 11. p. 285. f. 2082. 2083.
> * Férus. Syst. conch. p. 71. n° 2.

* Browd. Elem. of Conch. pl. 8. f. 17.

* Férus. Mém. géol. p. 64. n° 2.

* *Id.* Monag. des Mélanop. Mém. de la Soc. d'Hist. nat. de Paris. t. 1. p. 156. pl. 7. f. 14–15.

* Mich. Coq. d'Alger. p. 11. n° 1.

* Guer. Icon. du rég. Anim. moll. pl. 13. f. 13.

* Def. Dict. des Sc. nat. t. 29. p. 479.

* Desh. Desc. des coq. foss. t. 2. p. 122. pl. 19. f. 15–16.

* *Id.* Encycl. méth. Vers. t. 2. p. 434. n° 4.

* Sow. Genera of shells f. 3.

Habite en Syrie, dans l'Oronte. Mon cabinet. Longueur, 10 lignes et demie.

2. **Mélanopside marron.** *Melanopsis lœvigata.* Lamk. (1)

M. testâ avato-conica, glabrâ, castaneâ; anfractibus senis, ad spiram convexo-planiusculis : ultimo spirâ longiore.

Melania buccinoidea. Oliv. Voy. pl. 17. f. 8.

Melanopsis lœvigata. Encyclop. pl. 458. f. 8.

Buccinum prœrosum. Lin. Syst. nat. p. 1203.

* Schrot. Encl. t. 1. p. 341.

* Chemn. Conch. t. 9. p. 40. pl. 120. f. 1035–1036.

An eadem ? Chemn. Conch. t. 11. p. 285. pl. 210. f. 2078–2079.

Melanopsis buccinoidea. Férus. Syst. conch. p. 70. n° 1.

* Sow. Genera of shells. f. 2.

* Bowd. Elem. of conch. pl. 6. f. 18. et pl. 8. f. 14.

---

(1) Voici encore une espèce à laquelle il faudra restituer son premier nom spécifique. Linné a connu cette espèce, c'est à n'en pouvoir douter, son *Buccinum prœrosum* vivant comme il le dit dans les eaux douces des aqueducs de Séville. M. de Férussac est particulièrement blâmable d'avoir donné un nom nouveau à cette espèce, car il n'ignorait pas celui imposé par Linné; il le cite dans sa synonymie : il fallait donc qu'il préférât le nom linnéen au sien, il aurait dû sentir mieux que personne qu'il n'y aurait jamais de nomenclature faite dans la science si chaque auteur, suivant son exemple, se croyait autorisé à changer les noms spécifiques les mieux connus. Il sera donc nécessaire de donner l'espèce à qui nous occupe le nom de *Melanopsis prœrosa*.

* Fér. Mém. géol. p. 64. n° 1. (*Fossilis*).

* *Id.* Monog. des Ménalops. Mém. de la Soc. d'Hist. nat. de Paris.
t. 1. p. 148. pl. 7. f. 1 à 11 et pl. 8. f. 1. à 4.

Brard. Mém. Journ. de phy. avril 1812. f. 9.

* Poiret. Prodr. p. 36. *Bulimus antediluvianus.*

* *Bulimus antediluvianus.* Lamk. Ann. du Mus. t. 4. p. 295.

* Desh. Desc. des Coq. foss. t. 2. p. 120. pl. 14. f. 24 à 27. pl. 15.
f. 3-4.

Melanopsis fusiformis. Sow. Genera of shells f. 5.

* *Id.* Sow. Min. conch. pl. 332. f. 1 à 7.

Habite dans les rivières des îles de l'Archipel. **Mon** cabinet. Quoique
glabre, on y remarque des costules longitudinales obsolètes. *Olivier*
lui donne huit tours. Longueur, 9 lignes.

† **3. Mélanopside semi-granuleuse.** *Melanopside semi-granulosa.* **Desh.**

> *M. testâ ovato-obtusâ; spira breviusculâ; anfractibus superne granu-*
> *latis, inferne lævigatis, fusco-viridibus ; aperturâ ovata, basi vix*
> *emarginatâ; columellâ cylindraceâ, supernè callosâ.*

Desh. Encycl. méth. Vers. t. 2. p. 438. n° 13.

Melania nupera. Say. Amer. Conch. pl. 8. f. 1-2-3.

Habite l'Ohio. Amér.-Sept.

Coquille ovale oblongue, à spire obtuse, plus courte que le dernier
tour, formée de six ou sept tours peu convexes et étroits, les premiers sont lisses, et l'on trouve à la partie supérieure des deux ou
trois derniers, deux et quelquefois trois rangées transverses de
tubercules obtus. La base du dernier tour est lisse ; l'ouverture
est ovale-oblongue, et l'angle postérieur est aigu et formé du côté
de la columelle, par une callosité courte et épaisse, l'angle antérieur n'est point aussi profondément échancré que dans la plupart
des autres Mélanopsides ; aussi cette espèce peut être considérée
comme un passage vers les Mélanies. La columelle est subtronquée
à la base, et l'ouverture est versante de ce côté ; le bord droit est
simple, peu épais, blanc en dedans ou brunâtre comme le reste de
l'ouverture. Toute cette coquille est revêtue d'un épiderme brun
verdâtre sous lequel elle est d'un blanc gris ou rougeâtre.

Elle est longue de 23 mill. et large de 13.

† **4. Mélanopside noueux.** *Melanopsis nodosa.* **Férus.**

> *M. testâ ovato-acutâ, longitudinaliter costatâ ; costis transversim*
> *triseriatim nodosis ; aperturâ ovatâ, albâ ; columellâ callosâ, albâ*
> *nitidâ.*

Melanopsis offinis. Férus. Mém. géol. p. 54. n° 3.

Melanopsis nodosa. Férus. Monog. Mém. de la Soc. d'Hist. nat. de Paris. p. 158. pl. 1. f. 13.

Id. Férus. Hist. des Moll. Mélan. foss. pl. 1. f. 13. pl. 2. f. 13.

Desh. Encycl. méth. Vers. t. 2. p. 436. n° 9.

Habite dans le Tigre, près de Bagdad (Fér.). Fossile à Otricoli, près de la route de Rome à Foligno (Menard de la Groye).

Cette espèce a des rapports évidens avec le *Melanopsis Dufourei,* elle est ovale-oblongue à spire pointue, mais plus courte que le dernier tour : les tours sont étroits, lisses, les premiers aplatis, et les suivans étagés par un angle supérieur. Cet angle devient onduleux vers le dernier tour ; sur ce dernier on remarque de plus deux autres angles transverses, simples dans des individus, le plus souvent chargés de gros tubercules irréguliers, l'ouverture est ovale-oblongue ; son angle postérieur est très aigu et allongé en gouttière, placé entre une callosité columellaire très épaisse et l'extrémité du bord droit très mince en cet endroit ; l'échancrure de la base est assez profonde et le bord droit la dépasse à peine. Cette coquille est longue de 20 mill. et large de 10.

† 5. Mélanopside néritiforme. *Melanopsis neritiformis.* Desh.

M. testá globulosá, neritiformi, apice obtusissimá, fusco nigricante, lævigatá, aperturá ovato-semilunari, basi vix emarginatá ; columellá contortá, superne callosá in medio depressá ; labro dextro bisinuato.

Desh. Ency. méth. Vers. t. 2. p. 438. n° 14.

Habite l'Ohio et le Wabach (Amér.-Septent.).

Coquille fort remarquable que nous rapportons au genre Mélanopside sans qu'elle en ait cependant tous les caractères. Elle est ovale-globuleuse, et, par sa forme, rappelle certaines Néritines ; sa spire très courte et obtuse ne compte que cinq tours étroits et peu convexes, le dernier est si grand qu'il constitue à lui seul presque toute la coquille ; il est lisse ou marqué seulement de quelques stries d'accroissement : l'ouverture est ovale-oblongue ; son angle postérieur se prolonge en une gouttière assez profonde dont le côté interne est formé par une large callosité ; la columelle arquée dans son milieu, est arrondie, et s'étale assez largement à la base pour couvrir complètement la fente ombilicale. Cette columelle est à peine tronquée, et le bord droit, en s'unissant à elle, forme un petit bec saillant ; sous un épiderme d'un brun foncé, cette coquille est d'un blanc grisâtre, ornée lorsqu'elle est jeune, d'un petit nombre de fascies transverses composées de taches brunes subquadrangulaires. La longueur est de 20 mill, la largeur de 16.

+ 6. Mélanopside d'Esper. *Melanopsis Esperi.* Fér.

M. testá ovato-conicá, apice acutá, lævi, olivaceá, aliquando punctis fuscis, quadratis seriatim maculatá; anfractibus quinque subplanis : ultimo ventricoso; aperturá ovato-acutá, albá; columellá vix arcuatá, supernè subcallosá, basi emarginatá.

Fér. Monog. des Mélanopsides. Mém. de la Soc. d'Hist. nat. de Paris. t. 1. p. 160. n° 10.

Habite la Laybach.

Nous ne connaissons cette espèce que par l'indication qu'en donne M. de Férussac, dans sa Monographie des Mélanopsides, elle est ovale conique, lisse, polie, revêtue d'un épiderme d'une couleur uniforme brune, verdâtre; sous cet épiderme, on aperçoit dans quelques individus quelques séries de taches rougeâtres, subquadrangulaires. L'ouverture est ovale-oblongue, blanche; la columelle, à peine calleuse se termine à la base par une troncature assez profonde, le bord droit est mince et tranchant.

+ 7. Mélanopside de Dufour. *Melanopsis Dufourei.* Fér.

M. testá ovato-conicá, solidá, griseo-lutescente, lævigatá, anfractibus superne spiratis; ultimo ventricoso, transversim tricostato; aperturá ovatá, columellá callosá; labro superne ad callum inflexo, simplici, obtuso.

Chemn. Conch. t. 11. p. 285. pl. 210. f. 2080. 2081.

Fér. Monog. des Mélan. Mém. de la Soc. d'Hist. nat. de Paris, t. 1. p. 153. pl. 8. f. 5.

Desh. Encycl. méth. Vers. t. 2. p. 438. n° 15.

Desh. Expéd. de Morée. Zool. p. 153. n° 206.

Habite.... Les eaux douces de la Morée et celles de l'Espagne (Férussac); fossile à l'île de Rhodes. Il est à présumer que l'espèce que l'on trouve fossile à Dax, sera distinguée de celle à laquelle M. de Férussac a donné le nom du savant naturaliste M. Dufour; peut-être qu'il était préférable de laisser à l'espèce le nom de Marocana, que lui avait imposé Chemnitz, s'il est vrai, comme le suppose M. de Férussac, que la coquille connue par Chemnitz, soit bien la même que celle-ci. On reconnaît facilement le Mélanopside de Dufour à une dépression ou à une sorte de canal transverse qui est situé à la partie supérieure des tours. Cette disposition est à-peu-près semblable à celle que l'on observe dans le *Melanopsis Martinii*; la spire est conique, pointue, formée de sept à huit tours étagés, dont le dernier est plus grand que les autres réunis ; l'ouverture est ovale–oblongue, ordinairement blanche quelquefois brune, la columelle peu arquée dans sa longueur, est garnie supérieurement d'une callosité assez épaisse, entre laquelle et le bord droit se trouve une gouttière étroite et profonde, le bord droit et simple, arquée dans sa longueur, et forme une petite échancrure à la manière des Pleurotomes à l'origine de la gouttière postérieure.

Cette coquille est longue de 22 à 25 mill. et large de 11 à 12.

† 8. Mélanopside cariée. *Melanopsis cariosa*. Desh.

M. testá ovato-oblongá, olivaceá, vel castaneá, spirá brevi, apice cariosá; anfractibus subplanis ultimo alteris triplo majore, costatis; costis longitudinalibus numerosis ad suturas lineam nodosam formantibus.

Murex cariosus. Linné. Syst. nat. p. 1220.

Id. Gmel. p. 3441. n° 51.

Id. Dillw. Cat. t. 2. p. 712. n° 62.

Var. Maj. *Buccina maroccana*. Chemn. Conch. t. 10. pl. 210. f. 2082. 2083.

Melanopsis costata. Férus. Mém. Géol. p. 54. n° 2.

Melanopsis castellata. Férus. Monog. Mém. de la Soc. d'Hist nat. de Paris. t. 1. p. 157.

Id. Desh. Encycl. méth. Vers. t. 2. p. 435. n° 8.

Habite. . . .

Nous avons eu tort de suivre l'exemple de M. de Férussac en ne rendant pas à cette espèce son nom linnéen. Nous le faisons aujourd'hui, convaincu plus que jamais que le seul moyen d'améliorer la nomenclature, est de la fixer par la restitution, aux espèces, des premiers noms qu'elles ont reçues. Coquille ovale-oblongue, à spire conique, presque toujours rongée ou cariée au sommet, de cette manière réduite aux deux ou trois derniers tours; leur surface est occupée par de petites côtes longitudinales, simples, peu saillantes, nombreuses et rapprochées ; elles donnent naissance à des tubercules en arrivant sur un angle assez aigu situé un peu au-dessous de la suture. L'ouverture et ovale-oblongue, blanche ou brunâtre et se termine supérieurement par une petite gouttière très profonde, placée entre le bord droit et une callosité columellaire peu épaisse; le bord droit est mince et tranchant.

Cette coquille est longue de 18 à 20 mill. et large de 9 à 10.

† 9. Mélanopside allongée. *Malanopsis acicularis*. Férus.

M. testá elongato-turritá, lævigatá, atro–fuscá spirá acuminatá, ul-

timo anfractu longiore; anfractibus planulatis; aperturá ovatá albá, labro tenui, acuto, columellá callo-destitutá, basi vix emarginatá.

Férus. Mém. de Géol. p. 54. n° 5.

Melanopsis audebarti. Prévost. Mém. de la Soc. d'Hist. nat. de Paris. t. 1. p. 259.

Férus. Monog. des Mélanops. Mém. de la Soc. d'Hist. nat. de Paris. t. 1. p. 160.

An eadem? Fossilis. Melanopsis subulatus. Sow. Miner. Conch. pl. 332. f. 8.

Desh. Ency. méth. Vers. t. 2. p. 436. n° 10.

Sow. Genera of shells. f. 4.

Habite le Danube et quelques autres cours d'eau douce de l'Autriche méridionale. Cette espèce semble établir le passage des Mélanies aux Mélanopsides, non-seulement par sa forme allongée et turriculée comme celle des Mélanies, mais encore par la troncature de la columelle qui se voit à peine. Cette coquille est allongée, turriculée, revêtue d'un épiderme brun, sous lequel elle est ordinairement blanchâtre. Ses tours au nombre de 7 à 8 sont presque plats, et le dernier n'a guère qu'un tiers de la longueur totale. Toute cette coquille est lisse et polie; l'ouverture et ovale oblongue, arrondie à la base, terminée au sommet par un angle peu profond. Le bord droit est mince et tranchant; la columelle est arquée, sans collosité et terminée par une très petite troncature.

Les grands individus ont 20 mill. de long. et 7 de large.

Espèces fossiles.

† 1. Mélanopside de Martini. *Melanopsis Martinii.* Fér.

M. testá ovato-obtusá, solidá, lævigatá; ultimo anfractu spira longiore transversim bicostato; aperturá ovato-oblongá superne angustatá, columellá callosissimá, crassá; labro simplici obtuso.

Pyrum mostrosum. Mart. Conch. t. 2. pl. 94. f. 912 à 914.

Knorr. Pétrif. t. 2. pl. C 11* f. 1 à 5.

Buccinum fossile. Gmel. p. 3485.

Fér. Hist. des Moll. Mélanop. foss. pl. 2. f. 11-12-13.

Id. Monog. des Mélanops. Mém. de la Soc. d'Hist. nat. de Paris. t. 1. p. 155. pl. 2. f. 11-12-13.

Desh. Ency. méth. Vers. t. 2. p. 439. n° 16.

Habite.... Fossile aux environs de Vienne. Coquille fort remarquable, non-seulement parce qu'elle est une des plus grosses es-

pèces du genre, mais encore parce qu'elle offre plusieurs variétés
intéressantes pour l'étude de la conchyliologie. Elle est ordinairement ovale-oblongue, à spire courte, subulée dans le jeune âge,
rongée et obtuse dans les vieux individus ; les tours de spire sont
ordinairement étagés et terminés dans leur partie supérieure par
une rampe légèrement convexe ; vers le tiers supérieur du dernier
tour, se relève un angle obtus qui vient aboutir sur la lèvre droite
à l'origine de la gouttière postérieure de l'ouverture. Toute la
surface de la coquille est lisse, l'ouverture est ovale-oblongue,
étroite ; la columelle médiocrement arquée dans sa longueur, est
chargée dans certains individus d'une callosité très grosse et très
épaisse. Lorsque cette callosité existe, l'ouverture se trouve déjetée
à droite dans sa partie supérieure, et la gouttière qui la termine
de ce côté est courbée dans sa longueur, l'échancrure de la base
est profonde et assez semblable à celle d'un Buccin ; il y a des
individus à spire très courte dont le dernier tour semble envelopper tous les autres.

Les grands individus ont 48 mill. de longueur et 21 de largeur,
mais les proportions sont très variables selon les variétés indivi-
duelles.

† 2. Mélanopside de Boué. *Mélanopside Bouei.* Fér.

*M. testâ ovato-acutâ, in medio ventricosâ ; anfractibus superne sub-
angulatis, in angulo tuberculis acutis, coronatis, longitudinaliter
subcostellatis; aperturâ ovato-oblongâ ; labro simplici, columella
incrassatâ superne callosa.*

Fér. Monog. des Mélanop. Mém. de la Soc. d'Hist. nat. de Paris.
p. 159.

Id. Hist. des Moll. Mélanop. foss. pl. 2. f. 9-10.

Desh. Encycl. méth. Vers. t. 2. p. 435. n° 7.

Habite.... Fossile dans les terrains tertiaires d'Autriche (Boué).
M. Boué est le premier qui ait fait connaître cette curieuse et intéressante espèce fossile, et c'est avec raison que M. de Férussac
lui a consacré le nom de ce célèbre géologue. Cette coquille est
ovale subglobuleuse sa spire courte, composée de six à sept tours
dont les premiers sont lisses et très étroits ; le dernier et l'avant-
dernier, sont couronnés par une série régulière de petites tubercules pointus ; tout le reste de la coquille est lisse, l'ouverture est
ovale-oblongue, étroite, l'angle supérieur est peu prolongé, et
la gouttière qui le termine est superficielle et très étroite.

Cette espèce, intéressante, a 12 mill. de longueur et 7 de largeur.
Comme dans les autres Mélanopsides, les proportions de celle-ci
sont assez variables.

† 3. Mélanopside ancillaroïde. *Melanopsis ancillaroides.*
Desh.

> *M. testâ ovato-subcylindricâ, ventricosa, lœvigatâ; spirâ conico-ab-breviatâ; anfractibus planulatis; suturis callo-obtusis; aperturâ ovato-oblongâ; columellâ infernè callosâ.*

Desh. Desc. des Coq. foss. t. 2. p. 121. pl. 15. f. 1-2.

Id. Ency. méth. Vers. t. 2. p. 434. nº 3.

Habite.... Fossile aux environs de Soissons; belle espèce voisine des Mélanopsides Buccinoïdes, mais bien distincte par la manière dont les sutures sont cachés, à-peu-près comme dans les coquilles du genre Ancillaire. Outre ce caractère elle se distingue encore par la forme de l'ouverture et la callosité columellaire. Sa longueur est de 25 millim.

† 4. Mélanopside de Parkinson. *Melanopsis Parkinsoni.*
Desh.

> *M. testâ ovato-oblongâ, lœvigatâ; anfractibus convexiusculis primis nodulosis; aperturâ ovatâ, columellâ subcallosâ; vix basi trunc-catâ; labro incrassato.*

Desh. Desc. des Coq. foss. t. 2. p. 123. pl. 17. f. 3-4.

Melanopsis brebis. Sow. Mim. Conch. pl. 523. f. 2.

Melanopsis Parkinsoni. Desh. Ency. méth. Vers. t. 2. p. 434. nº 5.

Habite.... Fossile à Retheuil et à Guise la Mothe, où elle est fort abondante. Coquille ovale, ventrue, lisse à spire courte composée de sept ou huit tours étroits et convexes, sur les premiers ou re-marque une rangée de tubercules obtus qui disparaissent assez rapidement sur les tours suivans. L'ouverture est ovale-oblongue, la columelle est arquée, et à peine tronquée à la base, elle l'est cependant assez sensiblement pour ne point laisser de doute sur le genre de l'espèce qui nous occupe. Elle est longue de 17 à 20 millim.

† 5. Mélanopside obtuse. *Melanopsis obtusa.* Desh.

> *M. testâ ovato-globosâ, inflatâ, solidâ, crassâ, lœvigatâ; anfractibus convexis, apice erosis; aperturâ ovatâ; columellâ arcuatâ, basi subtruncatâ, vix callosâ; labro dextro crasso.*

Desh. Desc. des coq. foss. t. 2. p. 123. pl. 14. f. 22-23.

Id. Ency. méth. Vers. t. 2. p. 435. nº 6.

Habite.... Fossile à Retheuil près Compiègne. Espèce remarquable, ovale ventrue, très épaisse toute lisse à spire courte quelquefois rongée au sommet. Les tours de la spire sont au nombre de cinq ils sont convexes et étroits; l'ouverture est ovale-oblongue, le bord droit est très épais, la columelle est régulièrement arquée, elle est tronquée à la base, et cette troncature est peu apparente parce que le canal de la base est à peine creusé. Cette coquille assez rare à 25 millim. de longueur.

† 6. Mélanopside de Dufresne. *Melanopsis Dufresnii*. Desh.

M. testâ elongato-turritâ, fusiformi ; anfractibus planulatis, lœvigatis : ultimo tuberculis acuminatis adornato ; suturâ subcanaliculatâ, lineâ depressâ marginatâ ; columellâ arcuatâ, callosâ ; labro dextro?

Desh. Coq. foss. de Paris. t. 2. p. 120. pl. 12. f. 3-4.
Desh. Ency. méth. Vers. t. 2. p. 433. nº 1.
Habite.... Fossile aux environs de Compiègne. Coquille fort curieuse et qui appartient au genre Pyrène de Lamarck ; elle est voisine par ses caractères du *Pyrena spinosa.* Elle est allongée, turriculée, et presque toujours tronquée au sommet. Ce sommet est carié de la même manière que dans les coquilles d'eau douce qui vivent actuellement ; dans les individus où l'on trouve encore quelques-uns des premiers tours, on les voit plissés logitudinalement et quelquefois traversés de deux ou trois stries transverses, les plis longitudinaux s'effacent peu-à-peu, et les tours suivans jusqu'à l'avant-dernier sont extrèmement lisses. Mais sur les deux derniers tours apparaissent presque subitement des côtes longitudinales qui, vers leur extrémité postérieure, se prolongent en une épine courte est pointue. Dans quelques individus, ces côtes sont irrégulièrement espacées, et lorsqu'elles viennent à manquer, elles sont remplacées par une rampe peu profonde qui borde la suture. L'ouverture est ovale-oblongue, courte, et quoique nous ne l'ayons jamais vue en bonne conservation, nous avons pu juger de la forme du bord droit, d'après les stries d'accroissement. Malgré la troncature du sommet, cette coquille à 75 mill. de long et 30 de large.

† 7. Mélanopside cariné. *Melanopsis carinata*. Sow.

M. testâ ovato-acutâ ; spirâ apice subulatâ ; anfractibus supremis acutè angulatis : ultimo supernè subcarinato ; aperturâ ovato-oblongâ ; labro tenui, in medio inflexo.

Sow. Min. Conch. pl. 523. f. 1.
Habite.... Fossile à l'île de Wight, en Angleterre. Coquille assez singulière, ovale-oblongue, à spire pointue et souvent subulée ; les premiers tours sont munis supérieurement d'un angle vif qui

circonscrit une petite rampe que l'on voit remonter jusqu'au sommet. Le dernier tour, plus grand que la spire, présente, vers le tiers supérieur de sa longueur, un angle obtus transverse, assez semblable à celui du *Melanopsis Dufourei ;* l'ouverture est ovalaire, oblongue, et se termine supérieurement en une petite gouttière étroite et profonde, creusée entre l'extrémité du bord droit et la callosité columellaire.

Cette coquille est longue de 18 à 20 mill. et large de 9 à 10.

PIRÈNE. (Pirena.)

Coquille turriculée. Ouverture plus longue que large ; le bord droit tranchant, ayant un sinus à sa base et un autre au sommet. Base de la columelle courbée vers le bord droit. Un opercule corné.

Testa turrita. Apertura longitudinalis ; labrum acutum, infernè supernèque sinu distinctum. Columella basi versùs labrum incurva. Operculum corneum.

OBSERVATIONS. — Les Pirènes sont des coquilles fluviatiles très voisines des Mélanies et des Mélanopsides par leurs raports. Elles sont distinguées de ces dernières principalement, parce que leur columelle n'offre aucune callosité particulière ; et l'on ne saurait les confondre avec les Mélanies, leur bord droit ayant un sinus à sa base et un autre à son sommet. Ainsi l'ouverture des *Pirènes* présente deux sinus, tandis que celle des Mélanies et des Mélanopsides n'en offre qu'un seul. Voici les espèces que nous rapportons à ce genre.

ESPECES.

1. Pirène térébrale. *Pirena terebralis.* **Lamk.** (1)

> P. *testâ turrito-subulata, lævi, nigrâ; anfractibus planulatis ; aperturâ albâ.*

---

(1) En supprimant le genre Pyrène cette espèce doit passer

Strombus ater. Lin. Syst. nat. p. 1213. Gmel. p. 3521. n° 39.

Nerita atra. Muller. Verm. p. 188. n° 375.

* *Nerita atra.* Schrot. Flussconch. p. 371.

* *Strombus atro purpureus. Id.* loc. cit. p. 372.

* Schrot. Einl. t. 1. p. 449.

* Schrot. Einl. t. 2. p. 198. n. 76. *Helix.*

* Lister mantissa. pl. 1. f. 7.

* *Melanopsis atra.* Sow. Genera of. shells. f. 1.

* Lesson. Voy. de la Coq. Zool. t. 2. p. 360. n° 114.

Lister. Conch. t. 115. f. 10.

Rumph. Mus. t. 30. fig. R.

Petiv. Amb. t. 13. f. 16.

Seba. Mus. 3. t. 56. t. 13. 14.

Favanne. Conch. pl. 61. fig. H. 11.

Chemn. Conch. 9. t. 135. f. 1227.

Cerithium atrum. Brug. Dict. n° 18.

* Dillw. Cat. t. 2. p. 976.

* *Strombus dealbatus.* Gmel. p. 3523. n° 46.

* *Strombus.* Schrot. Einl. t. 1. p. 462. no 32.

* *Junior, buccinum acicula.* Gmel. p. 3503.

* *Buccinum.* Schrot. Einl. t. 1. p. 407. no 191.

* *Cerithium fluviatile.* Férus. Syst. Conch. p. 69. n° 1.

* *Melanamona.* Bowd. Elem. of. Conch. pl. 6. f. 19.

* Férus. Hist. des moll. Melanop. foss. pl. 2. f. 7.

* *Melanopsis atra.* Férus. Mém. géol. p. 54. n° 7.

* *Id.* Monog. des Mélanop. Mém. de la Soc. d'hist. nat. de Paris. p. 161.

* Pyrène de Madagascar. Blainv. Malac. pl. 21. f. 2.

* *Melanopsis atra.* Desh. Ency. Méth. Vers. t. 2. p. 337. no 11.

* Quoy. et Gaim. Voy. de *l'Astr.* pl. 56.

Habite dans les eaux douces des grandes Indes et des Moluques. Mon cabinet. Le sommet de sa spire est souvent un peu rongé. Elle a environ quatorze tours. Longueur, près de 3 pouces.

2. Pirène épineuse. *Pirena spinosa.* Lamk. (1)

P. testâ turritâ, crassâ, nigrâ, apice rufescente; anfractibus su-

---

aux Mélanopsides, et comme elle a été nommée *Strombus ater* par Linné, elle devra désormais porter le nom de *Melanopsis atra.*

(1) Comme la précédente, cette espèce doit passer dans le genre Mélanopside, en prenant le nom de *Melanopsis fluminea,*

pernè tuberculato-spinosis : spinis ascendentibus; spirâ eroso-truncatâ.

Pirena madagascariensis. Encyclop. pl. 458. f. 2. a. b.

Helix cuspidata Dillw. Cat. t. 2. p. 949.

* Guer. Icon. du Règ. an. moll. pl. 13. f. 14.

* Férus. Monog. des mélanop. Mém. de la Soc. d'hist. nat. de Paris. t. 1. p. 162.

* *Melanopsis spinosa* Desh. Ency. méth. Vers. t. 2. p. 337. n° 12.

* *Buccinum flumineum.* Gmel. p. 3603.

* Lister Conch. pl. 118. f. 13.

* Mart. Berl. Mag. t. 4. pl. 10. f. 52.

Habite dans les rivières de l'île de Madagascar. Mon cabinet. Espèce très remarquable. Son dernier tour est ventru, et offre à sa base des stries concentriques, légèrement tuberculeuses; ouverture blanche, marginée de fauve à l'intérieur. Longueur, 2 pouces 8 lignes.

3. Pirène muriquée. *Pirena aurita.* Lamk. (1)

P. testâ turritâ, muricatâ, rufescente; anfractibus medio tuberculis compressis obtusis semipatentibus cinctis; aperturâ albâ.

Nerita aurita. Muller. Verm. p. 192. n° 379.

Lister. Conch. t. 121. f. 16.

Strombus tympanorum. Chemn. Conch. t. 9. t. 136. f. 1265. 1266.

Bulimus auritus. Brug. Dict. n° 58.

Strombus auritus. Gmel. p. 3522. n° 43.

* *Melania tympanotonos.* Desh. Encycl. méth. Vers. t 2. p. 436. n° 12.

* *Nerita aurita.* Schrot. Flussconch. p. 375.

* *Melania aurita.* Féruss. Syst. Conch. p. 73. n. 4.

* Rang. Magas. de Conch. p. 12. pl. 12.

Habite en Afrique, dans les rivières. Mon cabinet. Le sommet de sa spire est un peu rongé. La coquille offre quelquefois une fascie blanche près de chaque suture. Longueur, 20 lignes et demie.

4. Pirène granuleuse. *Pirena granulosa.* Lamk.

P. testâ turritâ, rufâ; costulis longitudinalibus undatis granosis;

---

parce qu'il est nécessaire de lui restituer son nom spécifique, que Gmelin le premier lui imposa.

(1) Quand on admettrait le genre Pyrène de Lamarck, il faudrait toujours en retirer cette espèce pour la transporter parmi les Mélanies, parce qu'elle en a tous les caractères.

striis transversis costulas decussantibus; anfractibus convexis; aperturâ albâ.

Habite.... Mon cabinet. Elle a huit tours. Longueur, 16 lignes.

LES PÉRISTOMIENS.

Trachélipodes fluviatiles operculés, ne respirant que l'eau. Coquille operculée, conoïde ou subdiscoïde, à bords de l'ouverture réunis.

Les *Péristomiens* sont, comme les Mélaniens, des coquillages fluviatiles, tous operculés, et dont la coquille est recouverte d'un épiderme mince, verdâtre, ou d'un brun plus ou moins foncé. Ils ne respirent aussi que l'eau; mais ils se distinguent des trois genres précédens, en ce que les bords de l'ouverture de leur coquille sont réunis. Nous y rapportons les genres *Valvée, Paludine* et *Ampullaire.*

[Quoique fondée sur des caractères naturels, la famille des Péristomiens de Lamarck n'a cependant pas été adoptée par la plupart des auteurs. Dans la première édition du Règne animal, Cuvier a rapporté à son grand genre Turbo, les genres Valvée et Paludine, et, tout en reconnaissant l'analogie des Ampullaires avec ce dernier genre, il ne les a pas moins placés dans son genre Conchylie, à côté des Phasianelles. De Férussac si souvent imitateur de G. Cuvier pour la classification des coquilles, l'a également imité en ceci, et M. de Blainville, lui-même, s'appuyant sur des observations anatomiques, s'est peu éloigné, dans son traité de Malacologie, de l'opinion de Cuvier. Cependant si nous rapprochons ce que M. de Blainville dit au sujet des Ampullaires et des Paludines, dans le *Dictionnaire des Sciences naturelles*, nous trouverons ses opinions d'alors en contradiction avec sa classification. M. de Blainville, en effet, qui eut occasion de faire une anatomie de l'Ampullaire, trouve la plus grande analogie entre les animaux de ce genre et ceux des Paludines. Dès-lors si les classifications sont destinées à rapprocher ce qui se ressemble, pourquoi avoir mis les Ampullaires et les Paludines dans deux familles distinctes? Dans la deuxième édition du *Règne animal*, Cuvier a rapproché davantage les trois genres de la famille des Péristomiens, il les comprend tous trois dans ses *Pectinibranches Trochoides*. Depuis le travail anatomique de M. de Blainville sur les Ampullaires, M. Quoy, dans la partie zoologique du Voyage de l'Astrolabe, a donné des observations sur une grande espèce, et il est permis actuellement de comparer l'organisation des Ampullaires avec celle des Paludines sur lesquelles Cuvier a publié autrefois un mémoire anatomique; nous-même avons pu ajouter aux observations déjà connues quelques faits intéressans sur l'organisation des Ampullaires. Si nous considérons actuellement les coquilles et les opercules qui les ferment, on trouve entre elles une analogie incontestable, tellement grande, même pour quelques espèces, que l'on doute auquel des deux genres elles doivent appartenir. Les rapports des Ampullaires et des Paludines sont donc incontestablement établis et ces rapports sont si nombreux, qu'il nous semble impossible de séparer ces genres. Quant aux Valvées, elles ont aussi les plus grands rapports avec les Paludines dont elles se distinguent cependant par la manière dont l'animal porte sa branchie. Si depuis les travaux de Lamarck, les observations dont s'est enrichie la science, ont confirmé sa famille des Péristomiens, reste à savoir si cette famille elle-même ne devra pas changer de rapports. Il est évident que les genres qu'elle renferme se rapprochent beaucoup de ceux de la famille des Turbo, il serait donc convenable de placer les Péristomiens dans le voisinage des Turbinacées, et de les faire passer après la famille des Néritacées qui a certainement moins de rapports directs avec la famille des *Turbos*. On conçoit que, dans une classification linéaire comme celle qu'il faut absolument suivre dans un ouvrage, il est impossible d'exprimer exactement les rapports quelquefois compliqués des familles d'un même grand groupe. Pour exposer ces rapports, nous ne connaissons qu'un seul moyen, c'est celui d'une classification à embranchemens latéraux ou parallèles, et c'est particulièrement dans ce groupe si nombreux, en genres et en espèces, des Pectinibranches dont la coquille a l'ouverture entière, que se fait sentir la nécessité d'un meilleur arrangement.]

VALVÉE. (Valvata.)

Coquille discoïde ou conoïde ; à tours cylindracés ; ne modifiant point la cavité spirale. Ouverture obronde ; à bords réunis, tranchans. Un opercule orbiculaire.

Testa discoidea aut conoidea ; anfractibus cylindraceis, cavitatem spiralem non deformantibus. Apertura rotundata ; marginibus connexis , acutis. Operculum orbiculare.

OBSERVATIONS. —Les *Valvées* sont des coquillages d'eau douce dont *Muller*, et ensuite *Draparnaud*, ont donné les caractères sous le nom générique que nous leur conservons. Elles sont très distinguées des Planorbes, quoique quelquefois discoïdes, parce qu'elles ne respirent que l'eau et qu'elles ont un opercule. Ces coquilles ont plus de rapports avec les paludines ; mais leur cavité spirale est complète, c'est-à-dire n'est point modifiée par l'avant-dernier tour, et leur ouverture est arrondie, non anguleuse au sommet.

L'animal a un pied court, fourchu antérieurement ; deux tentacules sétacés, oculés à leur base postérieure ; et un filet branchial et tentaculiforme au côté droit du cou, ou quelquefois une branchie en plumet et contractile, qu'il fait saillir hors de sa cavité.

Des quatre espèces connues de ce genre, nous ne citerons que la suivante, qui est la seule que nous ayons dans notre collection.

ESPÈCES.

1. Valvée piscinale. *Valvata piscinalis.* Férus.

> *V. testa globoso-conoideâ, subtrochiformi, perforatâ, albidâ; anfractibus subquinis; spirâ apice obtusâ.*

Nerita piscinalis. Muller. Verm. p. 172. n₀ 358.

Le porte-plumet. Geoff. Coq. p. 115. n° 4.

Helix piscinalis. Gmel. p. 3627. n° 44.

Turbo cristata. Poiret. Prodr. p. 29. n° 1.

Cyclostoma obtusum. Draparn. Moll. pl. 1. f. 14.

* Valvaire des Piscines. Blainv. Malac. pl. 34. f. 4.

* Phil. enum.. Moll. sic. p. 147.

* *Valvata obtusa.* Wagn. Suppl. à Chemn. p. 186. pl. 235. f. 4139.

* *Helix fasciularis.* Alten. Syst. abh. p. 74. pl. 8. f. 16.

* Schrot. Flussconch. p. 247. n₀ 61. et p. 280. n° 85. pl. 6. f. 11.

* Schrot. Einl. t. 2. p. 246. n° 246.

* *Valvata obtusa.* Brard. Hist. des Coq. p. 190. pl. 6. f. 17.

* *Valvata piscinalis.* Férus. Syst. Conch. p. 75. n° 2.

* *Cyclostoma obtusum.* Millet. Moll. de Maine-et-Loire. p. 4. n° 2.

* *Turbo thermalis (pars.)* Dillw. Cat. t. 2. p. 852. n° 86.

* *Valvata obtusa.* Pfeiff. Syst. Anord. p. 98. n° 1. pl. 4. f. 32.

* *Valvata piscinalis.* Nills. Hist. moll. Suec. p. 85. n° 1.

* Kleeb. Syn. moll. Borus. p. 30. n° 1.

* Alder. Cat. Test. moll. Tr. Soc. New. p. 29. n° 2.

* *Valvata obtusa.* Kickx. Syn. Moll. Brab. p. 70. n° 88.

* Col. des Ch. Cat. des Coq. du Finist. p. 74. n° 1.

* Desh. Ency. méth. Vers. t. 3. p. 1107. n° 1.

* Sow. Genera of shells. f. 1.

* *Valvata obtusa.* Turton. Man. p. 130. n₀ 114. f. 114.

* *Id.* Hécart Cat. des Moll. de Valenci. p. 22. n° 1.

* Desmoul. Cat. des Moll. de la Gironde. p. 2. n° 1.

* Goupil. Hist. des moll. de la Sarthe. p. 73. n° 1.

* Bouillet. Cat. des moll. de l'Auver. p. 76. n° 1.

Habite en France, dans les petites rivières et les étangs. Mon cabinet. Elle a quatre tours complets, cylindracés, le sommet non compris. Diamètre de la base, 2 lignes.

† 2. Valvée porte-plumet. *Valvata cristata.* Mull.

V. testâ discoideâ, supra planâ, subtùs umbilicatâ; aperturœ marginibus simplicibus.

Muller. Verm. p. 198. n° 384.

Schrot. Flussconch. p. 240. pl. 5. f. 26. a. b.

Nerita valvata. Gmel. p. 3675. n°

Valvata planorbis. Drap. Moll. p. 41. pl. 1. f. 34. 35.

Valvata cristata. Gartner. Conch. p. 12.

Valvata planorbis. Sturm. Faun. moll. part. 3. pl. 3.

Valvata cristata. Pfeiffer. Syst. Anord. t. 1. p. 101. pl. 4. f. 35.

Valvata planorbis. Guerin. Icon. du Règ. an. moll. pl. 12. f. 13.

Valvata cristata. Wagn. Suppl. à Chemn. p. 184. pl. 235. f. 4136.

Nerita valvata. Alten. Syst. Abh. p. 111. pl. 13. f. 24.

Valvata cristata. Férus. Syst. Conch. p. 75. n° 1.

Valvata planorbis. Millet. moll. de Maine-et-Loire. p. 10. n° 1.

Id. Brard. Hist. des Coq. p. 188. pl. 6. f. 18. 19.

Id. de Roissy. Buf. moll. t. 5. p. 380.

Valvata cristata. Nills. Hist. moll. Suec. p. 87. n° 2.

Id. Kleeb. Syn. moll. Boruss. p. 31. n° 3.

Alder. Cat. Test. moll. Tr. Soc. d'hist. nat. de New. p. 29. n° 3.

Kickx Syn. moll. Brab. p. 71. n° 89.

Valvata planorbis. Turton. Man. p. 132. n₀ 116. f. 116.

Valvata planorbis. Hécart. Cat. des Coq. de Valenci. p. 22. n° 2.

Id. des Moul. Cat. des Moll. de la Gironde. p. 20. n° 2.

Id. Goupil. Hist. des moll. de la Sarthe. p. 74. n° 2.

Id. Bouillet. Cat. des moll. d'Auverg. p. 76. n° 2.

Fossilis. Bouillet. Cat. des Coq. foss. d'Auv. p. 148. n₀ 1.

Habite presque toute l'Europe dans les ruisseaux bourbeux; les
fossés, les eaux stagnantes. Petite coquille ayant deux millimètres
de diamètre, elle est aplatie en dessus, ombiliquée en dessous,
tout-à-fait discoïde comme un planorbe et se distinguant de ces
derniers non-seulement parce que les tours sont juxta-posés, mais
encore parce que l'ouverture est arrondie et fermée par une
opercule calcaire à stries concentriques. L'opercule dans cette
espèce est concave du côté interne et convexe en dehors.

✝ 3. Valvée spirorbe. *Valvata spirorbis*. Drap.

*V. testá discoideá, suprá subtusque umbilicatá, aperturá margine
reflexo.*

Drap. Moll. p. 41. pl. 1. f. 32. 33.

Pfeiffer. Syst. Anord. t. 1. p. 100. pl. 4. f. 34.

Wagn. Suppl. à Chemn. p. 185. pl. 235. f. 4137.

Brard. Hist. des Coq. p. 137. pl. 6. f. 15. 16.

Desh. Ency. méth. Vers. t. 3. p. 1107. n° 2.

Turton. Man, p. 131. n° 105.

Hécart. Cat. des Coq. de Valenci. p. 23. n₀ 3.

Habite en France, en Allemagne; en Angleterre dans les eaux
douces stagnantes.

Très petite coquille, ayant tout au plus quatre à cinq millimètres de
diamètre, aplatie, mince, transparente; marquée de stries transverses. La spire, composée de trois tours, est concave de deux

côtés; la concavité inférieure est plus profonde que l'autre. L'ouverture est circulaire, oblique à l'axe, à bords minces et tranchans.

† 4. Valvée déprimée. *Valvata depressa.* Pfeif.

*V. testá turbinatá, umbilicatá; spirá depressá, obtusá, aperturá
circinatá, patente.*
Pfeiffer. Syst. Anord. t. 1. p. 100. pl. 4. f. 33.
Wagner. Suppl. à Chemn. p. 187. pl. 235. f. 4140.
Habite les eaux stagnantes en Allemagne, espèce très voisine du
Valvata piscinalis et qui n'en est peut-être qu'une variété. Elle
en diffère surtout en ce qu'elle est plus petite et un peu moins
globuleuse. Elle a 4 à 5 millim. de diamètre.

† 5. Valvée menue. *Valvata minuta.* Drap.

*V. testá discoideá, supra convexiusculá, subtus umbilicatá, aperturá
margine simplici.*
Drap. Moll. p. 42. pl. 1. f. 36. 37. 38.
Pfeiffer. Syst. Anord. t. 1. p. 102. pl. 4. f. 36.
Wagn. Suppl. à Chemn. p. 185. pl. 235. f. 4138.
Kleeb. Syn. moll. Borus. p. 31. n° 2.
Kickx. Syn. moll. Brab. p. 72. n° 90.
Turton. Man. p. 132. no 117. f. 117.
Habite les eaux stagnantes.
Très petite coquille qui a beaucoup d'analogie avec le *Valvata cris-
tata*, mais qui est constamment plus petite; sa spire est plus con-
vexe; son ombilic plus étroit et plus profond. Elle est mince,
transparente, son ouverture est arrondie et son bord droit est plus
avancé que la columelle. Elle a 2 ou 3 millim. de diamètre.

† 6. Valvée tricarinée. *Valvata tricarinata.* Say.

*V. testá turbinatá, apice depressá, subtùs profundè umbilicatá,
hyaliná, fragili; anfractibus bicarinatis, ultimo tricarinato.*
Say. Amer. Conch.
Valvata carinata. Sow. Genera. of shells. f. 2.
Habite dans la rivière Schuy-Kill, dans l'Amérique septentrionale.
Petite coquille fort curieuse, un peu turbiniforme, à spire plate au
sommet, composée de trois à quatre tours dont les premiers ont
deux carènes, tandis que le dernier en a trois. Le dernier tour est
percé à la base d'un ombilic profond et infundibuliforme, dont la
circonférence est circonscrite par la dernière carène. La coquille
est d'un jaune verdâtre; elle est mince, transparente; son ouver-

ture est arrondie, oblique, et à peine modifiée par les carènes qui y aboutissent.

Cette espèce, intéressante, à 6 ou 7 millim. de diamètre.

Espèce fossile.

† 1. Valvée multiforme. *Valvata multiformis.* Desh.

V. testá subturbinatá, aliquando planorbuliformi; spirá apice depressá; anfractibus bicarinatis, ultimo tricarinato, basi depresso profundè umbilicato; aperturá subrotundá obliquá, supernè angulatá.

Paludina multiformis. Zit. pet. Vurt. pl. 3o. f. 7 à 10.

Habite....fossile aux environs de Bade en Autriche.

Coquille fort singulière que nous rapportons au genre Valvée depuis que nous avons pu le comparer avec le *Valvata tricarinatá* qui vit dans l'Amérique septentrionale. Celle-ci est une coquille des plus variables que nous connaissions, et l'on remarque dans cette seule espèce les formes très diverses qu'affectent quelquefois les coquilles d'un même grand genre. C'est ainsi que l'on a des individus tout-à-fait planorbulaires, également aplatis des deux côtés, et depuis cette forme, on arrive par des successions de modifications jusqu'à des individus tronchiformes, quelquefois turriculés. Les passages insensibles d'une forme à l'autre, prouvent que toutes ces formes appartiennent à un même groupe spécifique. On le reconnaît encore aux carènes dont les tours sont ornés, à leur position réciproque, et surtout à la forme de l'ouverture. Celle-ci se rapprocherait assez de l'ouverture des Paludines par son angle supérieur, mais cet angle disparaît dans les individus de forme planorbique et ceux-là reprennent tous les caractères des Valvées. Cette coquille a 8 à 9 millim. de diamètre, et il y a des individus turriculés qui ont 10 millim. de longueur.

† 2. Valvée striée. *Valvata striata.* Phil.

V. testá minimá, subdiscoïdeá, supra convexiusculá, subtus umbilicatá, transversim fulcato-striatá; aperturá orbiculari, valde obliquá.

Philippi. Enum. moll. p. 157. pl. 9. f. 3. a. b. c.

Habite..... Fossile à Céfali, près de Catane. Petite coquille, à peine d'une ligne de diamètre, formée de quatre tours arrondis, très convexes, presque disjoints, et réunis par une suture assez profonde. Ils sont couverts de stries transverses, distantes et régulières

En dessous la coquille est largement ombiliqué. L'ouverture, tout-
à-fait circulaire, très oblique, à bord mince et tranchant; nous
ne connaissons cette coquille que par la description et la figure de
M. Philippi, et elle parait assez rare, car il n'en a rencontré qu'une
avec la Cyrène de Gemellari dans un terrain contenant beaucoup
de coquilles marines.

PALUDINE. (Paludina.)

Coq. conoïde, à tours arrondis ou convexes, modifiant
la cavité spirale. Ouverture arrondie-ovale, plus longue
que large, anguleuse au sommet. Les deux bords réunis,
tranchans, jamais recourbés en dehors. Un opercule orbiculaire et corné.

*Testa conoidea; anfractibus, rotundatis vel convexis,
cavitatem spiralem deformantibus. Apertura subrotundo-
ovata, oblongiuscula, supernè angulata : marginibus connexis, acutis, rectis. Operculum orbiculare, corneum.*

OBSERVATIONS. — Les *Paludines*, dont plusieurs espèces ont
été confondues, les unes parmi les Cyclostomes, les autres avec
les Bulimes, et d'autres avec les Turbos, sont des coquillages
qui habitent presque généralement dans les eaux douces, et
dont certains vivent aussi dans les eaux saumâtres et même
tout-à-fait salées. Elles ne respirent que l'eau, ainsi que les
Valvées avec lesquelles leurs rapports sont très grands; mais
leurs branchies sont intérieures.

On les distingue des Valvées par la forme de leur ouverture,
qui est un peu plus longue que large, modifiée par le dernier
tour, et qui présente un angle à son sommet.

Leurs habitudes sont à-peu-près celles des Lymnées, et on
les voit souvent voguer à la surface de l'eau, le pied tourné en
haut, selon M. Beudant.

L'animal a deux tentacules linéaires-subulés, oculés à leur
base extérieure; sa bouche est terminale, munie de deux mâchoires; son pied est subtriangulaire, et ses branchies, selon

G. Cuvier, se composent de houpes de filamens qui tiennent aux parois de la cavité branchiale. [*Annales*, vol. XI, p. 170.]

[Linné connut l'espèce la plus commune du genre Paludine, et la rapporta à son genre assez indigeste des Hélices, sous le nom d'*Helix vivipara*. Muller, qui prit le soin d'améliorer les classifications linnéennes, retira cette espèce du genre Hélice, et, croyant apercevoir entre elle et les Nérites des rapports suffisans, il réunit les deux genres sous le nom de *Nerites*. Quelques autres auteurs ont confondu des Paludines, soit avec des Turbos, soit avec des Cyclostomes, et même avec les Mélanies et les Bulimes. Lamark, le premier, rectifia le genre qui nous occupe, et le caractérisa d'une manière convenable ; il fut aidé en cela par les recherches anatomiques de G. Cuvier sur la grande espèce de Paludine de nos eaux douces.

Les Paludines sont des coquilles généralement minces, ovales-globuleuses, rarement allongées et subturriculées ; l'ouverture, à péristome complet, est toujours modifiée par l'avant-dernier tour, et elle se termine postérieurement par un angle plus ou moins aigu. Si l'on place une Paludine perpendiculairement, on s'aperçoit bientôt que le plan de l'ouverture est tout-à-fait parallèle à celui de l'axe longitudinal : le bord droit n'est point sinueux dans sa longueur ; la base de l'ouverture n'est point versante. Un opercule corné, généralement mince, quelquefois plus épais et subcalcaire, ferme la coquille d'une manière exacte. Cet opercule est bien distinct de celui des Turbos et des Cyclostomes ; il diffère aussi de celui des Littorines, genre que l'on a eu une tendance à joindre aux Paludines. Cet opercule n'est point en spirale ; le sommet est subcentral, et ses accroissemens ont lieu par des lames surajoutées dans toute la circonférence.

Le plus grand nombre des Paludines vivent dans les eaux douces ; on en rencontre sur un grand nombre de points divers de la surface de la terre. Elles paraissent plus communes cependant dans l'hémisphère septentrional que dans l'hémisphère austral : peut-être faut-il attribuer cette différence à l'état actuel des observations. Quelques petites espèces vivent dans les eaux saumâtres, où elles sont en très grande abondance : on en connaît un assez grand nombre à l'état fossile. Celles sur les-

quelles le doute est impossible appartiennent aux terrains tertiaires, et se rencontrent particulièrement en abondance dans
les couches d'eau douce. On en a cité quelques espèces dans la
série des terrains secondaires; mais celles-là sont pour nous
encore douteuses, les moules intérieurs sur lesquels ces espèces
sont établies pouvant aussi bien appartenir à la famille des
Turbos qu'au genre des Paludines. Plusieurs espèces avaient été
confondues avec les Cyclostomes et avec les Bulimes, mais leur
extrême abondance dans les lieux où on les rencontre ne permet pas de croire que ce sont des coquilles terrestres; et comme
elles ont d'ailleurs la plupart des caractères des Paludines,
nous les avons rapportées à ce genre dans notre description des
coquilles fossiles des environs de Paris.

ESPECES.

1. Paludine vivipare. *Paludina vivipara.* Lamk. (1)

> **P.** *testá ventricoso-conoideá, tenui, diaphaná, longitudinaliter
> tenuissimè striatá, viridi-fuscescente; fasciis transversis fusco-
> rubris obsoletis; anfractibus quinis, rotundato-turgidis; suturis
> valdè impressis.*
>
> *Helix vivipara.* Lin. Syst. nat. p. 1247. Gmel. p. 3646. n° 105.
> *Nerita vivipara.* Muller. Verm. p. 182. n° 370.
> Lister. Conch. t. 126. f. 26.
> Petiv. Gaz. t. 99. f. 16.
> Gualt. Test. t. 5. fig. A.
> D'Argenv. Zomoorph. pl. 8. f. 2.
> Favanne. Conch. pl. 6 r. fig. D 9.
> Seba. Mus. 3. t. 38. f. 12.
> Knorr. Vergn. 5. t. 17. f. 4.
> La vivipare à bandes. Geoff. Coq. p. 110. n° 2.

---

(1) Ce n'est pas sans raison que Lamarck s'est abstenu de
citer dans sa synonymie l'*Helix vivipara* de Chemnitz; sous ce
nom cet auteur, presque toujours très exact, a réuni plusieurs
espèces, et sa synonymie a besoin de rectifications. Cependant,
comme la Paludine vivipare est figurée dans l'ouvrage de Chemnitz, nous ajoutons la citation de ces figures.

Cyclostoma viviparum. Draparn. Moll. pl. 1. f. 16.
  * Lister. Exercit. anat. pl. 2. f. 1 à 5.
  * *Bulimus viviparus.* Poiret. Prod. p. 51. n° 29.
  * *Vivipare à bandes.* Blainv. Malac. pl. 34. f. 5.
  * *Helix vivipara.* Alten. Syst. abh. p. 86.
  * Sturm. Faun. d'Allem. Moll. pl. 11.
  * Lister. Anim. angl. pl. 12. f. 8.
  * Lister. Trans. phil. t. 9. pl. 2. f. 17.
  * Brard. Hist. des Coq. p. 174. pl. 7. f. 1.
  * *Helix vivipara.* Dillw. Cat. t. 2. p. 939, n° 120.
  * Pfeiff. Syst. anord. p. 113. n° 1. pl. 4. f. 42. 43.
  * Nilss. Hist. moll. suec. p. 88. n° 1.
  * *Vivipara. d'Acosta.* Conch. brit. p. 81. pl. 6. f. 22.
  * Pennant. Zool. brit. t. 4. p. 333. pl. 87. f. 2. pl. 88. f. 1.
  * Swam. Bibl. nat. pl. 9. f. 13.
  * Schrot. Flussconch. p. 330. pl. 8. f. 1. 2. Tabul. min. C. f. 6.
  * Schrot. Einl. t. 2. p. 156.
  * Chemn. Conch. t. 9. pl. 132. f. 1180. 1181.
  * *Helix vivipara.* Olivi. Adriat. p. 175.
  * Férus. Syst. conch. p. 66. n. 4. *Cyclostoma viviparum.*
  * *Cyclostoma contectum.* Millet, Moll. p. 5. n° 3.
  * Kleb. Syn. Moll. Boruss. p. 28. n. 1.
  * Kickx. Syn. Moll. Brab. p. 73. n° 91.
  * Col. des Ch. Cat. des Coq. du Finist. p. 75. n° 7.
  * Desh. Encycl. méthod. vert. t. 3. p. 690. n° 1.
  * *Paludina achatina.* Sow. genera of shells f. 1.
  * Turton. Man. p. 135. n. 118. f. 118.
  * Hécart. Cat. des Coq. de Valenciennes. p. 20. n° 3.
  * Des Moul. Cat. des moll. de la Gironde. p. 26. n° 1.
  * Desh. Expéd. de Morée. Zool. p. 149. n° 190.
  * Goupil. Hist. des Moll. de la Sarthe. p. 70. n. 3.
  * Rosm. Icon. t. 1. p. 108, pl. 2. f. 66.
Habite en France, dans les rivières et les étangs. Mon cabinet.
  Diamètre de la base, un pouce.

2. Paludine agathe. *Paludina achatina.* Lamk. (1)

P. *testá ovato-conicá, tenui, albido-virente, fasciis rubro-fuscis cinctá; striis longitudinalibus tenuissimis abliquis; anfractibus senis, rotundatis.*

----

(1) C'est à tort que Draparnaud et Lamarck ont changé le

Nerita fasciata. Muller. Verm. p. 182. no 369.

Gualt. Test. t. 5. fig. M.

Seba, Mus. 3. t. 39. f. 33. 34.

Helix fasciata. Gmel. p. 3646. n. 106.

Cyclostoma achatinum. Draparn. Moll. pl. 1. f. 18.

Paludina achatina. Encyclop. pl. 458. f. 1. a. b.

* Philippi. Enum. Moll. p. 148. n. 1.

* *Palludina vivipara.* Guer. Icon. du R. Anim. Moll. pl. 13. p. 1.

* *Nerita fasciata.* Schrot. Flussconch. p. 369.

* *Helix ventricosa.* Olivi. Adriat. p. 178.

* *Cyclostoma achatinum.* Millet. Moll. p. 7. n 4.

* *Helix fasciata.* Dillw. Cat. t. 2. p. 940, n° 121.

* Kickx. Syn. Moll. Brab. p. 74, n° 92.

* Desh. Encycl. méth. vert. t. 3. p. 691. n° 2.

* Turton. Man. p. 134. n° 119. f. 119.

* Hécart. Cat. des Coq. de Valenci. p. 19. no 1.

* Goupil. Hist. des Moll. de la Sarthe. p. 71. n° 4.

* Rosm. Icon. t. 1. p. 109. pl. 2. f. 66.

* *Var pyramidalis.* Rosm. Icon. t. 2. p. 19. pl. 7. f. 125.

Habite dans les eaux douces du midi de la France, et dans les lagunes de Comacchio, sur l'Adriatique. M. *Ménard.* Mon cabinet Elle est plus allongée et mieux fasciée que la précédente. Longueur, 17 lignes environ.

3. Paludine du Bengale. *Paludina Bengalensis.*

P. *testá ventricosá, ovato-acutá, tenui, virescente, transversim fusco-lineatá; striis exilissimis decussatis; spirá conicá; anfractibus septenis, convexis.*

* *Paludina fasciata.* Bowd. Elem. of. conch. pl. 9. f. 15.

* Desh. Encyclop. méth. vert. t. 3. p. 691. n° 3.

* Id. Voy. aux Indes, par Bel. zool. p. 419. no 9. pl. 1. f. 14. 15.

Habite dans la rivière du Bengale. *Massé.* Mon cabinet. Celle-ci est plus ventrue et moins allongée que celle qui précède. Elle n'est point fasciée, mais rayée transversalement. Sa spire est très pointue au sommet. Longueur, 15 lignes.

4. Paludine unicolore. *Paludina unicolor.* Lamk.

P. *testá ventricoso-conoideá, tenui, pellucidá, glabrá, corneo-vi-*

---

nom imposé à cette espèce par Muller. Le *Nerita fasciata* de cet auteur doit devenir le *Paludina fasciata* dans une nomenclature bien faite.

rente ; anfractibus subsenis , convexis , supernè planulatis ; spirâ acutâ.

* *Cyclostoma unicolor.* Oliv. Voy. pl. 31. f. 9. a. b.
* Bowd. Elem. of conch. pl. 8. f. 15.
* Desh. Encycl. méth. vert. t. 3. p. 692. no 4.
* Caillaud. Voy. à Méroé, t. 2. pl. 60. f. 7.
* Fossilis. *Paludina semicarinata.* Brard. Journ. de phys. juin 1811. f. 4. 5.
* Id. Férus. Mém. géol. p. 63, nº 3.
* Id. Desh. Descr. des Coq. foss. t. 2. p. 127. pl. 15. f. 11. 12.
* Id. Bouillet. Cat. des Coq. foss. d'Auv. p. 159. n. 1.

Habite en Egypte , dans le canal d'Alexandrie. Mon cabinet. Ile a cinq tours complets, non compris la pointe qui fait le sixième. Longueur, 9 lignes.

5. Paludine sale. *Paludina impura.* Lamk. (1)

P. testâ ovato-conoideâ , lœvi , pellucidâ , cornea-lutescente ; anfractibus quinis : ultimo ventricoso ; spirâ acutâ.

Helix tentaculata. Lin. Syst. nat. p. 1249. Gmel. p. 3662. no 146.

Nerita jaculator. Muller. Verm. p. 185. no 372.

Lister. Conch. t. 132. f. 32.

Gualt. Test. t. 5. fig. B.

La petite operculée aquatique. Geoff. Coq. p. 113. n. 3.

Pennant. Brit. Zool. 4. pl. 86. f. 140.

Chemn. Conch. 9. t. 135. f. 1245.

Bulimus tentaculatus. Poiret. Prodr. p. 61. nº 30.

Cyclostoma impurum. Draparn. Moll. pl. 1. f. 19.

* Philippi. Enum. moll. p. 148. nº 2.
* *Turbo nucleus.* Dacosta. Conch. brit. p. 91. pl. 5. f. 12.
* Lister. Anim. angl. pl. 2. f. 19.
* Lister. Trans. phil. t. 9. pl. 2. f. 21.
* Swam. Bibl. nat. pl. 10. f. 1.
* *Helix tentaculata.* Dillw. Cat. t. 2. p. 968, no 179.
* *An eadem junior? Nerita spherica.* Mull. Verm. p. 70. nº 356.
* *Buccinum pellucidum.* Schrot. Flussconch. p. 320. pl. 7. f. 16.

An Var ?

---

(1) Malgré l'habitude où sont les conchyliologues de nommer cette espèce *Paludina impura* , il serait nécessaire de lui rendre son nom spécifique linnéen ; il faudra donc l'inscrire dans les catalogues sous le nom de *Paludina tentaculata.*

* *Buccinum album. B. jaculator.* Id. loc. cit. pl. 7. f. 17 et 19 à 22.
* Schrot. Einl. t. 2. p. 249. n° 256. 257.
* Schlotterb. Act. helv. t. 5. p. 281. pl. 3. f. 19. 20.
* *Cyclostoma jaculator.* Ferus. Syst. conch. p. 66. n° 5.
* *Cyclostoma impurum.* Millet. Moll. de Maine-et-Loire. p. 8. n. 5.
* *An eadem. Helix repanda.* Gmel. p. 3666. no 211.
* *Helix repanda.* Dillw. Cat. 2. p. 968. n° 180.
* *Paludina impura.* Brard. Hist. des Coq. p. 183. pl. 7. f. 2.
* Id. Pfeiff. Syst. anord. p. 104. n° 2. pl. 4. f. 40. 41.
* Nilss. Hist. moll. suec. p. 89. n° 2.
* Kleb. Syn. Moll. Borus. p. 29. n° 2.
* Alder. Cat. Test. moll. Tr. de la soc. d'hist. nat. de Newcastle,
   p. 29. n° 1.
* Kickx. Syn. Moll. Brab. p. 74. n° 93.
* Col. des Ch. Cat. des coq. du Finist. p. 75. no 2.
* Desh. Encycl. méth. vers, t. 8. p. 693. n° 7.
* Turton. Man. p. 134. n° 120. f. 120.
* Hécart. Cat. des coq. de Valenci. p. 19. no 2.
* Des Moul. Cat. des Moll. de la Gironde, p. 27. no 2.
* Goupil. Hist. des Moll. de la Sarthe. p. 69. n° 2.
* Bouillet. Cat. des moll. d'Auv. p. 74. n° 1.
* Rosm. Icon. t. 1. p. 107. pl. 2. f. 65.

Habite en France, dans les eaux douces. **Mon cabinet. Longueur,**
   5 lignes.

6. Paludine saumâtre. *Paludina muriatica.* Lamk. (1)

P. *testâ minimâ, conicâ, lævi, sub epidermide fuscescente albidâ;*
   vertice acuto.

Turbo thermalis. Lin. Syst. nat. p. 1237. Gmel. p. 3603. n° 61.
Turbo muriaticus. Beudant. Mém.
Bulimus anatinus. Poiret. Prodr. p. 47. n° 15.
Cyclostoma anatinum. Drap. Moll. pl. 1. f. 24. 25.
* Philippi. Enum. Moll. p. 148. no 4.
* Lister. Anim. angl. pl. 2. f. 7?

---

(1) Dès qu'il est bien reconnu que cette espèce est réellement le *Turbo thermalis* de Linné, il est nécessaire de lui rendre ce nom linnéen et de la désigner sous le nom de *Paludina thermalis.* Dillwyn, dans son catalogue, a confondu avec cette espèce le *Nerita piscinalis* de Muller, qui est une Valvée.

33.

* Schrot. Einl. t. 2. p. 34.

* *Turbo thermalis.* Olivi. Adriat. p. 169.

* *Turbo thermalis.* Dillw. Cat. t. 2. p. 852. n° 86. *Syn. plerisque ex-clus.*

* Desh. Encycl. méth. vert. t. 3. p. 693. n° 8.

* Des Moul. Cat. des moll. de la Gironde. p. 29. no 6.

* *Cyclostoma anatinum.* Millet. Moll. de Maine-et-Loire. p. 9. no 6.

Habite en France, principalement dans le midi, et en Italie, etc., dans les eaux douces, même celles qui sont thermales à 34 degrés, M. *Ménard,* et dans les eaux saumâtres, voisines de la mer; on la trouve aussi selon M. *Ménard,* dans les eaux peu salées de la mer Baltique, où les canards s'en nourrissent. Mon cabinet. Longueur, une ligne ou un peu plus.

7. Paludine verte. *Paludina viridis.* Lamk.

P. testâ minimâ, subovatâ, lœvi, pellucidâ, pallidè virente ; anfrac-tibus quaternis ; vertice obtuso.

Bulimus viridis. Poiret. Prodr. p. 45. n° 14.

Cyclostoma viride. Drap. Moll. pl. 1. f. 26. 27.

* Desh. Encycl. méth. vers, t. 3. p. 694. n° 11.

* Des Moul. Cat. des Moll. de la Gironde. p. 27. n° 4.

* Bouillet. Cat. des moll. d'Auvergn. p. 74. n° 2.

* *Cyclostoma viride.* Ferus. Syst. Conch. p. 66. n° 6.

* Turton. Man. p. 135. n° 122. f. 122.

Habite en France, dans les eaux douces, froides et vives, telles que celles des ruisseaux des montagnes et même des cascades. Mon cabinet. Longueur, trois quarts de lignes.

† 8. Paludine pesante. *Paludina ponderosa.* Say.

P. testâ ovato-oblongâ, lœvigatâ, sub epidermide viridi, albâ ; spirâ apice obtusâ ; anfractibus convexiusculis, supernè subspi-ratis , ultimo globuloso, basi perforato , aperturâ ovato-oblongâ, albo-cerulescente supernè angulatâ.

Say. Journ. Acad. nat. sc. t. 2. p. 173.

Say. Amér. Conch. pl. 30. f. 1.

Sow. genera of shells. f. 2.

An eadem junior? Paludina decisa. Say. Amér. Encycl. Nichols. art. conch. pl. 2. f. 6.

Id. Say. Amér. conch. pl. 10. f. 1.

Habite l'Ohio et plusieurs autres rivières de l'Amérique septentrio-nale. On pourrait aussi bien placer cette coquille parmi les Ampullaires que parmi les Paludines, son ouverture se trouvant plus

allongée et plus étroite que dans la plupart des espèces de ce dernier genre. Elle est ovale-oblongue, à spire obtuse, formée de
de six à sept tours, dont les derniers convexes, sont séparés par
une suture assez profonde, et étagés les uns sur les autres. Le dernier tour est aussi grand que la spire; il est globuleux, et percé à
la base d'une fente ombilicale étroite. L'ouverture est ovale-
oblongue, d'un tiers plus haute que large, bleuâtre en dedans,
un peu versante à la base. La coquille a le test très épais et solide,
revêtu d'un épiderme vert, quelquefois brunâtre, sous lequel il
est d'un blanc mat. Les grands individus de cette espèce ont 48
millim. de long et 30 de large.

† 9. Paludine bulimoïde. *Paludina bulimoides*. Oliv.

P. *testá ovato-oblongá, apice acuminatá, lævigatá albo-griseá;
transversim fusco-unifasciatá; anfractibus convexis; aperturá
ovatá, supernè angulatá.*

Var. a. testá viridulá, in medio fusco-bizonatá.

Cyclostoma bulimoides. Oliv. Voy. au lev. pl. 31. f. 6.

Bowd. Elem. of conch. pl. 8. f. 13. et pl. 12. f. 18.

Caill. Voy. à Méroé. t. 2. pl. 60. f. 6.

Habite les eaux douces de l'Égypte et de la Syrie. Espèce parfaitement distincte, et qui a des rapports avec le *Paludina impura.*
Elle est ovale-conique; sa spire, assez pointue, se compose de
sept à huit tours convexes, lisses, striés par des accroissemens. Le
dernier est percé à la base d'une fente ombilicale étroite. L'ouverture est ovale-oblongue, en proportion plus étroite que dans
la plupart des autres espèces. Son bord est mince, tranchant, et
son extrémité postérieure produit un angle assez aigu en s'implantant sur la columelle. Toute la coquille est d'un blanc verdâtre
ou grisâtre; et dans le plus grand nombre des individus, elle est
ornée dans le milieu du dernier tour d'une fascie transverse,
étroite et d'un beau brun; la fente ombilicale est souvent entourée
d'une zone de la même couleur. Dans la variété que nous signalons, il y a deux zones sur le dernier tour : la supérieure est la
plus étroite. Cette espèce est longue de 17 mill. et large de 9.

† 10. Paludine rougeâtre. *Paludina rubens*. Menk.

P. *testá ovato-conoideá, perforatá, lœvi, pellucidá, corneo-rubellá;
anfractibus quinque valde convexis; suturá profundá; aperturá
rotundo-ovatá.*

Menk. Synops. p. 134.

Paludina ferrugineá de Crist. et Jan. Cat.

Pal. inflata. Parreyss. Sec. spec. Mus. Règ. Berol.

Phil. Enum. Moll. p. 148. n° 3. pl. 9. f. 4.

Habite la Sicile, dans les ruisseaux. Petite coquille dont le port a de l'analogie avec celui du *Paludina impura* ; elle reste cependant plus petite. Elle est ovale-oblongue, plus ou moins ventrue selon les individus, à spire obtuse, formée de six à sept tours convexes, lisses, dont le dernier est perforé à la base. Toute la coquille est mince, transparente et ordinairement d'une couleur rougeâtre uniforme. L'opercule est blanc, calcaire, et à sommet presque central. Cette petite espèce a 7 à 8 mill. de long et 5 de large.

† 11. Paludine semblable. *Paludina similis.* Mich.

P. testá ovato-ventricosá, lævi, albá, basi perforatá ; anfractibus convexis, angustis, ultimo globuloso ; aperturá ovato-rotundá, peristomate continuo.

Drap. Moll. p. 34. n° 4. *Cyclostoma simile.*

Paludina similis. Mich. Compl. à Drap. p. 93. n₀ 1.

Id. Kickx. Syn. Moll. Brab. p. 75. n° 94.

Des Moul. Cat. des Moll. de la Gironde. p. 27. n° 3.

Goupil. Hist. des Moll. de la Sarthe. p. 72. n° 5.

Habite en France les petits cours d'eau douce. Petite coquille ovale-conique, mince, transparente, cornée verdâtre ; sa spire pointue au sommet, est formée de cinq tours convexes, dont le dernier est plus grand que tous les autres ; la suture est simple et profonde ; l'ouverture est arrondie, à péristome simple ; la lèvre droite ne cache pas tout-à-fait une fente ombilicale peu profonde. Cette petite espèce a 5 à 6 millim. de longueur, et 3 à 4 de largeur.

† 12. Paludine marginée. *Paludina marginata.* Mich.

P. testá minimá, ovatá, pellucidá, nitidá, albidá, longitudinaliter substriatá; anfractibus quinis rotundatis; aperturá ovato-rotundá; labro extus marginato ; apice obtuso, papillato, operculo ignoto.

Mich. Complém. à Drap. p. 98. n° 11. pl. 15. f. 58. 59.

Habite... Draguignan. Très petite espèce conoïde, formée de cinq tours très convexes, à suture simple et profonde ; leur surface est lisse, polie, et la base du dernier offre une très petite perforation ombilicale. L'ouverture est grande, arrondie, à peine appuyée sur l'avant-dernier tour ; son bord est tranchant et épaissi à l'intérieur. Toute la coquille est transparente, d'un blanc jaunâtre. Elle a 3 millim. de longueur.

† 13. Paludine bossue. *Paludina gibba.* Mich.

P. testá ovato-suboblongá, minimá; albo-rufá, vel viridulá, tenuis-

sime longitudinaliter striatâ ; ultimo anfractu majore, irregulari-
ter gibboso aut plicato ; aperturâ circulari.

Cyclostoma gibbum. Drap. Moll. p. 38. n° 11. pl. 13. f. 4. 5. 6.

Paludina gibba. Mich. Compl. à Drap.

Habite en France, dans les eaux douces. Très petite espèce, oblon-
gue-conique, composée de 4 à 5 tours très convexes, et à suture
profonde. Le sommet est obtus; la surface, vue à la loupe, offre
des stries longitudinales, assez régulière. Le dernier tour s'accroît
irrégulièrement : il présente constamment deux ou trois bosse-
lures irrégulières que l'on ne peut considérer comme des accidens
individuels, puisqu'elles se retrouvent dans tous les individus. La
surface de la coquille paraît lisse; mais examinée à un grossissement convenable, on la voit finement striée longitudinalement.
L'ouverture est tout-à-fait circulaire, à bords minces et tranchans.
Cette petite espèce a 2 ou 3 millim. de longueur.

† 14. Paludine de Férussac. *Paludina Ferrussina.* Des-moul.

P. testâ minutâ, turrito-cylindraceâ, apice mamillatâ obtusâ, sub-
truncatâ, subepidermide nigro virescente albido-corneâ, longitu-
dinaliter minutissimè elegantissimeque striatâ; anfractibus primis
rotundatis; suturis profundis rimâ umbilicali perangustâ, aperturâ
parvâ subovali.

Mich. Compl. à Drap. p. 93. n° 6.

Desmoul. Cat. des Moll. de la Gironde. p. 27. n° 5.

Habite Saint-Médard, près Bordeaux, dans une source entourée de
murs. Elle vit aussi dans les Cévennes. Petite coquille, mince,
transparente, lisse, d'un blanc jaunâtre ou verdâtre; elle est allongée, subcylindracée, obtuse au sommet; elle compte cinq tours
à la spire, ils sont très convexes; l'ouverture est ovale obronde, à
péristome mince, continu, il n'y a point d'ombilic. Cette petite
coquille a 4 à 5 millim. de longueur. et à peine 2 de largeur.

† 15. Paludine diaphane. *Paludina diaphana.* Mich.

P. testâ parvulâ, turrito-subcylindricâ, diaphanâ, albidâ, nitidâ,
perforatâ, subtilissime longitudinaliter striatâ; anfractibus primis
rotundatis; aperturâ ovatâ, obliquâ; peristomate acuto; apice
obtuso, papillato; operculo ignoto.

Mich. Complém. à Drap. p. 97. n° 10. pl. 15. f. 50.

Habite Lyon dans les alluvions du Rhône, très petite espèce mince,
blanche, transparente, turriculée, conique, composée de six
tours étroits, très convexes; l'ouverture est assez grande, ovale-

obronde, anguleuse à son extrémité postérieure; le bord droit est mince, tranchant et sensiblement renversé en dehors; le bord gauche est très mince et peu marqué. Cette espèce a deux millim. de longueur.

† 16. Paludine bulime. *Paludina bulimoidea.* Mich.

P. testá subperforatá, minimá, ovato-oblongá, subcylindricá, pellu-cidá, nitidá, vitreá, lævissimá, anfractibus primis rotundatis; aperturá ovatá, obliquá; peristomate simplici acuto; columellá nigricante; apice obtuso, papillato; operculo ignoto.

Mich. Complém. à Drap. p. 99. n° 13. pl. 16. f. 54. 55.

Habite Lyon, dans les alluvions du Rhône. Espèce extrémement petite, ovale-oblongue, étroite, mince, transparente, vitrée; elle est formée de cinq tours convexes, dont le dernier est plus grand que la spire; celle-ci est obtuse au sommet. L'ouverture est ovalaire, anguleuse à son extrémité postérieure, et ressemble un peu à celle des Bulimes. Cette petite espèce n'a pas 3 millim. de longueur, et à peine un millim. de large.

† 17. Paludine courte. *Paludina brevis.* Mich.

P. testá cylindraceá, apicè obtusá, albá, lævi, pellucidá; ultimo an-fractu magno, aperturá ovatá acutá; labro tenui.

Cyclostoma breve. Drap. Moll. p. 37. n° 10. pl. 13. f. 2. 3.

Paludina brevis. Mich. Compl. à Drap. p. 97. n° 8.

Habite les eaux douces de France, et surtout dans le Jura. C'est peut-être la plus petite des espèces de ce genre. Elle est ovale-oblongue, subcylindracée, obtuse au sommet; les premiers tours sont étroits et convexes; le dernier est en proportion beaucoup plus grand. L'ouverture est ovalaire, plus longue que large, et terminée supérieurement par un angle assez aigu. Toute la coquille est lisse, d'un blanc verdâtre. Elle a à peine 1 millim. et demi de longueur, et trois quarts de millim. de largeur.

† 18. Paludine bicarénée. *Paludina bicarinata.* Desmoul.

P. testá minimá; conico-elongatá, subturritá scalariformi, apice obtuso subepidermide fusco-nigricante albidá; anfractibus in utro-que margine unicarinatis medio excavatis, carinis eminentibus obtusis; ultimo tricarinato; suturis profundissimis; rimá umbili-cali perangustá; aperturá mediocri, labio rotundato, labro tri-angulato.

Dem. Bull. de la Soc. linn. de Bord. t. 2. p. 26.

Mich. Compl. à Drap. p. 95. n° 7. pl. 15. f. 48. 49.

Habite une petite rivière, près Bergerac. Elle rampe sur les pierres au fond des courans d'eau très limpides. Petite espèce intéressante, découverte par M. Desmoulins, et bien facile à reconnaître par les deux carènes de ses tours, ses sutures profondes et sou sommet obtus. Le dernier tour a trois carènes, et le bord droit sur lequel elles aboutissent devient onduleux. Cette espèce a 3 millim. de longueur.

† 19. **Paludine des canards.** *Paludina anatinum.* Desh.

P. *testá ovato-conoideá, albidá pallucidá, lævi vertice acuto.*
Bulimus anatinus. Poiret. Prodr. p. 47. no 15.
Cyclostoma anatinum. Drap. Moll. p. 37. no 8. pl. 1. f. 24. 25.
An eadem? Turbo Schroter. Flusscouch. p. 352. pl. 8. f. 8.
Schrot. Einl. t. 2. p. 250. n° 259. *Helix.*
Habite les eaux douces de France. Petite coquille ovale, blanchâtre, lisse, transparente; formée de quatre tours convexes, dont le dernier est relativement plus grand que les autres, la suture est peu profonde; le sommet est aigu, l'ouverture assez grande et ovale, à péristome simple et tranchant. Derrière le bord gauche se montre une fente ombilicale assez grande. Cette espèce a 3 millimètres de long et 2 de large.

† 20. **Paludine raccourcie.** *Paludina abbreviata.* Mich.

P. *testá minimá, ovatá, subcylindricá pellucidá, nitidá, vitreá subperforatá; anfractibus quaternis convexis, sensim crescentibus; suturá profundá; aperturá subrotundatá; peristomate simplici, acuto; apice obtusissimo papillato operculo ignoto.*
Mich. Compl. à Drap. p. 98. n° 12. pl. 15. f. 52. 53.
Habite Lyon dans les alluvions du Rhône. Cette espèce est très petite, ovale, oblongue, très mince, transparente, lisse, subperforée à la base, ayant le sommet très obtus, comme tronqué, la spire est conoïde, formée de cinq tours étroits convexes; l'ouverture est grande, arrondie, anguleuse postérieurement et largement appuyée sur l'avant-dernier tour. Le péristome est un peu évasé, simple et tranchant. La longueur de cette coquille est d'un peu plus de 2 millim.

† 21. **Paludine aiguë.** *Paludina acuta.* Desh.

P. *testá oblongo-conicá, pellucidá, lævi, substriatá aperturá ovatá.*
(Drap.).
Cyclostoma acutum. Drap. Moll. p. 40. n° 15. pl. 1. f. 23.
Cyclostoma pusilla. Fér. Mém. Géol. n° 8.
An eadem? Nerita minuta. Mull. Verm. p. 179. n° 365.

Schrot. Flussconch. p. 319. pl. 7. f. 14. a. b. ?
Schrot. Einl. t. 2. p. 249. n° 254. Helix.
An Paludina octona? Nilss. Hist. Moll. suec. p. 92. n° 4.
Paludina stagnorum. Turton. Man. p. 136. n° 123. f. 123.
Desmoul. Cat. des Moll. de la Gironde. p. 29. n° 7.
Fossilis. Bulimus pusillus. Brongn. Ann. du Mus. t. 15. pl. 23. f. 3.
Id. Brard. Second Mém. Ann. ibid. pl. 24. f. 22 à 25.
Palludina pusilla. Bast. Coq. Foss. du sud-ouest de la France.
Id. Desh. Descr. des Coq. foss. t. 2. p. 134. pl. 16. f. 3. 4.
Id. Encyc. méth. t. 2. p. 695. n° 17.
Habite les marais salans de la Gironde. M. Desmoul. dans son catalogue si soigneusement fait des coquilles de la Gironde a observé
des individus vivans et fossiles de cette espèce, et il dit que leur
analogie est parfaite. Cette coquille, dit Draparnaud, est ovale-
oblongue, un peu conique, aiguë à son sommet, transparente,
lisse, quoique marquée de légères stries lorsqu'on l'observe à la
loupe. Elle est de couleur verdâtre, et sa spire est composé de six
à sept tours. L'ouverture est ovale oblongue, fermée par un opercule mince et lisse. Cette petite espèce à 4 à 5 millim. de long et
à peine 2 de largeur.

Espèces fossiles.

† 1. Paludine treillissée. *Paludina clathrata.* Desh.

> *P. testá elongato-subturbinatá, apice obtusá ; anfractibus convexius-*
> *culis, transversim costatis, plicis longitudinalibus, clathratis ; ul-*
> *timo anfractu ad peripheriam angulato, basi plicato ; aperturá ro-*
> *tundatá, apice subangulatá.*

Desh. Expéd. de Morée. Zool. 148. pl. 25. f. 3. 4.
Habite.... Fossile dans les terrains tertiaires de l'île de Rhodes.
Espèce très remarquable, ovale-oblongue, à spire obtuse, composée de six à sept tours convexes et étagés ; leur surface présente
trois carènes transverses, dont l'inférieure est la plus saillante ;
ces carènes sont traversées par des plis longitudinaux, irréguliers,
ce qui forme sur la surface un réseau à grandes mailles subquadrangulaires. Des sillons plus fins se montrent sur la surface inférieure du dernier tour. L'ouverture est subcirculaire, l'angle supérieur est très court ; le bord est mince et tranchant. Cette espèce,
dont nous n'avons vu jusqu'à présent que deux individus, est longue de 40 millim. et large de 22.

† 2. Paludine semi-carénée. *Paludina semicarinata*. Brard.

*P testá ovato-conicá, turgidá tenui, lævigatá, in medio aliquantisper
subcarinata ; anfractibus rotundatis, valdè separatis.*

Brard. 3ᵉ mém. Journ. de Phys. 1811. f. 4. 5.
Fér. Mém. Géol. p. 63. nᵘ 3.
Desh. Coq. fos. de Paris. t. 1. p. 127. pl. 15. f. 11. 12.
Desh. Encyc. méth. vert. t. 2. p. 692. nᵒ 5.
Habite. . . . Fossile aux environs de Paris, à Beaurin, à Lagny
et à Noaille. Cette espèce, pour la grandeur, se rapproche beaucoup du *Paludina achatina*, mais elle a beaucoup plus d'analogie
avec le *Paludina unicolor*, de Lamarck, dont elle n'est peut-être
qu'une forte variété, on pourrait la confondre avec le *Paludina
lenta*, mais on l'en distingue par ses premiers tours de spire qui
sont subcarénés à leur partie inférieure. Le dernier tour est globuleux, percé à la base d'un ombilic assez large. L'ouverture est
arrondie, un peu plus haute que large. Cette coquille a 32 millim.
de long et 22 de large.

† 3. Paludine de Desnoyers. *Paludina Desnoyersi*. Desh.

*P. testá ovato-conicá, turgidá, tenui, fragili, profunde umbilicatá,
tenuissimè striatá; aperturá ovato-rotundá, subangulatá.*

Desh. Descrip. des Coq. foss. t. 2. p. 127. pl. 15. f. 7. 8.
Id. Encycl. méth. vers. t. 3. p. 694. nᵒ 12.
Habite. . . . Fossile près d'Épernay. Par sa forme générale, cette
espèce se rapproche du *Paludina achatina* que l'on trouve dans
les eaux douces d'Europe. Elle reste distincte néanmoins comme
espèce. Elle est composée de cinq tours arrondis, le sommet est
obtus, le dernier tour est subglobuleux, ouvert à la base par un
ombilic assez étroit. L'ouverture est grande, subovale, ayant à
l'angle postérieur une callosité qui remplit cet angle dans les
vieux individus. Cette coquille est lisse, fragile. Elle est longue de
32 millim.

† 4. Paludine variable. *Paludina lenta*. Sow.

*P. testá ovato-conicá, lævigatá, crassá, solidá; apice obtusá; au-
fractibus convexis; aperturá circulari; marginibus crassis, continuis, umbilico nullo.*

Helix lenta. Brander. Foss. Hant. f. 60.
Vivipara lenta. Sow. Min. Conch. pl. 31. f. 3.
Paludina lenta. Desh. Descr. des Coq. foss. t. 2. p. 128. pl. 15.
f. 5, 6.
Id. Encycl. méth. Vers. t. 3. p. 692. nᵒ 6.

Habite . . . . Fossile en France, dans le Soissonnais ; en Angleterre, à l'île de Wight et à Barton. Elle se distingue des autres grandes espèces ; elle n'est point subanguleuse sur le dernier tour comme dans la *Paludina unicolor*, et elle n'est point ombiliquée comme dans la *Paludina Desnoyersii*. Elle a 30 millim. de longueur.

† 5. Paludine de Desmarest. *Paludina Desmaresti*. C. Prév.

P. *testá ovato-conicá, turgidulá, tenuissime transversim striatá; anfractibus sex, convexis valdè separatis; aperturá ovatá, bimarginatá; marginibus continuis.*

C. Prévost. Journ. de Phys. juin 1821. p. 11. n° 1.

Desh. Descr. des Coq. foss. t. 2. p. 129. pl. 15. f. 13. 14.

Id. Encyclop. méth. Vers. t. 3. p. 694. n° 10.

Habite. . . . . Fossile, à Vaugirard, près Paris. Cette espèce, ainsi que le *Paludina conica*, a été découverte par M. Desnoyers dans une couche argileuse, intercallée dans le calcaire grossier : quoique placée au milieu de couches marines, celle-ci ne contient cependant que des coquilles d'eau douce. On aurait pu prendre cette Paludine pour un Cyclostome, car elle a l'ouverture bordée comme les coquilles de ce dernier genre, mais il existe de véritables Paludines vivantes qui ont ce même caractère. On les distingue par leur forme générale, le poli de leur test et leur transparence. La Paludine de Desmarest est conique, courte, pointue ; la spire est composée de six tours convexes, minces, transparens, brillans; ils semblent lisses, mais vus à un grossissement suffisant, ils sont chargés de stries transverses, très fines. Le dernier tour est globuleux, percé à la base d'un très petit ombilic ; l'ouverture est presque circulaire, et elle est entourée d'un double bourrelet, quelquefois fort épais dans les vieux individus. Cette coquille a 9 millim. de longueur.

† 6. Paludine conique. *Paludina conica*. C. Prév.

P. *testá ovato-conicá, lævigatissima, acuminatá; spirá productá; anfractibus planulatis; suturá superficiali separati; aperturá ovato-angulatá; marginibus acutis.*

C. Prévost. Extr. du Journ. de Phys. juin 1821. p. 11. n° 2.

Desh. Desc. des Coq. foss. t. 2. p. 129. pl. 16. f. 6. 7.

Id. Encycl. méth. Vers. t. 3. p. 693. n° 9.

Habite. . . . Fossile à Vaugirard, près Paris. Petite coquille lisse et polie, dont la forme se rapproche de celle du *Paludina impura*. La spire est conique, ses tours sont peu convexes; le dernier est plus court que la spire; l'ouverture est arrondie, mais terminée

postérieurement par un angle plus aigu que dans la plupart des
autres espèces, le bord gauche est élargi à la base, et se détache
au-dessus d'une petite fente ombilicale. Cette espèce a 9 millim.
de longueur.

† 7. Paludine macrostome. *Paludina macrostoma.* Desh.

*P. testá ovato-conicá, tenui fragilissimá, tenuissimè transversim
striatá; anfractibus quinque convexis; suturá profundá, aperturá magná ovatá.*

Desh. Descr. des Coq. foss. t. 2. p. 131. pl. 15. f. 23. 24.

Id. Encycl. méth. Vers. t. 3. 695. n° 15.

Habite. . . . . Fossile aux environs de Paris à Parne et à Grignon.
Jusqu'à présent nous n'avons observé cette espèce que dans le
calcaire grossier marin, où elle paraît fort rare. Par ses caractères,
elle convient assez bien au genre Paludine. Elle est petite, conique, élargie à la base, à spire courte et pointue, toute la surface
est ornée de stries transverses, très fines, régulières. L'ouverture
est très grande, ovalaire, à peristome continu; le bord gauche se
relève dans une partie de son étendue, et derrière lui se montre
un ombilic assez grand. Cette coquille a 3 millim. de longueur.

† 8. Paludine atome. *Paludina atomus.* Desh.

*P. testá minimá, lœvigatá, ovato-conicá, apice obtusá; anfractibus
convexis; aperturá ovatá, infernè angulatá; marginibus tenuissimis, continuis.*

Bulimus atomus. Brong. Mém. sur les terr. d'eau douce. Ann. du
Mus. t. 15. pl. 1. f. 4.

Cyclostoma. Fér. Mém. Géol. n° 9.

Desh. Coq. foss. de Paris, t. 1. p. 130. pl. 16. f. 1. 2.

Desh. Encycl. méth. Vers. t. 3. p. 695. n° 14.

Habite. . . . . Fossile dans les marnes inférieures aux gypses, dans
les environs de Paris. Petite coquille ovale-oblongue, à spire obtuse, composée de quatre tours larges, assez arrondis, et à suture
peu profonde. L'ouverture est ovale-oblongue, à péristome mince,
tranchant et continu. Le bord gauche laisse apercevoir une fente
ombilicale, très étroite. La surface extérieure de la coquille est
presque lisse; on y remarque des stries irrégulières d'accroissement. Cette petite espèce a 4 à 5 millim. de long.

† 9. Paludine mélanoïde. *Paludina melanoides.* Desh.

*P. testá minimá, elongatá, apice acutissimá, basi-obtusá, lœvigatá;
aperturá, ovato-oblongá; marginibus continuis, simplicibus.*

Desh. Expéd. de Morée. Zool. p. 149. pl. 24. f. 12. 13. 14.

Habite . . . . Fossile dans les terrains tertiaires de la Morée. Petite espèce qui a des rapports avec le *Paludina muriatica*, mais
est constamment plus grande. Elle est allongée, subturriculée,
très pointue au sommet; sa spire est composée de sept à huit
tours étroits, peu convexes, et tout-à-fait lisses. L'ouverture est
ovale-oblongue, se rapprochant un peu de celle des Mélanies,
mais se distinguant bien de ce genre, en ce qu'elle n'est point
évasée, et versante à la base. Cette espèce est longue de 8 millim.
et large de 3.

10. Paludine pygmée. *Paludina pygmea*. Desh.

*P. testâ conoideâ, acuminatâ, lævigatâ, substriatâve, anfractibus sex
subconvexis; aperturâ ovatâ, infernè angulatâ; marginibus continuis.*

Bulim. pygmeus. Brong. Mém. sur les Terr. d'eau douce. Ann. du
Mus. t. 15. p. 376. n° 1. pl. 23. fig. 1.

Cyclost. pygmœa. Fer. Mém. Géol. p. 63. n° 6.

Un eadem? Bulime pygmée. Brard. prem. Mém. Ann. du Mus. t. 15.
pl. 27. fig. 1-4.

Desh. Coq. foss. de Paris. t. 1. p. 130. pl. 16. fig. 9-10.

Desh. Encycl. méth. Vers. t. 3. p. 694. n° 13.

Hab... Fossile dans les meulières à Montmorency et à Palaiseau. C'est
une petite coquille conique composée de cinq à six tours de spire
peu convexes et très finement striés dans leur longueur ; la suture
est peu profonde; l'ouverture est ovale et à peine anguleuse à son
extrémité supérieure; les bords sont minces, tranchans, continus ,
et la fente ombilicale est presque entièrement cachée par l'extrémité du bord gauche. Cette espèce a 6 à 8 millim. de longueur.

† 11. Paludine globule. *Paludina globulus*. Desh.

*P. testâ ovato-globulosâ, ventricosâ, lævigatâ; anfractibus quinque
convexis, suturâ simplici, profundâ sparatis; aperturâ ovatâ, obliquâ; umbilico nullo.*

Desh. Desc. des Coq. foss. t. 2. p. 132. pl. 15. fig. 21-22.

Id. Encycl. méth. Vers. t. 3. p. 795. n° 16.

Hab.... Fossile à Maulette, près Houdan. Elle est un des plus petites
espèces du genre; elle est ovale, globuleuse, toute lisse; ses tours
au nombre de cinq sont très convexes ; l'ouverture est très petite,
ovale, et inclinée sur l'axe longitudinal; les bords sont épaissis ,
mais non garnis d'un bourrelet; le gauche cache la fente ombilicale; cette fente ne se montre que dans les jeunes individus. Cette
espèce a 2 millim. et demi de longueur.

12. Paludine polie. *Paludina nitida.* Rœm.

P. testâ conicâ, ovatâ, lævi, nitidâ, longitudinaliter sublineatâ; an-fractibus 4-5 subconvexis ultimo subdorsato ; aperturâ rotundo-ovatâ.

Rœm. Verstein. nord. oolit. p. 190. pl. 9. fig. 29.

Hab.... Fossile dans les terrains oolitiques de l'Allemagne septentrio-nale. M. Rœmer rapporte cette coquille au genre Paludine ; elle en a en effet la plupart des caractères, cependant elle pourrait également appartenir au genre Turbo, et ce n'est qu'avec doute que nous l'admettons au nombre des Paludines. Elle est ovale, conique, à spire obtuse, formée de quatre à cinq tours peu con-vexes, sur lesquels on aperçoit quelques stries longitudinales; l'ouverture est ovale, obronde, à bords minces et tranchans. L'in-dividu, figuré par M. Rœmer, a 20 mill. de long et 15 de large.

† 13. Paludine noirâtre. *Paludina carbonaria.* Rœm.

P. testa subconicâ, ovatâ, anfractibus 5 convexis longitudinaliter substriatis; aperturâ rotundo ovatâ.

Rœm. Verstein. nord. oolit. p. 190. pl. 9. fig. 28.

Habite... Fossile dans les terrains oolitiques du nord de l'Allema-gne. Nous ne connaissons pas cette espèce de M. Rœmer; elle pa-raît en effet se rapporter au genre Paludine, et par la forme elle a des rapports avec les petits individus du *Paludina vivipara.* Elle est ovale, oblongue, subconique; à spire obtuse, formée de cinq tours convexes sur lesquels on voit des stries longitudinales d'ac-croissement peu marquées; l'ouverture est ovale, obronde, à peine modifiée par l'avant-dernier tour, et n'ayant qu'à un très faible degré l'angle supérieur que l'on remarque dans la plupart des Paludines. Cette coquille est longue de 25 mill. et large de 17.

AMPULLAIRE. (Ampullaria.)

Coquille globuleuse, ventrue, ombiliquée à sa base, sans callosité au bord gauche. Ouverture entière, plus longue que large ; à bords réunis, le droit non réfléchi. Un opercule.

Testa globosa, ventricosa, basi umbilicata : labro sinis-

tro non calloso. Apertura integra, oblonga; marginibus connexis; dextro acuto, non reflexo. Operculum.

[Animal globuleux ou planorbiforme, pied large, mince et subquadrangulaire, largement tronqué en avant. Tête aplatie, terminée antérieurement par une paire de tentacules coniques, buccaux; deux grands tentacules subulés presque aussi longs que le pied, portant à la base des pédoncules oculifères, quelquefois séparés dans toute leur longueur; un canal respiratoire formé par le manteau, mais ne laissant aucune trace sur la coquille; cavité branchiale très grande, largement ouverte antérieurement, et dont la paroi supérieure est dédoublée pour former un grand sac aquifère.]

OBSERVATIONS. Les *Ampullaires* semblent avoisiner les Planorbes par leurs rapports naturels; cependant ces coquilles en sont bien différentes par leur aspect : elles sont globuleuses, très ventrues, leur dernier tour étant au moins quatre fois plus grand que celui qui le précède. Au reste, leur opercule les en distingue essentiellement.

Ce sont des coquillages fluviatiles qui vivent dans les climats chauds. Leur bord columellaire est saillant, recourbé ou réfléchi sur l'ombilic, y formant un demi-entonnoir, sans y produire aucune callosité; mais leur bord droit est toujours tranchant. La taille de ces coquilles est en général assez volumineuse.

On en connaît un grand nombre d'espèces, parmi lesquelles plusieurs sont rares et recherchées.

[Toutes les coquilles fluviatiles operculées étaient rangées par Muller dans son genre Nérite, Linné en confondait plusieurs parmi les Hélices, et c'est sous ces deux dénominations génériques que furent d'abord indiquées le petit nombre d'Ampullaires que ces auteurs connurent. Depuis eux, Bruguière rassembla ces espèces dans son genre Bulime, ce qui n'était pas capable d'améliorer la classification. Lamarck eut donc raison de créer le genre Ampullaire, quoiqu'il n'appuyât pas son nouveau genre de la connaissance de l'animal; aussi Lamarck commit plu-

sieurs erreurs en comprenant dans son genre des espèces fossiles qui n'en présentent pas les caractères. Aujourd'hui, que
l'on connait l'animal des Ampullaires; que, par suite d'une particularité de l'organisation de ces animaux, plusieurs ont pu être
transportés vivans en Europe, on a maintenant les moyens de
compléter les caractères du genre, et de le rendre plus naturel
en retranchant toutes les espèces qui n'en ont pas tous les caractères, ou en ajoutant celles que l'on avait disséminées dans
d'autres genres. C'est ainsi, comme nous avons déjà eu occasion de le dire, que le *Planorbis cornu arietis*, pourvu d'un opercule, et dont l'animal a été figuré, appartient réellement au
genre Ampullaire. Aussi nous ne savons quel motif a pu déterminer M. Guilding à faire de cette coquille un genre *Ceratodes*,
lui qui avait pu comparer l'animal avec celui d'une Ampullaire
globuleuse, animaux dans lesquels il est impossible, d'après
les figures de M. Guilding lui-même, d'apercevoir des différences génériques. Plusieurs espèces fossiles, données comme
des Natices, doivent également prendre place dans le genre
qui nous occupe, tandis que d'autres espèces, telles que
l'*Ampullaria avellana*, par exemple, doivent constituer un
genre nouveau, ou bien rentrer dans les Natices, dont elles
ont les caractères. Si nous comparons, en effet, les coquilles
des Ampullaires avec celles des Natices, nous apercevons
des différences, non-seulement parce que, dans les Natices, le test est poli et sans épiderme, mais encore parce que
l'incidence de l'ouverture sur l'axe longitudinal est différente
dans les deux genres. Il ne faut cependant pas attacher à ce
caractère une importance trop absolue, car nous avons actuellement sous les yeux une espèce de Natice de Terre-Neuve que
M. Petit de La Saussaye a bien voulu nous communiquer ; elle
a la forme d'une Ampullaire; son test est mince, épidermé; son
ombilic est sans callosité, et cependant son opercule, corné, est
tout-à-fait celui des Natices. L'animal lui-même ne diffère pas
essentiellement de celui des autres Natices, si ce n'est par moins
d'ampleur dans le pied et dans le manteau.

M. Caillaud, le premier, a mis en la possession des zoologistes
de Paris l'animal vivant de l'Ampullaire du Nil. Pendant son
voyage à Méroé, M. Caillaud avait recueilli un certain nombre

des Mollusques de l'Égypte. Après les avoir généreusement distribués dans la plupart des collections, il écrivit à un correspondant qu'il s'était ménagé pour qu'on lui envoyât les mollusques fluviatiles que l'on trouve en abondance dans le Nil. La personne qui se chargea de la commission, après avoir recueilli une assez grande quantité de divers mollusques, et entre autres des Ampullaires vivantes, mit le tout dans une caisse de son, comptant bien que les animaux périraient et se pourriraient ensuite. Cette caisse, à cause des quarantaines, resta plus de quatre mois en route, et M. Caillaud, en la recevant, s'empressa de jeter dans l'eau tout ce qu'elle contenait, à cause de la putréfaction qui avait gagné les animaux qu'elle renfermait. Quel ne fut pas l'étonnement de M. Caillaud, quelques heures après, de voir se promener au fond du vase la plus grande partie des Ampullaires qui lui avaient été expédiées. M. Caillaud nous donna plusieurs individus que nous conservâmes vivans pendant quatre à cinq mois. Depuis cette communication M. Sowerby, dans le *Zoological Journal*, et M. Quoy, dans le *Voyage de l'Astrolabe*, ont donné la figure de plusieurs autres espèces d'Ampullaires dont plusieurs avaient été également rapportées vivantes en Europe. On s'est demandé d'abord comment les animaux aquatiques, ne pouvant respirer que par une branchie pectinée, pouvaient rester vivans pendant si long-temps hors de l'élément qui est nécessaire à leur existence. Presque toutes les personnes qui s'étaient occupées de ce phénomène pensaient que l'animal, en rentrant dans sa coquille, conservait avec lui une certaine quantité d'eau qui ne pouvait s'échapper, retenu par l'opercule qui ferme l'ouverture d'une manière très exacte. D'autres personnes prétendirent que l'air humide, porté sur les branchies, était suffisant pour entretenir l'acte de la respiration. Nous avons voulu savoir si, dans la structure intime de l'animal, il y avait quelque chose qui pût expliquer la singularité du phénomène, et bientôt nous aperçûmes que la paroi supérieure de la cavité branchiale était dédoublée et formait une grande poche dont l'ouverture est placée en arrière, au-dessus de l'origine de la branchie. Plongé dans l'eau, l'animal a constamment cette poche remplie du liquide ambiant, et s'il vient à rentrer dans sa coquille et à se clore sous son opercule, cette poche reste néanmoins remplie d'eau, et fournit ainsi les matériaux nécessaires à l'entretien régulier de la respiration. Tout nous porte à croire que c'est là la seule cause qui permet aux Ampullaires, animaux pectinibranches aquatiques, de rester long-temps hors de l'eau sans périr, et cela explique aussi comment il se fait que, dans certains lacs qui se dessèchent chaque année, les Ampullaires s'y montrent toujours, parce qu'à l'approche des plus fortes chaleurs, en s'enfonçant dans la vase, elles conservent dans leur sac branchial la quantité d'eau qui leur est nécessaire pendant tout le temps qu'elles resteront à sec.

On n'a guère trouvé jusqu'à présent d'espèces d'Ampullaires fossiles sur lesquelles on n'eût aucun doute. Celles que nous avons conservées dans le genre, d'après les caractères de l'ouverture et le peu d'épaisseur du test, ne se rencontrent jamais que dans les terrains marins, et l'on peut toujours soupçonner que les animaux qui les ont produits étaient différens de ceux des Ampullaires proprement dites. Comme ces espèces ont les caractères des Ampullaires, et que nous n'avons aucun moyen pour reconnaître l'analogie des animaux, il faut bien s'en rapporter aux caractères des coquilles, et se déterminer d'après eux. On croyait, il y a peu de temps encore, que les Ampullaires fossiles appartenaient exclusivement aux terrains tertiaires ; mais on sait aujourd'hui que ce genre parcourt toute la série des terrains de sédiment, car M. Sowerby en a fait connaître une belle espèce dans les terrains de transition, et nous en connaissons plusieurs autres dans la série des couches oolitiques, et même dans la craie inférieure.

Les Ampullaires sont des coquilles dont les formes sont assez diverses, quoique, pour le plus grand nombre, elles soient globuleuses, à spire courte et obtuse. Il y en a une cependant qui a tellement la forme des Planorbes, qu'elle a été comprise dans ce genre par tous les auteurs, jusqu'au moment où l'on connut l'animal et l'opercule. Cette forme n'est point isolée dans le genre, elle s'y trouve liée par plusieurs intermédiaires dans lesquels on voit successivement l'ombilic se rétrécir, à mesure que se développe le dernier tour et que la spire devient plus saillante. Cette spire, dans quelques espèces, est plus conique et

34.

plus allongée que dans la plupart des autres, mais on ne la voit jamais devenir subturriculée, ni même prendre tout-à-fait la forme de celle des Paludines. Dans ce genre, comme dans quelques autres, l'opercule est tantôt calcaire et tantôt corné, selon les espèces. Il a exactement la forme de l'ouverture, et il la ferme complètement; il est de la même structure que celui des Paludines, à sommet subcentral et formé d'élémens concentriques plus étroits du côté columellaire.]

ESPÈCES.

1. **Ampullaire de Guyane.** *Ampullaria Guyanensis.* Lamk.

> *A. testâ ventricoso-globosâ, solidâ, longitudinaliter et inæqualiter striatâ; epidermide fuscâ; anfractibus senis : ultimo maximo; aperturâ aurantiâ.*
>
> Lister. Conch. t. 128. fig. 28.
>
> * *An eadem ? ampullaria olivacea.* Spix. Test. Bras. p. 2. n° 3. pl. 3. fig. 42.
>
> * Schrot. Einl. t. 2. p. 200. n° 81. *Helix.*
>
> * Desh. Encycl. méth. Vers. t. 2. p. 33. n° 14.
>
> Habite dans les rivières de la Guyane. Mon cabinet. Coquille peu commune, et très distincte de celle qui suit, en ce qu'elle n'offre que des stries d'accroissement; son ombilic est en outre plus évasé et la coloration de son ouverture est différente. Diamètre longitudinal, 3 pouces 7 lignes; transversal, 3 pouces.

2. **Ampullaire idole.** *Ampullaria rugosa.* Lamk. (1)

> *A. testâ ventricoso-globosâ, solidâ, rugosâ, albido-fulva; epidermide castaneâ; plicis longitudinalibus inæqualibus rugæformibus; anfractibus senis : ultimo maximo; aperturâ lacteâ.*
>
> *Nerita urceus.* Muller. Verm. p. 174. n° 360.
>
> Lister. Conch. t. 125. fig. 25.
>
> Favanne. Conch. pl. 61. fig. D 10.
>
> Chem. Conch. 9. t. 128. fig. 1136.

---

(1) Cette espèce ayant été nommée pour la première fois *Nerita urceus* par Muller doit reprendre son nom spécifique d'*Ampullaria urceus*, le nom d'*Ampullaria rugosa* donné à tort par Lamarck, doit donc être changé contre celui-ci.

Bulimus urceus. Brug. Dict. no 4.

Ampullaria rugosa. Encycl. pl. 457. fig. 2. A. B.

* Blainv. Malac. pl. 35. fig. 1.

* Schrot. Flussconch. p. 253. n° 63.

* *Ampullaria urceus.* Férus. Syst. Conch. p. 68. n_0 3.

* *Ampullaria urceus.* De Roissy. Buff. Moll. t. 5. p. 373. n_0 1.

Habite dans le Mississipi. Mon cabinet. Coquille assez rare et fort recherchée; elle est au moins aussi grosse que celle qui précède. Vulg. l'*idole* ou le *manitou des sauvages.*

3. Ampullaire cordon-bleu. *Ampullaria fasciata.* Lamk. (1)

A. testâ ventricosâ, lævi, albidâ, fasciis cærulescentibus cinctâ; spirâ brevi, obtusâ; aperturâ rufescente.

* *Ampullaria ampullacea.* Férus. Syst. Conch. p. 58. n_0 1.

* De Roissy. Buff. Moll. p. 374. n_0 2.

* Gève. Conch. Cab. pl. 27. fig. 289. A. B. et 291 ?

* Schrot. Flussconch. p. 255, n_0 64. pl. 6. fig. 2.

* Schrot. Einl. t. 2. p. 142.

* Encycl. Rec. de pl. t. 6. pl. 65. fig. 3.

* Born. Mus. p. 374.

Helix ampullacea. Lin. Syst. nat. p. 1244. Gmel. p. 3626. n_0 43.

Nerita ampullacea. Muller. Verm. p. 172. n° 359.

Lister. Conch. t. 130. fig. 30.

Rumph. Mus. t. 27. fig. Q.

Petiv. Amb. t. 12. fig. 14.

Gualt. Test. t. 1. fig. R.

D'argenv. Conch. pl. 17. fig. B.

Favanne. Conch. pl. 61. fig. D 8.

---

(1) Lamarck a pris cette espèce pour type de son genre Ampullaire, il pouvait à son gré en changer le nom spécifique, cependant il n'y aurait eu aucune inconvénient de la désigner sous le nom d'*Ampullaria ampullacea*, ce qui eût rappelé beaucoup mieux l'*Helix ampullacea* de Linné. En examinant toute l'ancienne synonymie de cette espèce, on a quelque raison de penser que tout ne s'y rapporte pas, mais il est difficile d'en fournir les preuves, soit parce que les descriptions exactes manquent, soit parce que la plupart des anciennes figures sont médiocres ou mauvaises. Les figures 1133 et 1134 de Chemnitz représentent-elles l'espèce de Linné?

Seba. Mus. 3. t. 38. fig. 1-7.
Knorr. Vergn. 5. t. 5. fig. 2–3.
Chemn. Conch. 9. t. 128. fig. 1133–1135.
Bulimus ampullaceus. Brug. Dict. n° 3.
Ampullaria fasciata. Encycl. pl. 457. fig. 3. A. B.
Habite dans les rivières de l'Inde, des Moluques et des Antilles. Mon cabinet. Coquille recherchée dans les collections. Diamètre longitudinal, 22 lignes ; transversal, 2 ou 3 lignes de moins.

4. **Ampullaire canaliculée.** *Ampullaria canaliculata.* Lamk.

A. *testá ventricosá, tenui, longitudinaliter striatá, sub epidermide virente transversim fasciatá; spirá brevi, acutá; anfractibus supernè concavo-canaliculatis; aperturá albo–cœrulescente.*

Habite dans les rivières de la Guadeloupe. Mon cabinet. Quoique voisine de la précédente, elle en diffère en ce qu'elle n'est point lisse, que sa spire est pointue, que son ouverture est autrement colorée, et surtout que ses tours sont creusés et comme canaliculés en dessus. Diamètre longitudinal, 25 lignes; transversal, 22.

5. **Ampullaire œil-d'Ammon.** *Ampullaria effusa.* Lamk. (1)

A. *testá orbiculato-ventricosá, latè umbilicatá, lævi, albá, fasciis luteis et fuscis cinctá; spirá brevissimá; aperturá aurantiá : marginibus effusis.*

---

(1) Muller, Chemnitz et Bruguière rapportent à cette espèce une coquille figurée dans Gèves (Conch. cab. pl. 3. f. 20. *a. b.*) elle a bien des rapports avec celle-ci, mais elle s'en distingue constamment par sa forme plus discoïdale, plus déprimée par une spire plus courte et un ombilic plus grand. Cette curieuse espèce de Gèves établit de la manière la plus évidente le passage de l'*Ampullaria cornu arietis* à *l'Ampullaria effusa* formant ainsi un degré intermédiaire. Ne trouvant nulle part nommée et décrite cette espèce, nous la donnons sous le nom d'*Ampullaria gevesensis.* L'*Helix glauca* de Linné est évidemment la même espèce que celle-ci, et nous sommes étonnés que Muller, presque toujours exact dans sa nomenclature ne l'ait pas reconnu. Pour se convaincre que l'espèce de Linné est bien la même que celle de Muller, il ne faut pas se borner à lire la trop courte phrase caractéristique de la 10ᵉ ou de la 12ᵉ édition du *Systema naturæ*, il est nécessaire de voir avec attention la description qui se

* *Helix glauca.* Linné. Mus. Ulric. p. 667.
* *Id.* Lin. Syst. nat. édit. 10. p. 771.
* *Id.* Lin. Syst. nat. édit. 12. p. 1245.
Nerita effusa. Muller. Verm. p. 173. n° 361.
Lister. Conch. t. 129. fig. 29.
Seba. Mus. 3. t. 40. fig. 3-5.
Helix effusa. Chem. Conch. 9. t. 129. fig. 1144-1145.
Helix oculus communis. Gmel. p. 3621. n° 159.
* Schrot. Einl. t. 2. p. 201. n° 82.
* Schrot. Flussconch. p. 255.
* *Helix glauca.* Schrot. Einl. t. 2. p. 145.
* Kammer. Cab. rud. pl. 11. fig. 7.
* *Id.* Gmel. p. 3628. n° 48.
* *Helix ampullaria.* Var. γ Gmel. p. 3626. n$_o$ 43,
* *Helix neritina.* Gmel. p. 3638. n° 93.
Bulimus effusus. Brug. Dict. n° 1.
* Férus. Syst. Conch. p. 68. n° 2.
* *Helix glauca.* Dillw. Cat. t. 2. p. 918. n° 73.
* *Ampullaria effusa.* Swains. Zool. illustr. t. 3. pl. 157.
* *Ampullaria guyanensis.* Guér. Icon. du R. A. Moll. pl. 13. fig. 5.
Habite dans les rivières des grandes Indes et des Antilles. Mon cabinet. La spire, étant fort surbaissée, fait paraître la coquille presque orbiculaire. Diamètre transversal, 2 pouces 5 lignes.

6. Ampullaire olivacée. *Ampullaria guinaica.* Lamk. (1)

A. testá sinistorsá, ventricoso-globosá, umbilicatá, tenui, brevi, olivaceá aut albo-cærulescente; spirá brevi, apice erosá.

---

trouve dans le muséum de la princesse Ulrique. Cette description ne laisse aucun doute, et il convient dès-lors de rendre à l'espèce son nom linéen, quoique celui de Muller soit en quelque sorte consacré. Cette coquille sera pour nous l'*Ampullaria glauca.* Gmelin, qui selon sa coutume n'a pas bien compris l'espèce de Linné, l'a reproduite sous trois noms différens.

(1) Les auteurs s'accordent pour reconnaître dans cette espèce l'*Helix lusitanica* de Linné, en supposant que ce nom spécifique ne conviendrait pas à une coquille qui vient de la Guinée, il devrait néanmoins être conservé parce qu'il est de Linné et antérieur à tous les autres : ainsi il conviendra de changer le nom d'*Ampullaria guinaica* contre celui d'*Ampullaria lusitanica.*

Helix lusitanica. Lin. Syst. nat. p. 1245. Gmel. p. 3636. n$_0$ 82.

Helix varica. Muller. Verm. p. 70. n° 266.

An Gualt. Test. t. 2. fig. T?

Helix guinaica. Chem. Conch. 9. t. 108. fig. 914-915.

Ejusd. Conch. 10. t. 173. fig. 1684-1685.

Helix varica. Gmel. p. 3635. n$_0$ 76.

Ampullaria olivacea. Encycl. pl. 457. fig. 1. A. B.

Habite dans les rivières de la Guinée. Mon cabinet. Coquille précieuse, recherchée, dite vulgairement la *prune de reine-claude.* Diamètre transversal, 19 à 20 lignes.

7. **Ampullaire verdâtre.** *Ampullaria virens.*

A. *testá globosá, ventricosá, subperforatá, virente; spirá brevi; anfractibus quinis : ultimo maximo; aperturá rufescente : marginibus albis.*

Habite... Mon cabinet. Celle-ci est droite, très globuleuse, n'a qu'une fente ombilicale, et ne saurait être confondue avec la précédente. Diamètre transversal, 19 lignes.

8. **Ampullaire carénée.** *Ampullaria carinata.* Lamk. (1)

A. *testá orbiculato-ventricosá, latè umbilicatá, tenui rufescente,*

Nous ne pensons pas que l'on doive conserver dans la synonymie l'*Helix guinaica* de Chemnitz; la figure citée représente une coquille qui n'a presque pas d'ombilic, tandis que la coquille figurée par Lamarck a un ombilic très large. Depuis la publication de cette première figure, Chemnitz dans le tome 10 en a donné une seconde d'après un individu couvert encore de son épiderme, il rapporte aussi cette figure à son *Helix guinaica* quoiqu'il y ait entre elles de notables différences. On peut admettre cependant, sous l'autorité de Chemnitz, qu'elles représentent une même espèce. Mais cette espèce est-elle la même que celle de Lamarck? Si l'on s'en rapporte uniquement à la figure de l'encyclopédie, il y aurait de notables différences, non-seulement dans la forme de l'ombilic, mais encore dans la longueur proportionnelle de la spire. C'est en consultant la collection de Lamarck et en examinant la coquille qui a servi à la figure de l'encyclopédie que l'on pourra résoudre cette difficulté de la synonymie de cette espèce.

(1) Chemnitz a connu cette espèce et il l'a décrite et figurée

*albo-fasciatá ; spirá brevi, apice erosá ; anfractibus transversè
striato-rugosis; umbilico spiraliter carinato.*

* *Helix bolteniana.* Chemn. Conch. t. 9. p. 89. pl. 109. fig. 921-922.
Cyclostoma carinata. Oliv. Voy. pl. 31. fig. 2. A. B.

* Laniste d'Olivier. Blainv. Malac. pl. 34. fig. 3.

* *Lanistes carinata.* Guér. Icon. du R. A. Moll. pl. 13. fig. 6.

* Bowd. Elem. of Conch. pl. 13. fig. 9.

* Caillaud. Voy. à Meroë. t. 2. pl. 60. fig. 9.

* Desh. Encycl. méth. Vers. t. 2. p. 219. no 2.

* *Helix hyalina.* Var. 3. Gmel. p. 3640. n° 180.

Habite en Egypte, dans les eaux du Nil. Mon cabinet. Diam. transversal, 15 lignes.

9. **Ampullaire aveline.** *Ampullaria avellana.* Lamk. (1)

*A. testá suborbiculatá, supernè planulatá, perforatá, crassiusculá,
longitudinaliter rugosá, luteo-fuscescente; ultimo anfractu supernè angulato, subcarinato; spirá brevissimá, acutá.*

---

sous le nom d'Hélix *bolteniana ;* il faudra donc rendre à cette
coquille le premier nom spécifique qui lui a été donné, et l'inscrire désormais dans les catalogues sous la dénomination
d'*Ampullaria bolteniana.*

(1) Une coquille singulière décrite par Chemnitz sous le nom
de *Nerita nux avellana,* rangée depuis par Bruguière dans son
genre indigeste des Bulimes, a enfin été comprise par Lamarck
parmi les Ampullaires : c'est dans ce genre en effet que d'après
ses caractères généraux cette coquille était le mieux placée.
Cependant à la comparer avec les autres espèces de véritables
ampullaires, on pouvait concevoir quelques doutes et n'admettre l'arrangement de Lamarck qu'en attendant de nouvelles
observations. M. Quoy, auquel la science est redevable d'un si
grand nombre de précieux matériaux, par des recherches très
bien faites, a satisfait les desirs des zoologistes au sujet de la
coquille qui les embarrassait. M. Quoy a observé vivans les animaux de l'*Ampullaria avellana* et d'une autre espèce *Ampullaria
fragilis* de Lamarck et à son grand étonnement il ne leur a trouvé
aucun des caractères des Ampullaires. Poussant ses recherches
plus loin, l'anatomie de ces animaux lui a prouvé qu'ils devaient
constituer un type tout particulier, et M. Quoy a proposé pour

Nerita nux avellana. Chemn. Conch. 5. t. 188. fig. 1919–1920.
Bulimus avellana. Brug. Dict. no 2.
Helix avellana. Gmel. p. 3640. nº 181.
  * *Helix crenata.* Gmel. p. 3623. nº 254.
  * Schrot. Einl. t. 2. p. 310. *Nerita.* nº 18.
  * *Helix avellana.* Dillw. Cat. t. 2. p. 905. n₀ 45.
  * Martyn. Univers. Conch. pl. 69.
  * *Ampullacera avellana.* Quoy et Gaim. Voy. de l'Astr. Zool. t. 2.
      p. 196. pl. 15. fig. 1 à 9.
  * *Amphibola australis.* Schum. nouv. Syst. p. 190.
Habite... On la dit de la Nouvelle-Zélande. Mon cabinet. Comme
    Ampullaire, elle est fluviatile, et non marine, comme le soupçon-
    nait *Bruguière.* Aussi n'est-elle point nacrée. Diamètre transver-
    sal, 10 lignes et demie.

---

les deux espèces en question un genre nouveau, auquel il donne
le nom d'Ampullacère. Nous adoptons ce genre, car il est un des
plus intéressans qui ait été décrit depuis long-temps; il offre en
effet une combinaison toute nouvelle d'un animal aquatique
pulmoné et operculé, il remplit une lacune; il est par rapport
aux pulmonés aquatiques ce que sont les Hélicines par rapport
aux pulmonés terrestres. Ce nouveau genre Ampullacère viendra
donc constituer dans la méthode non-seulement un genre, mais
une famille que l'on devra placer à la suite de celle des pulmonés aquatiques sans opercule. L'arrangement que nous proposons ici est sans aucun doute subordonné au point de départ
de la méthode: si ce point de départ est emprunté à Cuvier et si
par conséquent la classification est fondée sur les modifications
des organes de la respiration, on sera forcé d'admettre les rapports
que nous indiquons pour le nouveau genre: quelle que soit au
reste l'opinion que l'on s'en fasse, voici les caractères du genre
tels que M. Quoy les a exposés.

Genre Ampullacère. *Ampullacera.* Quoy. Animal spiral
globuleux, renflé, a pied court quadrilatère, avec un sillon marginal antérieur. Tête large, aplatie, échancrée en
deux lobes arrondis portant deux yeux sessiles sans apparence de tentacules. Cavité pulmonaire limitée en avant

par un collier, ayant son ouverture au bord droit. Bouche membraneuse; les deux sexes réunis.

Coquille assez épaisse, globuleuse, ventrue, profondément ombiliquée, à ouverture ronde ou oblique, ayant les bords réunis; spire courte mais saillante. Opercule corné, mince, flexible paucispiré, portant quelquefois un talon.

On ne peut encore rapporter au genre que deux espèces.

1° Ampullacère aveline. *Ampullacera avellana*. Quoy.

Ampullaria avellana. Lamk.

2° Ampullacère fragile. *Ampullacera fragilis*. Quoy.

Ampullaria fragilis. Lamk.

Nous avons complété la synonymie de ces deux espèces, et, voulant donner tout ce qui peut mieux faire connaître le genre si intéressant proposé par M. Quoy, nous allons emprunter à son ouvrage les détails anatomiques qu'il donne sur l'une des espèces, l'ampullacère aveline.

« Le pied est grand, transverse, jaunâtre, séparé de la tête par un sillon. Celle-ci a la forme d'un chapron divisé en deux lobes arrondis, dépourvus de tentacules et portant deux très petits yeux sessiles sur un fond d'un assez beau jaune. En arrière est un collier assez bien formé par le bord du manteau, qui ne laisse au côté droit qu'un trou rond pour l'entrée de l'air et offre un peu plus en dehors l'ouverture de l'anus sur un pédicule saillant bifurqué comme dans l'Auricule midas. Ces parties ainsi que celles que cache la coquille sont d'un brun foncé.

« La cavité pulmonaire est grande et porte sur son plancher un large organe dépurateur, folliculeux, dont on

voit très bien l'ouverture sur un très court pédicule antérieur. Le cœur lui est accolée en arrière et l'on distingue
au travers le pigmentum noir dont le plancher est recouvert, une grosse veine qui vient du collier et côtoie le
rectum. Après avoir enlevé la cloison qui sépare l'abdo-
men, on trouve l'œsophage recouvert de deux glandes sa-
livaires linéaires et fixées par leurs extrémités. L'estomac
ne se distingue point, de sorte qu'il donne dans un gésier
globuleux, musculeux et nacré comme celui d'un oiseau,
contenant dans son intérieur quatre petites dépressions
ou fossettes. L'intestin qui sort de ce gésier, après avoir
reçu les canaux du foie qui l'enveloppe, se termine par le
rectum sans circonvolutions apparentes. La bouche est
petite et membraneuse.

« Plus en dehors on voit l'organe excitateur s'ouvrant
près de l'œil droit, au lieu où serait le tentacule du même
côté. Il y a en arrière un muscle protracteur et un long
canal tortillé. Nous n'avons pu nous assurer, tant ces
parties sont délicates, si ce canal fait suite et se continue
avec un semblable beaucoup plus long, qui enveloppe
le testicule placé près du gésier. »

« A la droite du pénis est l'utérus très renflé en arrière
où il reçoit l'oviducte qui vient en serpentant de l'ovaire,
lequel coupe la partie postérieure du tortillon.

« Ainsi voilà bien un mollusque respirant l'air en nature,
quoiqu'il vive dans les mares, possédant les deux sexes
réunis, mais étant cependant hermaphrodite insuffisant.
Ce mollusque est apathique, ne fait que peu de saillie hors
sa coquille dans laquelle il rentre profondément au moindre attouchement. Nous le trouvions enfoncé sous le
sable vaseux, sous quelques pouces d'eau saumâtre, son
ouverture pleine de terre.

Ce mollusque se trouve en très grande abondance à la

10. **Ampullaire torse.** *Ampullaria intorta.* Lamk. (1)

> *A. testá sinistrorsá, ovato-globosá, perforatá, lævi, albá; zoná fas-*
> *ciisque rufo violaceis; anfractibus quaternis, subintortis, supernè*
> *planulatis; labro tenui.*

Encycl. pl. 457. fig. 4. A. B.

Hab... Mon cabinet. Diamètre transversal, 9 lignes.

11. **Ampullaire fragile.** *Ampullaria fragilis.* Lamk. (2)

> *A. testá semiglobosá, umbilicatá, tenuissimá, pellucidá, griseo-cor-*
> *neá; spirá exsertá, acutá; anfractibus subquaternis; suturis im-*
> *presso-excavatis.*

* *Paludina.* Sow. Genera of shells. fig. 5.

* *Ampullacera fragilis.* Quoy et Gaim. Voy. de l'Astr. Zool. t. 2. p.
201. pl. 15. fig. 10 à 16.

Habite... Communiquée par *Péron.* Mon cabinet. Elle a trois tours
convexes, non compris la pointe apicale. Diamètre transversal, 5
lignes.

† 12. Ampullaire de Gèves. *Ampullaria Gevesensis.* Desh.

> *A testá suborbiculari, depressá, albá, transversim, fusco-multizo-*
> *natá, basi umbilico latissimo perforatá; spirá brevi, acutá; an-*
> *fractibus angustis, convexis ad suturam sub canaliculatis; aper-*
> *turá ovatá, marginibus acutis.*

Gèves. Conch. Cab. pl. 3. f. 20. a. b.

Nerita effusa. Pars. Mull. Verm. p. 175.

Helix effusa. Chemn. t. 9. p. 118.

Habite . . . . . Cette coquille, confondue par les auteurs avec
l'*Ampullaria effusa*, s'en distingue constamment, et nous lui con-
sacrons le nom de l'auteur qui, le premier, en a donné une bonne

---

nouvelle-Zélande, où il est mangé en grande quantité par
les indigènes.

(1) Chemnitz a figuré sous le nom de *Prunum viride guinense*
une ampullaire senestre qui a beaucoup d'analogie avec celle-ci;
ce ne sont peut-être que des variétés d'une même espèce; cependant si la figure de l'encyclopédie est fidèle, dans la coquille
de Lamarck, l'ombilic serait plus étroit, et les tours plus aplatis
en dessus.

(2) Cette coquille n'est point une véritable Ampullaire, elle
constitue la seconde espèce du genre Ampullacère de M. Quoy.

figure. Elle est intermédiaire, par sa forme et ses caractères , entre l'*Ampullaria cornu arietis* et l'*Ampullaria glauca ;* quoique plus épaisse que cette première , elle conserve cependant la forme planorbique. Elle est lisse , polie, d'un blanc jaunâtre, et elle est ornée de huit à douze zones transverses , d'un beau brun marron , absolument comme dans le *Cornu arietis.* La spire forme un mamelon pointu qui s'élève au centre d'une surface presque plane formée par les deux derniers tours. Cette spire est courte, formée de six à sept tours très étroits, convexes et à suture subcaniculée. L'ombilic est très large , et permet d'apercevoir l'enroulement spiral de la coquille. L'ouverture est ovale-oblongue, à peine modifiée par l'avant-dernier tour ; ses bords sont minces et tranchans. Cette coquille, longue de 35 millim., est large de 42.

† 13. Ampullaire bouche-jaune. *Ampullaria Luteostoma.* Swain.

>*A. testá globulosá, castaneá, longitudinaliter, substriatá, apice acuminatá, basi umbilicatá ; anfractibus angustis, supernè planulatis, spiratis , sub angulatis; aperturá ovato-angustá, aurantiacá; labro intus incrassato margine columellari reflexo.*
>
>*Ampullaria castanea.* Desh. Encycl. méth. Vers. t. 2. p. 31. n° 5.
>*Ampullaria luteostoma.* Swain. Zool. illust. t. 3. pl. 157.
>
>Habite . . . . Cette espèce ne peut se confondre avec aucune autre , quoiqu'elle ait quelque analogie avec l'*Ampullaria glauca* , elle s'en distingue cependant par tous ses caractères principaux. Elle est globuleuse , à spire courte et pointue , composée de six tours étroits, aplatis supérieurement, et présentant une rampe qui monte jusqu'au sommet. Cette rampe est limitée au dehors par un angle obtus. Le dernier tour est très ventru, et il est percé à la base d'un ombilic plus ou moins grand , selon les individus , mais qui reste toujours plus petit que celui de l'*Ampullaria glauca.* L'ouverture est ovale-oblongue , étroite , à bords épaissis et d'une belle couleur jaune orangé. Le bord columellaire est fortement renversé en dehors, et il cache aussi une partie de l'ombilic. La surface extérieure est lisse ; on y remarque des stries obsolètes d'accroissement,et elle est revêtue d'un épiderme d'un brun marron. Cette coquille a 45 millim. de long et 38 de large.

† 14. Ampullaire géante. *Ampullaria gigas.* Spix.

>*A. testá ventricoso-globosá, longitudinaliter tenuissime striatá, epidermide viridi vestitá; suturis anfractuum profunde canaliculatis; aperturá aurantio-lutescente.*

Spix. Test. Bras. p. 1. pl. 1. f. 1.

Wagn. Suppl. à Chemn. p. 193. pl. 237. f. 4147.

Habite la rivière des Amazones et ses affluens. Grande et belle espèce à laquelle nous serions porté à joindre celle nommée par
nous dans l'Encyclopédie *Ampullaria Bruguierei*, si nous n'aper-
cevions quelques différences sur la valeur desquelles nous ne pouvons actuellement porter un jugement définitif. La coquille rapportée par Spix est l'une des plus grandes du genre ; elle est
mince, et cependant solide ; son dernier tour est très grand, l'ouverture très ample, d'un beau jaune orangé, elle est ovale, à peine
modifiée par l'avant-dernier tour ; son bord gauche se renverse et
cache en partie l'ombilic. Les tours sont très convexes, et leur suture est très profonde. La coquille est revêtue d'un épiderme vert
sous lequel on aperçoit un grand nombre de zones transverses inégales, brunes ou d'un vert foncé. Cette coquille a cinq pouces de
longueur.

† 15. **Ampullaire rugueuse.** *Ampullaria corrugata.* Swain.

A. testâ globulosâ, subsphæricâ, apice obtusâ, lævigatâ, epidermide
fusco, rugoso indutâ ; anfractibus convexis, angustis : ultimo magno, basi perforato ; aperturâ ovato-oblongâ in ambitu auran-
tiacâ ; labro incrassato, basi reflexo, operculo calcareo.

Swainl. Zool. illust. t. 3. pl. 120.

Ampullaria sphærica. Desh. Ency. Méth. t. 2. p. 30. n° 4.

Ampullaria rugosa. Sow. genera of shells. f. 1.

Habite les rivières de l'Inde. Pondichéri (Bellanger). Belle espèce,
toujours facile à reconnaître par sa forme et surtout par son
opercule. N'ayant connu que trop tard le nom que M. Swainson,
dans ses illustrations zoologiques, avait donné avant nous à cette
espèce, nous lui restituons celui de l'auteur anglais, nous sou-
mettant aux règles que nous avons prescrites, dans l'intérêt de la
nomenclature. Cette coquille est sphéroïdale, à spire courte et obtuse, composée de six à sept tours convexes, étroits, dont le dernier, très grand, est globuleux et percé à la base d'un ombilic médiocre ; l'épiderme qui couvre cette coquille est d'un fauve verdâtre. Il est rude au toucher et comme écailleux. L'ouverture est
assez régulièrement ovalaire, les bords en sont épaissis, continus,
d'un jaune orangé, et garnis à l'intérieur d'un bourrelet assez
épais, sur lequel s'appuie l'opercule qui ne peut franchir cette
limite. L'opercule est calcaire ; fort épais dans les vieux individus,
et d'une couleur orangé, roussâtre vers le centre. Cette espèce a 58
millim. de long et 53 de large.

† 16. **Ampullaire papyracée.** *Ampullaria papyracea.* Spix.

*A. testâ ovato-globosâ, tenuissimâ, longitudinaliter subtilissime stria-
tâ; nigro-fuscâ; umbilico angusto, longitudinali; aperturâ nigrâ.*

Spix. Test. Bras. p. 3. n° 4. pl. 4. f. 1. 2.

Wagn. Suppl. à Chemn. p. 194. pl. 237. f. 4148.

Habite les eaux douces des environs de Bahia et de Fernambouc.
Espèce bien distincte, mince, fragile, globuleuse, à spire courte,
formée de cinq à six tours convexes. Toute la coquille offre des
stries longitudinales fines et rapprochées, coupées à des distances
assez grandes par des stries transverses peu apparentes; l'ombilic
est une fente étroite longitudinale, en partie recouverte par le
bord gauche. L'ouverture est grande, ovale, allongée, rétrécie à
son extrémité postérieure; elle est noire en dedans; en dehors, la
coquille est presque de la même couleur; quelquefois, sur le dernier tour on aperçoit une zone assez large plus pâle.

† 17. **Ampullaire polie.** *Ampullaria polita.* Desh.

*A. testâ ovato-ventricosâ, tenui, politâ, virescente; spirâ produc-
tiusculâ, apice obtusâ; aperturâ ovali, purpurascente; umbilico
minimo.*

Ampullaria virescens. Desh. Dict. class. d'hist. nat. 5e liv. de planches. f. 2.

Ampullaria polita. Desh. Encyc. méth. Vers. t. 2. p. 31. n 8.

Habite . . . . Belle espèce d'Ampullaire ovale-globuleuse, bien reconnaissable par sa spire, en proportion plus allongée que dans
ses congénères. Cette spire, obtuse au sommet, se compose de six
ou sept tours convexes, dont les premiers sont d'un brun foncé,
et les derniers revêtus d'un épiderme d'un brun verdâtre, lisse,
et poli, le plus ordinairement sans aucune trace de fascies longitudinales, quelquefois marquée vers la base du dernier tour de
deux ou trois fascies transverses d'un vert un peu plus obscur.
L'ouverture est grande, dilatée, ovale-oblongue, d'un brun rougeâtre en dedans; le bord droit est épaissi à l'intérieur, d'un brun
assez foncé dans sa partie la plus extérieure, et garni d'une zone
épaisse à l'intérieur; le bord columellaire laisse derrière lui une
petite fente ombilicale; il est d'un jaune orangé assez foncé dans
toute son étendue. Cette belle espèce, rare dans les collections,
à 72 millim. de long et 57 de large.

† 18. **Ampullaire de Célèbes.** *Ampullaria celebensis.* Quoy.

A. testâ ovato-globulosâ, lævi politâ, apice obtusâ, fusco-viridi,

*basī perforatá, transversim obsolete, fusco-fasciatá ; aperturá ova-
to-oblongá, intùs saturate fuscá, in ambitu albicante ; operculo
calcareo, intùs roseo.*

Quoy et Gaim. Voy. de l'*Astr.* pl. 57. f. 1. 2. 3. 4.

Habite. Les îles Célèbes (Quoy). Espèce bien distincte, qui a des rapports avec l'*Ampullaria ampullacea.* Elle est ovale-globuleuse
très ventrue, à spire courte et pointue, mais souvent rongée au
sommet ; ces tours, au nombre de cinq, sont étroits et peu convexes, le dernier, très grand, se rétrécit sensiblement vers la base,
ce qui donne à la coquille une forme un peu pyrulée. La surface
extérieure est revêtue d'un épiderme d'un brun verdâtre, foncé,
lisse et poli, sous lequel on aperçoit un grand nombre de zones
transverses, inégales, d'un brun un peu plus intense. L'ouverture est ovale-oblongue, son bord épaissi, est d'un blanc grisâtre,
ou d'un blanc jaunâtre. Elle est d'un brun très foncé à l'intérieur.
La columelle est épaisse, et laisse apercevoir derrière elle une
fente ombilicale, étroite. L'opercule est calcaire, strié concentri-
quement à l'extérieur, lisse en dedans, et d'un brun rouge ou violacé. Cette coquille a 65 mill. de long et 58 de large.

† 19. Ampullaire ovale. *Ampullaria avata.* Oliv.

*A. testá ovato-globulosá, tenui, irregulariter substriatá, apice ero-
sá, castaneo-virente ; aperturá magná, marginibus acutis, intùs
albido rufis ; umbilico minimo, obliquo.*

Olivier Voy. au Lev. t. 2. p. 38. pl. 34. f. 1.

Férus. Syst. Conch. p. 68. n° 4.

Caillaud. Voy. à Méroé. t. 2. pl. 60. f. 10.

Férus. Dict. class. d'hist. nat. t. 1. p. 304.

Desh. Encycl. méth. Vers. t. 2. p. 31. n° 6.

Habite les rivières de l'Egypte et de Turquie. Cette espèce se rencontre très abondamment, et c'est elle dont M. Caillaud nous a
communiqué l'animal vivant. Cette coquille est assez variable dans
sa forme et dans son volume. Elle est ovale-globuleuse : sa spire
obtuse est composée de sept tours étroits, convexes, et presque
toujours couverte de stries longitudinales obsolètes. Le dernier
tour, très globuleux, est percé à la base d'un ombilic oblique assez large, et que l'on voit se rétrécir dans certains individus, réduite alors à une simple fente ombilicale. L'ouverture est grande,
ovale-oblongue, d'un brun assez foncé vers la base, couleur sur laquelle se montrent assez souvent des fascies transverses d'un brun
plus intense. La couleur brune disparaît insensiblement vers l'angle supérieur de l'ouverture. Les bords sont minces, tranchans et

de couleur blanc jaunâtre. Toute la coquille est revêtue d'un épiderme d'un brun fauve, plus ou moins foncé. Les grands individus ont jusqu'à 70 mill. de long et 65 millim. de large.

† 20. Ampullaire zonale. *Ampullaria zonata*. Wagn.

A. testá ventricoso-globosá, longitudinaliter tenuissime striatá, albá sub epidermide olivaceo, fasciis nigrescentibus cinctá ; aperturá albá, transversim fasciatá ; margine interiore nigro cincto.

Wagn. dans Spix. Test. bras. p. 1. pl. 2. f. 1. 2.

Habite dans les ruisseaux des forêts de la province de Bahia au Brésil. Cette espèce est presque aussi grande que l'Ampullaire géante, elle a à-peu-près la même forme, la suture n'est pas caniculée. Le dernier tour est très grand, et percé à la base d'un ombilic médiocre, en petite partie caché par le bord gauche. Toute la surface couverte d'un épiderme mince, verdâtre, sous lequel on voit des zones d'un brun noirâtre, inégales. L'ouverture est très ample, blanche en dedans, le peu d'épaisseur du test permet de voir dans son intérieur les zones de l'extérieur. Cette coquille a plus de 4 pouces de longueur.

† Ampullaire douteuse. *Ampullaria dubia*. Guild.

A. corpore flavescente, fuliginoso marmorato; siphone respiratorio flavo, atro irregulariter fasciato soleá lividá.

Testá olivaceo-viridi, fasciatá, fasciis obscuro-purpureis, latis; spirá rufescente, brevi; aperturá pallidè croceá, nebulá livido-purpureá suffusá; operculo supernè fusco, infernè castaneo intente.

Guilding. Zool. Journ. t. 3. p. 359. pl. Supp. 27. f. 7. 8.

Habite fréquemment dans les fleuves de l'Amérique équinoxiale. Coquille qui, par sa forme, se rapproche des moyens individus de l'*Ampullaria fasciata* de Lamarck. Elle est globuleuse, lisse, couverte d'un épiderme d'un brun verdâtre, sous lequel on aperçoit les fascies transverses d'un brun assez foncé, assez larges et régulières. Les premiers tours sont étroits, d'un jaune safrané; l'ouverture est ovale-oblongue, son bord est orangé, d'un jaune livide à l'intérieur, évasé à la base et renversé en dehors. L'opercule corné et de couleur brune. L'individu, figuré par M. Guilding a 60 mill. de long.

† 22. Ampullaire cyclostôme. *Ampullaria cyclostoma*. Spix.

A. testá orbiculato-ventricosá, crassá, late umbilicatá; epidermide fusco-olivaceá, fasciis pupureofuscis cincltá; spirá brevi; aperturá ovatá, albá, transversim fasciatá.

Spix. Test. Bras. p. 4. n° 7. pl. 4. fig. 5.

Habite le Brésil. Celle-ci a beaucoup de ressemblance avec l'*Ampullaria effusa*. Elle se distingue cependant en ce qu'elle reste toujours plus petite en proportion plus épaisse; son ombilic est plus étroit; la spire est courte; le dernier tour est plus large que la coquille n'est haute; la surface est lisse, recouverte d'un épiderme fort mince, d'un vert noirâtre, peu foncé, au-dessous duquel on voit un petit nombre de zones étroites, d'un brun rougeâtre, transverses, et que l'on aperçoit par transparence dans l'ouverture.

† 23. Ampullaire treillisée. *Ampullaria decussata.* Moric.

A. testá globosá, subsphæricá, crassá, striis longitudinalibus et transversis decussatá, atroviridi, aurantio-fulvá obscure zonatá; spirá brevi apice erosá; anfractibus convexis ultimo basi perforáto; aperturá ovatá, intus aurantiá, fusco nigrescente multi zonatá.

Moric. Mém. de Genève. t. 7. p. 445, n° 53. pl. 2. fig. 26—27.

Habite le Brésil dans les eaux douces. Espèce globuleuse, à spire courte, treillissé par des stries longitudinales et transverses, assez régulières; le dernier tour est très grand, percé à la base d'un ombilic assez large; la couleur de la coquille est d'un vert brunâtre ou noirâtre, interrompu par quelques zones d'un jaune orangé obscur; l'ouverture est ovale; le bord gauche est toujours orangé, le droit est souvent de la même couleur, orné d'un grand nombre de zones transverses, brunes ou d'un violet noirâtre, quelquefois elle est uniformément de cette dernière couleur. Cette coquille a 3o millim. dans ses deux diamètres.

† 24. Ampullaire linéolée. *Ampullaria lineata.* Wagn.

A. testá ovato-globosá, olivaceo-virente fasciis obscure purpureis ornatá; spirá elongatá; umbilico mediocri; aperturá albá vel lutescente intùs transversim fasciatá; labro incrassato.

Ampullaria fasciata. Swain. Zool. illus. t. 2. pl. 103.

Ampullaria lineata. Wagn. dans Spix. Test. Bras. p. 3. n° 6. pl. 4. fig. 4. pl. 5. fig. 2.

Habite les eaux douces de la province de Bahia. Il était nécessaire de changer le nom donné à cette espèce par Swainson, parce que, avant lui, Lamarck avait imposé le même nom à une autre espèce du même genre. Cette coquille est globuleuse, à spire médiocrement longue, composée de six tours convexes, dont les derniers s'aplatissent sensiblement à leur partie supérieure; la base est percée d'un ombilic assez étroit, en partie recouvert par le renversement du bord gauche; l'ouverture est grande, dilatée, régulièrement ovale, blanche ou jaunâtre, ayant les bords épaissis dans les vieux individus; la surface de la coquille est lisse, revêtue d'un épiderme d'un brun rougeâtre peu foncé, sous lequel on aperçoit un grand nombre de zones étroites, inégales, brunes ou d'un brun rougeâtre foncé; l'opercule est corné, fort mince, et d'un beau noir brillant.

† 25. Ampullaire épaisse. *Ampullaria crassa.* Swain.

A. testâ oblongo-globosâ, crassâ, epidermide lateo-virescente, fasciis transversis viridibus cinctâ, subtilissime striatâ; umbilico nullo vil angustissimo; aperturâ albidâ, rotundato-ovatâ, labro crasso.

Swains. Illustr. Zool. t. 3. pl. 136.
Wagn. dans Spix. Test. Bras. p. 4. no 8. pl. 5. fig. 1–3–4.
Ampullaria Olivieri. Desh. Encycl. méth. Vers. t. 2. p. 31. n° 7.
Wagn. Suppl. à Chemn. p. 195. pl. 237. fig. 4149.

Habite le Brésil dans les eaux douces de la province de Bahia. Lorsque nous avons décrit cette espèce sous le nom d'*Ampullaria Olivieri*, nous ne connaissions pas l'ouvrage de Swainson, et nous établissons ici la synonymie pour réparer cette erreur. Cette coquille a sa spire plus allongée que dans la plupart des autres espèces du même genre; les tours sont convexes; le test est épais, couvert d'un épiderme d'un vert jaunâtre, sous lequel on voit très distinctement cinq ou six zones brunes ou d'un vert très foncé, transverses et inégales; vue à la loupe, toute la surface extérieure offre des stries transverses extrêmement fines, très rapprochées comme tremblées ou plutôt guillochées; l'ouverture est ovale, obronde; les bords sont épais, blancs ou jaunâtres; l'ombilic n'existe pas ou l'on ne trouve à la base qu'une fente fort étroite.

† 26. Ampullaire de Sinamari. *Ampullaria sinamarina.* Desh.

A. testâ ovato-ventricosâ, crassâ, solidâ, fuscâ, apice obtusâ, transversim striatâ; anfractibus convexis, decussatim striatis, ultimo maximo, imperforato; aperturâ magnâ, ovatâ, albâ, superne angulatâ.

Bulimus sinamarinus. Brug. Journ. d'Hist. nat. t. 1. p. 342. pl. 18. fig. 2–3.

Habite la rivière Sinamari dans la Guyane française (Brug.) Espèce ovale ventrue, à spire courte et obtuse, composée de quatre tours étroits et convexes; le dernier, très grand, est globuleux; toute la coquille est d'un beau brun verdâtre; la surface extérieure est couverte de stries transverses fines, onduleuses, treillissées à la partie supérieure des tours par l'entrecroisement des stries longitudinales ; l'ouverture est d'un beau blanc laiteux, ovale obronde, dila-tée dans le milieu; son bord droit, épaissi en dedans, est mince et tranchant à son extrémité; la columelle est très arquée, solide, et ne laisse apercevoir aucune trace de fente ombilicale : elle est blanche comme le reste de l'ouverture; à son extrémité posté-rieure, l'ouverture se termine par un angle plus aigu et plus étroit que dans les autres espèces du même genre. Cette coquille a 55 millim. de long et 48 de large.

† **27. Ampullaire oviforme.** *Ampullaria oviformis.* Desh.

A. testá ovato-globosá, fusco virescente, longitudinaliter transversim-que tenuissimè striatá; striis minutissimè granulosis; anfractibus convexis, angustis ultimo basi producto, imperforato; aperturá ovato oblongá, fusco–nebulatá; columellá crassá, vix arcuatá.

Desh. Encycl. méth. Vers. t. 2. p. 34. n° 15.

Habite Cayenne. L'Ampullaire oviforme a beaucoup de rapports avec celle de Sinamari, peut-être même n'en est-ce qu'une forte variété. Mais obligé de juger de l'espèce de Bruguière d'après la figure et la description, nous conservons la nôtre, à cause des dif-férences que nous apercevons ; elle est ovale-oblongue, obtuse au sommet ; les tours, au nombre de quatre ou cinq, sont étroits et convexes; le dernier tour est très grand, globuleux, plus rétréci et plus allongé vers la base que dans la plupart des espèces ; cette base ne présente ni ombilic, ni fente ombilicale ; la surface exté-rieure, d'un vert brunâtre, semble lisse; mais examinée à un gros-sissement suffisant, on la trouve couverte de fines stries longitudi-nales, traversée par des stries transverses, non moins fines, sur lesquelles se relèvent des granulations extrêmement petites; l'ou-verture est ovale-oblongue, étroite, d'un brun blanchâtre; le bord droit est mince et tranchant; la columelle est épaisse, arrondie, so-lide, et d'un blanc brunâtre. Cette coquille est longue de 5o mill. et large de 39.

Espèces fossiles.

1. Ampullaire pygmée. *Ampullaria pygmœa.* Lamk.

A. testá ventricosá, discoideo-globosá, lævi, básï umbilicatá; aper-turá elongatá.

Ampullaria pygmœa. Ann. t. 5. p. 3o. n° 1 et t. 8. pl. 61. f. 6.

* Def. Dict. des sc. nat. t. 20. p. 446.
* Desh. Desc. des Coq. foss. t. 2. p. 141. pl. 17. f. 15. 16.
* *Id.* Encycl. méth. Vers. t. 2. p. 30. no 3.

Habite.... Fossile de Chaumont. Cabinet de M. *Defrance.* Coquille sénestre mince, fort petite, ayant à peine 2 millimètres de largeur sur une longueur un peu moindre. Spire très obtuse; ouverture prolongée inférieurement.

2. Ampullaire enfoncée. *Ampullaria excavata.* Lamk. (1)

A. testâ ventricosâ, subglobosâ, lævi; columellâ sinuoso-cavâ, perforatâ.

Ampullaria excavata. Ann. ibid. p. 31. n° 2.

Habite.... Fossile de Grignon. Cabinet de M. *Defrance.* Je rapporte avec doute à ce genre une coquille fort singulière par l'enfoncement sinueux de sa base, et qui d'ailleurs ressemble presque à une petite Hélice. Elle est très ventrue, un peu globuleuse, lisse en sa superficie, n'offre que quatre tours, et n'a que 6 à 7 millimètres de largeur.

3. Ampullaire conique. *Ampullaria conica.* Lamk.

A. testâ ovato-conicâ; anfractibus lævibus, convexis; umbilico semi-tecto.

Ampullaria conica. Ann. du mus. t. 5. p. 30.
* Def. Dict. des sc. nat. t. 20. p. 446.
* Desh. Desc. des Coq. foss. t. 2. pl. 17. f. 7. 8.

Habite. . . . Fossile de Betz. Cabinet de M. *Defrance.* Cette coquille serait un Bulime si l'avant-dernier tour formait une saillie dans l'ouverture. Elle est ovale-conique, à tour inférieur ventru, ayant un ombilic à demi recouvert. Spire composée de six ou sept tours. Longueur, 31 à 32 millimètres.

4. Ampullaire pointue. *Ampullaria acuta.* Lamk.

A. testâ ventricosâ, lævi; spirâ brevi, acutâ; umbilico semitecto.
Ampullaria acuta. Ann. ibid. n° 4.

Habite.... Fossile de Courtagnon et de Grignon. Mon cabinet. Coquille ventrue, lisse, à spire peu élevée et pointue, composée de

-----

(1) Cette espèce, comme nous l'avons dit dans notre ouvrage sur les coquilles fossiles des environs de Paris, ne peut rester dans les catalogues; on la produit à volonté en cassant la columelle des jeunes *Natica epiglottina.*

huit tours. Ouverture oblongue, un peu oblique, à bord inférieur déprimé et presque réfléchi. Ombilic en partie recouvert et quelquefois totalement. Longueur, 3 centimètres sur 25 millimètres de largeur.

5. Ampullaire acuminée. *Ampullaria acuminata.* Lamk.

A. testâ basi ventricosâ, lævi; spirâ elongato-acuminatâ ; umbilico tecto.

Ampullaria acuminata. Ann. du mus. t. 5. p. 30. n° 5 et t. 8. pl. 61. fig. 4.

* Def. Dict. des sc. nat. t. 20. p. 446.

Desh. Desc. des Coq. foss. t. 2. p. 142. pl. 17. f. 9. 10.

* *Id.* Encyc. méth. Vers. t. 2. p. 35. n° 18.

Habite.... Fossile de Grignon. Cabinet de M. *Defrance.* Quoique celle-ci ait avec la précédente les plus grands rapports, elle en paraît suffisamment distincte par sa spire élevée, acuminée, composée de huit à neuf tours dont l'inférieur est très ventru. L'ombilic est entièrement ou presque entièrement recouvert. Cette Ampullaire est moins grosse que celle qui précède, proportionnellement à sa longueur.

6. Ampullaire à rampe. *Ampullaria spirata.* Lamk.

A. testâ subventricosâ; spirâ brevi, acutâ; anfractuum margine superiore depresso.

Ampullaria spirata. Ann. du Mus. t. 5. p. 30. n° 6. et t. 8. pl. 61. fig. 7.

* Def. Dict. des Sc. nat. t. 20. p. 446.

* Desh. Desc. des Coq. foss. t. 2. p. 142. pl. 16. fig. 10-11.

* *Id.* Encycl. méth. Vers. t. 2. p. 35. n° 17.

* *Ampullaria spirata.* Brong. Vicent. p. 58.

Habite... Fossile de Grignon. Mon cabinet et celui de M. *Defrance.* On pourrait soupçonner cette Ampullaire de n'être qu'une variété de l'espèce citée au n° 4; néanmoins, comme elle est assez commune, tous les individus s'en distinguent facilement par l'aplatissement du bord supérieur de chaque tour, qui forme une rampe spirale autour de la spire. Cette coquille est d'ailleurs plus petite que l'*A. acuta.* Son ombilic est pareillement à demi recouvert.

7. Ampullaire déprimée. *Ampullaria depressa.* Lamk. (1)

A. testâ globosâ, subumbilicatâ; anfractuum margine superiore convexo, vix canaliculato; columellâ infernè depressâ.

---

(1) Cette espèce et les suivantes sont pour nous 'de véri-

Ampullaria depressa. Ann. du Mus. t. 5. p. 32 n° 7.

* *Natica depressa.* Desh. Desc. des Coq. foss. t. 2. p. 174. pl. 20. fig. 12-13.

* Sow. Genera of shells. pl. de Paludines. fig. 6.

* *Ampullaria depressa.* Brong. Vicent. p. 58.

Habite... Fossile de Grignon. Mon cabinet et celui de M. *Defrance.* Coquille globuleuse, remarquable par la dépression de la base de sa columelle et du bord droit de son ouverture. Spire courte, un peu pointue, composée de six ou sept tours. Ombilic demi ouvert, excepté dans une variété, où il est recouvert presque entièrement. Longueur, 3 centimètres; largeur, 26 ou 27 millim.

8. Ampullaire canalifère. *Ampullaria canalifera.* Lamk.

A. *testá globosá umbilicatá; spirá brevi, canaliculatá; sulco spirali umbilicum ambiente.*

Ampullaria canaliculata. Ann. du Mus. t. 5. p. 32. n° 8.

* *Natica canaliculata.* Desh. Desc. des Coq. foss. t. 2. p. 170. pl. 21. fig. 9-10.

Habite... Fossile de Grignon. Mon cabinet et celui de M. *Defrance.* Coquille peu épaisse, à spire bien canaliculée entre ses tours; point d'aplatissement à la base de la columelle. Un centimètre, soit de longueur, soit de largeur.

9. Ampullaire ouverte. *Ampullaria patula.* Lamk.

A. *testá ventricosá, umbilicatá; spirá brevi; sulco umbilici obtecto; labro amplo, subauriculato.*

Helix mutabilis. Brand. Foss. Hant. Var. n° 57. t. 4. fig. 57.

Ampullaria patula. Lamck. Ann. du Mus. t. 5. p. 32.

* *Natica patula.* Desh. Des. des Coq. foss. t. 2. p. 169. pl. 21. fig. 3-4.

* *Ampullaria patula.* Sow. Min. Conch. pl. 284. fig. 4-5.

Habite... Fossile de Grignon. Mon cabinet et celui de M. *Defrance.* Coquille lisse, très ventrue, à spire pointue et fort courte. Ouverture fort ample; bord droit ouvert presque en forme d'oreille. Longueur, 4 centimètres; largeur pareille.

---

tables Natices. En traitant des genres Natice et Ampullaire, nous avons dit précédemment par quels motifs nous avions une opinion différente de celle de Lamarck au sujet de ces espèces fossiles.

10. Ampullaire sigarétine. *Ampullaria sigaretina.* Lamk.

> *A. testâ ventricosâ, imperforatâ; spirâ brevi; labro amplo, auriculato.*

> *Ampullariâ sigaretina.* Ann. du Mus. t. 5. p. 32. n° 10. et t. 8. pl. 6. fig. 1.

> * *Natica sigaretina.* Desh. Desc. des Coq. foss. t. 2. p. 170. pl. 21. fig. 5–6.

> * *Ampullaria sigaretina.* Sow. Min. Conch. pl. 384. fig. 6–7.

> Habite... Fossile de Grignon. Mon cabinet et celui de M. *Defrance.* Cette espece est aussi commune à Grignon que la précédente, de même dimension, et lui ressemble à tant d'égards qu'on pourrait la regarder comme n'en étant qu'une variété; car elle n'en diffère que parce qu'elle manque entièrement d'ombilic. Mais le défaut constant de ce dernier dans les plus jeunes individus nous autorise à la présenter comme espèce.

11. Ampullaire crassatine. *Ampullaria crassatina.* Lamk.

> *A. testâ ventricoso-globosâ, crassâ, imperforatâ; spirâ canaliculatâ; columellâ basi effusâ.*

> *Ampullaria crassatina.* Ann. du Mus. t. 5. p. 33. n_0 11. et t. 8. pl. 61. fig. 8.

> * *Ampullaria crassatina.* Def. Dict. Sc. nat. t. 20. p. 447.

> * *Natica crassatina.* Desh. Desc. des Coq. foss. t. 2. p. 171. pl. 20. fig. 1-2.

> Habite... Fossile de Pontchartrain. Cabinet de M. *Defrance.* Très belle et très singulière coquille qui, peut-être avec la suivante, devrait être considérée comme appartenant à un genre particulier. Elle est grosse, très ventrue, presque globuleuse, à test épais, et à spire courte, conique, composée de sept tours.. On ne lui voit aucun ombilic, mais l'épaisseur de la coquille en cet endroit indique qu'il a pu en exister un. La columelle offre à sa base une courbure et un évasement qui semblent rapprocher cette coquille des Mélanies. En outre, le bord droit de l'ouverture, avant de s'appuyer sur l'avant-dernier tour, se replie en baissant, ce qui rend la spire canaliculée. Longueur, environ 8 centimètres; largeur pareille.

12. Ampullaire hybride. *Ampullaria hybrida.* Lamk.

> *A. testâ ovato-ventricosâ, imperforatâ, lœvi; anfractuum margine superiore canali complanato; columellâ basi effusâ.*

> *Ampullaria hybrida.* Ann. du Mus. t. 5. p. 33. n° 12.

> * *Natica hybrida.* Desh. Desc. des Coq. foss. t. 2. p. 172. pl. 19. fig. 7–8.

Habite... Fossile de Betz. Cabinet de M. *Defrance.* Elle a de très grands rapports avec la précédente, et est nécessairement du même genre. Mais je doute fort qu'elle soit bien placée parmi les Ampullaires. Spire conique, composée de six ou sept tours, dont le bord supérieur forme un canal un peu enfoncé, mais aplati. La courbure et l'évasement de la base de la columelle sont comme dans l'espèce ci-dessus. On voit qu'elle n'a jamais eu d'ombilic. Longueur, 34 millim.; largeur, 26.

† 13. Ampullaire scalariforme. *Ampullaria scalariformis.* Desh.

A. testá ovato-conicá, magná, spirá exertá; anfractibus duodecim, primis convexis, alteris superne angulatis, spiratis; aperturá ovatá; umbilico obtecto; columellá bipartitá

Desh. Desc. des Coq. foss. t. 2. p. 138. pl. 16. fig. 8-9.

Id. Encycl. méth. Vers. t. 2. p. 34. nᵒ 16.

Habite... Fossile à Parnes. Grande et belle espèce l'une des plus rares des environs de Paris; elle est ovale, conique, à spire pointue, formée de douze tours réguliers, dont les premiers sont convexes, et les derniers plus aplatis, mais carénés au pourtour et suivis supérieurement d'une rampe aplatie, limitée en dehors par la carène; le dernier tour forme la moitié de la longueur, il est très convexe, l'ouverture est sub-ovale sensiblement évasée à la base; le bord droit est mince et tranchant; le plan de l'ouverture suit la direction de celui de l'axe longitudinal; le bord gauche est appliqué dans toute son étendue; il se renverse à la base, s'épaissit et cache l'ombilic; le test de cette coquille est assez mince pour sa taille. Les grands individus ont 13 centimètres de longueur, environ cinq pouces.

† 14. Ampullaire pesante. *Ampullaria ponderosa.* Desh.

A. testá ovato-ventricosá, crassá, ponderosá, transversim substriatá; spirá brevi, acutá; anfractibus angustis, convexis suturá profundá separatis; aperturá ovato-acutá, basi effusá; umbilico mediocri, aperto.

Desh. Desc. des Coq. foss. t. 2. p. 140. nᵒ 5. pl. 17. fig. 13-14.

Id. Encycl. méth. Vers. t. 2. p. 32. nₒ 11.

Habite... Fossile aux environs de Paris à Monneville. Coquille ovale, subglobuleuse, épaisse, pesante, à spire courte et pointue, composée de huit à neuf tours étroits, très convexes, et dont la suture forme un petit canal linéaire; la surface extérieure est presque lisse; on y aperçoit quelques stries transverses obsolètes, et des stries d'accroissement ; le dernier tour très ventru, offre des accroissemens irréguliers; l'ouverture est médiocre, rétrécie et anguleuse postérieurement, arrondie et dilatée antérieurement; son bord droit est tranchant, mais subitement épaissi à l'intérieur; il offre, vers le milieu de sa longueur, une sinuosité semblable à celle des Ampullaires vivantes ; l'ombilic est en fente, il est étroit et en partie caché par le bord gauche. Cette coquille a 5o millim. de longueur, et 4o de large.

† 15. **Ampullaire de Willemet.** *Ampullaria Willemeti.* **Desh.**

A. testâ ovato-ventricosâ, lævigatâ, spirâ brevi, acutâ; anfractibus angustis, convexis, suturâ profondâ, subcanaliculatâ separatis; aperturâ ovatâ, magnâ, basi effusâ; umbilico minimo.

Desh. Desc. des Coq. foss. t. 2. p. 140. pl. 17. fig. 11–12.

Id. Encycl. méth. Vers. t. 2. p. 33. no 12.

Habite... Fossile aux environs de Paris, à Mouchy, Parnes, Damerie, Courtagnon, Senlis, Montmirail. Celle-ci a beaucoup de rapports avec l'*Ampullaria ponderosa*. Elle est plus mince, plus petite, toute lisse, brillante; sa spire est pointue, courte, et le dernier tour est très globuleux; les tours sont étroits, très convexes; leur suture est enfoncée, subcanaliculée ; l'ouverture est ovale; le bord droit est mince et tranchant, à peine sinueux; l'ombilic est en fente très étroite, à peine caché par le bord gauche. Les grands individus ont 35 millim. de longueur.

† 16. **Ampullaire à gouttière.** *Ampullaria ambulacrum.* **Sow.**

A. testâ globosâ, ampullaceâ basi profunde perforatâ, lævigatâ; spirâ brevi acutâ; anfractibus angustis, superne ad suturam, canaliculatis; aperturâ magnâ, regulariter ovatâ, perpendiculari; labro tenui, simplici.

Sow. Min. Conch. pl. 372.

Habite... Fossile dans les terrains tertiaires des environs de Londres. Cette espèce est bien distincte de toutes celles que nous connaissons; nous la plaçons dans le genre Ampullaire, parce que le plan de l'ouverture est perpendiculaire et non oblique, comme dans les Natices. La coquille est globuleuse, très ventrue, lisse, percée à la base d'un ombilic arrondi, simple et profond; la spire est courte et conique; les tours sont très convexes et séparés entre eux par une suture canaliculée, profonde et très régulière; l'ouverture est

ovale oblongue, et son extrémité postérieure est presque aussi arrondie que l'antérieure. Les grands individus ont 35 millim. de
longueur, et presque autant de largeur.

LES NÉRITACÉS.

*Trachélipodes operculés, les uns fluviatiles, les autres
marins.*
*Coquille fluviatile ou marine, semi-globuleuse ou ovale apla-
tie, sans columelle, et dont le bord gauche de l'ouverture imite une demi-cloison.*

Cette famille est remarquable par la forme particulière
des coquilles qui s'y rapportent; car toutes offrent cette
singularité, qui est d'avoir le bord gauche tranchant, transverse, et imitant une demi-cloison, sans présenter la moindre apparence de columelle. Les unes sont dépourvues
d'ombilic, tandis que les autres en offrent un, tantôt ouvert, mais ayant une callosité plus ou moins grosse, et tantôt caché, étant recouvert d'une callosité considérable.
Toutes ces coquilles, soit celles qui n'ont point d'ombilic,
soit celles qui en possèdent un, sont munies d'un opercule qui s'articule avec leur demi-cloison. Les unes sont
fluviatiles et les autres marines. Je rapporte aux premières
les genres *Navicelle* et *Néritine*, et aux secondes, les genres
Nérite et *Natice*.

[La plupart des auteurs de conchyliologie ont rejeté la
famille des Néritacées de Lamarck, et ont diversement ré-
parti les genres qu'elle renferme, plutôt d'après des idées
conçues *à priori*, qu'en se fondant sur des observations
suffisantes et bien faites. C'est ainsi que plusieurs auteurs
ont éloigné les Navicelles, les Nérites et les Néritines, malgré les rapports évidens qui existent entre ces genres;

c'est ainsi que Cuvier lui-même, à l'exemple de Férussac a toujours maintenu le genre dont il s'agit, dans le voisinage des Crépidules.

Composée de quatre genres, la famille des Néritacées, devra subir par la suite quelques changemens importans. Aujourd'hui que l'animal des Navicelles est bien connu, les rapports de ce genre avec les Néritines sont incontestablement établis ; mais les Néritines elles-mêmes doivent-elles constituer un genre différent des Nérites ? Nous ne le pensons pas, et nous sommes conduit à la fusion des deux genres par des motifs d'une valeur égale à ceux qui nous ont guidé précédemment dans des discussions semblables. Nous avons deux moyens : la ressemblance des animaux d'abord, prouvée d'une manière irrévocable par les travaux de MM. Quoy et Gaimard, et les passages insensibles qui se montrent entre les coquilles. Il n'est point en effet un seul caractère de l'un des genres que l'on ne retrouve aussi dans l'autre. Ainsi, dans les Nérites fluviatiles et marines, on trouve les coquilles de forme semblable, des espèces qui sont également épidermées, d'autres qui sont lisses ou tuberculeuses, et quant aux caractères plus importans de la columelle ; on observe également, parmi les espèces fluviatiles des coquilles qui ont des caractères tout-à-fait identiques. Nous ne prétendons pas, par ce que nous venons de dire, qu'il est absolument impossible de distinguer les espèces d'eau douce de celles qui sont marines. On les reconnaît toujours, par cet ensemble de caractères remarquables qui impriment un cachet tout particulier aux mollusques des coquilles d'eau douce. Mais ces caractères sont-ils suffisans pour l'établissement de bons genres ? C'est là une question sur laquelle les zoologistes ne sont point encore d'accord. Pour nous qui voudrions voir s'introduire dans la conchyliologie des genres représentant des degrés égaux dans l'organisation, nous ne trouvons pas suffisans les caractères artificiels qui ont servi à l'établissement du genre Néritine; et dans une méthode qui serait la nôtre, nous formerions des Néritines, une section dans le grand genre Nérite.

Une des objections qui avaient porté quelques zoologistes à éloigner les Navicelles des Néritimes, c'est que les rapports entre les coquilles des deux genres, quand on n'en a sous les yeux qu'un petit nombre d'espèces, paraissent en effet assez éloignés. Mais ces rapports s'établissent maintenant de la manière la plus évidente par deux moyens. D'abord par plusieurs espèces de Néritines, dont les coquilles subpatéloïdes ont infiniment de ressemblance avec celles des Navicelles; et ensuite par un petit genre nouvellement établi par M. Sowerby, sous le nom de *Piléole*, genre qui, par ses caractères, lie les Navicelles aux Néritines, par l'intermédiaire d'une espèce remarquable dont Montfort a fait son genre *Velate*. De cet ensemble de faits, il résulte pour nous que les trois genres : Navicelle, Piléole et Nérite, ont des rapports si intimes qu'ils doivent toujours rester dans une seule et même famille. Il nous reste maintenant à examiner si le genre Natice, que Lamarck a joint à la famille des Néritacés, doit y être maintenu.

Si l'on compare les coquilles du genre Natice avec celle du genre Nérite, on verra bien qu'il existe entre elles une certaine analogie dans la forme générale et surtout dans la position transverse et en demi-cloison de la columelle; on aperçoit aussi bientôt un grand nombre de caractères propres à séparer les deux genres, et qui semblent indiquer des différences profondes dans l'organisation des animaux, et c'est en effet ce qui a lieu, et pour s'en convaincre facilement, il suffit de mettre en regard les planches qui dans l'ouvrage de MM. Quoy et Gaimard, représentent les animaux des deux genres. Si nous voulions pousser les investigations anatomiques, aussi loin que cela est nécessaire pour décider définitivement la question, nous serions bientôt assuré que ces différences extérieures ne sont que la traduction superficielle de différences profondes dans l'organisation. Si, après des investigations scrupuleuses sur les Natices, nous cherchons leurs véritables rapports, nous les transporterions plutôt dans la famille des Cryptostomes et dans celle des Sigarets, avec lesquels elle se lient par des nuances insensibles. On voit particulièrement entre les Natices et les Cryptostomes, une série fort remarquable de modifications qui servent à démontrer toute l'analogie qu'il y a entre ces genres. Des modifications analogues ne se montrent pas entre les Nérites et les Natices, et nous sommes conduit par là aux changemens que nous indiquons. Nous nous bornons, quant à présent à ces indications générales nous proposant de donner d'autres détails en traitant chaque genre en particulier. Il existe encore un genre que quelques personnes ont pensé convenable de rattacher à la famille des Néritacés. C'est le genre nommé Vanikoro par M. Quoy, et Néritopsis par M. Sowerby; mais ce genre, par les caractères de l'animal, se rapprocherait beaucoup plus des Vélutines que des Natices et des Nérites, et en conséquence nous ne pouvons l'admettre dans la famille des Néritacés.

NAVICELLE. (Navicella.)

Coquille elliptique ou oblongue, convexe en dessus, avec un sommet droit, abaissé jusqu'au bord, et concave en dessous. Le bord gauche aplati, tranchant, étroit, édenté, presque en demi-cloison. Un opercule solide, aplati, muni d'une dent subulée et latérale.

Testa elliptica vel oblonga, supernè convexa, subtùs

concava; spirâ rectâ, ad marginem usque inflexâ. Labium complanatum, acutum, angustum, edentulum, transversum. Operculum solidum, planum, dente laterali et acuto instructum.

[Animal ovale, oblong, peu épais, rampant sur un pied large, occupant toute la face inférieure, et soudé à la masse viscérale par son extrémité, une solution de continuité entre la masse viscérale et le milieu du pied, occupée par un opercule calcaire ; tête peu saillante, très large, portant antérieurement un voile tentaculaire buccale, auriculé et deux grands tentacules subulés, non rétractiles, à la base externe desquels il y a une autre paire de tentacules courts, tronqués et oculés à la troncature.

Opercule calcaire caché entre le pied et la masse des viscères ; il est quadrangulaire, mince, subrayonné et pourvu d'une apophyse latérale très pointue.]

OBSERVATIONS.—Les *Navicelles* sont des coquilles fluviatiles, exotiques, très voisines, par leurs rapports, des Nérites et principalement des Néritines. Leur sommet ne se contourne point en spirale oblique comme dans les deux genres cités, et s'abaisse jusqu'au bord. Leur bord gauche, aplati, tranchant, étroit et transverse, forme presque une demi-cloison, mais ne recouvre jamais la moitié de la cavité.

[Depuis la création du genre Navicelle, les zoologistes ne sont point encore d'accord sur la place qu'il doit occuper dans la série. Les uns, se conformant à l'opinion que Cuvier a maintenue jusque dans la dernière édition du *Règne animal*, placent les Navicelles dans le voisinage des Crépidules et des Calyptrées, les autres, à l'imitation de Lamarck, trouvent beaucoup plus naturel d'établir les rapports de ce genre avec le type des Nérites. Nous concevons la possibilité d'une incertitude et d'une discussion au sujet des Navicelles, tout le temps que l'animal est resté inconnu ; mais depuis que, rapporté par MM. Quoy et Gaimard, de leur premier voyage de circumnavigation, cet animal a été anatomisé par M. de Blainville, il ne pouvait plus rester de doute sur les rapports naturels des Navicelles. Assez long-temps avant la publication de M. de Blainville, nous fon-

dant sur la forme de la coquille et celle de l'opercule, nous sou-
tenions que l'opinion de Lamarck devait prévaloir sur l'autre,
et en effet, tous les faits successivement acquis dans la science,
ont confirmé la justesse de cette opinion. On peut résumer en
peu de mots la question et mettre en parallèle la somme des
ressemblances et des différences du genre qui nous occupe d'un
côté avec la famille des Calyptrées et de l'autre avec celle des
Nérites.

1º Les Navicelles sont d'eau douce comme les Néritines.

2º Les Navicelles sont régulières; lorsque la coquille est bien
conservée, le sommet forme presque un tour de spire et s'in-
cline à droite. La coloration du test est tout-à-fait dans le système général de celle du genre Néritine. La cloison columellaire
participe de la régularité du reste de la coquille, elle est beaucoup moins avancée que dans les Crépidules et représente très
bien la columelle tranchante et en demi-cloison des Néritines
aplaties, telles que l'*Auriculata*, le *Lamarckii*, etc.

3º Il s'établit un passage insensible entre les Navicelles et les
Néritines : on voit d'un côté le sommet rester latéral, se recour-
ber de plus en plus à mesure que la cloison s'avance et que l'ouverture se rétrécit pour être apte à être fermée par un opercule
extérieur. On peut établir cette progression en rapprochant le
Navicella elliptica, le *Navicella lineata*, la *Neritina Lamarckii*,
le *Neritina auriculata*, le *Neritina latissima*, etc. Le petit genre
Piléole de M. Sowerby contient de petites coquilles fossiles qui
conservent la forme patelloïde des Navicelles, mais leur ouverture est rétrécie comme celle des Nerites, la spire est aussi
courte que celle des Navicelles, elle est inclinée à droite et
placée vers le sommet loin du bord postérieur. Ce genre Piléole,
qui participe à-la-fois des caractères des Navicelles et des Néritines, ne reste pas isolé complètement de l'un et de l'autre,
et l'on voit une espèce, entre autres le *Neritina conoïdea*, rattacher le genre piléole aux Néritines. Il existe entre ce Conoïdea
et les autres Néritines des modifications graduelles dans lesquelles la spire s'abaisse de plus en plus.

4º Les animaux des Navicelles et des Néritines ont la plus
grande analogie dans tout ce qu'il y a d'essentiel dans l'organisation; ainsi, la forme de la tête, la position des tentacules et

celle des yeux, le système digestif dans son ensemble, la position du cœur et de la branchie, les organes de la génération si remarquables par l'extrême longueur du canal déférent et son excessive ténuité, établissent entre les animaux des deux genres une telle ressemblance, qu'à les voir indépendamment des coquilles, ils ne se distinguent qu'à titre d'espèces plutôt qu'à titre de genres.

Si nous comparons actuellement les Navicelles aux Crépidules, nous reconnaîtrons facilement que ces deux genres n'ont qu'une analogie apparente.

1o Les Crépidules sont marines.

2° Les Crépidules sont irrégulières, prenant ordinairement la forme des corps sur lesquels elles vivent fixées à la même place; la lame cloisonnaire est irrégulière, tantôt profondément placée, quelquefois saillante en dehors dans les mêmes espèces. Le système général de coloration des Crépidules, les côtes, les épines dont elles sont ornées, les rattache à la famille des Calyptrées.

3° Il n'y a aucun passage entre les Crépidules et les Navicelles, on n'en voit aucune se régulariser et prendre plus ou moins exactement la forme et les caractères de ces dernières. Les Crépidules ont au contraire des rapports très intimes avec les Calyptrées, et elles passent vers ce genre par nuances insensibles, comme les Navicelles aux Néritines.

4° Les animaux des Crépidules n'ont rien dans les formes extérieures ou dans la profondeur de l'organisation qui les rapproche des Navicelles; leurs tentacules sont courts; les yeux sont sessiles à leur base externe, et la forme et la disposition des principaux appareils organiques, sont différens. Il reste maintenant la question de l'opercule auquel Cuvier semble avoir donné peu d'importance : il existe toujours dans les Navicelles; on n'en trouve jamais la moindre trace dans les Crépidules : il n'y a donc rien, comme nous le répétons, qui puisse justifier le rapprochement des Navicelles et des Crépidules tel que l'a proposé de Férussac d'abord, et comme l'a adopté Cuvier dans ses divers travaux.

On ne compte toujours qu'un petit nombre d'espèces dans le genre Navicelle et nous n'en trouvons aucune dans les auteurs à ajouter à celles que Lamarck donne ici ; toutes proviennent des îles du grand Océan et une surtout est en abondance à l'Ile-Bourbon et dans les îles circonvoisines : on n'en connaît point de fossiles].

ESPÈCES.

1. Navicelle elliptique. *Navicella elliptica*. Lamk. (1)

> *N. testá ovato-ellipt-icá, sub epidermide viridi-fuscá lævi, nitidá, albo et cæruleo squamatim maculosá; apice recurvo, extra marginem subprominulo.*
>
> *Nerita porcellana*. Chemn. Conch. 9. t. 124. f. 1082.
>
> *Navicella elliptica*. Encycl. p. 456. f. 1. a. b. c. d.
>
> * Blainv. Malac. pl. 36. bis. f. 1.
>
> * Septaire de l'île Bourbon. Id. pl. 48. f. 5.
>
> * Septaire elliptique. Guer. Icon. du R. A. moll. pl. 15. f. 4.
>
> * *Patella borbonica*. Bory-de-Saint-Vincent. Voy. dans les îles d'Afrique. t. 1. p. 287. pl. 37. f. 2.
>
> * *Crepidula borbonica*. Roissy. Buf. moll. t. 5. p. 239. n° 5.
>
> * *Septaria borbonica*, Férus. Syst. Conch. p. 64. n° 1.
>
> * Rumph. Amb. pl. 40. f. O.
>
> * Dacosta. Elem. of conch. pl. 61. f. 4.
>
> * Desh. Encyclop. méth. Vers. t. 3. p. 611. n° 1.
>
> * Sow. Genera of shells, *navicella*, f. 1. 2. 3.
>
> * Lesson. Voy. de la Coq. zool. t. 2. p. 386. n° 143.
>
> * Quoy et Gaim. Voy. de l'Ast. zool. t. 3. p.   pl. 58. f. 25 à 34.
>
> Habite dans les rivières de l'Ile-de-France, de l'Inde et des Molu-

---

(1) Long-temps avant que l'on fît de cette coquille le type d'un genre particulier, sous le nom de Septaire (Férussac) ou de Navicelle (Lamarck), Chemnitz l'avait décrite dans son grand ouvrage, sous le nom de *Nerita porcellana*. Quoique passant dans un genre nouveau, cette coquille doit néanmoins conserver son premier nom spécifique et nous proposons de l'inscrire à l'avenir dans les catalogues sous le nom de *Navicella porcellana*. En adoptant ce changement, il est nécessaire de se rappeler que plusieurs auteurs, et entre autres Gmelin et Dillwyn, ont confondu cette coquille avec une véritable Crépidule à laquelle on a conservé aussi le nom de Porcellana.

ques. Mon cabinet. Quelques-uns prétendent que son opercule est une pièce intérieure à l'animal. Ce que je puis dire à cet égard, c'est que cette pièce est d'une conformation analogue à celle de plusieurs Nérites. Longueur de la coquille, 13 lignes.

2. Navicelle rayée. *Navicella lineata*. Lamk.

N. testá elongatá, angustá, tenuissimá, diaphaná, luteo-aureá; lineis, spadiceis è vertice ad marginem anticam radiatim porrectis; apice vix ultra marginem prominulo.

Encyclop. pl. 456. f. 2. a. b.

* Desh. Encycl. méth. Vers. t. 3. p. 611. n° 2.

Habite dans les rivières de l'Inde. Mon cabinet. Coquille étroite et fragile, légèrement nacrée à l'intérieur. Longueur, 8 lignes et demie.

3. Navicelle parquetée. *Navicella tessellata*. Lamk.

N. testá oblongo-ellipticá, tenui, diaphaná, luteo et fusco maculis oblongo-quadratis tessellatá; vertice marginali, non exserto.

Navicella tessellaria. Encyclop. p. 456. f. 4. a. b.

[*b*] *Var. testá angustiore, fragili.*

Encyclop. pl. 456. f. 3. a. b.

* Desh. Encycl. méth. Vers. t. 3. pl. 611. no 3.

Habite dans les rivières de l'Inde. Mon cabinet. Celle-ci est très distincte, surtout par son sommet qui ne fait aucune saillie au-delà du bord. Longueur de l'espèce principale, à-peu-près 11 lignes.

NÉRITINE. (Neritina.)

Coquille mince, semi-globuleuse ou ovale, aplatie en dessous, non ombiliquée. Ouverture demi ronde : le bord gauche aplati et tranchant; aucune dent ni crénelures à la face interne du bord droit. Opercule muni d'une apophyse ou d'une pointe latérale.

Testa tenuis, semi-globosa vel ovalis, subtùs planulata, non umbilicata. Apertura semirotunda : labio planulato, acuto; labro intùs nec dentato nec crenulato. Operculum dente laterali instructum.

[Animal subglobuleux, en spirale postérieurement; pied ovale, triangulaire, tronqué et plus épais en avant et portant vers sa partie médiane un opercule calcaire. Tête large et peu saillante garnie antérieurement d'un large voile labial, deux grands tentacules subulés, insérés de chaque côté de la tête et accompagnés d'un second tentacule court et tronqué, portant l'œil à son extrémité.]

OBSERVATIONS. — Toutes les *Néritines* sont des coquillages fluviatiles qui ont de si grands rapports avec les véritables Nérites, que tous les naturalistes ne les en ont point distinguées. Cependant la différence d'habitation entre les espèces marines et les espèces fluviatiles, m'ayant fait supposer que l'animal des premières devait aussi différer de celui des secondes, et que la coquille devait offrir quelques traces de ces différences, j'y ai trouvé, en effet, celles que je soupçonnais :

1° Les *Néritines* sont en général des coquilles minces, la plupart lisses à l'extérieur, n'ayant le plus souvent que des stries d'accroissement presque imperceptibles ;

2° Dans toutes les espèces connues, la face intérieure du bord droit de l'ouverture n'offre aucune crénelure ni aucune dent ;

3° L'opercule, dans les espèces où il est connu, est muni d'un appendice ou d'une apophyse en saillie, qui se trouve sur un côté.

L'animal des *Néritines* a un pied court, et deux tentacules sétacés, à la base externe desquels sont placés les yeux.

[Lamarck habitué presque par principe à séparer en genres les coquilles d'eau douce de celles qui sont marines, et après avoir réussi d'après ce caractère en apparence superficiel à créer une série de bons genres, nous semble avoir exagéré l'importance de ce moyen pour la séparation des Nérites et des Néritines. Sans doute, si notre savant naturaliste n'a point connu les faits zoologiques, d'après lesquels la réunion des deux genres est nécessaire, il a pu les disjoindre en s'appuyant uniquement sur les caractères seuls des coquilles et trouver des caractères suffisamment tranchées, là où de plus nombreuses observations en font disparaître peu-à-peu l'importance. C'est ainsi que : 1 les Néritines ne sont pas toutes des coquilles min ces, elles sont proportionnellement à leur volume d'une épaisseur et d'une solidité égales à celle des Nérites marines ; sans doute qu'il y a peu de Nérites marines qui soient lisses, tandis que le plus grand nombre des Néritines le sont, il y en a cependant de striées et même de tuberculeuses.

2° Un caractère plus important, c'est que les Néritines n'ont jamais de plis ou de dents sur le bord droit. Si toutes les Nérites marines avaient le bord droit denté, ce caractère prendrait à nos yeux plus de valeur que nous ne lui en accordons ; mais il subit d'assez nombreuses exceptions, et on ne peut lui accorder la valeur des bons caractères génériques.

3° L'opercule, dans les deux genres, offre les mêmes caractères ; l'apophyse, destinée à servir de gond en s'appuyant sur la columelle, est disposée de la même manière ; seulement, on peut dire d'une manière générale, que les opercules des Nérites marines sont plutôt granuleux à l'extérieur, ceux des Nérites fluviatiles sont plutôt lisses.

4° A ces trois caractères indiqués par Lamarck, quelques personnes ont ajouté celui de l'épiderme, que l'on trouve toujours sur les Néritines et jamais sur les Nérites ; cette proposition n'est pas rigoureusement exactes, puisqu'il est vrai qu'un certain nombre de Nérites marines ont aussi un épiderme persistant. Enfin, a-t-on dit, il y a un ensemble de caractères, empiriques peut-être, qui permet à l'instant même de séparer les espèces d'eau douce des marines. Quand même ces caractères empiriques pourraient s'appliquer sans laisser de mélanges, nous pensons qu'ils devraient être rejetés, puisque les animaux des Nérites et des Néritines ne sauraient se distinguer ; mais pour faire apprécier l'insuffisance de cet ensemble de caractères, il nous suffira de citer le *Neritina viridis* des auteurs, qui est une espèce marine et que tous les conchyliologues sans exception ont rangé parmi les espèces d'eau douce.

Lamarck, comme on le voit, n'a mentionné que vingt-et-une espèces et n'en a point cité de fossiles. Le nombre des vivantes, figurées par M. Sowerby, dans ses *Illustrations conchyliologiques*, s'élève à soixante, celles de Lamarck y sont presque toutes comprises ; nous pouvons ajouter vingt-cinq à trente espèces non décrites de notre seule collection, de sorte que ce genre contiendrait actuellement au moins quatre-vingt-dix espèces vivantes; nous en connaissons vingt-cinq espèces fossiles, provenant des terrains tertiaires.

ESPÈCE.

1. **Néritine perverse.** *Neritina perversa.* Gmel. (1)

> *N. testâ sinistrorsâ, conoideâ, transversim, obsoletè rugosâ, squalidè rufescente; labio dentibus octonis serrato.*
>
> *Nerita schmideliana.* Chemn. Conch. 9. t. 114. f. 975. 976.
> *Nerita perversa.* Gmel. p. 3686. n° 72.
> Blainv. Malac. pl. 36 bis. f. 3. *Natice perverse.*
> * Schmidel. Petrif. pl. 23. f. 1. 2. 3.
> * *Velates perversa.* Guer. Icon. du R. A. moll. pl. 14. f. 7.
> * Walchs naturf. t. 6. p. 165.
> * *Nerita conoidea.* Roissy. Buf. moll. t. 5. p. 273.
> * *Nerita conoïdea.* Lamk. Ann. du mus. t. 5. p. 93. n° 1.
> * Id. de Roissy. Buf. moll. t. 5. p. 375. n° 9.
> * Blainv. Dict. sc. nat. t. 34. p. 477.
> * Def. Dict. sc. nat. t. 34. p. 481,
> * Brong. Vicent.. p. 60. pl. 2. f. 22.
> * Desh. Desc. des Coq. foss. t. 2. p. 149. n° 1.
> * Sow. Genera of shells. f. 1. 2.
>
> Habite..... On ne la connaît que dans l'état fossile, et on m'a dit qu'elle était fluviatile; ce qui s'accorde avec le caractère qu'elle présente. C'est une grosse coquille, épaisse, solide, et d'une forme particulière, étrangère à celle des autres Néritines, et qui tient en quelque sorte de celle des *trochus*, sauf son ouverture. Diamètre transversal, 2 pouces 7 lignes. Mon cabinet.

---

(1) Cette coquille n'est point sénestre, comme l'a dit Chemnitz et comme l'a répété Lamarck, elle constitue une forme curieuse et intéressante, intermédiaire entre le genre Piléole de M. Sowerby et le grand genre Nérite. Nous ne voyons néanmoins dans cette coquille aucuns caractères suffisans pour en former un genre à part, comme l'avait proposé Montfort sous le nom de Vélate.

2. Néritine pulligère. *Neritina pulligera.* Lamk. (1)

N. testâ ovatâ, tenuiter striatâ, fusco-nigricante, pullis punctiformibus ocellatâ, labro dilatato, tenui, intùs albo, margine acuto, limbo interiore flavicante; labio denticulato.

Nerita pulligera. Lin. Syst. nat. p. 1253. Gmel. p. 3678. n° 35.

Nerita rubella. Muller. Verm. p. 195. n° 382.

Lister. Conch. t. 143. 37.

Rumph. Mus. t. 22. fig. H.

Petiv. Gaz. t. 12. f. 4. et Amb. t. 11. f. 4.

Gualt. Test. t. 4. fig. HH.

Seba. Mus. 3. t. 41. f. 23--26.

Knorr. Vergn. 6. t. 13. f. 3.

Born. Mu. t. 17. f. 9. 10.

Favanne. Conch. pl. 61. fig. D.

Nerita pulligera. Encyclop. pl. 455. f. 1. a. b. (2)

Chemn. Conch. 9. t. 124. f. 1078. 1079.

* Schrot. Flussconch. p. 215. n° 36.

* Bonan. Rec. part. 3. f. 218.

* Schrot. Einl. t. 2. p. 289.

* Geve. Conch. cab. pl. 23. f. 242.

* Gronov. Zooph. fas. 3. p. 339, no 1585.

* Desh. Encyclop. méth. Vers. t. 3. p. 623. n° 17.

* Sow. Genera of shells. f. 6.

* Lesson. Voy. de la Coq. zool. t. 2. p. 375. n° 126.

* *Nerita pulligera* de Roissy. Buf. mol. t. 5. p. 271.

---

(1) Muller crut nécessaire de changer le nom imposé par Linné, à cette espèce, parce que Rumphius l'avait désignée sous le nom de *Rubella*; nous n'admettons pas ce changement, parce qu'il est convenu depuis long-temps entre les zoologistes, de prendre la nomenclature linnéenne comme point de départ, laissant comme non avenues toutes les dénominations antérieures à celles de l'illustre auteur du *Systema naturæ.*

(2) Les figures de l'Encyclopédie, citées ici par Lamarck, ne représentent pas le *Neritina pulligera*, mais deux espèces voisines et toujours parfaitement distinctes. Pour rendre plus parfaite la synonymie de l'espèce, il faudra supprimer la citation de l'Encyclopédie.

* Quoy et Gaim. Voy. de l'Astr. t. 3. pl. 65. f. 1. 2. 3.
* Sow. Conch. illust. f. 26.

Habite dans les rivières de l'Inde et des Moluques. Mon cabinet.
Son diamètre transversal est de 14 lignes.

3. Néritine chamarrée. *Neritina dubia*. Lamk. (1)

N. testá semiglobosá, glabrá, luteo-croceá ; zonis tribus nigris mar-
gine fimbriatis ; aperturá albá ; labio edentulo.

Nerita dubia. Chemn. Conch. 5. t. 193. f. 2019. 2020.

Gmel. p. 3678. n° 34.

* *Nerita zebra*. Chemn. Conch. t. 9. p. 67. pl. 120. f. 1080.
* Geve. Conch. pl. 24. f. 244 à 248.
* *Nerita amphibia*. Less. Voy. de la Coq. zool. t. 2. n° 124. pl. 16.
  f. 1.
* Desh. Encyclop. méth. Vers. t. 3. p. 623. n° 18.
* *Neritina dubia*. Lesson. loc. cit. n° 125.
* Schrot. Einl. t. 2. p. 340. *Nerita.* n₀ 126.
* *Nerita dubia*. Dillw. Cat. t. 2. p. 990. n° 27.
* Sow. Conch. illus. f. 28.

---

(1) En comparant le *Nerita dubia* de Chemnitz (t. 5, p. 324,
pl. 193, fig. 2019, 2020) à son *Nerita zebra* (t. 9, p. 67, pl. 124,
fig. 1080), on a bientôt reconnu que ces deux espèces ne doivent
en constituer qu'une seule. Cette conviction sera surtout acquise
aux personnes qui auront sous les yeux un grand nombre de
variétés. Nous excluons du *Nerita zebra* la figure 1081, citée
par Chemnitz, parce que cette coquille étant représentée en
dessus seulement, il est difficile d'assurer si elle est en effet de
la même espèce que celle représentée figure 1080. En admettant avec nous l'identité des deux espèces de Chemnitz, il devient évident que l'espèce de Lamarck, faite principalement
d'après la figure de l'Encyclopédie est une espèce parfaitement
distincte de celle de Chemnitz.

En conséquence des observations précédentes il faut joindre
au *Nerita dubia* de Chemnitz, son *Nerita zebra*, et conserver,
sous le nom de *Neritina zebra* de Lamarck, l'espèce figurée
dans l'Encyclopédie. Nous pensons, en jugeant d'après la figure,
que le *Neritina cassiculum* de M. Soverby (*Conch. Illust.*, fig. 53)
n'est qu'une petite variété du *Nerita dubia*.

Habite... Mon cabinet. Coquille fort rare, chamarrée de petites taches, outre ses trois zones. Sa spire est très courte, quoique un peu saillante. Diamètre transversal, 10 lignes et demie.

4. Néritine zèbre. *Neritina zebra.* Lamk.

N. testâ globoso-oblongâ, glabrâ; fulvo-rufescente; lineis nigris longitudinalibus flexuosis perobliquis; aperturâ albâ; labio denticulato.

* Besleri. Gazoph. rer. nat. pl. 19. *Nerita striata.*

* Chemn. Conch. 9. t. 124. f. 1081?

Nerita zebra. Brug. Actes de la Soc. d'Hist. nat. de Paris, p. 126. n° 21.

* Sow. Conch. illust. f. 31.

Neritina zebra. Encyclop. pl. 455. f. 3. a. b.

* Bowd. Elem. of conch. pl. 9. f. 21.

* Blainv. Malac. pl. 36. f. 2.

* Moric. Mém. de Genève, t. 7. pl. 144. n° 50.

* Desh. Encyclop. méthod. Vers. t. 3. p. 614. n° 19.

Habite dans les rivières de l'Amérique méridionale. Mon cabinet. Espèce fort jolie. Diamètre transversal, 10 lignes.

5. Néritine zigzag. *Neritina zigzag.* Lamk.

N. testâ globoso-oblongâ, glabrâ, roseo-violacescente, lineis nigris longitudinalibus angulato-flexuosis creberrimis pictâ; aperturâ albâ; labio subdenticulato.

* *An eadem?* Sow. Conch. illustr. f. 41.

Habite dans les rivières des Antilles? Mon cabinet. Espèce encore fort jolie. Diamètre transversal, 11 lignes.

6. Néritine jayet. *Neritina gagates.* Lamk.

N. testâ globoso-oblongâ, nigrâ; spirâ, subprominulâ; aperturâ albâ; labio denticulatâ.

* Desh. Encyclop. méth. Vers. t. 3. p. 624. n° 20.

* Sow. Conch. illust. f. 29.

Habite..... Mon cabinet. Quelquefois son bord gauche offre une tache d'un jaune orangé. Diamètre transversal, 10 lignes.

7. Néritine demi-deuil. *Neritina lugubris.* Lamk.

N. testâ globoso-oblongâ, lævigatâ, nigricante; lineis flavidis longitudinalibus obliquis angulato flexuosis; apice prœroso; aperturâ albâ; labio denticulato.

* *An eadem species?* Sow. Conch. illust. f. 38. *Neritina smithi.*

Habite.... Communiquée par M. *Macleay.* Mon cabinet. Diamètre transversal, près de 9 lignes.

8. Néritine longue-épine. *Neritina corona.* Lin. (1)

N. testá globoso-oblongá, striatá, nigrá; ultimo anfractu supernè spinis longis erectis coronato; apice eroso; aperturá albá; labio denticulato.

Nerita corona. Lin. Syst. nat. p. 1252. Gmel. p. 3675. nº 26.

Muller. Verm. p. 197. nº 383.

Rumph. Mus. t. 22. fig. O.

Petiv. Amb. t. 3. f. 4.

D'Argenv. Conch. pl. 7. f. 2.

Favanne. Conch. pl. 61. fig. D. 7.

Chemn. Conch. 9. t. 124. f. 1083. 1084,

* Desh. Encycl. méth. Vers. t. 3. p. 624. n_0 21.

* Sow. Genera of shells. f. 3. 4. 5.

* Lesson. Voy. de la Coq. zool. t. 2. p. 380, n_0 135.

* *Nerita corona.* Dillw. Cat. t. 2. p. 986, *excl. variet.*

* Sow. Conch. illust. f. 20.

* Walch. naturf. t. 2. part. 4. 1774. pl. 1. f. 1. 2.

* Blainv. Malac. pl. 36. f. 4.

* *Clithon corona.* Guer. Icon. du R. A. moll. 14. f. 9.

* *Nerita corona.* Lesson on shells. pl. 5. f. 5.

* Schrot. Flussconch. p. 217. n_0 37.

* Schrot. Eiul. t. 2. p. 283.

* Férus. Syst. conch. p. 77. nº 3.

* Bowd. Elem. of conch. pl. 9. f. 23.

* *Nerita corona* de Roissy. Buf. t. 5. p. 269.

---

(1) Dans sa description, Linné dit que cette coquille est cendrée et couverte sur le dos des tours d'un grand nombre de points blancs oblongs. Ce caractère ne convient pas à l'espèce; il ne se montre que dans le *Neritina brevi-spina* de Lamarck. Nous avions pensé, d'après cela et surtout d'après les figures auxquelles Linné renvoie, que son *Nerita corona* devait se rapporter au *Brevi spina*; mais Linné dit que son espèce a la columelle sans dents et l'ouverture d'un blanc-fauve, caractère que nous trouvons exclusivement dans le *Neritina corona* de Lamarck, d'où nous sommes portés à conclure que très probablement Linné a eu sous les yeux une variété moins noire que ne le sont habituellement les individus du *Neritina corona*.

* Clithon couronné. Blainv. Malac. pl. 36. f. 4.

Habite dans les rivières de l'Inde, de l'Ile-de-France, etc. Mon cabinet. Espèce singulière par les longues épines qui la couronnent. Diamètre transversal, 6 à 7 lignes.

9. Néritine courte-épine. *Neritina brevi-spina*. Lamk. (1)

N. testá semiglobosá, sub epidermide viridi-fuscescente zonatá ; ultimo anfractu supernè angulato, ad angulum spinis brevibus coronato ; spirá planiusculá ; aperturá albá ; labio denticulato.

* *Neritina brevispinosa*. Sow. Conch. illust. f. 8.

* *Nerita corona australis*. Chemn. Conch. t. 11. p. 175. pl. 197. f. 1909. 1910.

* Id. Quoy et Gaim. Voy. de l'Astr. t. 3. pl. 65. f. 10. 11.

* Var. *Flava ; Nerita bengalensis*. Chemn. Conch. t. 11. p. 176. pl. 197. f. 191.

* *Cliton nigris spinis*. Less. Voy. de la Coq. zool. t. 2. pl. 13. f. 1.

* Desh. Encyclop. méth. Vers. t. 3 p. 625. n. 22.

* *Cliton variabilis*. Lesson. Voy. de la Coq. zool. t. 2. p. 383.

Habite dans les rivières de l'île de Timor. Mon cabinet. Diamètre transversal, 7 lignes.

10. Néritine crépidulaire. *Neritina crepidularia*. Lamk.

N. testá ovali, convexá, subtus planulatá ; dorso rudi, fuscescente ; spirá ad marginem obliquè incurvá ; aperturá flavá ; labio denticulato.

* *Cliton crepidularis*. Less. Voy. de la Coq. zool. t. 2. p. 383. n° 139.

An Lister. Conch. t. 601. f. 19 ?

* *An eadem spec.* ? Sow. Conch. illust. f. 25.

Habite... Mon cabinet. Sous un épiderme brun, on aperçoit de petites fascies jaunes qui traversent les tours, à peine au nombre de deux. Diamètre transversal, 7 lignes et demie.

11. Néritine auriculée. *Neritina auriculata*. Lamk. (2)

N. testá ovali, fusco-nigricante, dorso convexiusculá ; subtùs pla-

---

(1) En comparant avec attention le *Nerita corona australis* de Chemnitz avec le *Brevi-spina* de Lamarck, nous sommes actuellement convaincu de leur identité, ce qui rend pour, nous, indispensable la restitution du nom de Chemnitz à l'espèce.

(2) La coquille à laquelle M. Sowerby, dans ses Illustrations

nissimá; spirá ad marginem obliquá incurvá; labro tenuissimo, supernè biauriculato.

Encyclop. pl. 455. f. 6. a. b.

* Blainv. Malac. pl. 36 bis. f. 7.

* Desh. Encyclop. méth. Vers. t. 3. p. 625. n° 23.

* Quoy et Gaim. Voy. de l'Astr. t. 3. pl. 65. f. 6 à 9.

* Habite dans les eaux douces de la Nouvelle-Hollande ou des îles avoisinantes; rapportée par *Péron.* Mon cabinet. Espèce fort singulière par sa conformation. Plus grand diamètre , 6 lignes 3 quarts.

12. Néritine de Saint-Domingue. *Neritina Domingensis.* **Lamk.**

N. testá semiglobosá , rudi, virente; ultimo anfractu subanguloso ; spirá exsertiusculá ; aperturá albá ; labio denticulato, supernè au-rantio.

* *An eadem?* Sow. Conch. illustr. f. 42.

Habite dans les rivières de Saint-Domingue. Mon cabinet. Diamètre transversal , 7 lignes et demie.

13. Néritine fasciée. *Neritina fasciata.* **Lamk. (1)**

N. testá semiglobosá , tenui, lævi, albido-roseá aut citriná , trans-versim nigro-fasciatá ; spirá brevissimá; aperturá alba ; labio ob-solete denticulato.

Encyclop. p. 455. f. 5. a. b.

* Lesson. Voy. de la Coq. zool. t. 2. p. 377. n° 130.

* Sow. Conch. illust. f. 35.

Habite la Nouvelle-Irlande (Lesson). Mon cabinet. Diamètre transversal, près de 9 lignes.

---

conchyliologiques, attribue le nom de *Neritina auriculata* de Lamarck, est une espèce bien distincte; nous les avons toutes deux sous les yeux, et la figure de l'Encyclopédie représente très exactement l'*Auriculata* de Lamarck. Pour éviter toute confusion, nous donnons le nom de *Neritina Lamarckii* à l'espèce figurée par M. Sowerby.

(1) Cette espèce a été établie sur une variété à zones transverses du *Neritina dubia.* Pour nous elle fait double emploi et doit rentrer, ainsi que sa synonymie, dans le *Neritina dubia.*

14. Néritine rayée. *Neritina lineolata*. Lamk. (1)

*N. testá semiglobosá, lœvi, albá aut rufescente; lineis nigris longi-
tudinalibus tenuissimis creberrimis obliquis; spirá obtusa; labio
crasso, subcalloso, denticulato.*

Chemn. Conch. 9. t. 124. f. 1081.

* *Nerita fluviatilis.* Var. δ. pars. Gmel. p. 3677.

Encyclop. p. 455. f. 4. a. b.

* *Nerita fluviatilis.* Var. Dillw. Cat. t. 2. p. 988. n° 24;

* Sow. Conch. illustr. f. 37.

Habite... Mon cabinet. Jolie coquille, qui me paraît inédite, et qui
semble avoir des rapports avec le *N. zebra;* mais elle en diffère
en ce que ses lignes sont beaucoup plus fines, plus nombreuses,
plus serrées, et surtout ne sont nullement flexueuses : ce qui est
tout le contraire dans le *zebra.* Diamètre transversal, 7 lignes environ.

15. Néritine demi-conique. *Neritina semi-conica.* Lamk. (2)

*N. testá ventricoso-oblongá, lœvi, squalidè albá, rufo-nebulosá; ul-
timo anfractu punctis nigris transversim triseriatis; spirá exsertiusculá conico-acuá; labio denticutalo.*

Chemn. Conch. 9. t. 124. f. 1087.

* Sow. Conch. illust. f. 23.

Habite dans les rivières de l'Amérique. Mon cabinet. Elle a trois
tours complets, non compris la pointe. Diamètre longitudinal,
près de 10 lignes.

16. Néritine strigillée. *Neritina strigilalta.* Lamk. (3)

N. testá ventricoso-oblongá, lœvi, nitidá, strigis longitudinalibus

---

(1) Nous n'avons presque point de doute sur l'identité de
cette espèce et du *Neritina zebra;* nous avons des coquilles auxquelles les caractères de Lamarck conviennent parfaitement,
seulement nous n'admettons pas dans le genre Néritine des
distinctions spécifiques, établies sur le plus ou moins grand
nombre de linéoles et leur inflexion, ce sont des caractères
trop secondaires qui s'effacent devant la forme de la spire et
les caractères de l'ouverture.

(2) Sous le nom de *Nerita Indiœ occidentalis,* Chemnitz a
confondu deux espèces, celle-ci et une autre beaucoup moins
allongée et qui offre une toute autre coloration.

(3) Nous ne voyons pas pour quel motif Lamarck a changé

alternè nigris et albis pictâ ; spirâ exsertiusculâ, acutâ ; aperturâ albâ ; labio denticulato.

Lister. Conch. t. 604. f. 25?

Nerita turrita. Chemn. Conch. 9. t. 124. f. 1083.

Gmel. p. 3686. n° 71.

* Desh. Encyclop. méth. Vers. t. 3. p. 626. n° 24.

* *Nerita turrita.* Dillw. Cat. t. 2. p. 993. n° 36.

* Quoy et Gaim. Voy. de l'Astr. t. 3. pl. 65. f. 15. 16.

* Sow. Conch. illustr. *Neritina.* f. 4.

Habite dans les rivières des Antilles. Mon cabinet. Elle a encore trois tours, non compris la pointe. Grand diamètre, 8 lignes.

17. Néritine méléagride. *Neritina meleagris.* Lamk.

N. testâ globoso-ovatâ, crassiusculæ, lævi, nitidâ, coloribus variegatâ ; maculis squamæformibus imbricatis ; spirâ brevi, obtu s aperturâ albâ labio denticulato.

Chem. Conch. 9. t. 124. fig. D. L.

* Sow. Conch. illust. f. 19.

Habite à Saint-Domingue, dans les rivières. Mon cabinet. Diamètre transversal, un peu plus de 7 lignes.

18. Néritine vierge. *Neritina virginea.* Lamk. (1)

N. testâ globoso-ovatâ, lævi nitidâ, punctatâ, sœpiùs zonatâ ; coloribus variâ ; spirâ breviusculâ ; labio denticulato.

Nerita virginea. Lin. Syst. nat. p. 1254. Gmel. p. 3679. n° 42.

An Lister. Conch. t. 606. f. 35–37 ?

Chemn. Conch. 9. t. 124. fig. H. I.

---

le nom donné à cette espèce par Chemnitz; il faut donc le lui rendre et la désigner par le nom de *Neritina turrita.*

(1) Il est très difficile, même en restreignant cette espèce, comme le fait ici Lamarck, d'en déterminer les limites, car elle est tellement variable qu'elle semble se rattacher et se confondre avec presque toutes les autres espèces du genre.

Dans le Muséum de la princesse Ulrique, Linné a caractérisé cette espèce de la manière la plus exacte; il distingue plusieurs variétés que l'on retrouve dans la plupart des collections, et c'est en consultant cette description de Linné que l'on évitera la confusion que l'on remarque dans presque tous les auteurs et surtout dans les collections.

* Lin. Mus. Ulric. p. 678.
* Schrot. Einl. t. 2. p. 292. pl. 4. f. 1.
* Moric. Mém. de Genève. t. 7. p. 444. n° 51.
* Sow. Conch. illust. f. 27.
* Dilw. Cat. t. 2. p. 993. n° 35. *syn. plur. exclus.*
* Bonan. Recr. Part. 3. f. 197. 198. 200. 204. 205.
* Geve. Conch. pl. 24. f. 250. 252. 255. 256.

Habite à Saint-Domingue, dans les rivières. Mon cabinet. Jolie coquille élégamment ponctuée, et offrant diverses variétés d'un aspect agréable. Diamètre transversal, 7 lignes.

19. Néritine parée. *Neritina fluviatilis.* Lin.

N. testâ parvulâ, ovali, dorso convexâ, glabrâ, albâ, lineolis maculisque diversissimè pictâ; spirâ inclinatâ, laterali; labio denticulato.

Nerita fluviatilis. Lin. Syst. nat. p. 1253. Gmel. p. 3676. n° 29.

Muller. Verm. p. 194. n° 381.

Lister. Conch. t. 141. f. 38.

Petiv. Gaz. t. 91. f. 3.

Gualt. Test. t. 4. fig. LL. *infernè ad sinistram.*

D'Argenv. Conch. pl. 27. f. 3.

La Nérite des rivières. Geoff. Coq. p. 118. n° 5.

Drap. Moll. pl. 1. f. 3. 4.

* Poiret. Prodr. p. 97. n° 1.
* Dacosta. Conch. brit. p. 48. pl. 3. f. 17. 18.
* Lister. Anim. angl. pl. 2. f. 20.
* Pennant. Zool. brit. t. 4. p. 345. pl. 90. f. 2.
* Swam. Bib. nat. pl. 10. f. 2.
* Gève. Couch. cab. pl. 24. f. 258 à 265.
* Schrot. Flussconch. p. 210. n° 30. pl. 5. f. 5 à 10. et pl. 9. f. 4. 5.
* Schrot. Einl. t. 2. p. 286.
* Férus. Syst. conch. pl. 76. n° 1.
* Millet. Moll. de Maine-et-Loire, p. 2. n° 1.
* Brard. Hist. des Coq. p. 194. pl. 7. f. 9 et 12.
* *Nerita fontinalis.* Brard. Hist. des Coq. p. 196. pl. 7. f. 11 et 13.
* Pfeiff. Syst. anord. p. 106. pl. 4. f. 37. 38. 39.
* Nilss. Hist. des moll. succ. p. 93. n° 1.
* Kleb. Syn. moll. Borus. p. 32, n° 1.
* Kickx Syn. moll. brab. p. 79. n° 95.
* Col. des ch. Cat. des coq. du Finist. p. 75. n° 1.
* Desh. Encyclop. méth. Vers. t. 8. p. 626. n° 25.

* Turton. Man. p. 188. n° 124. f. 124.
* Hécart. Cat. des Coq. de Valenci. p. 18. n° 1.
* Desmoul. Hist. des moll. de la Gironde. p. 30. n° 1.
* Goupil. Cat. des moll. de la Sarthe. p. 75.
* Rosm. Icon. t. 2. p. 17. pl. 7. f. 118. 119.
* *Nerita fluviatilis* de Roissy. Buf. moll. t. 5. p. 270.
* Sow. Conch. illust. f. 33.
* *Neritina dalmatica.* Sow. Conch. illustr. f. 57.

Habite en France, dans les rivières ; le sable qu'on retire de la Seine et de la Marne en est rempli. Mon cabinet. Diamètre transversal, 4 lignes et demie.

20. **Néritine verte.** *Neritina viridis.* Lin. (1)

N. testâ minimâ, ovali, dorso, convexâ, lævi, pellucidâ, viridi ; spirâ incumbente, laterali ; labio denticulato.

Nerita viridis. Lin. Syst. nat. p. 1254. Gmel. p. 3679. n_o 41.
Brown. Jam. p. 399.
Chemn. Conch. 9. t. 124. f. 1089. 1. 2.
* *Nerita viridis.* Philippi. Enum. moll. p. 159. n° 2.
* Schrot. Flussconch. p. 212. n° 31. pl. 5. f. 11. a. b.
* Schrot. Einl. t. 2. p. 291.
* Desh. Encyclop. Vers. t. 3. p. 626, n° 26.
* Sow. Conch. illust. f. 24.

Habite dans les rivières des Antilles. Mon cabinet. Diamètre transversal, 3 lignes.

21. **Néritine d'Andalousie.** *Neritina Bœtica.* Lamk.

N. testâ minimâ, semiglobosâ, tenui, fusco-nigricante ; spirâ incumbente, apice erosâ ; labio subedentulo.

---

(1) On range depuis Linné, sous la dénomination de *Nerita viridis*, des coquilles qui proviennent de mers fort éloignées de la Méditerranée et l'Océan des Antilles. On remarque entre ces coquilles des différences de forme générale et de coloration qui sont peut-être suffisantes pour les séparer en deux espèces. On croirait à voir le *Nerita viridis*, que c'est une coquille d'eau douce, elle présente en effet tous les caractères extérieurs des Néritines. Cependant elle est marine, et ce fait vient à l'appui de l'opinion de ceux des conchyliologues qui regardent comme inutile le genre Néritine de Lamarck.

* Guer. Icon. du R. A. moll. pl. 14. f. 8.

* Poli. Test. utriusque Siciliæ. t. 3. pl. 55. f. 1. 2. 5. 6.

* *Nerita meridionalis*, Philippi. Enum. moll. Sicil. p. 159. no 3. pl. 9. f. 13.

* *Neritina bætica*. Desh. Morée. Zool. p. 156. n° 213. pl. 19. f. 1 à 5.

* *Neritina prevostina*. Fér. Sow. Conch. illustr. f. 46.

Habite dans les eaux douces de l'Andalousie; trouvée par M. *Daudebard*. Mon cabinet. Diamètre transversal, 2 lignes.

† 22. Néritine de Lamarck. *Neritina Lamarckii.* Desh.

N. testá navicelliformi, ovato-oblongá, postice truncatá et lateraliter dilatatá, auriculatá, fusco-virescente, decussatim tenue striatá; spirá brevi in margine postico inflexá; aperturá semilunari; margine columellari acuto in medio emarginato dentato; callo lato albo squalide lutescente.

Neritina auriculata. Sow. Conch. illust. f. 17.

Habite.... M. Sowerby comme nous l'avons dit dans la note relative au *Neritina auriculata*, a donné ce nom à une espèce voisine, mais bien distincte. La figure de l'Encyclopédie représentant très fidèlement l'espèce de Lamarck, il suffit de la rapprocher de celle de M. Sowerby pour être convaincu qu'il s'est trompé; mais ce n'est pas seulement d'après les figures que nous en jugeons, c'est d'après les espèces elles-mêmes que nous comparons.

Cette coquille est ovale-oblongue et à la voir en dessus, on la prendrait pour une Navicelle; elle est aplatie et sa spire courte, composée de deux tours, vient s'incliner à droite sur le bord postérieur. Celui-ci est tronqué et presque droit, la surface extérieure est d'un beau brun verdâtre, et à l'aide de la loupe on y voit un réseau de fines stries subgranuleuses. Le dessous et le dedans de la coquille sont d'un blanc fauve sale, le bord columellaire partage la base en deux parties presque égales; ce bord a une large échancrure dans le milieu, occupant au moins la moitié de la longueur totale; on y remarque de fines dentelures. La callosité est large, aplatie et sa surface est augmentée latéralement par les oreillettes du bord droit qui remontent de chaque côté jusqu'au bord postérieur et quelquefois le dépassent. Cette espèce a 28 millim. de long. et 20 de large.

† 23. Néritine dilatée. *Neritina dilatata.* Brod.

N. testá ovato-truncatá, dorso convexo, albido-fuscá, lineis nigris angulatis reticulatá; spirá oblique incurvá; labro tenui superne subbiauriculato; labio subarcuato, denticulato.

Brod. Proceed. zool. soc. 1832. p. 201.

Mull. Syn. test. p. 54. n° 2.

Sow. Conch. illustr. f. 11.

Habite l'île de Tahiti. M. Cuming l'a trouvée fixée aux pierres. Très jolie et très intéressante espèce, intermédiaire entre le *Neritina auricularis* et le *Sandwichiensis;* vue en dessus, elle présente la forme d'un triangle équilatéral à angles obtus. Déprimée subpatelliforme, cette espèce constitue un degré de plus entre les Navicelles et les Néritines; le sommet incliné sur le bord postérieur le dépasse et le partage en deux parties presque égales.

L'ouverture est semilunaire, presque aussi haute que large, le bord columellaire est mince et tranchant et échancré dans le milieu; de très fines dents se montrent seulement dans l'échancrure; le bord droit est mince et tranchant; il se relève et se dilate de chaque côté en une oreillette assez large. La coquille est couverte en dehors d'un réseau très fin, de lignes noires transverses, interrompues par trois ou quatre zones longitudinales noires, rayonnantes du sommet à la base. Cette curieuse espèce est longue et large de 19 à 20 milim.

† 24. Néritine de Sandwich. *Neritina Sandwichensis.* Desh.

> *N. testá ovato-subtrigoná, patulá auriculatá, lævigatá ; nigro-lividá, lineis tenuissimis nigris longitudinalibus pictá ; spirá brevi, obtusá, oblique in margine postico incumbente, aperturá griseoplumbeá, margine in utroque latere dilatato; columellá marginatá denticulatá.*

Sow. Conch. illustr. f. 5. *Neritana caffra.*

Habite les eaux douces des îles Sandwich.

Nous trouvons dans les Illustrations conchyliologiques de M. Sowerby deux espèces de Néritines très différentes, portant le nom de *Caffra,* donné par M. Gray. Nous nous trouvons dans l'obligation de donner un autre nom à l'une de ces espèces, et nous proposons celui de *Sandwichensis* pour celle-ci. Elle est voisine du *Neritina auriculata* de Lamarck et du *dilatata* de M. Broderip; elle est obliquement subtrigone, navicelliforme, convexe en dessus, aplatie en dessous, à spire courte et fortement inclinée à droite sur le bord postérieur; cette extrémité de la spire déborde toujours le bord postérieur; en dehors, la coquille est lisse, d'un brun noirâtre foncé, et elle est ornée de linéoles excessivement fines, très serrées, parallèles, onduleuses et noires. L'ouverture est d'une couleur plomblée, bleuâtre, elle est semilunaire, son bord columellaire est largement et peu profondément échancré dans

le milieu, et finement dentelé dans cette partie', seulement la callosité collumellaire est large et aplatie; le bord droit l'accompagne
de chaque côté, se dilate en larges oreilles, dont la postérieure
est la plus grande. Cette coquille a 22 millim. de long et 24 de
large.

† 25. Néritine violette. *Neritina violacea.*

> *N. testâ ovatâ, navicelliformi, subtus planâ, dorso convexâ; spirâ
> brevi in margine postico incumbente; aperturâ semi-lunari croceo
> incrassatâ; labio arcuato tenui denticulato; callo lato convexius-
> culo.*

An patella neritoidea? Lin. Syst. nat. éd. 10. p. 781.

Id. Lin. Mus. Ulric. p. 688?

Id. Lin. Syst. nat. édit. 12, p. 1257?

Patella neritoïdea. Gmel. p. 3692. n° 2?

Id. Schrot. Einl. t. 21. p. 395?

Lepas Neritoides Martini. Conch. t. 1. p. 161. pl. 13. f. 133. 134,
exclus. synony.

Nerita violacea. Gmel. p. 3686.

Patella Neritoidea. Dillw. Cat. t. 2. p. 1818. n° 8.

D'Acosta. Conch. pl. 4. f. 10.

Nerita intermedia. Desh. Belanger. Voy. dans l'Inde. zool. p. 428.
pl. 1. f. 6. 7. *An species Linnei?*

Habite les mers de l'Inde. Il est difficile de savoir d'une manière
positive à quelle espèce bien connue doit être rapportée le *Patella
neritoidea,* de Linné. Il reste beaucoup d'incertitude, malgré la
description que l'on trouve dans le muséum de la princesse
Ulrique; cette description n'a pas la précision si remarquable de
la plupart de celles de Linné. Ce n'est donc qu'avec doute que
nous mettons dans la synonymie l'espèce de Linné et le *Nerita
violacea* de Gmelin. Quant à cette dernière espèce, empruntée à
Martini, elle laisse moins d'incertitude; nous rapportons aussi
à cette espèce de Gmelin notre *Nerita intermedia.* Nous avions
d'abord regardé cette espèce comme nouvelle, parce que ses caractères de forme et de coloration ne coïncidaient pas exactement
à ceux du *Nerita violacea* de Gmelin, mais ayant eu occasion
depuis de voir plusieurs autres individus, notre espèce n'est plus
pour nous qu'une simple variété de l'espèce de Gmelin.

Voici une coquille marine qui pour nous a beaucoup d'intérêt, d'a-
bord, parce que, quoique marine, elle a toute l'apparence d'une
coquille d'eau douce; elle est épidermée, elle est lisse et sa coloration est tout-à-fait dans le système général de celle des Néri-

lines ; les caractères de l'ouverture ne sont point ceux des Nérites marines, mais tout-à-fait ceux des espèces d'eau douce ; ensuite parce que quoique marine, elle affecte une forme voisine de celle des Navicelles, ce qui établit un lien de plus entre les Navicelles et le type des Nérites, et détermine de nouveaux rapports entre les Nérites marines et celles de l'eau douce.

Cette coquille est ovale oblongue, plate en dessous, convexe en dessus ; sa spire courte est inclinée sur le bord postérieur, qu'elle dépasse constamment ; elle est lisse et sa coloration consiste le plus souvent en fascies longitudinales vers le sommet, quelquefois ondulées, se confondant vers le bord et laissant de taches blanchâtres irrégulières ; la couleur est violâtre, lorsque la coquille a été exposée sur les rivages, elle est brune lorsque la coquille est fraîche. L'ouverture est d'un blanc fauve, quelquefois d'une belle couleur orangé, elle est étroite semi-lunaire, son bord droit est épais et simple, le gauche est arqué dans toute la longueur et finement dentelé, la callosité est large, peu convexe et épaisse.

† 26. Néritine très large. *Neritina latissima*. Brod.

N. testâ rotundatâ, ventricosâ, striis longitudinalibus, minuis, creberrimis, fuscis luteo-maculatâ ; maculis numerosissimis ; labro dilatato latissimo, spiram longe prætereunte ; labio crenulato, subluteo.

Brod. Proceedings. Zool. soc. 1832. p. 200.

Muller. Syn. test. p. 54. n° 1.

Sow. Conch. illust. *Neritina*. f. 3 et 16.

Habite dans la rivière à Real llejos (Cuming). Espèce des plus remarquables par sa forme patelloïde et le large développement du bord droit. Elle est irrégulièrement ovalaire, beaucoup plus large que longue, convexe en dessus, à spire courte et obtuse, incliné postérieurement, mais plus relevée que dans les *Neritina Lamarckii* et *crepidularis* ; sa surface est lisse, d'un brun fauve et ornée d'un réseau de petites taches squammiformes inégales, irrégulières, limitées par une ligne noire. L'ouverture est évasée semilunaire d'un blanc bleuâtre, le bord droit est mince et tranchant et s'étale de chaque côté en deux larges oreillettes, dont la postérieure est subtriangulaire ; ce bord vient dépasser le côté postérieur de la coquille, se contourne sur ce côté et vient ainsi augmenter la surface de la callosité collumellaire. Celle-ci est d'un blanc fauve très pâle, elle est médiocrement convexe et son bord un peu déprimé dans le milieu, est finement dentelé dans cet endroit seulement. L'individu figuré par M. Sowerby, le plus grand que nous ayons vu, a 28 millim. de long. et 4o de large.

† 27. Néritine globuleuse. *Neritina globosa*. Brod.

N. testá globosá, flavescente vel fuscá, quasi guttatá, guttarum limbis nigricantibus; labio subrugoso, denticulato.

Brod. Proceed. Zool. soc. 1832. p. 201.

Muller. Syn. test. p. 54. n° 3.

Sow. Conch. illust. f. 12.

Habite la Colombie occidentale dans la rivière Chiriquis (Cuming). Espèce très singulière et très curieuse, voisine du *N. Latissima;* elle est déprimée, très largement dilatée, la spire est courte, très obtuse, moins latérale que dans les espèces voisines des Navicelles. Son bord droit est très dilaté et forme deux larges oreillettes, dont la postérieure est la plus grande. La callosité columellaire est roussâtre, elle s'étale largement sur toute la base, et son bord postérieur se termine en un angle aigu. L'ouverture est d'un blanc bleuâtre ou grisâtre, elle est fermée par un opercule étroit presque noir, le bord columellaire mince et tranchant est excavé dans le milieu et des dents très fines ne se montrent que dans la dépression, la couleur est brune couverte d'un grand nombre de petites taches subtriangulaires jaunâtres, dont la circonférence est limitée par une ligne noire. Cette coquille a 3o millim. de diamètre à la base et 12 millim. d'épaisseur.

† 28. Néritine d'Owen. *Neritina Oweniana*. Gray.

N. testá ovato-transversá, dilatatá, depressá, lævigatá, fuscá nigro tenue lineolatá : lineolis interruptis vacuolis squamæformibus; aperturá semilunari, margine lateraliter dilatato; margine columellari recto, edentulo; callo convexo rubescente.

Sow. Conch. illust. f. 15.

Habite... Coquille que l'on serait porté à confondre soit avec le *Neritina globosa*, soit avec le *Latissima;* on la prendrait pour de jeunes individus de l'une ou l'autre espèce, si on ne lui trouvait des caractères spécifiques constans; elle est toujours d'un moindre volume, sa callosité columellaire est d'un brun rougeâtre très convexe, le bord du même côté est sans dents, droit sans inflexion médiane; l'oreillette postérieure que forme le bord droit est en proportion plus étroite que dans les autres espèces. L'opercule est teint de blanc rosé sur les bords et brun vers le centre.

† 29. Néritine granuleuse. *Neritina granosa*. Sow.

N. testá orbiculari, convexá, dilatatá, granulis rotundatis aspersá,

atro-violascente spirá brevi in margine posteriore oblique inflexá ;
aperturá semilunari, magná, margine columellari arcuato eden-
tulo ; callo lato, plano, lutescente.

Sow. Conch. illust. f. 6.

Habite les îles Sandwich.

Très belle espèce dans laquelle la largeur de la callosité columellaire approche déjà en proportion de celle du *Neritina conoidea* des environs de Paris, sans en avoir cependant tous les caractères. Vue de face cette coquille est circulaire, elle est médiocrement convexe en dessus et sa spire assez courte, vient s'incliner obliquement sur le bord postérieur qu'elle dépasse un peu, toute la surface extérieure est d'un noir violacé très foncé, et elle est toute couverte de grosses granulations demi sphériques rapprochées et souvent disposées en rangées régulières. L'ouverture est grande, demi circulaire, son bord droit dilaté embrasse toute la circonférence de la coquille et ne laisse à découvert qu'une petite partie de la spire ; le bord columellaire est simple et tranchant ; il est faiblement excavé dans le milieu, la callosité columellaire est aplatie, très large et assez souvent d'un blanc jaune livide. Les grands individus ont 3o à 35 millim. de diamètre.

† 3o. Néritine intermédiaire. *Neritina intermedia.* Sow.

N. testá suborbiculari, olivaceo-fusca, nigro-reticulatá ; dorso
subgibboso, labio externo intus lævi, albicante, columellari sub-
flavo, planulato, margine centrali rugulosá.

Sow. Proceed. Zool. soc. 1832. p. 201.

Muller. Syn. test. p. 55. n₀ 5.

Sow. Conch. illust. f. 7.

Habite dans les rivières de l'Amérique centrale, l'île des Lions, la baie de Montejo, St.-Lucas dans le golfe de Nocoïya (Cuming). Espèce intéressante en ce que par ces caractères elle est réellement intermédiaire entre les Néritines dilatées, *Latissima, globosa, oweniana* et les espèces globuleuses ou conoïdes, il semble que ce soit une *Globosa* resté au milieu de son accroissement. La spire est un peu relevée, courte et obtuse ; la surface extérieure est lisse, d'un brun olivâtre et couverte d'un très fin réseau de lignes noires. L'ouverture est semilunaire, plus large que haute ; le bord droit se dilate un peu à son extrémité postérieure, le bord columellaire est d'un jaune fauve, il est excavé dans le milieu et dentelé finement dans l'excavation seulement. 22 millim. de diamètre.

⊤ 31. Néritine à gouttière. *Neritina canalis.* Sow.

N. testá ovato-oblongá, depressá, nigrá, transversim irregulariter striatá; apice obtuso in margine posteriore dextro inflexo ; aperturá semilunari in ambitu aurantiacá in latere dextro canaliculatá; columellá deplaná, aurantiá, tenuissime denticulatá.

Sow. Conch. illust. f. 22.

Habite....

Espèce intéressante et qui sert de lien entre les espèces auriculées et le *Neritina pulligera*. Elle est ovale oblongue, déprimée, à spire courte et obtuse, non saillante, comptant à peine deux tours étroits. Cette spire est inclinée presque sur le bord droit et postérieur. L'ouverture est semilunaire, bleuâtre en dedans et d'un beau jaune orangé sur les bords; la columelle forme une large surface plane, d'une belle couleur orangée, son bord est tranchant, un peu excavé dans sa longueur et garni de très fines dentelures, quelquefois obsolètes; le bord droit de l'ouverture se prolonge en une gouttière assez large jusqu'au-delà de la spire. Cette espèce a 25 à 30 millim. de long et 18 à 20 de large.

† 32. Néritine ponctuée. *Neritina punctulata.* Lamk.

N. testá ovatá, subhemisphæricá, lævigatá fusco-castaneá, maculis fuscis pallidioribus minimis punctiformibus irregulariter sparsis, spirá obtusissimá ultimo anfractu involutá ; aperturá magná semilunari; operculo roseo, purpureo extus cincto.

Lamck. Encycl. méth. vers. pl. 455. f. 2.

Sow. Conch. illust. f. 21.

Habite les ruisseaux de la Guadeloupe. Belle espèce communément répandue dans les collections; elle est d'un beau brun marron foncé et parsemée d'un très grand nombre de petites taches, arrondies, punctiformes, d'un brun jaunâtre. Cette espèce se reconnaît au reste facilement par la singulière disposition de la spire entièrement enveloppée par le dernier tour. L'ouverture est grande, blanche, semilunaire, la callosité columellaire est convexe largement étalée, le bord columellaire est à peine réfléchi dans le milieu et garni dans cette partie médiane seulement d'un petit nombre de dents obsolètes; l'opercule est d'un rose pourpré; sa circonférence extérieure est marquée d'une ligne d'un rouge pourpré foncé. Les grands individus ont 30 millim. de long et 24 de large.

† 33. Néritine pipérine. *Neritina piperina.* Chemn.

N. testá subglobosá, tenui, lævigatá, extùs obscure flavá, maculis triangularibus nigerrimis signatá, intùs albo flavescente vel albidá; anfractibus angustis, convexis, spirá obtusá labio denticulato.

Chemn. Conch. t. 11. p. 173. pl. 197. f. 1905. 1906.

Sow. Illust. conch. fig. 18.

Habite le Malabar (Chemnitz). Espèce qui par sa forme générale se rapproche du *Neritina dubia*. Elle est très globuleuse, sa spire très courte est presque entièrement cachée par le dernier tour; l'ouverture est grande, semilunaire, blanche ou jaunâtre, le bord columellaire est à peine infléchi, concave dans sa longueur; il est finement dentelé et il présente vers son extrémité postérieure une protubérance peu saillante, mais qui paraît constante. Cette coquille est d'une coloration qui la rend facile à distinguer; sur un fond d'une belle couleur fauve, sont disposées par rangées transverses, de grandes taches triangulaires d'un beau noir et dont la pointe est tournée en arrière. Cette belle espèce a 20 à 25 millim. de long.

† 34. Néritine morio. *Neritina morio.* Sow.

N. testá subovali, transversim striatá, atrá; aperturá pallescente; columellá supernè marginatá; in medio denticulatá.

Sow. Proceed. Zool. soc. 1832. p. 201.

Mull. Syn. test. p. 56. n° 9.

Sow. Conch. illust. f. 40.

Habite les îles de l'Océan austral dans la mer (Cuming), port Praliu (Lesson). Il était difficile de deviner, d'après ses caractères extérieures, que cette espèce est marine; son test est mince et sa columelle est dentelée comme dans les Nérites d'eau douce, elle est globuleuse, toute noire, à spire courte et très obtuse; sa surface extérieure est striée assez fortement en travers. L'ouverture est semilunaire, d'un blanc jaunâtre, tirant quelquefois sur le jaune orangé: le bord droit est simple et tranchant, le bord columellaire présente une échancrure assez profonde et étroite, à son extrémité postérieure; il est finement dentelé dans le reste de sa longueur. Les grands individus ont 25 millim. de long et 17 de large.

† 35. Néritine subsillonnée. *Neritina subsulcata.* Sow.

N. testá ovato-globosá, transversim sulcatá, sulcis numerosis angustis, spirá brevi, obtusá; aperturá magná subcirculari, columellá arcutá, angustá, edentulá, sinuosá.

Sow. Conch. illust. f. 50.

Habite.... Espèce voisine de la *Neritina morio*, elle est globuleuse, très enflé, à test mince et à spire courte et sensiblement aplatie ; la surface extérieure est couverte de sillons peu profonds, étroits, égaux et réguliers. Cette surface est d'un brun marron, tirant au fauve. L'ouverture est grande, et si l'individu figuré par M. Sowerby n'a pas été dégradé par l'habitation d'un Pagure, il aurait des caractères très particuliers, que nous ne retrouvons que dans le *N. dubia* par exemple, lorsqu'il a servi d'asile au crustacé parasite. La columelle est fortement arquée dans sa longueur, elle est sans dents, mais présente plusieurs ondulations dans la courbure générale. Cette espèce a 30 millim. de long et 20 de large.

† 36. Néritine de Smith. *Neritina Smithii.* Gray.

N. testá globoso-conicá, lævigatá, viridi lutescente, lineis fuscis tenuissimis capillaribus undatis, longitudinalibus ornatá et fasciis longitudinalibus nigerrimis zigzagformibus pictá ; aperturá albá ; margine columellari biarcuato denticulato ; callo maculá rufá sociato.

Sow. Conch. illustr. f. 36.

Habite.... Celle-ci est une des plus grandes espèces du genre ; elle est ovale conique, à spire pointue, formée de cinq à six tours ; la coquille est lisse, épaisse et solide ; elle est d'un vert jaunâtre ou brunâtre lorsqu'elle a son épiderme, d'un beau gris bleuâtre lorsqu'elle l'a perdu ; sur cette couleur se montrent de longues fascies longitudinales, d'un noir très foncé plus ou moins rapprochées selon *les* individus, presque toujours en zigzag, quelquefois en zones étroites et sans ondulations. Les intervalles de ces fascies semblent d'une couleur uniforme, mais examinés à la loupe ils sont occupés dans presque tous les individus par des linéoles noires excessivement fines, parallèles, souvent onduleuses et toujours longitudinales. L'ouverture est d'un beau blanc. Le bord columellaire présente deux courbures, l'une supérieure, l'autre moyenne, séparées par un angle saillant, les dentelures se montrent dans la courbure moyenne et vont en s'accroissant derrière en avant. La callosité columellaire est peu convexe et elle a à sa partie moyenne et inférieure une tache d'un jaune orangé plus ou moins intense selon les individus. Les grands individus ont 34 millim. de long. 23 de large et 22 d'épaisseur.

† 37. Néritine caffre. *Neritina caffra.* Gray.

N. testá ovato-conoideá, apice obtusá, irregulariter substriatá, nigrescente ; aperturá semilunari, labro dextro subcoarctato ; callo columellari crasso, convexo, ad marginem exteriorem aurantiaco ;

in margine interiore tenue dentato in medio leviter excavato.

Sow. Conch. illustr. f. 51.

Habite Fernando-Po. M. Gray, d'après les Illustrations conchyliologiques de M. Sowerby, aurait employé la même dénomination pour deux espèces très différentes, l'une des îles Sandwich et voisine du *Neritina auriculata* et celle-ci. Nous donnons à l'autre espèce le nom de *Neritina Sandwichensis.* Cette espèce est ovale; conique, à spire obtuse, souvent cariée et formée de quatre tours dont les deux derniers sont convexes. L'ouverture est semilunaire, d'un blanc bleuâtre ou jaunâtre, un peu contracté antérieurement, comme cela se voit dans le *Neritina virginalis.* La callosité columellaire est convexe, d'un blanc jaunâtre, bordé d'orangé en dehors; le bord interne est un peu excavé au milieu; le bord est garni de onze ou douze fines dentelures, la cinquième en comptant de l'extrémité supérieure du bord, est la plus grosse et la plus saillante; elle commence la petite excavation médiane. Au-dessous de cette excavation le bord est lisse et sans dents, dans le quart inférieur de la longueur totale de la columelle. Toute cette coquille est revêtue d'un épiderme noir sous lequel elle est tachée de fauve à la manière du *Neritina punctulata* de Lamarck.

† 38. **Néritine réticulaire.** *Neritina reticularis.* **Sow.**

N. testâ globulosâ, lævigatâ rubro vel fusco tenue reticulatâ; spirâ brevi obtusâ; ultimo anfractu ad suturas coarctato; aperturâ albâ, semilunari; margine columellari in medio emarginato, dentato.

Sow. Conch. illustr. f. 44.

Habite les eaux douces du Bengale, petite coquille globuleuse très convexe, lisse, à spire courte et très obtuse, et cependant rendue saillante par la manière dont se développe le dernier tour; ce dernier tour s'enroule plus obliquement et il est contracté vers la suture. L'ouverture est semilunaire, presque aussi haute que large; elle est blanche et le bord columellaire présente dans le milieu une dépression étroite, formant à-peu-près le tiers de la longueur totale et dans laquelle se montrent quatre ou cinq petites dentelures aiguës. Toute la surface est couverte d'un très fin réseau de lignes brunes généralement croisées à angle droit sur un fond rougeâtre. La longueur de cette espèce et de 12 à 14 millim.

† 39. **Néritine maillot.** *Neritina pupa.* **Lin.**

N. testâ ovato-globosâ, lævigatâ, extus albâ lineis nigerrimis undatis vel reticulatis ornatâ, intùs luteâ; aperturâ semilunari; labio vix inflexo obsolete denticulato.

Sow. Conch. illustr. f. 30.

Nerita pupa. Lin. Syst. nat. p. 1253.
Id. Gmel. p. 2679. n° 39.
Lister. Conch. pl. 605. f. 31.
Schrot. Einl. t. 2. p. 190. *Nerita pupa.*
Schrot. Einl. t. 2. p. 345. *Nerita,* n° 148.
Dillw. Cat. t. 2. p. 991. n° 31.

Habite la Jamaïque. Fort belle espèce bien distincte et très facile à reconnaître; elle est globuleuse, à spire très courte et obtuse; elle est lisse, d'un beau blanc opaque et ornée de fines lignes souvent simples et onduleuses, quelquefois entrecroisées en réseau d'un noir très foncé. L'ouverture est jaune dans toutes ses parties, le bord columellaire est droit et très obscurément dentelé; dans le milieu la columelle est plate, étroite et à peine calleuse. Cette coquille a 12 millim. de long. et 8 de large.

† 40. Néritine peinte. *Neritina picta.* Sow.

N. testá subglobosá, cinerascente, maculis sphacelis vittisque diversi modo picta; labio interno castaneo.

Sow. Proceed. Zool. Soc. 1832. p. 201.
Mull. Syn. Test. p. 55. no 7.
Sow. Conch. illustr. fig. 1.

Habite dans les eaux douces du Panama (Cuming). Espèce qui a beaucoup de ressemblance avec diverses variétés du *Neritina virginea;* mais qui en diffère un peu par la forme, par la disposition générale des couleurs et · surtout par la forme de l'ouverture qui n'est point contractée en bec en avant, par les dents columellaires qui ont une autre disposition, et enfin par la couleur de la callosité columellaire qui, dans le *Neritina picta,* est de couleur brun marron. On sait qu'elle est toujours blanche dans le *Virginea.* La longueur est de 14 millim.

† 41. Néritine fève. *Neritina faba.* Sow.

N. testá globosá, inflatá, lævigatá, apice brevi obtusá, rubr o, fuscoque dilute marmoratá, maculis nigris biserialibus or natá, aperturá semilunari, luteolá, margine columellari in medio depresso, dentato.

Sow. Conch. illustr. fig. 10.

Habite les eaux douces des environs de Singapore. Espèce arrondie, très globuleuse, presque sphérique, toute lisse, marquée de taches rougeâtres petites comme délayées dans du brun; le dernier tour est orné supérieurement et inférieurement de deux zones de taches noires un peu onduleuses et subarticulées; la spire est très

courte, très obtuse. L'ouverture est semilunaire, presque aussi
large que haute; elle est jaunâtre; le bord columellaire est arqué
et dentelé dans le milieu; la dépression médiane forme à-peu-près
le tiers de sa longueur. 18 millim. de longueur.

† 42. Néritine élégante. *Neritina pulchra.* Sow.

*N. testâ ovato-globosâ subtilissime obsolete transversim striatâ, diversis
coloribus pictâ rubro, roseo, nigro, alboque diversi modo articulatim maculatâ, vel zonatâ; aperturâ albâ; labio vix inflexo denticulato; callo columellari plano.*

Sow. Conch. illustr. fig. 59.

Habite... Nous avions d'abord pensé que cette espèce pourrait bien
être une variété du *Neritina virginea;* mais en examinant avec plus
d'attention, les individus auxquels nous avons appliqué le nom de
M. Sowerby, nous avons reconnu plusieurs caractères qui pourront servir à distinguer cette espèce de ses congénères; il resterait
à savoir maintenant si nos individus sont bien identiqués avec ceux
de M. Sowerby. Cette espèce est ovale, globuleuse, à spire courte
et cependant pointue; à l'aide d'un grossissement assez considérable, on voit à la surface des stries transverses fines, un peu onduleuses et obsolètes. L'ouverture est blanche; le bord droit n'est pas
rétréci en bec à sa partie moyenne; la callosité columellaire est
presque plane, le bord columellaire est presque droit, à peine réfléchi dans le milieu, et garni dans presque toute sa longueur de
fines dents obsolètes; la coloration est très variable, tantôt ce sont
des taches enchaînées noires et rouges, alternant et disposées par
zones; tantôt les taches rouges forment des zones transverses, alternant avec des zones de taches noires et blanches. Les grands individus ont jusqu'à 20 millim. de long.

† 43. Néritine de Sumatra. *Neritina Sumatrensis.* Sow.

*N. testâ ovato-globosâ, lævigatâ, apice brevi obtusâ, fulvâ castaneo
fulguratâ vel reticulatâ; aperturâ albâ semilunari angustâ; margine columellari per longitudinem arcuato et regulariter dentato.*

Sow. Conch. illustr. fig. 54.

Habite Sumatra (Sowerby), Waigiou (Lesson). Coquille ovale, globuleuse, à spire courte et obtuse, formée de quatre à cinq tours, dont
l'avant-dernier est convexe; la surface antérieure est lisse, et présente des colorations diverses, passant du fauve clair au brun très
foncé par des additions successives, d'abord de linéoles en zigzag
brunes qui, en se multipliant et s'élargissant, finissent par se toucher et se confondre par les angles, et forment alors un réseau irrégulier, à mailles assez grosses; lorsque les linéoles sont plus rap-

prochées, elles deviennent alors la couleur prédominante, et l'on a des variétés d'un brun foncé, irrégulièrement ponctuées de fauve. L'ouverture est blanche en dedans ; elle est semilunaire, étroite ; son bord columellaire est tranchant , il est uniformément arqué dans toute sa longueur, et garni d'une extrémité à l'autre de fines dentelures égales. Cette espèce a 20 millim. de long, 14 de large. Il y a des individus plus grands.

† 44. Néritine réticulée. *Neritina reticulata.* Sow.

N. testá subovali, transversim striatá, aterrimá, albo reticulatá et maculatá; aperturá omnino lutescente.

Sow. Proceed. Zool. Soc. 1832. p. 201.

Muller. Syn. Test. p. 55. n° 8.

Sow. Conch. illustr. *Neritina.* fig. 2.

Habite les îles de l'Océan austral, sur les sables mouillés de la mer (Cuming). Nous ne connaissons cette espèce que d'après la courte phrase caractéristique et la figure de M. Sowerby. Elle nous paraît bien distincte des espèces à réseau noir et blanc, non-seulement parce qu'elle est striée transversalement , mais encore parce qu'elle a l'ouverture jaunâtre. L'ouverture affecte d'ailleurs une forme particulière. Cette coquille a la spire très ventrue, très obtuse, à peine saillante, ce en quoi elle ressemble aux Nérites marines, dont elle paraît se rapprocher aussi par ses habitudes. Elle a 13 millim. de long.

† 45. Néritine de Coromandel. *Neritina Coromandeliana.* Sow.

N. testá ovato-conicá, apice acutiusculá, lævigatá, fusco-lutescente, maculis triangularibus brunneis quincuncialibus ornatá; aperturá semilunari, angustá, albidá, margine columellari in medio valde excavato, subdentato.

Sow. Conch. illustr. fig. 52.

Habite les eaux douces de Coromandel. Espèce ovale conique dont la coloration rappelle de loin celle du *Nerita piperina* de Chemnitz; la spire est pointue, formée de trois tours peu convexes, lisses. L'ouverture semilunaire est rétrécie d'avant en arrière; elle est blanche en dedans ; son bord columellaire est plus profondément creusé dans le milieu, que dans la plupart des espèces, et ce bord est finement dentelé dans presque toute sa longuenr; la callosité dont il est garni est assez épaisse et convexe. Sur un fond brun jaunâtre , cette coquille est ornée de taches subtriangulaires enchaînées et formant des lignes obliques assez régulières, ces taches sont brunes. Cette coquille est de la grosseur d'une noisette.

† 46. Néritine calleuse. *Neritina callosa*. Desh.

N. testá ovatá subglobulosá , apice exertiusculá , lævigatá , lineis ni-
gris tenuè reticulatá, albo-bifasciatá; aperturá semlunari; colu-
mellá simplici callosá, albo-corned.

Desh. Expéd. de Morée. Moll. p. 156. n° 215. pl. 19. fig. 16–18.

Habite la Morée. Espèce de la grosseur d'un pois, et parfaitement
distincte de tous ses congénères; elle est ovale, globuleuse, à spire
obtuse, peu saillante, formée de trois tours et demi très convexes
et fort étroits. L'ouverture est semilunaire, d'un jaune corné en dedans; le bord gauche est en ligne droite, et sans trace de dentelures; il est garni d'une large et épaisse callosité, demi circulaire, de
couleur jaune, corné; le dernier tour est orné d'un fin réseau, de
fines lignes noires entrecroisées, interrompu par deux fascies transverses, blanches, dans lesquelles le réseau disparaît presque entièrement. Cette petite espèce a 8 millim. de long.

† 47. Néritine chlorostome. *Neritina chlorostoma*. Sow.

N. testá suborbiculari, ellipticá, olivaceo-fuscá, nigro reticulatá, sub-
fasciatá; aperturá intùs flavá; labii columellaris margine obtuse,
unidentatá, rugulosá.

Sow. Proceed. Zool. Soc. 1832. p. 201.

Mull. Syn. Test. p. 55. n° 6.

Sow. Conch. illustr. fig. 34.

Habite les ruisseaux de l'île de Tahiti. Espèce d'un médiocre volume
ovale, globuleuse, à spire courte et obtuse, formée de trois tours
étroits et convexes. L'ouverture est semilunaire, jaune en dedans;
le bord droit est excavé dans le milieu, et garni dans presque toute
sa longueur de fines dentelures aiguës; la columelle est aplatie,
étroite, jaune comme le reste de l'ouverture, avec un trait rougeâtre dans le milieu. En dehors, cette coquille est d'un brun noirâtre,
interrompu par de petites taches irrégulières noires; la couleur
brune est produite par un réseau de très fines lignes très rapprochées et entrecroisées. Cette espèce a 12 à 14 millim. de long.

† 48. Néritine obtuse. *Neritina obtusa*. Benson.

N. testá ovato-globosá, lateraliter compressá , lævigatá fucescente;
spirá brevi obtusissimá ; aperturá ovato-semilunari; margine colu-
mellari excavato, obsolete denticulato; callo crasso angusto, rubes-
cente.

Sow. Conch. illustr. fig. 43.

Habite la rivière Hoogly (Benson , Sowerby). Espèce dont la forme
rappelle assez bien celle des variétés comprimées du *Nerita litto-*

ralis de Linné. Elle est ovale oblongue , comprimée d'arrière en avant, très convexe sur le dos ; la spire est courte et très obtuse. L'ouverture est moins semilunaire que dans la plupart des espèces ; elle est rendue subcirculaire par la courbure concave du bord columellaire; ce bord est obscurément dentelé; la callosité est étroite, épaisse, et d'un blanc rougeâtre, surtout vers le bord postérieur. Cette coquille est d'un brun fauve; elle est longue de 14 millim., et large de 9.

† 49. Néritine du Jourdain. *Neritina Jordani.* Butler.

N. testá globoso-conicá lævigatá, nigrá vel albovirente nigroque li-neatá; aperturá obliquissimá, semilunari, albo-lividá; columellá ob-solete in medio denticulatá; ultimo anfractu sæpissime in medio coarctato; operculo croceo.

Sow. Conch. illustr. fig. 49.

Habite les eaux douces de la Palestine et de la Syrie. L'espèce que nous possédons et que nous rapportons à celle de M. Sowerby, en a tous les caractères, moins un seul, la couleur de l'ouverture ; comme M. Sowerby n'a pas donné, que nous sachions, une description de l'espèce en question, et que nous n'en connaissons que la figure, nous présumons que par un défaut d'attention , le coloriste a donné à toute l'ouverture et à la callosité, la couleur qui ne convient qu'à l'opercule. Si notre observation est juste, l'identité de notre coquille avec celle de M. Sowerby, se trouvera constatée, si elle ne l'est pas, notre espèce devra prendre un autre nom.

Cette Néritine est ovale oblongue, conoïde, et en proportion plus turriculée que toutes les autres espèces; sa spire est obtuse au sommet; les premiers tours sont aplatis et conjoints, les deux derniers sont très convexes; la position de l'ouverture est plus oblique que dans les autres Néritines, ce qui lui donne quelque ressemblance avec un petit trochus. Cette ouverture est semilunaire, étroite, d'un blanc verdâtre ou livide, et l'opercule de couleur orangé, peu foncé ; le bord columellaire est un peu arqué dans le milieu, et tout-à-fait dépourvu de dents. On rencontre très fréquemment des individus qui, sur le dernier tour, ont une dépression médiane; les individus pris vivans sont noirs ou finement linéolés de blanc et de noir, ceux qui sont morts et qui ont été exposés sur le rivage, sont rougeâtres et linéolés de cette couleur : cette variété est naturelle aussi, car nous la possédons avec l'opercule. Les grands individus ont 12 millim. de longueur.

† 50. Néritine du Danube. *Neritina Danubialis.* Ziegler.

N. testá convexá, lævigatá, violaceo-fulminatá, spira centrali

*parum elatá, aperturá albá subovatá ; margine columellari eden-
tulo , sinuoso , callo, plano, lato.*

Nerita fluviatilis plicata. Schrot. Flussconch. p. 213. n° 32. pl.
min. B. f. 4.

Marsigli. Hist. du Danube. P. IV. p. 89. pl. 31. f. 6.

Schrot. Einl. t. 2. p. 272. n° 329. *Helix.*

Chemn. Conch. t. 9. pl. 124. f. 1088. a. b.

Rosm. Icon. t. 2. p. 18. pl. 7. f. 120.

Sow. Conch. illust. f. 47.

Habite le Danube. Petite espèce assez voisine par ses caractères du *Neritina fluviatilis*, mais qui en est cependant bien distincte. Elle est ovale, globuleuse, à spire courte, formée de trois tours et demi, très convexes, très étroits. L'ouverture est ovale oblongue, étroite, blanche, son bord droit tranchant et sans dents a une double inflexion un peu en *S* italique très allongé. La columelle est aplatie, et l'on y remarque quelques rides obsolètes sur un fond d'un blanc grisâtre. Cette coquille est ornée d'un grand nombre de linéoles d'un brun violacé ou noirâtre parallèles et onduleuses. Cette espèce a 10 millim. de longueur.

† 51. Néritine brodée. *Neritina stragulata.* Muhlf.

N. testá suprá obtusá angulatá, lutescente nigroque zebriná; spirá centrali, subdepressá.

Pfeiff. III. p. 49. pl. 8. f. 19. 21.

Rossm. Icon. Sussw. moll. p. 18. pl. 7. f. 121.

Habite.... Petite espèce qui a beaucoup de rapports avec le *Neritina danubialis;* elle est arrondie, globuleuse, lisse, à spire très courte, très obtuse. L'ouverture est semilunaire, toute blanche, étroite dans le fond, dilatée vers les bords. Le bord columellaire est simple et tranchant, un peu infléchi dans le milieu. La coquille est d'un blanc jaunâtre et ornée de zones noires assez larges, peu nombreuses et onduleuses. Cette espèce a 8 ou 16 millim. de longueur. Ce pourrait bien être une variété du *N. danubialis.*

† 52. Néritine transversaire. *Neritina transversalis.* Ziegl.

*N. testá parvá, semiglobosá, glabrá, lutescente nigricante-trifas-
ciatá; spirá laterali, punctiformi.*

N. transversalis. Z. Pfeiff. III. p. 48. pl. 8. f. 14.

Menke. Syn. p. 49. *N. trifasciata.*

Rossm. Icon. Susswass. moll. p. 18. pl. 7. f. 52.

Habite les eaux douces de la Hongrie aux environs de Pesth. Petite espèce qui a des rapports de forme et de volume avec le *Neritina fluviatilis*, mais qui s'en distingue de la manière la plus facile. La spire est très obtuse, et elle est enveloppée par le dernier tour de manière à ne laisser d'apparent que le sommet. La coquille est ovale oblongue, lisse, d'un jaune verdâtre et ornée de trois zones transverses étroites, d'un brun noir. Cette petite espèce à 7 à 8 millim. de long.

† 53. Néritine ondée. *Neritina undata*. Desh.

> *N. testâ ovato-globosâ, fasciis undatis alternatim nigris et fusco-aureis tæniatâ spinis brevibus coronatâ; spirâ productiusculâ aperturâ semilunari; columellâ, biarcuatâ, edentulâ aurantio maculatâ.*

Cliton undatus. Less. Voy. de la Coq. Zool. t. 2. pl. 13. f. 13.

Neritina spinosa. Sow. Conch. illustr. f. 9.

Habite les eaux douces de Waigiou (Lesson). Nous rendons à cette espèce le nom que M. Lesson le premier lui imposa, il y a plus de dix ans. Cette belle espèce appartenant à la section des couronnées; a de l'analogie avec le *Neritina corona*; elle est ovale sub-globuleuse, à spire presque toujours rongée au sommet et plus ou moins obtuse, selon les individus. La coquille est lisse ou striée par des accroissemens, et elle est ornée de zones transverses, onduleuses alternatives d'un beau noir et d'un jaune doré; les épines qui couronnent les derniers tours sont recourbées en arrière et les dernières ont jusque deux lignes et demi de longueur. L'ouverture est semilunaire d'un blanc bleuâtre; la columelle est tranchante; sans dents et à double concavité comme toutes les espèces de la même section; la callosité est aplatie et teinte d'orangé sur son bord externe.

† 54. Néritine subgranuleuse. *Neritina subgranulosa*. Sow.

> *N. testâ ovato-globosâ, striis longitudinalibus subgranulosis ornatâ violaceo-rubrâ vel grisea ad apicem coârctatâ, spirâ brevi profunde canaliculatâ; aperturâ albâ semilunari; angulo superiore canaliculato, spirâ detecto; columellâ biarcuatâ, denticulatâ.*

Sow. Conch. illustr. f. 14.

Espèce très curieuse qui par ses caractères doit se rapprocher des Néritines épineuses et surtout du *Brevispina* de Lamarck. Elle est ovale globuleuse; variable de couleur, tantôt d'un rouge violacé tantôt d'un beau gris bleuâtre; elle est chargée de stries ou plutôt de rides longitudinales irrégulièrement granuleuses. Le dernier tour se contracte vers la spire, celle-ci est aplatie et les tours peu nombreux sont séparés par un canal profond. L'ouverture est semilunaire blanche, la columelle présente deux courbures, l'une petite et supérieure sans dents, l'autre médiane, dentelée, la callosité columellaire est aplatie et jaunâtre en son bord externe; l'angle supérieur de l'ouverture est en gouttière, et il se détache de l'avant-dernier tour. La longueur de cette espèce est de 20 millim., sa largeur de 15, peut-être faut-il la regarder comme une variété monstrueuse du *Brevispina* de Lamarck.

Espèces fossiles.

† 1. Néritine cousine. *Neritina consobrina*. Fer.

N. testá subglobulosá, oblongá, lævigatá, spirá exsertiusculá, aliquando obtusá, columellá callosá, in medio tenue dentatá.

Férus. Hist. des moll. pl. de Néritines foss. f. 12.

Desh. Desc. des Coq. foss. t. 2. p. 153. pl. 19. f. 5. 6.

Habite.... fossile à Épernay et à Cumières; on la trouve aussi mais plus rarement à Maulette près Houdan. Petite espèce ovale, globuleuse, facile à reconnaître par sa coloration dont elle conserve presque toujours des traces très évidentes. Sur le dernier tour on voit trois zones transverses inégales, blanchâtres sur un fond d'un brun noir quelquefois roussâtre. L'ouverture est étroite, semilunaire; la columelle est calleuse, faiblement arquée et finement dentelée dans le milieu, quelquefois ces dentelures sont obsolètes. Cette petite coquille assez rare est longue de 8 millim.

† 2. Néritine de Duchastel. *Neritina Duchasteli*. Desh.

N. testá ovato-oblongá ; globulosá, lævigatá, lineolis fuscis tenuissimis, irregulariter articulatis ornatá ; spirá obtusá, brevissimá; aperturá angustá, columellá in medio bidentatá.

Desh. Desc. des Coq. foss. t. 2. p. 154. pl. 17. f. 23. 24.

Habite.... Fossile dans le parc de Versailles à la Ménagerie. Très petite espèce globuleuse, lisse, à spire courte, elle est ornée en dehors d'un grand nombre de linéoles articulées entre elles, ce qui forme à sa surface un réseau irrégulier; l'ouverture est semilunaire et la columelle tranchante est pourvue de deux petites dents obsolètes. Cette coquille a 5 millim. de longueur.

† 3. Néritine élégante. *Neritina elegans*. Desh.

N. testá globulosá, lævigatá ; eleganter fusco-lincolatá ; spirá obtusá ; aperturá minimá, columellá planá, angustá, edentulá.

Desh. Desc. des Coq. foss. t. 2. p. 154. pl. 19. f. 3. 4.

Habite.... Fossile à Maulette près Houdan. Très jolie petite espèce élégamment ornée de linéoles rougeâtres, anguleuses, régulières; elle est toute lisse, globuleuse ; sa columelle est aplatie, tranchante, étroite et sans dents. Cette petite coquille a 5 millim. de long.

† 4. Néritine globule. *Neritina globulus.* Def.

N. testá globulosá, lœvigatá, subtus callosá ; spirá brevi, obtusá ; aperturá angustatá, semilunari, obliquá ; columellá callosá, convexá unidentatá.

Neritina uniplicatá. Sow. Min. Conch. pl. 385. f. 9. 10.

Neritina globulus. Def. Dic. Sc. nat. t. 34. p. 481.

Férus. Hist. des moll. pl. de Néritines. foss. f. 14.

Desh. Desc. des Coq. foss. t. 2. p. 151. pl. 17. f. 19. 20.

Neritina callifera. Sow. Genera of shells. f. 7.

Habite.... Fossile en France, aux environs d'Épernay. En Angleterre à Charleton et à Wolwich. Coquille globuleuse, toute lisse, très convexe, un peu oblongue, à spire non saillante et obtuse; la columelle est revêtue d'une large callosité, elle n'est point aplatie mais convexe, à peine tranchante ; elle est concave sur le bord et elle n'a jamais qu'une seule dent assez saillante vers sa partie supérieure. L'ouverture est semilunaire et souvent aussi longue que large. Cette espèce a 13 millim. de longueur.

† 5. Néritine linéolée. *Neritina lineolata.* Desh.

N. testá ovato-globosá, lœvigatá, eleganter lineolatá ; spirá exsertiusculá ; aperturá semilunari ; columellá acutá, basi planá, supernè subtridentatá.

Desh. Coq. foss. de Paris. t. 2. p. 152. n° 3. pl. 19. f. 7. 8.

Habite.... Fossile aux environs de Paris à Maulette près Houdan, dans le calcaire grossier. Jolie petite espèce ovale-oblongue dont la forme se rapproche assez du *Neritina viridis*; la spire est courte et obtuse, on y compte quatre tours convexes, un peu aplatis vers la suture; l'ouverture est semilunaire, le bord columellaire est courbé dans sa longueur et présente constamment deux ou trois dentelures obsolètes et inégales à sa partie supérieure et un petit renflement inférieur, correspondant à une petite saillie de la callosité ; celle-ci est assez étroite, peu épaisse et presque plane. La coloration dont on trouve des traces, consiste en linéoles brunes entrecroisées, mais dont les principales formant deux zones, sont longitudinales. Cette espèce a 8 millim. de long et 6 de large.

† 6. Néritine noyau. *Neritina nucleus.* Desh.

N. testá ovato-globosá, lœvigatá, subgibbosá ; spirá obtusissimá ;

columellá callosá, incrassatá, basi extus uniplicatá, in medio quadridentatá.

Desh. Desc. des Coq. foss. t. 2. p. 156. pl. 25. f. 3. 4. 5.

Habite.... Fossile à Retheuil, Guise la Mothe. Elle est ovale globuleuse, très convexe; la spire composée de quatre tours très étroits, n'est pas saillante, la surface extérieure est toute lisse, sans aucune trace de coloration. L'ouverture est semilunaire, elle distingue essentiellement cette espèce, par les trois ou quatre dents columellaires assez grosses, dont la première et supérieure est toujours plus grosse et plus saillante que les autres. Cette coquille a 7 millim: de longueur.

† 7. Néritine pisiforme. *Neritina pisiformis.* **Fer.**

N. testá globulosá, lævigatá, eleganter fusco tenuissime lineolatá; spirá obtusá, brevi; columellá callosá, basi depressá, in medio quadridentatá.

Féruss. Hist. des moll. pl. de Néritines. foss. f. 11.

Desh. Desc. des Coq. foss. t. 2. p. 155. pl. 17. f. 21.

Habite... Fossile dans les lignites des environs d'Épernay, à Lisy, Ay, Cumières. Petite coquille globuleuse un peu oblongue, à spire obtuse non saillante; la callosité columellaire est large; la columelle est un peu excavée dans le milieu, et c'est dans cette partie que l'on voit quatre dents très petites. La surface extérieure est lisse, elle est ornée sur un fond grisâtre d'un grand nombre de très fines linéoles un peu onduleuses et d'un brun noirâtre. Cette petite coquille a 7 ou 8 millim. de longueur.

† 8. Néritine zonaire. *Neritina Zonaria.* **Desh.**

N. testá ovato-globulosá, lævigatá, spirá prominulá, crassá; ultimo anfractu zonis duabus tribusve fuscis ornato; columellá planá, in medio tenue dentatá.

Desh. Desc. des Coq. foss. t. 2. p. 156. pl. 25. f. 12.

Habite.... Fossile à Retheuil et Guise la Mothe. Coquille ovale globuleuse à spire assez saillante, composée de quatre tours étroits et convexes, le dernier est globuleux, lisse, et orné de deux ou trois zones transverses, brunes sur un fond blanchâtre; ces zones sont ponctuées. L'ouverture est semilunaire, la columelle est calleuse, un peu concave dans le milieu et porte sur cette partie de très petites dents fort rapprochées et inégales. Les plus grands individus ont 11 millim. de longueur.

† 9. Néritine concave. *Neritina concava.* **Sow.**

N. testá ovato-globosá, lævigatá, apice obtusá lineolis fuscis paral-

lelis vel reticulatis tenuissimis ornatá ; anfractibus angustis con-
vexis , aperturá semilunari ; columellá arcuatá in medio tenue
denticulatá.

Sow. Min. conch. pl. 385. f. 1 à 8.

Habite.... Fossile dans les terrains tertiaires de l'île de Wight. Petite
espèce ovale, globuleuse, de la grosseur d'un pois. Sa spire formée
de quatre tours convexes est obtuse. L'ouverture est étroite, semi-
lunaire et le plan columellaire est très incliné en dedans; le bord
de la columelle est arqué dans toute sa longueur et porte dans le
milieu seulement quelques dentelures peu saillantes qui s'effacent
dans certains individus. Quoique fossile, cette espèce conserve sa
coloration qui est assez variable , ce sont des lignes très fines,
noirâtres, quelquefois parallèles non entrecroisées, le plus souvent
formant un réseau très fin et très élégant. Cette espèce a 8 ou
10 millim. de longueur.

NÉRITE. (Nerita.)

Coquille solide, semi-globuleuse, aplatie en dessous, non
ombiliquée. Ouverture entière, demi-ronde : le bord gauche aplati, septiforme, tranchant, souvent denté ; des
dents ou des crénelures à la face interne du bord droit.
Opercule muni d'une apophyse.

Testa solida, semi-globosa, subtus planiuscula : um-
bilico nullo. Apertura semi-orbicularis, integra : labium
planulatum, septiforme, acutum, sæpiùs dentatum ; la-
brum intùs dentatum vel crenulatum. Operculum appen-
diculatum.

Observations. — Les *Nérites*, réduites par les caractères ci-
dessus, sont toutes des coquilles marines, solides, assez épaisses, et très agréablement variées dans leurs couleurs. Elles sont
remarquables par leur columelle oblique, relativement à l'axe
de la coquille, aplatie, tranchante, septiforme, souvent dentée,
et qui fait paraître leur ouverture demi ronde.

Leur spire s'élève peu au-dessus du dernier tour, ce qui les
rend semi-globuleuses. Elles ont un opercule semi-lunaire, tan-

tôt simplement corné, tantôt calcaire, et qui est muni d'un côté d'une dent ou d'une apophyse engrenante. Cet opercule ferme exactement l'ouverture; et lorsque l'animal sort, il se rabat, comme un volet, sur la partie plate de la columelle.

Ces coquilles sont distinguées des Néritines, non-seulement par leur habitation, mais parce que la face interne de leur bord droit est dentée ou crénelée. Elles diffèrent principalement des Natices en ce qu'elles ne sont jamais ombiliquées. La hauteur du dernier tour est toujours moindre que sa largeur.

[L'animal a un pied large, court, et deux tentacules pointus, oculés à leur base externe; les yeux sont élevés chacun sur un mamelon. Ce que nous avons dit précédemment sur la famille des Néritacées et sur le genre Néritine, ne nous laisse rien à ajouter sur le genre Nérite en particulier. Nous avons exposé les raisons qui nous déterminent à réunir les deux genres, et l'une des raisons les plus puissantes est sans contredit la ressemblance parfaite entre les animaux des Nérites marines et des espèces fluviatiles. Le nombre des espèces de Nérites proprement dites est moins considérable, quant à présent, que celui des espèces lacustres. Nous ne comptons qu'une trentaine d'espèces vivantes et à-peu-près autant de fossiles. Quant à ces dernières, on les observe dans presque tous les terrains de sédiment; elles commencent dans la partie supérieure du terrain de transition et on les retrouve dans le système oolitique, dans la craie et dans le terrain tertiaire.

ESPÈCES.

1. Nérite grive. *Nerita exuvia.* Lin. (1)

N. testâ crassâ, albâ, nigro-maculatâ; costis transversis, dorso acutis, squamoso-scabris; striis longitudinalibus costas decus-

---

(1) Linné fait une description très exacte de cette espèce dans le muséum de la princesse Ulrique, et cette description ne laisse aucun doute à son égard. Il n'en est pas de même de la synonymie qui est très incorrecte, soit dans cet ou-

santibus; labro intùs crenato; labio suprà verrucoso et margine dentato.

Nerita exuvia. Lin. Syst. nat. ed. 10. p. 779. Gmel. p. 3683. nº 51.

Lister. Conch. t. 599. f. 15.

Rumph. Mus. t. 22. fig. M.

Petiv. Gaz. t. 100. f. 6.

Gualt. Test. t. 66. fig. CC.

Seba. Mus. 3. t. 59. f. 9. 10.

Knorr. Vergn. 3. t. 1. f. 5.

Favanne. Conch. pl. 11. fig. M.

Chemn. Conch. 5. t. 191. f. 1972. 1973.

Encyclop. pl. 454. f. 1. a. b.

* Lin. Mus. Ulric. p. 682.

* Lin. Syst. nat. éd. 12. p. 1255. *Exclus. plerisque synonym.*

* Schrot. Einl. t. 2. p. 303.

* Born. Mus. p. 409. *Exclus. plur. synony.*

* Gèves. Conch. pl. 23. f. 240.

* Dillw. Cat. t. 2. p. 1005. nº 61.

* De Roissy. Buf. Moll. t. 5, p. 272.

* *Nerita exuvia et textilis.* Desh. Encyc. méth. Vers. t. 3. p. 616. nº 1.

Habite l'Océan des grandes Indes. Mon cabinet. Sa columelle est tachée d'un jaune aurore dans sa partie supérieure. Cette coquille est distincte de la suivante par ses côtes à dos aigu, ce qui lui a fait donner le nom de *grive-à-vives-arétes.* Diam. transversal, 17 ligues.

---

vrage que nous citons, soit dans les 10ᵉ et 12ᵉ éditions du *Systema naturæ.* Linné cite entre autres figures celle de Rumphius (pl. 22, fig. *m*). Cette figure représente assez exactement le *Nerita radula;* il n'a aucun rapport avec l'*exuvia,* il nous semble que Linné aurait pu citer la figure 3 de la même planche. Cette erreur, reproduite par Born, signalée par Schroter, se retrouve dans Lamarck. Les figures citées par Linné dans Lister, Bonanni, d'Argenville, ne laissent pas moins de doutes que celle de Rumphius. Schroter le premier a rectifié convenablement la synonymie, en quoi il a été imité par Gmelin et par Dillwyn.

2. **Nérite nattée.** *Nerita textilis.* Gmel. (1)

> N. *testá crassiusculá, albá, nigro-maculatá; costis transversis,*
> *dorso rotundis, imbricato-squamosis; sulcis longitudinalibus*
> *costas decussantibus; labro intùs sulcato; labio ut in prœce-*
> *dente.*
>
> Rumph. Mus. t. 22. f. 3.
> Petiv. Amb. t. 21. f. 5.
> *Nerita plexa.* Chemn. Conch. 5. t. 190. f. 1944. 1945.
> *Nerita textilis.* Gmel. p. 3683. n_0 53.
> Habite... l'Océan indien? Mon cabinet. Quoique très voisine de la
> précédente par ses rapports, elle en est bien distinguée par ses
> côtes tout-à-fait rondes, par son ouverture moins dilatée, et
> parce que les points tuberculeux de la partie plane de son bord
> gauche sont très petits. Diamètre transversal, 17 lignes.

3. **Nérite ondée.** *Nerita undata.* Lamk. (2)

> N. *testá crassá, transversim striatá, cinereo-flavescente, flammulis*
> *fuscis et albis longitudinalibus undatim pictá; spirá prominente,*
> *acutá; labio suprà rugoso, quadridentato; labro intùs sulcato,*
> *supernè bidentato.*
>
> *Nerita undata.* Gmel. p. 3682. n° 50.
> Lister. Conch. t. 596. f. 7.

---

(1) Nous ferons d'abord observer que Chemnitz avait donné
le nom de *Nerita plexa* à cette espèce avant que Gmelin l'eût
inscrite dans la 13ᵉ édition de Linné sous le nom de *Nerita tex-*
tilis. Dans le cas où on la conserverait, elle devrait donc reprendre son premier nom; mais l'examen de cette espèce nous
a depuis long-temps convaincu qu'elle avait été établie sur une
variété jeune du *Nerita exuvia.*

(2) Après avoir vérifié la description et la synonymie de
cette espèce linnéenne, dans les divers auteurs qui en parlent,
nous avons reconnu que presque chacun d'eux a attribué le
nom de Linné à une autre espèce que la sienne. Le *Nerita un-*
data de Born est une espèce toujours distincte de l'*undata* de
Linné. La figure de Chemnitz répondrait assez exactement à la
description de Linné; mais sa synonymie ne s'accorde pas avec
celle de Linné dans l'indication des figures, et renvoie à trois
espèces distinctes. Schroter à la vérité élimine quelques-unes

Gualt. Test. t. 66. fig. P.

Knorr. Vergn. 6. t. 13. f. 2.

Chemn. Conch. 5. t. 190. f. 1950. 1951.

Encyclop. pl. 454. f. 6. a. b.

* *Nerita striata.* Burrow. Elem. pl. 20. f. 8.

* *Nerita undata* de Lamark. Desh. Ency. méth. Vers. t. 3. pl. 619. n° 8.

Habite l'Océan des Antilles. Mon cabinet. Diam. transv., 16 lignes.

4. Nérite saignante. *Nerita peloronta.* Lin.

N. testá crassiusculá, transversim sulcatá, cinereá vel luteo-rufuscente; strigis longitudinalibus flexuosis nigris aut roseis; spirá prominente, labio medio bidentato : dentibus basi maculá sanguineá insignitis.

Nerita peloronta. Lin. Syst. nat. ed. 10. p. 778. Gmel. p. 3680. no 44.

Lister. Conch. t. 595. f. 1.

Bonanni. Recr. 3. f. 214.

Gualt. Test. t. 66. fig. Z.

D'Argenv. Conch. pl. 7. fig. G. H. O.

Favanne. Conch. pl. 10. fig. L. 1. L. 2.

Knorr. Vergn. 5. t. 3. f. 2.

Chemn. Conch. 5. t. 192. f. 1977-1984.

Encyclop. pl. 454. f. 2. a. b.

* Linn. Mus. Ulr. p. 679.

* Lin. Syst. nat. ed. 12. p. 1254.

---

des citations fautives de Chemnitz, mais il ne rend pas encore la synonymie assez correcte. Gmelin copie Schroter. Dillwyn revient à la confusion de Chemnitz et ajoute le Lagar d'Adanson qui est probablement encore une espèce différente des autres; enfin, la description de Lamarck et surtout la figure qu'il donne de son espèce dans l'Encyclopédie, prouvent que son espèce n'est pas la même que celle de Linné et des autres auteurs qui l'ont précédé, il est impossible, comme on le voit, de compléter et de rectifier la synonymie adoptée ici par Lamarck, car il faudrait tout détruire pour rétablir exactement l'espèce de Linné à la place de celle-ci. Nous faciliterons le changement que nous indiquons, en donnant plus loin l'espèce de Linné parmi celles que nous ajoutons au genre.

* Schrot. Journ. de Conch. t. 5. p. 463. n° 70.
* Schrot. Einl. t. 2. p. 295.
* Born. Mus. p. 406.
* Dillw. Cat. t. 2. p. 997.
* Roissy. Buf. Moll. t. 5. p. 173.
* Desh. Ency. méth. Vers. t. 3. p. 619. n° 9.
* Sow. Genera of shells. *Nerita.* f. 1. 2.
* Blainv. Malac. pl. 36 *bis.* f. 6.

Habite l'Océan des Antilles et de l'Amérique méridionale. Mon cabinet. Vulg. la *quenotte-saignante.* Son bord gauche est un peu concave en dessus. Diam. transv. , 14 lignes et demie.

5. Nérite bouche-jaune. *Nerita chlorostoma.* Lamk.

N. testâ crassiusculâ, transversim sulcatâ, longitudinaliter tenuissimè striatâ, nigrâ; spirâ prominulâ, cinerascente; aperturâ luteolâ : labio bidentato, suprà rugoso et verrucoso.

Encyclop. p. 454. f. 4. a. b.
* Sow. Genera of shells. *Nerita.* f. 3.

Habite... Mon cabinet. Diam. transv., 16 lignes.

6. Nérite noirâtre. *Nerita atrata.* Chemm. (1)

N. testâ crassâ, sulcis transversis depressiusculis cinctâ nigrâ; spirâ brevissimâ, sublaterali; aperturâ albâ : labio dentato suprà ruguloso.

Nerita atrata. Chemn. Conch. 5. t. 190. f. 1954. 1955.
Gmel. p. 3683. n° 54.
* Le *Dunar* Adans. Seneg. p. 188. pl. 13. f. 1.
* Schrot. Einl. t. 2. p. 369. *Nerita* n° 221.
* *Nerita senegalensis.* Gmel. p. 3686. n° 69.
* Schrot. Einl. t. 2. p. 334. *Nerita.* n° 100.
* Desh. Encycl. méth. Vers. t. 3. p. 620. n° 10.

---

(1) La description que donne Adanson de sa Nérite Dunar ne laisse presque point de doute sur l'identité de cette coquille avec le *Nerita atrata* de Chemnitz. Aussi à l'exemple de Dillwyn, nous réunissons ces deux espèces. Il y a plusieurs espèces de Nérites qui sont noires à l'extérieur, l'une à stries fines, qui est le *Nerita nigerrima* de Chemnitz, l'autre à stries plus larges et ponctuées de blanc dans quelques individus, c'est le *Nerita atrata* auquel M. Quoy donne le nom de *Nerita punctulata.*

* *Nerita atrata.* Dillw. Cat. t. 2. p. 996. n° 41.

* *Nerita punctulata.* Quoy et Gaim: Voy. de l'Astr. t. 3. pl. 65. f. 41-42.

Habite l'Océan atlantique austral et Américain. Mon cabinet. Diam. transversal, 16 lignes et demie.

7. Nérite polie. *Nerita polita.* Lin. (1)

N. testâ crassâ, glabrâ, nitidulâ, longitudinaliter tenuissimè striatâ, colore variâ; spirâ retusissimâ; labio dentato, suprà lævigato.

Nerita polita. Lin. Syst. nat. ed. 10. p. 778. Gmel. p. 3680. n° 43.

Lister. Conch. t. 602. f. 20.

Rumph. Mus. t. 22. fig. I. n° 2 et n° 7.

Petiv. Amb. t. 11. f. 5. 6.

Gualt. Test. t. 66. fig. C. D. F. G. et H ?

D'Argenv. Conch. pl. 7. fig. K.

Favanne. Conch. pl. 10. fig. S. *in medio tabulæ.*

Seba. Mus. 3. t. 38. f. 56. et t. 59. f. 1-3.

Knorr. Vergn. 3. t. 1. f. 4.

Born. Mus. p. 395, Vig. f. C. t. 17. f. 11-16.

Regenf. Conch. 1. t. 4. f. 43.

Chemn. Conch. 5. t. 193. f. 2001-2014.

* Lin. Mus. Ulr. p. 678.

* Lin. Syst. nat. ed. 12. p. 1254.

* Lister. Conch. pl. 600. f. 17.

* Schrot. Einl. t. 2. p. 293.

* Gèves. Conch. pl. 22. f. 217 et 219 à 226.

* Roissy. Buf. Moll. t. 5. p. 272.

* *Nerita nigra.* Chemn. Conch. t. 5. pl. 193. f. 2015.

---

(1) Cette espèce a été bien établie par Linné et sa synonymie est sans reproche; mais Gmelin et, à son exemple, Lamarck y ont ajouté la citation d'une figure de Lister qu'il conviendra de supprimer, parce qu'elle ne représente pas l'espèce. Comme Gmelin, Lamarck réunit aussi au *Nerita polita* le *Nerita pennata* de Born (pl. 17, fig. 11, 12); mais nous pensons que c'est à tort et que cette espèce doit être distinguée; peut-être faudra-t-il séparer aussi comme espèce le *Nerita polita oceani australis* de Chemnitz (pl. 193, fig. 2013, 2014); elle a l'ouverture bordée de rouge orangé à l'intérieur.

* *Nerita hieroglyphica.* Chemn. Conch. t. 5. pl. 193. f. 2016 à 2018.
* Desh. Ency. méth. Vers. t. 3. p. 620. n° 11.
* *Nerita bifasciata.* Gmel. p. 3685. n° 26.
* Schrot. Einl. t. 2. p. 340. *Nerita.* n° 116. 117. 118. 119.
* Dillw. Cat. t. 2. p. 994. n° 37.
* *Nerita hieroglyphica.* Dillw. Cat. t. 2. p. 995. n° 38.
* Brock. Introd. pl. 9. f. 119?
* *An eadem species? Nerita flavescens.* Chemn. Conch. t. 10. p.
304. pl. 165. f. 1594. 1595.
* *Nerita bidens.* Var. Gmel. p. 3679.
* *Nerita flavescens.* Dillw. Cat. t. 2. p. 992. n° 33.
* Quoy et Gaim. Voy. de l'Astr. t. 3. pl. 65. f. 31.

Habite l'Océan indien. Mon cabinet. Espèce remarquable par son
épaisseur, son poli, et surtout par la diversité de sa coloration;
le fond de son ouverture est un peu jaunâtre; les sillons de la
face interne de son bord droit sont forts petits. Diam. transv. 16
lignes.

8. Nérite albicille. *Nerita albicilla.* Lin.

*N. testâ solidâ, lateribus compressâ, sulcis latis planiusculis cinctâ,
albâ ; strigis longitudinalibus flexuosis rufo-fuscis; spirâ ad la-
tus obliquè incurvâ ; labio dentato, suprâ verrucoso.*

Nerita albicilla. Lin. Syst. nat. ed. 10. p. 778. Gmel. p. 3681.
n° 45.
Lister. Conch. t. 600. f. 16.
Rumph. Mus. t. 22. f. 8.
Petiv. Amb. t. 21. f. 10.
D'Argenv. Conch. pl. 7. fig. F.
Favanne. Conch. pl. 10. fig. E. et pl. 11. fig. F.
Knorr. Vergn. 6. t. 13. f. 4.
Chemn. Conch. 5, t. 193. f. 2000. a—h.
* Lin. Mus. Ulr. p. 679.
* Lin. Syst. nat. ed. 12. p. 1254.
* Schrot. Einl. t. 2. p. 296.
* Born. Mus. p. 406.
* Dillw. Cat. t. 2. p. 998. n° 45.
* Desh. Encycl. méth. Vers. t. 3. p. 621. n° 12.
* Quoy et Gaim. Voy. de l'Astr. t. 3. pl. 65. f. 17. 18.

Habite les mers du cap de Bonne-Espérance et de l'Inde. Mon cabinet. Vulgairement le *palais-de-bœuf.* Diamètre transversal, 13
lignes.

9. Nérite caméléon. *Nerita chamœleon.* Lin. (1)

N. testâ solidâ transversim sulcatâ, flammulis longitudinalibus
    albis luteis rubris fuscisque variegatâ, spirâ brevi, subprominulâ ;
    aperturâ albâ : labio dentato, suprà rugoso et verrucoso.

Nerita chamœleon. Lin. Syst. nat. ed. 10. p. 779. Gmel. p. 3682.
     n° 49.

Rumph. Mus. t. 22. fig. L.

Petiv. Amb. t. 11. f. 7.

Gualt. Test. t. 66. fig. X.

D'Argenv. Conch. pl. 7. fig. O.

Favanne. Conch. pl. 10. fig. C.

Knorr. Vergn. 5. t. 15. f. 4.

Chemn. Conch. 5. t. 192. f. 1988–1991.

Nerita bizonalis. Ency. pl. 454. f. 3. a. b.

* Lin. Mus. Ulric. p. 681.

* Lin. Syst. nat. ed. 12. p. 1255.

* Schrot. Einl. t. 2. p. 300.

* Born. Mus. p. 408.

* Dillw. Cat. t. 2. p. 1003. n° 57.

* Desh. Encyclop. méth. Vers. t. 3. p. 818. n° 4.

Habite l'Océan de l'Inde et des Moluques. Mon cabinet. Diam.
     transversal. 11 lignes.

10. Nérite versicolore. *Nerita versicolor.* Lamk. (2)

N. testâ crassâ, transversim sulcatâ, ex albo rubro nigroque va-

---

(1) La synonymie de cette espèce ne nous paraît pas bien
établie dans la plupart des auteurs. Schroter admet la figure 26,
de la pl. 3 de Regenfuss; mais cette figure est loin de représen-
ter exactement le |*Chamœleon* de Linné. Chemnitz et, à son
exemple, Lamarck citent une figure de Knorr (Vergn. t. 5,
pl. 15, fig. 4). Pour nous, cette figure représente bien plutôt
une variété rosée du *Nerita plicata,* variété dont nous possédons
un individu identique; des quatre figures que donne Chemnitz,
il n'y a pour nous que les deux premières qui représentent assez
exactement le *Nerita Chamœleon,* les deux autres sont trop im-
parfaites pour être rapprochées avec certitude.

(2) Le *Nerita pica* de Chemnitz et de Gmelin a la plus grande
analogie avec le *Nerita versicolor,* et nous réunirions ces deux

riegatá, subtessellatâ spirâ prominulâ ; aperturâ angustatâ , sub-ringente : labiis utrisque valdè dentatis.

D'Argenv. Conch. pl. 7. fig. etc.

Favanne. Conch. pl. 10. fig. S. *angulo sinistro; ad basim tabulæ.*

Chemn. Conch. 5. t. 191. f. 1962. 1963.

Nerita versicolor. Gmel. p. 3684. n° 57.

Encyclop. p. 454. f. 7. a. b.

* Le Selot. Adans. Seneg. p. 191. pl. 13. f. 4.

* *Nerita tricolor.* Gmel. p. 3686. n° 71.

* *Nerita plicata. pars.* Dillw. Cat. t. 2. p. 1000. n° 49.

* Desh. Encycl. méth. Vers. t. 3. p. 618. n° 5.

* *Nerita striata.* Chemn. Conch. t. 5. p. 311. pl. 192. f. 1992

* Schrot. Einl. t. 2. p. 338. 339. *Neritæ.* n. 111. 112. 113.

* *Nerita flammea.* Gmel. p. 3685. n° 63.

* *Id.* Dillw. Cat. t. 2. p. 1002. n° 54.

* Philipp. Enum. moll. Sicil. p. 159. n° 1.

Habite la mer des Antilles. Mon cabinet. Bord columellaire très froncé en dessus. Diam. transv., 10 lignes et demie.

11. Nérite de l'Ascension. *Nerita Ascensionis.* Gmel.

N. testâ solidâ, transversim sulcato-costatâ, griseo-virente, albo et fusco maculatâ; spirâ prominente, apice luteo; aperturâ albâ : labio dentato, suprâ rugoso, maculâ luteâ notato.

Chemn. Conch. 5. t. 191. f. 1956. 1957.

Nerita ascensionis. Gmel. p. 3683. n° 55.

* Schrot. Einl. t. 2. p. 334. *Nerita.* n° 101.

* Dillw. Cat. t. 2. p. 1000. n° 50.

* Desh. Encycl. méth. Vers. t. 3. p. 618. n° 6.

* Quoy et Gaim. Voy. de l'Astr. t. 3. pl. 65. f. 19 à 21.

Habite sur les côtes de l'île de l'Ascension. Mon cabinet. Diam., transv., un pouce.

12. Nérite espacée. *Nerita malaccensis.* Lamk. (1)

N. testâ crassiusculâ, transversim costatâ, albidâ aut ferrugineâ ;

espèces, si la figure de Chemnitz ne nous laissait des doutes sur les caractères de l'ouverture. M. Philippi, d'après M. Scott, dit qu'elle vit aussi dans la Méditerranée.

(1) Il est évident, pour nous, que le *Nerita malaccensis* de Lamarck est une toute autre espèce que celle de Chemnitz et de Gmelin ; il suffit, pour partager notre conviction de comparer

*costis elevatis, distantibus, nigro et albo articulatim maculatis;
spirá retusá, interdum prominulá; aperturá utrinquè dentatá :
labio suprà verrucoso ; labro margine crenato.*

Chemn. Conch. 5. t. 192. f. 1976.

Nerita malaccensis. Gmel. p. 3684. n° 61.

* *Nerita malaccensis* de Lamarck. Desh. Encyclop. méth. Vers.
t. 3. p. 619. n° 7.

* *An eadem?* Blainv. Malac. pl. 36. f. 1.

Habite les mers équatoriales, au détroit de Malacca, et sur les côtes
de Saint-Domingue, d'où je l'ai reçue. Mon cabinet. Diam.
transv., près d'un pouce.

13. Nérite fines-côtes. *Nerita lineata.* Chemn.

*N. testá solidá costis tenuibus nigris transversim lineatá : interstitiis
rubro-violaceis; spirá retusá; aperturá dilatatá : labio sub.eden-
tulo, suprà lævigato ; labro intùs striato.*

Nerita lineata. Chemn. Conch. 5. t. 191. f. 1958. 1959.

Gmel. p. 3684. n° 56.

* Schrot. Einl. t. 2. p. 335. *Nerita.* n° 102.

* Dillw. Cat. t. 2. p. 1001. n° 51.

Habite dans le détroit de Malacca. Mon cabinet. Diam. transversal,
près d'un pouce.

14. Nérite côtes rudes. *Nerita scabricosta.* Lamk. (1)

*N. testá solidá, transversim costatá : costis elevatis, angustis,
dorso asperulatis, nigris ; interstitiis albis ; spirá brevissimá ; aper-*

---

les phrases caractéristiques des auteurs que nous citons. On sen-
tira qu'il nous est impossible ici de réparer l'erreur de Lamarck,
puisqu'il faudrait faire disparaître son espèce et la remplacer
par celle de Chemnitz.

(1) D'après cette seule indication de Lamarck, il nous semble
reconnaître dans ce *Nerita scabricosta*, le *Nerita grossa* de Born
(qui n'est pas celle de Linné) et le *Nerita costata* de Chemnitz
qui est la même que celle de Born ; mais il nous reste des doutes.
Lamarck dit que, dans son espèce, les côtes sont étroites ; dans
celles de Chemnitz, elles sont larges. Lamarck ne donne pas le
nombre des côtes ni celui des dents des bords de l'ouverture,
de sorte que, pour bien établir la synonymie de l'espèce, il faudrait voir le type de la collection de Lamarck.

turâ ringente, utrinquè valdè dentatâ; labio suprà rugoso.
Habite... Mon cabinet. Diam. transv., 9 lignes.

15. Nérite plissée. *Nerita plicata.* Lin. (1)

N. testâ solidâ, transversim costato-plicatâ, squalidè albâ, apice luteâ; spirâ exsertiusculâ; aperturâ angustatâ, ringente : labiorum dentibus inæqualissimis.

Nerita plicata. Lin. Syst. nat. éd. 10. p. 779. Gmel. p. 3681. n° 47.
Lister. Conch. t. 595. f. 3.
Gualt. Test. t. 66. fig. V.
Seba. Mus. 3. t. 59. f. 18.
Born. Mus. t. 17. f. 17. 18.
Encyclop. p. 454. f. 5. a. b.
* Lin. Mus. Ulric. p. 680.
* Lin. Syst. nat. éd. 12. p. 1255.
* Chemn. Conch. t. 5. p. 293. pl. 190. f. 1952. 1953.
* Schrot. Einl. t. 2. p. 298.
* Dillw. Cat. t. 2. p. 1000. n° 49. *Exclus. syn. plur.*
* Bonan. Rcr. part. 3. f. 386.
* Klein. Tent. ostr. pl. 5. f. 100. *ex Bonanno.*
* Knorr. Vergn. t. 5. pl. 15. f. 4.
* Desh. Encycl. méth. Vers. t. 3. p. 617. n° 2.
Habite l'Océan indien. Mon cabinet. Diam. transv., environ 10 lignes.

16. Nérite parquetée. *Nerita tessellata.* Gmel.

N. testâ solidâ, transversim sulcatâ, cinereâ; sulcis confertissimis, convexis, albo et nigro tessellatim maculatis; spirâ exsertiusculâ labiorum dentibus ut plurimùm parvulis.

Nerita striata. Chemn. Conch. 5. t. 192. f. 1998. 1999.
Nerita tessellata. Gmel. p. 3685. n° 65.
* *Le tadin.* Adans. Seneg. p. 190. pl. 13. f. 2.
* Schrot. Einl. t. 2. p. 339. *Nerita.* n° 115.
* Dillw. Cat. t. 2. p. 1005. n° 65.
* Desh. Encycl. méth. Vers. t. 3. p. 617. n° 3.

---

(1) Quoique cette espèce de Linné soit bien caractérisée et facilement reconnaissable, Dillwyn a cependant confondu avec elle le Selot d'Adanson (*Nerita tricolor* de Gmelin), qui est à n'en pouvoir douter la même espèce que le *Nerita versicolor* de Gmelin.

Habite l'Océan atlantique équinoxial. Mon cabinet. Diam. transv., 9 lignes.

17. Nérite australe. *Nerita signata*. Lamk.

N. testâ parvulâ, scabriusculâ, transversim costatâ et striatâ, albo-lutescente, maculis spadiceis variegatâ ; costis squamoso-scabris ; spirâ incumbente, sublaterali ; aperturæ labiis minute dentatis ; labio maculâ sanguineâ notato.

Nerita signata. ex D. Macleay.

Habite les mers de la Nouvelle-Hollande ; communiquée par M. *Macleay*, Mon cabinet. Diam. transv., 6 lignes et demie.

† 18. Nérite réticulée. *Nerita reticulata*. Karst.

N. testâ ovato-semiglobosâ, transversim costatâ, striis longitudinalibus decussatâ ; costis inæqualibus, spirâ prominulâ, obtusâ, flammulis obliquis, fuscis, rubro maculatis ornatâ ; aperturâ semilunari ; labio tenue denticulato, labro in medio excavato, subdentato, maculâ rubescente notato.

Karsten. Mus. Leskeanum. t. 1. p. 296. n° 1236. pl. 3. f. 8.

Habite les îles Philippines. Jolie espèce restée oubliée et que l'auteur du muséum Leskeanuma avait autrefois très bien distinguée ; elle est ovale, demi globuleuse ; sa surface est couverte d'un réseau formé de fines stries longitudinales transverses et de petites côtes transverses inégales, rapprochées et en nombre considérable. La spire est courte et obtuse, ordinairement jaunâtre ; le reste de la surface est orné de grandes flammules obliques, d'un brun noirâtre ; tâché de petites linéoles rouges, placées sur le sommet des côtes. L'ouverture est semilunaire ; le bord droit porte 14 dentelures dont la dernière est supérieure et plus saillante. La columelle a le bord concave ; elle porte dans le milieu quelques petites dents obsolètes, et l'on voit constamment, sur le milieu du plan columellaire, une tache rouge couleur de rouille, à-peu-près comme dans le *Neritina peloronta*. Cette coquille a 20 millim. de long. et 15 de large.

19. Nérite étoilée. *Nerita stella*. Chemn.

N. testâ hemisphæricâ, apice obtusissimâ, transversim costatâ, longitudinaliter tenuè striatâ ; costis irregulariter subgranosis ; aperturâ semilunari ; labio intùs incrassato, tenuiter plicato ; columellâ medio excavatâ, tridentatâ, callo in medio rugoso, tuberculato.

Chem. Conch. t. 11. p. 174. pl. 197. f. 1907. 1908.

Dillw. Cat. t. 2. p. 1004. n° 58.

Habite la mer des Indes orientales (Chemnitz). Belle et rare espèce
facile à distinguer ; elle est très convexe, demi sphérique ; à spire
très courte et très obtuse, presque entièrement enveloppée par le
dernier tour ; celui-ci porte 17 à 18 côtes transverses inégales et
rendues raboteuses par de petites nodosités qui s'élèvent irrégulièrement sur leur convexité. Ces côtes sont coupées un peu obliquement par des stries longitudinales fines et serrées. L'ouverture
est semilunaire ; le bord droit est très épais en dedans et il porte
20 ou 21 dents fines et égales, le bord columellaire est creusé
dans le milieu, et il porte dans cet endroit trois petites dents
aiguës et égales ; au-dessous d'elle et sur la callosité on remarque
un petit nombre de tubercules arrondies et quelques rides irrégulières vers l'angle supérieur ; la coloration de cette espèce est
assez variable. Sur un fond brun se dessinent à d'assez grands
intervalles des flammules blanchâtres qui vont en convergeant
vers le sommet et produisent, vers cette partie, des rayons colorées assez réguliers. Cette jolie espèce à 20 millim. de long. et 19
de large.

† 20. Nérite des Antilles. *Nerita antillarum.* Gmel.

*N. testá ovato-semiglobosá, apice obtusissimá, transversim costatá :
costis nigerrimis , subæqualibus; interstitiis albicantibus; aperturá angustá, semilunari, labro tenuè denticulato, supernè
dente productiusculo prædito ; columellá lævigatá, convexá, lutescente, in margine obsolete bidentatá.*

Nerita nigerrima. Var. Chem. Conch. t. 5. p. 309. pl. 192. f. 1987.

Schrot. Einl. t. 2. p. 338. n° 110.

Nerita Antillarum. Gmel. p. 3685. n° 62.

Id. Dillw. Cat. t. 2. p. 997. n° 43.

Habite la mer des Antilles (Chemnitz). Chemnitz confondait cette
espèce avec le *Nerita costata* de Linné. Si, pour l'extérieur, elle a
quelque ressemblance avec cette dernière, elle en diffère constamment quant aux caractères spécifiques. Cette coquille est
ovale, demi sphérique ; la spire très courte et très obtuse, est
presque entièrement cachée par le dernier tour. Celui-ci porte 18
à 19 grosses côtes transverses, simples, du noir le plus foncé et
dont les intervalles sont ordinairement blanchâtres. Nous connaissons cependant des individus dans lesquels toute la surface extérieure est noire. L'ouverture est étroite, semilunaire, blanche ;
on compte sur le bord droit 8 à 9 fines dentelures dont la dernière
placée vers l'angle supérieur est plus grosse et plus saillante que
toutes les autres ; la callosité columellaire est légèrement convexe ;

elle est lisse et brillante et se termine postérieurement par une
partie ridée, le bord de la columelle est droit et porte dans le
milieu deux ou trois petites dentelures obsolètes. Cette coquille a
23 millim. de long et 16 de large.

† 21. Nérite à grosses côtes. *Nerita costata.* Chemn.

N. testâ ovato-hemisphæricâ, convexissimâ, apice obtusâ, profundè
transversim costatâ; costis nigerrimis, convexis, latis, interstitiis an-
gustioribus separatis; aperturâ albâ, ringente; labro octodentato;
dentibus acutis terminalibus præminentioribus; columellâ con-
vexâ, rugosâ, dentibus 4 inæqualibus maxillatâ.

Chemn. Conch. 45. p. 299. pl. 191. f. 1966, 1967.
Nerita grossa. Born. Mus. p. 407. pl. 17. f. 19. 20.
Nerita costata. Gmel. p. 3684. n° 59.
Schrot. Einl. t. 2. p. 336. *Nerita.* n° 105.
Dillw. Cat. t. 2. p. 1002. n° 55.

Habite la mer des îles Nicobar (Chemnitz). Espèce fort remarquable
que Born a confondue avec le *Nerita grossa* de Linné; mais la
bonne figure qu'il a donnée de cette coquille a servi à rectifier cette
erreur. Cette coquille est un peu ovalaire, très globuleuse, à
spire très courte, non saillante, presque entièrement cachée par
le dernier tour : celui-ci porte 16 ou 17 grosses côtes convexes,
larges, séparées entre elles par des intervalles étroits et assez profonds. Ces côtes sont d'un noir foncé et les intervalles qui les séparent sont ordinairement blanchâtres. Ce qui distingue le plus
essentiellement cette espèce du *Nerita Antillarum* de Gmelin, ce
sont les accidens de son ouverture. Cette ouverture en effet est
presque aussi grimaçante que celle du *Nerita plicata;* elle est
d'un beau blanc, semilunaire ; son bord droit, très épaissi en dedans, porte huit grosses dentelures dont les six moyennes sont
égales et celles des extrémités plus grosses et plus saillantes. La
columelle est très convexe, ridée et onduleuse ; sont bord est
armé de quatre grosses dents inégales dont les deux moyennes sont
les plus grosses. Cette coquille a 33 millim. de long et 28 de large.

† 22. Nérite arlequine. *Nerita histrio.* Lin.

N. testâ ovato-semiglobosâ, transversim tenuè costatâ; costis planis,
subæqualibus, lævigatis, nigris, albo subarticulatis; aperturâ semi-
lunari, incrassatâ, luteolâ ; labro tenuissimè denticulato; colu-
mellâ convexâ, infernè rugoso-nodosâ, in margine inæqualiter
tridentatâ.

Nerita histrio. Lin. Syst. nat. éd. 10. p. 778.

Id. Lin. Mus. Ulric. p. 680.

Id. Lin. Syst. nat. éd. 12. p. 1254.

An eadem? Chemn. Conch. t. 5. p. 191. pl. 190. f. 1948. 1949 et pl. 191. f. 1960. 1961.

Schrot. Einl. t. 2. p. 297.

Lister. Conch. pl. 598. f. 11?

Gmel. p. 3681. n° 46.

Dillw. Cat. t. 2. p. 999. n₀ 48.

Nous avons sous les yeux la coquille à laquelle Chemnitz rapporte avec doute le *Nerita histrio* de Linné. C'est par les accidens de l'ouverture que l'on peut concevoir des doutes sur l'identité de l'espèce des deux auteurs. D'après Linné, le bord droit est lisse en dedans et en dehors, sans dents et sans crénelures, le bord gauche est dentelé et faiblement rugueux, les caractères de l'ouverture ne sont ainsi que les a décrits Linné que dans les coquilles habitées par des Pagures, ce qui nous fait penser que l'espèce de Chemnitz est la même que celle de Linné. Nous avons cependant une observation à faire. Chemnitz confond deux espèces, les figures 1948 et 1949 seraient le véritable *histrio*, mais les figures 1960 et 1961 auraient plus de rapports avec le *Nerita undata* Lin. qu'avec tout autre. Les grands individus ont 40 millim. de long. et 28 de large.

† 23. Nérite mouchetée. *Nerita pennata.* Born.

N. testâ rotundatâ, lævigatâ, obtusâ, olivaceâ, albo variegatâ, maculis nigris pennatis ornatâ ; aperturâ semicirculari ; columellâ arcuatâ, dentatâ, labro incrassato, acuto , croceo.

Born. Mus. p. 404. pl. 17. f. 11. 12.

Lister. Conch. pl. 604. f. 29.

Habite....

Nous ne connaissons cette espèce que par la courte description et la figure de Born. Elle nous paraît avoir la plus grande analogie avec une variété du *Nerita polita.* Cependant si la figure de Born est fidèle, et nous n'avons aucune raison d'en douter, elle aurait des caractères particuliers propres à la séparer en une bonne espèce. Ce caractère distinctif essentiel consiste, en ce que la callosité columellaire est étroite et le bord interne régulièrement arqué dans la longueur est chargé de fines dentelures dans toute son étendue, de sorte que par ce caractère même , cette coquille serait peut-être mieux placée parmi les Néritines que dans le genre des Nérites. Cette espèce est longue de 30 millim. et large de 20.

† 24. Nérite grosse. *Nerita grossa*. Lin.

N. testá ovatá semiglobosá, transversim profundè costatá; costis convexis, subæqualibus, albo nigroque irregulariter subarticulatis; spirá acutá exertiusculá; aperturá angustá; labro incrassato, intùs tenuè plicato, superne bidentato; columellá latè callosá, rugosá, in margine tridentatá.

Lin. Syst. nat. éd. 10. p. 778.

Lin. Mus. Ulric. p. 681.

Lin. Syst. nat. éd. 12. p. 1255.

Rumpl. Mus. amb. pl. 22. f. *N.*

Chemn. Conch. t. 5. p. 299. pl. 191. f. 1968. 1969.

Geves. Conch. pl. 23. f. 239?

Schrot. Journ. de Conch. t. 5. p. 465. n° 72.

Schrot. Einl. t. 2. p. 299.

Gmel. p. 3682. no 48.

Dillw. Cat. t. 2. p. 1003. n° 56.

Habite l'océan asiatique, les îles Moluques.

Born, dans le *Mus Cæsar. Vind.* pl. 17. f. 19. 20, donne sous le nom linnéen de *Nerita grossa*, la description et la figure d'une espèce très distincte qui est le *Nerita costata* de Chemnitz et de Gmelin et qui est peut-être aussi le *Nerita scabricosta* de Lamarck. Nous sommes surpris que cette espèce de Linné n'ait pas été mentionnée par Lamarck. Elle est assez facile à distinguer, en se servant surtout, pour la reconnaitre, de la description que Linné en donne dans le musée de la princesse Ulric. Cette coquille est ovale, globuleuse; sa spire est saillante et pointue; le dernier tour offre 14 à 16 grosses côtes convexes, souvent inégales, séparées par des inter. valles presque aussi larges qu'elles. Ces côtes sont lisses et elles sont ornées de tâches d'un brun foncé alternant avec d'autres qui sont blanches. L'ouverture est blanche, un peu jaunâtre sur la columelle; le bord droit, très épais en dedans, porte à la partie supérieure deux grosses dents pointues, et dans le reste de son étendue 13 ou 14 dentelures; la callosité columellaire est large, profondément ridée, et son bord est chargé de trois grosses dents presque égales. Cette espèce a 35 millim. de long et 25 de large.

† 25. Nérite très noire. *Nerita nigerrima*. Chemn.

N. testá ovato-globosá, nigerrimá, transversim tenue striatá; spirá obtusissimá; aperturá albá; labro simplici, supernè bidentato; columellá in medio concavá, supernè canaliculatá, in medio bidentatá.

Chemn. Conch. t. 5. p. 309. pl. 192. f. 1985. 1986.

Schrot. Einl. t. 2. p. 337. *Nerita*. n° 109.

Nerita aterrima. Gmel. p. 3679. n° 37.

Nerita nigerrima. Dillw. Cat. t. 2. p. 996. n° 42.

Habite le Port du roi Georges (M. Quoy).

Espèce intéressante et que l'on a souvent confondue avec le *Nerita atrata* : elle en est cependant bien distincte ; elle est ovale globuleuse très convexe, d'un noir très foncé en dehors, et garnie d'un assez grand nombre de fines stries transverses qui apparaissent surtout dans les individus qui ont été roulés. La spire est extrêmement courte. L'ouverture est d'un blanc éclatant. Le bord droit, très épais, reste simple dans toute son étendue et il porte deux dents très inégales à sa partie supérieure ; la callosité columellaire est concave et présente constamment quelques petites nodosités dans cette concavité. Le bord est creusé dans sa longueur, son angle supérieur est occupé par une gouttière assez profonde, et l'on voit deux ou trois petites dents égales dans l'échancrure du bord. Les grands individus ont 30 millim. de long. et 22 de large.

⌐ 26. Nérite quadricolore. *Nerita quadricolor.* Gmel.

N. testá ovato–hemisphœricá, transversim sulcatá, subviolaceá, costis albo nigroque articulatim maculatis ; spirá exertiusculá, acuminatá, flavicante ; aperturá in ambitu albá, intùs luteolá ; labio incrassato denticulato, supernè bidentato, margine columellari concavo, tridentato, callo lato, rugoso, in medio granuloso.

Nerita maris rubri. Chemn. Conch. t. 5. p. 304. pl. 191. f. 1974. 1975.

Schrot. Einl. t. 2. p. 337. *Nerita.* n° 107.

Nerita quadricolor. Gmel. p. 3684. n° 60.

Id. Dillw. Cat. t. 2. p. 1005. n° 62.

Habite la Mer rouge. Espèce bien distincte de ses congénères et que l'on reconnaît surtout à sa spire pointue et plus proéminente que dans les autres espèces du même genre. Cette spire est composée de quatre à cinq tours convexes ; le dernier, demi globuleux, présente 26 à 28 côtes transverses un peu rugueuses, séparées par des intervalles profonds presque aussi larges qu'elles ; ces côtes sont plus larges sur le milieu de la coquille que vers la base. L'ouverture est assez grande, semilunaire, d'un beau jaune serin en dedans et d'un beau blanc en dehors. Le bord droit est très épais ; il porte 14 à 15 petites dentelures et deux grandes dents inégales à sa partie supérieure. La callosité columellaire est large, profondément ridée et granuleuse dans le milieu ; le bord est armé de trois grosses dents dont les deux supérieures sont beaucoup plus grosses que la troisième. Le sommet de cette coquille est jaune, elle est violâtre dans les intervalles des côtes : celles-ci sont tachetées de brun et de blanc. Cette coquille a 48 millim. de long et 26 de large.

† 27. Nérite ondée. *Nerita undata.* **Lin.**

N. testá ovato-semiglobosá, sulcatá, sulcis trigintá spirá acutá, exertiusculá, aperturá albá; labro intùs crenato, supernè bidentato; columellá convexá, rugosá, punctis eminentibus aspersá; dentibus tribus inæqualibus in margine armatá.

Nerita undata. Lin. Syst. nat. éd. 10. p. 779.
Id. Lin. Mus. Ulric. p. 682.
Id. Lin. Syst. nat. éd. 12. p. 1255.
Chemn. Conch. t. 5. pl. 190. f. 1950. 1951. *Pro figuris.*
Habite la mer de l'Inde.

Il ne faut pas confondre cette espèce qui est pour nous le véritable *Nerita undata* de Linné avec une autre à laquelle par inadvertance sans doute Chemnitz a encore donné le nom de *Nerita undata* et qu'il figure pl. 191. f. 1970. 1971. Cette espèce est bien celle de Linné; elle est ovale obronde, profondément sillonnée, à sillons égaux au nombre de 30. La coloration est assez semblable à celle du *Nerita cameleon.* Elle consiste en grandes flammules obliques et alternatives d'un blanc fauve et d'un brun noirâtre. Elle a 30 milim. de long. et 22 de large.

Espèces fossiles.

1. Nérite tricarinée. *Nerita tricarinata.* **Lamk.**

N. testá semiglobosá, transversim tricarinatá; spirá retusá; labiis utrinque dentatis.

Nerita tricarinata. Ann. vol. 5. p. 94. n° 2, et t. 8. pl. 62. f. 4. a. b.
* Desh. Coq. foss. de Paris. t. 2. p. 160. n° 3. pl. 19. f. 9-10.
Habite.... Fossile de Houdan. Cabinet de M. *Defrance.* Petite Nérite bien distincte des autres espèces connues par les trois côtes aiguës et transverses qu'elle offre à l'extérieur. Quoique fossile, on retrouve encore sur certains individus des lignes violettes disposées sur un fond blanc, comme des caractères d'écriture. Ses stries d'accroissement sont verticales-obliques, nombreuses et assez apparentes. Largeur, 5 à 6 millimètres.

2. **Nérite mamaire.** *Nerita mamaria.* Lamk.

> *N. testá ovatá, obliquè striatá : striis creberrimis, acutis, tenuibus ;*
> *columellá denticulatá.*
>
> *Nerita mamaria.* Lamk. Ann. t. 5. p. 94. n₀ 3.
>
> Habite... Fossile de Grignon. Mon cabinet et celui de M. *Defrance*,
> Coquille ovale, à spire un peu plus allongée que dans la précé-
> dente. Sa columelle est dentelée, et a un petit sinus vers son mi-
> lieu. Cette espèce est à peine plus grande que celle qui précède.

† 3. **Nérite canaliculée.** *Nerita spirata.* Sow.

> *N. testá semiglobosá, lævigatá; spirá minimá canaliculatá; ultimo*
> *anfractu amplissimo; aperturá ovato semilinari.*
>
> Sow. Min. Conch. pl. 463. fig. 1-2.
>
> Habite.. Fossile en Angleterre, dans la formation du Mountain Li-
> mestone. Belle et grande espèce presque demi sphérique; la spire
> très courte composée de trois tours embrassés et canaliculés assez
> profondément à la suture ; le dernier tour est très grand ; la sur-
> face extérieure est lisse, on y voit des stries d'accroissement qui
> ne deviennent un peu apparentes que sur la partie saillante qui
> borde en dehors la gouttière de la spire. L'ouverture est ovale se-
> milunaire. Le grand individu, figuré par M. Sowerby, a 33 mil-
> lim. de long.

† 4. **Nérite costulée.** *Nerita costulata.* Desh.

> *N. testá hemisphæricá, longitudinaliter tenue costatá; costis subla-*
> *mellosis; spirá brevi obtusá, anfractibus ad suturam canaliculatis;*
> *aperturá semilunari, arcuatá; columellá callosá in medio arcuato-*
> *convexá subdentatá.*
>
> Sow. Min. Conch. pl. 463. fig. 5-6. *Nerita costata.*
>
> Habite... Fossile à Ancliff, dans l'oolite, en Angleterre. Nous nous
> trouvons à regret dans l'obligation de changer le nom donné à
> cette espèce par M. Sowerby. Il y avait déjà un *Nerita costata* de-
> puis long-temps établi par Chemnitz, pour une espèce vivante.
> L'espèce fossile signalée par M. Sowerby, est très curieuse, et
> surtout remarquable par la forme de sa columelle dont le bord
> intérieur est convexe, saillant dans l'ouverture, ce qui donne à
> cette ouverture la forme d'un croissant; le bord droit est simple
> et sans dents. Cette curieuse espèce a 8 millim. de diamètre.

5. **Nérite petite.** *Nerita minuta.* Sow.

> *N. testá minimá, lævigatá incrassatá apice obtusissimá; anfractibus*

*subinvolutis coadnatis; aperturâ semilunari, columellâ callosâ,
rectâ, edentulâ.*

Sow. Min. Conch. pl. 463. fig. 3-4.

Habite... Fossile en Angleterre, dans l'oolite d'Ancliff. Très petite
coquille demi globuleuse, ayant tout au plus deux millim. de diamètre; elle est lisse à spire très obtuse, presque entièrement cachée
par le dernier tour; la columelle a son bord intérieur droit et sans
dents; elle est épaisse, convexe, calleuse; le bord droit est simple.
L'ouverture est ovale, semilunaire. Cette petite espèce pourrait
aussi bien appartenir aux Néritines qu'aux Nérites; mais comme
elle se trouve dans un terrain marin, on a supposé qu'elle était
marine, et de là sa place dans le genre des Nérites marines.

† 6. Nérite granuleuse. *Nerita granulosa.* Desh.

*N. testâ ovatâ, convexâ, postice attenuatâ, longitudinaliter costatâ;
costis tribus carinatis, alteris tenuibus, irregulariter granosis; spirâ
obtusissimâ; aperturâ semilunari; labro intus tenue striato; columellâ supernè bidentatâ; callo granuloso.*

Desh. Coq. foss. de Paris. t. 2. p. 159. n° 2. pl. 19. fig. 13-14.

Habite... Valmondois, aux environs de Paris. Cette espèce est ovale
oblongue, à spire courte et obtuse, composée de trois tours, le dernier porte un grand nombre de côtes transverses, dont trois sub-
médianes sont plus saillantes que les autres et subcarénées; toutes
ces côtes sont granuleuses. L'ouverture est ovale, semilunaire; le
bord droit, épaissi à l'intérieur, présente à son sommet, dans
l'endroit qui correspond à sa seconde carène, une petite gouttière
peu profonde; il est finement strié dans toute son étendue; le bord
gauche, mince et tranchant, offre à la partie supérieure une légère saillie, produite par deux dents inégales, dont la supérieure
est la plus petite; la callosité columellaire est aplatie, quelquefois
même concave, et munie, à sa partie moyenne surtout, de granulations ou de rides nombreuses et rapprochées. La longueur de
cette coquille, qui est très rare, est de 34 millim.

† 7. Nérite à bouche étroite. *Nerita angistoma.* Desh.

*N. testâ ovatâ, semisphæricâ, lævigatâ; aperturâ angustâ; arcuatâ;
labro simplici; columellâ sexdentatâ; callo repando, lævigato.*

Desh. Coq. foss. de Paris. t. 2. p. 159. n° 1. pl. 19. fig. 11-12.

Habite... Valmondois, aux environs de Paris. Cette coquille est régulièrement ovalaire, et la convexité dorsale n'est pas très consi-
sidérable; sa spire, formée de quatre tours, est tellement obtuse,
qu'elle ne produit aucune saillie; le dernier tour est lisse, marqué
seulement de quelques rides transverses, qui indiquent des accrois-

semens ; il est revêtu d'une couche corticale d'un blanc corné. L'ouverture est étroite, en croissant, presque symétrique; le bord droit est épais intérieurement, tranchant à son extrémité, et lisse dans toute son étendue; le bord gauche, aminci, est courbé en arc de cercle, de manière à correspondre à la forme du bord droit; le bord gauche est découpé dans toute son étendue par six grosses dents, dont les deux médianes sont les plus fortes, et les autres graduellement décroissantes de chaque côté; la base de ces dents se prolonge assez haut sur la callosité columellaire ; celle-ci, peu épaisse et un peu convexe, est lisse dans toute son étendue. Cette coquille précieuse est longue de 27 millim.

† 8. Nérite cordelée. *Nerita funata.* Duj.

N. testá crassá, sulcis transversis, funatis cinctá; spirá retusissimá; anfractibus rotundatis; labro nudo labio dentato, suprá verrucoso.

Duj. Mém. Géol. sur la Touraine. p. 281. nᵒ 4. pl. 19. fig. 14.

Habite... Fossile dans les faluns de la Touraine, et aux environs de Dax. Espèce voisine du *Nerita asperata*, mais distincte ; ses côtes sont plus grèles, plus égales, finement noduleuses. L'ouverture a beaucoup de ressemblance ; le bord droit est sans dents; la columelle est un peu concave, ridée, et un peu chagrinée; elle se distingue encore par sa forme générale beaucoup plus globuleuse. Cette espèce a 15 à 18 millim. de longueur.

T 9. Nérite aspérule. *Nerita asperata.* Duj.

N. testá crassá, transversim costatá, necnon lamellis exertis cancellatá; costis elevatis tribus majoribus, striisque intermixtis, dorso nodosoasperis; spirá brevissimá; labro intus crassiore, nudo; labio dentato supra verrucoso.

Duj. Mém. Géol. sur la Touraine. p. 280. n₀ 3. pl. 19. fig. 15–16.

Habite... Fossile dans les faluns de la Touraine. Espèce bien facile à distinguer; elle est très variable, mais elle a quelques caractères constans, tels que ses trois côtes en carène, les deux dents de sa columelle, la forme du bord droit; dans les individus bien frais, les côtes sont traversées par des lames longitudinales, régulières, saillantes, et qui ne manquent pas d'élégance. Cette espèce a 12 à 15 millim. de long.

† 10. Nérite de Pluton. *Nerita Plutonis.* Bast.

N. testá ovato-globosá transversim sulcatá, dorso obscure carinatá, spirá, brevi, planá, aperturá semilunari, angustatá; labro cras-

sissimo superne obsolete unidentato, columellá in medio tridentatá; callo rugoso granulato.

Basterot. Foss. de Bord. Mém. de la Soc. d'Hist. nat. t. 2. p. 39. pl. 2. fig. 14.

Dujard. Mém. sur la Tour. Mém. de la Soc. Géol. de France. t. 2. p. 280. n° 1.

Habite... Fossile aux environs de Bordeaux et dans les faluns de la Touraine. Espèce d'un médiocre volume, remarquable par l'épaississement considérable de son bord droit, et par suite le rétrécissement de son ouverture; elle est sillonnée en dehors; la spire est aplatie, et ce côté de la coquille est séparé du reste par un angle très obtus peu apparent ; le bord droit est simple, sans dents ; on voit un seul petit tubercule vers l'angle supérieur. Les grands individus ont 21 mill. de long, et 16 de large.

NATICE. (Natica.)

Coquille subglobuleuse, ombiliquée. Ouverture entière, demi ronde. Bord gauche oblique, non denté, calleux : la callosité modifiant l'ombilic, et quelquefois le recouvrant. Bord droit tranchant, toujours lisse à l'intérieur. Un opercule.

Testa subglobosa : umbilicata. Apertura integra, semirotunda. Labium obliquum, edentulum, callosum : callo umbilicum coarctante interdùmque obtegente. Labrum acutum ; intùs lævigatum. Operculum.

Animal ovalaire ayant un pied très grand et très mince, un manteau très large enveloppant une grande partie de la coquille. Tête très large, très aplatie, ayant deux lèvres inégales entre lesquelles sort une trompe rétractile ; deux tentacules sortant entre la tête et le bord de la coquille, oculifères ?

OBSERVATIONS. — Les *Natices* sont des coquilles marines, assez solides en général, operculées, la plupart lisses en dehors, ornées d'agréables couleurs, et toutes ombiliquées, quoique leur ombilic soit plus ou moins obstrué, caché ou recouvert par la callosité du bord gauche, selon les espèces. Elles semblent avoir des rapports avec les Nérites; aussi Linné ne les en a point distinguées. Néanmoins Bruguière les en a séparées, et en a formé un genre particulier très distinct, auquel il a donné le nom de *Natice*, emprunté d'Adanson.

En effet, les *Natices* diffèrent constamment des Nérites par leur ombilic, par leur bord columellaire non denté, toujours uni et calleux, par leur bord droit lisse à l'intérieur, enfin par un aspect qui leur est particulier. Les coquilles ont une ouverture demi ronde, et sont munies d'un opercule, en général solide et pierreux, et sans apophyse.

L'animal a un pied plus court que la coquille; une tête cylindrique, échancrée par un sillon; deux tentacules longs et pointus, et deux yeux sessiles à la base externe de ces derniers.

Les espèces connues de ce genre sont nombreuses, et la plupart vivent dans les mers des climats chauds. Nous en citerons les principales.

[Pendant long-temps on ne connut l'animal du genre Natice, que d'après la description qu'en donne Adanson, dans son ouvrage justement célèbre. Il a représenté l'animal d'une espèce à laquelle il a donné le nom de Fossart, et cet animal, placé sur la même planche que celui des Nérites, offre tant de ressemblance avec ce dernier, que personne n'a songé à contester les rapports naturels des Nérites et des Natices. Linné, d'ailleurs, avait lui-même, en quelque sorte, préjugé la question, en rendant plus intimes encore les rapports des deux genres d'Adanson, puisqu'il les confond en un seul, sous le nom de Nérite. Cet exemple, invariablement suivi par tous les auteurs qui se sont succédé depuis Linné, a probablement entraîné l'opinion des derniers naturalistes, qui ont écrit sur les mollusques, sans qu'ils se soient autrement donné la peine d'examiner les matériaux qui ont donné lieu à l'opinion de Linné et de ses successeurs.

Si l'on veut lire attentivement la description du Fossart d'Adanson, si on veut la comparer à celles des Nérites, si ensuite on veut comparer ce que cet auteur nous a laissé, à ce que la science a acquis depuis en observations positives sur ces genres, on restera bientôt convaincu que le Fossart n'est autre chose qu'une Nérite, ou plus probablement un petit genre voisin des Nérites, et présentant, à l'égard de quelques-uns de ses caractères, quelques particularités qui se trouvent en désaccord avec les caractères des genres Natice et Nérite tels qu'ils sont établis. C'est ainsi que dans le Fossart la forme générale de l'animal rappelle celle des Nérites; cependant ses yeux ne sont pas, comme dans les Nérites, portés sur des pédoncules situés à la base des tentacules. Ce caractère est, selon nous, d'une assez grande importance. Quant au pied et à la position de l'opercule, il y a une ressemblance très grande entre les animaux que nous comparons; mais, à l'égard de l'opercule lui-même, celui du Fossart ressemble tout-à-fait à celui des Natices : il est mince, corné, pauci-spiré, à sommet terminal. Il y a donc dans l'animal, donné par Adanson comme type de son genre Natice, des caractères mixtes qui le rapprochent à-la-fois des Nérites et des Natices et qui cependant semblent suffisans pour constituer un genre à part. On concevra, d'après ce qui précède, que les rapports des Nérites et des Natices n'ont pu être appréciés à leur juste valeur, puisque, comme type de Natices, on a toujours mentionné un animal d'un genre fort différent.

Depuis quelques années seulement, des observations ont été faites sur les animaux des véritables Natices. MM. Quoy et Gaimard en ont représenté plusieurs espèces dans leur grand ouvrage de zoologie, faisant partie du voyage de l'Astrolabe. M. Delle Chiaje, dans le dernier volume du grand ouvrage de Poli, sur les testacés des deux Siciles, a représenté, mais non décrit plusieurs espèces de la Méditerranée, et enfin M. Joannis, dans le Magasin de conchyliologie, a de son côté décrit et figuré une espèce abondamment répandue dans la Méditerranée. Il résulte actuellement, de ces nouveaux matériaux, que l'animal des Natices proprement dites, est bien différent du Fossart d'Adanson. Les animaux du genre Natice ont cela de remarquable, qu'ils développent, quand ils marchent, un pied d'une grandeur énorme relativement à la taille de la coquille, puisqu'il a 4 ou 5 fois la dimension de celle-ci. Ce pied est très mince et ne peut rentrer que lentement dans la coquille; l'opercule y est attaché de manière à être entièrement caché par la coquille.

Ce pied présente encore une autre particularité, il forme un bourrelet circulaire plus ou moins épais dans lequel la coquille est presque entièrement cachée. Le manteau se développe particulièrement sur les parties antérieures de la coquille, et il laisse passer entre lui et l'extrémité supérieure du pied une tête courte et très large portant deux tentacules et divisée en deux lèvres entre lesquelles se montre l'ouverture buccale sous la forme d'une trompe rétractile. Il est évident, d'après ce que nous venons d'exposer, que le genre Natice appartient à un type d'organisation tout-à-fait différente de celui de Nérites. Si nous cherchons dans la série ceux des animaux qui se rapprochent le plus des Natices, nous trouverons ceux du genre Sigaret, dont M. de Blainville a fait son genre Cryptostome. Que l'on compare en effet les figures données de ce dernier genre, avec celles des Natices qui sont dans l'ouvrage de MM. Quoy et Gaimard, et l'on sera bientôt persuadé qu'il n'existe aucune différence considérable entre les deux genres. Les observations que nous avons pu faire à ce sujet, tant sur les animaux, que sur les coquilles des deux genres, nous ont depuis long-temps convaincu que les deux genres devaient être réunis, en admettant toutefois au genre la valeur que nous lui donnons dans la méthode. La séparation nette, et dans des familles distinctes des genres Natice et Nérite, nous paraît d'autant plus nécessaire aujourd'hui, qu'il n'y a réellement aucun passage entre ces deux groupes. Il n'y a jamais de difficulté pour rapporter à leurs genres les espèces qui en dépendent : point d'espèces ambiguës comme cela a lieu si souvent entre les genres qui sont dans des rapports naturels. Tout ce qui précède nous conduit naturellement à cette conclusion, que les Natices doivent être retirées de la famille des Néritacées et transportés dans celle du Sigarets. Ces derniers rapports se confirment en étudiant une série un peu considérable d'espèces appartenant aux Natices et aux Sigarets. On voit s'établir un passage tellement gradué entre les deux genres, qu'il devient impossible d'établir leur limite naturelle.

Le genre Natice est nombreux en espèces. La plupart sont vivement colorées et presque toujours elles sont dépourvues d'épiderme. Quelques-unes, pour la forme, se rapprochent de certaines Ampullaires, mais pour le plus grand nombre elles sont plus aplaties et finissent par prendre insensiblement une forme voisine de celle des Haliotides. Nous comptons actuellement plus de cent cinquante espèces tant vivantes que fossiles dans ce genre. Parmi ces derniers il y en a quelques-unes qui appartiennent aux terrains de sédiment les plus inférieurs, et ce genre se continue, sans interruption, dans toute la série géologique.

Nous avions terminé toutes nos recherches sur le genre Natice; nos rectifications sur la nomenclature étaient faites, la synonymie des espèces assurée, lorsque dans l'intérêt de la science, M. Reclus, qui depuis plusieurs années s'occupe d'une grande Monographie de la famille des Néritacées vint nous communiquer avec un désintéressement bien digne d'éloges, les résultats de ses recherches sur les espèces de Natices inscrites dans l'ouvrage de Lamarck. Nous sommes heureux de pouvoir saisir cette occasion pour témoigner notre reconnaissance à un savant qui, sur le point de publier un travail complet a bien voulu en détacher une des parties intéressantes dans la louable intention de compléter nos recherches.

M. Reclus a pu examiner les types de Lamarck dans la collection du célèbre naturaliste, et il a pu plus facilement que nous en contrôler la nomenclature et la synonymie. Sur un bon nombre d'espèces, nos observations se trouvent d'accord avec les siennes, sur quelques autres, les précieux renseignemens qu'il a bien voulu nous donner seront d'une grande utilité, et pour ne rien déranger à notre travail, nous allons extraire des notes de M. Reclus tout ce qui peut être utile à la connaissance des espèces.

1° *Natica glaucina.* M. Reclus pense qu'il faut aller chercher le type du *Nerita glaucina* de Linné dans son *Fauna suecica*, type que Linné a fait passer dans ses ouvrages suivans. Ce type ne serait aucune des espèces attribuées jusqu'à présent au *glaucina*, ce serait d'après les observations très judicieuses de M. Reclus le *Natica pulchella* de Risso, que Linné aurait décrit dans sa Faune suédoise; et, il est certain que la description de Linné convient parfaitement à cette espèce que l'on trouve aussi bien dans les mers du nord que sur nos côtes et jusque dans la Méditerranée.

2° *Natica plumbea.* M. Reclus admet cette espèce aussi bien que nous, mais il fait remarquer l'erreur dans laquelle sont tombé MM. Quoy et Gaimard au sujet de leur *Natica microstoma*, qui, après examen n'est autre chose qu'une variété roulée du *Natica plumbea.*

3° *Natica ampullaria.* Cette espèce, d'après M. Reclus doit être supprimée; elle a été établie avec la variété à spire un peu allongée du *Natica monilifera* de Lamarck, nous nous rangeons à l'opinion de M. Reclus.

4° *Natica labrella.* Cette espèce doit être conservée, elle offre un grand nombre de variétés intéressantes, d'après l'une desquelles Lamarck a établi l'espèce. Cette espèce n'a point encore été figurée.

5° *Natica unifasciata.* D'après M. Reclus cette espèce de Lamarck aurait été établie sur une variété du *Natica marochiensis* et devrait par conséquent lui être réunie.

6° *Natica castanea.* Cette espèce est encore un double emploi du *Natica ampullaria*, laquelle, comme nous l'a appris M. Reclus est elle-même un double emploi du *Natica monilifera.* Voilà donc trois espèces qu'il faudra réunir sous le dernier nom que nous venons de mentionner.

7° *Natica zonaria.* M. Reclus nous assure que le *Natica zonaria* de Lamarck est exactement la même espèce que le *Nerita ala papilionis* de Chemnitz; dès-lors ces deux espèces devront être réunies sous cette dernière dénomination antérieure à celle de Lamarck.

8° *Natica javanica.* Il faudrait encore supprimer cette espèce; d'après les renseignemens que nous donne M. Reclus, elle aurait été faite sur une variété subglobuleuse du *Natica maculosa*, n° 22.

ESPÈCES.

1. Natice glaucine. *Natica glaucina.* Lamk. (1)

N. testâ suborbiculari, inflatâ, crassâ, lævi, albido-fulvâ et cœru-

---

(1) Nous avons examiné avec soin la description que Linné

lescente ; spirá brevi, obliquá, callo subdiviso, partim umbilicum obtegente, rufo.

Nerita glaucina. Lin. Gmel. p. 3671. no 3.

Lister. Conch. t. 562. f. 9.

Gualt. Test. t. 67. fig. A. B.

D'Argenv. Conch. pl. 7. fig. V.

Favanne. Conch. pl. 10. fig. K. L.

Regenf. Conch. 1. t. 3. f. 34.

Chemn. Conch. 5. t. 186. f. 1856-1859.

[b] *Var. testá valdè crassá, ponderosá; ventre intensè rufo; spirá productiusculá.*

* Desh. Encyclop. méth. Vers. t. 3. p. 597. n° 1.

Habite dans la baie de Campêche, selon *Lister*, et dans l'Océan indien, selon d'autres. Mon cabinet. C'est la plus grande des Natices connues. Sa callosité est d'un roux très intense, et forme une saillie au-dessus de l'ombilic, sans s'y enfoncer. Diamètre transversal, près de 3 pouces.

---

donne de cette espèce dans le muséum de la princesse Ulrique. Nous avons également étudié la synonymie dans l'ouvrage que nous venons de citer, ainsi que dans la 10ᵉ et la 12ᵉ édition du *Systema naturæ*, et il résulte, pour nous, de ces recherches que Linné, dans ces ouvrages a confondu plusieurs espèces sous une seule dénomination. Mais dans un autre ouvrage de ce grand naturaliste le *Fauna suœcica*, nous trouvons sous le n° 1324 une précieuse indication sur la coquille qui originairement a servi de type au *Nerita glaucina*, d'après la description et la figure citée de Lister, il nous semble que Linné a eu en vue l'espèce commune dans les mers d'Europe et à laquelle Lamarck a donné le nom de *Natica monilifera*. Linné paraît avoir abandonné lui-même cette première indication, puisque dans ses ouvrages subséquens il n'a point mentionné son espèce du *Fauna suœcica*, et qu'il a introduit dans sa description des changemens notables. Il est résulté de cette incertitude de Linné lui-même une confusion fâcheuse, en ce que chaque auteur a pris arbitrairement le type de l'espèce dans la synonymie, et que le nom linnéen n'a pas été attribué à une même espèce. Le *Glaucina* de Chemnitz n'est pas celui de Schroter. Schroter confond deux espèces, et Gmelin, en lui empruntant sa syno-

2. Natice planulée. *Natica albumen.* Lamk. (1)

N. testâ suborbiculari, convexo-depressâ, crassiusculâ, glabrâ, fulvo-rufescente, subtùs planâ, lacteâ; spirâ obliquâ, retusissimâ; labii callo subcordato umbilicum partim latente.

nymie, y ajoute, à titre de variétés, trois autres espèces. Quant à Dillwyn il a poussé plus loin encore la confusion, en réunissant avec les espèces de Schroter et de Gmelin celles de Pennant, de Dacosta, la Diorchite de Favanne, la Glaucine de Barrow, etc. Lamarck lui-même n'a point été exempt d'erreur. Tout en adoptant avec Chemnitz les figures *a, b* de Gualtieri pour type de l'espèce, il n'a pas remarqué plus que lui que ces figures représentent deux espèces, l'une dont la callosité ombilicale est terminée par une surface plane et l'autre dont la callosité est convexe et traversée par un sillon profond. Quand même on adopterait avec les derniers auteurs que nous venons de citer, que leur espèce est bien celle de Linné, laquelle des deux qu'ils confondent devra définitivement conserver le nom linnéen? Rien dans ce dédale, où les erreurs sont successivement entassées, ne peut nous guider pour attribuer de préférence à une espèce le nom de Linné, et dans l'impossibilité où nous nous trouvons, nous pensons qu'il sera convenable, dans une nomenclature bien faite, d'en éliminer tous les noms linnéens, qui, comme ici, ne peuvent recevoir une facile et rigoureuse application. Si l'on voulait améliorer la synonymie de Lamarck, on pourrait conserver comme type de la Natice glaucine celle qui a l'ombilic divisé par un sillon, et supprimer la citation de Lister, ne conserver de Gualtieri que la figure *b*, et rejeter la figure de Regenfuss. Connaissant le *Natica glaucina* de la Méditerranée et sachant qu'il constitue encore une espèce différente des autres, nous n'admettons pas la citation que M. Puyraudeau en fait dans son catalogue; le *Natica glaucina* de la Méditerranée est pour nous l'analogue vivant du *Natica olla* de M. Marcel de Serres.

(1) Cette espèce de Linné ne se présente pas avec plus de netteté que les autres du même genre qui se trouvent soit dans le muséum de la princesse Ulrique, soit dans les diverses édi-

Nerita albumen. Lin. Syst. nat. ed. 10. p. 776. Gmel. p. 3671. n. 5.

Rumph. Mus. t. 22. fig. B.

Petiv. Amb. t. 10. f. 14.

Seba. Mus. 3. t. 41. f. 9-11.

* Lin. Mus. Ulric. p. 675.

* Lin. Syst. nat. ed. 12. p. 1252.

Knorr. Vergn. 4. t. 7. f. 4. 5.

Favanne Conch. pl. 11. fig. H. 1.

Chemn. Conch. 5. t. 189. f. 1924. 1925.

* Schrot. Einl. t. 2. p. 281. pl. 4. f. 13.

* Dillw. Cat. t. 2. p. 984. n° 10.

* Desh. Ency. méth. Vers. t. 3. p. 598. n. 2.

Habite l'Océan des grandes Indes et des Moluques. Mon cabinet.

Coquille remarquable par sa dépression; sa spire, obliquement couchée, s'abaisse presque jusqu'au bord. Diamètre transversal, 19 lignes et demie. Vulgairement le *jaune-d'œuf aplati* ou le *pain-d'épice.*

3. **Natice mamillaire.** *Natica mamillaris.* Lamk. (1)

> *N. testá ovali, ventricosá, crassá, fulvo-rubescente; spirá prominente ; aperturá albá; umbilico nudo, pervio.*

---

tions du *Systema naturæ.* La synonymie est très incorrecte. Dans la 10ᵉ édition les citations renvoient à six espèces différentes, dont une du genre Sigaret, dans le *Museum Ulricæ,* a quatre, et dans la 12ᵉ édition, la synonymie fautive de la 10ᵉ est complètement conservée. Nous demandons à laquelle de ces six espèces le nom de Linné doit rester? Nous trouvons quelques lumières dans la courte description du *Museum Ulricæ,* et cette description s'applique beaucoup mieux à la figure de Rumphius (pl. 22, fig. *b*) qu'à toute autre. Aussi Martini a regardé comme type de l'espèce cette figure de Rumphius et a rectifiée la synonymie en suivant cette indication. Martini a trouvé un assez grand nombre d'imitateurs, et à l'exception de Born, qui a augmenté la confusion de Linné, la plupart des auteurs ont adopté l'opinion de Martini. Malgré un peu d'incertitude qui nous reste, nous nous rangeons à l'opinion la plus générale, et pour nous, le *Natica albumen* sera ce que Martini, Gmelin, Dillwyn, etc., nomment *Nerita albumen* d'après Linné.

(1) L'*Helix mamillaris* de Linné est, pour nous, une espèce

Helix mamillaris. Lin, Gmel. p. 3636. n° 83.

Lister. Conch. t. 566. f. 14.

Favanne. Conch. pl. 11. fig. H. 4.

Chemn. Conch. 5. t. 189. f. 1932. 1933.

* Geves. Conch. pl. 28. f. 306.

* *Nerita mamilla pars.* Gmel. p. 3672.

* *Nerita mamillaris pars.* Schrot. Einl. t. 2. p. 282.

* *Helix mamillaris pars.* Dillw. Cat. t. 2. p. 930. n° 99.

* Desh. Encycl. méth. Vers. t. 3. p. 593. n₀ 3.

Habite l'Océan des Antilles. Mon cabinet. Grande et belle espèce, dont je ne trouve aucune bonne figure à citer. Son ombilic est bien ouvert. Des stries d'accroissement traversent ses tours. Diamètre transversal, 2 pouces une ligne. Vulgairement le *mamelon fauve à grand ombilic.*

---

très incertaine, et nous ne voyons pas d'après quel caractère on la rapporterait au genre Natice et surtout à l'espèce à laquelle Lamarck, d'après Gmelin, a consacré le nom de *Natica mamillaris.* Linné a établi son espèce dans la 12ᵉ édition du *Systema naturæ.* Sa phrase, beaucoup trop courte, indique des caractères qui ne se retrouvent pas dans le *Natica mamillaris*, et Linné renvoie à une figure de d'Argenville, qui représente une Limnée. Il dit de plus que son *Helix mamillaris* vit dans les fleuves d'Afrique. Il fallait bien que Linné reconnût des caractères de coquille fluviatile à son espèce, puisque, la comparant avec la *Nerita mamilla*, il n'aurait eu aucune raison de ne pas la mettre parmi les Nérites, si elle en avait eu tous les caractères. Nous trouvons dans Born, sous le nom d'*Helix mamillaris*, la description et la figure d'une espèce de Natice voisine du *Natica melanostoma* et confondue avec elle; mais rien ne prouve que Born ait deviné juste l'espèce de Linné. Aussi, Chemnitz adoptant une autre opinion, rapporte et l'*Helix mamillaris* de Linné et celle de Born à son *Mamma æthiopica*, qui est, pour nous, le véritable *Natica melanostoma.* Schroter s'est sagement abstenu de trancher la question, et laisse pour douteuse l'espèce de Linné. Gmelin, contre son habitude, se contente de reproduire l'espèce linnéenne sans y rien ajouter; mais, par compensation, il jette la confusion sans la synonymie du *Nerita melanostoma.* Dillwyn n'a pas imité la sage réserve de Schroter; non-

4. Natice mamelle. *Natica mamilla.* Lamk. (1)

*N. testâ ovali, ventricosâ, convexo-depressâ, crassiusculâ, albâ ;
spirâ prominulâ, callo labii umbilicum penitùs obtegente.*

Nerita mamilla. Lin. Syst. nat. edit. 10. p. 776. Gmel. p. 3672.
n° 6.

Lister. Conch. t. 571. f. 22.

Rumph. Mus. t. 22. fig. F.

Gualt. Test. t. 67. fig. C.

D'Argenv. Conch. pl. 7. fig. X.

Favanne. Conch. pl. 11. fig. H. 2.

Seba. Mus. 3. t. 41. f. 22.

Knor. Vergn. 1. t. 6. f. 6. 7.

Chemn. Conch. 5. t. 189. f. 1928.-1931.

Natica mamilla. Encyclop. pl. 453. f. 5. a. b.

* Lin. Mus. Ulric. p. 675.

* Lin. Syst. nat. éd. 12. p. 1252.

* Born. Mus. p. 899.

* Schrot. Einl. t. 2. p. 282. *Syn. plur. exclus.*

* Dillw. Cat. t. 2. p. 984. n° 17. *Exclus. duab. ultim. var.*

* Desh. Encyc. méth. t. 3. p. 599. n° 4.

* Sow. Genera of shells. *Natica.* f. 2.

* Blainv. Malac. pl. 36 bis f. 5.

Habite l'Océan des grandes Indes. Mon cabinet. Coquille assez
épaisse, d'un beau blanc de lait, luisante, dont la callosité recouvre entièrement l'ombilic. Diamètre transversal, 22 lignes et demie. Vulgairement le *téton blanc.*

---

seulement il a rapporté l'espèce de Born à l'*Helix mamillaris* de
Linné, mais encore le *Mamma œthiopicæ* de Chemnitz et le
Nerita melanostoma de Gmelin. Nous pensons que l'*Helix mamillaris* de Linné est une espèce trop douteuse pour être rapportée
à une espèce quelconque, avant de nouvelles observations. Nous
pensons aussi qu'il ne peut y avoir d'inconvénient pour la nomenclature d'adopter la dénomination de *Natica mamillaris* pour
une espèce de ce genre, en s'abstenant toutefois d'y rapporter
l'*Helix mamillaris* de Linné. On pourra donc conserver l'espèce
de Lamarck, en supprimant la citation de Linné et en complé-
tant la synonymie comme nous proposons de le faire ici.

(1) Le *Nerita mamilla* de Linné est une bonne espèce dans

5. Natice bouche-noire. *Natica melanostoma*. Lamk. (1)

N. testá ovali, ventricosá, convexo-depressá , tenui, albidá , fulvo-zonatá ; spirá prominulá ; labio fusco-nigricante ; umbilico-semiclauso.

la synonymie de laquelle il y a peu de changemens à faire. La fig. *d* de Gualtieri appartient peut-être à une autre espèce. Dans le muséum de la princesse Ulrique, Linné dit que cette espèce est blanche ou jaune, ce qui prouve qu'il réunit au *Nerita mamilla* proprement dit, la variété pâle du *Natica aurantia* de Lamarck. Reste à discuter si cette variété appartient plutôt à l'une qu'à l'autre des espèces que nous venons de mentionner. On confond généralement avec le *Natica mamilla*, des coquilles qui, si elles ne constituent pas des espèces, doivent au moins former des variétés. Nous voulons parler des *Mamilla* qui ont l'ombilic ouvert à divers degrés ; celles dont l'ombilic est en fente étroite, sont sans doute des variétés du *Mamilla ;* mais lorsque l'ombilic s'élargit davantage, la coquille change de forme générale et tout nous porte à penser qu'elle a été produite par un animal d'une autre espèce. En consultant la synonymie des auteurs, on est étonné de voir confondue avec le véritable *Nerita mamilla*, une coquille toute différente, toujours brune, que Lamarque rapporte à l'*Helix mamillaris* de Linné et dont il fait son *Natica mamillaris.*

(1) Nous connaissons actuellement cinq espèces voisines du *Natica melanostoma* et dont plusieurs ont déjà été confondues avec elle. Nous prenons pour type l'espèce de Chemnitz, et nous voyons dès-lors que les figures de Lister et de Born représentent une autre espèce. La variété de Lamarck en constitue encore une autre. Chemnitz lui-même a laissé dans sa synonymie, les erreurs que nous signalons dans celle de Lamarck ; mais ces erreurs ont été singulièrement multipliées par Gmelin, qui met dans son *Nerita melanostoma*, toutes les espèces à columelle noire, quels que soient d'ailleurs leurs formes et leurs caractères ; il y joint aussi les espèces allongées, telles que l'orangé, la mamillaire qui ont la columelle blanche. Dillwyn a fait une autre confusion, en transportant toute la *Nerita melanostoma* de Gmelin dans l'*Helix mamillaris* de Linné.

Lister. Conch. t. 566. f. 15.

Gualt. Test. t. 67. fig. D.

Seba. Mus. 3. t. 41. f. 20.

Helix mamillaris. Born. Mus. t. 15. f. 13. 14.

Favanne. Conch. pl. 11. fig. H. 3.

Chemn. Conch. 5. t. 189. f. 1926. 1927.

Nerita melanostoma. Gmel. p, 3674. no 19.

* Knorr. Vergn. t. 4. pl. 8. f. 4.

* Quoy et Gaim. Voy. de l'Astr. t. 2. p. 228. pl. 66. f. 1. 2. 3.

[*b*] *Var. testâ rufâ, non zonatâ; labro albido, margine intus extusque fusco-nigricante.*

Natica maura. Encyclop. pl. 453. f. 4. a. b..

Habite l'Océan indien. Mon cabinet. Coquille mince, légèrement
transparente, vulgairement nommé le *téton de négresse.* Diamètre
transversal, 19 lignes. La var. [b] est plus petite.

6. Natice orangée. *Natica aurantia.* Lamk.

*N. testâ ovali, ventricosâ, crassiusculâ, lœvi, nitidâ, luteo-aurantiâ;
spirâ subprominulâ; aperturâ albâ; labii callo umbilicum occul-
tante.*

Knorr. Verg. 4. t. 6. f. 3. 4.

Regenf. Conch. 1. t. 5. f. 54.

Chem. Conch. 5. t. 189. f. 1934. 1935.

* Schrot. Einl. t. 2. p. 312. *Nerita.* n° 22.

* *Nerita melanostoma.* Var. B. Gmel. p. 3674. n° 19.

* Gèves. Conch. pl. 28. f. 318.

* Desh. Encyc. méth. Vers. t. 3. p. 599. n° 6.

Habite les mers de la Chine et de la Nouvell-Hollande. M. *Macleay.*
Mon cabinet. Espèce rare et jolie. Diamètre transversal, 16 lignes.
Vulgairement le *téton orangé.*

7. Natice conique. *Natica conica.* Lamk.

*N. testâ oblongo-conicâ, ventricosâ, solidâ, glabrâ, squalidè fulvâ,
prope suturas rufo-zonatâ; spirâ productâ; umbilico callo rubente partim tecto.*

Habite..... Mon cabinet. Celle-ci est très remarquable par sa forme
allongée, presque turriculée. Diamètre longitudinal, 18 lignes,
transversal, 14.

8. Natice plombée. *Natica plumbea.* Lamk.

*N. testâ subovali, ventricosâ, longitudinaliter substriatâ, griseo-ru-
fescente; spirâ productiusculâ; labro intùs purpureo-violacescente
labio circa umbilicum, aurantio; umbilico partim obtecto.*

* *Natica sordida.* Swain, Zool. illust. t. 2. pl. 79. f. infer.

* *Natica plumbea.* Quoy. et Gaim. Voy. de l'Astr. t. 2. p. 234. pl. 66. f. 13. 14. 15.

Habite.... Mon cabinet. Belle espèce qui, comme la précédente, nous paraît inédite. Diamètre transversal, environ 20 lignes.

9. Natice ampullaire. *Natica ampullaria.* Lamk.

> N. *testâ ventricoso-globosâ, longitudinaliter substriatâ, albo-glaucescente; spirâ productiusculâ, acutâ; labro intùs luteo-violacescente; umbilico nudo.*

Habite.... Mon cabinet. Coquille grosse et ventrue, dont je ne connais aucun synonyme. Son diamètre transversal est de 20 lignes.

10. Natice flammulée. *Natica canrena.* Lamk. (1)

> N. *testâ subglobosâ, lævi, rufo et albo zonatâ, flammulis fuscis longitudinalibus angulato-flexuosis; spirâ prominulâ; operculo solido, extùs arcuatim sulcato.*

---

(1) Il est difficile aujourd'hui de savoir ce que Linné entendait par son *Nerita canrena* à cause de la confusion qui règne dans la synonymie. Si nous prenons la dixième édition du *Systema naturæ*, nous y trouvons la citation de quatre auteurs Rumphius, pl. 22. f. C., cette figure représente une variété du *Natica chinensis* de Lamarck. Gualtieri, pl. 67. f. E. Q. R. S. V. X., la fig. E. est peut-être la représentation du *Natica collaris* de Lamarck., cette figure est très mauvaise et n'a aucun rapport avec celle de Rumphius, f. Q. R. Ces figures représentent l'espèce à laquelle Chemnitz a donné le nom de *Natica maculata* La figure S représente exactement le *Natica mille punctata* de Lamarck, et enfin les figures V. X. représentent assez fidèlement l'espèce à laquelle Lamarck rapporte le nom linnéen de *Natica canrena.* Voilà donc dans un seul auteur la citation de quatre espèces rapportées à une seule. La figure C de la pl. 10 de d'Argenville, que Linné ajoute à sa synonymie, nous paraît une variété du *Natica mille punctata* de Lamarck; enfin la fig. 34, pl. 3 de Regenfuss représente l'une des espèces confondues avec le *glaucina* par les auteurs. Dans le muséum de la princesse Ulrique, Linné laisse subsister à-peu-près la même confusion, il supprime les figures V. X. de Gualtieri et celle de Regenfuss,

Nerita canrena. Lin. Mus. Ulr. p. 674. *Syn. plur. exclus.* Gmel.
p. 3669 n° 1. Var. A. *Alter exclus.*

Lister. Conch. t. 560. f. 4.

Gualt. Test. t. 67. f. V.

D'Argenv. Conch. pl. 7. f. A.

Favanne. Conch. pl. 11. f. D. 4.

Seba. Mus. 3. t. 38. f. 27. et 51. 52.

Knorr. Vergn. 3. t. 15. f. 4. et t. 20. f. 4.

Regenf. Conch. 1. t. 4. f. 43.

Chemn. Conch. 5. t. 186. f. 1860. 1861.

Natica canrena. Encyclop. pl. 453. f. 1. a. b.

* Linné. Syst. nat. éd. 12. p. 1251. *exclus. plur. synon.*

* Bonanni. Recr. 3. f. 372?

* Schrot. Einl. t. 2. p. 275. n° 1. Var. n° 1. *Alter exclus.*

* Gèves. Conch. pl. 27. f. 290. a. b.

* *Nerita canrena.* Dillw. Cat. t. 2. p. 975. Var. A.

* *Natica canrena.* Payr. Cat. p. 117. n° 46.

* Sow. Genera of shells. *Natica.* f. 1.

Habite l'Océan indien, etc. Mon cabinet. Sa callosité, en forme de
massue, s'enfonce latéralement dans l'ombilic. Diamètre transversal, 20 lignes.

---

et malheureusement la description ne peut suppléer au défaut
de netteté dans la synonymie. Aux citations précédemment
indiquées Linné dans la douzième édition dn *Systema naturæ*
ajoute les figures 224 et 228 de Bonanni, la première représente
le *Natica cruentata*, la seconde le *mille punctata* de Lamarck,
il ajoute encore le *Fanel* d'Adanson, pl. 13. f. 3, lequel constitue une espèce bien distincte de toutes celles mentionnées,
et il restitue à la citation de Gualtieri les figures V. X. qu'il
avait supprimées dans le muséum de la princesse Ulrique. D'après
ce qui précède il est constant pour nous que Linné confondait
au moins six espèces sous le nom de *Nerita canrena;* il nous
paraît donc impossible de choisir parmi ces espèces celle qui
devra conserver le nom linnéen, et pour nous il en serait de cette
espèce comme de quelques autres que nous avons signalées,
nous la supprimerions des catalogues pour éviter à l'avenir
toute confusion et toute contestation à leur sujet. Gmelin n'a
pas manqué, selon sa funeste coutume, d'ajouter la sienne

11. **Natice fustigée.** *Natica cruentata.* **Lamk. (1)**

> *N. testá subglobosá, longitudinaliter substriatá, albidá, maculis sanguineis aut rufis inœqualibus adspersá ; spirá breviusculá, obtusá; umbilico spiraliter contorto.*

Chemn. Conch. 5. t. 188. f. 1900. 1901.

Nerita cruentata. Gmel. p. 3673. n_o 13.

* Schrot. Einl. t. 2. p. 308. *Nerita.* n_o 11.

* *Nerita cruentata.* Dillw. Cat. t. 2. p. 982. n 11.

Habite.... l'Océan indien? Mon cabinet. Elle est très distincte par sa coloration et la forme de son ombilic ; sa callosité est grêle et contournée. Diamètre transversal, 20 lignes.

---

propre à la confusion de Linné; c'est ainsi que sous le nom linnéen il rassemble quinze ou dix-huit espèces à titre de variétés qui ne sont même pas bien distinguées les unes des autres. Born, ordinairement si exact laisse subsister une grande confusion dans la synonymie, sous l'apparence de la distinction des variétés principales. Il n'en est pas de même de Martini, il choisit arbitrairement dans la synonymie de Linné la figure V. de Gualtieri et il en fait le type du *Nerita canrena*, et il en établit convenablement la synonymie. Cet exemple n'a été suivi ni par Schroter ni plus tard par Dillwyn, Lamarck a adopté à ce sujet l'opinion de Martini et son *Natica canrena* a pour type la figure V de Gualtieri. Maintenant que l'on a l'habitude de trouver sous le nom de *Natica canrena* l'espèce de Martini et de Lamarck est-il nécessaire de faire des changemens à cette nomenclature? il nous semble, nous le répétons, que dans l'impossibilité d'appliquer le nom linnéen à une espèce bien circonscrite et hors de contestation, il est préférable de l'abandonner pour éviter à l'avenir toute équivoque et toute contestation à l'égard de la synonymie que chacun pourrait toujours modifier arbitrairement.

(1) Dans la partie conchyliologique du grand ouvrage de Morée, nous nous étions conformés à l'opinion commune au sujet du *Natica cruentata*, de nouvelles observations sur la synonymie du *Nerita canrena* et autres espèces voisines, nous ont fait reconnaître facilement notre erreur que nous réparons

12. Natice mille-points. *Natica millepunctata*. Lamk.

> *N. testá subglobosá, lævigatá, albo-lutescente, punctis purpureo-rufis sparsis undiquè pictá, spirá supprominulá; callo umbilicali cylindrieo.*

Lister. Conch. t. 564. f. 11.

Petiv. Gaz. t. 101. f. 10.

Gualt. Test. t. 67. f. S.

D'Argenv. Conch. pl. 7. f. C.

Favanne. Conch. pl. 11. f. D. 9.

Seba. Mus. 3. t. 38. f. 60. 61.

Chemn. Conch. 5. t. 186. f. 1862. 1863.

Natica stercus muscarum. Encyclop. pl. 453. f. 6. a. b.

* Bonan. Recr. part. 3. f. 228.

* *Nerita canrena. Var. alba.* Lin. Mus. Ulr. p. 674.

* *Id.* Born. Mus. p. 396.

* Knorr. Verg. t. 1. pl. 10. f. 3.

* *Nerita canrena.* Var. B. Dillw. Cat. t. 2. p. 976.

* Payr. Cat. p. 118. n° 248.

* Desh. Morée. Moll. p. 156. n° 217,

* *Plaucus.* De Conch. Min. not. pl. 11. f. C.

* Desh. Ency. Méth. Vers. t. 3. p. 601. n° 8.

* Poli. Test. utriusque Sicil. t. 3. pl. 35. f. 8.

* Philip. Enum. Moll. Sicil. p. 161. n₀ 2.

* Var. Foss. *Natica canrena.* Broc. Conch. Foss. Subap. t. 2. p. 296.

* *Nat. canrena Brochii.* Sow. Genera of shells. f. 4.

* Philip. Enum. Moll. Sicil. p. 163. n° 2.

Habite l'Océan indien et sur les côtes de Madagascar. Mon cabinet. Diamètre transversal, 18 lignes.

13. Natice jaune-d'œuf. *Natica vitellus*. Lamk. (1)

> *N. testá subglobosá, lævigatá, flavicante; maculis albis per series transversas digestis; spirá brevi, subacutá; umbilico nudo.*

---

aujourd'hui en citant notre *Natica cruentata* dans la synonymie du *Natica maculata.*

(1) Linné a donné pour la première fois cette espèce dans la 12ᵉ édition du *Systema naturæ*; la phrase qui la caractérise est insuffisante pour la faire reconnaître, il faut donc s'en rapporter à la seule citation synonymique qu'il donne, et la figure à laquelle il renvoie (Rumph. pl. 22. f. D) représente le

Nerita vitellus. Lin. Syst. nat. p. 1252. Gmel. p. 3671. no 4.

Lister. Conch. t. 565. f. 12.

* Knorr. Deliciæ. pl. B. 11. f. 9.

Gualt. Test. t. 67. f. L.

Seba. Mus. 3. t. 38. f. 30.

* Rumph. Amb. pl. 22. f. A.

* Born. Mus. p. 398.

* Schrot. Eiul. t. 2. p. 280.

* Geves. Conch. pl. 27. f. 292.

* *Nerita vitellus.* Dill. Cat. t. 2. p. 979. no 5.

Knorr. Verg. 1. t. 7. f. 2. et Verg. 2 t. 8. f. 5.

Favanne. Conch. pl. 11. f. D. 3.

Chemn. Conch. 5. t. 186. f. 1866. 1867.

* *Natica vitellus.* Roissy. Buf. Moll. t. 5. p. 264.

* Desh. Ency. méth. Vers. t. 3. p. 601. n° 10.

Habite l'Océan indien. Mon cabinet. Diamètre transversal, 16 lignes.

14. Natice helvacée. *Natica helvacea.* Lamk. (1)

N. testá ventricoso-globosá, glabrá, albido et fulvo-rubente zonatá;
spirá brevi, prominulá; umbilico pervio, nudo.

Nerita spadicea. Var. Gmel. p. 3672. n° 8.

Natica globosa. Chem. Conch. 5. t. 188. f. 1896. a. b. et f. 1897.

* Schrot. Eiul. t. 2, p. 307. *Nerita.* n° 8.

* *Nerita spadicea.* Var. C. Dillw. Cat. t. 2. p. 980.

* Desh. Encycl. méth. Vers. t. 3. p. 602. n° 11.

Habite.... Mon cabinet. Diamètre transversal, 14 lignes. Jeunes individus.

Natica rufa de Lamarck. Il y a cependant un caractère de l'ombilic qui ne convient pas au *Natica rufa* et qui s'applique exactement au *Natica vitellus*, tel que Chemnitz et depuis lui la plupart des auteurs l'ont entendu, on peut supposer aussi qu'il y a une erreur dans les citations de Linné des figures de Rumphius, car la fig. A. de la pl. 22, représente le *vitellus* de Chemnitz, cette rectification étant faite le *Natica vitellus* peut rester.

(1) Chemnitz avait nommée cette espèce *Nerita globosa*, elle deviendra le *Natica globosa*; Gmelin et Dillwyn ont fait de cette espèce bien distincte une variété du *Nerita spadicea* dont le type n'est autre chose qu'une variété du *Natica rufa.*

15. **Natice collaire.** *Natica collaria.* Lamk. (1)

N. testá ventricoso-globosá, glabrá, albidá, rufo-zonatá, lineis longitudinalibus rufis undulatis confertis pictá; spirá brevi, prominulá; umbilico partim tecto, zoná collari rufá circumdato.

An. Lister. Conch. t. 568. f. 19. a?

Habite.... Mon cabinet. Diamètre transversal, un pouce.

16. **Natice monilifère.** *Natica monilifera.* Lamk. (2)

N. testá ventricoso-globosá, læviusculá, fulvo-glaucescente; anfractibus supernè maculis spadiceis unicá serie cinctis; spirá prominulá; umbilico nudo.

Favanne. Conch. pl. 10. f. N.et pl. 11. f. A.

* Lin. Fauna. Suec. p. 378. n° 1324.

* *Natica glaucina.* Pennant. Zool. brit. 1812. t. 4. p. 344. n° 1. pl. 90. f. 1.

* *Nerita glaucina.* *Linnei* d'Acosta. Conch. Brit. p. 83. pl. 5. f. 7.

Habite.... Mon cabinet. Vulgairement la *bille-d'agathe.* Diamètre transversal, un pouce. C'est la même que la *salope* de Favanne.

---

(1) Nous ne savons si le *Nerita collaria* de Lamarck est de la même espèce que le *Nerita collari* de Chemnitz, nous pensons que si ces deux espèces avaient présenté des caractères analogues, Lamarck n'aurait pas manqué de les réunir et d'en assurer la synonymie. N'ayant pu voir les types de Lamarck et en l'absence d'autres renseignemens, nous comparons la phrase caractéristique de Lamarck, avec la description que donne Adanson de la Natice, et nous sommes forcés de convenir qu'il y a les plus grands rapports et que très probablement les deux espèces actuellement séparées seront plus tard réunies.

(2) Depuis Pennant presque tous les zoologistes anglais ont compliqués et rendu plus fautive la synonymie du *Nerita glaucina* de Linné, en y introduisant une espèce de nos mers européennes que Linné indique bien dans son *Fauna suecica* (1ᵉ édit. p. 378, n° 1324); mais qu'il ne mentionne plus dans ses éditions 10 et 12 du *Systema naturæ;* il est vrai que cette espèce de la *Faune* a un lien commun avec le *Natica glaucina,* par la citation' de la fig. 10, pl. 3 de Lister (anim. Angl.) que l'on retrouve dans les deux espèces. Mais comme nous l'avons vu à l'occasion du *Nerita glaucina,* rien n'autorise à prendre plutôt

17. Natice labrelle. *Natica labrella*. Lamk.

> *N. testâ ventricoso-globosâ, squalidè albâ; anfractibus subpernè pla-*
> *nulatis; spirâ prominulâ, acutâ; labro intùs roseo-violacescente;*
> *umbilico partìm tecto.*

Habite.... Mon cabinet. Diamètre transversal, 13 lignes.

18. Natice rousse. *Natica rufa*. Lamk. (1)

> *N. testâ ventricoso-globosâ, lævigatâ, nitidulâ, intensè rufâ, fas-*
> *ciâ albâ prope suturas cinctâ; spirâ brevi, prominulâ; aperturâ*
> *albâ; umbilico pervio, nudo.*

Rumph, Mus. t. 22. f. D.

Petiv. Amb. t. 11. f. 3.

Nerita rufa. Born. Mus. t. 17. f. 3. 4.

Id. Chemn. Conch. 5. t. 187. f. 1872 à 1875.

Id. Gmel. p. 3672. n° 9.

* Desh. Ency. méth. Vers. t. 3. p. 602. n° 12.

* Geves. Conch. pl. 27. f. 296.

* Schrot. Einl. t. 2. p. 304. *Nerita.* n° 1. 2.

---

une espèce que l'autre de la synonymie linéenne pour en faire le type du *glaucina*. En comparant avec attention les phrases caractéristiques, du *Natica monilifera* et du *Natica castanea* de Lamarck, il nous semble qu'elles doivent être réunies sous un seul nom et constituer une seule espèce, le *Castanea* n'étant que de jeunes individus du *Monilifera*.

(1) Chemnitz ayant fait une espèce particulière pour la variété sans fascie blanche, médiane du *Nerita rufa* de Born, Gmelin a conservé l'espèce et lui a donné le nom de *Nerita spadicea*; mais il ne s'est pas borné à ce double emploi, il réunit à son espèce, à titre de variété, le *Nerita globosa* de Chemnitz, dont plus tard Lamarck a fait son *Natica helvacea* et qui est une espèce parfaitement distincte. Maintenant, le *Nerita spadicea* de Gmelin doit disparaître, la variété du *Rufa* rentrera dans cette espèce, et le *Nerita globosa* de Chemnitz deviendra le *Natica globosa* pour nous. Chemnitz a fait encore un autre double emploi à l'occasion d'une autre variété du *Natica rufa*. Dans le tome 11, il lui a donné le nom de *Nerita Forskalii*. Tous les caractères essentiels de l'espèce restent les mêmes, la coloration seule a subi une modification peu importante.

* *Nerita rufa.* Dillw. Cat. t. 2. p. 980. n° 7.

* *Nerita spadicea.* Pars. Gmel. p. 3672. n° 8.

* *Nerita leucozonias.* Gmel. p. 3672. n° 7.

* Kammer. Cab. Rudols. pl. 12. f. 5. 6.

* *Nerita forskali.* Chem. Conch. t. 11. p. 172. pl. 197. f. 1901. 1902.

* *Nerita spadicea.* Dillw. Cat. t. 2. p. 980. n° 6. *exclus.* Var. C.

Habite les mers de l'Ile-de-France et des Moluques. Mon cabinet. Son dernier tour offre quelquefois, dans le milieu, une large fascie blanche. Diamètre transversal, 13 lignes.

19. Natice unifascié. *Natica unifasciata.* Lamk.

N. testá ventricoso-globosá, lævi, violaceo-rufescente ; anfractibus supra medium fasciá albidá cinctis ; spirá subprominulá, obtusá ; umbilico partim occultato.

Habite.... Mon cabinet. Diamètre transversal, comme celui de la précédente.

20. Natice rayée. *Natica lineata.* Lamk. (1)

N. testá ventricosá, subglobosá, tenui, lævi, albidá, longitudinaliter lineatá : lineis luteis undulatis confertis ; spirá subprominulá ; umbilico semiclauso, angulo circumvallato.

Lister. Conch. t. 559. f. 1.

Nerita canrena. Var. Born. Mus. t. 17. f. 1. 2.

* *Nerita canrena, Var. alba. lineis undatis ferrugineis.* Lin. Mus. Ulric. p. 674.

* *Nerita.* Chem. Conch. t. 5. p. 254. pl. 186. f. 1864. 1865.

* *Nerita canrena.* Var. 3. Schrot. Einl. t. 2. p. 276.

* Seba. Mus. pl. 38. f. 47.

* *Nerita canrena.* Var. v Gmel. p. 3669.

* Geves. Conch. pl. 27. f. 302.

* *Nerita canrena.* Var. D. Dillw. Cat. p. 976.

* *Natica lineata.* Desh. Ency. méth. Vers. t. 5. p. 602. n° 13.

Habite.... Mon cabinet. Diamètre transversal, 14 lignes.

---

(1) Linné confondait cette espèce parmi les variétés du *Nerita canrena.* La plupart des auteurs, Born, Schroter, Gmelin, Dillwyn, ont suivi cet exemple ; Chemnitz, le premier, a distingué l'espèce, mais sans lui donner de nom spécifique. Lamarck l'établit aussi ici en lui laissant une synonymie très incomplète.

21. Natice foudre. *Natica fulminea.* **Lamk.** (1)

> *N. testâ ventricoso-globosâ, glabrâ, albido-lutescente, lineis spa-*
> *diceis longitudinalibus angulato-flexuosis pictâ ; ultimo anfractu*
> *supernè obtuse angulato ; spirâ brevi ; umbilico pervio, nudo.*

Lister. Conch. t. 567. f. 17.
Gualt. Test. t. 67. f. M.
Seba. Mus. 3. t. 38. f. 33.
Knorr. Vergn. 1. t. 10. f. 4.
Adans. Seneg. t. 13. f. 3. le Gochet.
Favanne. Conch. pl. 10. f. Z.
Chemn. Conch. 5. t. 187. f. 1881. 1884.
Nerita fulminea. Gmel. p. 3672. n° 10.
* Schrot. Einl. t. 3. p. 365. *Nerita.* no 3.
* *Nerita fulminea.* Dillw. Cat. t. 2. p. 981. n₀ 9.
* Desh. Ency. méth. Vers. t. 3. p. 663. n° 14.

> Habite les mers de l'Afrique occidentale. Mon cabinet. Vulg. le
> *point-d'Hongrie.* Diam. transv. 13 lignes.

22. Natice maculeuse. *Natica maculosa.* **Lamk.** (2)

> *N. testâ subglobosâ, glabrâ, albidâ, maculis punctisque innumeris*
> *rubra-violaceis adspersâ ; anfractibus superne obsoletè angulatis ;*
> *spirâ prominulâ, acutiusculâ ; umbilico partim clauso.*

---

(1) Il conviendrait de rendre à cette espèce le premier nom qui lui a été imposé par Adanson; elle devrait être inscrite sous le nom de Natice Gochet. Cette espèce est variable dans sa coloration, et ses principales variétés ont été prises pour des espèces distinctes par la plupart des auteurs. C'est ainsi qu'en jugeant d'après la figure *d,* 1900, 1901, de Chemnitz à laquelle il renvoie, nous pensons que le *Natica cruentata* de Lamarck est une première variété ; une seconde variété distinguée comme espèce par Chemnitz, est devenue le *Nerita arachnoïdea* de Gmelin, *Natica arachnoïdea* de Lamarck. Chemnitz ayant sans doute oublié son espèce du tome v de sa grande Conchyliologie, l'a reproduite sous le nom de *Nerita punctata* dans le tome 11 du même ouvrage. Gmelin et Dillwyn ont reproduit les espèces de Chemnitz, sans les examiner de nouveau et sans les rectifier.

(2) Cette espèce de Lamarck est exactement la même que le

* *Neritina pellistigrina.* Chemn. Conch. t. 5. p. 265. pl. 187. f. 1892. 1893.
* Lister. Conch. pl. 560. f. 5.
* Gualt. Ind. pl. 67. f. N?
* D'Argenv. Conch. pl. 7. f. 4. ?
* Fav. Conch. pl. 10. f. G?
* Seba. Mus. t. 3. pl. 38. f. 70.
* Schrot. Einl. t. 2. p. 306. *Nerita.* n° 11.
* *Nerita canrena.* Var. Gmel. p. 3670.
* *Nerita canrena.* Var. L. Dillw. Cat. t. 2. p. 977.

Habite les mers de l'Inde. Mon cabinet. Diam. transv., 10 lignes.

23. Natice laciniée. *Natica vittata.* Lamk.

N. testá subglobosá, glabriusculá, rufo-fuscá, maculis albis laciniato-fimbriatis biseriatim cinctá; spirá prominulá, subacutá; umbilico pervio, intùs angulo spiraliter contorto.

Chem. Conch. 5. t. 188. f. 1917. 1918.

Nerita vitata. Gmel. p. 3674. n° 18.

Habite sur les côtes de l'empire de Maroc. Mon cabinet. Ses masses colorantes, grandes ou petites, sont laciniées et comme frangées en leur bord. Diam. transv., 9. lignes et demie.

24. Natice marron. *Natica castanea.* Lamk.

N. testá subglobosá, glabrá, castaneá; spirá prominulá, acutiusculá; umbilico subdetecto.

* Blainv. Malac. pl. 36. *bis.* f. 4.

Habite dans la Manche. Mon cabinet. Elle est blanchâtre en dessous sa callosité ne recouvre qu'une petite portion de l'ombilic. Diam. transv.. 8 lignes et demie.

25. Natice plurisériale. *Natica marochiensis.* Lamk.

N. testá ovato-ventricosá, glabriusculá, griseo-cærulescente vel squalidè rufa maculis oblongis spadiceo-fuscis subquinque seriatis cincta; spira exsertiusculá; umbilico subtecto.

Nerita maroccana. Chemn. Conch. 5. t. 188. f. 1905—1908.

Nerita marochiensis. Gmel. p. 3673. n° 15.

Nerita pellistigrina de Chemnitz, coquille, comme on le voit, connue depuis long-temps et à laquelle il faudra rendre le nom de Chemnitz. C'est encore une variété du Canrena pour Gmelin et pour Dillwyn.

* Schrot. Einl. t. 2. p. 309. *Nerita.* n₀ 13.

* *Nerita maroccana.* Dillw. Cat. t. 2. p. 983. n₀ 13.

* Quoy et Gaim. Voy. de *l'Astr.* t. 2. p. 236. pl. 66. f. 16 à 19.

Habite les côtes de Maroc et des Antilles, ainsi que celle de la Guyane, d'où je l'ai reçue. Mon cabinet. Ses quatre ou cinq rangées de petites taches la distinguent. Diam. transv., près de 9 lignes.

26. Natice arachnoïde. *Natica arachnoidea.* Lamk.

N. testá ventricoso-globosá glabrá, albo et luteo zonatá; lineis spadiceis-tenuibus variè dispositis pictá, spirá brevissimá; umbilico nudo.

Chemn. Conch. 5. t. 188. f. 1915. 1916.

Nerita arachnoidea. Gmel. p. 3674. n° 17.

* *Nerita punctata.* Chemn. Conch. t. 11. p. 173. pl. 197. f. 1903. 1904.

* Geves. Conch. pl. 27. f. 297. 298.

* Schrot. Einl. t. 2. p. 310. *Nerita.* n₀ 16.

* *Nerita arachnoidea.* Dillw. Cat. t. 2. p. 983. n° 14.

Habite..... Mon cabinet. Diam. transv., 10 lignes.

27. Natice zèbre. *Natica zebra.* Lamk.

N. testá subglobosá, tenui lævi, nitidá, albá, lineis flavis longitudinalibus undatim flexuosis pictá; spirá brevi, obtusá, umbilico subtecto.

Lister. Conch. t. 561. f. 7.

Rumph. Mus. t. 22. fig. G.

Petiv. Amb. t. 4. f. 4.

Seba. Mus. 3. t. 38. f. 26.

Favanne. Conch. pl. 11. fig. D. a.

Chemn. Conch. 5. t. 187. f. 1885. 1886.

* Schrot. Einl. t. 2. p. 305. *Nerita.* n° 4.

* *Nerita canrena.* Var. χ. Gmel. p. 3670.

* *Nerita canrena.* Var. I. Dillw. Cat. t. 2. p. 977.

* Geves. Conch. pl. 27. f. 295.

* Desh. Ency. méth. Vers. t. 3. p. 603. n₀ 15.

Habite..... l'Océan des Moluques ? Mon cabinet. Diam. transv., environ 10 lignes.

28. Natice zonaire. *Natica zonaria.* Lamk. (1)

N. testá subglobosá, lævi, albo et rufo zonatá; zonis albis tribus li-

______

(1) Cette espèce ne serait-elle pas la même que le *Nerita*

41.

*neis latiusculis rufo-fuscis transversim divisis; spirâ brevi ; umbi-
lico lato, callo labii modificato.*

Encyclop. pl. 453. f. 2. a. b.

Habite.... Mon cabinet. Diam. transv., 8 lignes.

29. **Natice pavée.** *Natica chinensis.* **Lamk.**

*N. testâ ovato-ventricosâ, glabrâ, albâ, maculis spadiceis subqua-
dratis quinque seriatis transversim tessellatâ; spirâ brevi, subacutâ; umbilico subtecto.*

Rumph. Mus. t. 22. fig. C.

Petiv. Amb. t. 10. f. 11.

Seba. Mus. 3. t. 38. f. 62.

Favanne. Conch. pl. 11. fig. E.

Chemn. Conch. 5. t. 187. f. 1887–1891.

Encyclop. pl. 453. f. 3. a. b.

* *Nerita canrena.* Var. ψ. Gmel. p. 3670.

* *Nerita canrena.* Var. K. Dillw. Cat. t. 2. p. 977.

* Schrot. Einl. t. 2. p. 306. *Nerita.* n$_0$ 5.

* Geves. Conch. p. 27. f. 303. 304.

* Desh. Encycl. méth. Vers. t. 3. p. 604. n° 17.

Habite les mers de la Chine et des Moluques. Mon cabinet. Vulgairement le *pavé-chinois.* Diam. transv., près de 10 lignes.

30. **Natice de Java.** *Natica Javanica.* **Lamk.**

*N. testâ ovali, ventricosâ, lævi, supernè fulvo-rufescente, infernè
albidâ, punctis maculisque spadiceis adspersâ; spirâ conoideâ,
apice fuscâ; umbilico subtecto.*

Habite les mers de Java. M. *Leschenault.* Mon cabinet. Jolie coquille,
ayant 8 lignes de diam. transv., et 9 et demie de diam. longitudinal.

31. **Natice treillissée.** *Natica cancellata.* **Lamk.** (1)

N. testâ subglobosâ, decussatim striatâ, punctis impressis notatâ,

---

alapapilionis de Chemnitz? malheureusement ni la description
ni la figure de l'encyclopédie ne sont suffisantes pour lever nos
doutes.

(1) Born, le premier, a nommé cette espèce *Nerita sulcata* et
en a donné une bonne figure. Chemnitz, en la reproduisant
sous le nom de *Rugosa*, a fait la double faute d'imposer un
nom nouveau à une espèce qui en avait déjà reçu un et de lui

albâ aurantio-maculatâ; spirâ brevi, obliquâ; umbilico lato, callo labii modificato.

Lister. Conch. t. 566. f. 16.

Nerita sulcata. Born. Mus. t. 17. f. 5. 6.

Chemn. Conch. 5. t. 188. f. 1911-1914.

Nerita cancellata. Gmel. p. 3670. n° 2.

* *Nerita canrena.* Var. X. Gmel. p. 3670.

* *Nerita sulcata.* Gmel. p. 3673. n° 16.

* Schrot. Einl. t. 2. p. 309. *Nerita.* n° 9.

* Schrot. Einl. t. 2. p. 309. *Nerita.* n° 15.

* *Nerita cancellata.* Dillw. Cat. t. 2. p. 978. n° 2.

* *Nerita sulcata.* Dillw. Cat. t. 2. p. 978. n° 3.

Habite l'Océan des Antilles. Mon cabinet. Diam. transv., 9 lignes.

† **32. Natice marbrée.** *Natica maculata.* Desh.

> *N. testâ globosâ, turgidâ, transversim, obsoletè striatâ, albidâ, san-guineo maculatâ, maculis majoribus trizonatâ; aperturâ semi-lunari, intus-violacea, operculo calcareo multifisso clausâ; umbi-lico magno, zona rufa circumdato, callo funiculari augusto infe-riori donato.*

Natica densemaculata. Chemn. Conch. t. 5. pl. 260. f. 1876. 1877.

Nerita multoties punctata. Chemn. Conch. t. 5. pl. 261. f. 1878 à 1880.

Gualt. ind. pl. 67. f. Q. R.

Nerita canrena. Var. 5 et 6. Schrot. Einl. f. 2. p. 277. 278.

Id. Gmel. p. 3669. Var ε et ζ.

Id. Dillw. Cat. t. 2. p. 967. Var. F et p 977. Var. G.

Natica cruentata. Desh. Morée, zool. p. 156. n° 216.

Habite la Méditerranée. Elle est fossile dans les terrains tertiaires supérieurs, où elle est citée sous le nom de *Natica canrena.*

---

consacrer un nom qu'il avait déjà employé pour une autre es-pèce. Gmelin a fait d'autres erreurs en établissant un *Nerita cancellata* pour la coquille de Chemnitz et un *Nerita sulcata* pour celles de Born, quoique toutes deux appartinssent à une même espèce. La même coquille, figurée par Lister, est devenue pour Gmelin une variété du *Nerita canrena.* Lamarck a eu tort de préférer le nom de Gmelin; il aurait dû rendre à l'espèce le nom de Born et l'inscrire sous le nom de *Natica sulcata;* ce que nous proposons de faire à l'avenir.

Cette espèce est, en effet, l'une de celles que Linné a confondues sous cette dénomination ; ce n'est pas le *Natica cruentata* de Lamarck comme le croyaient la plupart des auteurs modernes.

Le *Natica cruentata* de Lamarck n'est autre chose qu'une variété de son *Natica fulminea*, et cependant la phrase caractéristique incomplète semble indiquer celle-ci, du moins pour ce qui a rapport à l'ombilic et à sa callosité. Le *Natica maculata* est une espèce des plus communes ; elle est globuleuse, à spire courte, dont les tours peu convexes sont obliquement striés près des sutures, des stries très fines, peu apparentes et transverses s'étendent sur tout le reste de la surface ; l'ouverture est semilunaire, violette en dedans, blanche sur les bords. Elle est fermée par un opercule calcaire chargé dans presque toute son étendue de fines stries, très profondes et comme tranchées ; l'ombilic est plus ou moins large, selon les individus. Il contient une callosité, étroite demi cylindrique, roussâtre, qui est plus près du bord inférieur de l'ombilic que du supérieur. Cette coquille sur un fond blanc grisâtre est marbrée d'un grand nombre de tâches, d'un rouge rouillé, tantôt elles sont petites et uniformes, tantôt plus grosses moins nombreuses, et de plus grandes constituent trois fascies transverses. Les grands individus ont 55 millim. de long et 5o de large.

† 33. Natice éburnée. *Natica eburnea*. Chemn.

N. testâ globosâ candidissimâ, lævigatâ, ad suturam plicatâ ; aperturâ dilatatâ, ovato-semilunari basi prolongatâ, umbilico magno callo incrassato convexo, quasi repleto.

Nerita eburnea. Chemn. t. 5. p. 268. pl. 188. f. 1904.

Gèves. Conch. pl. 28. f. 3o8.

Nerita orientalis. Var. B. Gmel. p. 3673. n° 12.

Schrot. Einl. t. 2. p. 3o8. *Nerita.* n 10.

An ejusdem varietas? Nerita subfulva fasciola albicante in dorso vittata. Chemn. Conch. pl. 188. fig. 1898. 1899.

Nerita orientalis. Gme. p. 3673. no 12.

Nerita orientalis. Var. A. Dillw. Cat. t. 2. p. 982. n° 12.

Habite les mers asiatiques (Chemnitz). Belle et rare espèce d'un blanc d'ivoire. Elle est globuleuse, à spire courte et pointue, composée de cinq tours convexes, vers la suture desquels on voit une série de plis obliques irréguliers et plus ou moins saillans. L'ouverture est très remarquable et rend cette espèce facile à distinguer ; elle est grande, dilatée, ovale, semilunaire. Le bord gauche est très court, il est calleux et sert à appuyer l'angle supérieur sur l'avant-dernier tour ; l'angle inférieur de l'ouverture se prolonge en une sorte d'oreillette triangulaire. L'ombilic est large, mais presque entièrement rempli par une callosité demi cylindrique, fort épaisse. Spengler et d'après lui Chemnitz rapportent à cette espèce, à titre de variété, une coquille de forme semblable, mais d'un brun marron foncée, avec une zone blanche, étroite dans le milieu du dernier tour. Cette coquille a 40 millim. de long et autant de large.

† 34. Natice papillonacée. *Natica alapapilionis.* Chemn.

N. testâ subglobosâ, lœvigatâ, fulvâ vel griseo-fulvâ, transversim albo quadrizonatâ ; zonis maculis fuscis quadratis distantibus subarticulatis ; aperturâ dilatatâ fulvâ; umbilico magno, albo, in medio callo angusto funiculato.

Nerita alapapilionis. Chemn. Conch. t. 5. p. 257. pl. 186. f. 1868. à 1870.

Lister. Conch. pl. 560. f. 3.

Geves. Conch. pl. 28. f. 294 et 301.

Knorr. Vergn. t. 1. pl. 10. f. 5. et 6. pl. 10. f. 5.

Nerita canrena. Var. ♂ Born. Mus. p. 396. *exclus pl. syno.*

Nerita canrena. Var. ♂ Gmel. p. 3669.

Id. Schrot. Einl. t. 2. p. 277. Var. 4.

Id. Dillw. Cat. t. 2. p. 976. Var. E.

Natica zonaria. Desh. Ency. méth. vers t. 3. p. 603. no 16.

Natice zonaire. Blainv. Malac. pl. 36. f. 3.

An eadem ? Natica zonaria. Lamk.

Habite les mers de l'Inde, les îles Philippines. Belle espèce, dont la coloration rappelle celle du *Natica canrena* de Lamarck, mais elle diffère de cette dernière non-seulement par un moindre volume, mais encore par les caractères de l'ombilic. Elle est subglobuleuse, à spire obtuse, médiocrement saillante, d'un brun violacé au sommet. L'ouverture est subovalaire, en proportion plus haute que dans la plupart des espèces ; son angle supérieur, terminé par une callosité très étroite, s'appuie sur l'avant-dernier tour par cette callosité seulement ; l'ombilic est blanc, très grand et partagé en deux parties égales, par une callosité étroite en forme de cordelette. La couleur est peu variable ; elle est ordinairement d'un fauve grisâtre ou d'un fauve brun ; sur le dernier tour se montrent quatre zones transverses équidistantes, blanches, sur lesquelles se distribuent avec assez de régularités les tâches quadrangulaires brunes. La description et la figure du *Natica zonaria* de Lamarck, ne s'accordant pas en tout point avec les caractères de l'espèce de Chemnitz, nous doutons si ces espèces doivent être réunies. La longueur est de 30 millim., la largeur de 25.

† 35. Natice zélandaise. *Natica zelandica.* Quoy.

N. testá globulosá, ventricosá, glabrá, luteá, maculis subrubris, sex seriatis transversim tessellatá; spirá prominente; umbilico subtecto.

Quoy et Gaim. Voy. de l'Astr. t. 2. p. 237. pl. 66. f. 11. 12.

Habite la nouvelle Zélande. Cette coquille est globuleuse, légère, lisse et polie. Sa spire, latérale et saillante, avec ses tours arrondis au nombre de cinq. Son ouverture est ovalaire, assez grande, subtransverse, blanchâtre, ainsi que la callosité qui cache en partie l'ombilic. Son opercule doit probablement être calcaire; elle est d'un joli jaune chamois, ceinte de six bandes ponctuées, dont les joints sont en guillemets, dirigés en arrière; leur couleur est rouge brun. Les premiers tours de la spire ont une bandelette brune un peu plus foncée que le reste de la couleur. Longueur 13 lignes. largeur 8.

† 36. Natice de loup. *Natica lupinus.* Desh.

N. testá globosá lævigatá, obtusá, fucescente in medio late unizonatá, basi fulvá; aperturá semilunari, callo intense fusco, umbilico minimo partim obtecto.

Ruma lupi. Chemn. Conch. t. 5. p. 286. pl. 189. f. 1940. 1941.

Lister. Conch. pl. 559. f. 2.

Schrot. Einl. t. 2. 313. *Nerita.* n° 26.

Nerita melanostoma. Var. E. Gmel. p. 3674. n° 19.

Habite l'océan indien. Espèce d'un médiocre volume, globuleuse, à spire courte et obtuse composée de trois ou quatre tours, aplatis. et très étroite. Le sommet est d'un brun violâtre foncé, toute la surface est lisse et polie, l'ouverture est ovale, semilunaire, à bord droit obtus souvent d'un fauve brunâtre; le bord gauche est assez large, d'un beau brun marron foncé, et il s'élargit au dessus de l'ombilic de manière à le couvrir en partie et à le réduire à une perforation étroite. Cette espèce a quelque rapport de coloration avec le *Natica rufa*. Elle porte dans le milieu du dernier tour une large zone, d'un brun fauve plus ou moins foncé, selon les individus. La base du dernier tour jusqu'à la circonférence de l'ombilic est blanche ou d'un blanc fauve clair; vers la suture règne une fascie de fauve pâle. Cette espèce a 25 millim. de long, 22 de large.

† 37. Natice de Guillemin. *Natica Guilleminii.* Payr.

N. testá ventricoso-globosá, glabrá, longitudinaliter striatá, al-

*bido et rufo purpurascente alternatim zonatâ ; spirâ prominulâ,
acutâ, aurantiâ ; fauce albo et spadiceo radiatâ ; umbilico parvo
subnudo.*

Payr. Cat. de moll. de Corse. p. 119. pl. 5. f. 25. 26.
An eadem? Poli. Test. utriusque Sicil. t. 3. pl. 55. f. 10. 11.
Philip. Enum. moll. Sicil. p. 162. n° 4.
Fossilis Philip. Enum. moll. Sicil. p. 163. no 4.
Habite Valencio, Figari, les îles Lavezi et Cavallo.
Joli e coquille, agréablement ornée de roux pourpré et de blanc jaunâtre, disposé par zones. Les stries longitudinales sont assez apparentes ; la spire est aiguë et d'une teinte orangée; la columelle est
blanche dans le milieu et rougeâtre à ses extrémités ; l'ouverture
est rayée à l'intérieur de blanc et de brunâtre. Cette coquille a 22
à 25 millim. de long.

† 38. Natica de Dillwyn. *Natica Dillwynii.* **Payr.**

*N. testâ ventricoso-globosâ, longitudinaliter striatâ, rufo purpuras-
cente, cinctâ duabus lineis albis, maculis fulvis variis zonatâ, ver-
sus umbilicum flammulis flexuosis, castaneis adspersâ; spirâ prominulâ; aperturâ albâ, spadiceo-radiatâ; umbilico subtecto.*

An Natica collaria? Lamk. n° 15.
Payr. Cat. des moll. de Corse. p. 120. pl. 5. f. 27. 28.
Philip. Enum. moll. p. 162. n" 5.
Habite Ajaccio, Valencio, Santa-Guilia, Algaiola :
Coquille légèrement nuancée de tons pourprés avec deux lignes
blanches, semées de taches fauves anguleuses. Sur le dernier tour
et vers l'ombilic, on remarque de petites flammules ondulées de
cette dernière couleur ; l'ombilic est étroit et en partie recouvert par
la callosité ; l'ouverture est blanche en dedans et rayée de roussâtre.
Cette coquille est longue de 25 à 30 millim.

† 39. Natice de Valenciennes. *Natica Valenciennesii.* **Payr.**

*N. testâ ovato-ventricosâ, albido vel cinereo violaceâ; striis tenuibus
longitudinalibus; fasciis quinis, maculis albis fuscis aut castaneis
variegatis; spirâ brevi obtusiusculâ; aperturâ ad marginem ni-
veâ, intùs spadiceâ.*

Desh. Morée. Zool. p. 157. no 219.
Payr. Cat. des Moll. de Corse. p. 116. pl. 5. fig. 23-24.
Poli. Test. utriusque Sicil. pl. 55. fig. 12-13.
Philip. Enum. Moll. Sicil. p. 162. no 3.
Fossilis. Philip. loc. cit. p. 163. n° 3.
Habite les golfes d'Ajaccio, de Valinco, de Ventilegne, de Santa-

Manza. Espèce globuleuse, facile à distinguer par les quatre ou
cinq lignes de taches articulées, blanches et brunes, et surtout
par son ombilic ouvert, pourvu de deux petites callosités séparées
par deux sillons; l'ombilic est d'un brun foncé à l'intérieur. Cette
coquille a 12 à 14 millim. de diamètre.

† 40. Natice pied d'éléphant. *Natica pes elephantis.* Ch.

*N. testâ ovato-depressâ, crassâ, ponderosâ, candidissimâ, spirâ brevi,
acutâ, zonâ luteolâ circumdatâ; aperturâ semilunari, obliquâ; umbilico magno, patulo, callo depresso, crasso, modificato.*

Chemn. Conch. t. 5. p. 275. pl. 189. fig. 1922-1923. *Nerita.*

Gèves. Conch. pl. 28. fig. 305.

Schrot. Einl. t. 2. p. 311. *Nerita.* no 20.

Nerita mamilla. Var β. Gmel. p. 3672. no 6.

Habite les côtes de Tranquebar (Chemnitz). Belle espèce assez rare
dans les collections; elle est en quelque sorte intermédiaire par
ses caractères entre le *Natica albumen* et le *Mamilla.* Elle est ovale
obronde, épaisse, pesante, déprimée, à spire courte, dont les tours
sont peu nombreux, à peine convexes, sur le dernier on aperçoit
une zone d'un jaune pâle vers la suture, tout le reste de la coquille est d'un blanc laiteux. L'ouverture est semilunaire, à bords
épais; son bord gauche est très court et très épaissi par une callosité; l'ombilic est très large, infundibuliforme; il est circonscrit à la
base par un angle obtus, dans son intérieur descend en spirale une
callosité aplatie et cependant épaisse. Cette coquille a 45 millim.
de long et 40 de large.

† 41. Natice bouton. *Natica olla.* Marc. de Serres.

*N. testâ suborbiculari depressâ, lævigatâ, late umbilicatâ, umbilico
callo convexo impleto; spirâ brevi, obtusissimâ, aperturâ obliquâ
semilunari.*

Bonan. Recr. Part. 3. fig. 226.

Natica olla. Marcel de Serres. Géol. des Terr. ter. pl. 1. fig. 1-2.

Desh. Expéd. Sc. de Morée. Zool. p. 157. no 218.

Poli. Test. utriusque Sicil. t. 3. pl. 55. fig. 9.

Natica glaucina. Philip. Enum. Moll. Sic. p. 160. no 1. pl. 12.
fig. 12.

Fossilis. Id. Philip. loc. cit. p. 163. no 1.

Foss. Brocchi. Conch. foss. subap. t. 2. p. 296. *Natica glaucina.*

Natica glaucina. Bast. Mém. sur les foss. de Bord. p. 38. no 2.

Habite la Méditerranée. Fossile en Italie, en Sicile, en Morée, aux
environs de Bordeaux et de Dax, à la Superga, près Turin, aux

environs de Vienne, à Perpignan, dans les faluns de la Touraine. Coquille aplatie qui par sa forme et sa couleur se rapproche de petits individus du Diorchite de Favanne; sa spire est obtuse, formée de trois ou quatre tours aplatis; l'ombilic est très large, mais entièrement clos par une callosité arrondie en forme de bouton, quelquefois la callosité ne remplit pas entièrement l'ombilic; elle conserve néanmoins sa forme et ses caractères, 15 à 30 millim. de diamètre. Il y a des individus fossiles d'un tiers plus grands.

† 42. Natice glauque. *Natica glauca.* Humb.

N. testá suborbiculari, subdiscoideá; spirá brevissimá anfractibus quatuor, superioribus ferè obtectis ; ultimo maximo, supernè rotundato, subtùs rotundato-carinato; umbilico patulo, callo columellari spirali, apice planulato; aperturá magná, ultimo anfractu supernè interruptá, infra obliquè productá.

Sow. Zool. Journ. t. 1. p. 60. pl. 5. fig. 4. *Natica patula.*

Lesson. Voy. de la Coq. Moll. pl. 14. fig. 1.

Habite la côte du Pérou, Payta (Lesson). Ce nom de *Natica patula* donné à cette espèce par M. Sowerby, doit être changé pour deux raisons, la première c'est que M. de Humboldt lui avait déjà imposé celui de *Natica glauca,* que son antériorité doit faire préférer et la seconde, c'est que l'*Ampullaria patula* de Lamarck, étant une véritable Natice, cette coquille en entrant parmi les Natices, doit encore par priorité conserver son nom de *Natica patula.* Cette espèce est bien facile à distinguer, elle est voisine du *Natica albumen* pour sa forme aplatie, mais elle est parfaitement distincte par son large ombilic infundibuliforme du fond duquel on voit partir une callosité tordue, se terminant par une surface plane et suborbiculaire. L'ouverture est ovale, très oblique, et à peine modifiée par l'avant-dernier tour sur lequel elle ne s'appuie que par son angle supérieur. Cette coquille a 60 millim. de diamètre, et à peine 25 d'épaisseur.

† 43. Natice ombiliquée. *Natica umbilicata.* Quoy.

N. testá ovato-globosá, ventricosá, albicanti, fulvo trizonatá; aperturá ovali; umbilico plicato et amplo (Quoy).

Quoy et Gaim. Voy. de l'Astr. t. 2. p. 234. pl. 66. fig. 22-23.

Habite la Nouvelle-Hollande. Cette Natice est légère, plutôt globuleuse qu'ovale, très bombée en dessus, à spire courte; son ouverture est ovalaire et longitudinale; sa columelle étroite, sans callosité et bien évidée, laisse voir un large et profond ombilic en entonnoir dont le contour est plissé. On peut le suivre jusqu'au commence-

ment de la spire. Cette coquille est d'un blanc jaunâtre, marquée
de trois bandes transverses formées par des taches irrégulières
rousses; elle est longue de 14 lignes, et large de 11.

† 44. Natice mélanostomoïde. *Natica melanostomoides.* Quoy.

N. testâ imperforatâ, ovali, subventricosâ, depressâ, tenuissimâ, albâ, maculis fulvis subzonatâ; labro fusco-nigricante; spirâ acutiusculâ.

Quoy et Gaim. Voy. de l'Astr. t. 2. p. 229. pl. 66. fig. 4 à 8.

Habite la Nouvelle-Guinée et la Nouvelle-Irlande (Quoy). Lamarck
avait confondu cette Natice avec la bouche noire; elle en est cependant bien distincte; sa forme est moins bombée; sa spire un
peu plus saillante et pointue; son ouverture est blanche, plus largement ovalaire par une légère échancrure dans le contour postérieur de la columelle; antérieurement le bord droit ne forme pas
un angle avec le columellaire, ainsi que cela a lieu dans le Mélanostome; enfin l'ombilic est tout-à-fait caché, et la columelle, fort
étroite, ne présente qu'un filet brun marron qui ne s'étend point
sur une partie du bord gauche; son épiderme est jaunâtre; tous ces
caractères, très visibles, sont plus que suffisans pour la faire reconnaître; son animal est tout blanc, et son opercule membraneux,
brun foncé. Cette espèce a un pouce de longueur, et 9 lignes de
largeur.

† 45. Natice de singe. *Natica simiæ.* Desh.

N. testâ, ovatâ, ventricosâ apice productiusculâ, acutâ, lævigatâ, albâ vel pallidè fucescente transversim late bizonatâ; zonis maculis rufescentibus undatis notatis; aperturâ magnâ ovato-semilunari, labio columellaque fusco-castaneis, umbilico angusto zona fuscâ angustâ circumdato.

Ruma simiæ. Chemn. Conch. t. 5. p. 285. pl. 139, fig. 1938.

Nerita melanostoma. Var. δ. Gmel. p. 3674. n° 19.

Schrot. Einl. t. 2. p. 313. *Nerita.* n° 24.

Habite la Nouvelle-Zélande (Chemnitz). Espèce que l'on confond
habituellement avec le *Natica melanostoma*, et que Chemnitz en a
bien distingué. Par sa forme générale elle ressemble au *Natica melanostoma;* elle a aussi le bord gauche et l'ombilic d'un brun foncé,
mais une petite zone étroite, bien nette, un peu saillante, entoure
la fente ombilicale; la couleur est blanche, quelquefois d'un
fauve très pâle, le plus souvent d'un gris perlé; cette couleur est
interrompue par deux larges zones, l'une à la partie supérieure du

dernier tour, l'autre un peu plus étroite est vers la base; ces zones sont formées de flammules ondulées d'un brun foncé, celles de la zone supérieure sont plus eu zigzag que celles de l'inférieur. Cette coquille est longue de 33 millim., large de 26.

Espèces fossiles.

1. Natice petite-lèvre. *Natica labellata.* **Lamk.** (1)

N. testá globoso-ovatá; umbilico simplici, semitecto; labio antico porecto.

Natica labellata. Annales. vol. 5. p. 95. n° 1, Lamk.

　* Def. Dic. Sc. nat. t. 84. p. 256.

　* Desh. Desc. des Coq. foss. t. 2. p. 164. n₀ 1. pl. 20. f. 34.

Habite... Fossile de Beynes et Courtagnon. Mon cabinet et celui de M. *Defrance.* Coquille globuleuse-ovale, lisse, à six ou sept tours de spire. Son ombilic est simple, c'est-à-dire sans callosité interne; et, dans la partie supérieure de l'ouverture, le bord gauche s'avance sous la forme d'une lame calleuse qui recouvre en partie l'ombilic. Longueur, environ 2 centimètres.

2. Natice épiglottine. *Natice epiglottina.* **Lamk.** (1)

N. testá subglobosá, lævi; callo umbilici supernè epiglottidiformi.

Natica epiglotina. Ann. ibid. n° 2. et 48. pl. 62. f. 6.

　* Def. Dict. Sc. nat. t. 34. p. 256.

　* Desh. Desc. des Coq. foss. t. 2. p.165. pl. 20. f. 5. 6. 11.

Habite.... Fossile de Grignon. Mon cabinet et celui de M. *Defrance,* Coquille ovale-globuleuse, lisse, à cinq tours de spire, dont le dernier est beaucoup plus grand que tous les autres. On voit dans son ombilic une colonne calleuse adhérente à la columelle, et dont le sommet élargi en un petit lobe épiglottidiforme s'avance plus ou moins au-dessus de l'ombilic. Largeur, environ 2 centimètres.

3. Natice cépacée. *Natica cepacea.*

N. testá ventricosá, globoso-depressá; spirá brevissimá; umbilico seniorum obtecto.

Natica cepacca. Ann. t. 5. p. 96. n° 3. et t. 8. pl. 62. f. 5. a. b.

　* Def. Dict. Sc. nat. t. 34. p. 256.

　* Desc. des Coq. foss. t. 2. p. 168. n° 5. pl. 22. f. 5. 6.

---

(1) Cette espèce fossile des environs de Paris peut être considérée comme l'analogue du *Natica monilifera* de Lamarck. Le *Natica helicina* de Brocchi a avec elle les plus grands rapports.

Habite.... Fossile de Grignon. Mon cab. Espèce remarquable par le renflement de son dernier tour, qui lui donne une forme globuleuse, déprimée à-peu-près comme celle d'un oignon. Elle a la spire fort courte, en cône très surbaissé, et composée de sept à huit tours. Sur l'avant-dernier tour, sous l'insertion du bord droit, on voit une petite côte transverse à l'entrée de l'ouverture. Dans les jeunes individus, l'ombilic est encore apparent. Largeur, 36 millim.

† 4. Natice linéolée. *Natica lineolata.* Desh.

N. testá ovato-globosá, apice conicá, acutá, lævigatá, lineolis obscuris, fuscis, ornatá; umbilico minimo, callo repando, clauso; aperturá minimá semilunari.

Desh. Coq. foss. de Paris. t. 2. p. 167. n° 4. pl. 20. fig. 9-10.

Habite Beauchamp, Dameri, Lisy-sur-Ourc. Cette espèce a beaucoup d'analogie avec le *Natica epiglottina;* elle est lisse, brillante, à spire conique et pointue, présentant souvent des traces de la première coloration, consistant en flammules roussâtres sur un fond brun, l'ombilic distingue particulièrement cette espèce; il est entièrement caché par une callosité assez comparable à celle que l'on voit dans le *Natica mamilla.* La longueur de cette coquille est de 12 millim., et la largeur de 10.

† 5. Natice variable. *Natica varians.* Duj.

N. testá ovatá, interdum oblongá, incrassatá; spirá conoideá, anfractibus depressis, juxta suturam sœpè erosis; umbilico nudo; labio crasso.

Duj. Mém. Géol. sur la Touraine. p. 281. pl. 19. fig. 6.

Habite... Fossile dans les faluns de la Touraine. M. Dujardin rassemble sous cette dénomination des coquilles qui nous paraissent appartenir à plusieurs espèces distinctes, et dont nous n'avons pas jusqu'à présent un assez grand nombre, pour les distinguer d'après des caractères suffisans; l'espèce à laquelle nous attribuons le nom de M. Dujardin, est généralement ovale-oblongue, conique, obtuse, lisse, à ouverture petite ovale et semilunaire, à ombilic étroit à peine modifié par la callosité. Cette coquille varie dans sa forme, étant plus ou moins allongée, et ayant l'ombilic plus ou moins large selon les individus; elle a quelque ressemblance avec le *Natica conica*, mais elle est toujours plus petite; elle est longue de 22 mill., et large de 18.

† 6. Natice glancinoïde. *Natica glancinoides.* Desh.

N. testá ovato-globosá, apice obtusá, basi patulá; spirá brevi; an-

*fractibus convexiusculis; umbilico magno, patulo; callo umbilici
angusto.*

Desh. Coq. foss. de Paris. t. 2. p. 166. n° 3. pl. 20. fig. 7-8.

Habite Abbecourt, Noailles, La Chapelle près Senlis, Assy, etc.
Cette espèce est bien distincte de la *Natica epiglottina;* elle est
ovale-globuleuse, très convexe, à spire courte et obtuse, formée de
quatre à cinq tours convexes; la base est très aplatie, largement
ouverte par un ombilic fort grand, infundibuliforme, dans le milieu duquel descend obliquement une callosité étroite, convexe et
arrondie en forme de cordelette; à l'extrémité antérieure, cette
callosité est séparée de celle du bord gauche par une échancrure
triangulaire profonde. L'ouverture est petite, ovale, semilunaire,
autant arrondie à une extrémité qu'à l'autre; la callosité supérieure du bord gauche est peu épaisse, très étroite, subtriangulaire;
le bord droit est simple, mince et tranchant, et la gouttière qu'il
forme à la jonction avec la callosité, est fort courte. Les plus grands
individus ont 22 millim. de longueur, la largeur est la même.

† 7. Natice à rampe. *Natica spirata.* Desh.

*N. testá ovato-globosá, apice acutá, transversim striatá; striis punc-
ticulatis; spirá exertiusculá ad suturam canaliculatá; aperturá
ovatá, obliquá, basi dilatatá.*

Desh. Coq. foss. de Paris. t. 2. p. 173. n° 11. pl. 21. fig. 1-2.

Habite Retheuil, Guise, La Mothe, les environs de Paris. Cette espèce a beaucoup de rapport avec la Natice hybride; elle s'en distingue par des caractères qui lui sont propres; elle est ovale-globuleuse; sa spire assez longue et pointue au sommet, est formée de
huit tours convexes, dont les premiers sont très étroits, et les
suivans proportionnellement plus larges; le dernier est plus grand
que la spire, il est globuleux et orné de stries transverses plus
ou moins nombreuses, selon les individus, et pour la plupart ponctuées dans toute leur étendue; tous les tours de spire sont nettement séparés entre eux par un canal assez profond et étroit qui
suit la suture. L'ouverture est subovalaire, dilatée à la base, rétrécie au sommet, fortement inclinée d'avant en arrière et de
droite à gauche; son bord droit reste toujours mince et tranchant;
le bord gauche est formé par une callosité simple, épaisse et
oblongue, qui s'étend de ce côté du sommet à la base de l'ouverture. Longueur, 65 millim., largeur, 50.

† 8. Natice cuilleronne. *Natica cochlearia.* Brong.

*N. testá globosá; spirá brevi; aperturá amplá, semicirculari; labro
porrecto cochleariformi; sulco umbilici semitecto.*

Brong. Terr. sup. du Vicentin. p. 58. pl. 2. fig. 20. *Ampullaria co-chlearia.*

Habite... Fossile à Castelgomberto. Coquille qui, par sa forme extérieure, a beaucoup de rapports avec notre *Natica mutabilis*, peut-être même pourrait-on la considérer comme une simple variété de l'espèce des environs de Paris. Nous ne pouvons éclaircir nos doutes, ne connaissant cette espèce que par la courte description et la figure de M. Brongniart. D'après cette figure, la columelle serait très convexe, saillante en dessus de l'ouverture, ce qui nous porte à croire que l'espèce en question est différente de notre *Natica mutabilis*. La longueur est de 34 millim., la largeur de 27.

† 9. Natice épaisse. *Natica obesa.* Brong.

N. testá ventricosá, crassá; spira, mediocri, subcanaliculatá, subtilissimè transversim striatá; striis punctulatis; aperturá irregulari, labro subsinuato; umbilico callo obtecto.

Brong. Terr. sup. du Vicentin. p. 58. pl. 2. fig. 19. *Ampullaria obesa.*

Habite... Fossile de Castelgomberto. Coquille ovale-oblongue, très convexe, à spire courte formée de quatre à cinq tours, le dernier est un peu dilaté vers la base; il est percé d'un ombilic assez large, et recouvert en partie par une large callosité épaisse. L'ouverture est ovale, étroite et peu oblique à l'axe, la surface extérieure de cette coquille est couverte de fines stries transverses, régulières et finement ponctuées. La coquille, figurée par M. Brongniart, a 38 millim. de long, et 30 de large.

† 10. Natice sphérique. *Natica sphœrica.* Desh.

N. testá globosá, sphœricá, crassá, ponderosá, lævigatá substriatáve; spirá breviusculá, apice acutá; anfractibus angustis subplanis; aperturá ovate-acutá, basi dilatatá; umbilico angustissimo marginato.

Desh. Coq. foss. de Paris. t. 2. p. 176. nº 15. pl. 20. fig. 14-15.

Habite les Groux, Parnes, Mouchy, aux environs de Paris. Coquille facilement reconnaissable parmi ses congénères à cause de sa forme presque sphérique; elle est globuleuse, épaisse, solide, pesante, lisse; sa spire est très courte, pointue au sommet, et l'on y compte sept à huit tours fort étroits, à peine convexes et séparés entre eux par une suture linéaire un peu creusée; le dernier tour est beaucoup plus grand que tous les autres réunis; l'ouverture qui le termine est étroite, subsemilunaire, dilatée et versante à la base, rétrécie au sommet; le bord droit reste mince et tranchant à tous les âges, et s'épaissit assez subitement à l'intérieur; la callosité du côté gauche est peu épaisse, étroite et s'étend dans toute la longueur de ce côté de l'ouverture; elle laisse ouverte une très petite fente ombilicale, bordée en dehors par une petite surface lisse, terminée par un bord tranchant. La longueur de cette espèce est de 42 millim., et sa largeur de 36.

† 11. Natice pointue. *Natica acuta*. Desh.

N. testâ ovato-acutâ, lævigatâ; spirâ exertiusculâ; anfractibus angustis, convexis, supra subplanis; ultimo globuloso, ad basim leviter attenuato; aperturâ minimâ semilunari; umbilico minimo, basi marginato.

Desh. Coq. foss. de Paris, t. 2. p. 173. nᵒ 12. pl. 21. fig. 7-8.

Habite Grignon, Senlis, Valmondois. Cette Natice est ovale-oblongue, à spire plus allongée que dans la plupart des espèces; sa surface est lisse; sa spire, très pointue au sommet, se compose de sept à huit tours étroits, très convexes, et souvent sensiblement aplatis en dessus; le dernier tour est globuleux, légèrement atténué à la base l'ouverture qui le termine est médiocrement inclinée à l'axe; elle est petite, semilunaire, un peu versante à la base; son bord droit est très mince et tranchant à tous les âges; le gauche est pourvu, dans sa longueur, d'une callosité étroite et peu épaisse, qui laisse ouverte une petite fente ombilicale, en partie bordée par une surface demi-circulaire, lisse et aplatie. Les grands individus sont longs de 27 millim. et large de 20.

FIN DU HUITIÈME VOLUME.

TABLE

FIN DE LA TABLE.